Die
Neuen Arzneidrogen

aus dem

Pflanzenreiche.

Von

Dr. Carl Hartwich,
Professor der Pharmakognosie am Eidgenössischen Polytechnikum in Zürich.

Springer-Verlag Berlin Heidelberg GmbH 1897

ISBN 978-3-662-00267-4   ISBN 978-3-662-00287-2 (eBook)
DOI 10.1007/978-3-662-00287-2

Vorwort.

Seit einer Reihe von Jahren habe ich mich vielfach mit den zahlreichen, neu auftauchenden Arzneidrogen beschäftigt. Hierbei machte es sich je länger je mehr unangenehm bemerkbar, dass die weite Zerstreuung der hierher gehörigen Publikationen und Notizen eine schnelle Orientirung über irgend eine Droge fast zur Unmöglichkeit machte.

Die für specielle Zwecke zu meinem Gebrauch zusammengestellten Litteraturnachweise sammelten sich dabei immer mehr an, und ich sagte mir schliesslich, dass eine kurze zusammenfassende Bearbeitung der neuen Drogen auch für weitere Kreise nicht ohne Interesse sein würde. So ist dieses Buch entstanden.

Es bringt die ungefähr seit dem Jahre 1880 in der Litteratur genannten Arzneidrogen in kurzer Behandlung. Im Allgemeinen giebt der Text nicht mehr, als mir für eine Orientirung darüber, wie viel wir über den betreffenden Gegenstand wissen, nöthig erschien. Wen sein Interesse weiter führt, dem mögen die jedem Abschnitt beigegebenen Litteraturnachweise den Weg zeigen. Trotzdem ich mich überall möglichster Kürze befleissigte, sind die einzelnen Artikel ungleichmässig ausgefallen. Die Länge eines Artikels soll aber kein Maassstab für die Wichtigkeit des behandelten Gegenstandes sein, sondern zeigt eben nur, wie viel oder wie wenig wir über denselben wissen. Eine Ausnahme machen diejenigen, ziemlich zahlreichen Drogen, von denen eine pharmakognostische Untersuchung, und besonders eine solche, die die anatomischen Merkmale berücksichtigte, nicht vorlag, die mir aber in der pharmakognostischen Sammlung des Eidgenössischen Polytechnikums zu Gebote standen. Ich habe sie untersucht und die Resultate der Untersuchung in aller Kürze, meist nur, soweit sie mir zur Erkennung der betreffenden Droge nothwendig erschienen, ebenfalls mitgetheilt. Dazu kommen eine ganze Anzahl weiterer Drogen, die freilich schon untersucht waren, bei denen es mir aber aus irgend einem Grunde wünschenswerth erschien, die Untersuchung zu wiederholen. Vielleicht wird es hier und da nicht uninteressant sein zu sehen, wie sich gerade in diesen Fällen bei Untersuchung von Mustern verschiedener Provenienz oder bei Vergleichung der Resultate meiner Untersuchung mit anderen früher publicirten Untersuchungen gezeigt hat, dass häufig ganz verschiedene Drogen unter demselben Namen vorkommen. Daraus dürfte sich, wie ich in der Einleitung ausgeführt habe, ergeben, dass es nothwendig ist, der mikroskopischen Untersuchung solcher neuen Drogen grössere Aufmerksamkeit als bisher zuzuwenden. Auch sonst finden sich eine Reihe eigener Beobachtungen verwendet; ich habe aber geglaubt, sie nicht besonders kenntlich machen zu sollen, da das dem Fachmann, der bei weiteren Studien die Litteratur zu Rathe ziehen wird, ohnehin aufstösst.

Die alphabetische Anordnung des Materials wird vielleicht auffallen. Ich habe es anfänglich nach dem natürlichen Pflanzensystem geordnet, bin aber dabei bald zu der Ueberzeugung gekommen, dass es nöthig sein würde, in Rücksicht auf die zahlreichen unbestimmten Drogen, die nicht übergangen werden durften, das Buch in zwei Abschnitte zu theilen, was die Uebersichtlichkeit vermindert haben würde. Das Verzeichniss am Schluss des Buches lässt übrigens erkennen, in wie weit die einzelnen Abtheilungen des Pflanzenreichs betheiligt sind.

Ueber den Umfang der benutzten Litteratur ist zu sagen, dass ich mich bemüht habe, die periodische Litteratur möglichst vollständig heranzuziehen, weil die Angaben derselben erfahrungsgemäss dem späteren Bearbeiter eines Gegenstandes am leichtesten entgehen. In besonders hohem Maasse gilt das von den Berichten etc. der Drogenhäuser, die oft sogar nach einer Reihe von Jahren nur schwer aufzutreiben sind. Wo mir die Originale nicht selbst zu Gebote standen, habe ich mich an Repertorien, und in erster Linie natürlich an „Beckurts Jahresbericht" gehalten. Indessen habe ich in den meisten Fällen die Originale selbst gelesen. Allgemein verbreitete Handbücher sind nicht vollständig aufgenommen, da angenommen ist, dass dieselben Jedem, der sich mit der Materie beschäftigt, zugänglich sein werden. Das Litteraturverzeichniss am Schluss ist nicht überall so ausgefallen, wie ich es gewünscht habe, es liegt das daran, dass in zahlreichen Fällen, wo ich auf Referate angewiesen war, die Quellenangabe sich wenig genau erwies. In einigen Fällen ist einer Litteraturangabe: n. b. beigefügt, das bedeutet, dass die betreffende Arbeit erst nach der ersten Korrektur zu meiner Kenntniss gelangte, also im Text „nicht berücksichtigt" werden konnte. Sie findet sich dann gewöhnlich im „Nachtrag" verwendet.

Für die Feststellung der Autornamen der Pflanzen habe ich mich bei den Phanerogamen meist an den „Index Kewensis" gehalten; dabei hat sich leider herausgestellt, dass eine ziemliche Anzahl von Artnamen nicht in denselben aufgenommen ist, so dass man also sagen darf, dass die Pharmakognosie gegenwärtig eine ganze Menge von Pflanzen aufführt, die die systematische Botanik nicht kennt. In den meisten Fällen sind es wohl die Namen von Varietäten etc., die nachlässig reproducirt sind, und die nun für jeden Fall eine specielle mühsame Untersuchung verlangen, um festzustellen, welche Pflanze gemeint ist. Ich denke nicht zu viel zu sagen, wenn ich behaupte, dass dieser grosse Uebelstand seinen Grund in der neuerdings vielfach beliebten Sitte, die Autornamen bei den Pflanzen überhaupt wegzulassen, hat. Vielleicht wird die systematische Botanik einst dahin gelangen, diese Namen entbehren zu können, vorläufig ist das aber nicht der Fall und man thut daher am besten, sie noch beizubehalten, wenn andernfalls nicht eine heillose Verwirrung entstehen soll.

Die „Einleitung" bietet eine allgemeine Betrachtung des Gegenstandes, wie sie sich im Laufe der Zeit ergeben hat; ich verweise wegen mancher allgemeinen Gesichtspunkte, die ich hier nur wiederholen könnte, auf dieselbe.

Dem Eingangs angedeuteten Nothstand würde für längere Zeit nur durch eine Neubearbeitung der alten Werke des trefflichen Kosteletzky oder auch Rosenthal's abzuhelfen sein; ein solches Werk, wenn anders es vor dem Schicksal bewahrt bleiben soll, dass sein Anfang veraltet, ehe noch das Ende abzusehen ist, übersteigt aber die Kräfte des Einzelnen. Dies Buch will versuchen, augenblicklich die Lücke etwas auszufüllen.

Sollte es in diesem Sinne als ein zuverlässiges und nicht unwillkommenes Hülfsmittel des Studiums aufgenommen werden, und sollte es an seinem Theile dazu beitragen, das Interesse für die vielen ungehobenen Schätze, die das Pflanzenreich noch für die Heilkunde birgt, wachzuhalten, so würde ich mich für die etwas trockene Arbeit reich belohnt fühlen.

Zürich, Mai 1897.

C. Hartwich.

Inhalt.

Einleitung.

Seit dem Ausgang der siebenziger Jahre hat sich für den Pharmakognosten eine ganz bemerkenswerthe Erscheinung gezeigt. Während bis dahin das Anwachsen der Anzahl der zu Heilzwecken verwendeten Pflanzen ein ziemlich gleichmässiges und im Allgemeinen nicht bedeutendes war, richtete sich fast plötzlich die Aufmerksamkeit der interessirten Kreise in ganz auffallend hohem Grade darauf, dem Arzneischatz neue Heilpflanzen zuzuführen. Die Bestrebungen, die darauf abzielten, gingen nach verschiedenen Richtungen. Einmal wendete man der mitteleuropäischen Flora neue Aufmerksamkeit zu, insofern man sich bemühte, in ihr, von der man doch annehmen sollte, dass sie, die der Wissenschaft von jeher besonders zugänglich war, bereits gründlich erforscht sein müsste, neue Heilpflanzen aufzufinden oder ältere, die mehr oder weniger in Vergessenheit gerathen waren, von Neuem in die Wissenschaft einzuführen. Man begnügte sich nicht, solche Pflanzen, von den Angaben älterer Schriftsteller ausgehend, oder auf der Volksheilkunde fussend, die konservativer wie die Wissenschaft, sich ihrer immer noch bediente, unmittelbar als Heilmittel zu verwenden, sondern auch die Chemie wendete diesem einigermassen vernachlässigten Gebiet wieder ihre Aufmerksamkeit zu und suchte nach chemisch wohl charakterisirten Stoffen, denen man die Wirksamkeit der Pflanzen zuschreiben konnte.

Viel intensiver noch und mit Recht war der vielseitige Eifer, der sich mit den Floren fremder, weniger erforschter Gegenden, speciell der Tropen, beschäftigte. Es war von vornherein als richtig anzunehmen, wenn man sich sagte, dass die verhältnissmässig nicht zahlreichen Arzneipflanzen, die uns Amerika, die uns der Osten und Süden Asiens, die uns Afrika und Australien lieferten, nicht alles sein konnte, was diese meist von der Natur in so überreichem Masse gesegneten Gegenden der Heilkunde liefern konnten. Der grösste Theil dieser Heilpflanzen war uns seit recht langer Zeit bekannt. Ich habe früher gezeigt, wie seit dem Ausgang des 15. Jahrhunderts aus der alten Welt nur vier neue Drogen bekannt geworden waren, die allgemeine Würdigung gefunden hatten.[1]) Das „Arzneibuch für das Deutsche Reich“ enthält 48 deutsche Drogen, 79 Drogen aus der übrigen alten Welt, und aus Amerika 25. Das vom Deutschen Apothekerverein dazu herausgegebene Supplement: „Arzneimittel, welche in dem Arzneibuch für das Deutsche Reich nicht enthalten sind. Bearbeitet und herausgegeben von dem Deutschen Apothekerverein 1891“, enthält ausserdem 48 deutsche Drogen, 58 aus der übrigen alten Welt, 22 aus Amerika, also in Summa 96 deutsche Drogen, 137 aus der übrigen alten Welt, 47 aus Amerika. Es fällt dabei die sehr grosse Anzahl der deutschen Drogen auf gegenüber denjenigen, die die ganze übrige Erde liefert. Dazu kommt, dass der grösste Theil dieser Drogen, wie schon oben angedeutet, seit sehr langer Zeit gebraucht war. Natürlich ist es klar, wenn wir einstweilen bei dem deutschen Arzneibuch stehen bleiben wollen, dass diejenigen Drogen, die im Lande selbst, oder den benachbarten Ländern wachsen, ein gewisses Uebergewicht haben müssen denjenigen gegenüber, die von weiterher mit verhältnissmässig grösseren Kosten geholt werden müssen.

Selbstverständlich wird das Bestreben, den Bedarf an Arzneidrogen im eigenen Lande zu decken, nur bis zu einer gewissen Grenze gehen dürfen. Allerdings hat es eine Zeit gegeben, wo man mehr versuchte. Als mit dem Anfang des 16. Jahrhunderts sich das Interesse der gelehrten Apotheker und Aerzte der heimischen Pflanzenwelt zuwendete, geschah es in der ausgesprochenen Absicht, die heimische Flora der Heilkunde in möglichst weitem Umfange dienstbar zu machen, und es ist bekannt, wie bei diesem Bestreben schliesslich ein endloser Wust von Pflanzen wirklicher und eingebildeter Heilkraft in die Apotheken gelangte. Die alten Kräuterbücher vom Ausgang des 16. und aus dem 17. Jahrhundert legen davon Zeugniss ab. Aber man ging weiter, man bemühte sich an Stelle der Arzneidrogen, die mit vielen Kosten und Mühen aus fremden Ländern geholt werden mussten, deren Zufuhr oft genug unsicher, und deren Beschaffenheit oft eine schlechte war, solche zu setzen, die die Heimath lieferte. Es war daher nur selbstverständlich, wenn gestattet wurde, fremden Drogen heimische in einer entsprechend erhöhten Quantität zu substituiren.

Man ging aber weiter; man sagte sich, diese fremden Drogen, die aus dem heissen Indien und Arabien kommen, wo die Menschen sogar von der Sonne schwarz gebrannt werden, taugen für uns überhaupt nicht. Jacob Theodor Tabernaemontanus sagt in der Vorrede zu seinem Kräuterbuch (1588): „Haben die anderen Kräutter kräftiger Naturen und Würckungen, so seynd

---

[1]) C. Hartwich, Die Bedeutung der Entdeckung von Amerika für die Drogenkunde. 1892, S. 15.

sie aber doch auff unser Clyma nicht attemperirt." Er fährt dann ganz consequent fort: „Hat Gott der Allmächtige unseren Landen eignen Wein, eigene Frucht, und andere Leibsnahrung so reichlich geben, unser zeitliches Leben darmit zu erhalten, wie solt er uns dann nicht auch die Kräutter, Wurtzeln, Frücht und ander Gewächs, so in unseren Landen wachsen, temperirt haben, dass wir sie zur Erlangung und Erhaltung der Gesundheit nutzen und brauchen möchten? Aber das Gegentheil befindet sich und bezeugets auch die tägliche Erfahrung, dass diejenigen, so stätig und ohne Unterlass die fremden Artzneyen gebrauchen, am Allerkräncksten und bresthafftige Siechling seynd, und diejenigen weniger Kranckheiten haben und auch länger leben, die der gemeldten fremden ausländischen Dingen am allerwenigsten gebrauchen, und sich mit unsern inländischen Kräuttern und Artzneyen genügen lassen, wie auch das wahr und erfahren ist, dass die Indianischen und ausländischen Gewächs, deren Saamen heutiges Tags mancherley Art und Sorten zu uns gebracht werden, die unsers Erdreichs und Luffts gewehnen und darinnen wachsen, uns besser bekommen und gesunder seynd, denn die so aus gemelten Landschafften zu uns, die schon gewachsen seynd, gebracht werden, dass solch Nutzbarbeit nicht unserm Erdreich und Lufft, darinnen wir geboren und erzogen seynd, zuzuschreiben, die diese Gewächs also temperieren, dass sie unser Natur gemässer und annehmlicher seynd als die anderen? Derowegen mich auch die Erfahrung darzu gezwungen hat zu glauben, dass die Gewächs, so in einer jeden Landart in ihrem Lufft wachsen, auch den Leuthen, die darinn gebohren seynd und wohnen, am nutzlichsten, dienlichsten, allergesundesten und denselbigen Naturen am bequemlichsten seynd."

Wie bereits gesagt, geht diese Anschauung des alten Jacob Theodor von Bergzabern zu weit. Es ist falsch, den ganzen Bedarf an Arzneidrogen aus dem eigenen Lande decken zu wollen: *Strychnos nux vomica*, *Erythroxylon Coca*, *Pilocarpus Jaborandi*, *Cinchona*, und viele andere können nicht durch eine oder mehrere noch so sorgsam ausgeklügelte heimische Arzneipflanzen ersetzt werden.

Um nun an den ursprünglichen Gedanken wieder anzuknüpfen, richtete sich das Bestreben darauf, in fremden Ländern solche Heilmittel aufzufinden, die dem, ich möchte sagen allgemeinen Arzneischatz der ganzen Welt zu Gute kamen. Dass daneben das Bestreben, möglichst viel heimische Pflanzen in der heimischen Heilkunde zu verwenden auch ausserhalb Europas bestand, und eine mächtige Triebfeder zur Forschung wurde, soll später gezeigt werden.

Nach diesen mehr allgemeinen Erörterungen möchte ich nun den Gründen näher treten, die den plötzlichen Aufschwung veranlasst haben. Einer derselben ist soeben schon vorläufig gestreift worden, und ich will dabei einstweilen stehen bleiben.

Bis vor gar nicht langer Zeit war der Schatz an Arzneipflanzen, den die wissenschaftliche Heilkunde benutzte, auf der ganzen Erde ziemlich gleichförmig und hatte sich mit der Entwickelung der ganzen Wissenschaft allmählich angesammelt. Die Arzneipflanzen, welche die Aegypter verwendeten, denn weiter können wir, ohne ins Dunkle zu treten, vorläufig nicht zurückgehen, hatten die griechischen, nach ihnen die römischen Aerzte übernommen und die Zahl noch allmählich vermehrt. Der grösste Theil derselben stammte zunächst von den Küsten des Mittelmeeres, wenn auch, wie wir wissen, bereits sehr frühzeitig der Osten und Süden Asiens beisteuerten. Die Feldzüge Alexanders d. Gr., die Ausbreitung der römischen Weltmacht kamen auch der Heilkunde zu Gute. Der so angesammelte Schatz ging dann auf die Araber über, die im Wesentlichen nur Bewahrer, und viel weniger Vermehrer der antiken Heilwissenschaft waren. Sie vermehrten ihn indessen durch Arzneidrogen aus den weiten Ländern, in denen ihre Religionsgenossen sassen, besonders aus Inner- und Vorderasien und Afrika. Allmählich werden sie abgelöst durch die italienischen Republiken, die in der Heimath die Wissenschaft sorgsam pflegten und vermehrten, und mit ihren Schiffen die Weltmeere durchfuhren, sorgsam bestrebt, neue nützliche oder wenigstens merkwürdige Dinge aufzuspüren. War die Entwickelung bis dahin, soweit wir das noch zu beurtheilen vermögen, eine im Wesentlichen ruhige und gleichmässige gewesen, so wurde das mit der Entdeckung von Amerika für einige Zeit anders. Die Anzahl neuer und sehr wichtiger Arzneipflanzen, die man in kurzer Zeit kennen lernte, war eine ausserordentlich grosse, die Bereicherung des Arzneischatzes eine sehr wesentliche. Ich verweise diesbezüglich auf meine oben citirte kleine Arbeit, um dort Gesagtes hier nicht zu wiederholen. Seit dieser Zeit ist die Vermehrung eine langsame und spärliche gewesen. Von den 79 Drogen des Deutschen Arzneibuches, die aus der alten Welt stammen, sind nur vier nach dem Anfang des 16. Jahrhunderts bekannt geworden, von den 25 aus Amerika stammenden Drogen sind nur sechs in diesem Jahrhundert in den Arzneischatz, und mehrere davon *(Coca, Jaborandi, Condurango, Hydrastis, Chrysarobin, Podophyllin)* erst in neuerer Zeit aufgenommen. Dieser Schatz von Arzneipflanzen, dessen Zusammenkommen wir so in aller Kürze an uns haben vorübergehen lassen, war es, der von der Heilkunde, und wie gesagt, im Wesentlichen überall verwendet wurde.

Ungefähr seit der Mitte dieses Jahrhunderts, vereinzelt, wie in Nordamerika und Indien, auch schon erheblich früher, machte sich aber nun an verschiedenen Orten das Bestreben geltend, sich von diesen Heilpflanzen, wir wollen sie im Grossen und Ganzen als die „alten" bezeichnen, zu emancipiren, und den Bedarf soweit als möglich im eigenen Lande zu decken. Ein genaues Studium der Pflanzenwelt und die Aufmerksamkeit, die man der Volksheilkunde zuwandte, zeigte, wie reich die Schätze waren, die die Natur darbot, und man säumte nicht, sich ihrer zu bedienen. Die Erfolge, die man auf diese Weise erzielt hat, sind als sehr grosse zu bezeichnen, die Pharmocopoe von Indien, diejenige der Vereinigten Staaten von Nordamerika, die von Mexico zeigen, soweit sie die Drogen betreffen, einen ganz anderen Charakter, wie die meisten von Europa. Wenn auch der oben citirte Ausspruch des alten Tabernaemontanus, dass jedem Volk nur diejenigen Heilkräuter dienlich sind, die im eigenen Lande wachsen, falsch ist, so ist es doch für die meisten Länder zutreffend, dass sie einen sehr grossen Theil ihres Bedarfes an Heilpflanzen der eigenen Flora entnehmen können, und wie wir jetzt für manche Länder sagen dürfen, auch thatsächlich entnehmen.

Selbstverständlich blieb das Studium nicht dabei stehen, für eine möglichst grosse Anzahl der „alten" Heilpflanzen „Parallelpflanzen" in der eigenen Flora aufzusuchen, sondern man lernte Pflanzen kennen, deren Eigenschaften nach irgend einer Richtung die bisher bekannten übertrafen, sei es, dass sie Wirkungen äusserten, die man bisher nicht kannte, sei es, dass sie schon bekannte Eigenschaften in besonders hohem Masse zeigten, sei es endlich, dass sie unangenehme Nebenwirkungen, die die Verwendung mancher Drogen mehr oder minder erschwerten, nicht zeigten. Aus diesen Arbeiten hat die Wissenschaft grossen Nutzen gezogen, die Bekanntschaft eines Theiles der wichtigsten neueren Heilpflanzen ist uns auf diese Weise vermittelt worden.

Daneben kommt noch anderes in Betracht, was freilich von dem soeben Skizzirten nicht immer scharf zu trennen ist. Neben diesen planmässigen Arbeiten, die mit der ausgesprochenen Absicht unternommen wurden, die Heilkunde zu bereichern, sind der letzteren die zahlreichen Reisen und Studien, die den Zweck hatten, die Natur fremder Länder zu erforschen, in hohem Masse zu gute gekommen. Vielfach begnügt sich der botanische Reisende nicht, die Pflanzen einzusammeln und nur für die Botanik zu bearbeiten, sondern er sucht Nachrichten zu erlangen über die Verwendung derselben in der Heilkunde der Wilden, bei Gottesurtheilen, bei religiösen Festen, zur Herstellung von Pfeilgiften, von Fischgiften u. s. w. Aehnliches bringt der Ethnograph mit heim, der sein Hauptaugenmerk den Menschen zuwendet, und die zahllosen Fäden findet, die den Menschen mit der ihn umgebenden Natur verbinden, dieselben Fäden, auf die der Botaniker, von der anderen Seite kommend, stiess. Der Arzt, der in einem fremden Lande thätig ist, findet bei den Eingeborenen Mittel im Gebrauch, die ihm fremd sind, von deren Wirksamkeit er sich aber überzeugt. Zuerst vielleicht aus Noth, weil ihm die altgewohnten Mittel, die er auf den europäischen Hochschulen kennen lernte, fehlen, nimmt er zu ihnen seine Zuflucht und überzeugt sich bald von ihrer Vortrefflichkeit. Der junge Kaufmann, der im Interesse seines Hamburger oder Londoner Hauses in einem fremden Hafen thätig ist, fällt zuweilen bald selbst darauf, oder hat aus der Heimath entsprechende Aufträge miterhalten, sich nicht auf sein Palmöl, seinen Reis, Coprah u. s. w. zu beschränken, sondern sich auch nach anderen Pflanzen oder Pflanzenprodukten umzusehen, deren Export Gewinn verheisst. Dass gerade die Aussicht auf den letzteren eine mächtige Triebfeder gewesen ist, ist natürlich zweifellos, und es ist darauf später noch einmal einzugehen. Was auf diese Weise bekannt wurde, war quantitativ sehr bedeutend, qualitativ leider zuweilen minderwerthig. Das konnte nicht ausbleiben, da die Proben und die sie begleitenden Nachrichten oft genug von nur halb, oder gar nicht Sachverständigen eingesammelt wurden, so war beides oft genug mangelhaft und ganz unzulänglich. Aus denselben Gründen waren die Drogen, die ankamen, in zahlreichen Fällen nicht wirklich neue, sondern seit längerer oder kürzerer Zeit bekannt, und häufig ihr Unwerth über jeden Zweifel erhaben. Dies und die, wie gesagt, unvollkommene Art der Einsammlung und der beigegebenen Nachrichten erschwerten die wissenschaftliche Bearbeitung und liessen zuweilen den anfangs grossen Eifer bald erschlaffen. Freilich wurde dabei auch Tüchtiges und Gutes geleistet, und es ist hier der Ort, es ausdrücklich auszusprechen, dass die Wissenschaft dem Handel zu lebhaftem Danke verpflichtet ist. Auch ohne Aussicht auf Gewinn, oft nur in dem Wunsche, der Wissenschaft zu dienen, wurde den Gelehrten das Material für ihre Arbeiten in liberalster und uneigennützigster Weise zur Verfügung gestellt. Ja, noch mehr, eine ganze Reihe von Kaufleuten hat durch von ihnen eingerichtete Laboratorien und angestellte Gelehrte die Bearbeitung der neuen Drogen selbst in die Hand genommen, und ihre Publikationen und Berichte sind wichtige Quellen für das Studium der neuen Heilpflanzen geworden. Ich nenne aus Deutschland: Gehe & Co. in Dresden, Schimmel & Co. in Leipzig, Caesar & Loretz in Halle a. S., E. H. Worlée in Hamburg; aus England: Th. Christy & Co. in London, in Amerika: Parke, Davis & Co. in Detroit und Fred. Stearns & Co. in Detroit u. A. m. Ihre Publikationen finden in diesem Buch möglichst ausgiebige Berücksichtigung.

Noch bedeutender mussten die Resultate sein, wo ein oder mehrere Fachmänner sich an Ort und Stelle befanden, und mit sicherem Blick den Weizen von der Spreu zu trennen unternahmen. Ihre Bemühungen fallen häufig mit den zuerst genannten zusammen. Ich nenne die Arbeiten der englischen Pharmakognosten und Pharmakologen in Indien: William Dymock, C. J. H. Warden, David Hooper u. A., die neben zahlreichen Einzelaufsätzen in den Pharmaceutical Journal and Transactions besonders niedergelegt sind in der stattlichen dreibändigen *Pharmacographia indica*.

Dann sei erwähnt der botanische Garten in Buitenzorg auf Java, unter Direktion von Dr. M. Treub, aus dessen Laboratorium die Arbeiten von M. Greshoff und später von W. S. Boorsma u. A. hervorgegangen sind, die stattliche Hefte der *Mededeelingen uit 's Lands Plantentuin* füllen. In engem Zusammenhang mit diesen in Java ausgeführten, und in Batavia erscheinenden Arbeiten stehen diejenigen des *Koloniaal-Museums* in Haarlem, von denen wir das neue, gross angelegte Werk Greshoff's nennen: *Nuttige indische Planten*, von dem bis jetzt zwei Hefte erschienen sind.

Als dritten nenne ich den deutschen Apotheker Dr. Theodor Peckolt in Rio de Janeiro, seit langen Jahren ein unermüdlicher Erforscher der Naturschätze Brasiliens. Seine Arbeiten über die Heil- und Nutzpflanzen Brasiliens sind bis zum Beginn dieses Jahres in der in New York erschienenen, von Dr. Friedrich Hoffmann herausgegebenen Pharmaceutischen Rundschau erschienen, und seit Beginn dieses Jahres in den Berichten der Deutschen Pharmaceutischen Gesellschaft.

Ueber den gegenwärtigen Stand der in portugiesischer Sprache erscheinenden *Historia das Plantas medicinales e uteis do Brasil etc., por Theodoro Peckolt e Gustavo Peckolt. Rio de Janeiro, Typographia Lämmert & Co.*, bin ich nicht unterrichtet.

Ich will ausdrücklich bemerken, dass mit den wenigen Namen, die ich genannt habe, die Zahl derer, die an der Bearbeitung und Erforschung neuer Pflanzen sich betheiligt haben, nicht entfernt erschöpft sein soll. Es würde aber weit über den Rahmen dieser Einleitung hinausgehen, eine ausführliche Aufzählung zu geben. Endlich sei noch auf eins aufmerksam gemacht, wodurch, wie ich glaube, der Eifer, neue Heilpflanzen aufzusuchen und an ihrer Erforschung zu arbeiten, einen besonders mächtigen Antrieb erhalten hat. Es sind in dem uns interessirenden Zeitraum einige Drogen in Gebrauch genommen worden, die in allen medicinischen und pharmaceutischen Kreisen grosses Aufsehen erregten, und von denen die eine in kürzester Zeit zu einem der werthvollsten Arzneimittel geworden ist, nämlich die Cocablätter und die Strophanthussamen.

Die frühesten Nachrichten über die letztere Droge reichen nicht weiter zurück, als in die erste Hälfte der sechziger Jahre: 1862 und 1863 hatte Sharpey über ein Pfeilgift vom Sambesi Untersuchungen angestellt, dasselbe Gift untersuchten dann Fagge und Stevenson 1865. Aus demselben Jahre stammte die erste Arbeit von Pélikan über ein ähnliches Gift von Gaboon. Diese Gifte wurden aus den Samen von *Strophanthus hispidus* und *Kombé* bereitet. Man erkannte bald, dass man in diesem Samen ein ausserordentlich energisches Herzgift in Händen hatte, und verschiedene Forscher berichteten über dasselbe. Trotzdem vergingen 20 Jahre, bevor sich das allgemeinere Interesse der Droge zuwandte. Es ist das Verdienst Frasers, der sich schon früher damit beschäftigt hatte, dem neuen Mittel Bahn gebrochen zu haben. Seit 1885 bemächtigte sich die Heilkunde desselben, und von allen Seiten wollte man Versuche mit demselben anstellen. Da die Droge bis dahin nicht als regelmässiger Handelsartikel, sondern mehr gelegentlich nach Europa gelangt war, so ging der Preis für die geringen vorhandenen, und die zunächst aus Afrika anlangenden Mengen ausserordentlich in die Höhe. Allerdings dauerte diese Hausse nicht lange, es gelang (seit 1888), grössere Mengen auf den Markt zu bringen, wodurch der Preis natürlich bald gedrückt wurde. Dazu kam noch ein Zweites, wodurch dann leider das zuerst so grosse Interesse bald anfing, zu erkalten. Wie ich bei einer früheren Gelegenheit (Arch. d. Ph. 1892) zeigte, giebt es in Afrika verschiedene Arten *Strophanthus*, deren Samen sich äusserlich sehr ähnlich sehen, die aber hinsichtlich des Gehaltes an dem wirksamen *Strophanthus* ausserordentlich verschieden sind, ja, dasselbe theilweise überhaupt nicht enthalten. Es kamen auch solche Samen in den Handel, sie wurden ohne die bei einem so stark wirkenden Mittel eigentlich unerlässliche Kritik, für die es allerdings zunächst auch an Unterlagen fehlte, in Gebrauch genommen und mussten reichliche Enttäuschungen bereiten. So ist gegenwärtig der Gebrauch des Mittels etwas zurückgegangen, wenn es auch zweifellos erscheint, dass es für lange Zeit sich einen Platz im Arzneischatz errungen hat.

Viel günstiger hat sich die Einführung in den Arzneischatz entwickelt für das zweite Mittel, die *Coca*. Bereits im letzten Jahre des 15. Jahrhunderts lernten die Europäer die Droge, deren Gebrauch und Kultur in Südamerika alte waren, kennen. Im Anfang des 16. Jahrhunderts waren auch in Europa die meisten ihrer vortrefflichen Eigenschaften bekannt und seit dieser Zeit gelangten immer von Neuem Nachrichten durch Reisende nach Europa, und hier und da wurde auch versucht, die Aufmerksamkeit auf sie zu lenken. Im Jahre 1859 gelangte durch Scherzer von der österreichischen Novara-Expedition ein Quantum der Droge an Wöhler in Göttingen, und dessen Schüler Niemann und Lossen stellten daraus das Alkaloid *Cocain* dar. Sie erkannten auch bereits seine Fähigkeit, Schleimhäute für kürzere Zeit gefühllos zu machen. Trotzdem wurde es wenig benutzt, man verwendete es, aber wie gesagt, in geringem Umfange, als Mittel bei einigen Magenleiden, typhösen Fiebern, Beschwerden der Athmungsorgane, besonders gut bewährte es sich bei gewohnheitsmässigen Opiumessern.

Der Gesammtimport nach Hamburg betrug 1881 nur 23 Ballen. Seit diesem Jahr begann der Verbrauch zu steigen, 1882 wurden nach Hamburg 70 Ballen importirt. 1884 wurde durch Arbeiten von Koller und Anrep die anästhesirende Wirkung in den

Vordergrund gerückt, und fast mit einem Schlage wandte sich das Interesse dieser Droge zu, die man seit fast 400 Jahren kannte. Die geringen vorhandenen Vorräthe waren sehr schnell verbraucht, neue konnten bei der grossen Entfernung des Produktionslandes nicht so schnell, wie man es wünschte, am Platze sein; es versteht sich von selbst, dass der Preis der Droge rapid in die Höhe ging. An der Spärlichkeit und Verzögerung der Zufuhr hat gewiss auch kaufmännische Spekulation ihren Antheil, da die Cocapflanze in einem grossen Theile von Südamerika seit langer Zeit kultiviert wird, so dass, sobald der Bedarf sich zeigte, die Beschaffung grösserer Quantitäten kaum hätte Schwierigkeiten bereiten können. Dazu kam noch, dass die ziemlich empfindliche Droge auch in schlechtem, unbrauchbaren Zustande nach Europa gelangte. Natürlich musste die Zufuhr, da im Grunde Schwierigkeiten nicht vorlagen, bald in geordnete Bahnen einlenken, und von Mai bis September 1885 gelangten über 1000 Ballen nach Europa, davon wieder die überwiegende Menge nach Hamburg. Welche Höhe die Preise erreichten, geht daraus hervor, dass in demselben Jahre (1885) in New York das Kilo Cocablätter von Pflanzen stammend, die in Ceylon kultivirt waren, mit 29 Mark bezahlt sein soll, während schon im darauf folgenden Jahre für das Kilo in Hamburg nur noch 3—4 Mark gefordert wurden. Der Import der Droge selbst hat bald nachgelassen, da man seit 1887 die Rohalkaloide in Südamerika herstellt, und diese nach Europa sendet zur weiteren Verarbeitung. Wie weit dieselbe gegenwärtig gediehen ist, wie man jetzt auch die anderen, neben Cocain vorkommenden Alkaloide in dieses überzuführen versteht, ist bekannt.

Wenn wir versuchen, die beiden wichtigen Drogen, *Strophanthus* und *Coca* mit einander zu vergleichen, so werden wir finden, dass die grössere Wichtigkeit, die die Coca erlangt hat, sich, auch ganz abgesehen von den Eigenschaften der Droge, sehr wohl erklärt. Strophanthus wächst in schwer zugänglichen, der Kultur nicht oder kaum erschlossenen Gegenden und ward bisher nicht kultivirt. Die Pflanze klettert an den Bäumen weit in die Höhe und die Gewinnung der Früchte macht daher bedeutende Schwierigkeiten. Daher kommt es, dass neben werthvollem, werthloses Material gesammelt wird und auf den Markt gelangt. Die Erkennung des letzteren macht immer noch Schwierigkeiten. Wenn man die Beschreibung der Droge im Deutschen Arzneibuch ansieht, so findet man, dass dieselbe auch auf werthlose oder minderwerthige Sorten zutrifft, die Reaktionen sind ausschliesslich negativer Natur. (Wie ich früher empfahl, sollte man nur solche Samen verwenden, die die Reaktion auf Strophanthin: Grünfärbung mindestens des Endosperms mit concentrirter Schwefelsäure, unzweifelhaft ergeben.) Ueber den wirksamen Körper selbst, das Glykosid Strophanthin wissen wir noch recht wenig.

Sehr viel günstiger lag alles für *Coca*. Die Droge war schon seit Jahrhunderten bekannt, über ihre Eigenschaften war man im Grossen und Ganzen unterrichtet, sie stammte aus Ländern, die ohne Weiteres zugänglich waren und wurde dort in erheblichem Umfange kultivirt. Ueber ihre werthvollen Bestandtheile war die Kenntniss weit vorgeschritten. Auch hier ist reichlich minderwerthige und verdorbene Waare auf den Markt gekommen, oder solche von anderen Erythroxylumarten; da man aber wusste, worauf es ankam, machte es geringe Schwierigkeit, nicht nur die Anwesenheit des wichtigen Stoffes überhaupt festzustellen, sondern auch seine Menge zu ermitteln.

Diese beiden Beispiele müssen genügen, zu zeigen, wie solche Vorkommnisse die Aufmerksamkeit in erhöhtem Masse den Heilpflanzen zuwendeten.

Ihre Anzahl ist eine sehr grosse, es sind auf den folgenden Blättern 15—1600 solcher Pflanzen genannt. Da drängt sich naturgemäss die Frage auf, sind alle diese Pflanzen als Heilpflanzen wirklich in dem uns interessirenden Zeitraum erkannt worden? Das ist, wie schon angedeutet ist, nicht der Fall, von einem sehr grossen Theil, dem grösseren, ist es schon lange bekannt, dass sie in ihrer Heimath verwendet werden, es ist nur von Neuem die Aufmerksamkeit auf sie gelenkt worden. Um diese Pflanzen, oder wenigstens die meisten derselben kenntlich zu machen, findet sich in der jeder Pflanze beigefügten Litteratur angegeben, ob sie in Kosteletzky's Buch, dem umfassendsten der älteren Litteratur, das sich mit den Heilpflanzen beschäftigt, aufgeführt ist (cf. Litteraturverzeichniss). Eine Vergleichung wird hoffentlich erkennen lassen, dass die Wissenschaft auch bei diesen Pflanzen nicht auf dem alten Standpunkt stehen geblieben ist, dass wir bei einer erheblichen Anzahl derselben über Abstammung, Wirkung, Bau, Bestandtheile besser unterrichtet sind, als man es vor 60 Jahren, als der letzte Band von Kosteletzky's Werk erschien, war. Weshalb die Erfolge in manchen Fällen nicht noch grössere gewesen sind, weshalb oft genug die Ergebnisse an Sicherheit zu wünschen übrig lassen, das zu erklären, soll später versucht werden.

Es fragt sich nun, wieviel denn wohl von dieser grossen Anzahl länger bekannter und wirklich neuer Heilpflanzen in den definitiven Besitz der Medicin übergegangen ist. Wir werden eine sichere Auskunft erhalten, wenn wir darauf hin eine Anzahl neuer Arzneibücher und Pharmacopoeen einer Prüfung unterziehen. Bevor wir das aber thun, ist es nöthig, die Frage weiter zu zerlegen, weil, wie weiter oben schon angedeutet, die Ansprüche sehr verschieden sein können, die wir an eine neue Heilpflanze stellen. Wir werden dabei zu drei Kategorien gelangen. Die erste wird solche Pflanzen umfassen, die geeignet sind, in dem Lande, in dem sie wachsen oder wo sie mit leichter Mühe oder geringen

Kosten erlangt werden können, andere, von weiterher eingeführte, zu ersetzen. Wir können sie geradezu als Ersatzdrogen oder Paralleldrogen bezeichnen. Es ist leicht einzusehen, dass die Zahl derselben keine geringe sein wird. Es wird in den meisten Ländern nicht an bitterschmeckenden Pflanzen fehlen, die geeignet sind, die alte *Radix Gentianae* von *Gentiana lutea* und *Herba Centaurii minoris* von *Erythraea Centaurium* zu ersetzen, es werden dazu sogar meist nahe verwandte Pflanzen aus der Familie der Gentianaceen zu Gebote stehen. Aehnlich wird es mit schleimliefernden Pflanzen, wie *Radix* und *Folia Althaeae*, *Folia Malvae*, *Folia Forfarae* sein, auch hier werden es meist nahe verwandte Pflanzen sein, die als Ersatz dienen können. Dasselbe gilt auch von den Cruciferen, die scharfes Oel enthalten. Schwieriger liegt die Sache schon bei den Abführmitteln, aber auch hier wird es in vielen Fällen an einem ganz brauchbaren Ersatz für Ricinusöl, *Folia Sennae*, *Tubera Jalapae* und *Ol. Crotonis* nicht fehlen, ich erinnere an andere Euphorbiaceendrogen, an die Rinden der Rhamnus-Arten.

Die zweite Kategorie, die naturgemäss viele Uebergänge zu der ersten zeigt, soll Drogen enthalten, deren Heilwirkung bereits bekannten nach den wichtigsten Richtungen hin analog ist, die aber den Anspruch erheben, einen erheblichen Vorzug vor schon bekannten aus irgend welchem Grunde zu verdienen, sei es, dass ihre Wirkung eine energischere und promptere ist, oft also um dieselbe herbeizuführen, eine geringere Dosis erforderlich ist, sei es, dass unangenehme Nebenerscheinungen, die den alten verwandten Mitteln anhafteten, ganz oder grösstentheils fehlten, sei es endlich auch nur, dass ihnen ein unangenehmer, ekelerregender Geschmack fehlt. Die Drogen dieser Kategorie, für die mir keine passendere Bezeichnung als Erweiterungsdrogen zu Gebote steht, erheben den Anspruch, nicht nur in ihrer Heimath Geltung zu erlangen, sondern in die allgemeine Heilkunde aufgenommen zu werden. Das wird ziemlich schwer sein, da sie die Konkurrenz der alten, genau studirten und vor allen Dingen altgewohnten Mittel zu überwinden haben. Ich bin aber der Meinung, dass ihre Anzahl, d. h. die Anzahl derjenigen, die schliesslich sich einen Platz erobert haben, eine erheblich grössere sein könnte, als sie es in Wahrheit ist. Auf die Gründe, weshalb das so ist, wird nachher einzugehen sein. Als solche Drogen möchte ich *Rhamnus Purshiana*, *Hydrastis*, *Condurango* (auch bei der nächsten Gruppe), *Pasta Guarana*, *Strophanthus*, *Quillaja* u. s. w. bezeichnen.

Die dritte Gruppe, die sich wieder gegen die zweite nicht ganz scharf abgrenzt, wird von den neuen Drogen im engeren Sinne gebildet. Diese sollen Heilwirkungen zeigen, die die bis dahin bekannten überhaupt nicht hatten. Sie müssen selbstverständlich von ganz besonderer Wichtigkeit sein und verdienen überall Aufnahme in den Arzneischatz. Die Anzahl der als in diese Abtheilung gehörig empfohlenen Arzneipflanzen ist eine ziemlich grosse, leider hat eine ganze Menge vor der scharfen wissenschaftlichen Kritik nicht Stand gehalten, und das Häuflein ist schliesslich ein recht kleines geworden. Ich rechne dahin *Coca* mit ihren anästhesirenden Eigenschaften, die Myotica *Physostigma* und *Pilocorpus*, von denen das letztere mit seiner stark schweiss- und speicheltreibenden Kraft auch der zweiten Gruppe zuzuweisen ist, vielleicht auch wohl die Samen von *Syzygium Jambolanum*, für deren Wirksamkeit bei Diabetes mellitus sich immer wieder gewichtige Stimmen erheben. Als eine Droge, die die Hoffnungen, die man ihr entgegenbrachte, nicht erfüllt hat, nenne ich die Condurangorinde. Sie wurde zu Anfang der siebenziger Jahre bekannt und mit einer Reklame, die des ernsten Gegenstandes unwürdig war, als unfehlbares Heilmittel gegen Magenkrebs empfohlen. Sie hat sich einen bescheidenen Platz als nicht werthloses Magenmittel bewahrt. Hierher gehört auch wohl aus noch neuerer Zeit die Quebrachorinde, die ursprünglich als Ersatz der Chinarinde empfohlen, sich als Fiebermittel nicht bewährte, dann aber bei Dyspnoë ausserordentlich gerühmt wurde und gegenwärtig schon in Gefahr ist, wieder vergessen zu werden. Die wenigen Beispiele mögen genügen, zumal die ganze Seite zu nahe an das medicinische Gebiet heranstreift.

Um nun eine Vorstellung davon zu bekommen, wie gross der Zuwachs gewesen ist, den der Arzneischatz erhalten hat, müssen wir den Absatz untersuchen, den die Fluth von Heilpflanzen in den Pharmakopöen und Arzneibüchern hinterlassen hat. Wir dürfen annehmen, dass meist nur Mittel von bewährter Heilkraft darin Aufnahme gefunden haben:

Im Jahre 1882 erschien die zweite Auflage der Pharmacopoea Germanica. Diese enthielt an Drogen oder aus Drogen hergestellten Stoffen gegenüber der ersten Auflage von 1872 mehr: *Cortex Condurango, Folia Jaborandi, Chrysarobin, Gambir, Gossypium depuratum, Physostigmin, Podophyllinum,*[1] *Resina Dammar.* Von diesen sind als neue Drogen im weiteren Sinne anzusehen nur vier: *Condurango, Jaborandi, Chrysarobin* und *Podophyllinum.* Von den übrigen, die sämmtlich älter sind, können auch *Gossypium* und *Resina Dammar* nicht als Arzneimittel gelten.

Die im Jahre 1891 erschienene dritte Auflage (Deutsches Arzneibuch) hat neuaufgenommen *Agaricin, Bals. tolutan., Cocaïn, Cort. Quillajae, Gutta percha, Rhizoma Hydrastis, Semen Arecae, Semen Strophanthi.* Von diesen betrachte ich *Agaricin* nicht als neu, da *Boletus Laricis* von jeher verwendet wird, *Gutta percha* wird ebenso wenig wie oben *Gossypium* als Arzneimittel verwendet.

---

[1] Um Missverständnissen vorzubeugen, sei bemerkt, dass ich im Folgenden zwischen den Drogen selbst und den aus ihnen dargestellten Stoffen keinen Unterschied mache.

Balsam. tolutan. war schon in der ersten Auflage, ist daher ebenfalls nicht mitzurechnen, auch *Cortex Quillajae* erscheint zweifelhaft.

Das gäbe also seit 1872 nur acht, höchstens neun neue Drogen. Wir werden übrigens sehen, dass das Deutsche Gesetzbuch in der Aufnahme neuer Drogen besonders zurückhaltend gewesen ist.

Das Bild ändert sich sofort, wenn wir das 1891 vom deutschen Apotheker-Verein herausgegebene Ergänzungsbuch mit berücksichtigen. Ich finde in demselben als neu im weiteren Sinne zu betrachtende Drogen die folgenden: *Cortex Coto, Cortex Gossypii radicis, Cortex Piscidiae, Cortex Quebracho, Cortex Rhamni Purshianae, Curare, Duboisin, Flores Convallariae, Folia Eucalypti, Folia Hamamelidis, Guarana, Herba Adonidis, Herba Grindeliae, Kefir, Ol. Gaultheriae, Ol. Santali, Paracotoin, Radix Gelsemii, Sem. Cola, Stigmata Maydis.* Man mag über manche der hier aufgeführten oder nicht aufgeführten Drogen verschiedener Meinung sein, man wird aber wohl immer ungefähr auf die Zahl 20 kommen. Das macht also zusammen 28—29 neue Drogen, die in grösserem Umfange in den Apotheken Deutschlands verwendet werden.

Die dritte Auflage der Pharmacopoea helvetica vom Jahre 1894 enthält gegenüber der zweiten Auflage vom Jahre 1872 und dem 1876 erschienen Supplement die folgenden dort fehlenden Drogen: *Agaricus albus, Chrysarobin* (1), *Cortex Condurango* (2), *Cortex Quebracho* (3), *Cortex Rhamni Purshianae* (4), *Cortex Salicis, Cortex Sassafras, Flores Spiraeae, Folia Cocae* (5), *Folia Eucalypti* (6), *Folia Jaborandi* (7), *Folia Juglandis, Folia Rosmarini, Folia Rubi fruticosi, Fructus Capsici, Fructus Cassiae fistulae, Fructus Conii, Fructus Papaveris immaturus, Fructus Petroselini, Fructus Sennae, Gutti, Herba Cannabis indicae, Herba Convallariae* (8), *Herba Lobeliae, Herba Rutae, Herba Thymi, Ol. Pini Pumilionis* (9), *Ol. Santali* (10), *Physostigmin* (11), *Radix Gelsemii* (12), *Radix Ononidis, Rhizoma Hydrastis* (13), *Rhizoma Zedoariae, Semen Cydoniae, Semen Sabadillae, Semen Strophanthi* (14), *Spartein* (15), *Tuber Aconiti, Turio Pini.*

Das sind neununddreissig Drogen, von denen ich fünfzehn (mit Zahlen bezeichnet) als neue in Anspruch nehmen möchte. Ob man *Fructus Sennae* dazu zählen darf, erscheint mir zweifelhaft. Bekanntlich wurden ja ursprünglich die Hülsen der Sennapflanzen verwendet, verschwanden dann völlig und werden neuerdings (von England aus) wieder empfohlen. Es bleiben dann dreiundzwanzig oder vierundzwanzig übrig, von denen manche auf den ersten Blick etwas merkwürdig erscheint. Man hat sich aber zu vergegenwärtigen, dass die Verfasser der Pharmacopoe den Wünschen der massgebenden Kreise in den einzelnen Kantonen, speziell den französisch und italienisch sprechenden ein weites Entgegenkommen zeigen mussten, um eine möglichst allgemeine

Einführung des neuen Gesetzbuches in der Schweiz zu sichern. Der Erfolg hat denn auch nicht gefehlt, während die zweite Ausgabe vom Jahre 1872 resp. 1876 in den Kantonen Unterwalden, Genf und Tessin keine Gültigkeit hatte, gilt dies für die neue Ausgabe nur noch vom Kanton Glarus.

Ich möchte übrigens darauf aufmerksam machen, dass in dieser Beziehung offenbar ein gewisser Parallelismus zwischen der ersten 1872 erschienenen Ausgabe der deutschen Pharmocopoe und der neuen schweizerischen besteht.

Die siebente Ausgabe der Pharmacopoea austriaca vom Jahre 1890 enthält an neuen Drogen: *Araroba depurata, Balsam. tolutan.*, *Cortex Condurango, Cortex Quebracho, Cortex Rhamni Purshianae, Folia Coca, Guarana, Ol. Santali, Physostigmin, Pilocarpin, Rhizoma Hydrastis, Resina Dammar, Sem. Strophanthi*, davon mindestens zehn wirklich neu.

Eine Reihe anderer europäischer Pharmacopoen, die ich vergleichen konnte, zeigt ungefähr dieselbe Zunahme: die niederländische Pharmacopoe von 1889 sieben Drogen, die russische Pharmacopoe von 1891 zehn, die italienische zehn; man sieht, die Schwankungen sind nicht sehr grosse.

Einen etwas anderen Charakter zeigt die britische Pharmacopoe (mir liegt nur die Ausgabe von 1885 vor, leider nicht das Supplement von 1890). Sie zeigt sich den neuen Drogen gegenüber weit entgegenkommender und enthält z. B.: *Bebeeru bark. v. Nectandra spec.*, *Aegle Marmelos, Ophelia Chirata, Chrysarobin, Cimicifuga, Coca, Gelsemium* und als zweifelhaft, ob hierher zu rechnen, *Hemidesmus indicus*. Davon kommen *Chrysarobin* und *Coca* ganz allgemein, *Gelsemium* häufig in den Arzneibüchern vor, von den übrigen stammen vier aus Ostindien und ein Bestreben, indische Drogen einzubürgern, ist in England völlig erklärlich.

Als besonders interessant schliesse ich daran die japanische Pharmacopoe, deren erste Ausgabe 1886, deren zweite 1891 erschien. Es ist allgemein bekannt, dass dieselbe einen durchaus europäischen Charakter zeigt und sich eng besonders an die deutsche Pharmacopoe anlehnt. Das zeigt sich auch bei den Drogen, wir finden viele alte Bekannte wieder, die man sich wundert, in der neuen japanischen Medicin zu sehen; ich nenne *Arnica, Matricaria Chamomilla, Carrageen* (genannt ist als Stammpflanze nur Gigartina mamillosa I. Ag.), *Cetraria islandica, Guaiacum officinale, Sambucus nigra, Taraxacum officinale*. Man möchte sagen, der alte Arzneischatz, soweit er die Drogen anbetrifft, ist in Bausch und Bogen hinübergenommen. Von neuen Drogen in unserem Sinne finde ich in der ersten Auflage: *Chrysarobin, Eucalyptus globulus, Jaborandi, Physostigma*, also nur vier und davon nur drei allgemein angenommene, in der Ausgabe von 1891 ist noch *Cocain* dazugekommen. Man wird sagen dürfen, dass die

Japaner in der Annahme der neuen und der Erweiterungsdrogen am meisten zurückhaltend gewesen sind.

Dagegen zeigt sich trotz der Aufnahme des alten Arzneischatzes sehr deutlich das Bestreben, die heimische Pflanzenwelt zu verwenden. Die erste Ausgabe enthält neunundneunzig Drogen, davon sind wie gesagt fünf neu: *Chrysarobin*, *Eucalyptus globulus*, *Jaborandi*, *Sem. Calabar*, *Podophyllin*. Dazu kommt in der zweiten Ausgabe nur noch Cocain.

Als *Amylum* lässt die Pharmacopoe nicht, wie man erwarten sollte, dasjenige von *Oryza sativa* verwenden, sondern das der unterirdischen Organe von *Erythronium dens canis L.* (jap. *Kudsukadsura*) und *Pueraria Thunbergiana Benth.* (jap. *Katakuri*). (Es sei bemerkt, dass auch aus den unterirdischen Stämmen von *Pteris aquilina L.* (jap. *Warabi*) Stärke gewonnen wird.)

Als aromatische Minze wird an Stelle unserer Mentha piperita der Lieferant des japanischen Pfefferminzöls *Mentha arvensis var: piperasceus* angewendet, als *Enzian* das Rhizom mit den Wurzeln von *Gentiana scabra Bunge var: α Buergeri Max.*, als Gallen die von *Aphis chinensis* (richtiger *Schlechtendalia chinensis*) auf *Rhus semialata Murr.* erzeugten, als Senfsamen die von *Sinapis cernua Thunb.* (Sinapis ceraua der ed: I ist offenbar Druckfehler), als Coniferenharz das von *Pinus densiflora Sieb. et Zucc.* und von *Pinus Thunbergii Parlat.* Als Salep verlangt die erste Ausgabe ohne nähere Bezeichnung: „variae Orchidis species et aliae Ophrydrac", die zweite hebt ausdrücklich die Luftknollen der in Nepal und Japan vorkommenden *Cremastra Wallichiana Lindl.* hervor. Ebenso verlangt die erste Ausgabe schlechtweg *Valeriana officinalis L.*, die zweite aber die besonders aromatische Kessowurzel von *Valeriana officinalis L. var: augustifolia Miq.* Wo ein solcher Ersatz sich als nicht praktisch erweist, kehrt man auch zu der in der alten Medicin gebräuchlichen Droge zurück: Die erste Ausgabe schreibt als Cardamomen die Samen von *Amomum xanthioides Wall.*, die in Siam und Tenasserim heimisch ist, vor. Die Droge kommt meist ohne Pericarp unter den Namen der Bastardcardamomen in den Handel und ist von weniger angenehmem Geschmack, wie die Malabarcardamomen von *Elettaria Cardamomum*, die die zweite Ausgabe hat. Von heimischen Drogen, für die ich die Paralleldroge der alten Medicin nicht angeben kann, nenne ich *Coptis anemonaefolia Sieb. et Zucc.* und *Scopolia japonica Maxim.*, wenn deren Wurzel und Kraut nicht unsere *Atropa Belladonna* vertreten sollen, da diese letztere fehlt.

Schon oben wurde erwähnt, dass die Bestrebungen, die heimische Flora für die Heilkunde zu verwerthen, in Nord-Amerika besonders energische gewesen sind. Es nimmt daher nicht Wunder, dass in derselben nordamerikanische Drogen reichlich vertreten sind. Ich finde in der Ausgabe der Pharmacopoeia of the

United States of America von 1893 folgende, die ich als neu im weiteren Sinne bezeichnen möchte, obschon viele in der amerikanischen Volksmedicin gewiss alt sind: *Apocynum cannabinum L., Asclepias tuberosa L., Dryopteris marginatus Asa Gray, Castanea dentata (Marshall) Sudw., Caulophyllum thalictroides (L.) Michaux, Chenopodium ambrosioides L.* (Westindien und Südamerika), *Chimaphila umbellata Nuttall, Cimicifuga racemosa (L.) Nuttall, Cypripedium pubesceus Swartz, Eriodictyon glutinosum Benth., Evonymus atropurpureus Jacq., Eupatorium perfoliatum L., Gelsemium sempervirens L., Gossypium herbaceum L., Grindelia robusta Nuttall, Hamamelis virginiana L., Hedeoma pulegioides (L.) P., Hydrastis canadensis L., Juglans cinerea L., Veronica virginica L.* (Leptandra), *Lobelia inflata L., Menispermum canadense L., Betula lenta L., Erigeron canadensis L., Gaultheria procumbens L., Myrica acris Ol., Sassafras officinale, Phytolacca decandra L., Polygala Senega, Podophyllum peltatun L., Pimenta officinalis Brg.* Die meisten dieser Drogen finden sich in andern Pharmacopoen nicht.

Diese beiden Beispiele mögen genügen, wobei bemerkt sei, dass z. B. in der mexikanischen Pharmacopoe das Bestreben, einheimische Pflanzen zu verwenden, noch viel auffallender hervortritt.

Aus dem Vorstehenden dürfte hervorgehen, dass der Vortheil, den die Heilkunde noch neuerdings aus der Pflanzenwelt zieht, nicht so gar gering anzuschlagen ist. Freilich tritt er gegen den zurück, den sie der Schwesterwissenschaft, der Chemie, verdankt. Ein Vergleich des gegenwärtig gültigen Neudruckes des deutschen Arzneibuches mit der ersten Ausgabe der Pharmacopoea Germanica zeigt ein Plus von 48 Mitteln, die sich die Chemie wird zurechnen wolleu. Eine ganze Anzahl davon werden ihr freilich streitig zu machen sein, nähmlich 14, die aus Pflanzen gewonnen werden, an denen also Pharmakognosie und Botanik ebenfalls Antheil haben, 2 aus dem Thierreich, dann 14 neue Salze u. dgl. und endlich 18 wirklich neue Stoffe. Unzweifelhaft ist also das Uebergewicht auf Seiten der Chemie, die jetzt mit so vieler Energie und Umsicht an der Darstellung neuer Arzneimittel arbeitet. Trotzdem ist es bekannt, dass von der grossen Anzahl neuer Heilmittel, die die Chemie herstellt, auch nur ein verhältnismässig geringer Theil sich einen dauernden Platz im Arzneischatz erobert. Und doch sind die planmässig hergestellten chemischen Arzneimittel den fremden, zunächst nur sehr unvollkommen bekannten Drogen gegenüber bedeutend, im Vortheil.

Ich glaube übrigens, dass es möglich gewesen wäre, noch einer nicht unerheblich grösseren Zahl von Arzneidrogen einen dauernden Platz anzuweisen, wenn man oft etwas anders zu Werke gegangen wäre bei ihrer Bearbeitung. Ich glaube, es ist nicht überflüssig, darauf aufmerksam zu machen. Eine sehr grosse

Anzahl der neuen Drogen kann ausser Betracht bleiben, sie sind in der Literatur nur ganz vorübergehend aufgetaucht, die Notizen und Beschreibungen, die man ihnen mitgegeben hat, sind oft ziemlich nichtssagend oder einfach älteren Quellen entlehnt. Ich will nicht behaupten, dass unter diesen nicht auch Werthvolles sei, oft genug mag nur der Embarras de richesse verhindert haben, das Einzelne genauer ins Auge zu fassen.

An der Erforschung der andern ist nun gearbeitet worden und zwar nach verschiedenen Richtungen, die oft nicht an das Ziel führen konnten. So scheint es, als ob man vielfach nach nur oberflächlicher, allgemeiner Charakterisirung der Droge dieselbe zu Versuchszwecken nach den mitgekommenen Notizen in Gebrauch genommen habe. Wie man dabei verfahren ist, entzieht sich selbstverständlich meiner Beurtheilung, ich will aber die Bemerkung nicht unterdrücken, dass die ersten Berichte oft wohl zu enthusiastisch ausgefallen sein mögen; wenn dann neue Versuche gemacht wurden und diese dann den ersten Berichten nicht recht entsprachen, so wurde die Sache bald ad acta gelegt, während vielleicht doch eine vielseitigere, recht unbefangene Prüfung einen brauchbaren Kern herausgeschält haben würde. Aber nehmen wir an, die ersten Versuche sind zufriedenstellend ausgefallen, die erste Quantität der neuen Droge ist erschöpft und es entsteht der Wunsch nach neuer Zufuhr. Mit grösserer oder geringerer Mühe, je nachdem seine Verbindungen mit dem fremden Lande mehr oder weniger feste sind, wird der Kaufmann diesem Wunsche entsprechen. Es fällt auf, dass die zweite Sendung der neuen Droge der ersten im Aussehen, Geschmack, Geruch nicht recht entspricht, da man sich aber die erste nicht recht angesehen hat und sie völlig aufgebraucht ist, so kann Klarheit darüber nicht gewonnen werden und es werden mit der neuen Sendung wieder Versuche angestellt, die nun aber den mit der ersten erlangten gar nicht entsprechen. Selbstverständlich wird der Arzt es bald ablehnen, mit einem anscheinend so unsicheren Mittel weitere Versuche zu machen. Der Grund für diese Differenz ist natürlich ein sehr einfacher, die zweite Sendung enthielt gar nicht dieselbe Droge wie die erste. Das kann sehr leicht vorkommen. Derjenige, der die Droge besorgt, ist in vielen Fällen gar nicht oder doch nicht hinreichend sachverständig, er ist oft auf Eingeborne angewiesen, die ihm das Gewünschte besorgen. Diese wissen vielleicht nicht recht, was man von ihnen verlangt, oder sie besorgen aus Nachlässigkeit und Faulheit das erste beste, oder endlich, sie werden stutzig, da der Europäer ein grosses Interesse zeigt und glauben, ihm die anscheinend werthvolle Heilpflanze verheimlichen zu sollen. Die Gründe können auch noch andere sein: Die Droge gelangt mit einem, oft wohl nicht einmal korrekt wiedergegebenen Eingebornen-Namen nach Europa, dessen Bedeutung man nicht kennt, die vielleicht eine ganz allgemeine oder unbestimmte ist. Sie wird unter demselben Namen wieder erlangt. Nun werden aber mit demselben Namen mehrere Wurzeln, Rinden oder Früchte bezeichnet, die von gar nicht miteinander verwandten Pflanzen abstammen und deren Wirkung eine recht verschiedene ist, die aber für den Eingebornen etwas Gemeinsames haben, was wir vielleicht nicht kennen. Ich erinnere an die interessanten Drogengruppen in Süd- und Mittelamerika: *Guaco*, *Condurango*, *Jaborandi*. Die zweite Sendung stammt von einer andern Pflanze desselben Namens, und es wird beim Gebrauch das eintreten, was ich eben andeutete.

Ich halte es auch nicht für richtig, in erster Linie eine chemische Untersuchung vorzunehmen, um die wirksamen Bestandtheile des neuen Mittels in möglichst reiner Form abzuscheiden, obschon das Bestreben der Medicin gegenwärtig vielfach dahin geht, diese an Stelle der freilich in der Zusammensetzung oft unsicheren Droge anzuwenden. Es ist geradezu erstaunlich, wie sehr im Anfange die Angaben darüber schwanken, welcher Bestandtheil oder welche Bestandtheile die wirksamen sind, ob das ein Gerbstoff, ein Harz, ein ätherisches Oel, ein Alkaloid, Glykosid ist. Gehen doch oft drei, vier Untersuchungen darüber auseinander, ob eine Droge überhaupt ein Alkaloid oder ein Glykosid enthält. Ich gebe natürlich gern zu, dass diese Unsicherheit in vielen, aber sicher nicht in allen Fällen dadurch entsteht, dass die Untersucher, wie oben angeführt, nicht dieselbe Substanz in Händen gehabt haben. Wie schwierig es ist, über die wirksamen Bestandtheile der Arzneipflanzen ins Reine zu kommen, zeigen so viele Beispiele, ich erinnere an die Solanaceen, an die Ipecacuanha, an Koso, an das Mutterkorn u. s. w., es vergeht kein Jahr, welches uns nicht über diese und viele andere Drogen neue chemische Arbeiten bringt, die unsere Kenntniss wohl fördern, aber immer noch nicht abschliessen.

Die ersten Schritte zu einer **genauen** Kenntniss neuer Arzneipflanzen müssen in ihrer Heimath gethan werden. Derjenige, der solchen seine Aufmerksamkeit zuwendet, sollte sich sagen, dass ein möglichst sorgfältiges Zusammentragen alles dessen, was auf sie Bezug hat, unerlässlich ist. Dazu gehört in erster Linie, dass die Pflanze, von der die Droge stammt, ermittelt und gesammelt wird, um eine wissenschaftliche Bestimmung zu ermöglichen. Dann sollte man, und das geschieht ja auch meistens, die heimischen Namen der Droge, und wenn möglich deren Bedeutung ermitteln. Dieselben erweisen sich denn oft ziemlich nichtssagend und erklären, warum mehrere Drogen unter demselben Namen vorkommen. Dann ist es sehr wichtig, und nicht nur für die Pharmakognosie, möglichst alles mitzutheilen über die Verwendung der Pflanze. Die verschiedenen Theile der Pflanze können verschiedenen Zwecken dienen. Die Verwendung desselben Theiles kann eine verschiedene sein, und zwar zunächst eine medicinische.

Daneben kann dieselbe Pflanze auch anderen Zwecken dienen, und darin liegen oft Hinweise für die wissenschaftliche Untersuchung, sie kann verwendet werden als Fischgift, zur Herstellung von Pfeilgift, zum Vergiften oder Betäuben schädlicher oder werthvoller Jagdthiere, in der Rechtspflege zur Ermittelung der Wahrheit bei Gottesurtheilen, zur Bestrafung Schuldiger. Sie kann als Nahrungsmittel und Gewürz dienen, als geschlechtliches Reiz- oder Abstumpfungsmittel u. s. w. Wenn möglich, sollten auch Erfahrungen mitgetheilt werden, ob die Angaben der Wilden über die Eigenschaften auf Wahrheit beruhen, ob die Drogen die ihnen nachgerühmten Heilkräfte wirklich besitzen, und zwar bei Eingeborenen und Europäern. Es versteht sich von selbst, dass sich ein Nichtmediciner damit auf ein sehr unsicheres Gebiet begiebt, aber auch der Laie sollte seine Beobachtungen mittheilen, er soll sich nur bemühen, recht objektiv zu sein. Endlich sind auch Ermittelungen anzustellen über die specielle Herkunft, über die Zeit und Methode des Einsammelns, Präparierens für den Export (Trocknen, Brühen, Räuchern etc.). Man soll denken, dass der Wissenschaft mit einer kleinen Anzahl sorgfältig und umsichtig eingesammelter Arzneidrogen ein grösserer Dienst geleistet werden kann, als mit einer grossen Masse verschiedener, kleiner Muster, denen dann nur ein Neger- oder Indianername und höchst unsichere Angaben über die Verwendung mitgegeben werden.

Ich weiss sehr wohl, dass die zahlreichen Forderungen, die im Vorstehenden aufgestellt sind, nur unter besonders günstigen Bedingungen erfüllt werden können. Der Reisende, der sich am selben Ort nur kurze Zeit aufhalten kann, der Schiffer, der einen entlegenen Hafen mehr zufällig aufsucht und ihn bald wieder verlässt, sie werden froh sein, überhaupt etwas erhalten zu können, wenn es auch unvollständig ist, das versteht sich von selbst. Wer aber Gelegenheit hat, mit Musse zu sammeln, der sollte sich die Mühe nicht verdriessen lassen, und wenn es nicht die Liebe zur Wissenschaft ist, die ihn dazu treibt, so sollte er sich vergegenwärtigen, dass mit einem solchen neuen Arzneimittel, wenn es sich als wirksam erweist, ein sehr gutes Geschäft gemacht werden kann.

Dass die weitere Bearbeitung dann oft nicht die richtigen Bahnen eingeschlagen hat, ist schon oben angedeutet. Ich denke, da sollte der Pharmakognost das erste Wort haben, weil es in erster Linie nöthig ist, das neue Mittel in der Weise festzulegen, dass es unter allen Umständen recognoscirt werden kann. Bei Blüthen, Blättern, auch Früchten und Samen sollen die Angaben, die der Droge mitgegeben werden, auf Grund der botanischen Systematik controllirt, und unter Umständen corrigirt werden. Da aber schon bei den Blättern, Früchten und Samen oft die botanische Kenntniss eine mangelhafte ist, so soll hier schon die anatomische Untersuchung eingreifen, die bei Rinden, Hölzern,

Wurzeln u. s. w. in erster Linie stehen muss. Nach dieser Richtung ist ausserordentlich viel gesündigt worden. Die Beschreibungen, die den neuen Drogen mitgegeben sind, sind in vielen Fällen ganz nichtssagend, so dass es mit dem besten Willen nicht möglich ist, sich auch nur einigermassen ein Bild zu machen. Und doch ist das, was ich verlangen möchte, nicht viel und nicht schwer, und die meisten jungen Apotheker, die auf der Hochschule ihre Vorlesungen über Botanik gehört und die mikroskopischen Kurse, speciell solche, die sich mit der Untersuchung von Drogen beschäftigen, mitgemacht haben, sollten wohl im Stande sein, sie auszuführen.

Beim Blatt sollte nach der Beschreibung des äusseren Aussehens das Bild des Querschnittes beschrieben werden: 1. Form des Mittelnerven, 2. ist derselbe mit Faserbelegen versehen? 3. ist zwischen ihm und der Epidermis deutliches Collenchym vorhanden? 4. sind Pallisaden nur auf einer oder auf beiden Seiten des Blattes vorhanden? 5. sind dieselben ein- oder mehrreihig? 6. sind Sekretbehälter vorhanden? 7. Beschreibung der beiden Epidermen im Querschnitt, sind Trichome vorhanden und welche? 8. sind Krystalle im Blattgewebe vorhanden, Einzelkrystalle, Drusen, Sand u. s. w.? Ein paar Tangentialschnitte durch die Ober- und die Unterseite belehren dann weiter über die Form der Epidermiszellen, Vertheilung, Zahl und Grösse der Spaltöffnungen.

Beim Samen würde die Samenschale und ihr oft so interessanter und charakteristischer Bau die Aufmerksamkeit fesseln. Dann ist festzustellen, ob der Samen Nährgewebe enthält oder nicht, ob dasselbe gross oder klein ist.

Dann folgen Angaben über die Form und Grösse der Keimblätter, der Radicula und Plumula, endlich die sehr wichtigen über die Inhaltsbestandtheile des Samens, ob Stärke oder Aleuron und Fett, ob Sekretbehälter vorhanden sind etc.

Am wichtigsten und eigentlich allein von Werth ist die mikroskopische Untersuchung bei den Rinden, Stengeln und Wurzeln. Vielleicht am meisten Schwierigkeiten kann man bei den Rinden finden, da der Bau derselben je nach dem Alter derselben ein recht verschiedener sein kann, was bei Stengeln, Wurzeln etc. gewöhnlich nicht in demselben Masse zutrifft. Es ist festzustellen, ob die Rinde noch primären Bau erkennen lässt neben dem sekundären, oder ob die primäre Rinde durch Borkebildung völlig abgeworfen ist, in welchem Fall das Bast unmittelbar an den Kork grenzt. Die Beschreibung des Korkes hat Werth zu legen darauf, ob die Zellen desselben ausschliesslich dünnwandig sind, oder ob auch oder ausschliesslich dickwandige, die rings herum oder nur einseitig verstärkt sind, vorkommen. Die Mittelrinde ist oft durch Sklerose ausgezeichnet, es können einzelne Steinzellen oder Gruppen von solchen, oder endlich ein einfacher oder doppelter sklerotischer Ring, der wieder aus Steinzellen und Faserbündeln gemischt sein kann, vorhanden sein. Die stärkere oder schwächere Sklerose kann leicht zu falschen Schlüssen führen, da Rinden, bei denen im jüngeren Alter die Sklerose auf die Mittelrinde beschränkt ist, diese, wenn sie älter sind, auch weit in den Bast vordringend zeigen können. Die Beschaffenheit des Bastes selbst ist natürlich von grösster Wichtigkeit, es kommen in Betracht die Breite und Höhe der Markstrahlen, in den Baststrahlen das gegenseitige Verhältnis aus Hartbast und Weichbast, besonders der erstere verleiht den meisten Rinden ein charakteristisches Gepräge. Besteht er aus Fasern oder aus Steinzellen, oder kommen beide zusammen vor, finden sich um die Faserbündel Krystallscheiden? Wichtig ist die Beschaffenheit der Siebröhren, leider sind sie in trocknen Drogen oft schwer aufzufinden. Dazu kommen dann wieder die Sekretbehälter, die hier schon eine genauere Charakterisierung zulassen bezüglich ihrer Beschaffenheit, ob es einzelne Zellen sind, ob sie lysigen oder schizogen entstanden sind u. s. w., endlich die Krystalle, die Stärke. Einzelne einfache mikrochemische Reaktionen, wie die auf Gerbstoffe, helfen das Resultat vervollständigen.

Es kann nicht meine Aufgabe sein, hier eine allgemeine Anleitung zur mikroskopischen Untersuchung von Drogen zu geben. Die wenigen Andeutungen mögen genügen.

Eine solche Untersuchung, die, einige Geschicklichkeit und Uebung vorausgesetzt, in wenigen Stunden ausgeführt ist, genügt, die Droge soweit zu charakterisieren, dass sie wieder erkannt werden kann. Selbstredend wird eine weitergehende, genaue Untersuchung noch in vielen Fällen wissenschaftlich Werthvolles zu Tage fördern können.

Eine mikroskopische Charakteristik ist auch noch aus einem andern Grunde wichtig. Die botanische Systematik beschränkt sich gegenwärtig nicht mehr auf die Verwerthung der mit blossem Auge oder mit der Lupe sichtbaren Merkmale, sondern sie zieht in stetig wachsendem Umfange die Anatomie mit in ihren Kreis. Ein Studium des Baues der Drogen ermöglicht also in vielen Fällen wenigstens bis zu einem gewissen Grade zu controlliren, ob die Bezeichnung einer Droge richtig ist, oder eine nicht bekannte zu bestimmen. Wenn man sich längere Zeit mit der Untersuchung neuer, wenig bekannter Drogen beschäftigt hat, so weiss man, dass eine solche Controlle sehr nothwendig ist.

Es sind im Laufe der letzten Jahre recht oft äusserlich ähnliche, aber im Bau grundverschiedene Drogen unter demselben Namen vorgekommen. Die Uebelstände, die das mit sich führt, sind oben angedeutet. Man wird auf den folgenden Blättern derartige Beispiele genug finden.

Ich denke, dass nun erst, wenn man die Droge fixirt hat, ihre weitere Prüfung, sei es nach der medicinischen, sei es nach der chemischen Seite, folgen sollte. Wenn dann bei der weiteren Untersuchung Unvermuthetes und dem früher gefundenen Widersprechendes gefunden wird, ist man in den Stand gesetzt, sich zu überzeugen, ob die vorliegende Droge wirklich dieselbe ist, auf die sich frühere Angaben beziehen. Es hiesse manchen Chemikern, die sich mit der Untersuchung solcher Drogen beschäftigt haben, jedes Verständniss und jede Fähigkeit absprechen, wenn man den Grund für die vielen und grossen Differenzen bei der Untersuchung nicht darauf schieben wollte. Wie wollte man es sonst erklären, wenn der eine Chemiker in einer Droge ein oder mehrere Alkaloide in reichlicher Menge findet, der zweite keine Spur von Alkaloiden, dagegen vielleicht ein Glykosid, und der dritte vielleicht wieder die Beobachtungen des ersten bestätigt. Es versteht sich von selbst, dass damit die Thatsache nicht berührt wird, dass in der That bezüglich des Gehaltes an wirksamen Bestandtheilen und chemisch gut charakterisirten Stoffen nach Alter, Zeit der Einsammlung, Art und Weise der Conservirung grosse Unterschiede bestehen, aber auch hier wird man dem wahren Sachverhalt nur nahe kommen können, wenn man genau weiss, was man in Händen hat.

Oft genug stösst man auf die Ansicht, dass die chemische Untersuchung einer Droge abgeschlossen ist, wenn es gelingt, chemisch gut characterisirte Körper aus ihr auszuscheiden. Häufig sind das aber gar nicht die Stoffe, denen die Wirkung zukommt, oder an derselben sind andere, weniger leicht zu fassende Körper betheiligt. Deshalb ist es nicht überflüssig, auch von Anfang an ein Augenmerk zu richten auf die beste Form, in der eine Droge zur Verwendung zu gelangen hat, sei es in Substanz, sei es ein alkoholischer, ätherischer oder wässeriger Auszug.

Ich habe die Ueberzeugung, wenn an der weiteren Erforschung der Arzneipflanzen recht planvoll, recht sorgfältig und vor allen Dingen recht geduldig weiter gearbeitet wird, dass dann ein weiterer erheblicher Gewinn für die Heilkunde nicht ausbleiben kann, trotz der gegenwärtigen Tendenz, die den Arzneipflanzen nicht sonderlich hold ist.

A.

Abelmoschus. *Abelmoschus moschatus Med.* (syn.: Hibiscus Abelmoschus L.) (Malvaceae — Hibisceae).

Heimisch in den heissen Strichen Ostindiens, jetzt in allen Tropengebieten kultivirt.

In Amerika benutzt man auch Blätter und Stengel, sonst finden nur die Samen (Bisamkörner, Ambrettekörner, Sem. Abelmoschi, Sem. Alceae moschatae seu aegyptiacae, Grana moschata; in Indien: Mishk-dánah, Mishk-bhendi-ke-bij [hind.], Kastori-benda-vittulu [tel.], Káttuk-kasturi [tam.], Kasturi-dána [beng.], Kasturi-bhenda-che-bij [mar.]) Verwendung, und zwar in Indien noch jetzt als nervenanregendes Mittel, in Amerika gegen den Biss der Klapperschlangen, in Europa wohl nur zu Parfümerien als Ersatz des Moschus. Besonders geschätzt und früher ausschliesslich im Handel sind westindische Samen (Martinique), seit etwa 20 Jahren liefert auch Ostindien. Die letztere Sorte ist zuweilen mit Erde und anderen Samen (Trigonella bis $14\,^0/_0$) stark verunreinigt (Ch. Z. 1885, Nr. 7).

Die Samen sind nierenförmig, 4 mm lang, 3 mm breit, von grünbrauner Farbe, mit helleren Längsstreifen. Der Nabel ist gross, schwärzlich, über ihm die Mikropyle als Wärzchen kenntlich. Sie riechen stark nach Moschus. Das riechende Princip ist in der Samenschale enthalten. Ueber den Bau des Samens vgl. Encyklopaedie I, p. 10.

Sie enthalten $0,1—0,25\,^0/_0$ eines ätherischen Oeles, das Träger des Geruches ist. Spec. Gew. bei $25^0 = 0,900—0,905$. Es erstarrt bei einer Temperatur unter 10^0. Enthält eine freie Fettsäure, wahrscheinlich Palmitinsäure, die sich schon bei gewöhnlicher Temperatur ausscheidet.

Als *Ambresetteseed-Oel* ist ein Oel von Amerika in den Handel gebracht, das nur wenig nach Moschus roch und sonst aus Copaivabalsam-Oel bestand.

Die Samen von *Abutilon indicum (L.) S. Don* (Malvaceae — Malveae), die in der chinesischen Medicin als Tung-kwei-tzu verwendet werden, verwechselt man zuweilen mit den Moschuskörnern; sie sind ohne Aroma. cf. pag. 25.

Litt.: Kosteletzky V, 1864. Dymock I, 209. Schimmel & Co. 1887. 1888.

Abolboda (Xyridaceae).

Abolboda brasiliensis Kth. Heimisch in Brasilien (Minas Geraes, St. Paulo, Goyaz, Matto Grosso). Namen: Jupicai mirim. Der Saft der gestossenen Blätter und Wurzeln wird äusserlich als Umschlag gegen eine Hautkrankheit (Zoster) angewendet.

Litt.: Pharm. Rundschau (New York) 1892, p. 164.

Abolboda Poarchon Seub. Heimisch in Brasilien in den Staaten Minas und Goyaz. Namen: Maririsso, Mariri co, Capim rei. (Diese Namen führt auch *Sisyrinchium galaxoides Fr. Allem.*) Die Wurzel und der frisch ausgepresste Saft werden als Abführmittel benutzt.

Litt.: Pharm. Rundschau (New York) 1892, p. 164.

Abooro.

1887 von West-Afrika als Heilmittel gegen Kinderblattern gekommene Droge, aus Wurzeln und Stengeln einer Pflanze bestehend.

Litt.: Christy & Co. Nr. 10. 1877, p. 120.

Abrus. *Abrus precatorius L.* (Papilionaceae — Vicieae).

Ursprünglich wohl in Ostindien heimisch, jetzt überall in den Tropen. Namen der Pflanze: Jequirity, schönsamiger Süssstrauch, indianisches oder indisches Süssholz, Süssholz von Jamaica, Liane de réglisse, Réglisse d'Amerique, Herbe à beau-père, Arbre à chapelet (franz.). Indian licorice etc., Licorice vine, Crab's-eye vine, Licorice bush (engl.). Peonia de San-Tomás, Saga de Filipinas, Regaliz de las Antillas, Abro de cuentas de rosarie (span.). In Indien: Gunj, Ghungachi (hind. beng.), Gunjha (mar.), Gundumani (tam.), Chanoti (guz.), Guri-ginja (tel.), Gulganji (can.).

Die Wurzel (Radix Abri), Stengel und Blätter schmecken süss und werden in den Tropen wie Süssholz verwendet; Stengel und Blätter enthalten Glycyrrhizin, und zwar die Blätter $9—10^0/_0$.

Wichtiger geworden sind die Samen, von denen man seit lange anführt, dass sie giftig wirken. In Ostindien gelten sie auch als Aphrodisiacum. Mit den ganz allgemeinen Nachrichten über ihre Giftigkeit steht die Angabe, dass sie in Aegypten gegessen werden, in Gegensatz. Nach Versuchen von Warden und Waddell sollen die Samen vom Magen aus nicht giftig sein, wogegen schon 0,1 g unter die Haut gebracht, nach 48 Stunden tödten. Bekannt ist die Verwendung zu Rosenkränzen, Halsketten und allerlei Verzierungen. Jede Hülse der Pflanze enthält 4—6 erbsengrosse, etwas längliche Samen, die hartschalig, von scharlachrother Farbe, mit grossem schwarzen Fleck um den Nabel versehen sind. Ueber den Bau des Samens vgl. Pharmaceut. Zeitung 1884, p. 749.

Namen der Samen: Jequiritysamen, Paternostererbse, Giftbohne. Grains ou pois d'Amerique (franz.). Red bean, Love-pea, Yellow seed, Scarlet seed, With black eye, Preyer bead, John Crow bead, Jumble bead (engl.).

Neuerdings (seit 1882) haben die Samen die Aufmerksamkeit erregt als Heilmittel bei gewissen Augenkrankheiten. Auf amerikanische Quellen gestützt, machte de Wecker (Compt. rend. XC. 5. 299) darauf aufmerksam, dass ein kalt bereiteter Auszug der zerkleinerten Samen in die Augen gestrichen, eine hochgradige eiterige Entzündung derselben hervorruft, und dass nach Ablauf derselben manche Leiden, wie granulöse oder diphtheritische Bindehautentzündungen gebessert oder geheilt sind. Man schrieb diese Wirkung anfänglich einem in dem Samenauszug sich findenden Bacillus zu. Die Unrichtigkeit dieser Ansicht wurde bald dargethan, und man weiss jetzt, dass der giftig wirkende Bestandtheil ein Eiweisskörper „Abrin" (Jequiritin) ist, von dem $0,00001$ g für das Kilo Körpergewicht, ins Blut eingeführt, tödten. Nach Martin (Pharm. Journ. and Trans. 1889. [3] p. 197) besteht der wirksame Stoff aus zwei Eiweissstoffen, einem Globulin (Paraglobulin) und einem der Albuminose verwandten.

Hellin (Dorpat. Diss. 1891) und Ehrlich (Deutsch. med. Wochenschr. 1891, Nr. 44) haben das Abrin mit dem Ricin verglichen und gefunden, dass das erstere um die Hälfte weniger toxisch wirkt, wie das letztere. Ehrlich empfiehlt, mit sehr verdünnten Lösungen ($^1/_{500000}$) anzufangen; er fand, dass pannöse Trübungen relativ schnell aufhellten und Ulcera rasch verschwanden.

Ausserdem enthalten die Samen eine krystallinische Säure, die an der Wirkung nicht betheiligt ist.

In Amerika hat man die Droge auch gegen Lupus und andere Hautkrankheiten angewendet.

Litt.: Kosteletzky. IV, 1293. Dymock I, 430. Parke, Davis & Co. 1892. 842. New Remedies 1883. Juni, p. 163. Schuchardt, Korrespondenzblatt d. allgem. ärztl. Vereins v. Thüringen, 1884, Nr. 10. Pharmac. Zeitung, 1884, Nr. 73. Pharm. Journ. and Trans. 1894, Nr. 1246, p. 937.

Abutilon. *Abutilon indicum G. Don* (Malvaceae — Malveae).

Die Samen, die ihres Schleimgehaltes wegen im westlichen Theile von Ostindien geschätzt werden, sind 1892 als „Balbij" nach Europa eingeführt. Sie sollen auch diuretisch wirken. Vgl. auch Abelmoschus.

Litt.: Gehe & Co., April 1892. Dymock I, 207.

Acacia (Mimosaceae — Acacieae).

Acacia Angico Mart. — Heimisch im nördlichen Brasilien. Liefert als „Angicoharz" ein dunkelbraunrothes, durchsichtiges Gummi in bis 100,0 g schweren Stücken, das gegen Brustleiden angewendet wird.

Litt.: Pharm. Zeitung 1882. 624. 628.

Acacia anthelmintica Baill. (syn.: Albizzia anthelmintica A. Brogn.) Die Rinde dieses in Abyssinien und Kordofan heimischen Baumes ist neuerdings unter dem Namen „Moussena" als Bandwurmmittel vorgekommen. Sie ist aber unter diesem Namen, sowie als Massena, Basena, Besena, Abusenna, schon seit langer Zeit bekannt. Bildet 6—8 mm dicke, flache oder rinnenförmige Stücke, mit dünnem, schwärzlich grauem Kork bedeckt. Bruch in der Mittelrinde körnig in Folge des Vorhandenseins umfangreicher, schon mit blossem Auge sichtbarer Gruppen von Steinzellen. Der Bast bricht splittrig, er enthält Bastfasergruppen, mit Krystallzellen umscheidet (Kammerfasern). Enthält „Musenin", einen dem Saponin verwandten, vielleicht damit identischen Stoff. Dosis: 40—60 g als Pulver oder Aufguss von 30 g.

Litt.: Journ. de Pharm. et Chim. 1889, XIX, p. 67. Neues Rep. f. Ph. VII, p. 346. Vogl, Comment. z. österr. Ph.

Acacia arabica Willd. Im tropischen Asien und Afrika.

Namen in Indien: Babul, Kiker (hind.), Kuruveylam (tam)., Baval (guz.), Karijali (can.). Die Rinde wird ihres Gerbstoffgehaltes wegen technisch verwendet, sie enthält 22,44—31,88 % Gerbstoff. Ferner liefert der Baum Gummi, „weisses Berberei- oder Mogadorgummi", das als Nahrungsmittel dient.

Die Hülsen liefern die ebenfalls als gerbstoffreiche Droge bekannte „Bablah" zum Theil.

Litt.: Kosteletzky IV, 1362. Dymock I, 556. Ph. Journ. and Trans. 1890 p. 719. 1892 p. 1073.

Eine Anzahl von Arten, die in Australien heimisch sind, liefern das als Ersatz des Gummi arabicum empfohlene Wattle-Gummi. Das Produkt ist sehr ungleich, da die Löslichkeit in Wasser mit dem Metarabingehalt abnimmt. Lösliches, also metarabinfreies Gummi liefern *Acacia homalophylla A. Cunn., A. pendula A. Cunn., A. sentis.* Gummi mit mässigem Metarabingehalt liefern *Acacia binervata F. Müll., A. dealbata Lk., A. elata A. Cunn., A. glaucescens Willd., A. penninervis Sicha.* Der Metarabingehalt beträgt 4—12 %. Metarabinreich (9,2—41,07 %) sind *Acacia decurrens Willd.*, (Sidney-Gummi) *A. mollissima Willd., A. vestita Ker-Gawl.*

Litt.: Ph. Journ. and Trans. 1890, p. 869.

Von folgenden der soeben genannten Species wird die Rinde zum Gerben benutzt: Acacia dealbata Lk. (Silver wattle), *A. decurrens Willd.* (Tan-wattle), liefert auch eine Sorte Kino, *A. homalophylla A. Cunn. (Myall)*, der Saft der Hülsen dient als Heilmittel.

Ferner ist Gummi von einer Reihe indischer Acacien als Ersatz des Gummi arabicum empfohlen worden, nämlich von: *Acacia leucophloea Willd., A. Catechu Willd., A. ferruginea DC., A. Farnesiana Willd., A. modesta Wall., A. arabica Willd.* (s. oben).

Litt.: Ph. Journ. and Trans. 1892, p. 1073.

Von den genannten ist die wahrscheinlich in Westindien heimische *A. Farnesiana Willd.* auch sonst bemerkenswerth: die

Wurzel und die Hülsen dienen zum Schwarzfärben, erstere auch zu Bädern, die sehr wohlriechenden Blüthen (fälschlich als „Cassia-blüthen" bezeichnet, von den Arabern: „Ban" genannt), liefern Parfüm, man verwendet sie zu krampfstillenden Theeaufgüssen, als insektentödtendes Mittel und als Aphrodisiacum.

Acacia delibrata A. Cunn. Die in Australien (Queensland) heimische Pflanze enthält einen saponinartigen Stoff, der giftig wirkt.

Litt.: Austral. Journ. of Ph. 1887, p. 103.

Acacia digyna (?). Die Hülsen (Tarischoten) enthalten 33,25 $^0/_0$ Gerbstoff.

Acacia stenocarpa Hochst. Liefert Suak- oder Talhagummi. Das angeblich aus dieser Pflanze dargestellte Alkaloid „Steno-carpin", das auch in *Gleditschia triacanthos L.* vorkommen soll, ist ein Gemenge von Cocainhydrochlorid und Atropinsulfat.

Litt.: Med. Record. VIII, 1887. Therapeut. Monatsh. 1887.

Acacia tenerrima Miq. enthält in der Rinde ein Alkaloid, das erste in einer Acacia gefundene.

Litt.: M. Gresshoff. Mededeelingen uit 's Lands Plantentuin etc. VII. Batavia 1890.

Acacia Giraffae Willd. „Camelthorn", im heissesten Süd-afrika. Liefert Gummi. Die Samen sind als Kaffeesurrogat empfohlen worden. Sie sind 1,2 cm lang, 0,8 cm breit, 0,4 cm dick, grünlich braun, auf den flachen Seiten mit je einem scharf umgrenzten, heller gefärbten Kreis. Die Palissaden der Samen-schale sind 210 μ. lang, eine deutliche Schicht von Trägerzellen ist nicht ausgebildet.

Litt.: Chem. Zeitung 1887, p. 819.

Acacia micrantha Benth. Heimisch in Caracas und Mexico. Liefert Ciyi-Gummi, das von braunrother Farbe sich zu 26 $^0/_0$ löst. 74 $^0/_0$ bilden eine dunkle Gallerte.

Litt.: Zeitschr. f. Nahrungsm.-Unters., Hygiene u. Waarenk. 1894, p. 73.

Acaena (Rosaceae — Sanguisorbeae).

Acaena splendens Hook et Arnott. „Cepacaballo" in Chile. Die Droge besteht aus den holzigen, verzweigten, mit den Blatt-basen bedeckten Stämmen. Wird bei Leberaffectionen und als Diureticum verwendet. In ähnlicher Weise benutzt man *A. pin-natifida Ruiz et Pavon* und *A. argentea R. et P.*

Litt.: Kosteletzky IV, 1465. Pharm. Journ. and Trans. 1892, p. 879.

Acalypha (Euphorbiaceae — Acalypheae).

Acalypha indica L., in den Tropen der alten Welt.

Namen in Indien: Kuppi, Khokali (hind.), Dádaro (Guz.), Muktajuri, Shwet-basanta (Beng.), Kuppaimeni (tam.), Kuppai-chettu, Murkanda-chettu, Puppanti, Harita-manjari (tel.), Chalmari, Kuppi (Can.), Kuppa-mani (Mal.).

Die Pflanze gilt als Emeticum und Expectorans, und wird als Ersatz der Senega empfohlen. Sie enthält ein Alkaloid: „Acalyphin."

Litt.: Kosteletzky V, 1742. Dymock III, 294. Christy & Co. IX, 64.

Achillea (Compositae — Anthemideae).

Achillea coronopifolia Willd.

Liefert ein tiefblaues, dünnflüssiges, ätherisches Oel von an Tanacetum erinnerndem Geruch vom spec. Gew. 0,924.

Litt.: Schimmel & Co. 1893. April, p. 65.

Achras (Sapotaceae — Palaquieae — Sideroxylinae).

Achras Sapota L. Heimisch auf den Antillen, der wohlschmeckenden Früchte wegen überall in den Tropen kultivirt.

Namen: Sapota, Zapota (Namen der westindischen Eingeborenen), Breiapfel, Sapotillbaum. Sapodille-tree (engl.), Sapotier (franz.), Nispero (span.), Mispelboom (holl.).

Das Holz ist wegen seiner Festigkeit als Bau- und Werkholz sehr geschätzt. Der Baum liefert wie viele andere Sapotaceen eine Art Guttapercha, das Chicle. Zu seiner Gewinnung benutzt man nicht nur die Rinde, die ein röthliches Produkt *(Chicle commun)* liefert, sondern auch die Früchte *(Chicle virgen)*. Zur Gewinnung lässt man den Saft der Früchte gähren und es setzt sich dann das aussen gelbliche, innen weisse Chicle ab. Die Rinde dient in ihrer Heimath Westindien und in Südamerika als Fiebermittel, wie wahrscheinlich auch andere Sapotaceenrinden.

Eine Beschreibung der Rinde lieferte neuerdings Bernou (Journ. de Pharm. et Chim. 1883, p. 306). Die Beschreibung weicht von der von Moeller (Anatomie der Baumrinden, p. 195) sehr ab. Nach dem Referat in Pharm. Jahresber. 83. 84, p. 144 finden sich im Bast nur eine grosse Anzahl nach koncentrischen Bogenlinien angeordneter Bastfasern, wogegen nach Moeller die Schichtung des Bastes eben nur angedeutet ist. Ferner führt Moeller kleine Gruppen isodiametrischer Steinzellen an, und um die Bastfasern Kammerfasern mit grossen Oxalatrhomboedern.

Bernou fand in seiner Rinde, die also mit der Moeller'schen wohl nicht identisch ist, ein von ihm als „Sapotin" bezeichnetes Alkaloid, und neben anderen Bestandtheilen eine Gerbsäure. Ebenfalls in der Rinde von Achras Sapota (in welcher?) ist dann etwas später (Arch. d. Sc. phys. et natur. 1891) ein Glykosid aufgefunden und ebenfalls „Sapotin" genannt. Es ist mikrokrystallinisch, weiss, geruchlos, bitter, reizt zum Niesen und die Augen zu Thränen. Es schmilzt bei 240° unter Bräunung. Mit Schwefelsäure wird es anfangs orangeroth, dann granatroth. Mit verdünnten Säuren zerfällt es in Glycose und Sapotiretin. Formel des Sapotins: $C_{29}H_{52}O_{20}$.

Die bitteren Samen gelten als Heilmittel gegen Blasenkatarrh.

Litt.: s. im Text. Kosteletzky III, 1102. Amer. Chem. Journ. XIII, p. 572.

Achyranthes (Amarantaceae — Achyranthinae).

Achyranthes aspera L. In allen Tropen verbreitet. Namen in Indien: Unga, Latchira, Chirchira (hind.), Apang (beng.), Pándheva-ághada (mar.), Sufed-ághado (guz.), Na-yurivi (tam.), Uttareni, Antisha (tel.), Katalati (mal.). Findet in Indien wegen ihres reichen Gehaltes an Alkalien medicinische Verwendung. Die Asche enthält 17,84—32,008 $^0/_0$ Ka.

Litt.: Kosteletzky IV, 1445. Dymock III, 135. Chem. News 1891, p. 161. Ph. Journ. and Trans. Ser. III, 946 ff.

Acokanthera (Apocynaceae — Carisseae).

In einem grossen Theile Afrikas (von Erythrea bis zum Wendekreis) bereiten die Eingeborenen aus dem Holz und der Rinde mehrere Arten dieser Gattung Pfeilgifte, die man seit etwa 50 Jahren kennt. Es kommen folgende Arten in Betracht:

Acokanthera Schimperi (Alph. DC.) Benth. et Hook. Heimisch im abyssinischen Hochland und auch sonst in einem grossen Theil von Ostafrika. Namen bei den Eingeborenen: Mptah, Muptah, Maktah, Mepti, Menbtchen.

Acokanthera Deflersii Schweinf. Um das rothe Meer auf der afrikanischen und asiatischen Seite.

Acokanthera Ouabaio Cathelineau. Im Somaliland. Nach Lewin eine zweifelhafte Art.

Acokanthera venenata G. Don. In Südafrika, bei den Holländern Giftboom.

Nach Volkens zeigt das Holz keine charakteristischen Elemente, um die verschiedenen Species unterscheiden zu können. Dagegen lässt die primäre Rinde einige Unterschiede erkennen: *Ac. venenata* enthält derbwandige, grosse Milchsaftschläuche, sehr stark verdickte Bastfasern, die im Querschnitt grösser sind, wie die Parenchymzellen. *Ac. Schimperi* besitzt keine Schläuche, die Fasern sind nicht grösser wie die Parenchymzellen. *Ac. Ouabaio* hat ebenfalls keine Schläuche und sehr kleine Fasern, die keine Schichtung zeigen. — Die sekundäre Rinde zeigt ansehnliche Bündel von Bastfasern.

Der wirksame Stoff in diesen Pflanzen ist ein amorphes Glykosid, das *Ouabain,* das nach den bisherigen Ermittelungen auch in den kahlen Strophantussamen vom Gaboon (Strophanthus gratus Franchet) vorkommt; er ist dem Strophanthin nahe verwandt, eine der aufgestellten Formeln differirt von der des Strophanthinum CH_2, doch existiren auch weit abweichendere Formeln. Es ist im Holz und der Rinde der Acokanthera-Arten etwa zu 0,3 $^0/_0$ enthalten. Mit koncentrirter Schwefelsäure wird es roth, dann braun, mit verdünnter Schwefelsäure hellroth, dann chocoladenbraun, endlich grün. Indessen steht es noch nicht fest, ob der wirksame Stoff in allen Arten wirklich identisch ist, so soll das aus *Ac. venenata* gewonnene Glykosid von dem der anderen Arten sich abweichend verhalten. Sämmtliche Arten schmecken bitter, die anfangs goldgelbe Abkochung des Holzes wird bei Luftzutritt nach längstens 48 Stunden schön grün.

Das Ouabain lähmt, in das Blut gebracht, das Herz, selbst grosse Thiere unterliegen seiner Wirkung ausserordentlich schnell, es entstehen zuerst Störungen der Respiration, Athmungshemmung, Brechreizung. Ferner ruft es an den Schleimhäuten, auf die es gelangt, lang andauernde örtliche Unempfindlichkeit hervor.

Indessen scheinen sich bisher die Hoffnungen, die man darauf setzte, als theilweiser Ersatz der Digitalis und als lokales Anästhetikum, nicht sonderlich erfüllt zu haben.

Litt.: Lewin, Die Pfeilgifte. Berlin, Georg Reimer, 1894. (S. A. aus Virchows Archiv, ferner frühere Arbeiten desselben Autors in dieser Zeitschrift.) Englers Bot. Jahrb. XVII. Verhandl. d. Berl. Ges. f. Anthrop. Ethnolog. u. Urgesch. 1894, p. 276. Planchon, Produits fournis à la matière médicale par la famille des Apocynées. Montpellier 1894. Pharm. Journ. and Trans. 1893, p. 937, 965. Journ. de Pharm. et de Chim. 1889, p. 436. Compt. rend. 1888, p. 1011. E. Merck 1895, p. 107. Ber. d. pharm. Ges. 1894, p. 29.

Aconitum (Ranunculaceae — Helleboreae).

Aconitum Lycoctonum L. Unter dem Namen „Wolfswurz" u. ä., ein sehr altes Arzneimittel, jetzt seit lange obsolet. Die Rhizome und Wurzeln sind von Dragendorff und Spohn (Pharm. Zeitung f. Russland 1884, p. 313 ff.) einer Untersuchung unterworfen worden; sie fanden 2 Alkaloide: 1. *Lycaconitin* $C_{27}H_{34}N_2O_6 + 2H_2O$ zu $1,13^0/_0$ in der Droge, amorph, Schmelzp.: $111,7$—$114,8^0$. Mit $4^0/_0$ Natronlauge liefert es einen krystallisirenden Körper $(C_{27}H_{47}N_2O_7)_2 + 3H_2O$, der mit dem von Hübschmann dargestellten *Lycoctonin* identisch ist. 2. *Mycoctonin* $C_{27}H_{30}N_2O_8$, zu $0,8^0/_0$ in der Droge, ebenfalls amorph. Schmelzp.: $143,5$— $144,0^0$.

Litt.: Dymock I. 11. Tagebl. d. 60. Vers. deutsch. Naturf. u. Ärzte. (Dragendorff).

Aconitum paniculatum Lam. Heimisch in den Alpen und Voralpen, soll in England zur Herstellung von Extract. Aconiti verwendet werden. Die Pflanze enthält ein Alkaloid, und zwar die Blüthen $0,9^0/_0$, die Blätter $0,1^0/_0$, das mit dem *Pekraconitin* von Grover identisch sein kann.

Litt.: Pharm. Zeitung 1882, p. 253.

Aconitum uncinatum L. Heimisch in den Vereinigten Staaten von Nordamerika, enthält nur Spuren Aconitin.

Aconitum Fischeri Rchb. Besonders in Japan medicinisch verwendet; enthält nach Lubbe ein Alkaloid $C_{33}H_{44}NO_{12}$, *Japaconitin* zu $0,07^0/_0$. Schmelzp.: 183—184^0.

Die Droge besteht aus länglichen, braungrauen, rübenförmigen Wurzeln, die über 50 cm lang werden. Innen rein weiss.

Litt.: Dissert. Dorpat 1890. Hanbury, Science papers. Pharm. Journ. 1879. Archiv d. Ph. 1881.

Aconitum chinense Sieb. Enthält zu $0,02^0/_0$ ein Alkaloid, das wahrscheinlich mit dem Aconitin aus Aconitum Napellus identisch ist.

Litt.: Lezins, Dorpater Diss. 1890.

Aconitum heterophyllum Wall. Namen: *Atee, Atis, Utees.* Heimisch an den Westabhängen des Himalaya. Die Knollen der Pflanzen sind rundlich, rübenförmig und eilänglich, gelblichgrau, innen rein weiss. Der Querschnitt zeigt mehrere, nicht zahlreiche Gefässbündelsterne. Die nicht zahlreichen Knollen enthalten 2 Alkaloide, ein krystallisirendes *Atesin*, und ein zweites nicht krystallisirendes. Neben diesen, *Atees* genannten, Knollen benutzt man in Japan einen zweiten: *Wakhma,* der ebenfalls nicht giftig ist. Das darin enthaltene Alkaloid konnte von Atesin nicht unterschieden werden, es wird daher angenommen, dass auch die Wakhmaknollen von Aconitum heterophyllum abstammen.

Litt.: Arch. d. Ph. 1879, p. 163. 1881, p. 241. Dymock I, p. 15.

Betreffs der in Japan und China verwendeten Aconitumknollen ist darauf aufmerksam zu machen, was übrigens auch für andere starkwirkende Heilmittel gilt, dass die Aerzte eine Scheu davor haben, solche Mittel unverändert anzuwenden. Man nimmt in ihnen gesondert einen Heilstoff und einen Giftstoff an, und sucht den letzteren zu entfernen, indem man die Heilmittel längere Zeit macerirt, z. B. in Kinderharn, und sie längere Zeit in Kochsalz legt. Selbstverständlich wird dabei der grösste Theil des giftigen Stoffes, wenn nicht völlig, ausgezogen, und die Stoffe wirken nun viel milder, wenn sie überhaupt noch wirken. Das Einlegen in Kochsalz ist auch der Grund, dass die Aconitknollen wegen des Gehaltes an Chlormagnesium im Kochsalz, leicht feucht werden.

Aconitum ferox Wall. Heimisch im nördlichen Ostindien, in den Vorbergen und der subalpinen Region des Himalaya.

Namen: *Indian aconit root* (engl.). In Indien: *Bish, Bikh, Bachnág* (bind.), *Bachnáb* (bomb.), *Vashanavi* (tam.).

Knollen schwarzbraun, rübenförmig, unten oft abgebrochen. Im Querschnitt zahlreiche Gefässbündelkreise. Sie enthalten neben anderen Alkaloiden: *Nepalin.*

In Indien benutzt man als *Bish* auch die Knollen anderer Aconitumarten und die Rhizome und Wurzeln anderer Pflanzen, in den Handel gelangen aber nur die Knollen von Aconitum ferox.

Litt.: Dymock I. 1. mit weiteren Litteraturangaben. Flückiger u. Hanbury. Pharmakographie.

Aconitum septentrionale Koelle. Heimisch in Schweden und Russland. Die Pflanze enthält drei Alkaloide: ein in Krystallen erhaltendes: *Lappaconitin* $C_{34}H_{48}N_2O_8$ und zwei amorphe: *Cynoctonin* $C_{36}H_{55}N_2O_{13}$ und *Septentrionalin* $C_{31}H_{48}N_2O_9$. Die Wirkung scheint im Allgemeinen eine lähmende zu sein.

Litt.: Pharm. Zeitung 1894, p. 203.

Aconje.

Raiz Aconje. Droge aus Südamerika von unbekannter Abstammung und unbekannter Verwendung.

Litt.: Christy & Co. IX, p. 67.

Acrocomia (Palmae — Bactrideae).

Acrocomia sclerocarpa Martius. In Brasilien und Mittelamerika. Liefert ein weisses, festes Fett.

Litt.: Kosteletzky I, 295. Pharm. Journ. and Trans. 1886, p. 101 ff.

Actaea (Ranunculaceae — Helleboreae).

Actaea racemosa L. (Cimicifuga racemosa Barton). Im atlantischen Nordamerika.

Die Pflanze wird gegen Asthma und Brustleiden empfohlen, es wird angegeben, dass sie in der Wirksamkeit der Digitalis ähnlich sei.

Man verwerthet das im frischen Zustande bis 4 Kilo schwere Rhizom *(Radix Actaeae racemosae, Radix Chistophorianae americanae, Radix Cimicifugae Serpentariae, Black snake root, Bugbane, Black Cotosh)*, das von scharfem und unangenehmem Geschmack und eigenartigem Geruch ist. Der wirksame oder wenigstens der scharf schmeckende Stoff ist ein Gemisch von in Aether und Alkohol löslichen und darin unlöslichen Harzen *(Cimicifugin)*. Wird am häufigsten in der Form des Fluidextraktes oder eines alkoholischen Extraktes angewendet.

Litt.: Kosteletzky V, 1687. Real-Encyklop. I, 121. Pharmac. Rundschau 1886, p. 30.

Actaea japonica Thunb. (Pityrosperma acerinum Sieb. et Zucc.) in Central- und Ostasien, sowie in Nordamerika.

Das Rhizom findet, wie das von *Actaea simplex Wormsk.*, Anwendung bei Leukorrhoee, Amenorrhoee etc.

Litt.: Pharm. Zeitung 1885, p. 813.

Actinidia (Ternströmiaceae).

Actinidia arguta Franch. et Sav. Der freiwillig austretende Saft der von den Ainos *Kutchi-pungara* genannten Pflanze wird als Expectorans verwendet.

Litt.: Pharm. Journ. and Trans. 1896, No. 1339.

Actinomeris (Compositae — Tubuliflorae — Heliantheae).

Actionomeris helianthoides Nutt. (Zur Gattung Verbesina.) In Amerika. Die nadel- bis federkieldicken Wurzeln enthalten Harz und ein ätherisches Oel. Sie finden Verwendung bei Wassersucht, Blasen- und Nierenleiden.

Actinomeris tetrazona DC. Gilt in Mexiko als Gegengift.

Litt.: Pharm. Journ. and Trans. 1882, p. 360.

Actinodaphne (Lauraceae — Persoideae — Litseeae).

Actinodaphne procera Nees. Enthält ein Alkaloid, *Laurotetanin*, und zwar in der Stammrinde 0,4 $^0/_0$.

Litt.: Mededeelingen uit 's Lands Plantentuin. VII. Batavia 1890.

Adansonia (Bombacaceae — Adansonieae).

Adansonia digitata L. Der Affenbrotbaum oder Baobab. Heimisch in Afrika, in Indien und auch in Südamerika kultiviert.

Das säuerliche Fruchtfleisch wird gegessen, dasselbe enthält fast $2^0/_0$ freie Weinsäure und fast $12^0/_0$ Kaliumbitartrat, die Samen enthalten $38^0/_0$ Fett.

Der frische Saft der Zweige gilt als Gegengift gegen Strophanthus.

Litt.: Kosteletzky V, 1873. Der Fortschritt 1888, p. 261 ff.

Adansonia madagascariensis Baill. In Afrika (Transvaal). Im Fruchtfleisch ist $0,08^0/_0$ Weinsäure, $9,98^0/_0$ saures, äpfelsaures Kalium, aber kein Kaliumtartrat enthalten.

Das Perikarp der in Rede stehenden Früchte wird als glatt bezeichnet, während das von Ad. madagascariensis mit einem braunen Sammetbezug versehen ist; es dürfte daher an der Richtigkeit der Bestimmung zu zweifeln sein.

Litt.: Pharm. Journ. and Trans. 1890, p. 829.

Adansonia Gregorii F. v. Müll. In Nordaustralien. Verdankt dem sauren Geschmack seines Fruchtfleisches den Namen „Saurer-Gurkenbaum", die Frucht heisst Cremor Tartari-Frucht, vermuthlich enthält dieselbe ebenfalls Weinsäure.

Für alle Arten vgl. auch Annales de l'Institut colonial de Marseille. 3. année. 2. volume. 1895. Lille 1895.

Adenanthera (Mimosaceae — Adenantherinae).

Adenanthera pavonina L. Heimisch im tropischen Asien, eingeführt im tropischen Afrika und Amerika.

Die glänzend korallenrothen Samen werden als Zierrath getragen und auch, geröstet, mit Reis gegessen. Sie sollen mit den Samen von Abrus precatorius (s. d.) verwechselt werden, unterscheiden sich aber leicht durch ihre stumpfdreieckige Form, die verhältnissmässig dunkler rothe Farbe und das Fehlen der schwarzen Flecke. Es wäre nicht unmöglich, dass die oben bei Abrus aufgeführte Angabe, dass diese Samen in Afrika gegessen werden, auf Adenanthera zu beziehen ist. — Die Samen enthalten weder ein Alkaloid, noch ein Glukosid.

Die Blätter und die Rinde finden in Ceylon medicinische Verwendung, die Wurzel wird auf Cuba und Haity als Brechmittel benutzt.

Die Pflanze liefert endlich ein *Madatia* genanntes Gummi.

Litt.: Kosteletzky IV, p. 1356. Christy & Co. X, p. 105. Der Forschritt 1887, p. 17 ff.

Adesikanye. Name einer Droge bei den Fan in Westafrika (Goldküste), bei den Accra *Trofo Isru*. Stücke einer braunen, faserigen, schwach bitter schmeckenden Rinde.

Litt.: Chem. Zeitung 1888, p. 1244.

Adhatoda (Acanthaceae).

Adhatoda vasica Nees (syn: Justicia Adhatoda L.). Heimisch in Ostindien und kultivirt.

Namen: Malabar Nut (engl.), in Indien: Arúsa, Rús, Bánsa (hind.), Adúlsa (mar.), Bákas (beng.), Adatodai (tam.), Addasaram (tel.), Ata-lotakam (mal.). — Vasaka.

Medicinische Verwendung finden die Blätter, Wurzel und Blüthen, nach Europa sind meist die jungen blühenden Stengel gekommen.

Stengel und Blätter zeigen dreizellige, warzige Haare und schwach in die Epidermis eingesenkte Drüsen mit vierzelligem Kopf. Im subepidermalen Gewebe beider spindelförmige Cystolithen. Im Stengel markständiges Phloëm. Markstrahlen des Holzes 1—3reihig, die Zellen radial gestreckt. Unter der Epidermis des Stengels und der Blattrippen stark ausgebildetes Collenchym. Auf der Innengrenze der Mittelrinde ein sklerotischer Ring, dessen äussere Schichten aus sehr charakteristischen, lang gestreckten, stark verdickten, porösen, sklerotischen Zellen (Stabzellen) bestehen, wogegen in den weiter nach innen gelegenen Schichten die Zellen kürzer werden.

Besonders die Blätter gelten als expektorirendes Mittel und werden gegen Brustleiden und Asthma angewendet, sie enthalten ein Alkaloid *Vasicin* und eine Säure Adhatodasäure, an die das Alkaloid gebunden zu sein scheint. Das Vasicin wirkt auf niedere Thiere und Pflanzen giftig.

Litt.: Kosteletzky III, p. 930. Parke, Davis & Co. p. 1. Dymock III, 50. Pharm. Journ. and Trans. 1888, p. 841. Christy & Co. IX, p. 65.

Adiantum (Polypodiaceae — Pterideae).

Adiantum tenerum Sw. Culantrillo de Mexico, heimisch in Central-Mexico, dient als Ersatz des Adiantum capillus Veneris.

Litt.: Americ. Journ. of Ph. 1885, p. 506.

Adiantum aethiopicum L. in Neu-Südwales, ebenfalls als Ersatz des Adiantum capillus Veneris.

Litt.: Proceed. of the Linn. Soc. of New-South-Wales, 1888. Pharm. Journ. and Trans. 1888, p. 946.

Adoba seed von West-Afrika. Droge von unbekannter Abstammung.

Litt.: Christy & Co. VII, p. 87.

Adonis (Ranunculaceae — Anemoneae).

Adonis vernalis L., in Ost- und Südeuropa bis Mitteldeutschland. Die früher in der Volksmedicin häufig benutzte Pflanze war ziemlich in Vergessenheit gerathen und wurde anscheinend in einigem Umfange nur in Russland benutzt. Neuerdings (etwa seit 1880) ist man wieder mehr auf sie aufmerksam geworden, besonders durch die Arbeiten russischer Forscher. Man hatte die Pflanze dort immer in erster Linie bei Wassersucht und Herzkrankheiten angewendet, und es stellte sich bei eingehender Untersuchung in der That heraus, dass sie bei Wassersucht die Kontraktionen des Herzens kräftiger, den Puls weniger schnell, regelmässiger und voller macht, die Harnsekretion vermehrt, während Eiweiss aus dem Urin verschwindet. Die Wirkung ähnelt in vieler Beziehung der der Digitalis, ohne kumulativ zu sein.

Der wirksame Bestandtheil der Pflanze ist ein Glukosid: Adonidin, von dem aus 10 kg der Rhizome und Wurzeln 2 g erhalten wurden (vgl. The Lancet 1888. XI, 24). Nach Podwissotzky ist das Adonidin des Handels ein Gemenge verschiedener Körper, den chemisch reinen wirksamen Körper nannte er Picroadonidin; er ist ein amorphes Glukosid, in Wasser, Alkohol und Aether leicht löslich. Ferner hat man in der Droge Aconitsäure und einen fünfatomigen Alkohol der Formel $C_5H_{12}O_5$ Adonit, der zu $4\,^0/_0$ vorkommt, gefunden.

Litt.: Kosteletzky V, 1658. Parke, Davis & Co., p. 4. Merck 1892, p. 26. Pharm. Journ. and Trans. 1885, p. 145; 1889, p. 346. D. chem. Ges.-Ber. 1893, p. 634.

Adonis cupaniana Gussone, „Fiore di marzo, fiore di San Giuseppe" in Sicilien, enthält ein wie Adonidin wirkendes und vielleicht damit identisches Glukosid.

Adonis amurensis Regel et Radde, in Japan, enthält ein Glukosid Adonin $C_{24}H_{40}O_9$, das ähnlich, aber schwächer wirkt wie Adonidin.

Litt.: D. chem. Ges. Ber. 1891. 24, 25, 79. Arch. f. exp. Path. und Pharmakol. 1891, p. 302.

Aegle (Rutaceae — Aurantieae).

Aegle Marmelos Correa, in Ostindien. Der wirksame Bestandtheil (Schleim) soll in der Pulpa der Frucht enthalten sein.

Litt.: Pharm. Journ. and Trans. 1886, p. 978. Pharm. Post. 1894, p. 120.

Aesculus (Hippocastanaceae).

Aesculus turbinata Bl. In Japan. Name bei den Ainos: Tochi-ni. Ein Dekokt der Früchte wird zur Behandlung von Wunden und gegen Augenentzündungen von Pferden benutzt.

Litt.: Pharm. Journ. and Trans. 1896, Nr. 1339.

Afagan. Westküste von Afrika. Als Mittel gegen Wassersucht empfohlen.

Litt.: Christy & Co. VII, p. 84.

Aganosma (Apocynaceae).

Der Genus enthält ein dem Strophanthin ähnliches Alkaloid.

Litt.: Pharm. Zeitung 1891, p. 763.

Agari.

Blätter einer in Südamerika und besonders Argentinien heimischen Papilionacee, die gegen Katarrh etc. empfohlen werden. Ihr Geruch erinnert an Sem. Foenu Graeci.

Litt.: Pharm. Centralh. 1888, p. 567.

Agaricus (Agaricaceae — Agariceae).

Agaricus esculentus Wulf., wird in Ostindien als Anthelminticum benutzt.

Litt.: Pharm. Journ. and Trans. 1890, p. 660.

Agave (Amaryllidaceae — Agavoideae).

Die Blätter mehrerer amerikanischer Agave-Species *(Agave americana L., A. potatorium Zucc., A. Salmiana Otto)* enthalten einen hautröthenden Stoff und werden deshalb z. B. gegen Rheumatismus angewendet. Als hautröthendes Princip wurde ein scharfer Balsam ermittelt, der seinen Sitz in den Rindenparthien hat.

Litt.: Proceed. d. Calif. College of Pharm. 1886. Kosteletzky I, 154.

Agave entea (?), in Mexico. Aus dem Saft wird ein Syrup bereitet, der bei Brustleiden Verwendung findet.

Agbana und **Agbana-Ké,** aus Westafrika (Dahome).

Flachgedrückte, knotige Wurzel mit weissem Holze und schwarzer Rinde, wird gegen recht verschiedene Krankheiten — Geschwüre, Gallenfieber, Dysenterie — empfohlen.

Litt.: Bot. Centralbl. 1885. XXIV, p. 316. Pharm. Ztg. 1889, p. 728.

Ageratum (Compositae — Tubuliflorae — Eupatorieae).

Ageratum mexicanum Sims. (wohl mit dem folgenden identisch). Die getrockneten Blätter enthalten 0,06 $^0/_0$ Cumarin, etwas Orthocumarsäure und eine alkaloidische Substanz.

Litt.: Zeitschr. d. österreich. Ap.-V. 1889, p. 1. D. chem. Ges. Ber. 1888, p. 353.

Ageratum conyzoides L. (Herbe à bouc). In den wärmeren Gegenden der ganzen Welt; findet Verwendung gegen Diarrhoe und Fieber.

Litt.: Dymock II, p. 244.

Ahay, aus Westafrika, ist eine hellgelbe, poröse, spindelförmige Wurzel, deren Rinde man mit Kalk zusammen kocht und gegen Nierenleiden und Dysenterie verwendet.

Litt.: Pharm. Zeitung 1889, p. 728.

Ailanthus (Simarubaceae).

Ailanthus glandulosa Desf. Chinesischer Sumach, Götterbaum. Heimisch in China, aber sonst reichlich kultivirt. Verwendung findet die Rinde gegen Nervenleiden und als Wurmmittel. Die Untersuchung erwies neben allgemein vorkommenden Stoffen eine nicht weiter studirte Säure, sonst weder ein Glukosid, noch ein Alkaloid. Die Rinde dieser und anderer Arten soll Quassiin enthalten.

Litt.: Parke, Davis & Co., p. 14. Pharm. Journ. and Trans. 1895, p. 454.

Ailanthus malabarica DC. Name: Perumarum. Die Rinde und die Früchte finden Verwendung, besonders aber ein von dieser Pflanze gewonnenes, meist undurchsichtiges, tief rothes Gummi. Von anderer Seite ist nicht von einem Gummi, sondern von einem dunkelbraunen bis grauem Harz von angenehmem Geruch gesprochen. — Das Sekret (Muttipal) findet Verwendung gegen Verdauungsstörungen und Brustleiden.

Litt.: Kosteletzky IV. The Chemist and Druggist. 1889, 12.

Ajommeh, das Fett aus dem Samen einer in Dahomeh Mamona oder Dabaza-cu genannten Pflanze, das äusserlich und innerlich gegen Katarrh Verwendung findet.

Litt.: Bot. Centralblatt. 1885. XXIV, p. 316.

Akronna, aus Stammstücken bestehende Droge aus Westafrika. Geruch an Baldrian erinnernd. Geschmack bitter. Heilmittel gegen Rheumatismus.

Litt.: Chem. Zeitung 1888, p. 1244.

Alangium (Cornaceae).

Alangium Lamarckii Thwaites, in Ostindien. Namen: Hind. *Dhera, Akola, Ankul;* Mar. *Ankoli;* Can. *Ankalige;* Beng. *Baghankura, Dhalákarii;* Tam. *Azhinji-maram, Alangi;* Tel. *Uduga-chettu, Ankolam-chettu.* Man verwendet die Wurzel und die sehr bittere Rinde äusserlich bei Hautkrankheiten (Lepra, Syphilis), innerlich als Ersatz der Ipecacuanha und als Antipyreticum. Die Rinde enthält ein Alkaloid: Alangin, das nicht krystallinisch erhalten wurde. Mit Froehdes Reagenz giebt es eine blaue Färbung. Auch Samen und Blätter werden benutzt.

Litt.: Kosteletzky IV, 1541. Dymock II, p. 164. The Pacific Record. 1892, p. 304. Deutsch. med. Wochenschrift. 1892. Nr. 52.

Albizzia (Mimosaceae — Ingeae).

Albizzia Saponaria Bl., im malayischen Archipel. Die Rinde wird gegen Ausschlag verwendet; eine Abkochnng der Samen ist giftig für Fische. Viele Theile der Pflanze (Rinde und Blätter) enthalten reichlich Saponin; man benutzt sie daher zum Waschen. Die Rinde enthält ausserdem ein Glykosid und ein Alkaloid, die Blätter enthalten einen Stoff, der in vielen Eigenschaften mit der Carthatinsäure übereinstimmt.

Litt.: Mededeelingen uit 's Lands Plantentuin VII. Batavia 1890.

A. amara Boiv., im tropischen und subtropischen Afrika und Asien, liefert ein Gummi; die bitter schmeckende Rinde wird als Heilmittel benutzt.

Litt.: Ph. Journ. and Trans. 1892, p. 1073.

A. Brownei Walp., in Sierra Leone, liefert ebenfalls Gummi.

Litt.: Ph. Journ. and Trans. 1893, p. 1026.

Aletris (Liliaceae — Aletroideae).

Aletris farinosa L. Unicorn Root, Sternwurzel, Sterngras, Leuchtstern. Verwendung findet in Nordamerika und England das 1,5—3,0 cm lange, aussen graubraune, innen weissmehlige Rhizom von bitterem Geschmack. Dasselbe ist auf der Oberseite mit zahlreichen Blatt- und Stengelresten versehen, auf der Unterseite mit sehr reichlichen, dünnen, weisslichen Wurzeln. Die lockere Rinde der Wurzeln ist oft abgerieben, so dass dann die rothbraune Endodermis zum Vorschein kommt.

Das Rhizom zeigt in der Rinde viele Raphidenzellen, keine deutliche Endodermis. Im Gefässcylinder liegen in reichliche Fasern eingebettet, die kleinen koncentrischen Bündel. Ihre Gefässe treten auf dem Querschnitt gar nicht hervor, in Macerationspräparaten erkennt man die zarten Spiral- und Ringgefässe.

Die Wurzel zeigt ebenfalls einige charakteristische Eigenthümlichkeiten. Unter der Epidermis, deren Aussenwände etwas verdickt sind, liegt ein zweischichtiges Hypoderm von kaum verdickten, verholzten Zellen, darunter ein ausserordentlich lockeres Rindenparenchym, das, wie erwähnt, sich leicht von der Endodermis trennt. Die Zellen der letzteren sind von lebhaft brauner Farbe, entweder in einfacher Reihe und dann radial gestreckt, oder doppelt. Sie zeigen deutliche Schichtung und Porenkanäle. Innerhalb der Endodermis liegt das radiale Bündel, das wie der Gefässcylinder des Rhizoms reichlich Fasern enthält. Man hat darin einen nicht näher charakterisirten, sehr bittern, in grösseren Dosen Brechen und Abführen bewirkenden Stoff gefunden. Wird als Tonicum und Stomachicum, z. B. gegen Kolik, Wassersucht, in England auch gegen Frauenkrankheiten angewendet.

Litt.: Kosteletzky I, p. 196. Gehe & Co. 1887. April, p. 5. Rundsch. f. d. Interess. d. Pharm., Chem. etc. (Leitmeritz in Böhmen) 1885, p. 477. The Chemist and Druggist, 1891, p. 277.

Aleurites (Euphorbiaceae — Crotonoideae — Jatropheae).

Aleurites moluccana (L.) Willd. (Kerzenbeerenbaum), in den Tropen und Subtropen der alten und neuen Welt vielfach kultivirt. Verwendung finden die Samen: Kawiri oder Kewirienüsse (unter diesem Namen sind auch die Samen der *Cassia Tora L.* vorgekommen), Kakunanüsse. Die Frucht ist zweifächerig, jedes Fach enthält einen etwa 3 cm grossen Samen mit knochenharter Schale und einem in der Mitte klaffenden Embryo. In den Zellen desselben neben Fett ansehnliche Aleuronkörner, die je ein grosses Krystalloid und ein oder mehrere Globoide enthalten. Die Samen enthalten 62 $^0/_0$ Oel, Bankul- oder Ketunöl, das als Abführmittel dient.

Litt.: Kosteletzky V, 1747. Chemiker-Zeitung 1888, p. 859.

Aleurites cordata (Thunb.) Müll. Arg., in Japan, China, dem tropischen Südostasien und auf Bourbon. Liefert ebenfalls Oel: Tungöl.

Litt.: Pharmac. Zeitung 1889, p. 256. Pharm. Journ. and Trans. 1885, p. 634.

Alisma (Alismaceae).

Alisma Plantago L., in den gemässigten Zonen beider Hemisphären, auch in Neuholland. Diese wie die meisten Alismaceen im frischen Zustande scharfe Pflanze ist ein altes Mittel und wurde neuerdings gegen Wasserscheu empfohlen; in Amerika gilt sie als Gegengift gegen das Gift der Klapperschlangen. Durch das Trocknen verliert die Wurzel ihre Schärfe und wird von den Kalmücken gegessen. Die Blätter mehrerer Arten *(Alisma floribundum Seub., A. paleaefolium Kth.)* werden in Brasilien zu Bädern, Waschungen etc. und gegen Rheumatismus benutzt.

Litt.: Kosteletzky I, 79. Christy & Co. XI, 8. Ph. Rundschau (New York) 1893, p. 136.

Alophia (Iridaceae — Iridoideae).

Alophia Sellowiana Klatt, Lirio branco, in den westlichen und südlichen Staaten von Brasilien. Die eiförmige, aussen purpurrothe, innen hellrothe, geruchlose, scharf schmeckende Zwiebel gilt als Diureticum.

Litt.: Ph. Rundschau (New York) 1892, p. 132.

Alpam-Rinde, von *Bragantia Wallichii R. Br.* (Apama Lamk.) (Aristolochiaceae — Apameae).

Die Rinde der Pflanze wird wie der Saft der Blätter an der Westküste Indiens als Mittel gegen Schlangenbiss angewendet.

Litt.: Pharm. Journ. and Trans. 1894, p. 231.

Alpinia (Zingiberaceae — Zingibereae).

Alpinia nutans Rosc.. In Ostindien heimisch, durch die Kultur sehr verbreitet, in Brasilien verwildert in den Staaten S. Paulo, Espirito Santo und Bahia. Namen in Brasilien: Cardamomo silvestre, Vinda-caa. Die gestossenen, nach Cardamomen schmeckenden Samen werden in Brasilien gegen Kolik verwendet, der knollige Wurzelstock gegen Diarrhoe.

Litt.: Kosteletzky I, p. 279. Pharm. Rundschau (New York) 1893, p. 288.

Alstonia (Apocynaceae — Plumieroideae — Plumiereae — Alstoniinae).

Alstonia constricta F. v. M. In Queensland und Neusüdwales. Verwendung findet die Rinde *(Queensland fever bark, Australian fever bark, Bitter bark).* Sie kommt in den Handel in rinnenförmigen Stücken, die 25—30 cm lang, bis 12 cm breit, 1 cm und mehr dick sind und oft reichliche Korkbildung zeigen. Die Farbe der Aussenseite ist graugelb oder graubraun, sie trägt häufig weissliche, graue oder grünliche Flechten. Unter dem Kork ist die Farbe fahlgelb. Die Innenseite ist tiefbraun oder gelbbraun, feinstreifig. Der Bruch ist aussen körnig glatt, innen faserig, die Farbe gelb. Der dicke Kork besteht aus im Querschnitt relativ hohen, dünnwandigen Zellen. Im Kork finden sich Reste von Parenchym und Steinzellen, die durch Korkbänder aus der Mittelrinde abgetrennt sind. Innen an den Kork schliesst sich eine mehrfache Schicht von Steinzellen von rechteckigem Umriss. Im übrigen besteht die Mittelrinde aus Parenchym, und in demselben Gruppen stark verdickter Steinzellen, und in zahlreichen Zellen Einzelkrystalle von oxalsaurem Kalk, die sich auch in den Baststrahlen finden. In den äusseren Theilen der Baststrahlen finden sich noch vereinzelt Steinzellen oder Gruppen solcher, weiter nach innen fehlen sie. Ferner im Bast tangential gestreckte Gruppen stark verdickter Bastfasern, häufig mit Kammerfasern. Im Bast und in der Mittelrinde endlich spärliche Milchsaftschläuche. Der Bau dieser Rinde stimmt genau überein mit der von Planchon (l. c.) gegebenen Beschreibung, doch erwähnt derselbe in der Mittelrinde Bastfasern, die meiner Droge fehlen. Ich muss es dahingestellt sein lassen, ob dieselben in meiner Rinde durch Borkebildung abgestossen waren, indessen ist mir dies nicht sehr wahrscheinlich, oder ob Planchon sich durch nicht selten vorkommende kleine Steinzellen hat täuschen lassen.

Der Geschmack ist scharf und unangenehm bitter, ein besonderer Geruch fehlt der Rinde. Sie gilt als Stimulans, Bittermittel vom Werthe des Enzian, Adstringeus, Anthelminticum und Fiebermittel. Sie soll früher zuweilen als Ditarinde (s. unten), Bibirurinde (vielleicht von einem Nectandra stammend) und als Angosturarinde vorgekommen sein.

Neben dem medicinischen Gebrauch soll sie in der Brauerei als Ersatz des Hopfens Verwendung finden.

Sie enthält von wichtigen Bestandtheilen Gerbstoff und Alkaloide. Hesse stellte aus der Droge dar: *Alstonin, Alstonidin, Porphyrin* und *Porphyrosin.* Das Alstonidin soll physiologisch ähnlich wirken wie Chinin und Nux vomica. Uebrigens wollte man früher Chinin in der Rinde gefunden haben.

Oberlin und Schlagdenhaufen haben zwei Alkaloide gefunden: ein krystallisirendes: *Alstonin* und ein amorphes: *Alstonicin.*

Litt.: Parke, Davis & Co. p. 21. Christy & Co. IV, p. 30. Gehe & Co. 1880, April. p. 27. 1884, April, p. 12. Merck 88, p. 9. Pharm. Journ. and Trans. 1888, p. 946. Planchon, Produits fournis à la matière médicale par la famille des Apocynées, 1894.

Alstonia costata R. Br. Auf den Gesellschaftsinseln, in Neucaledonien. Namen: *Hutureva.* Verwendung findet die Rinde *(Atahe).* Es scheinen unter diesem Namen Rinden verschiedener Abstammung vorzukommen, die theils als Purgans, theils als Fiebermittel Verwendung finden.

Litt.: Planchon l. c. p. 214.

Alstonia Mouï Heck. In Neucaledonien. Name: *Mouï.* Die bittere, grüngraue, 3 mm dicke Rinde soll dieselben Eigenschaften haben wie die der anderen Alstonia-Arten.

Litt.: Planchon l. c. p. 214.

Alstonia plumosa Labill. In Neucaledonien. Die gewöhnlich etwa 6 mm dicke Rinde ist aussen rauh, von grauer Farbe, innen weisslich und sehr reich an bitterschmeckendem Milchsaft. Sie wird als tonisches Arzneimittel verwendet und soll auch Kautschuk liefern.

Litt.: Planchon l. c. p. 213.

Alstonia scholaris (L.) R. Br. Heimisch in ganz Ostindien, von da bis nach dem tropischen Australien und Kaiser Wilhelms-land in Neuguinea vorkommend. Der Baum soll auch in Ost-afrika wachsen, es ist aber nicht sicher, ob er dort heimisch ist. Die Pflanze hat den Speciesnamen *scholaris* daher, weil man in Indien aus ihrem feinkörnigen Holz Schreibtafeln für die Schüler macht. Namen: *Dewil tree*; in Indien: Hind.: *Chhatián, Dátyúni, Satawar, Satween*; Beng.: *Chhátin, Pala*, Mar.: *Sátvin*, Tam.: *Ezhilaip-pálai, Jrillepalay;* Tel.: *Edakula-pala, Palagamda, Eda-kula-ariti*; Can.: *Ianthalla*; Bombay: *Palimara, Satwin;* Assam: *Lutiana.* Medicinische Verwendung findet die Rinde (Dita-Rinde), früher falsch als *Cortex Tabernaemontanae* bezeichnet, in Annam: *Mocua trang* (mit demselben Namen bezeichnet man auch *Wrightia antidysenterica R. Br.*), in Cochinchina: *Lo-moc.*

Wie eine Vergleichung einer Anzahl der vorhandenen Be-schreibungen und Abbildungen des Querschnittes zeigt, sind als Ditarinde recht verschiedene Drogen vorgekommen. Das wurde bestätigt durch die Untersuchung von fünf verschiedenen Mustern der Droge, die mir zu Gebote standen.

Ich gebe nachstehend zuerst die Beschreibung einer von Hesse stammenden Rinde, die jedenfalls insofern als authentisch gelten kann, als sie mit der von Hesse für seine Untersuchungen benutzten übereinstimmen dürfte und mit der auch eine direkt aus Indien in die hiesige Sammlung gelangte übereinstimmt. Die flach rinnenförmigen Stücke sind bis 1,5 cm dick, aussen gelbgrau, mit etwas schwammigem Kork bedeckt, innen braun, gestreift, Querschnitt röthlich. Der Kork besteht aus flachen Zellen, und zwar wechseln Lagen solcher mit dünnen Wänden und theilweise braunem Inhalt, und solcher, die zu Steinzellen umgewandelt sind, ab. In der Mittelrinde reichliche Gruppen von Steinzellen, die streckenweise fast zu einem Ring zusammentreten. Zahlreiche Zellen des dünnwandigen Parenchyms enthalten Einzelkrystalle von Oxalat. Gruppen von Steinzellen gehen auch weit in den Bast hinein, doch sind die innersten Parthien frei davon. Im Bast zahlreiche Milchsaftschläuche und (meist zusammengefallene) Sieb-röhren. Die Gruppen derselben sind fast immer tangential ge-streckt. Bastfasern fehlen. Markstrahlen 1—3 Zellreihen breit, ihre Zellen radial gestreckt. In den Baststrahlen ebenso wie in der Mittelrinde reichlich Krystalle.

Mit dieser Rinde übereinstimmend waren eine zweite und eine dritte, von denen die letzte direkt aus Indien in die hiesige Sammlung gelangt ist. Die Stücke sind aber, weil anscheinend von dünnen Zweigen stammend, nur 3 mm dick. Die Gruppen kollabirter Siebröhren im Bast haben meist eine radiale Richtung. Zu diesem Muster gehören auch dünne Stengel, deren Rinde noch die Epidermis zeigt, und unter derselben einen schmalen Kork.

Steinzellen, Krystallzellen und Milchsaftschläuche vorhanden, ausserdem stark verdickte Fasern.

Ein viertes Muster ist den beiden genannten im Aussehen und Bau gleich, doch sind die Korkzellen auffallend radial gestreckt, und in den Markstrahlzellen finden sich reichlich kleine Krystallnadeln, die den anderen Sorten fehlen.

Von diesen Rinden offenbar verschieden ist die fünfte, die ich vor etwa 7 Jahren erhalten habe: die Stücke sind dunkel graubraun, innen röthlich gelbbraun, 7 mm dick. Kork und Mittelrinde sind wie bei den bisher beschriebenen bezüglich der Sklerose, der Oxalatkrystalle etc., doch enthält die Mittelrinde stark verdickte Bastfasern in einfacher Reihe. Im Bast sind die Markstrahlen viel breiter wie bei den anderen.

Von den mir vorliegenden Beschreibungen stimmen mit der Hesseschen Rinde mehr oder weniger genau überein: 1. Die Beschreibung, die Planchon giebt in Produits fournis à la matière médicale par la famille des Apocynées, p. 201, doch stimmt die dazu gehörige Abbildung, die nur einreihige Markstrahlen hat, nicht dazu, wie übrigens der Verfasser selbst anführt. 2. Vielleicht die Abbildung in Parke, Davis & Co., Pharmacologie of the newer Materia medica p. 627, die aber eine verhältnissmässig schwache Sklerose der Mittelrinde zeigt, und anscheinend unter den Steinzellen auch Fasern. 3. Die freilich nicht sehr eingehende Beschreibung in Flückiger and Hanbury, Pharmacographia. 4. Die Beschreibung in Dymock, Materia medica p. 410. 5. Die Beschreibung in desselben Verfassers Pharmacographia indica II. Nicht mit der Hesseschen Rinde übereinstimmend ist die Beschreibung in Moeller, Baumrinden p. 166, wo ausdrücklich hervorgehoben ist, dass dem Baste Fasern und Steinzellen fehlen. Da die übrige Beschreibung gut mit der Hesse'schen Rinde stimmt, so könnte angenommen werden, dass Moeller's Rinde, die nur 5 mm dick war, zu jung war, und dass die Sklerose erst später eintritt. Ich muss dem aber entgegenhalten, dass die eine der von mir untersuchten Rinden nur 3 mm dick war und reichliche Sklerose im Bast zeigte.

Ferner stimmt nicht überein die Beschreibung Vogls, im Kommentar zur österreichischen Pharmakopoe, der im Bast spindelförmige Bastfasern anführt, und die Abbildung und Beschreibung, die Lanessan in seiner Uebersetzung der Pharmacographia giebt. Seine Rinde hat einen Kork, der durchweg aus dünnwandigen Zellen besteht, und unter demselben eine Schicht sklerotischer Zellen, wie ich das oben bei Alstonia constricta angeführt habe. In der Mittelrinde gegen die Innenrinde eine Reihe stark verdickter, deutlich geschichteter (primärer) Bastfasern und ebenso schwächer verdickte Fasern im Bast.

Zu bemerken ist noch, dass Planchon (l. c.) ausdrücklich

sagt, dass sich in manchen Stücken der Rinde Bastfasern finden; da er sich dabei auf Alstonia constricta bezieht, so können nur Fasern im Bast gemeint sein, was diese Rinde mit der von Vogl beschriebenen gemeinsam haben würde. Es geht, glaube ich, aus dem Vorstehenden hervor, dass unter dem Namen Dita-rinde recht verschiedene Rinden nach und nach vorgekommen sind, worauf übrigens auch bereits hier und da aufmerksam gemacht wurde.

Die Rinde ist verschiedentlich chemisch untersucht, und die dabei erhaltenen Resultate sind wenig übereinstimmend. Es muss dahingestellt bleiben, ob allen Untersuchern dieselbe Rinde vor-gelegen hat. Planchon (l. c.) führt folgende Bestandtheile an: Echicerinsäure, ein Alkaloid *Ditamin* $C_{16}H_{19}O_3$, *Ditain* oder *Echitamin* $C_{22}H_{28}N_2O_4$, ebenfalls ein Alkaloid, *Echikautschin* $C_{50}H_{40}O_2$, eine elastische Substanz, in Chloroform, Aether, Benzin löslich, *Echiretin*, weiss, amorph, *Echicerin* $C_{30}H_{48}O_2$, *Echitin* $C_{32}H_{52}O_2$, *Echiteïn* $C_{42}H_{70}O_2$. Von den genannten Substanzen ist *Echitamin* ein heftiges Gift.

Litt.: s. im Text. Kosteletzky III, p. 1061.

Alstonia spathulata Bl. In Asien. Wird wie die vorige ver-wendet.

Litt.: Planchon l. c. p. 205.

Alstonia spectabilis R. Br. Heimisch in Java, Timor und auf den Molukken (?). Name auf Java: *Poélé.* Die Rinde wird verwendet wie die von Alstonia scholaris. Hesse fand in der Rinde: *Alstonamin,* das für sie charakteristisch ist, ferner *Ditamin, Ditaïn* und *Echitenin.*

Litt.: Kosteletzky III, p. 1061. Planchon l. c. p. 212.

Alstroemeria (Amaryllidaceae — Hypoxidoideae).

Folgende Arten in Brasilien werden medicinisch verwendet:
Alstroemeria Cunha Vell. Die am Ende knollenartig ver-dickten Wurzeln gegen Blasenkatarrh, ebenso *A. monticola Mart.* und *A. caryophyllacea Jacq.*

Litt.: Kosteletzky I, p. 195. Pharm. Rundschau (New York) 1892, p. 162.

Alyxia (Apocynaceae — Plumiereae).

Alyxia stellata Roem. et Sch. Heimisch im malayischen Archipel und Neucaledonien. Die Rinde, die seit etwa 1824 in Europa bekannt ist, findet medicinische Verwendung gegen Fieber und Dysenterie. Im Aeusseren ist die Droge der Cortex Canellae albae einigermassen ähnlich, aussen gelblichweiss, innen mehr röth-lich. Die Borke ist meist abgerieben, die Aussengrenze bilden einige Reihen kubischer Zellen von Steinkork. In der Mittelrinde stark verdickte Bastfasern, Gruppen von Steinzellen und eine Zone von weiten Milchsaftschläuchen. Im Bast 2—3 Zellreihen breite Markstrahlen, in den Baststrahlen zusammengefallene Siebröhren. Die ganze Rinde ist reich an Oxalat in Einzelkrystallen. Die Rinde riecht angenehm nach Cumarin. Damit vielleicht identisch sind kleine Krystalle, die man auf der Rinde findet.

Ausser als Arzneimittel findet die Rinde auch zu Parfümeriezwecken Verwendung, ebenso die Blätter.

Litt.: Planchon, Produits fournis à la matière médicale par la famille des Apocynées. Montpellier 1894. Vogl, Kommentar z. österr. Pharmacopoe p. 269. Pharm. Journ. and Trans. 1892.

Alyxia disphaerocarpa Heurk et Müll. In Neucaledonien, liefert eine der vorigen ähnliche Rinde, die gegen Verstopfung angewendet wird. Die Pflanze ist reich an Kautschuk.

Litt.: Planchon l. c.

Alyxia diellipticocarpa E. Heck. Mss. Vorkommen und Verwendung der Rinde wie bei der vorigen.

Litt.: Planchon l. c.

Das Holz von *Alyxia flavescens Pierre in herb.* „Giay-Sen" und von *A. pisiformis Pierre in herb.* „Datam" findet Anwendung zu Räucherungen gegen Kopfschmerz.

Litt.: Planchon l. c.

Amaryllis (Amaryllidaceae — Amaryllideae).

Amaryllis Belladonna L. Am Kap der guten Hoffnung und auf den Canaren, bei uns kultivirt, enthält in der giftigen Zwiebel ein Alkaloid: „Bellamarin".

Litt.: Kosteletzky I, p. 142. Pharm. Post. 1891, p. 421.

Amaryllis formosissima L. In Süd- und Mittelamerika. Die Zwiebel dient als Emeticum. Enthält ein Alkaloid: „Amaryllin".

Litt.: Pharm. Post. 1891, p. 421. Americ. Journ. of Pharm. 1885, p. 552.

Amaryllis reginae L. In Brasilien. Die giftige Zwiebel wird gegen Wassersucht angewendet; sie soll ein Bestandtheil eines Pfeilgiftes am Amazonas sein.

Amaryllis fulgida Ker. Sawl. In Brasilien (São Paulo). Die Zwiebel soll Abortus hervorrufen.

Amaryllis principis Salm Dyk. In Brasilien. Die Zwiebel wirkt brechenerregend und abführend, sie gilt als Heilmittel bei Gelbsucht.

Amaryllis vittata L'Hérit. In den nördlichen und östlichen Staaten von Brasilien. Die Zwiebel ist ein energisches Diureticum und wird gegen Asthma angewendet.

Litt.: Pharm. Rundschau (New York) 1893, p. 134.

Ambill. Droge von der Westküste Afrikas, gegen Brust- und Leibschmerzen empfohlen.

Litt.: Christy & Co. VII, p. 85.

Ambrosia (Compositae — Tubuliflorae — Heliantheae).

Ambrosia artemisifolia L. „Ragweed, Hogweed, Bitterweed". In den Vereinigten Staaten von Nordamerika, gilt als blutstillendes Mittel, ferner als Wurm- und Fiebermittel. Enthält in den Blättern und schwächeren Stammtheilen einen amorphen Bitterstoff.

Litt.: Therapeutic Gazette. Detroit 1885, p. 626. Americ. Journ. of Pharm. 1890, p. 272. 1891.

Die in der Litteratur aufgeführte *A. elatior L.* ist identisch mit der vorigen.

Litt.: Kosteletzky II, p. 674. Americ. Journ. of Pharm. 1891.

Amimdadi. Wurzel von Westafrika, die als Heilmittel gegen Lungenkrankheiten und Asthma dient.

Litt.: Chem. Zeitung 1888, p. 1244.

Ammi (Umbelliferae — Heterosciadieae — Ammineae).

Ammi Visnaga Lam. Heimisch um das mittelländische Meer, verwendet in Aegypten und Südfrankreich. (Herbe aux cure-dents). Man benutzt die Pflanze, besonders die Samen, als urintreibendes Mittel, gegen Harngries, bei Rheumatismus, die verhärteten Doldenstrahlen als Zahnstocher.

Enthält ein Glykosid: „Kellin" (Vellin?), welches Erbrechen erregt und die Herzthätigkeit herabsetzt. Ferner werden 3 Alkaloide: α, β, γ, Visnagin, angeführt.

Litt.: Kosteletzky IV, p. 1135. Compt. rend. 1879. Bulletin de Thérapie 1887, No. 15. Journ. de Ph. et Chim. 1887, p. 561.

Amomum (Zingibaraceae — Zingibereae).

Amomum Melegueta Roscoe. In Westafrika. Es finden nicht nur die Samen, sondern auch die Wurzeln und Stengel Verwendung.

Litt.: Christy & Co. X, 119.

Auf Formosa wird eine *Amomum*-Art unter dem Namen Chin-pu-huan als blutstillendes Mittel angewendet.

Litt.: Chemist and Druggist 1895, p. 324.

Ampelopsis (Vitaceae).

Ampelopsis japonica Hort. Soll auf der Haut nesselartige Ausschläge hervorrufen (es wird freilich behauptet, dass die in Rede stehende Pflanze Rhus Toxicodendron sei).

Litt.: Pharm Journ. and Trans. 1883, p. 993.

Amyris (Rutaceae — Amyrideae).

Amyris Carana Humb. In Mexico, liefert ein zu Pflastern verwendetes, aussen graues, innen dunkelbraunes Harz.

Litt.: Americ. Journ. of Pharm. 1885, p. 714.

Amyris Linaloë La Llave. In Mexico auf den westlichen Cordillerenabhängen, liefert ein nach Lindenblüthen duftendes ätherisches Oel.

Litt.: Americ. Druggist (New Remedies) 1885, No. 8.

Anagallis (Primulaceae — Lysimachieae).

Anagallis arvensis L. Heimisch in Europa, verbreitet auch in den Vereinigten Staaten von Nordamerika.

Die Pflanze ist ein altes Mittel gegen Rheumatismus, Epilepsie, Wassersucht etc.

Neuerdings hat man gefunden, dass sie im Stande ist, Fleischwucherungen, Warzen etc. zu zerstören, und schreibt diese Eigenthümlichkeit einem Ferment zu, das man als weisse amorphe Masse dargestellt hat. Enthält zwei Glykoside, von denen das eine der Polygalasäure, das andere dem Sapotoxin nahe steht.

Litt.: Journ. d. Ph. v. Elsass-Lothr. 1891, p. 171.

Anagyris (Papilionaceae — Podalyrieae).

Anagyris foetida L. Von Arabien an durch das ganze Mittelmeergebiet verbreitet, in Griechenland „Pseudosinameki". Alle Theile der Pflanze riechen unangenehm, die Blätter dienen als Purgirmittel, die Samen als Emeticum.

Die Samen sind von Reale genau untersucht, sie enthalten ein gelbes, fettes Oel, Harze, Glykose, Saccharose, eine glykosidische Substanz und ein Alkaloid: Anagyrin. Nach Partheil und Spassky enthalten die Samen Cytisin und Anagyrin.

Litt.: Kosteletzky IV, p. 1248. Gazz. chim. Ital. 1887, p. 327. Journ. de Pharm. et Chim. 1889, p. 14. Merck 1894, p. 115. 1895, p. 44. Apoth.-Zeitung 1895, p. 903.

Ananas (Bromeliaceae — Bromelieae).

Ananas sativus Schult. Heimisch in Westindien und Centralamerika. Namen in Brasilien: *Anana, Abacaxi.* Besitzt die Eigenschaft, Fleischfasern in erheblichen Mengen zu lösen und Eiweissstoffe zu peptonisiren. Das betreffende, in der Frucht enthaltene Ferment wird nach einem Food & Co. in Detroit patentirten Verfahren dargestellt. Die Frucht enthält nach Peckolt ein Alkaloid, Bromelin.

Litt.: Südd. Apoth.-Zeitung 1891, 13, 16. Pharm. Centralhalle 1891, p. 446. Beckurts Jahresber. 1891, p. 47. Pharm. Rundschau (New York) 1895, p. 237.

Anchieta (Violaceae — Violeae).

Anchietea salutaris St. Hil. „Cipo Suma", in Brasilien um Rio de Janeiro. Die Wurzel wird seit lange in Brasilien als Abführmittel benutzt. 1859 wies Peckolt in der Wurzel ein in gelben Nadeln krystallisirendes Alkaloid: Anchietin nach. Neben der abführenden Wirkung steht, wie bei manchen anderen Violaceen, besonders die brechenerregende im Vordergrund. Sie wird für manche Hautkrankheiten, auch für Syphilis (daher der Name vegetabilisches Quecksilber) und für Keuchhusten empfohlen.

Das Parenchym der Rinde enthält Gerbstoffzellen und wie die bis 6 Zellreihen breiten Markstrahlen Oxalatkrystalle. In der Mittelrinde Steinzellen.

Litt.: Kosteletzky V, p. 1634. Christy & Co. XI, p. 12. Chem.-Zeitung (Coethen) 1886.

Andira (Papilionaceae — Dalbergieae — Geoffraeinae).

Andira inermis H. B. K. In Westindien. „Cabbage tree“. Die alte *Cortex Geoffroyae jamaicensis* wird neuerdings wieder als Wurmmittel empfohlen, sie enthält ein Glykosid: „Andirin“.
Litt.: Kosteletzky IV, 1317. Christy et Co. VII, 42.

Andira Araroba Aguiar. In Brasilien, liefert das in den meisten Ländern officinelle Chrysarobin. In Brasilien wohl seit lange bekannt, gelangte die Droge im 18. Jahrhundert durch die Jesuiten nach Indien, von wo sie 1864 in die wissenschaftliche Medicin eingeführt wurde.

Andrographis (Acanthaceae).
Andrographis paniculata Nees. Namen in Indien: *Kiryat* (hind.), *Olen-Kiraita* (mar.), *Kalmeg* (beng.), *Shirat-Kuchchi*, *Nila-vembu* (tam.), *Nela-vemu* (tel.), *Nila-veppa* (mal.), *Kiryato* (guz.). Heimisch in Indien, auch kultivirt, in Westindien eingeführt.

Verwendung findet das Kraut als Tonicum in ähnlicher Weise wie Quassia, Enzian etc.

Zu erwähnen ist, dass manche der heimischen Namen nicht dieser Pflanze allein zukommen, sondern auch der *Ophelia Chirata* (s. d.). Charakteristisch für die Erkennung sind die in den Blättern und in der Rinde vorkommenden Cystolithen.
Litt.: Flückiger and Hanbury, Pharmacographia. Dymock III, p. 46. The Chemist and Druggist 1892, p. 614. Gehe & Co. 1896, September. Kosteletzky III, 935. Christy & Co. V, p. 68, 88.

Andromeda (Ericaceae — Arbutoideae).
Andromeda mariana L. In Nordamerika. Gilt als giftig, enthält aber das giftige Andromedotoxin nur in geringer Menge.
Litt.: Kosteletzky III, 1018. Amer. Journ. of Pharm. 1892, p. 458.

Andromeda japonica Thbg., in Japan, als giftig für Vieh lange bekannt, daher „basui boku“, d. h. Pferde betäubender Baum. Den giftigen Bestandtheil, der ein Glykosid ist, nannte Eykmann *Asebotoxin*, Plugge *Andromedotoxin*.
Litt.: Nieuw Nederl. Tijdschr. Pharm. 1883, p. 293. Tijdschr. v. Pharm. in Nederl. 1882. December.

Andromeda Leschenaultii (?), in den Nilagiris in Ostindien. Enthält ein ätherisches Oel, das dem der Gaultheria procumbens identisch ist, also aus dem Salicylsäure — Methylester besteht.

Andropogon (Gramineae — Andropogoneae).
Andropogon laniger Desf. Namen in Indien: Lámjak, Khavi, Usirbhéd (hind.), Karankusa (beng.), Pivala-vála (Mar.). Heimisch in Indien, Tibet, Arabien, Nordafrika. Man verwendet die ganze Pflanze als scharfes Aromaticum und Diureticum; sie verdankt diese Eigenschaft dem ätherischen Oel, von dem sie im frischen Zustande 1 % enthält. Dasselbe enthält Phellandren.
Litt.: Flückiger & Hanbury, Pharmacographia. Dymock III, p. 562. Pharm. Journ. and Trans. 1892. Schimmel & Co. April 1892, p. 43.

Andropogon fragrans (?), auf der Insel Réunion, liefert ein ätherisches Oel: *Huile essentielle de Pataque Malgache.*
Litt.: Schimmel & Co. 1889. April. p. 57.

Andropogon odoratus Lisboa. (?) Namen in Indien: Vaidigavat, Usadhana (mar.). In Ostindien. Liefert ebenfalls neuerdings ätherisches Oel.

Litt.: Dymock III, 569. Schimmel & Co. 1892. April. p. 44.

Andropogon Schoenanthus L., wird in Sierra Leone als Fiebermittel bénutzt.

Litt.: Apoth.-Zeitung. 1895, p. 719.

Andropogon densiflorus Steud. Nach Brasilien eingeschleppt. Namen: Capim cidrilha, Capim cheiroso, Capim catinga. Die ganze nach Citronen und Melisse riechende Pflanze wird innerlich als schweisstreibender Thee und zu Bädern gegen Rheumatismus gebraucht. Ein Infusum der Wurzel gilt als fieberwidriges Mittel.

Litt.: Pharm. Rundschau (New York) 1894, p. 110.

Andropogon ceriferus Hack. In Brasilien (Rio de Janeiro, Minas Geraes und Alagoas). Name: Capim cherioso. Die frisch nach Melissen riechenden Blätter werden als Schweiss- und Blähungen treibender Thee benutzt.

Litt.: Pharm. Rundschau (New York) 1894, p. 110.

Andropogon bicornis L. Heimisch in Brasilien. Namen: Capim molle, Capim vassoura, Sapé, Capim peba, Capupeba, Capupuva. Der schwach bitter schmeckende Wurzelstock wird als diuretisches Mittel benutzt. Ebenso benutzt man *Andropogon virginicus L.*, Capim membeca.

Litt.: Pharm. Rundschau (New York) 1894, p. 110.

Andropogon squarrosus L. In Brasilien eingeführt. Namen: Raiz cheiroso, Vetiver. Ein Infusum der Wurzel wird bei Hysterie und Migräne, äusserlich gegen neuralgische Schmerzen und Lähmungen gebraucht. Die Droge ist von stark aromatischem Geruch und brennend gewürzhaftem, schwach bitterem Geschmack. Enthält $0{,}86\,^0/_0$ ätherisches Oel, $0{,}075\,^0/_0$ organische Säure (Angelicasäure), $0{,}81\,^0/_0$ Vetiverin, $0{,}07\,^0/_0$ Harz, $1{,}09\,^0/_0$ Harzsäure etc.

Das ätherische Oel ist hellgelb, von intensiv aromatischem, etwas moschusartigem Geruch; spec. Gew. 0,972.

Das Vetiverin wird in Krystallblättchen durch Extraktion des ätherischen Extrakts mit Chloroform erhalten. Es ist von schwach bitterem Geschmack mit beissendem Nachgeschmack. Es enthält keinen Stickstoff.

Litt.: Pharm. Rundschau (New York) 1894, p. 110.

Andropogon spathiflorus Kth. In Brasilien. Namen: Capim Taquarinho und *Andropogon minorum Kth.* Name: Capim assu. Die Wurzeln beider Arten werden als Diureticum benutzt.

Litt.: Pharm. Rundschau (New York) 1894, p. 111.

Andropogon arundinaceus Scop. In Brasilien: Massambará.
Die Wurzel wird als blutreinigendes Mittel gebraucht.

Litt.: Pharm. Rundschau (New York) 1894, p. 167.

Anemopsis (Saururaceae).

Anemopsis californica Hook. et Arn. (jetzige *Houttuynia*), in
Neu-Kalifornien. Verwendung findet das Rhizom. Es ist finger-
lang, bis 1,5 cm dick, graubraun, auf der Unterseite mit den
Resten federkieldicker Narben. Im Parenchym der Rinde, der
Markstrahlen und des Markes kommen Gerbstoffschläuche und
Harzschläuche vor.

Litt.: Ph. Centralh. 1884, p. 417.

Anemone (Ranunculaceae — Anemoneae).

Anemone hepatica L. Die Blätter finden in Nordamerika
reichliche Verwendung als Bestandtheil von Geheimmitteln. Sie
werden zu diesem Zweck auch aus Deutschland nach dort ausgeführt.

Anemone multifida Poir., in den Gebirgen Nordamerikas, in
Südamerika von Chile bis zur Magelhaensstrasse, findet bei den
Eingeborenen in Nordamerika Verwendung gegen Nasen- und
Rachenkatarrh als Schnupfpulver.

Litt.: Pharm. Journ. and Trans. 1889, p. 347.

Anemone cylindrica Gray, wird wie die vorige verwendet.

Litt.: Pharm. Journ. and Trans. 1889, p. 347.

Anemone Nuttalliana DC., im atlantischen Nordamerika, wird
an Stelle der europäischen Pulsatilla empfohlen. Enthält Anemonin
und Anemonsäure.

Litt.: Pharm. Rundschau (New York) 1884, p. 98.

Anemone cernua Thbg. Hak-tau-au (jap.), in Japan. Das
Rhizom gilt hier und in China als Amarum.

Litt.: Christy & Co. IV, p. 51.

Angelica (Umbelliferae — Haplozygieae — Seselineae).

Angelica anomala Avè-Lall. „Biyakushi", wird in Japan
der Wurzeln wegen kultivirt (ebenso auch A. refracta Fr. Schmidt
— Senkiyu), dieselben enthalten 0,1 % ätherisches Oel, von ausserordentlich intensivem und scharfem, an Moschus erinnerndem
Geruch.

Litt.: Rein, Japan II, p. 159. Schimmel & Co. 1889. April, p. 3.

Angrecum (Orchidaceae — Monandrae — Sarcantheae).

Angrecum fragrans Thomas, auf Réunion und Mauritius, mit
sehr angenehm und cumarinartig riechenden Blättern (Faham-
Thee), die letzteren werden als Getränk und angeblich auch
zu Cigarren verwendet.

Litt.: Pharm. Journ. and Trans. 1892, p. 183.

Angrophora (Myrtaceae—Leptospermoideae, Eucalyptinae).

Angrophora intermedia DC., in Australien, liefert durch An-

schneiden der Rinde ein flüssiges Kino (schon 1867 auf der Pariser
Ausstellung als: Apple tree juice).

Litt.: Pharm. Journ. and Trans. 1890, p. 27.

Angrophora Woodsiana F. M. Bailey und *A. lanceolata (Pers.)
Cav.*, liefern in Queensland adstringirendes Gummi.

Litt.: Pharm. Journ. and Trans. 1886, p. 66. Beckert; Jahresber., p. 132.

Anhalonium (Cactaceae — Cereoideae — Echinocacteae).

Anhalonium Lewinii Henning. Muscate Buttons (nach Schumann in Engler-Prantl, Pflanzenfamilien III, Th. 6, Abth. a., p. 187,
ist diese Art von *Echinocactus Williamsii Lem.* botanisch nicht zu
unterscheiden, indessen enthält letztere, dessen an Milchsaft reicher
Körper von den Indianern als Pellote oder Pejote medicinisch
verwendet wird, kein Alkaloid). In Mexico. Lewin fand in
dieser Pflanze zwei Alkaloide: Anhalonin, von strychninartiger
Wirkung, krystallinisch und ein amorphes Alkaloid.

Litt.: Parke, Davis & Co., p. 33. Arch. f. experim. Path. u. Pharmakol.
1889. Ph. Centralh. 1888, p. 638. Ueber neuerdings aufgefundene Cactaceen-
alkaloide vgl. Apoth.-Zeitung 1895, p. 65. Merck 1894. Ber. d. pharm. Ges.
1895, p. 103. Ber. d. deutsch. chem. Ges. 1895, p. 2975.

Anised Leaves von Westindien enthalten ein dem Anisoel
ähnliches ätherisches Oel. Abstammung unbekannt.

Litt.: Christy & Co. X, p. 119.

Anona (Anonaceae — Xylopieae).

Anona Cherimolia Mill., in Südamerika heimisch, in Italien
und Algier kultivirt. Aus den Früchten wird ein gegohrenes
Getränk bereitet, die Samen dienen geröstet als Emeticum und
Catharticum.

Litt.: Americ. Journ. of Ph. 1885, p. 552.

Anona muricata L., auf den Antillen heimisch, in Brasilien etc.
kultivirt. Die Blätter dienen in Cayenne als Theesurrogat, in
Westindien benutzt man sie als Heilmittel wie Baldrian oder Asa
foetida, anderswo als Anthelminthicum etc. Die Rinde dient als
Adstringens, ebenso die unreifen Früchte und die Samen. Eine
Abkochung der Wurzel wird gegen Fischvergiftung angewendet.

Litt.: Kosteletzky V, p. 1713. Christy & Co. VII, 85. VIII, 38. Chem.-
Zeitung 1886.

Anona squamosa L. In Westindien heimisch, aber der wohlschmeckenden Früchte wegen überall in den Tropen kultivirt.
Namen: Pomme de Canelle, Caneel-Apple, Sugar-Apple,
Anon. Die Blätter werden als schweisstreibendes Mittel, die
Rinde als drastisches Purgirmittel benutzt. Die Samen gelten als
giftig, man verwendet sie gegen Kopfläuse. Aehnlich (aber auch
zum Vergiften von Fischen) benutzt man die Samen von *A. muricata L., A. palustris L., A. spirescens Mart.* Das Nährgewebe der
Samen enthält keine Stärke, trotzdem giebt es mit Jod-Jodkalium

starke Blaufärbung, weil die Zellwände sich damit stark färben. Sie bestehen vielleicht aus Amyloid.

Litt.: Gehe & Co. 1896. September.

Antirrhoea (Rubiaceae — Coffeoideae — Guettardinae).

Antirrhoea aristata D.C. Vielleicht die Rinde dieser Art ist neulich (1896) aus Südamerika als falsche Chinarinde nach Europa gekommen.

Litt.: The Chemist and Druggist 1896, Nr. 820, p. 19.

Anthurium (Araceae — Pothoideae — Anthurieae).

Anthurium oxycarpum Poeppig et Endl. In Brasilien, hat frisch geruchlose Blätter, die beim Trocknen Vanillegeruch annehmen. Sie gelten als Aphrodisiacum.

Litt.: Pharm. Rundschau (New York) 1892, p. 279.

Antiaris (Moraceae — Artocarpoideae — Olmedieae).

Antiaris toxicaria Leschen., der Upasbaum in Java. Im Milchsaft sind drei wirksame Bestandtheile nachgewiesen: Antiarin $C_{14}H_{20}O_5$, Oepaïn, Toxicarin; von den beiden letzten ist es zweifelhaft, ob es einheitliche Körper sind.

Litt.: Nieuw Tijdschr. voor Ph. 1889, p. 107. Arch. d. Ph. 1896, p. 438 (nicht berücksichtigt).

Apama (Aristolochiaceae — Apameae).

Apama siliquosa Lam. (syn.: Bragantia Wallichii R. Br.). Heimisch in Ostindien und auf Ceylon. Man verwendet den Saft der Blätter mit Calmus oder die Wurzel mit Citronensaft verrieben, oder die ganze Pflanze mit Oel äusserlich als Kataplasma auf Geschwüre und innerlich bei Schlangenbissen. Die Wurzeln sind hellbraun, stark ineinander verflochten, von etwa 2 cm Durchmesser, die dünne Rindenschicht ist weich und korkig, der Querschnitt strahlig. Das fast weisse Parenchym enthält reichlich Stärke. Die Droge riecht terpenthinähnlich und schmeckt stark bitter. Sie enthält ein neutrales Harz, eine in Aether lösliche Harzsäure, ein in Alkohol, Aether und Chloroform lösliches Alkaloid, einen reducirenden Zucker u. s. w. Cf. Alpam.

Litt.: Pharm. Journ. and Trans. 1894 Nr. 1265, p. 231.

Apalatoa (Caesalpiniaceae — Amherstieae).

Apalatoa obliqua (Crudya obliqua Griseb.), in den Nordstaaten Brasiliens. Namen: Piaca, Rabo de Cavallo, Campineiro. Die 2—3 cm im Durchmesser haltenden, schwarzbraunen Samen *(Fava impigem)* finden innerlich und äusserlich Verwendung bei Hautkrankheiten. Ein mir vorliegendes Muster der Droge besteht nicht aus den ganzen Samen, sondern nur aus den Cotyledonen; sie sind flach schüsselförmig, dunkelbraun, am Rande zugeschärft, bis 5 cm lang, bis $4^1/_2$ cm breit, an einem Ende etwas spitz, am andern, wo Radicula und Plumula gesessen haben, kurz herzförmig ausgeschnitten. Ohne besonderen Geruch und Geschmack. Die Zellen lassen Stärkekörnchen erkennen mit centralem Spalt,

gewöhnlich je zwei zusammengesetzt. Einzelne Zellen haben einen lebhaft gelbbraunen Inhalt, der mit Eisenchlorid schwarz wird.
Litt.: Merck 1893, p. 103.

Aphananthe (Homoioceltis — Ulmaceae — Celtidoideae).
Aphananthe aspera Planch., in Ostasien, enthält einen Stoff, der mit dem Antiarin aus Antiaris toxicaria (s. d.) übereinstimmen soll.
Litt.: Pharm. Zeitung 1891, Nr. 36, p. 763.

Aplotaxis (Compositae).
Aplotaxis auriculata DC. Die alte Costuswurzel ist neuerdings wieder als Wurmmittel, gegen Blasenstein und als Antidot empfohlen. Ueber das ätherische Oel vgl. Schimmel & Co. 1896, April, p. 42.
Litt.: New Idea 1884.

Apocynum (Apocynaceae — Echitideae).
Apocynum cannabinum L. Canadischer Hanf. In Nordamerika. Die Wurzel dieser in ihrer Heimat seit lange benutzten Pflanze ist neuerdings auch in Europa als Diureticum und Ersatzmittel der Digitalis empfohlen worden. Die Droge wird geliefert von den Wurzeln und dem Rhizom, dem häufig noch Stengelreste beigemengt sind. Letztere lassen in der Rinde Bastfasern erkennen, die der Wurzel, ebenso wie Steinzellen fehlen. In der Rinde Milchsaftschläuche. Die ähnlichen Wurzeln von
Apocynum androsaemifolium L. haben in der Rinde Steinzellen. Die Droge enthält zwei Glykoside: Apocynin und Apocynein, die den Digitalisglykosiden nahestehen sollen.
Litt.: Kosteletzky III, p. 1067. Chemiker-Zeitung 1883, p. 204. Pharm. Journ. and Trans. 1892, p. 652. Gehe & Co. 1883, Sept. 27. Pharm. Zeitschr. f. Russl. 1895, p. 678. Semaine médicale 1894, Nr. 22, p. 180.

Apocynum venetum L. In Südosteuropa. Aus den frischen Trieben wurde ein amorpher Körper Apocynteïn isolirt, der der Digitalis ähnlich wirkt.
Litt.: Kosteletzky III, p. 1058. Journ. d. Pharm. v. Elsass-Lothringen 1891, p. 325.

Aquilaria (Thymelaeaceae — Aquilarieae).
Aquilaria Agallocha Roxb., in Indien. Schimmel & Co. destillirten aus einem Holz, welches nicht sicher von dieser Pflanze stammt, ein ätherisches Oel zu 0,17 %, das nach Zimmet und Rhabarber riecht und zwischen 30—40° schmilzt. Der Hauptbestandtheil ist wahrscheinlich ein Keton.
Litt.: Schimmel & Co. 1892, April, p. 43.

Aralia (Araliaceae — Aralieae).
Aralia spinosa L. Im östlichen Nordamerika, bei uns Zierpflanze. Die Rinde findet in Nordamerika Verwendung, sie enthält ein ätherisches Oel, Harze, ein saponinartiges Glykosid: Araliin. Die früher behauptete Gegenwart eines Alkaloids konnte nicht bestätigt werden.
Litt.: Kosteletzky IV, p. 1189. Pharm. Journ. and Trans. 1883, p. 305.

Aranja (Asclepiadaceae).

Aranja cerifera, in Westafrika. Die Wurzelrinde wird als Emeticum empfohlen. — Es sei darauf aufmerksam gemacht, dass die Gattung Aranja nach Bentham und Hooker, *Genera plantarum*, auf Amerika beschränkt ist.

Litt.: Christy & Co. X, p. 120.

Araucaria (Coniferae — Pinoideae — Araucariinae).

Araucaria brasiliana A. Rich. Heimisch in der Bergregion des mittleren und südlichen Brasiliens. Namen: Cury, Curi-y, Curiuva, Pinheiro. Der männliche Blüthenzapfen enthält 0,58 $^0/_0$ farbloses, ätherisches Oel von brennend scharfem Geruch und Geschmack. Getrocknet liefern die Zapfen 1,948 $^0/_0$ eines hellbraunen Harzes. Man benutzt ein Dekokt der Zapfen gegen Husten. Ebenfalls als Hustenmittel benutzt man das *Gomma de pinhão*, das von der Spindel des Fruchtzapfens abgekratzt wird; es enthält Harz, Schleim, organische Säuren etc.

In den trockenen Monaten fliesst bei Verwundung aus älteren Stämmen ein wasserklares, balsamisches Sekret *(resina de pinheiro)*, das nach kurzer Zeit erhärtet. Man benutzt es bei chronischem Bronchialkatarrh, ebenso bei Gallenkolik und Gallensteinen. Es enthält: 10,46 $^0/_0$ Wasser, 6,43 $^0/_0$ ätherisches Oel, 3,113 $^0/_0$ Weichharz, 1,74 $^0/_0$ Curiharzsäure, 3,447 $^0/_0$ Piuruharzsäure, 3,447 $^0/_0$ Araucarsäure, 8,20 $^0/_0$ zuckerhaltigen Extraktivstoff, 53,00 $^0/_0$ Gummi und Pflanzenschleim, 4,90 $^0/_0$ Asche.

Litt.: Pharm. Rundschau (New York) 1894, p. 134.

Arctium (Compositae — Tubuliflorae — Cynaceae).

Arctium Lappa L. (Burdock seeds). Die Samen dieser Pflanze, die 15 $^0/_0$ fettes Oel enthalten, sind von Amerika aus gegen Psoriasis empfohlen worden.

Die Wurzel einer Varietät, die in Japan Gobo heisst, gilt dort als Antiscorbuticum.

Litt.: Kosteletzky II, p. 612. Christy & Co. VII, p. 43. Parke, Davis & Co., p. 128.

Arctium tomentosum (Lam.) Schrank. Der bitter schmeckende Bestandtheil der Frucht soll ein Glykosid sein.

Litt.: Americ. Journ. of Pharm. 1888, p. 60.

Arctostaphylos (Ericaceae — Arbutoideae — Arbuteae).

Arctostaphylos glauca Lindl. (Great berried Manzanita). In Californien. Die Blätter dieses Strauches, die bedeutend grösser sind, als die des einheimischen A. uva ursi, werden wie diese angewendet.

Litt.: Parke, Davis & Co., p. 998. Chemiker-Zeitung 1882, p. 355. Pharm. Journ. and Trans. 1884, p. 864.

Areca (Palmae — Ceroxylinae — Arecineae).

Areca Catechu L. Die Samen werden als Mittel gegen Bandwurm empfohlen und haben sogar Aufnahme in das „Arzneibuch für das Deutsche Reich" gefunden. Die männlichen Blüthen gelten als Hautmittel. Der Stamm soll ein Gummi liefern. Auf Formosa benutzt man unter dem Namen Fa-fuh-p'i die faserige Hülle der Frucht bei Magenleiden. Sie soll auch ein Bestandtheil mancher Salben sein.

Litt.: Lewin, Ueber Areca Catechu, Piper Betle etc. Parke, Davis & Co., p. 39. Hager, Fischer, Hartwich, Kommentar z. Arzneibuch f. d. Deutsche Reich. The Chemist and Druggist 1889, p. 12; 1895, p. 324.

Arenaria (Caryophyllaceae — Alsinoideae — Alsineae).

Arenaria rubra L. Ist aus Algier, Sicilien und Malta als Mittel gegen Blasenleiden eingeführt. Eigenthümliche Bestandtheile sind nicht aufgefunden worden. Es sind besonders aus Malta als Arenaria häufig andere Gattungen: Spergularia, Herniaria, Polycarpum eingeführt.

Litt.: Journ. de Ph. et de Chim. Sé.. IV, t. 30, p. 371. Répertoire de Pharm. 1881, p. 53.

Argania (Sapotaceae — Palaquieae — Sideroxylinae).

Argania Sideroxylon Röm. et Schult. Im südwestlichen Marocco. Die Samen enthalten 60—70 $^0/_0$ Oel, das in Marocco wie Olivenöl verwendet wird. Die Samen enthalten eine sehr bitter schmeckende Base.

Litt.: Journ. de Pharm. et Chim. 1888, p. 298.

Argemone (Papaveraceae — Papaveroideae).

Argemone mexicana L. Heimisch im tropischen Amerika, nach Nordamerika und in die Tropen der alten Welt verschleppt. Namen in Indien: *Bharband, Kutila* (hind.); *Shiál-Kantá* (beng.); *Datturi* (can.); *Daruri* (mar.); *Birama-dandu* (tam.); *Bramha-dandi-chettu* (tel.). In Mexico: *Chicalote.*

Das fette Oel aus den Samen wirkt abführend und wird vielfach angewendet. In Indien heisst es Brumadimdro-Oel und Coorookoo-Oel. Ein Infusum der Blätter, die angeblich Morphin enthalten sollen, wird in Afrika gegen Husten angewendet, ebenso die Blüthen in Mexico; der scharfe Milchsaft der Pflanze gilt als Heilmittel bei Hautkrankheiten in Mexico. Ebenfalls in Mexico finden auch Verwendung *Argemone ochroleuca Sahn.* und *A. grandiflora Sahn.*

Litt.: Kosteletzky V, p. 1611. Dymock I, p. 109. Arch. de Pharm. 1871, p. 51. Amer. Journ. of Ph. 1885, p. 506. Ph. Journ. and Trans. 1892, p. 613.

Aristida (Gramineae — Agrostideae).

Aristida pallens Cavanilles. In Brasilien (St. Paulo bis Rio Grande do Sul). Name: *Barba de bode.* Die frische Pflanze und das Dekokt des Rhizoms wird gegen Leberleiden angewendet. Ebenso benutzt man: *Ctenium cirrosum Kth.* Name *Barba de bode do campo.*

Litt.: Pharm. Rundschau (New York) 1894, p. 111.

Aristolochia (Aristolochiaceae — Aristolochieae).

Aristolochia argentina Griseb. Verwendung finden die Wurzeln als Diureticum und Diaphoreticum. Sie enthalten ein Alkaloid, Aristolochin, einen nicht genau charakterisirten Körper Aristin, und einen Fettsäure-Aether.

Litt.: Pharm. Journ. and Trans. 1891, p. 551.

Aristolochia bracteata Retz. In Indien und auf Ceylon. Namen in Indien: *Kiramár, Gandháni* (hind.); *Ganajali-hullu, Kattagiri* (can.); *Adutina-pálai* (tam.); *Gádide-gadupara-áku* (tel.); *Atutinta-pála* (mal.). Verwendung findet die ganze Pflanze als Antiperiodicum und Anthelminthicum. Sie enthält ein ätherisches Oel und ein Alkaloid.

Litt.: Kosteletzky I, p. 463. Dymock III, p. 163. Gehe & Co. 1876, April, p. 40.

Aristolochia cymbifera Mart. et Zucc. In Brasilien. Namen in Brasilien: *Mil homens* (welchen Namen auch andere Species führen), die Varietät *labiosa Masters* heisst *Ambuia-embó, Amburarembo, Papo de perú* (Truthahnkopf); die Varietät *abbreviata Masters: Papo de perú, Coffó de diabo*; die Varietät *genuina Masters: Jarro* (Wasserkanne), *Papo de perú, Papo de gallo, Cipo mata cobras, Cassaú.* Verwendung finden die unterirdischen Theile *(Raiz de Farinha)*, sie sind auch verschiedentlich nach Europa gelangt. Es sind bis 10 cm lange, oft gespaltene Stücke, die den Bau der Aristolochien zeigen; zahlreiche Zellen des Parenchyms sind zu Oel und harzführenden Sekretbehältern umgewandelt.

Enthält 0,082 $^o/_o$ ätherisches Oel, einen basischen Stoff Aristolochin (wohl Alkaloid), einen ähnlichen, Cassuvin, mehrere Harze, Gerbsäure 3,462 $^o/_o$ etc.

Litt.: Kosteletzky II, p. 468. Pharm. Rundschau (New York) 1893, p. 182. Chemiker-Zeitung 1887, p. 379.

Aristolochia filipendula Duchrtre. In Brasilien (Matto grosso, Goyaz). Namen: *Farinha batatinha, Butuinha* (diesen Namen führt auch die Pareirawurzel). Die Knollen gelten als Emmenagogum, eine Tinktur benutzt man bei Enuresis der Kinder.

Litt.: Pharm. Rundschau (New York) 1893, p. 184.

Aristolochia floribunda Lemaire. In Brasilien (Amazonas und Para). Name: *Raiz de sol.* Die Wurzel gilt als Excitans.

Litt.: Pharm. Rundschau (New York) 1893, p. 181.

Aristolochia birostris Duchrtre. In Brasilien (Alagoas, Bahia, Piauhy). Name: *Capivara.* Mit Ricinusöl extrahirt dient die Wurzelrinde gegen Excema impetiginosum.

Litt.: Pharm. Rundschau (New York) 1893, p. 182.

Aristolochia brasiliensis Mart. et Zucc. In Brasilien (Alagoas, Bahia, Ceara, Minas Geraes, Rio de Janeiro, Santa Catharina). Namen: *Jericó, Cipo de Jarrimbo.* Die Wurzel findet Verwendung bei Asthma, Dyspepsie, Intermittens etc.

Litt.: Kosteletzky II, p. 469. Pharm. Rundschau (New York) 1893, p. 182.

Aristolochia cordigera Willd. In Brasien (Para) Name: *Cipo de coraçao.* Wird wie A. birostris benutzt.

Litt.: Pharm. Rundschau (New York) 1893, p. 182.

Aristolochia Clausseni Duchrtre. In Brasilien (Minas Geraes). Wird verwendet wie A. trilobata.

Litt.: Pharm. Rundschau (New York) 1892, p. 182.

Aristolochia foetida H. B. Kth. In Mexico. Name: *Yerba del Indio* (unter dem Namen *Raiz del Indio* geht in Texas eine Rumexart). Das Kraut gilt innerlich als Stimulans, äusserlich als Wundheilmittel.

Litt.: Kosteletzky II, p. 465. Amer. Journ. of Pharm. 1886, p. 115.

Aristolochia fragrantissima Ruiz. Liefert in Collima die als Guaco bekannte Droge.

Litt.: Kosteletzky II, p. 465. Amer. Journ. of Pharm 1885, p. 601.

Aristolochia galeata Mart. et Zucc. In Brasilien (Minas Geraes, São Paulo). Namen: *Papo de perú do campo, Jarrinho, Jarro de capacete.* Wird verwendet wie A. cymbifera.

Litt.: Kosteletzky II, p. 469. Pharm. Rundschau (New York) 1893, p. 184.

Aristolochia gigantea Mart. et Zucc. In Brasilien (Alagoas, Bahia, Ceara, Minas Geraes, Pernambuco). Namen: *Urubú-coa, Urubú-géres Urubú-goém.* Der Saft der frisch ausgepressten Blätter soll brechenerregend wirken.

Die Wurzel dient als Excitans.

Litt.: Pharm. Rundschau (New York) 1893, p. 181.

Aristolochia Glasiovii Mast. In Brasilien (Espiritu Santo, Rio de Janeiro). Namen: *Jarrinha, Mil homens miudo.* Infusum bei typhösem Fieber und Rheuma, die Wurzel als Excitans.

Litt.: Pharm. Rundschau (New York) 1893, p. 181.

Aristolochia indica L. In Indien und Ceylon. Namen: *Icharmúl Budrajata* (hind.); *Sápsand, Ishvari* (mar.); *Ichchura-mula, Perumarindu* (tam.); *Ishvara-veru, Govila* (tel.); *Nanjin-beru* (can.); *Karalvekam* (mal.); *Sápus* (Goa). Stengel und Wurzel finden Verwendung gegen Intermittens, Kolik, Hydrops, Insektenstiche. Sie sollen auch zur Herbeiführung von Abortus benutzt werden. Enthält ein Alkaloid.

Litt.: Kosteletzky II, p. 464. Dymock III, p. 160. Journ. and Trans. 1891, p. 245.

Aristolochia Kaempferi Willd. Auf Formosa Ma-ton-ling. Die Wurzeln werden als Emeticum, Purgans und Anthelminthicum, verwendet.

Indessen steht es nicht fest, ob die Droge wirklich von der genannten Pflanze abstammt.

Litt.: Chemist and Druggist 1895, p. 324.

Aristolochia macroura Gomez. In Brasilien (Minas Geraes,

S. Paulo). **Name:** *Jarrinha.* Die mit saffranfarbener Rinde bedeckte Wurzel ist von sehr starkem Aroma, man benutzt sie als Antisepticum, Diureticum, Diaphoreticum und Emmenagogum.

Litt.: Kosteletzky II, p. 467, 468. Pharm. Rundschau (New York) 1893, p. 181.

Aristolochia odora Steud. In Brasilien. Namen: *Calungá, Jarrinho cheiroso.* Die Blätter enthalten $0,14\,^0/_0$ eines ätherischen Oeles, die Wurzel wird verwendet als Stimulans, Diaphoreticum und Tonicum, ferner bei Rheuma, Typhus, Uterusleiden.

Litt.: Pharm. Rundschau (New York) 1893, p. 182.

Aristolochia pentandra Jacq. Liefert in Yucatan Guaco von San Christobal.

Litt.: Amer. Journ. of Ph. 1885, p. 601.

Aristolochia reticulata Nutt. In Nordamerika von Virginien bis Louisiana. Enthält $1\,^0/_0$ ätherisches Oel und das Alkaloid Aristolochin.

Litt.: Amer. Journ. of Ph. 1887, p. 481.

Aristolochia rumicifolia Mart. Im Staate Rio de Janeiro unter den Namen *Jarrinho* und *Jarrinho miudo* als Schlangenmittel und gegen Eczema.

Litt.: Pharm. Rundschau (New York) 1893, p. 182.

Aristolochia subglauca Lam. Die Stengel enthalten ein nach Baldrian riechendes ätherisches Oel, das zur Beförderung der Menses dient.

Litt.: Schimmel & Co. 1889, Oktober, p. 53.

Aristolochia triangularis Cham. Ersetzt in den Südstaaten von Brasilien die A. cymbifera.

Litt.: Pharm. Rundschau (New York) 1893, p. 184.

Aristolochia trilobata L. In Brasilien in den Nordstaaten. Namen: *Angelico, Jarrinho, Urubú-coa.* Bei Intermittens.

Litt.: Kosteletzky II, p. 466. Pharm. Rundschau (New York) 1893, p. 182.

Aristolochia theriaca Mart. In Brasilien. Namen: *Anhanga puturú, Triaga.* Gegen Schlangenbiss.

Litt.: Pharm. Rundschau (New York) 1893, p. 182.

Bemerkung: Ausser den oben speciell aufgeführten Verwendungen benutzt man fast alle Aristolochien gegen Schlangenbiss, zu welcher Verwendung sie vielleicht zuerst durch die oft an eine Schlangenhaut erinnernde Zeichnung ihre Blüthenhülle aufgefordert haben. Allerdings fehlt es ausserdem auch nicht an zuverlässigen Nachrichten, dass die Schlangen in der That den starken Geruch dieser Pflanzen zu fliehen scheinen. — Ferner finden die meisten Arten Verwendung zur Beförderung der Lochien, daher schon der Name. Endlich sei darauf aufmerksam gemacht, dass Aristolochien sich unter den mehr mittelamerikanischen Guaco-

Drogen finden und auch als Condurango (von Mexico) vorkommen, wie ja sogar unter letzterem Namen Mikania Guaco, ein Beweis, dass beide Drogen, das mittelamerikanische Guaco und das mehr südamerikanische Condurango, mancherlei Gemeinsames haben.

Aristotelia (Elaeocarpaceae — Aristotelieae).

Aristotelia Maqui l'Hérit. Kleiner Baum oder Strauch in Chile. Name der Pflanze **Clon**, der Früchte **Maqui**. Die bis 6 cm langen, elliptischen, klein gesägten und zugespitzten Blätter finden ihres reichen Gerbstoffgehaltes wegen äusserliche und innerliche Verwendung bei Wund- und Halskrankheiten. In derselben Weise verwendet man die frisch einen karmosinrothen, getrocknet einen schwarzvioletten Saft enthaltenden, süss aromatischen, 2—8 fächerigen Beeren. Gekeltert liefern sie ein angenehmes, weinartiges Getränk. Neuerdings führt man sie in sehr grossen Mengen nach Frankreich ein, um damit an Stelle der sonst verwendeten Heidel- oder Hollunderbeeren den Rothwein zu färben. 1887 betrug der Import 315774 Kilo.

Litt.: Kosteletzky IV, p. 1544. Botan. Centralblatt 1889, 38, p. 689. Journ. d. Ph. et Chim. 1888, p. 508. Pharm. Zeitung 1890, p. 228, 493.

Arkoko.

Arkoko-Blätter. Ist eine afrikanische Droge, die als Purgativ empfohlen wurde.

Litt.: Christy & Co. IX, p. 66, X, p. 117.

Arpophyllum (Orchidaceae — Monandrae — Laeliinae).

Arpophyllum spicatum Llave et Lex. In Mexico und oft kultivirt. Die Knollen werden in der Heimath der Pflanze wie Salep benutzt.

Litt.: Amer. Journ. of Ph. 1885, p. 506.

Arracacia (Umbelliferae).

Arracacia esculenta DC. Heimisch in Südamerika, soll, wie schon früher aus der Heimath (Santa Fé de Bogata), neuerdings aus Florida, Arrow-Root liefern.

Litt.: Kosteletzky IV, p. 1181. Pharm. Rec. 1891, p. 194.

Artar.

Bezeichnung für einige Drogen von West-Afrika (Sierra Leone). Die Artar-Blätter sollen von **Phrynium** (Marantaceae) und **Myrosma** abstammen, die Artar-Wurzel dagegen von einer **Xanthoxylee**, vielleicht von *Toddalia lanceolata Lk.*, sie wäre demnach identisch mit einer der als **Radix Lopeziana** bezeichneten Drogen. Die Mittelrinde der Wurzel enthält Sekretzellen mit gelbem Inhalt und Gruppen sklerotischer Zellen, die Korkzellen haben stellenweise sehr stark verdickte Aussenwände, die Markstrahlen sind im Zickzack hin- und hergebogen. (Vgl. auch Xanthoxylum senegalense.)

Litt.: Chemiker-Zeitung 1887, p. 1225. Christy & Co. X, p. 118. Flückiger and Hanbury, Pharmacographia.

Artemisia (Compositae — Anthemideae — Chrysantheminae).

Artemisia arbuscula Nutt. Findet bei den Eingeborenen in den südwestlichen Theilen der Vereinigten Staaten Nordamerikas Verwendung zu arzneilichen Zwecken gegen Fieber und Würmer, als schweisstreibendes und haarwuchsbeförderndes Mittel.

Litt.: Amer. Journ. of Ph. 1880, p. 69.

Artemisia Barrelini Bess. In Spanien. Aus den trockenen Blüthenständen und den frischen Trieben gewinnt man ein ätherisches Oel, dessen Geruch an Tanacetum erinnert. Man verwendet es bei Koliken, hysterischen und epileptischen Anfällen.

Litt.: Schimmel & Co. 1889, Oktober, p. 53.

Artemisia dracunculoides Pusch. Wird verwendet wie A. arbuscula.

Litt. s. dort.

Artemisia eriopoda Bunge. Liefert in China aus den Blättern ein festes ätherisches Oel.

Litt.: Bullet. of Pharm. 1892. p. 261.

Artemisia filifolia Torrey. Wird verwendet wie A. arbuscula.

Litt. s. dort.

Artemisia frigida Willd. In Nordamerika (Rocky Mountains). Namen: Berg-Salvei, Herba Artemisiae spinosae, Mountain Sage, Sage bush. Verwendung findet das vor dem Aufblühen oder zur Blüthezeit gesammelte Kraut. Gilt als ausgezeichneter Ersatz des Chinins, auch als Diureticum und Catharticum, wird bei Scharlach, Rheumatismus und Diphtherie angewendet. Bemerkenswerthe Bestandtheile sind nicht aufgefunden.

Litt.: Parke, Davis & Co. p. 1151. Pharm. Centralhalle 1883, p. 189. Americ. Journ. of Pharm. 1890 p. 484.

Artemisia herba alba Asso. Im Mittelmeergebiet, östlich bis Persien. Name bei den Arabern: Chih. Soll die Stammpflanze der berberischen Flores Cinae sein. Enthält kein Santonin.

Litt.: Journ. de Ph. et Ch. 1891, p. 380.

Artemisia hispanica Lam. Das Oel erinnert im Geruch an wilden Fenchel. Die Pflanze soll herabstimmend auf den Genitalapparat wirken. Diese Art und A. Barellieri soll zur Fabrikation des algerischen Absynth benutzt werden.

Litt.: Schimmel & Co. 1889, Oktober, p. 53.

Artemisia Ludoviciana Nutt. Wird verwendet wie A. arbuscula.

Litt. s. dort.

Artemisia mexicana Willd. Gilt in Mexico als Stimulans und Anthelminthicum.

Litt.: Amer. Journ. of Ph. 1885, p. 552.

Artemisia tridentata Nutt. und *Artemisia trifida Nutt.* Werden in Nordamerika wie A. arbuscula verwendet.

Litt. s. dort.

Artocarpus (Moraceae — Artocarpoideae — Enartocarpeae).

Artocarpus incisa L. fil. In Brasilien Arvore do pão. Heimisch auf den Sundainseln, in den Tropen überall kultivirt. Die Frucht wird gekocht auf Geschwüre gelegt, ein Dekokt der Blätter wird gegen Diarrhoe und Rheuma verwendet. Der Milchsaft enthält $3,52^0/_0$ eines Fermentes: Artocarp-Papayotin, $9,10^0/_0$ eines krystallinischen Harzes: Artocarpin. $1,04^0/_0$ Harz, $0,45^0/_0$ Kautschuk.

Litt.: Kosteletzky II, p. 419. Pharm. Rundschau (New York) 1891, p. 220.

Artocarpus integrifolia L. fil. In Ostindien heimisch, überall in den Tropen kultivirt. Jack-tree. Name des Baumes in Brasilien: Jaqueira, der Frucht: Jaca. Das Fruchtfleisch dient in Brasilien als Hustenmittel und gegen Albuminurie, die gestossene Wurzelrinde mit der Samenhülle als Kataplasma bei Ekzem, die Sägespäne des Holzes zu Gurgelwasser, die Samen als Aphrodisiacum. Der Milchsaft enthält $1,110^0/_0$ Artocarp-Papayotin, $4,209^0/_0$ Artocarpin, $13,566^0/_0$ Harz, $13,314^0/_0$ Kautschuk.

Litt.: Kosteletzky II, p. 419. Pharm. Rundschau (New York) 1891, p. 222. Dymock III, p. 355.

Arum (Araceae — Aroideae).

Arum italicum Mill. Von den Canaren bis Trapezunt durch das ganze Mittelmeergebiet. Die Pflanze enthält Saponin und angeblich daneben eine flüchtige Base.

Litt.: Kosteletzky I, p. 70. Annal. di chimic. med. farm. 1885, p. 94.

Arundo (Gramineae — Festuceae).

Arundo Donax L. Die süsslich adstringirend schmeckenden Rhizome werden als Diureticum, besonders in Brasilien, benutzt.

Litt.: Kosteletzky I, p. 109. Pharm. Rundschau (New York) 1894, p. 112.

Asarum (Aristolochiaceae — Asareae).

Asarum europaeum L. Das ätherische Oel enthält ein Terpen $C_{10}H_{16}$, wahrscheinlich Pinen, und den Methyläther des Eugenols. Das schon länger bekannte Asaron ist ein Oxyhydrochinon (3:4:6).

Litt.: Kosteletzky II, p. 470. Arch. d. Ph. 1888, p. 89. Ber. d. deutsch. chem. Ges. 1888, p. 615.

Asarum canadense L. Im atlantischen Nordamerika. Namen: Canada snake root, Wild Ginger. Wird wie A. europaeum benutzt, scheint aber milder zu sein. Das ätherische Oel enthält dasselbe Terpen wie A. europaeum, einen neutralen Körper, Asarin $C_{12}H_{16}O_2$, blaues, schwer siedendes Oel (Azulen?), und Ester. Asaron fehlt.

Litt.: Kosteletzky II, p. 471. Arch. d. Ph. 1888, p. 89. Amer. Journ. of Ph. 1894, p. 574.

Asarum Sieboldii Miq. in Japan. Name: To-sai-shin. Das aromatische Rhizom findet Verwendung.

Litt.: Christy & Co. IV, p. 54.

Asclepias (Asclepiadaceae — Asclepiadoideae).

Asclepias tuberosa L. In Nordamerika. Dient als auswurfbeförderndes Mittel. Enthält ein Glykosid, Asclepiadin, das gegen lokale Kongestionen, akuten Rheumatismus und Lungenleiden empfohlen wird.

Litt.: Kosteletzky III, p. 1088. Amer. Journ. of Ph. 1880, p. 113.

Asclepias incarnata L. In Nordamerika. Verwendung wie bei der vorigen, auch als Diureticum und gegen Syphilis.

Litt.: Kosteletzky III, p. 1088. Pharm. Zeitung 1884, p. 749.

Asclepias Cornuti Decaisne. Das Rhizom wird in Nordamerika gegen Typhus und Asthma angewendet. Enthält ebenfalls das Glykosid Asclepiadin.

Litt.: Amer. Journ. of Ph. 1881, p. 435, 1889, p. 113.

Asclepias Mc Kenii (?). In Südafrika. Name: I'thongwe. Die Wurzel wird von den Eingeborenen gegen Fieber angewendet. Sie enthält ein Alkaloid.

Litt.: Christy & Co. X, p. 120.

Asimina (Anonaceae — Uvarieae).

Asimina triloba Dun. In Nordamerika. Namen: Papaw, Assiminier. Die Blätter dienen als Diureticum, die Samen als Brechmittel, die Früchte sind essbar. Die Samen enthalten ein Alkaloid: Asimin, dasselbe ist in der Rinde nicht enthalten.

Litt.: Kosteletzky V, p. 1708. Pharm. Rundschau (New York) 1886, p. 269. Neederl. Tydschr. voor Ph. 1890, p. 530.

Asparagus (Liliaceae — Asparagoideae).

Asparagus adscendens Roxb. In Centralindien. Die Wurzel (Rhizom?) wird als Ersatz des Salep empfohlen, sie liefert 77,55°/₀ wässeriges Extrakt.

Litt.: Dymock III, p. 485. Ph. Journ. and Trans. 1888, p. 745.

Asparagus lucidus Ldl. Auf Formosa, wo die Pflanze Fienmên-tung heisst, werden die getrockneten, unterirdischen Theile als diuretisches Mittel, auch bei Brustleiden angewendet.

Litt.: Chemist and Druggist 1895, p. 324.

Aspidium (Polypodiaceae — Aspidieae).

Aspidium athamanticum Kunze. In Südafrika (Port Natal). Liefert in seinem Rhizom *Radix Pannae.* Namen bei den Kaffern: Inkomankomo, Unkomocomo, wie das Rhizom von Aspid. filix mas dient es als Bandwurmmittel. Die Droge enthält eine von der Filixsäure verschiedene krystallinische Säure: Pannarsäure, die Monobutyrylmethylphloroglucin ist. — Die Droge wird auch in Europa verwendet und ist seit 1851 bekannt.

Litt.: Arch. d. Ph. 1891, p. 229 ff. Pharm. Zeitung 1886, p. 179.

Aspidium marginale Sw. Findet in Nordamerika als Anthelminthicum Verwendung. Charles de Walt Keeper konnte krystallinische Filixsäure nicht auffinden.

Litt.: Amer. Journ. of Ph. 1888, p. 229.

Aspidium rigidum. Heimisch in Nordamerika, in den westlichen Staaten. Wird ebenfalls als Anthelminthicum verwendet.

Litt.: Amer. Journ. of Ph. 1881, p. 389.

Aspidosperma (Apocynaceae — Plumerieae).

Aspidosperma Quebracho Schlchtdl. In Argentinien Quebracho blanco, liefert die Cortex Quebracho, die als Heilmittel gegen Fieber, resp. Ersatz der Chinarinde, zuerst 1878 nach Europa gelangte, kurze Zeit grosses Aufsehen erregte, jetzt aber fast wieder verschollen ist; indessen hat die Droge Aufnahme in die Pharmacopoea Helvetica III (cf. Einleitung) gefunden. Sie wird noch als Heilmittel gegen Asthma empfohlen. Die Rinde ist reich an Steinzellen und ganz besonders charakterisirt durch die mit einem Mantel von Krystallzellen umgebenen kurzen und dicken Fasern. Besonders durch Hesse wurden in der Droge sechs verschiedene Alkaloide nachgewiesen, die alle an der Wirkung mehr oder weniger betheiligt sind. Der Gesammtgehalt an Alkaloiden schwankt von 0,3—1,4 $^0/_0$.

Litt.: Hansen, Die Quebracho-Rinde. Berlin 1880. Real-Encyklopädie d. ges. Pharmacie VIII, p. 425. Zeitschr. f. klin. Medicin 1886 p. 235. Journ. de Chimie et Ph. 211, p. 249.

Aspidosperma anomalum Müll. Arg. Findet in Brasilien Verwendung.

Litt.: Christy & Co. VII, p. 84.

Aspilia (Compositae).

Aspilia latifolia Oliv. et Hiern. In Westafrika. Blutstillendes Mittel. Man verwendet die zerstossenen jungen Zweige und Blätter.

Litt.: Christy & Co. II, p. 15. Ph. Journ. and Trans. 1878, p. 563. Apoth.-Zeitung 1895, p. 719.

Astragalus (Papilionaceae — Galegeae — Astragalinae).

Astragalus Henryi Oliv. In China. Namen: Huang-ch'i oder T'iao-ch'i. Die Wurzel findet medicinische Verwendung.

Litt.: Pharm. Journ. and Trans. 1891, p. 1149.

Astragalus reflexistipulus Miq. und

Astragalus adsurgens Pall. werden in Japan verwendet.

Litt.: Pharm. Journ. and Trans. 1891, p. 1149.

Vgl. ferner die Uebersicht über die verwendeten Arten von Astragalus bei Planchon, Journ. de Ph. et Ch. 1891, p. 473 ff. 1892, p. 169 ff.

Als *Kunjudi-Gum* ist ein Gummi aus Persien nach London gekommen, das Christy & Co. für identisch mit der von einem *Astragalus* gelieferten *Sarcocolla* halten.

Litt.: Christy & Co. VIII, p. 82.

Astronium (Anacardiaceae — Rhoideae).

Astronium (Myracrodruon) Urundeuva Engler. In Brasilien und Argentinien. Namen in Brasilien: in Ceará: Aroeira; in Rio und Minas Geraes: Urundeuva und Aroeira de Ceará;

in S. Paulo: Grundeuva und Aroeira de campo; in Paraguay: Urundey-pita. Die harzreichen, kugelförmigen, schwärzlichen, 4 mm grossen Früchte gelten als Mittel gegen Zahnschmerz, mit Oel gekocht benutzt man sie als Wundbalsam. Die frischgestossene Rinde wird zu Einreibungen gegen Rheumatismus, das Dekokt des Bastes gegen Diarrhoe gebraucht. Den Namen Aroeira führt auch *Schinus terebinthifolius.*

Litt.: Pharm. Rundschau (New York) 1871, p. 137.

Atalantia (Rutaceae — Aurantieae).

Atalantia monophylla D. C. Auf Korea und in Indien. Liefert ein gegen Rheumatismus verwendetes Oel.

Litt.: Bullet of Ph. 1892, p. 261.

Athanasia (Compositae — Anthemidiae — Anthemidinae).

Athanasia amara (?). In Mexico. Wird als Tonicum und Athelminthicum verwendet. Nach Engler-Prantl ist die Gattung auf Afrika beschränkt. Im Index Kewensis fehlt die Art. Daher wohl zweifelhaft.

Litt.: Christy & Co. VII, p. 81.

Atherosperma (Monimiaceae — Atherospermoideae).

Atherosperma moschatum Labillardière. In Victoria und Tasmanien. Die nach Sassafras riechende Rinde (Australische Sassafrasrinde) enthält ein ätherisches Oel, das Träger des Geruches ist, und ein Alkaloid: Atherospermin. Das letztere scheint ohne wesentliche medicinische Wirkung zu sein. Die Rinde dient in ihrer Heimath als Theesurrogat, sowie als Heilmittel gegen Syphilis und Rheumatismus. Man hat es auch als Heilmittel bei Herzaffektionen empfohlen, indessen scheint es sich in dieser Beziehung von vielen anderen ätherischen Oelen nicht zu unterscheiden.

Die Rinde ist bis 6 mm dick. Im Kork finden sich vereinzelt sklerotische Zellen. Die Mittelrinde zeigt schon frühzeitig Steinzellengruppen, deren Elemente vorwiegend tangential gestreckt sind. Der Bast enthält Gruppen von Stabzellen, die häufig von Steinzellen umlagert sind. Die Siebröhren besitzen eine breite, mässig geneigte, grossporige Siebplatte und an den Längswänden rundliche Siebfelder. Mittelrinde und Weichbast haben Oelzellen.

Litt.: Kosteletzky II, p. 436. Pharm. Journ. and Trans. 1882, p. 512. Apotheker-Zeitung 1888, p. 722.

Awaso seed. Oel liefernder Same von Westafrika.

Litt.: Christy & Co. VII, p. 86.

B.

Baccharis (Compositae — Astereae — Baccharidinae).
Baccharis multiflora H. B. Kth. und *Baccharis Alamanni DC.*,
in Mexico, gelten als Heilmittel gegen katarrhalische Leiden.
Litt.: Americ. Journ. of Pharm. 1891.

Baccharis conferta H. B. Kth., ebenfalls in Mexico, wird wie
die vorigen verwendet. Sie enthält ätherisches Oel, was den
beiden andern auch nicht fehlen dürfte.
Litt.: Americ. Journ. of Pharm. 1891.

Baccharis coridifolia DC., in Brasilien, Argentinien und Uruguay; ist giftig. Man hat aus ihr ein Alkaloid, Baccharin,
gewonnen, indessen geht aus den Mittheilungen nicht hervor, ob
dasselbe das giftige Princip ist.
Litt.: Ann. de la Sociedad Cientif. Argent. Vol. IV, p. 34. Pharm.
Journ. and Trans. 1879, p. 6.

Andere Arten, z. B. *B. ivaefolia L.* in Peru und *B. arbutifolia Vahl* gelten ihres Aromas wegen als stärkende Mittel.
Litt.: Kosteletzky II, p. 667.

Backhousia (Myrtaceae — Leptospermoideae).
Backhousia citriodora F. v. M., in Queensland, liefert aus den
Blättern 4,1 $^0/_0$ ätherisches Oel, das dem Verbenaöl ähnlich riecht.
Es enthält Citral und scheint sich für Zwecke der Parfümerie
zu eignen.
Litt.: Christy & Co. IX, p. 16. Pharm. Journ. and Trans. 1886, p. 141.
Schimmel & Co. 1893, Oktober, p. 116.

Baco seed.
Samen von bitterem Geschmack aus Westafrika, die ein Oel
enthalten, das der Sheabutter (von Bassia) ähnlich ist. Man
leitet die Samen von *Lucuma spec.* (Sapotaceae) ab.
Litt.: Christy & Co. VII, p. 86.

Badee seed.
Nicht bestimmte Samen von Westafrika, die als Purgativ und
gegen Würmer empfohlen sind.
Litt.: Christy & Co. VII, p. 87.

Bafoenin.
Nach Patchouli riechende Wurzel aus Westafrika von un-
bekannter Abstammung. Wird gegen Kolik empfohlen.
Litt.: Chemiker-Zeitung 1888, p. 1244.

Balanites (Simarubaceae — Picramnieae).
Balanites Roxburghii Planch. Die unreife Frucht verwendet
man in Indien als Anthelminthicum und Purgans.
Litt.: Gehe & Co. 1896. September.

Ballota (Labiatae — Stachydoideae — Lamiinae).

Ballota suaveolens L., In Jamaica. Namen: **Erva cidriera**. Bei tuberkulöser Peritonitis mit Erfolg angewendet.

Litt.: Christy & Co. XI, p. 38.

Ballota lanata L., im südlichen Sibirien, in Oesterreich in Kultur. Wird als Diureticum verwendet.

Litt.: Kosteletzky III, p. 787. Gehe & Co. 1887, April, p. 21.

Bambusa (Gramineae — Bambuseae).

Bambusa (Guadua) Trinii Nees., var.: scabra Doell. Heimisch in Brasilien: Minas, Pernambuco, Alagoas, Matto Grosso. Namen: **Taboca** und **Taguara**. Ein Dekokt des Wurzelstockes wird innerlich gegen Wassersucht, äusserlich bei Herpes angewendet.

Litt.: Pharm. Rundschau (New York) 1894, p. 112.

Aehnlich wird verwendet: *Guadua exalata Doell.* (**Carizo, Corizo, Corisco, Taquara, Bambusinho**).

Litt.: Pharm. Rundschau (New York) 1894, p. 169.

Baptisia (Papilionaceae — Podalyrieae).

Baptisia tinctoria R. Br., in Nordamerika. Name: **Wild Indigo**. Die jungen Schosse werden wie Spargel gegessen. Die ganze Pflanze dient zum Blaufärben. Die Wurzel wird medicinisch verwendet, sie dient als Adstringens und Fiebermittel, in stärkerer Dosis bewirkt sie Erbrechen und Abführen. v. Schröder fand in der Wurzel zwei Glykoside: 1. **Baptisin**, indifferent, 2. **Baptin**, wirkt schwach abführend, und ein Alkaloid **Baptitoxin**, das schon in geringer Dosis toxisch wirkt; es bewirkt bei Fröschen Respirationsstillstand, centrale Lähmung, bei Warmblütern Beschleunigung der Respiration, Steigerung der Reflexerregbarkeit des Rückenmarkes.

Unter dem Namen **Baptisin** verwendet man in Nordamerika das Resinoid, das ziemlich unrein sein soll. Ob und mit welchem der beiden oben genannten Glykoside das Merck'sche **Baptisin** identisch ist, ist nicht bekannt; letzteres wirkt purgirend.

Litt.: Kosteletzky IV, p. 1248. Tageblatt d. 58. Versamml. der Naturf. u. Aerzte in Strassburg 1885, p. 158. E. Merck-Darmstadt, Bericht z. 59. Versamml. der Naturf. und Aerzte in Berlin 1886, p. 12.

Barringtonia (Lecythidaceae — Planchonioideae).

Barringtonia intermedia Vieill., auf den Neu-Hebriden, Fidji-Inseln und Neu-Caledonien. Name: **Taboui**. Die jungen Früchte werden als Gemüse gegessen. Die Samen sollen sich wie Cacao verwenden lassen. Die Samen von *B. acutangula Gaertn.* in Ostindien sind ebenfalls essbar, doch erst nach Einweichen in Kalkwasser, wodurch sie ihren stark bitteren Geschmack verlieren.

Barringtonia speciosa L. fil. In Ostasien. Die Samen liefern ein Fischgift, nach Engler-Prantl, Pflanzenfamilien III, 7. Abthl.,

p. 33, benutzt man dazu einen durch Zerkleinern der jungen Sprosse gewonnenen Brei. Zu demselben Zweck verwendet man auch die Samen von *B. acutangula Gaertn.* und *B. racemosa Blume*, beide in Indien. Die Blätter mehrerer Arten werden als Salat gegessen.

Litt.: Kosteletzky IV, p. 1535. Dymock II, p. 17. Christy & Co. IX, p. 27.

Basella (Basellaceae).

Basella rubra L., wird in China als Mittel gegen Dysenterie verwendet. Vermuthlich nur eine Form der *B. alba L.*, die im tropischen Asien heimisch ist, aber allenthalben in wärmeren Ländern als Gemüse kultivirt wird.

Litt.: Kosteletzky IV, p. 1436. Pharm. Journ. and Trans. 1887, p. 174.

Bassia (Sapotaceae — Palaquieae — Illipinae).

(In Engler-Prantl, Pflanzenfamilien IV, 1. Abthl., p. 133, ist die Gattung mit Illipe vereinigt; ich habe aus praktischen Gründen die so geläufige ältere Bezeichnung beibehalten).

Bassia latifolia Roxb. (Illipe latifolia Engl.). Heimisch in Vorderindien. Namen: Moa-tree der Engländer; Mahwa, Jrup-mara, Madhuka, Mahudo, Maua, Illeysai, Ipa-chettu, Ippa-gida. Dieselben Namen führt zum Theil *Bassia longifolia L.* Die Blüthen dieses Baumes (Moa) sind von fleischiger Konsistenz, sie fallen ab und werden von den Eingeborenen gesammelt. Sie enthalten getrocknet 56 $^0/_0$ Zucker und schmecken etwa wie Feigen. Sie dienen als Nahrungsmittel der Menschen, Viehfutter und zur Gewinnung eines Branntweines Davu. Der Destillationsrückstand hat brechenerregende Eigenschaften. Es ist darauf aufmerksam gemacht worden, dass die Blüthen, da sie neben 50 $^0/_0$ Zucker nur etwa 2,2 $^0/_0$ stickstoffhaltige Substanzen enthalten, sich wegen dieses Missverhältnisses nicht sonderlich als Nahrungsmittel eignen.

Die Samen liefern über 30 $^0/_0$ eines fetten Oeles, die Bassia-butter, Ilipebutter, Mahuabutter, Yallahbutter. Frisch kann es als Speiseöl benutzt werden, es wird aber bald ranzig und dient dann als Brennöl und zur Fabrikation von Seife. Der nach dem Auspressen des Oeles zurückbleibende Kuchen, Ilupai punak, wirkt brechenerregend und soll zum Betäuben von Fischen benutzt werden.

Die Rinde des Baumes liefert nach Einschnitten eine geringe Menge eines guttaperchaartigen Milchsaftes.

Litt.: Kosteletzky III, p. 1105. Dymock II, p. 354. New Remedics. Vol. VIII, Nr. 7. Gardeners Chronicle 1886, p. 86. Journ. de Ph. et Ch. 1889, p. 227. Christy & Co. II, p. 11.

Bassia longifolia L. (Illipe Malabrorum Koenig), in Malabar und Ceylon. Die Blüthen dieser Art werden wie die der vorigen verwendet, sie sollen über 60 $^0/_0$ Zucker enthalten. Die glänzend braunen, bis 2 cm langen Samen (Sangai-Nüsse) enthalten 51 $^0/_0$ Fett, das mit dem der vorigen Art zusammen in den Handel kommt, oder allein als Ghibutter. Die Samen haben in den Cotyledonen kurze Gerbstoffschläuche. In den entfetteten Samen wurde Saponin nachgewiesen. Die Blätter, der Milchsaft der jungen Früchte und der Rinde finden Verwendung bei Rheumatismus und gegen Hautausschläge.

Litt.: Kosteletzky III, p. 1105. Dymock II, p. 354. Journ. de Ph. et Ch. 1880, 1886. Dingler, Polytechn. Journ. 251, 10. Chemiker-Zeitung 1889, p. 660.

Bassia butyracea Roxb. In Ostindien. Namen: Phúlwára, Chiára, Cheuli, Cheuri, Yelpot. Liefert Fett (Chaiura ka pina) wie die vorigen; die Rückstände der Samen scheinen nicht giftig zu sein, sie werden gegessen.

Litt.: Engler-Prantl. Pflanzenfamilien IV, 1. Abthl., p. 134. Dymock II, p. 354. — Vgl. auch Wiesner, Rohstoffe, p. 211.

Unter dem Namen Qua Crofitt seeds sind aus Westafrika ölhaltige Samen nach Europa gekommen, die man von einer Bassia ableiten will.

Litt.: Christy & Co. VII, p. 87.

Bauhinia (Caesalpiniaceae — Bauhinieae).

Bauhinia variegata L., Bauhinia retusa Roxb., liefern aus Indien minderwerthiges Gummi.

Litt.: Pharm. Journ. and Trans. 1892, p. 1073.

Begonia (Begoniaceae).

Begonia gracilis H. B. K., in Mexico. Die Wurzel wirkt brechenerregend und abführend.

Litt.: Americ. Journ. of Ph. 1886, p. 168.

Beilschmiedia (Lauraceae — Lauroideae — Apollonieae).

Beilschmiedia obtusifolia Benth. et Hook(?), in Australien. Liefert eine angenehm aromatisch schmeckende Rinde, die $2\,^0/_0$ eines nach Sassafras riechenden Oeles liefert, woher die Rinde den Namen „Sassafras von Queensland“ führt. Das Oel dürfte safrolhaftig sein. Ferner enthält die Rinde $9\,^0/_0$ Gerbstoff. Sie wird gegen Diarrhoe und Dysenterie verwendet.

Litt.: Merck, Bericht v. Oktober 1888, p. 53. Pharm. Journ. and Trans. 1886, p. 144.

Belamcanda (Iridaceae — Sisyrinchieae — Libertinae).

Belamcanda chinensis D. C. Heimisch im tropischen Ostasien und Japan. Das aussen schwarze, innen chromgelbe Rhizom von scharfem Geschmack wird als Expektorans, Carminativum und Diureticum benutzt.

Auf Formosa führt die Pflanze den Namen Shê-Kan.

Litt.: Kosteletzky I, p. 136. Chemist and Druggist 1895, p. 324.

Benincasa (Cucurbitaceae — Cucurbiteae — Cucumerinae).

Benincasa cerifera Savi. In Ostindien heimisch und kultivirt. Namen: Petha (hind.); Kumra (beng.); Kohala (mar.); Búrdagúmúdu (tel.); Bhurun-Koholun (guz.); Kumbuli (tam.); Kuvuli (mal.). Die Früchte und Samen werden medicinisch, das aus den Samen gepresste Oel auch technisch verwendet.

Litt.: Kosteletzky II, p. 734. Dymock II, p. 70. Pharm. Zeitung 1889, p. 256.

Berberis (Berberidaceae).

Berberis aquifolium Pursh (Mahonia aquifol. DC.). Heimisch in den westlichen Vereinigten Staaten von Nordamerika. Namen: Oregon-grape-root, Mountain Grape, Holly leaved Barberry. Verwendung findet die Wurzel bei skrophulösen Leiden, Syphilis, Psoriasis, Pityriasis etc. Enthält zwei Alkaloide: Berberin und Oxyacanthin.

Litt.: Parke, Davis & Co., p. 54. Pharm. Centralhalle 1882, p. 356. Ber. d. d. chem. Ges. 1883, p. 2745.

Berberis Lycium Royle, im westlichen Himalaya Namen: Ophthalmic Barberry, Vinettier tinctorial. Man stellt von dieser und verwandten Arten *(B. aristata DC., B. asiatica Roxb.)* aus der Rinde ein gelbes, bitterschmeckendes Extrakt, Rusot, her, das bei Augenentzündungen, Verdauungsschwäche etc. verwendet wird. Die Pflanze enthält reichlich Berberin. Auf Formosa verwendet man die Wurzel einer Berberis, wahrscheinlich dieser Art, unter dem Namen Kou-chi-kên als Fiebermittel und gegen Rheumatismus.

Litt.: Dymock I, p. 65. Pharmaceut. Zeitung 1889, p. 664. Chemist and Druggist 1895, p. 324. Americ. Drugg. and pharm. Record. 1894, p. 184.

Die Rinde von *Berberis aristata DC. (Nepaul Barberry, Vinettier aristé)* besteht aus kurzen Stücken, die bis 2 cm lang, $1—1^{1}/_{2}$ mm dick sind. Farbe gelblich, innen oft schwärzlich. Aussen lassen die Stücke einen ziemlich weichen Kork erkennen, während auf der Innenseite ziemlich harte, scharf kielförmige Erhabenheiten hervortreten. Auf dem Querschnitt erkennt man dicht unter dem Kork, der aus dünnwandigen Zellen besteht, in der Mittelrinde nahe zusammenstehende Gruppen von Steinzellen, dann vereinzelt Gruppen dickwandiger, dünner Fasern und nach innen folgend, die Stücke abschliessend, eine zusammenhängende Schicht von Steinzellen, die auch die kielartigen Fortsätze bildet. Dieser recht auffallende Bau wird verständlich durch Vergleichung mit Stammstücken der nahe verwandten *Berberis Lycium* (s. oben). Das Holz enthält breite Markstrahlen, die in die Rinde übertreten. In diese Markstrahlen sendet ein in der Rinde liegender sklerotischer Ring kielartige Fortsätze, die oft bis in das Holz hinabreichen und dadurch die Markstrahlen spalten. Die so entstehenden Hälften der Markstrahlen laufen auf den beiden Seiten der Kiele entlang. Es entstehen so aus dem sklerotischen Ring und seinen Fortsätzen auf dem Querschnitt Halbkreise, deren Durchmesser das Cambium bildet. In diesen Halbkreisen liegen die Phloëmbündel und je eine Hälfte zweier nebeneinander befindlicher Markstrahlen. Beide sind dünnwandig und in der Droge oft so zusammengetrocknet, dass aussen am Cambium eine Reihe Höhlungen entsteht, die der Droge ein sehr charakteristisches Aussehen verleihen. Die kielartigen Fortsätze unserer Droge werden danach leicht verständlich. Sie enthält 2,205 $^0/_0$ Berberin.

Litt.: Gehe & Co. 1896, September.

Berberis buxifolia Lam. Das Holz wird wie das von *B. flexuosa* zum Färben benutzt. Beide enthalten Berberin.

Litt.: Pharm. Jahresber. 1892, p. 50.

Bessican-cu.

Aus Westafrika (Dahome-Gebiet). Die Samen, die mit Linsen verglichen werden, liefern Neger-Kaffee. Sie sollen Theïn (Coffeïn) enthalten. Die geschabte Wurzel wird gegen Magenkatarrh benutzt. Abstammung unbekannt, vielleicht eine Leguminose.

Litt.: Botan. Centralblatt XXIV, 1885, p. 315.

Betula (Betulaceae — Betuleae).

Betula lenta L., im atlantischen Nordamerika. Namen: Zuckerbirke, Sweet Birch. Die Rinde und jungen Zweige enthalten 0,23 $^0/_0$ eines ätherischen Oeles, das wie das Gaultheriaöl aus Methylsalicylat besteht und dem Gaultheriaöl substituirt wird. Die Angabe, dass das Betulaöl auch ein Terpen enthält, scheint sich nicht zu bestätigen; es wird behauptet, dass, wo man unzweifelhaft ein Terpen nachgewiesen hat, dieses aus einer Verfälschung mit Terpentinöl herrührt. Freilich scheint auch das Betulaöl durch das synthetisch dargestellte Methylsalicylat verdrängt zu werden.

Litt.: Schimmel & Co. 1891, Oktober, p. 36; 1892, April, p. 37; Okt. p. 45; 1893, April, p. 42. Americ. Journ. of Ph. Vol. 54, p. 49; Vol. 55, p. 385; Vol. 56, p. 85. Pharm. Rundschau (New York) 1883, p. 222.

Bidens (Compositae — Heliantheae — Coreopsidinae).

Bidens crocata Cav. (Verbesina crocata), in Mexico. Namen: Capitaneja, unter dem auch andere verwandte Species vorkommen. Die Pflanze dient zu Veterinärheilzwecken.

Litt.: Americ. Journ. of Ph. 1885, p. 385.

Bidens leucantha Willd. (nur Abart von *Bidens pilosa L.*). Heimisch in Amerika, als Unkraut weit auf der Erde verbreitet. Die Blätter dieser Art, sowie von *Bidens tetragona DC.,* werden in Mexico mit heissem Wasser behandelt, getrocknet und wie chinesischer Thee aufgerollt. Sie liefern Té de milpa. Enthalten Gerbstoff.

Litt.: Americ. Journ of Ph. 1886, p. 122.

Bidens tripartita L., in Europa, Asien und Australien. Man schreibt dem Kraut diuretische, die Menstruation befördernde

Eigenschaften zu. Es wurde früher als *Herba Verbesinae vel Cannabis aquaticae* benutzt und ist heute noch nicht vergessen. Ebenso verwendet man *Bidens cernua L.*

Litt.: Kosteletzky II, p. 678. Gehe & Co. 1884, April, p. 35.

Blaberopus (jetzt zu Alstonia) (Apocynaceae),

Blaberopus villosus Miq. In Niederländisch-Indien. Die frischen Blätter enthalten 1,1 $^0/_0$ Alkaloid.

Litt.: Mededeelingen uit 's Lands Plantentuin. Batavia 1890.

Blaubusch.

Droge aus Namaqua-Land, die aus kleinen Rindenstücken besteht, vielleicht *Rhus tomentosa.*

Litt.: Chemiker-Zeitung 1887, p. 755.

Blepharis (Acanthaceae — Acantheae).

Blepharis edulis Pers., in Ostindien und Persien. Name in Indien: Utanjan; in Persien: Anjurah. Der wirksame Theil sollen die Samen sein, indessen ist die in den letzten Jahren öfter nach Europa gekommene Droge immer reichlich mit Bruchstücken der Fruchtkapsel vermengt. Die Samen sind 5 mm lang, 4 mm breit, flach, im Umriss eiförmig, am Grunde etwas schief, gelblich. Der Querschnitt zeigt in der Samenschale die flach aufeinander liegenden Cotyledonen des Embryo. Unter der Lupe erscheint der Same mit fest anliegenden, dicken gelblichen Borsten bedeckt. In Wasser richten sich die „Borsten" auf und theilen sich in reichliche Schleimhaare, die in der Mittelschicht feine spiralige Verdickungen führen.

Nach Dymock enthalten die Samen zwei in Krystallen erhaltene Körper, von denen der eine bitter schmeckt, mit Schwefelsäure und Kaliumbichromat einen Geruch nach Salicylsäure (?) entwickelt und mit Schwefelsäure allein sich grün färbt, Eigenschaften, die der zweite Körper nicht besitzt.

Man benutzt die Droge als Resolvens, Diureticum, Aphrodisiacum, Expektorans etc.

Litt.: Dymock III, p. 40. Gehe & Co. 1892, April.

Bletia (Orchidaceae — Monandrae — Phajinae).

Bletia campanulata La Llave und *Bletia coccinea La Llave*, mit zu dicken, flachen Knollen abgeplatteten Stämmen, dienen in Mexico als Ersatz des Salep.

Litt.: Americ. Journ. of Pharm. 1885, p. 506.

Blighea (Sapindaceae — Cupanieae).

Blighea sapida Kon. In Guinea heimisch, durch die Kultur verbreitet, besonders nach den Antillen. Die ganzen Früchte und der Arillus der Samen sind eine beliebte Speise. Die anscheinend technisch werthlosen, ölhaltenden Samen sind als Akee seeds von Jamaica eingeführt.

Litt.: Kosteletzky V, p. 1827. Christy & Co. VII, p. 83.

Blumea (Compositae — Inuleae — Plucheinae).

Blumea lacera DC. Von Afrika durch Indien zu den Philippinen und Australien. Name: Nimurdi. Das ein ätherisches Oel enthaltende Kraut wird zum Vertreiben lästiger Insekten benutzt. Vgl. über diese und ähnliche indische Arten besonders Dymock l. c.

Litt.: Dymock II, p. 255. Pharm. Journ and Trans. 1884, p. 985.

Bocagea (Anonaceae — Miliuseae).

Bocagea Dalfellii H. f. u. Th. In Vorderindien (Concan und Travancore). Namen: Sájeri, Kochrik, Harkinjal Die Blätter benutzt man zu Räucherungen gegen Rheumatismus. Sie enthalten einen in Krystallen erhaltenen Stoff, der mit Wasser und einem ebenfalls in den Samen enthaltenen Ferment, einen andern nach Zwiebeln riechenden Stoff liefert, also wohl ein Glykosid.

Litt.: Dymock I, p. 46. The Pacific Record 1892, p. 304.

Bocconia (Papaveraceae — Papaveroideae — Chelidonieae).

Bocconia frutescens L., in Peru, Mexico und Westindien. Der gelbe Milchsaft dieser Pflanze dient in Mexico als Purgans und Anthelminthicum, wie früher in der alten Welt Chelidonium maius.

Litt.: Bullet. of Pharm. 1891, p. 355. Americ. Journ. of Ph. 1885, p. 385.

Boehmeria (Urticaceae — Boehmerieae).

Boehmeria caudata Sw. Heimisch von Mexico bis Brasilien. Name: Assa peixe und Arnica (den ersteren Namen führt auch *Vernonia daphnoides Walp. [Compositae]*). Die kaum aromatischen, schwach herben, schleimigen Blätter dienen zu Umschlägen bei Augenentzündungen, ein Infusum derselben wird als Diureticum, ein Dekokt gegen Haemorrhoidalbeschwerden, ein Dekokt der Wurzel als blutreinigendes Mittel benutzt. Eine Tinktur wird wie Arnicatinktur verwendet.

Litt.: Kosteletzky II, p. 400. Pharm. Rundschau (New York) 1892, p. 35.

Boerhavia (Nyctaginaceae — Mirabileae).

Boerhavia diffusa Engelm. et Asa Gray., in Ostindien. Namen: Pitta sudu pala (sing.), Mookorota (tam.). Man verwendet die Wurzel als Diureticum, Laxans und Stomachicum, rühmt auch ihre gute Wirkung als Expektorans.

Litt.: Christy & Co., XI, p. 9.

Bogee.

Droge aus Westafrika von unbekannter Abstammung. Die Rinde benutzt man gegen Wassersucht, die ölhaltenden Samen als Purgans.

Litt.: Christy & Co. VII, p. 85.

Bola de fuego.

(Feuerball), eine in Mexico heimische *Malvacee*, die innerlich gegen Aussatz verwendet wird.

Litt.: Christy & Co. X, p. 38. Der Fortschritt (Genf) 1887, p. 236.

Bomarea (Amaryllidaceae — Alstroemerieae).

Bomarea salsilloides M. Röm. In Brasilien. Namen: In-
dianerknollen, Cará de caboclo. Die runden, haselnussgrossen Knollen wirken diuretisch und schweisstreibend.

Bomarea spectabilis Schenk. In Brasilien. Name: Cará do
mato. Ein Aufguss der Blätter wird zum Gurgeln benutzt, die
Knollen werden in der Asche geröstet gegessen.

Litt.: Pharm. Rundschau (New York) 1892, p. 162.

Bomarea Salsilla Mirb. und andere peruanische Arten liefern
ein Surrogat der Sarsaparilla.

Bombax (Bombacaceae — Adansonieae).

Bombax Ceiba L. (B. malabaricum D. C.). Von Vorderindien
bis Nordaustralien. Liefert ein in Indien als Moscherus und
Mochras bezeichnetes Gummi. Das Gummi löst sich in Wasser
nicht völlig auf, es enthält eine Gerbsäure. Man benutzt es als
Adstringens und Stypticum.

Litt.: The Chemist and Druggist 1889, p. 12.

Bombax aquaticum (Aubl.) K. Schum. Heimisch in Guiana.
Wird seines Schleimgehaltes wegen medicinisch verwendet, die
Blätter und Blüthen werden wie Gemüse und die gerösteten Samen
wie Kastanien gegessen.

Litt.: Kosteletzky V, p. 1874. Pharm. Record 1893, p. 453.

Bombax macrocarpum (Schlechtdl.) K. Sch. Heimisch in Mexico
und Centralamerika. Namen: Caballos de angel, Lele, Pambotano (dieselben Namen führt auch Calliandra grandiflora,
s. d.). Die Blätter und Blüthen werden ihres Schleimgehaltes
wegen angewendet. Die Samen enthalten ein festes Fett, das zur
Seifenfabrikation verwendet wird.

Litt.: Journ. of Ph. 1891, p. 67.

Borassus (Palmae — Borassinae — Borasseae).

Borassus aethiopum Mart. Die Delebpalme in Afrika
(mit Borassus flabelliformis L., der asiatischen Palmyrapalme
zu einer Art unter letzterem Namen vereinigt) liefert die Ba-
kooba-Samen, die medicinisch (wogegen?) verwendet werden
sollen.

Litt.: Christy & Co. VII, p. 87.

Boronia (Rutaceae — Boronieae).

Boronia rhomboidea Hooker in Neusüdwales gilt als Anthelminthicum besonders bei Pferden.

Litt.: Proceed. of the Linn. Soc. of New South-Wales 1888.

Botoncillo, mir unbekanntes Heilmittel gegen Aussatz aus
Columbien.

Litt.: Christy & Co. X, p. 121.

Boucerosia (Asclepiadaceae — Stapelieae).

Boucerosia Aucheriana Decne. in Indien wird als Tonicum und Febrifugum verwendet.

Litt.: Dymock II, p. 458. Bullet. of Ph. 1891, p. 211.

Bouvardia (Rubiaceae — Cinchonoideae).

Bouvardia angustifolia H. B. K., B. hirtella H. B. K., B. ter-niflora Schlecht., B. Jaquinii H. B. K. in Mexico gelten als Prophylaktica gegen den Biss toller Hunde.

Litt.: Amer. Journ. of Ph. 1886, p. 168.

Bowdichia (Papilionaceae — Sophoreae).

Bowdichia virgilioides H. B. K. Von Venezuela bis Minas Geraes in Brasilien. Namen: Sebipira-guaçu und Sebipira-mirim. Liefert die als Cortex Sebipira oder Soukoupire beschriebene Rinde. Sie sieht einer gelben Chinarinde ähnlich und enthält ein betäubend und pupillenerweiternd wirkendes Gift. Gilt als Antisyphiliticum.

Litt.: Kosteletzky IV, p. 1348. Journ. de Ph. et Ch. 1885, p. 685.

Brassica (Cruciferae — Sinapeae — Brassicinae).

Brassica campestris L. „Aburana“ und *Brassica chinensis L. „Petasi“* liefern aus den Samen in Japan Oele, die in der Hauswirthschaft, aber auch als Laxans und gegen Hautkrankheiten benutzt werden.

Litt.: Pharm. Journ. and Trans. 1885, p. 634.

Bromelia (Bromeliaceae — Bromelieae).

Bromelia Pinguin L. In den Nordstaaten von Brasilien. Name: Pinguin. Der ausgepresste Saft der nicht völlig reifen Früchte wird den Kindern als Wurmmittel gegeben.

Litt.: Pharm. Rundschau (New York) 1895, p. 237.

Bronce-Rinde.

Von unbekannter Abstammung aus Westafrika, dient als Wundmittel.

Litt.: Christy & Co. VII, p. 87.

Brucea (Simarubaceae).

Brucea sumatranu Roxb. Heimisch in Vorderindien und auf den Molucken. Die Samen werden in Form von Emulsion gegen Würmer, Fieber und Dysenterie benutzt. Sie sind wie die meisten Simarubaceen von ausserordentlich bitterem Geschmack. Eyken isolirte daraus einen in Krystallen erhaltenen bitteren Stoff, das Brucamarin, das stark giftig wirkt.

Die bis 1 cm langen und 0,5 cm breiten Früchte sind im trockenen Zustande braun bis schwarz, runzlig, spitz eiförmig. Innerhalb der Fruchtschale liegt der einzige Same mit schwachem Endosperm und dicken, fleischigen Cotyledonen. Mikrochemisch lassen sich in ihnen Fett und Aleuron nachweisen. Sie sind etwa seit 1887 von Neuem aufgetaucht.

Litt.: Kosteletzky IV, p. 1216. Chem.-Ztg. 1888, p. 285. Nederl. Tijdschr. voor Pharm. Chem. en Toxicol. 1891, p. 276. Greshoff, Nuttige planten (n. b.).

Brucea antidysenterica Lam. Die Rinde und Blätter werden wie die Früchte der vorigen gegen Dysenterie benutzt. Bekanntlich leitete man von dieser Pflanze früher die zuerst als Verfälschung der Angosturarinde vorgekommene Rinde von Strychnos nux vomica ab, woher auch das in dieser gefundene Alkaloid den Namen „Brucin" erhielt.

Litt.: Kosteletzky IV, p. 1216. Bullet. of Ph. 1893, p. 110.

Bubon (Umbelliferae, jetzt zu Seseli).

Bubon Galbanum L. am Kap der guten Hoffnung. Von dieser Pflanze wurde früher das Galbanum abgeleitet, jetzt werden die Blätter als Diureticum empfohlen.

Litt.: Kosteletzky IV, p. 1164. Pharm. Journ. and Trans. 1886, p. 101 ff.

Bush-Blätter.

Von unbekannter Abstammung. Vom Kap der guten Hoffnung. Werden für Buccublätter ausgegeben, mit denen sie aber nicht identisch sind.

Litt.: Christy & Co. IX, p. 65.

Buchanania (Anacardiaceae — Mangifereae).

Buchanania latifolia Roxb. in Indien. Namen: Chironji, Piyar (hind.); Chároli (guz.); Chára (mar.); Moreda, Monda (tam); Chara pappo, Morala (tel.); Nuskul, Murkalu (can.). Die 50 °/₀ fettes Oel enthaltenden Samen finden Verwendung. Ferner liefert die Pflanze ein Gummi, das sich freilich in Wasser löst, aber nur von geringer Klebfähigkeit ist.

Litt.: Dymock I, p. 394. Pharm. Journ. and Trans. 1892, p. 1073.

Buddleia (Loganiaceae — Buddleioideae).

Buddleia officinalis Maxim. in China. Die Blüthen werden medicinisch verwendet. Andere Arten finden in Südamerika Verwendung, wie in Europa die Blüthen von Verbascum.

Litt.: Kosteletzky III, p. 596. Ph. Journ. and Trans. 1891, p. 1149.

Bunchosia (Malphigiaceae — Planitorae — Malphigieae).

Bunchosia glandulifera (Jacq.) H. B. K. Heimisch in Caracas. Liefert nach Einschnitten in die Rinde ein in Wasser völlig lösliches Gummi, Ciruela-Gummi, das bei Erkrankungen der Athmungsorgane und bei Blasenkatarrhen Verwendung findet.

Litt.: Zeitschr. f. Nahrungsm.-Unters., Hygiene u. Waarenk. 1894, p. 73.

Bupleurum (Umbelliferae — Ammineae).

Bupleurum octoradiatum Bunge. In der Mandschurei, wird bei Gicht und entzündlichen Krankheiten benutzt.

Litt.: Pharm. Zeitung 1885, p. 813.

Bursera (Burseraceae).

Bursera altissima Baill. (Icica altissima Aubl.) in Guyana. Namen: White oder red cedar, oder Iciquior cedar, liefert: White Cedar bark, die bei Syphilis und Krankheiten der Harnorgane Verwendung findet. Die Rinde liefert ein Elemi-Harz, das im Geruch an Tacamahaca erinnert.

Litt.: Christy & Co. X, p. 44.

Bursera Delpechiana Poiss. liefert das mexicanische Aloëholz, es enhält 7—9 $^0/_0$ ätherisches Oel, das wie eine Mischung von Citronen- und Jasminöl riecht (oder wie Bergamottöl). Hölzer mit stark riechendem Holz liefern aus Mexico auch *Bursera penicillata* (Elaphrium glabrifolium) und *Bursera fagaroides* (Amyris ventricosa), letzteres riecht nach Kümmel.

Besonders interessant ist die Mittheilung, dass das frische und gesunde Holz geruchlos ist und sich das Sekret nur in abgebrochenen und von Insekten angenagten Zweigen bildet. Es scheint sich daher mit der Bildung des Sekretes ähnlich zu verhalten wie mit der des Storax, der Benzoë und des Perubalsams, die das Sekret erst in Folge gewaltsamer Eingriffe von aussen bilden.

Litt.: Pharm. Journ. and Trans. 1887, p. 132.

Bursera gummifera L. liefert in Domingo ein dem Elemi ähnliches Harz, das nach Citronen riecht, es ist für Parfümeriezwecke in Aussicht genommen. In der Heimath der Pflanze benutzt man das Harz äusserlich und innerlich bei Nieren- und Lungenleiden und gegen Dysenterie. — Das Harz kam früher im eingetrockneten Zustande, in Marantablätter gewickelt, als Chibruharz oder Gomartgummi in den Handel, aber nur selten nach Europa. Die Blätter sind ein Wurmmittel, die Rinde wird gegen Gonorrhoe und als Athelminthicum verwendet, das aus den Samen gepresste balsamisch riechende Oel gegen Lungenleiden.

Litt.: Kosteletzky IV, p. 1225. Pharm. Zeitung 1888, p. 744.

Butea (Papilionaceae — Phaseoleae — Erythrininae).

Butea frondosa Roxb. in Indien. Namen: Polás, Dhák (hind.); Palásha (mar.); Khákar (guz.), Puraschu, Murrukan-Maram (tam.); Modugrachettu, Paláshamu (tel.); Muttagamara (can.). Liefert aus der Rinde Kino; Namen: Palás-kigond. Kamarkas (hind. beng.); Palásha-gonda (mar.); Kakarno-gond (guz.); Muruk-kan-pishin (tam.); Moduga-banka (tel.); Muttaga-gonda (can.).

Die Samen werden als Anthelminthicum verwendet und zur Entfernung von Hornhautflecken; Namen: Palás-ke-binj (hind.); Murrukan-virai (tam.); Moduga-vittula (tel.); Muttaga-bija (can.); Palásha-che-bi (mar.); Paláspáparo (guz.). Sie enthalten u. a.: 18,20 $^0/_0$ Fett, 0,25 $^0/_0$ Wachs und Fett, in Aether löslich, 2,28 $^0/_0$ Schleim, 6,87 $^0/_0$ Glykose, 4,00 $^0/_0$ organische Säuren, 5,14 $^0/_0$ Asche, keine Alkaloide.

Die Samen befinden sich je einer in einer lederartigen, am Grunde flachen, nicht aufspringenden Hülse. Sie sind flach, rothbraun, bis 4$^1/_2$ cm lang, 3 cm breit, rinnenförmig oder eiförmig, etwas gerunzelt. Die Raphe läuft von dem an der eingebuchteten Seite befindlichen Hilum um den halben Samen herum und verzweigt sich dann in der lederigen Samenschale.

Die Blüthen sind in Indien als Adstringens, Diureticum und Aphrodisiacum bekannt, sie liefern auch einen Farbstoff Tesii.

Auch die Blätter werden medicinisch verwendet, ebenso ein Gummiharz aus der Pflanze.

Litt.: Kosteletzky IV, p. 1307. Dymock I, p. 454. Pharm. Zeitschr. f. Russland 1886, p. 429. Chemiker-Zeitung (Coethen) 1894 p. 180.

Butt Mogra.

Zu Parfümeriezwecken aus Indien eingeführtes Sandelholzöl mit angenehmem Jasmingeruch. Ein ähnliches Oel ist *Bakool.*

Litt.: Schimmel & Co. 1888, Oktober, p. 45.

Byrsonima (Malpighiaceae — Planitorae — Malpighigieae). *Byrsonima spicata Rich.* Das Holz (Bois tan) ist aus Domingo als Gerbmaterial gekommen. Die Früchte von dieser und anderen Arten werden gegessen (Moro-cy, Murecy, Murei, Mureila, Moureiller).

Litt.: Kosteletzky V, p. 1839. Pharm. Journ. and Trans. 1886, p. 101.

C.

Cabacinho, oder *Bucha dos caçadores* heisst in Brasilien die Frucht einer Cucurbitacee (Momordica spec.), die gegen Wassersucht angewendet wird. (Cf. Momordica.)

Das wirksame Princip, Buchanin, verwendet man in Dosen von 0,003—0,004.

Litt.: Schindler, Brazilian Medicinal plants. Rio de Janeiro 1884.

Cabomba (Nymphaeaceae). *Cabomba peltata F. v. Müller* (Brasenia peltata Pursh) in Australien und auch in Nordamerika. Die Blätter benutzt man in Neusüdwales gegen Phthisis und Dysenterie.

Litt.: Kosteletzky I, p. 83. Proceed. of the Linn. Soc. of New-South-Wales 1888.

Cacoon antidote.

Unter diesem Namen wird Purshaeta scandeus von Jamaica aufgeführt (s. d.).

Litt.: Christy & Co. VII, p. 83.

Caesalpinia (Caesalpiniaceae — Eucaesalpinieaae). *Caesalpinia Bonducella Flemming* (Guilandina) in den Tropen beider Hemisphären. Namen: Nicker tree, Bonduc nut, Yeux de bourrique, Silva do Prajo; in Indien: Katkaranj, Katkaleja, Ságarghola (Hind.); Kaghar-shikkay, Gech-chakkay (Tam.); Gach-chakaya (Pel.); Gajaga-Kayi (Can.);

Jhagra-gula, Náta (Beng.); Kákachia, Gajga (Guz.); Gajri, Gajar-ghota (Mar.). Verwendung finden seit alters die Samen (Graines de Bonduc etc., Graines du Cniquier, Pois quéniques, Pois guénic, Grey seed, Poormans Quinine); ebenso wie die der nahe verwandten *Caesalpinia Bonduc Roxb.*, heimisch im tropischen Asien und Australien, sind neuerdings als Fiebermittel und als Mittel gegen Wassersucht angeboten.

Enthält einen Bitterstoff Guilandinin $C_{14}H_{15}O_5$.

Wie die Samen finden auch die Wurzeln und die Blätter Verwendung, ebenso das aus dem Embryo gepresste Oel gegen Rheumatismus.

Litt.: Kosteletzky IV, p. 1321. Flückiger and Hanbury, Pharmacographia, traduite par Lanessan I, p. 380. Dymock I, p. 496. Christy & Co. IX, p. 29. Bullet of Ph. 1892, p. 261. Chemiker-Zeitung (Coethen) 1886, 20. Juni.

Caesalpinia pulcherrima Swartz. Heimisch im tropischen Amerika, in der alten Welt nur angepflanzt. Namen: Small gold mohar., Fleur de pavon, Haie fleurie; in Indien: Hind., Beng.: Gul-i-turrah, Krishna-chura; Mar.: Shankeshvar; Tam.: Mail-Kannai, Komri; Can.: Kenjige.

Die Blätter werden in Mexico als Purgir- und die Menstruation beförderndes Mittel angewendet, die Blüthen gelten als expektorirendes Mittel, auch gegen Hautausschläge und als Fiebermittel werden sie verwendet. Die Rinde gilt als Purgans.

Litt.: Kosteletzky IV, p. 1324. Dymock I, p. 505. Americ. Journ. of Ph. p. 122.

Caesaria (Samydaceae).

Caesaria esculenta Roxb. (?). Heimisch in Vorderindien und Ceylon. Namen: Mora-ágerú, Bithori, Pingri, Mormassi (mar.); Sátagandu (goa.); Gundu-gungura (tel.); Kaddlashingi (tam.); Chilla, Chilara, Bairi (hind.). Medicinische Verwendung findet die bis 2 cm starke, braune, faserige Wurzel mit papierdünnem Kork. Sie soll werthvoll sein als milde eröffnendes Mittel bei Leberleiden und gegen Diabetes. Die chemische Untersuchung wies neben weniger wichtigen Substanzen eine organische Säure nach, die chemisch und physiologisch der Cathartinsäure gleichen soll. Dosis 4—8 g.

Litt.: Kosteletzky IV, p. 1543. Dymock II, p. 50. Pharm. Journ. and Trans. 1889, p. 377.

Cakile (Cruciferae — Sinapeae — Sisymbriinae).

Cakile maritima Scop. Heimisch an den Küsten Europas, des Schwarzen Meeres und Nordamerikas. Ein aus dem Saft der Pflanze bereiteter Syrup wird als Antiscorbuticum und als Ersatz des Leberthrans empfohlen. Das scharf-salzig schmeckende Kraut wird schon seit Alters derartig angewendet, ist aber jetzt völlig obsolet.

Litt.: Kosteletzky V. Journ. de Pharm. et Ch. 1883, p. 401.

Caladium (Araceae — Colocasioideae — Colocasieae).

Caladium bicolor (Ait.) Vent. Heimisch im Gebiet des Amazonas und in der brasilianischen Provinz Para. Name: Tinhorão, Ara. Die scharfe Pflanze findet mehrfache Verwendung: eine Abkochung der Blätter als Gurgelwasser bei Halsentzündungen, die gepulverten Blätter als Streupulver auf unreine Wunden, eine Tinktur der Knollen wie die Abkochung der Blätter, das Pulver der Knollen bei Wassersucht. Die in frischem Zustande scharfen Knollen werden durch Rösten geniessbar.

Litt.: Kosteletzky I, p. 73. Schindler, Brazilian Medicinal Plants 1884, p. 56. Pharm. Rundschau (New York) 1892, p. 279. 1893. p. 35.

Calamintha (Labiatae — Satureineae).

Calamintha officinalis Moench. Die Blätter haben ähnlichen Werth wie Pfefferminze oder Melisse, die Früchte sollen in Indien als Aphrodisiacum dienen.

Litt.: Kosteletzky III, p. 801. Pharm. Journ. and Trans. 1890, p. 660.

Calathea (Marantaceae — Phrynieae).

Calathea Allouya (Aubl.) Lindl. Auf den Antillen. Die Pflanze besitzt an dem grossen eirunden Knollen eine grosse Anzahl kleiner Knollen (verdickte Wurzelenden?), die reichlich Zucker (Laevulose) und wenig Stärke enthalten. Sie werden gegessen. Namen der Knollen: Tapee Tamboo.

Litt.: Pharm. Journ. and Trans. 1892, p. 346.

Calathea grandifolia Ldl. In Brasilien (S. Paulo, Espirito Santo, Rio de Janeiro). Name: Anime membeca. Von den Blättern schabt man ein weisses Pulver (Wachs?) ab, das bei Urinverhaltung genommen wird.

Litt.: Pharm Rundschau (New York) 1894, p. 87.

Calathea zebrina Ldl. In Brasilien (S. Paulo, Rio, Espirito Santo, Bahia). Namen: Bananeira zebra, Tinté. Ein Dekokt des Rhizoms wird gegen Diarrhoe gegeben.

Litt.: Pharm. Rundschau (New York) 1894, p. 87.

Calathea tuberosa Kke. In Brasilien (Rio, Bahia, Alagoas). Name: Urebá. Die zu Brei gestossenen Wurzelknollen liefern einen Umschlag auf Wunden.

Litt.: Pharm. Rundschau (New York) 1894, p. 87.

Calea (Compositae — Heliantheae — Galinsoginae).

Calea glabra D. C. In Brasilien (Sta. Catharina) als Fiebermittel.

Litt.: Pharm. Zeitung 1881, p. 765.

Calea Zacatechichi Schlchtdl. in Mexico. Die Blätter (Herba Athanasiae amarae) stehen als Mittel gegen Cholera asiatica in grossem Ruf. Sie gelten auch als specifisches Mittel bei Gallensteinen.

Litt.: Pharm. Zeitung 1881, p. 765. Amer. Journ. of Ph. 1886, p. 122.

Calicarpium (Apocynaceae — jetzt zu Kopsia).

Calicarpium Roxburghii Don. und *C. albiflorum T. u. B.* sind von Gresshoff untersucht und sehr alkaloidreich gefunden. Die Samen enthalten davon $1,7\,^0/_0$. Das Alkaloid erzeugt Tetanus.

Litt.: Mededeelingen uit 's Lands Plantentuin VII. Batavia 1890.

Calliandra (Mimosaceae — Ingeae).

Calliandra grandiflora Benth. In Mexico und Guatemala. Verwendung findet die Wurzel. Namen: Caballos de angel, Lele, Pambotano. Sie ist 3—6 cm dick, gewunden, aussen röthlich braun, innen weiss, schleimig und von adstringirendem Geschmack. Sie dient in Abkochung oder Tinktur als Adstringens und Antisepticum.

Mit demselben Namen bezeichnet man auch eine Bombacacee, *Pachira macrocarpa Schlchtdl.*, deren Blätter und Blüthen ihres Schleimgehaltes wegen bei Augenentzündungen benutzt werden. Beide Drogen werden leicht verwechselt. Vgl. auch folgende Species.

Litt.: Amer. Journ. of Ph. 1891, p. 67.

Calliandra Houstoni Benth. Name: Panbotano. In Mexico. Die gerbstoffreiche Rinde wird als Febrifugum empfohlen. Sie soll brechenerregend wirken.

Litt.: Repert. de Pharm. 1890, Nr. 3. Pharm. Zeitung 1892, p. 540. Merck 1894, p. 114.

Callitris (Coniferae — Pinoideae — Cupressineae).

Verschiedene Species dieser Gattung liefern in Australien und Tasmanien Harz, welches dem von der nordwestafrikanischen Callitris quadrivalvis Ventenat gelieferten sehr ähnlich ist, aber in grösseren Stücken vorkommt.

Diese Arten sind:
Callitris verrucosa R. Br., C. Preissii Miquel. Die Stücke des Harzes, von aussen in Folge einer grossen Anzahl zarter Sprünge schillernd, Geruch angenehm aromatisch. Dieses Harz soll dem gewöhnlichen Sandarac am ähnlichsten sein.

Callitris columellaris F. Müller. Von den australischen Arten am weitesten verbreitet, besonders in Neusüdwales und Queensland. Harz blassgelb, Alkohol löst $95-96\,^0/_0$, Petroläther $35,8\,^0/_0$.

Callitris calcarata R. Br. Verbreitet von Nordvictoria bis zum Innern von Queensland. Namen: Murray Pine, Black Pine, Red Pine, Scrub Pine, Cypress Pine. (Die Namen beziehen sich, wenigstens theilweise, auch auf die anderen Arten.) Das Harz von gelblicher oder fleischröthlicher Farbe. Alkohol löst $98,7\,^0/_0$, Petroläther $22,1\,^0/_0$. Die Pflanze liefert auch ein Anthelminthicum.

Litt.: Proceed. of the Linn. Soc. of New-South-Wales 1888, März.

Callitris australis Sweet. In allen australischen Kolonien mit Ausnahme Westaustraliens. Name: Oster Bay Pine of Tasmania. Das ursprünglich ganz klare Harz wird mit der Zeit trübe. Besonders charakteristisch für diese australischen Sorten ist, dass sie verhältnismässig reichlich in Petroläther sich lösen.

Litt.: Pharm. Journ. and Trans. 1890, p. 563.

Calophyllum (Guttiferae — Calophylloideae).

Calophyllum inophyllum L. Verbreitet von Afrika über Ostindien bis Polynesien. Namen: Penagah tree, Borneo Mahogandj; in Indien: Sultán Champa (hind.); Undi (mar.); Punnai gam (tam.); Ponna-chettu (tel.); Suraganne-mara (can.). Liefert eine Sorte Tacamahaca. In neuerer Zeit sind die Samen häufig beschrieben worden. (Namen: Ndilo seeds oder Dilo seeds.) Die dunkelbraunen Früchte enthalten je 1 Samen von rothbrauner Farbe, der 2,5 cm lang und 1,5 cm breit ist. Die Samen liefern 68—72$^0/_0$ fettes Oel, das nach einigen Angaben nach Melilotus, also nach Cumarin, nach anderen nach Foenum graecum riecht. Säurezahl 77,3. Köttsdorfersche Zahl 199,93, resp. nach Abzug der Säurezahl 122,63. Hüblsche Jodzahl 62,3. Das Oel (Namen in Indien: Sarpan-ka-tel (hind.); Undi-che-tel (mar.); Punnai-tailam, Punnai-kai, Pinnacotai (tam.); Laurel nut oil) wird hauptsächlich technisch, aber auch medicinisch, z. B. gegen Rheumatismus benutzt.

Litt.: Kosteletzky V, p. 1976. Dymock I, p. 173. Nieuw Tijdschr. voor Ph. 1888, p. 187.

Calophyllum Calaba Jacq. In Westindien und Guyana. Namen: Calaba, Galba, Aceite de Maria. Die Samen liefern ein dickes, grünes Oel, die Rinde nach Einschnitten ein Harz (Resina Ocuje) wie die vorige.

Litt.: Kosteletzky V., p. 1977. Pharm. Zeitung 1889, p. 256.

Calotropis (Acclepiadaceae — Cynancheae).

Calotropis procera R. Br. In Afrika vom Tschadsee an westlich, in Kleinasien, Persien und Indien. Auf den Antillen kultivirt.

Calotropis gigantea R. Br. In Ostindien, im Malayischen Archipel und auf den Molukken. Namen: Gigantic Swallowwort, Arbre à soie. Namen in Indien für beide Arten: Ak, Madár (hind.); Akanda (beng.); Akra, Rui (mar.); Erukku, Yercum (tam.); Jilledu-chettu, Mandáramu (tel.); Akado (guz.); Ekke-gida, Yakke-gida (can.). Man verwendet von beiden Arten den Milchsaft, die Blätter, Blüthen, die Wurzel, und von letzterer besonders die Rinde, die Mudar-Rinde. Sie kommt neuerdings etwa seit 1881 nach Europa. Sie bildet im frischen Zustande nach Rettig riechende, 2—6 mm dicke, aussen gelblich graue, innen blassröthliche Stücke von körnigem Bruch. Die Mittelrinde zeigt Steinzellen und Milchsaftschläuche, der Bast zahlreiche Kammerfasern. Der Geschmack ist schleimig bitter und scharf. Der wirksame Stoff ist der Milchsaft, der auf Guttapercha verarbeitet wird. Man gewann aus der Rinde das Asclepion, einen Bitterstoff von brechenerregenden Eigenschaften. Man verwendet die Rinde als Emeticum und Sudorificum und empfiehlt sie bei Leprosis, Lues, Herpes und Wechselfieber.

Die Blätter von C. procera verwendet man in Afrika gegen Kopfschmerzen, die Blüthen der zweiten Art in Indien als Digestivum und gegen Asthma.

Litt.: Kosteletzky III, p. 1090. Dymock II, p. 428. Christy & Co. Nr. 11, p. 22. Pharmac. Centralhalle 1889, p. 550.

Calycanthus (Calycanthaceae).

Calycanthus laevigatus Willd. wird in den Südstaaten von Nordamerika gegen Wechselfieber und als Tonicum angewendet.

Litt.: Kosteletzky II, p. 435. Therapeutic Gazette 1884.

Calycanthus glaucus Willd. Die Rinde benutzt man in Virginien als Hausmittel gegen Fieber und Malaria. Die Samen sind giftig. Sie enthalten zu $2,5\,^0/_0$ ein Alkaloid Calycanthin und $47\,^0/_0$ fettes Oel.

Litt.: Kosteletzky II, p. 435. Amer. chem. Journ. 1889. Amer. Journ. of Ph. 1890, p. 96. Ph. Record 1888, p. 55.

Campelia (Commelinaceae — Tradescantieae).

Campelia zanonina (L.) H. B. K. von Mexico und Westindien bis Brasilien. Name: Trapoerava (denselben Namen führen auch andere Commelinaceae). Wird bei Leukorrhoe und Gonorrhoe verwendet.

Litt.: Pharm. Rundschau (New York) 1892, p. 256.

Cananga (Anonaceae — Unoneae).

Cananga odorata (Lam.) Hoock f. et Thoms. Heimisch im südöstlichen Asien, in allen Tropen kultiviert, liefert das als Parfüm bekannte Ylang-Ylang-Oel. Neuerdings werden die getrockneten Blüthen von Samoa, wo man sie Mosoi nennt, eingeführt zur Oeldestillation. Indessen scheint es zweifelhaft, ob sie von der genannten Art abstammen.

Ferner ist Mosoirinde ohne Angabe der Verwendung beschrieben.

Litt.: Chemiker-Zeitung (Coethen) 1889, p. 760. Schimmel & Co. 1890, Oktober, p. 48.

Canarium (Burseraceae).

Canarium bengalense Roxb. in Ostindien. Das Harz (Gokaldhup) findet Verwendung zum Räuchern, soll eine Art Copal liefern.

Litt.: Kosteletzky IV, p. 1227. Dymock I, p. 321. Pharm. Journ. and Trans. 1888, p. 225.

Canarium Mülleri (?) liefert ein Elemiartiges Harz, es enthält $26,67\,^0/_0$ ätherisches Oel und $73,33\,^0/_0$ Harz.

Litt.: Pharm. Journ. and Trans. 1892, p. 15.

Canavalia (Papilionaceae — Phaseoleae).

Canavalia gladiata D. C. Als Red bean aus Jamaica.

Canavalia obtusata (wohl obtusifolia D. C). Als Dawool
Seeds von Westafrika.

Litt.: Christy & Co. VII, p. 83, 87.

Cangoura.

Ein angeblich der Familie der *Connaraceae* angehöriger
giftiger Schlingstrauch in San Salvador, dessen Samen zum Vergiften von Thieren dienen. Die Samen enthalten ein grünlich
gefärbtes Oel, das die Wirksamkeit bedingen soll (?). Die Wirkung ist eine das Nervensystem lähmende, und zwar tritt dieselbe bei nicht zu grossen Dosen sehr spät ein und hält auffallend
lange an.

Litt.: Pharm. Journ. and Trans. 1892, p. 983.

Canna (Cannaceae).

Canna coccinea Ait. (= limbata Rosc.?). In Brasilien (Minas
geraes, Rio de Jáneiro bis Rio Grande do Sul.) Namen: Cáeté,
Bananeirinha do mato. Eine Tinktur der Samen wird als
Tonicum verwendet. Die Pflanze enthält scharf schmeckendes Harz.

Litt.: Pharm. Rundschau (New York) 1893, p. 257.

Canna edulis Ker. Gawl. In Brasilien. Namen: Cáeté,
Meru manso, Mbeery, Beery, Biru, Imbiri. Ein Dekokt
des Rhizoms wird als harntreibendes Mittel bei Blasenleiden angewendet.

Litt.: Pharm. Rundschau (New York) 1893, p. 257.

Canna denudata Rosc. Heimisch in Brasilien (Santa Catharina). Namen: Meru, Bananeirinha do mato, Periquito,
Caété, Albarà. Das Dekokt des Wurzelstockes wird als Emmenagogum verwendet, mit Zucker als Expektorans.

Litt.: Pharm. Rundschau (New York) 1893, p. 257.

Canna glauca L. Heimisch in Brasilien. Namen: Caété,
Muru, Pariquity, Priquity, Chiqui-chiqui. Ein Dekokt
der Blätter dient als Diureticum, äusserlich gegen Rheumatismus,
auch gegen Sommersprossen.

Litt.: Pharm. Rundschau (New York) 1893, p. 257.

Canna indica L. Heimisch in Westindien, vielfach kultiviert.
Namen in Brasilien: Canna do rosario, Albará, Bananeirinha de flor. Der kleine, knollige, schwach aromatische
Wurzelstock wird als Diureticum angewendet, auch bei Blasen-
krampf.

Litt.: Pharm. Rundschau (New York) 1893, p. 257.

Canna lanuginosa Rosc. In Brasilien (Nordstaaten). Namen:
Imbiri, Pacuorana, Panduorana, Cáeté do mato. Ein
Dekokt der Blätter wird gegen Haemorrhoidalleiden angewendet.

Litt.: Pharm. Rundschau (New York) 1893, p. 257.

Canna latifolia Rosc. In Brasilien. Namen: Herva das feridas, Caété-assu, Bananeira brava. Der aus den unreifen Kapseln gepresste Saft gegen Ohrenschmerzen. Ein Dekokt der Blätter bei Angina, Rheumatismus, zum Waschen von Wunden.

Litt.: Pharm. Rundschau (New York) 1893, p. 257.

Canna Warszewiczii Dietr. In Brasilien (Minas, S. Paulo, Santa Catharina). Namen: Caété de telo, Caété roxo, Bananeirinha roxo. Die gestossenen Blätter als Kataplasma, ein Dekokt des Rhizoms bei Blenorrhoe.

Litt.: Pharm. Rundschau (New York) 1893, p. 257.

Canthium (Rubiaceae, jetzt zu Plectronia).

Canthium glabriflorum Hiern. Heimisch in Westafrika. Namen: Pão Formigo, Ant Wood. Vielleicht verwendbar zur Herstellung eines ähnlichen Stoffes, wie das aus dem Marke der Aralia papyrifera Miq. fabricirte sogen. chinesische Reispapier.

Litt.: Christy & Co. VIII, p. 83.

Capparis (Capparidaceae — Capparidoideae).

Capparis coriacea · Busch. in Peru. Name: Simulo. Die Früchte dieser Pflanze wurden zuerst 1886 als Heilmittel gegen Epilepsie und Hysterie empfohlen und in Form einer Tinktur angewendet. Die ärztlichen Berichte über die Wirksamkeit lauten nicht ungünstig. Die Frucht ist etwa 2 cm lang, länglich rund, am oberen Ende zugespitzt, unten in einen Stiel übergehend. Die Farbe ist braun. Sie enthält, in ein nicht reichliches Mus eingebettet, eine Anzahl linsengrosser Samen, deren Epidermiszellen der Testa oft in eigenthümlicher Weise haarförmig ausgewachsen und dann in das Fruchtmus eingedrungen sind. Die inneren Parthien der Samenschale enthalten Steinzellen.

Litt.: Chemiker-Zeitung 1890, p. 349. Christy & Co. IX, p. 52. X, p. 92, XI, p. 15.

Capparis heteroclita Roxb. in Ostindien. Die bis 3 cm dicke, braune Wurzel gilt als Aphrodisiacum, Alterans und Tonicum. Auf dem Querschnitt zeigt sie ausser dem centralen Holzkern kleinere Holzbündel in der Rinde. Sie enthält Palmitin- und Oleinsäure, Zucker und eine organische Säure, aber keine Alkaloide und Glykoside.

Litt.: Pharm. Journ. and Trans. 1893, p. 548.

Capraria (Scrophulariaceae).

Capraria biflora L. in Westindien. Name: Thé du pays. Die Abkochung der beblätterten Stengel dieser Pflanze wird in Westindien an Stelle des chinesischen Thee getrunken. Der Geschmack ist pfefferminzartig. Die Blätter sind bis 5 cm lang, bis $1^1/_2$ cm breit, breit lanzettlich, nach unten verschmälert, grob gesägt. Die Epidermis beider Seiten trägt Stomatien und Drüsenhaare, die der Unterseite ausserdem mehrzellige Haare. Ueber die Bestandtheile ist ausser einem ätherischen Oel nichts bekannt.

Litt.: Chemiker-Zeitung 1886, p. 399.

Capsella (Cruciferae — Hesperideae — Capsellinae).

Capsella Bursa pastoris (L.) Mnch. Die Pflanze ist ein altes Mittel gegen Blutungen, Dysenterie, Wunden u. s. w. und ist neuerdings (seit 1888) besonders von Bombelon in Neuenahr als blutstillendes Mittel (Ersatz des Secale cornutum) wieder empfohlen worden. Derselbe hat darin ein leicht zersetzliches Alkaloid „Bursin", eine Schwefelcyanverbindung und eine eigenthümliche Säure von glykosidischem Charakter „Bursasäure" aufgefunden. Anscheinend kommen die medicinischen Wirkungen des Krautes dieser Säure zu.

Als beste Darreichungsform wird ein Fluidextrakt oder eine wässerige Abkochung empfohlen.

Litt.: Kosteletzky V, p. 1568. Pharm. Zeitung 1888, p. 52. 1892, p. 151. Deutsche Med. Zeitung 1888, p. 307. Merck 1892, p. 37.

Caragana (Papilionaceae — Galegeae — Coluteinae).

Caragana flava Poir. Die Wurzel findet in der südlichen Mandschurei Verwendung als Tonicum und Emollieus.

Litt.: Pharmaceutische Zeitung 1885, p. 813.

Caralluma (Asclepiadaceae — Stapelieae).

Caralluma edulis Benth. und *C. fimbriata Wall.* finden in Ostindien medicinische Verwendung (wogegen?)

Litt.: Bullet. of Pharm. 1891, p. 211.

Carapa (Meliaceae — Trichilieae).

Carapa guyanensis Aubl. und *C. guineensis Sweet.* Die Samen beider Arten sind sehr ölreich (bis 70 $^0/_0$). Das von ihnen gelieferte Oel (von der erstgenannten Art: Carapa-Oel, Crap-Oel, Andiroba-Oel, von der zweitgenannten Art: Kunda-Oel, Touloucouna-Oel, Talicunah-Oel) scheint nach den vorliegenden, noch nicht ausreichenden Angaben bei beiden identisch zu sein. Es ist von butterartiger Konsistenz und intensiv bitterem Geschmack, letzteren soll es nach einigen Angaben einem Gehalt an Strychnin (?) verdanken, andere schreiben ihn zwei eigenthümlichen Körpern: Carapin resp. Touloucoumin zu. Es wird gegen Hautkrankheiten empfohlen, auch gegen Würmer und als Purgans, und soll gegen Mosquitos, sowie damit bestrichene Möbel gegen Insektenfrass schützen. Letztere Eigenschaften verdankt es vielleicht, analog dem Quassiaholz, seinem bitteren Geschmack. Das Fett besteht aus den Glyceriden der Buttersäure, Oelsäure, Stearinsäure und Palmitinsäure. Es wird bei 20° flüssig.

Auch die Rinden beider Arten finden medicinische Verwendung.

Litt.: Chemiker-Zeitung 1886, p. 618. 1888, p. 823. Pharm. Journ. and Trans. 1895, Nr. 1303, p. 1150.

Carapa moluccensis Lam. in Indien und auf Ceylon. Die bitter und adstringirend schmeckende Rinde benutzen die Malaien gegen Kolik, Diarrhoe etc.

Litt.: Dymock I, p. 343.

Careya (Lecythidaceae — Planchonioideae).

Careya arborea Roxb., in Indien (und Australien), wird als schnellheilendes Wundmittel empfohlen.

Litt.: Christy & Co. VII, p. 44. Pharmaceut. Zeitung 1883, p. 107.

Carica (Caricaceae).

Carica Papaya L. Heimisch im tropischen Amerika, bald nach der Entdeckung über die Tropen der ganzen Welt als Obstbaum verbreitet. Namen: Melonenbaum. In Brasilien: Mammona (denselben Namen führt auch *Ricinus communis*), Mamao, Higo de mastuerço, Ambapaya (tupi), Ababai (carib.). In Afrika: Gonda-u-masr (Centralafrika), Dukudje (Fulbe), Bambus Macarbe (Kanori.). In Indien: Papiya, Arand-Kharbuz (hind.), Painpai (beng.), Pappali-maram (tam.), Bapaia-pandu (tel.), Parangi (can.). Die Pflanze findet mancherlei medicinische Verwendung: der in allen Theilen der Pflanze in reichlich anastomisirenden, gegliederten Milchsaftschläuchen enthalten Milchsaft von bitterem Geschmack, bewirkt leicht Entzündungen des Darmkanals, es wird sogar von tödtlich verlaufenen Vergiftungen berichtet, verdünnt dient er als Anthelminthicum, welchem Zwecke auch die ganzen Früchte mit den Samen dienen. Die letzteren haben einen etwas scharfen, an Kresse erinnernden Geschmack. Der unverdünnte Milchsaft wird ferner gegen leichte Hautkrankheiten angewendet. Die Früchte werden im reifen und unreifen Zustande, in letzterem Falle nach Entfernung des Milchsaftes gegessen; die ebenfalls etwas kressenartig schmeckenden Blüthen werden als Zuthat zu Speisen benutzt. Besonders auffallend und seit lange bekannt ist die Eigenschaft aller Theile der Pflanze, zähes Fleisch in kurzer Zeit mürbe zu machen; es ist besonders gebräuchlich, solches Fleisch einige Stunden lang in die Blätter der Pflanze einzuhüllen, oder das Fleisch mit den Früchten etc. zu kochen.

Etwa seit dem Jahre 1879 ist man bemüht, nachdem 1874 Roy von Neuem darauf hingewiesen, diese merkwürdige Eigenschaft für die wissenschaftliche Medicin nutzbar zu machen.

Man gewinnt aus der Pflanze zwei Fermente: Papain und Papayotin, denen diese Kraft in grösserem oder geringerem Masse zukommt; indessen sind die Bezeichnungen recht schwankende. Zuerst nannte Peckolt 1879 das von ihm rein dargestellte Ferment Papayotin, dann bezeichnete man mit dem Namen Papayotin einfach den eingedickten oder eingetrockneten Milchsaft, den man aus Einschnitten, meist in die Früchte, gewann und mit dem Namen Papaïn das aus dem Saft durch Zusatz von Alkohol erhaltene Präcipitat, also den von Peckolt mit dem anderen Namen bezeichneten Körper. Neuerdings (Chem. and Drugg. 1893, p. 292) zieht man den mit Alkohol entstandenen Niederschlag wieder bei 36—40° mit Wasser aus und trocknet den

Auszug ein. Nach Helbing (Pharmaceut. Zeitung 1891, p. 168) kann man folgende Sorten Papaïn und Papayotin unterscheiden: 1. an der Luft koagulirter Milchsaft, meist aus Ceylon; 2. durch Abdampfen eingedickter Milchsaft; 3. mehr oder weniger koncentrirtes Pflanzenpepsin, meist in Deutschland oder Frankreich bereitet. Dazu kommt nun noch, dass manche Fabriken ihre Präparate, die zuweilen Zusätze enthalten, unter beliebigen Namen in den Handel bringen. Charakteristisch für das Ferment ist es, dass es in alkoholischer oder neutraler, nicht aber in saurer Lösung wirkt und dass es durch Salpetersäure vollständig gefällt wird.

Was die Wirksamkeit anbetrifft, so wurde zuerst von Würtz angegeben, dass das Ferment das 1000fache bis 2000fache seines Gewichtes an Fibrin löse, während nach Versuchen von Gehe & Co. (1894, Septbr., p. 47) die Lösungsfähigkeit höchstens $1:250$, meist $1:200$ beträgt.

Man hat das Papayaferment ganz besonders allein oder in Verbindung mit Karbolsäure zur Lösung der Diphtheriemembranen empfohlen.

Ferner enthält die Pflanze, und zwar speciell die Blätter ein Alkaloid Carpain, und zwar in den getrockneten jungen Blättern $0,25\,^0/_0$ und in den getrockneten alten Blättern $0,072\,^0/_0$. Andere Theile der Pflanze, auch der Milchsaft enthalten nur Spuren davon. Es ist von Gresshoff aufgefunden. (Mededeelingen uit 's Lands Plantentuin. Batavia 1890.) Die Formel ist $C_{14}H_{25}NO_2$. Kaliumchlorat und koncentrirte Schwefelsäure erzeugen eine Grünfärbung. Es wird in wasserhellen Prismen von bitterem Geschmack erhalten. Man empfiehlt es als theilweisen Ersatz der Digitalis (Arch. d. Ph. 1893, p. 184). Die Wurzel dieser und einiger anderer Arten enthalten ein Ferment, das dem Myrosin verwandt ist (L'Union pharm. 1894, p. 202).

Carica quercifolia St. Hil. (?), in Argentinien und Paraguay, hat dieselbe verdauende Kraft wie Carica Papaya, dient auch als Wurmmittel. Die Blätter werden an Stelle von Seife zum Waschen und Reinigen benutzt.

Litt.: Bullet. of Ph. 1891, p. 163.

Carissa (Apocynaceae).

Carissa xylopicron Dup. Th., in Mauritius und Bourbon. Verwendung findet das Holz und weniger die Rinde. Die letztere hat im Kork Lagen verholzter Zellen, Steinzellen in der Mittelrinde, reichlich Milchsaftschläuche und in der Rinde des Stammes Fasern, ausserdem Oxalatkrystalle.

Das Holz *(Bois amer de Bourbon, Calac, Bois Montbrun, Bois d'absinthe)*, von sehr bitterem Geschmack, aber ohne Geruch, gilt als gutes Fiebermittel, ferner als Wurmmittel, wird auch gegen Gonorrhoe und Nephritis empfohlen. Es ist von gelblich weisser

Farbe. Auf dem Querschnitt sind die einreihigen Markstrahlen und die kleinen Gefässe nicht zu sehen, die Hauptmasse besteht aus stark verdickten Fasern.

Ueber die Bestandtheile ist nichts bekannt.

Litt.: Kosteletzky III, p. 1069. Planchon, Produits fournis à la matière médicale par la famille des Apocynées 1894, p. 256. Christy & Co. X.

Carissa Carandas L., in Ostindien, China, Java, Timor, eingeführt auf Réunion. Namen: Karaunda, Karonda, Timukhia (hind.); Kalivi-kaya (tel.); Karekai, Korinda (can.); Karamada (guz.). Verwendung finden Rinde, Blätter und Frucht als Adstringentia, die letztere wird auch gegessen; die Wurzel gilt auch als Antiscorbuticum.

Litt.: Kosteletzky III, p. 1069. Dymock II, p. 419. Planchon l. c. p. 142.

Carissa grandis Bertero, in Neu Caledonien. Name: Pua. Geschmack des Holzes ein wenig sauer, wenig bitter. Bau des Holzes ähnlich wie bei C. xylopikron, aber die Gefässe sind ein wenig grösser; in der Rinde grosse, stark verdickte, verzweigte Steinzellen. Reichlich Oxalatrhomboeder.

Litt.: Planchon l. c., p. 261.

Carlina (Compositae — Cynareae — Carlininae).

Carlina acaulis L. Die Wurzel lieferte 2 °/$_0$ ätherisches Oel vom spec. Gew. 1,030. Siedep. 265—300°. Von den Bestandtheilen ist nur ein Sesquiterpen genauer charakterisirt. — Die Wurzel *(Radix Carlinae, Cardopatiae, Chamaeleontis albae)* galt früher als Diureticum und Anthelminthicum und soll in stärkerer Dosis brechenerregend und purgirend wirken.

Litt.: Kosteletzky II, p. 618. Schimmel & Co. 1889, Oktober, p. 23. Real-Encykl. II, p. 565.

Caroba oder **Caraiba**

heissen in Mittel- und Südamerika eine Reihe von Bignoniaceen abstammender Blätter, die harn- und schweisstreibend wirken sollen und besonders gegen Syphilis benutzt werden. Nach Europa scheinen am häufigsten zu kommen die Blätter von *Jacaranda procera Spr. (Caroba mirim, C. miuda, Carobinha), Jacaranda lancifolia.* Ferner werden genannt unter verschiedenen Namen: *Caroba de flor verde: Bignonia quinquefolia Vahl; Caroba assu, Caroba preta: Jacaranda subrhombea DC. Caroba guyra: Bignonia purgans; Caroba de campo: Bignonia nodosa Mans.; Caroba de paulistas: Jacaranda oxyphylla Cham.*

Die Blätter der erstgenannten Art enthalten ein Alkaloid.

Litt.: Christy & Co. IV, p. 36; V, p. 57. Pharm. Centralhalle 1882. Real-Encykl. II, p. 565.

Carthamus (Compositae — Cynareae — Centaureinae).

Carthamus lanatus L. (Kentrophyllum). Ein aus dem Kaplande stammendes, aromatisch bitteres Mittel will man von dieser Art ableiten. Besonders wirksam sollen die Blätter sein. Sie enthalten einen Bitterstoff: Carmedicin, vielleicht identisch mit Cnicin. Ferner enthalten sie eine Harzsäure, Gerbstoff und ätherisches Oel.

In Südeuropa wird übrigens das Kraut dieser Art wie das von Cnicus benedictus verwendet, also ebenfalls als Amarum.

Litt.: Kosteletzky II, p. 610. Edinb. med. Journ. 1883, p. 1079.

Carya (Juglandaceae).

Carya alba Nutt., in Nordamerika. Theile der Pflanze (wohl die Rinde) werden als tonisches Mittel und gegen intermittirende Fieber verwendet. Die Rinde dient zum Gelbfärben.

Litt.: Kosteletzky IV, p. 1214. Bullet. of Ph. 1893, p. 110.

Cassia (Caesalpiniaceae — Cassieae).

Cassia Absus L., in Ostindien heimisch, westwärts bis Centralafrika verbreitet. Namen in Indien: Cháksú, Chákút (hind.); Kánkuti, Chimr (mal.); Chinol (guz.); Karunkánam, Káttukkol (tam.); Chanupála-vittulu (tel.); Bu-tora (cing.). Verwendung finden die Samen (Tschischim, Tscheschum, Schischm, Chichm), und zwar in derselben Weise wie die Samen von Abrus precatorius gegen Augenkrankheiten, speciell gegen die ägyptische Augenkrankheit. Sie werden zu diesem Zweck seit dem Alterthum verwendet (Dioscorides). Cf. p. 89.

Litt.: Kosteletzky IV, p. 1336. Dymock I, p. 523. Arch. d. Ph. 1885, p. 148. Gehe & Co. 1896, September.

Cassia affinis Benth., aus Brasilien, liefert *Cortex Fedegozo* (cf. Cassia occidentalis).

Litt.: Pharm. Post 1893, p. 453.

Cassia Akakalis Royle. Die Samen finden Verwendung wie die von C. Absus L. (s. d.).

Litt.: Americ. Journ. of Ph. 1885, p. 295.

Cassia alata L. Heimisch in Westindien, von da aus weit verbreitet. Namen in Indien: Shimaiagatti (tam.); Dádmardan (beng.); Dádrughna, Ringworm shrub. Blätter und Blüthen finden in Java und Südamerika Verwendung gegen mancherlei Hautkrankheiten, z. B. Herpes tonsurans. Die Blätter sind paarig gefiedert, bis 3 dm lang, mit 8—14 Paaren Fiederblättchen. Die letzteren sind 5—20 cm lang, von breitlanzettlicher Form, etwa 4 cm breit, am Ende mit Stachelspitzchen. Sie schmecken wie Sennesblätter, aber etwas scharf aromatisch. Sie enthalten Chrysophansäure.

Litt.: Kosteletzky IV, p. 1330. Zeitschr. d. österr. Apoth.-Vereins 1887, p. 589. Dymock I, p. 518. Christy & Co. XI, p. 36. Greshoff, Nuttige Planten (n. b.).

Cassia glauca Lam., in Hinterindien, enthält in den Samen ein Glykosid, das bei der Spaltung Chrysophansäure liefert.

Litt.: Mededeelingen uit 's Lands Plantentuin VII, Batavia 1890.

Cassia hirsuta L., in Südamerika, findet Verwendung wie

Cassia occidentalis, als Mittel gegen Wechselfieber. Die Wurzelrinde dient in Guyana als Mittel zum Betäuben der Fische.

Litt.: Kosteletzky IV, p. 1335. Engler-Prantl, Pflanzenfamilien III, 1. Hälfte, 6. Abthl., p. 164.

Cassia holosericea Fresenius, in Nubien, Abyssinien, auch in Arabien. Die Blätter dieser Art sind häufig unter der Alexandriner und Mekka-Senna vorgekommen, unterscheiden sich aber von den gebräuchlichen Sorten durch die grössere Kleinheit, die abgestumpfte Gestalt und die starke Behaarung der Blätter. Neuerdings (1892) sind sie von Aden als selbständige Sorte nach England gekommen.

Litt.: Pharm. Journ. and Trans. 1892, p. 874.

Cassia marylandica L. Die seit langer Zeit als amerikanische Senna bekannten Blätter sind von Schröter untersucht. Er fand u. A. einen der Kathartinsäure sehr ähnlichen Körper.

Litt.: Americ. Journ. of Ph. 1888, p. 231.

Cassia nictitans L., in Nordamerika. Die ebenfalls abführend wirkenden Blätter dieser Pflanze sind von Gallaher untersucht. Es fand sich keine Kathartinsäure.

Litt.: Americ. Journ. of Ph. 1888, p. 280.

Cassia occidentalis L., in den Tropen überall verbreitet. Namen in Brasilien: Fedegoso, Fedegozo; in Indien: Kasondi, Gajarság, Sari-Kasondi (hind.); Rántákala (mar.); Kasonda (beng.); Penna-virai, Pera-verai (tam.); Tagara-chettu, Paidi-tangedu (tel.); Dodda-tagase (can.). Verwendung finden Samen, Blätter, Wurzel und Rinde.

Die Samen haben eine Zeitlang eine Rolle gespielt als Kaffeesurrogat unter dem Namen: Mogdar-Kaffee, Neger-Kaffee, Stephanie-Kaffee. Sie tauchten etwa 1879 zu diesem Zweck zuerst auf. Ebenso verwendet man die Samen von *Cassia Sophora L.* Die Palissadenzellen der C. occidentalis verquellen in Wasser zu Schleim, es bleiben dann nur äusserst feine Cuticularstäbchen erhalten. Aehnlich verhält sich *C. Absus L.*

Litt.: Moeller, Mikroskopie d. Nahrungs- u. Genussmittel, p. 304; dort weitere Litteratur.

Die Blätter verwendet man in Gambia äusserlich gegen Erysipelas und lokale Entzündungen, die Wurzel als Fiebermittel. In Brasilien und auf Trinidad gilt dieselbe besonders als Diureticum und wird bei Wassersucht angewendet; die Rinde gegen Wechselfieber.

Litt.: Kosteletzky IV, p. 1334. Dymock I, p. 520. Schindler, Brazilian Medicinal Plants. Rio de Janeiro 1884, p. 19.

Cassia quinquangulata Rich. Die Wurzelrinde dient als Fiebermittel.

Litt.: Engler-Prantl, l. c.

Cassia Tora L. In Ostasien. Namen: Panwár, Chakaund (hind.); Kovaria (guz.); Takala, Tarota (mar.); Tantepu-chettu, Tagarisha-chettu (tel.); Ushit-tagarai, Tagarai (tam.); Takkarike, Tegarasi (can.); Tora (cing.). Verwendung finden die Blätter und die Samen. Die Samen werden gepulvert in Indien gegen Hautkrankheiten verwendet. Sie sind 4 mm lang, 2 mm breit, von schief-cylindrischer, etwas plattgedrückter Gestalt mit einem kurzen, spitzen Schnabel. Die Farbe ist rehbraun, purpurn oder mit grauen Streifen und Flecken, die Cotyledonen gewunden, röthlichbraun. In den Samen ist u. A. ein Körper gefunden, den man für Emodin hält. Auf Formosa heisst die Pflanze Tsav-chue-ming; die Samen werden dort gegen Augenkrankheiten angewendet. Die Blätter werden äusserlich mit Ricinusöl zu erweichenden Umschlägen und innerlich als Aperiens gebraucht. Die jungen Blätter werden gegessen.

    Litt.: Kosteletzky IV, p. 1333. Dymock I, p. 515. Pharm. Journ. and Trans. 1887, p. 359; 1888, p. 242. Chemist and Druggist 1895, p. 324.

Cassytha (Lauraceae — Lauroideae — Cassytheae).

Cassytha filiformis L., in den Tropen beider Hemisphären. Namen in Indien: A'kásvel (mar.); Amarbeli (hind.); A'kása-valli (sansc.). Die ganze Pflanze findet hier und da Verwendung, so in Indien bei Gallenleiden, in Cochinchina als Antisyphiliticum, ferner bei Augenkrankheiten. Interessant ist es, dass mit dem Auszug der Pflanze versetzte Milch dick wird, sie scheint also ähnlich zu wirken wie Withania coagulans oder Pinguicula vulgaris. Gresshoff hat in der Pflanze Laurotetanin aufgefunden.

    Litt.: Kosteletzky II, p. 476. Dymock III, p. 216. Mededeelingen uit 's Lands Plantentuin 1890, VII. Batavia.

Castanea (Fagaceae).

Castanea vulgaris Lam. (C. vesca). Ein Fluidextrakt findet als Specificum gegen Keuchhusten und katarrhalische Affektionen Verwendung.

Castilleja (Scrophulariaceae — Rhinanthoideae — Rhinantheae).

Castilleja canescens Benth., in Mexico, mit ganzrandigen, linear-lanzettlichen, halbstengelumfassenden Blättern von bitter-aromatischem Geschmack, soll in der Wirkung der Digitalis nahestehen und Harn- und Speichelsekretion vermehren.

    Litt.: Americ. Journ. of Ph. 1891, p. 67.

Casuarina (Casuarinaceae).

Casuarina equisetifolia Forst., in Neu-Südwales, anderwärts kultivirt. Namen: Waldeiche, swamp oak; in Indien: Sinyu (burm.); Chouk (tam.); Sarva (tel.); Kásrike (Mysore); Aru (mal.); Viláyali-saru (mar.). Verwendung finden die Rinde, die Blätter und die Samen. Die gerbstoffreiche Rinde ist ein vielbenutztes Adstringens, ein Dekokt der Blätter wird gegen Kolik, und die gestossenen Samen gegen Kopfweh verwendet.

Litt.: Kosteletzky II, p. 366. Dymock III, p. 357. Proceed. of the Linn. Soc. of New-South-Wales 1888.

Catalpa (Bignoniaceae — Tecomeae).

Catalpa bignonioides Walt. (Bignonia Catalpa L.), in den östlichen Staaten der Union von Illinois bis Florida. Trompetenbaum. Die Wurzel soll giftig sein; eine Abkochung der Früchte benutzt man in Japan mit Erfolg gegen Asthma.

Man hat aus der Pflanze gewonnen: ein Glykosid, eine zweibasische Säure $C_{14}H_{14}O_6$, und aus der Rinde, sowie der Fruchtschale, nicht aber den Samen, einen Bitterstoff Catalpin dargestellt. Letzterer ist glykosidischen Charakters, also vielleicht mit dem erstgenannten identisch. Die medicinischen Eigenschaften dieser Körper scheinen nicht studirt zu sein. Die Samen enthalten 24 $^0/_0$ fettes Oel.

Litt.: Kosteletzky III, p. 915. Pharm. Rundschau (New York) 1888, p. 155. Americ. Journ. of Ph. 1887, p. 230. Gazz. chimica XIV, p. 134.

Catapac.

Sehr bitter schmeckende Wurzel aus Westafrika. Sie lässt auf dem Querschnitt mehrere koncentrische Holzkörper erkennen und soll der Pareirawurzel nahestehen, also von einer Menispermacee abstammen. Sie dürfte danach identisch sein mit einer als afrikanische Pareirawurzel vorgekommenen Droge. Sie wird gegen Tripper und als Vorbeugungsmittel bei Syphilis benutzt.

Litt.: Pharm. Zeitung 1889, p. 728.

Cayaponia (Cucurbitaceae — Cucurbiteae — Abobrinae).

Cayaponia globulosa (wohl *globosa Silva Manso*) in Brasilien, wird als Drasticum benutzt. Enthält ein sehr wirksames Alkaloid Cayaponin.

Litt.: Christy & Co. VII, p. 45.

Cayaponia diffusa Silva Manso in Brasilien. Name: Cayapo. Frucht und Wurzel wirken purgirend.

Litt.: Schindler, Brazilian Medical Plants. Rio de Janeiro 1884, p. 15.

Cayaponia cabocla Mart. in Brasilien. Name: Gentio. Die Samen gelten als Abführmittel. Sie sind etwa 1 cm gross, mit stark wulstigem Rand versehen, in welchem ein Kanal mitten um den Samen verläuft. Ein in den Samen aufgefundenes Glykosid Cayaponin (s. oben) hat sich nach Peckolt als Elaterin erwiesen.

Litt.: Chemiker-Zeitung (Cöthen) 1889, p. 466. Schindler, l. c. p. 15. Revist. pharm. do Rio de Janeiro 1886.

Cayota-Rinde.

Unbekannten Ursprungs aus Mexico. Enthält 27 $^0/_0$ Gerbstoff.

Litt.: Chemiker-Zeitung (Coethen) 1888, p. 213.

Ceanothus (Rhamnaceae — Rhamneae).

Ceanothus americanus L. in Nordamerika. Verwendung finden die Blätter und die Wurzel. Die ersteren sind eirund, an der Basis zuweilen herzförmig, auf der Unterseite flaumig, am Rande gezähnt, mit drei Längsnerven. Man verwendet sie als Ersatz des chinesischen Thees (T h e e v o n N e w Y e r s e y), als Gurgel-wasser bei Geschwüren im Munde und innerlich bei Dysenterie. Sie enthalten kein Coffein, kein Alkaloid, dagegen vielleicht ein Glykosid, eine der Kaffeegerbsäure ähnliche Gerbsäure, Harz und kleine Mengen ätherischen Oeles.

Die Wurzel verwendet man bei Rheuma und gegen Syphilis. Sie ist von rothbrauner oder rother Farbe (r e d r o o t). Die Rinde enthält 6,48 % Gerbsäure, einen Farbstoff (Ceanothusroth) und ein Alkaloid (Ceanothin).

Litt.: Amer. Journ. of Ph. 1891, p. 332. Amer. Journ. of Ph. Vol. 56, p. 135.

Ceanothus coeruleus (?) in Mexico, gilt als tonisches und fieber-widriges Mittel.

Litt.: Beckurts Jahresber. 1893, p. 11.

Cecropia (Moraceae — Conocephaloideae).

Cecropia surinamensis Miq. in Brasilien (Pará, Amazonas). Namen: A m b a u b a, U m b a u b a. Die gestossenen Blattknospen werden auf Schnitt- und Brandwunden gelegt. Der ausgepresste Saft wird gegen Diabetes, mit gleichen Theilen Milch gegen über-mässige Menstruation verwendet. Das Dekokt der Blattknospen gilt als Heilmittel gegen Bronchialkatarrh.

Litt.: Pharm. Rundschau (New York) 1891, p. 289.

Cecropia concolor Willd. in Brasilien (Pará, Pernambuco). Name bei den Eingebornen A b i e g n y, bei den Brasilianern Im-b a u b a. Benutzt wie die vorige.

Litt.: Pharm. Rundschau (New York) 1891, p. 289.

Cecropia carbonaria Mart. in Brasilien (Minas Geraes, Yoyaz, Matto Grosso). Namen: U m a b a u b a d o m a t o, A m b a u b a d o m a t o. Die weiblichen Fruchtstände werden gegessen.

Litt.: Pharm. Rundschau (New York) 1891, p. 289.

Cecropia palmata Willd. in den Nordstaaten von Brasilien. Namen: U m b a u b a, I m b a i b a, A m b a i a t i n g a, J a r u m a. Das saftige Innere des Stammes wird auf Krebswunden gelegt, ein Saft der Blätter gegen Husten benutzt.

Litt.: Schindler, Brazilian Medicinal Plants. Rio de Janeiro 1884, p. 4.

Cecropia adenopus Mart. In allen Staaten Brasiliens, vom Aequator bis zum 28. Grad südlicher Breite. Namen: I m b a u b a v e r m e l h a, I m b a u b a v e r d e, A m b a u b a, A r v o r e d e f r e-g u i c a. Der aus den Blattknospen ausgepresste Saft wird bei Diarrhoe, Dysurie, Gonorrhoe und Leukorrhoe benutzt, ferner als Umschlag bei Insektenstichen.

Litt.: Pharm. Rundschau (New York) 1891, p. 289.

Cecropia hololeuca Miq. in den Gebirgen Brasiliens. Namen: Imbauba prateada, Ambauba branca, Amburarembo. Das Mark des Stammes wird verwendet wie das von C. palmata, die Rinde als Tonicum und schwaches Adstringens, ein Saft aus der Wurzelrinde als Hustenmittel. Enthält zu $0,88\,^0/_0$ ein Alkaloid Cecropin.

Litt.: Pharm. Rundschau (New York) 1891, p. 290.

Cedrela (Meliaceae — Cedreleae).

Cedrela odorata L. Heimisch in Westindien und Südamerika, liefert das bekannte Zucker- und Cigarrenkistenholz (Acajou femelle, fälschlich Cedernholz), vgl. Wiesner, Rohstoffe, p. 574. Schimmel & Co. (1892, April, p. 41) stellten aus solchen Hölzern, die zweifellos von Cedrela-Arten (C. odorata L., C. Toona Roxb., C. angustifolia D. C., C. montana Turcg.) abstammen sollen, die ätherischen Oele dar:

Corinto: Oel $2,3\,^0/_0$, gelb, spec. Gew. 0,906. Opt. Drehung $—17^0\,23'$ bei 100 mm.

Cuba: Oel $1,75\,^0/_0$, schwach gelb, spec. Gew. 0,923. Opt. Drehung $+18^0\,6'$ bei 100 mm. Liefert mit HCl ein linksdrehendes, bei 118^0 schmelzendes Sesquiterpendichlorhydrat.

La Plata: Oel $0,59\,^0/_0$, hellblau, spec. Gew. 0,928. Optisch inaktiv.

Puntas Arenas (Costa Rica): Oel $3,06\,^0/_0$, hellblau, spec. Gew. 0,915. Siedet zwischen 265^0 und 270^0. Opt. Drehung $—5^0\,53'$ bei 100 mm. Grösstentheils Terpen und liefert das bei 118^0 schmelzende Dichlorhydrat.

Litt.: Kosteletzky V, p. 1992.

Cedrela Toona Roxb. in Indien. Namen Tún (hind.), Tuni (mar.), Nandurike (can.), Tunumaram (tam.). Die stark adstringirende Rinde wird in Verbindung mit den Bonducsamen (s. d.) als Tonicum und Antiperiodicum angewendet. Die Blüthen (Gultun) gelten als Emmenagogum.

Litt.: Kosteletzky V, p. 1992. Dymock I,

Cedrela febrifuga Forsten. (= C. Toona) auf Java und anderen indischen Inseln, liefert die fieberwidrige Cortex Cedrelae.

Cedrela australis F. v. M. in Australien, liefert Gummi. Es löst sich innerhalb 24 Stunden bis auf einen geringen Rückstand völlig in Wasser. Enthält $68,3\,^0/_0$ Arabin, $6,3\,^0/_0$ Metarabin, $19,54\,^0/_0$ Feuchtigkeit, $5,16\,^0/_0$ Asche.

Litt.: Pharm. Journ. and Trans. 1890, p. 540.

Cedrela odorata L. liefert ein dunkelbraunes Gummi, von dem $25\,^0/_0$ sich in Wasser farblos lösen, $75\,^0/_0$ bilden eine unlösliche Gallerte.

Litt.: Zeitschr. f. Nahrungsm.-Unters. u. Waarenk. 1894, p. 73.

Celastrus (Celastraceae — Celastroideae — Eucelastreae).

Celastrus scandens L. in Nordamerika. Die Rinde ist brechenerregend. Die in eingerollten Röhren vorkommende Rinde besteht aus einem braunrothen Kork, einer orangerothen Mittelrinde und dem weissen, nicht faserigen Bast. Sie enthält mehrere Harze, einen kautschukähnlichen Körper, Gerbstoff, keine Alkaloide und Glykoside. Ueber das Vorhandensein von ätherischem Oel gehen die Angaben auseinander.

Litt.: Kosteletzky V, p. 1929. Liebigs Annalen d. Ch. 1881, p. 450. Amer. Journ. of Ph. 1881, p. 1. 1891, p. 523.

Celastrus paniculatus Willd., in Ostindien, auf den Sunda-inseln und Philippinen. Namen: Málkanguni (hind., guz., mar., can.); Gundumeda, Malkanguni (tel.); Valuluvai, Ati-parich-cham (tam.). Verwendung finden die Samen und das Oel. Und zwar dienen die ersteren als Aphrodisiacum und Stimulans, sie liefern zu $30^0/_0$ ein scharlachfarbenes Oel und durch trockene Destillation ein schwarzes, brenzliches Oel. Das Oel verdankt seine Farbe dem Arillus des Samens.

Litt.: Dymock I, p. 343. Bullet. of Ph. 1892, p. 261. Pharm. Zeitung 1889, p. 256. Gehe & Co. X, 1896, September.

Centaurea (Compositae — Cynareae — Centaureinae).

Centaurea Behen L. Heimisch in Persien, Syrien, Armenien. Name: Suffed Bahmau. Liefert die im Mittelalter und bis in die neuere Zeit hinein hochberühmte „weisse Behenwurzel", die jetzt wieder zuweilen nach Europa gelangt. Indessen war die Abstammung einer genauer beschriebenen Probe (Chemiker-Zeitung 1892, p. 460) von einer Composite unwahrscheinlich.

Litt.: Dymock II, p. 303. Chemiker-Zeitung (Cöthen) 1892, p. 460.

Celtis (Ulmaceae — Celtoideae).

Celtis aculeata Sw. Heimisch von Westindien bis Peru. Namen in Brasilien: Vura-apia, Graos de gallo, Joa minda. Man benutzt in Brasilien ein Dekokt der Rinde des Stammes zu Einspritzungen bei Leukorrhoe.

Litt.: Pharm. Rundschau (New York) 1892, p. 34.

Celtis glycocarpa Mart. In Brasilien in den Staaten Minas und Rio de Janeiro. Name: Graos grandes do gallo. Die Rinde und die Blattknospen werden als Adstringentien benutzt.

Litt. wie vorige.

Celtis spinosissima Miq. Heimisch in Brasilien (Rio de Janeiro). Name: Grassinho de gallo. Die getrockneten Früchte werden gegen Dysenterie verwendet, ein Dekokt aus der Wurzelrinde zu Einspritzungen bei Leukorrhoe.

Litt. wie vorige.

Celtis brasiliensis Planch. Heimisch in Brasilien (Rio de Janeiro). Namen: Corindiba und Corindiuba. Die Rinde gilt als Specificum gegen intermittirende Fieber, ein schwaches Dekokt derselben wird zu Waschung bei Augenentzündung benutzt.

Litt. wie vorige.

Celtis Tala Gillies in Texas und dem subtropischen Südamerika bis Argentinien. Ist adstringirend.

Litt.: Gehe & Co. 1881, September, p. 15.

Centipeda (Compositae — Anthemideae — Chrysanthemiinae).

Centipeda (Myriogyne) minuta C. B. Clarke. Heimisch im südlichen Neu-Südwales. Namen: Sneezing weed, Nieskraut. Wie der Name andeutet, sollen die Blätter gepulvert wie Schnupftabak benutzt werden. Eine Abkochung der Blätter wird zu Umschlägen gegen Augenkrankheiten angewendet.

Litt.: Proceed. of the Linn. Soc. of New-South-Wales 1888, März.

Cephalanthus (Rubiaceae — Cinchonoideae — Cinchoninae, Naucleeae).

Cephalanthus occidentalis L. In den Vereinigten Staaten. Die Rinde wird als tonisches Heilmittel verwendet, indessen von autoritativer Seite als nicht empfehlenswerth bezeichnet. Sie bildet flach rinnenförmige Stücke, die 2—5 mm dick, aussen graubraun, innen hellbraun sind. Die Innenrinde hat Bastfasern, der Mittel- und Aussenrinde fehlen sklerotische Elemente, die parenchymatischen Zellen enthalten Gerbstoff.

Die Rinde enthält ein Glykosid Cephalanthin $C_{22}H_{34}O_6$, das mit Salzsäure verdampft schön violett wird, ferner Cephalin, ebenfalls glykosidisch und Cephalethin. Die Blätter enthalten Cephalanthin und Citronensäure.

Litt.: Kosteletzky II, p. 545. Pharm. Rundschau (New York) 1890, p. 8.. 12. 1891, p. 82. Arbeit. d. Pharmakolog. Inst. Dorpat 1892, VIII, p. 20.

Cephalophora (Compositae — Helenieae).

Cephalophora aromatica Schrad. In Chile. Name: Mancanilla del Campo. Liefert ein ätherisches Oel von kamillenartigem Geruch.

Litt.: Schimmel & Co. 1891, Oktober, p. 42.

Ceratopetalum (Cunoniaceae).

Ceratopetalum apetalum Don. in Neu-Südwales. Namen: Coachwood, Lightwood. Liefert Gummi in kleinen durchsichtigen Thränen von rother Farbe. Es riecht nach Cumarin, und zwar so stark, dass es zur Gewinnung dieses Körpers empfohlen wird. Der Gehalt davon wird auf 2—3$^0/_0$ angegeben, ferner enthält es 8—10$^0/_0$ Gerbsäure. Es soll ziemliche Klebkraft besitzen.

Ceratopetalum gummiferum Sm., in Neu-Südwales, liefert ebenfalls Gummi, das wie das der vorigen Art dem Kino ähnelt. Es ist von demselben Aussehen, enthält kein Cumarin, aber 49,78$^0/_0$ Gerbstoff.

Weitere Bestandtheile beider Arten vgl. Litt.

Litt.: Kosteletzky IV, p. 1379. Pharm. Journ. and Trans. 1891, p. 742.

Cerbera (Apocynaceae — Plumerieae — Cerberinae).

Cerbera Odallam Hamilt. In Ostindien und Ceylon bis Neu-

guinea. Namen in Indien: Odallam (mal.); Katarali, Caat-
aralie (tam.); Honde (can.); Sukanu (mar.); Dabur, Dhakur
(beng.); Cay mup sat (anam.); Ka-Lwa (burm.). Ferner ma-
laiische Namen: Bientaroh Gedah, Bientawh Lettek (manchen der Namen trägt auch Cerbera Lactaria Hamilt.).

Verwendung finden die Samen als Emeto-Catharticum, der
Kork, der Milchsaft und die Blätter als Purgans. Die Frucht ist
eine rothe, apfelgrosse Steinfrucht mit 2 Samen mit harter Samenschale und dickem Embryo, dessen beide Kotyledonen ungleich
gross sind.

Die Samen enthalten $77\,^0/_0$ fettes Oel, das zur Beleuchtung
dient, von Einigen für giftig gehalten wird, vielleicht in Folge
Gehaltes an Cerberin. Letzteres ein Glykosid der Formel $C_{27}H_{40}O_8$,
ist der wirksame Bestandtheil der Samen. Schmelzpunkt 191 bis
192^0. Koncentrirte Schwefelsäure färbt es orangeroth, dann gelb-
violett, endlich blau. Mit Säuren zerfällt es in Glykose und
Cerberetin $C_{19}H_{26}O_4$. Das Cerberin wirkt auf das Herz, scheint
aber medicinisch nicht verwendbar zu sein.

Litt.: Kosteletzky III, p. 1075. Dymock II, p. 410. Planchon, Produits
fournis à la matière médical par la famille des Apocynées. Paris 1894, p. 133.
Arch. d. Ph. 1893, p. 10. Greshoff, Nuttige Planten (n. b.).

Cerbera lactaria Hamilt. im indischen Archipel, vielleicht
identisch mit C. Odallam. Der Milchsaft gilt als Specificum gegen
den Biss giftiger Fische.

Litt.: Kosteletzky III, p. 1076. Planchon l. c. p. 136.

Cerbera salutaris Blume in Cochinchina, wie die vorigen.

Litt.: Planchon l. c. p. 136.

Cerbera Manghas L. Von Ostindien bis Neucaledonien und
Tahiti. Namen: Manglier vénéneux, Ka-Lwa, Manga,
Wabba, Ereva, Reva, Boulé, Chawa. Die eigrosse Frucht
enthält einen Samen. Ihre Pulpa dient in Java als Kataplasma
bei Hautkrankheiten. Die Samen enthalten $72\,^0/_0$ eines goldgelben
Oeles, das drastisch wirkt. Die Samen selbst wirken ausserdem
brechenerregend und narkotisch.

Litt.: Kosteletzky III, p. 1075. Planchon l. c. p. 130.

Cercis (Caesalpiniaceae — Bauhinieae).

Cercis canadensis L. im östlichen Nordamerika, häufig an-
gepflanzt. Namen: Judas tree (eigentlich der Name von Cercis
Siliquastrum), Red-bud, Amor del Canadá, Ciclamor del
Canadá. Verwendung findet die Rinde als Adstringens bei
Diarrhoe und Dysenterie in Form eines Fluidextraktes.

Litt.: Kosteletzky IV, p. 1348. Parke, Davis & Co. p. 864.

Cercocóma (Apocynaceae — jetzt zu Strophanthus).

Cercocoma macrantha Tejsm. Binn. in Niederländisch-Indien,
enthält in den Blättern und der Rinde ein giftiges Alkaloid.

Litt.: Mededeelingen uit 's Lands Plantentuin VII, Batavia 1890.

Cereus (Cactaceae — Cereoideae).

Cereus grandiflorus Mill. Auf den Antillen und in Mexico zu Hause. Namen: Night-blooming Cereus, Cirio de flor grande. Man verwendet die Achsen in Form eines Fluidextraktes als Heilmittel.

Während dem Mittel von einigen Seiten grosse Vorzüge vor Digitalis und Strophanthus nachgerühmt werden, wird das von anderer Seite in Abrede gestellt. Die Droge enthält kein Alkaloid und Glykosid, die wirksamen Bestandtheile sollen einige Harzsäuren sein. Als Volksmittel wird der scharfe Saft der Pflanze gegen Wassersucht, gegen Würmer und als äusseres Reizmittel angewendet.

Litt.: Kosteletzky IV, p. 1394. Parke, Davis & Co. p. 231. Pharm. Journ. and Trans. 1894, p. 416.

Cereus Bonplandii Parm. in Brasilien und Argentinien. Soll ähnliche Eigenschaften wie die vorige besitzen.

Litt.: Parke, Davis & Co., p. 237.

Ceropegia (Asclepiadaceae — Ceropegieae).

Ceropegia bulbosa Roxb. in Ostindien. Namen: Mánchi, Manda (tel. tam.); Gálot (punj.); Klapparkadu, Gáyala (mar.). Die bitter schmeckende Pflanze und andere Arten *(C. tuberosa, C. juncea, C. pusilla „Chutlan-Killangu")* gelten als Tonicum und Digestivum. Das bitter schmeckende Princip ist ein Alkaloid Ceropegin.

Litt.: Kosteletzky III, p. 1095. Dymock II, p. 456. Bullet. of Pharm. 1891, p. 211.

Chamaecyparis (Coniferae — Pinoideae — Cupressinae).

Chamaecyparis obtusa Sieb. et Zucc. Heimisch in Japan. Namen: Kinoki, Fusinoki. Liefert ein ätherisches Oel, Kinoki-Oel, Hinoki-Oel.

Litt.: Schimmel & Co. 1889, April, p. 44.

Chandimbo.

Gerbstoffhaltige Droge von Ostafrika (Mount Gomba).

Litt: Christy & Co. VII, p. 82.

Chapea.

Holz aus Westafrika, als „Chewstick" (cf. Gouania) in den Handel gekommen.

Litt.: Christy & Co. VII, p. 86.

Chasmanthera (Menispermaceae — Tinosporeae).

Chasmanthera cordifolia (vielleicht *Tinospora,* s. d.) in Indien. Namen: Gulancha, Guloe, Giloe. Wurzel, Stengel und Blätter werden als Antiperiodicum benutzt. Sie enthalten Berberin und einen bitteren Körper, der vielleicht ein Glykosid ist.

Litt.: Amer. Druggist 1886, 2, 434.

Chelidonium (Papaveraceae — Papaveroideae — Chelidonieae).

Chelidonium majus L. ist von Amerika als Mittel gegen

Schwindsucht empfohlen. Die Ainoos benutzen die Pflanze (Otumpni-kina) als schmerzlinderndes Mittel, auch gegen Schlangengift.

Litt.: Amer. Journ. of Ph. Vol. LIII, p. 624. Pharm. Journ. and Trans. 1896, Nr. 1339.

Chenopodium (Chenopodiaceae — Cyclolobeae — Chenopodieae).

Chenopodium ambrosioides L. In allen Erdtheilen verbreitet, in Frankreich „Thé du Mexique", in Jamaica „Semecom."

Das als Herba Chenopodii oder Botryos mexicanae seit lange bekannte Kraut wird in Chile als Stimulans und Emmenagogum und in Nordamerika als Wurmmittel benutzt. Dem letzteren Zwecke dienen in Madagascar die Samen.

Litt.: Kosteletzky IV, p. 1433. Pharm. Journ. and Trans. 1882, p. 201. 1892, p. 879.

Chenopodium anthelminthicum L. in Nord- und Südamerika. Die Pflanze wird als Wurmmittel benutzt. Das wirksame Princip ist ein ätherisches Oel („Goosefoot oil"), das zu 2% darin vorhanden ist.

Litt.: Kosteletzky IV, p. 1433. Bullet. of Ph. 1892, p. 261. Zeitschr. d. allgem. österr. Apoth.-V. 1880, p. 425.

Chenopodium hyrcinum Peckolt. (wohl *hircinum Schrad.*) in Brasilien. Ist ebenfalls Wurmmittel. Enthält $2,9\%$ äth. Oel.

Litt.: Villefranca, Les plantes utiles du Brésil. Paris 1880.

Chenopodium mexicanum Moq. liefert „mexicanische Seifenwurzel, soll Saponin enthalten.

Litt.: Pharm. Zeitung 1886, p. 128.

Mit dem Namen Ambrina bezeichnet man in Chile die blühenden Zweigspitzen einiger Chenopodiaceen, die als Stomachicum benutzt werden. Sie enthalten gelbes ätherisches Oel.

Litt.: Pharm. Zeitung 1893, p. 458.

Chichipatschu.

Als ausserordentlich heilkräftig gerühmte Fieberrinde aus Spanisch-Honduras. Bildet aussen graubraune oder zimtbraune, innen schwärzliche Stücke. War auf der Weltausstellung in New Orleans.

Litt.: Pharm. Rundschau (New York) 1885, p. 81.

Chimaphila (Pirolaceae).

Chimaphila umbellata Nutt. Heimisch in Europa, Japan, Kanada, Mexico. Die jetzt nur noch wenig gebrauchten Blätter (Herba Pyrolae umbellatae) sind ein altes, tonisch-diuretisches Mittel. Die Pflanze enthält einen krystallinischen Stoff $C_{10}H_{19}O$, der bei 236° schmilzt.

Litt.: Kosteletzky III, p. 1028. Amer. Journ. of Ph. 1887, p. 125.

Chiococca (Rubiaceae — Coffeoideae — Guettardinae).

Chiococca anguifuga Mart. Von Argentinien durch Brasilien bis Neu-Granada. Liefert mit einigen verwandten Arten die jetzt ganz obsolete Radix Caincae, Raiz Preta. Sie wird neuerdings (1884) als Diureticum und Drasticum empfohlen. Das wirksame Princip ist die in Nadeln krystallisirende Caincasäure.

Litt.: Gehe & Co. 1884, April, p. 18.

Chionanthus (Oleaceae — Oleoideae — Oleineae).

Chionanthus virginica L. in Nordamerika. Die Rinde wird in Amerika gegen Leberhypertrophie, Gelbsucht und Wechselfieber angewendet. Sie enthält Saponin, was freilich neuerdings von W. v. Schulz in Abrede gestellt wird, derselbe wies ein Glykosid: Chionanthin, nach.

Litt.. Therapeutic Gazette. Detroit 1886, p. 230. Pharm. Zeitschr. f. Russl. 1893, Nr. 37 u. 38.

Chironia (Gentianaceae — Chironieae).

Chironia chilensis Willd., in Chile. Gilt bei den Eingebornen als Mittel gegen Schlangenbiss und als Anthelminthicum. Wird gegen intermittirendes Fieber empfohlen. Enthält $9\,^0/_0$ eines Bitterstoffes, der der wirksame Bestandtheil sein soll.

Litt.: Kosteletzky III, p. 1038. Pharm. Post 1884, p. 268.

Chloris (Gramineae — Chlorideae).

Chloris distichophylla Lagasca. In Brasilien (Bahia bis .Santa Catherina). Namen: Corobó und Corobbó. Die Früchte werden als diuretisches Mittel benutzt.

Litt.: Pharm. Rundschau (New York) 1894. p. 111.

Chlorocodon (Asclepiadaceae — Periploceae).

Chlorocodon Whitei Hook f., in Südafrika. Liefert die aus Natal kommende Mundi-, Mindi-, Umundiwurzel. Seit 1867 bekannt. Steht bei den Eingebornen als Stomachicum und Tonicum in Ansehen. Riecht angenehm nach Cumarin. Soll zur Verwechselung mit Senega Veranlassung gegeben haben.

Litt.: Christy & Co. X, p. 58. Pharm. Journ. and Trans. 1887, p. 411.

Chondodendron (Menispermaceae — Pachygoneae).

Als von dieser Gattung abstammend wird eine aus Westafrika stammende Droge, eine falsche Radix Pareirae bravae, erwähnt. Die Unterschiede von der echten Pareira brava sind höchst geringfügig und scheinen hauptsächlich darin zu bestehen, dass die Sklerose bei der in Rede stehenden Droge in Rinde und Mark besonders geringfügig ist. — Da die Gattung Chondodendron aber auf Brasilien und Peru beschränkt ist, so muss die Droge von einer andern, allerdings sehr nahe verwandten Gattung abstammen.

Litt.: Pharm. Journ. and Trans. 1886, p. 219.

Chonemorpha (Apocynaceae).

Chonemorpha macrophylla G. Don., in Niederländisch-Indien.

7*

Enthält ein bitterschmeckendes, giftiges Alkaloid, in der Rinde
$0,15\,^0/_0$, in den Blättern $0,05\,^0/_0$.

Litt.: Mededeelingen uit s' Lands Plantentuin VII, Batavia 1890.

Chlorogalum (Liliaceae — Asphodeloideae).

Chlorogalum pomeridianum Kunth. Von Kalifornien bis Centralamerika. Die Zwiebel dient zum Waschen. Sie enthält $6,95\,^0/_0$
Saponin.

Litt.: The Chemist and Druggist 1891, p. 277.

Chrysanthemum (Compositae — Anthemideae — Chrysantheminae).

Chrysanthemum Cinense Sabine und *Ch. indicum L.*, beide
in China und Japan heimisch, aber auch als Zierpflanzen kultivirt, finden in China arzneiliche Verwendung. Aus der letztgenannten Art (Oil Chrysanthemum, Abura-Kuku) bereitet
man in Japan ein ätherisches Oel (Kiku-Oel), das als Volksmittel geschätzt ist.

Litt.: Pharm. Journ. and Trans. 1890, p. 473. Schimmel & Co. 1887,
April. 1888, April, p. 46.

Chrysopsis (Compositae — Astereae — Solidagineae).

Chrysopsis graminifolia Ell. in Nordamerika. Namen: Blaues
Gras, Fiebergras. Dient zu Kataplasmen.

Litt.: Therapeutic Gazette 1884.

Chuncoa (Combretaceae, jetzt zu Terminalia).

Chuncoa obovata Pers. In St. Vincent. Die Rinde dient
als Brechmittel.

Litt.: Pharm. Journ. and Trans. 1886 p. 101 ff.

Cicuta (Umbelliferae — Ammineae).

Cicuta maculata L. in Nordamerika. Die Pflanze wird wie
Conium maculatum benutzt. Die Früchte enthalten $4,8\,^0/_0$ ätherisches
Oel und ein flüchtiges Alkaloid von Coniingeruch.

Litt.: Kosteletzky IV, p. 1129. Amer. Journ. of Ph. 1891, p. 328.
1893, p. 4.

Die Wurzel einer Cicuta-Art wird in der südlichen Mandschurei
als Stomachicum und Antispasmodicum benutzt.

Litt.: Pharm. Zeitung 1885, p. 813.

Cicuta virosa L. Das Rhizom der bei den Ainos Tokaomap
genannten Pflanze wird von denselben äusserlich als schmerzlinderndes Mittel angewendet.

Litt.: Pharm. Journ. and Trans. 1896, p. 1339.

Cineraria (Compositae — Senecioneae — Senecioninae).

Cineraria maritima (?). Wurde von Venezuela aus als Mittel
gegen Staar empfohlen. Man benutzt den ausgepressten Saft zu
Einträufelungen.

Litt.: Pharm. Journ. and Trans. 1888, p. 985. Chemiker-Zeitung (Cöthen)
1890, p. 17.

Cinnamomum (Lauraceae — Perseoideae — Cinnamomeae).

Cinnamomum xanthoneuron Bl. Heimisch in Neu-Guinea. Liefert die Massoirinde, deren Aroma an das der Cocosmilch, aber auch an Zimmt und Raute erinnern soll. Die Stücke sind bis 8 mm dick, aussen uneben, dunkel, im Bruch in der äusseren Parthie körnig. Sie wird in Indien bei Kolik, Diarrhoen etc. verwendet. Als Massoirinde kommen noch andere Lauraceen-rinden vor, so die von *Cinnamomum Kiamis Nees,* deren Geruch mehr zimtartig ist, ferner die von *Sassafras Goesianum F. u. B.* (Massoia aromatica Beccari), die von Manchen für die echte Massoirinde gehalten wird, wenigstens mit den älteren Beschrei-bungen meist übereinstimmt. Eine vierte Massoirinde, mit keiner der genannten identisch, nach Nelken und Muskatnüssen riechend, stimmt mit Papua-Culilawanrinde, deren Ursprung unbekannt ist, überein. Eine fünfte Sorte bildet braune, aussen weissliche Stücke, von scharfem Nelkengeschmack; die Stücke haben bis 0,5 cm Durchmesser. Auf dem Querschnitt zeigen sie einen sklerotischen Ring, in dem sich primäre Bastfasern nicht erkennen lassen. Der Bast lässt tangential gedehnte, stark verdickte Fasern und im äus-seren Theil stark verdickte Steinzellen erkennen. Mosoirinde, cf. Cananga.

Litt.: Pharm. Journ. and Trans. 1889, p. 465, 761. Zeitschr. d. österr. Ap.-V. 1891, p. 2.

Cinnamomum Wightii Meissn. Aetherisches Oel daraus.

Litt.: Schimmel & Co. 1887. 1888, p. 46.

Cinnamomum vimineum Nees. In Indien, liefert eine Culi-lawanrinde.

Bitt.: Pharm. Journ. and Trans. 1892. Pharm. Zeitung 1892, p. 800.

Cipura (Iridaceae — Iridoideae — Tigridieae).

Cipura paludosa Aubl. Im tropischen Amerika weit ver-breitet. Namen, wegen des Geruches: Prärie Knoblauch, Präriezwiebel; ferner: kleine Cocosnuss. Die frisch ge-stossene Zwiebel findet Verwendung äusserlich und innerlich bei Skrophulose, ferner eine Abkochung gegen Tripper.

Litt.: Pharm. Rundschau 1892, p. 132.

Cirsium (Compositae — Cynareae — Carduinae).

Cirsium mexicanum D.C. wird in Mexico verwendet wie bei uns das Kraut von Cnicus benedictus.

Litt.: Amer. Journ. of Ph. 1891, p. 1.

Cissus (Vitaceae).

Cissus acida L., in Mexico. Namen: Bolontibi. Die zer-stossenen Blätter dienen in Yucatan zu Kataplasmen.

Litt.: Americ. Journ of Ph. 1885, p. 385.

Cistus (Cistaceae).

Cistus ladaniferus L., in Spanien und Portugal. Die Zweige liefern durch Auskochen und Eindampfen des Auszuges das

„Ladanum in baculis." Eine einfache Abkochung dient als Mittel gegen Rheumatismen, Syphilis, Krankheiten der Respirationsorgane. Das aus den Blättern gewonnene ätherische Oel hat ein spec. Gewicht von 0,925, siedet zwischen 165 und 280° unter theilweiser Zersetzung.

Litt.: Schimmel & Co. 1889. Oktober, p. 53.

Cistus salutaris (?), in Columbien. Die Wurzel (Wound root) soll ein gutes Mittel bei offenen Wunden sein.

Litt.: Christy & Co. X, p. 118.

Citharexylon (Verbenaceae).

Citharexylon laetum Hiern., in Mexico. Namen: Coffee Chocolate, Caffecillo, Quiebra hacha, Fidlewood, Bois de guitare. Die gerösteten Samen erinnern im Geschmack an Kaffee und Chocolade (Beides?). Das harte Holz dient zur Anfertigung von Musikinstrumenten.

Litt.: Kosteletzky III, p. 835. Christy & Co. IX, p. 66.

Citriosma (Monimiaceae — Atherospermoideae — Siparuneae) (jetzt zu Siparuna Aubl.).

Citriosma oligandra Tul. Heimisch in Brasilien (Espirito Santo, Minas Geraes, Rio de Janeiro). Namen: Negra Mina, Catinga de negra, Catingueira; die Frucht heisst fructo puante, Stinkfrucht. Man verwendet die aromatisch riechenden Blätter als Stimulans und äusserlich bei Rheumatismus. Sie enthalten 0,925 $\%$ ätherisches Oel vom spec. Gew. 0,899, hellgelber Farbe, dem Bergamottöl annähernd ähnlich riechend.

Litt.: Ber. d. ph. Ges. 1896, p. 93.

Citriosma cujabana Mart. Heimisch in Brasilien (Matto Grosso, Minas Geraes, S. Paulo und Rio de Janeiro). Namen: Limoeiro domato, Limoeiro bravo. Man verwendet die Blätter wie die der vorhergehenden Art, ausserdem eine aus denselben mit Branntwein bereitete Tinktur bei Verwundungen und Kontusionen. Die Blätter enthalten ätherisches Oel 0,293 $\%$, die Blattzweige 0,147 $\%$, die Rinde 0,453 $\%$. Spec. Gew. des ätherischen Oeles 0,894; es ist hellgelb und riecht nach Bergamott- und Citronenöl.

Litt.: Ber. d. ph. Ges. 1896, p. 94.

Citriosma Apiosyce Mart. Heimisch in Brasilien (Bahia, Espirito Santo, Minas Geraes, Rio de Janeiro). Namen: Limoeiro bravo, Cidreira-Melisse, Café bravo. Man verwendet die Blätter wie die der vorigen Arten; ausserdem bei chronischem Husten. Sie enthalten ätherisches Oel in den Blättern 0,234 $\%$, in den Blattzweigen 0,096 $\%$, in der Rinde 0,322 $\%$. Das Oel ist bräunlich gelb.

Ausserdem enthalten alle drei Arten einen amorphen Bitterstoff Citriosmin, und zwar 0,190 bis 0,418 $\%$.

Litt.: Ber. d. ph. Ges. 1896, p. 94.

Cladrastis (Papilionaceae — Sophoreae).

Cladrastis amurensis (Rupr. et Maxim.) Benth. Heimisch in Japan und der Mandschurei. Name bei den Ainos: Chikube-ni. Die giftige Rinde findet als schmerzlinderndes Mittel äusserliche Verwendung.

Litt.: Pharm. Journ. and Trans. 1896, Nr. 1339.

Claviceps (Hypocreaceae).

Das in Italien, Sicilien, Corsica und Algier auf den Blüthen von *Ampelodesmus tenax Link* (Gramineae) vorkommende Sclerotium (Diss-Mutterkorn) ist 3—9 cm lang, $2—2^1/_2$ mm dick, gekrümmt, grössere Stücke spiralig gewunden. Es soll doppelt so stark wirken, wie gewöhnliches Mutterkorn.

Litt.: Pharm Journ. and Trans. 1886, p. 684.

Clematis (Ranunculaceae — Anemoneae).

Clematis ligusticifolia Nutt., in den Südweststaaten der Union, wird von den Eingeborenen wie Sarsaparilla gebraucht.

Litt.: Pharm. Rundschau (New York) 1884, p. 76.

Clematis sericea H. B. K., in Mexico. Die frischen Blätter (Herbas de Chivo) wirken hautröthend und blasenziehend.

Litt.: Americ. Journ. of Ph. 1885, p. 385.

Cleome (Capparidaceae — Cleomeae).

Cleome viscosa L., in Indien. Namen: Húlhúl, Húrhúr (hind.); Húrhúriá (beng.); Kanphúti, Pivale-tilávana (mar.); Nai-vela (tam.); Kukka-váminta (tel.); Huche sásavi (can.). Die ganze Pflanze und die Samen, besonders ein aus den letzteren gewonnenes Oel, dienen als hautreizendes Mittel.

Litt.: Kosteletzky V, p. 1618. Dymock I, p. 131. Bullet. of Pharm. 1892, p. 261.

Clerodendron (Verbenaceae — Viticeae).

Clerodendron inerme Gaertn. In Indien und Ceylon. Namen: Sangkupi, Chhoti-arni (hind.); Isamdhári (Dukh.); Shengankuppi (tam.); Pishinika, Utichettu (tel.); Banjoi (beng.); Koivel, Vanajai, Lahán-khári-narvel (mar.); Naitakkilé (can.). Verwendung finden hauptsächlich die Blätter in verschiedenartiger Zubereitung gegen Skrophulose, Syphilis, Rheumatismus, auch gegen Fieber. Sie enthalten Chirettin und Opheliasäure. Die Eingeborenen benutzen auch die Wurzel und die Früchte.

Litt.: Kosteletzky III, p. 831. Dymock III, p. 75. Pharm. Journ. and Trans. 1890, p. 660.

Clerodendron infortunatum Gaertn. In Indien. Namen: Bhánt (hind.); Bhat (beng.); Chitu (Nepal); Bhándir Kari (mar.); Karé (can.). Es werden ebenfalls die Blätter verwendet und zwar als Laxans, Cholagogum und Anthelminthicum. Alles Übrige wie oben.

Cnestis (Connaraceae — Cnestideae).

Cnestis glabra Lam., in Réunion, Mauritius etc. Namen: Grattelier, Mort aux rats, Liane aux rats. Die Borstenhaare der Kapseln scheinen ähnliche Eigenschaften zu haben, wie z. B. die von Mucuna pruriens etc.; sie gelten als anthelminthisch. Die Blätter gelten als giftig, sie sollen krampfartige Erscheinungen hervorrufen; sie gelten als Heilmittel bei Fiebern und Phthisis.

Litt.: Christy & Co. X, p. 109.

Coca-Coca.

Wurzel aus Peru von bitterem, adstringirendem Geschmack, gilt als Heilmittel bei Leberkrankheiten. Aeusserlich der Ratanha ähnlich, aber deutlich verschieden durch das Auftreten von Steinzellen neben den sehr zahlreichen porösen Bastfasern.

Litt.: Gehe & Co. 1886, September, p. 9.

Cocculus (Menispermaceae — Cocculeae — Menisperminae).

Cocculus laurifolius D. C., in Hinterindien, enthält ein Alkaloid Coclaurin, das zu $0,5\,^0/_0$ in der Rinde, in den Blättern in geringerer Menge vorkommt. Es besitzt Curarewirkung.

Litt.: Arch. f. exper. Pathol. u. Pharmakol. 1893, p. 266.

Cocculus Leaeba D. C. Heimisch am Senegal und im Sudan. Name: Sangol. Medicinische Verwendung findet die Wurzel. Dieselbe lässt im Querschnitt koncentrische Kreise von Bündeln erkennen, die durch breite Streifen von Parenchym voneinander getrennt sind. Die Bündel der einzelnen Kreise alterniren miteinander. Sie enthält $0,13\,^0/_0$ Colombin und zwei Alkaloide, ein krystallinisches Sangolin $3,09\,^0/_0$, und ein amorphes Pelosin $2,11\,^0/_0$. Die Droge wirkt diuretisch; man verwendet sie gegen intermittirende Fieber.

Litt.: Annales de l'Institut Colonial de Marseille, 3me année, vol. II. Lille 1895.

Codonocarpus (Phytolaccaceae).

Codonocarpus cotinifolius F. v. M., in Neu-Südwales. Name: Chininbaum. Gilt als Fiebermittel.

Litt.: Proceed. of the Linn. Soc. of New-South-Wales 1888.

Codonopsis (Campanulaceae).

Codonopsis Tanghen Oliv., in China. Die einen weissen Milchsaft enthaltende Wurzel wird als Substitut der Ginsengwurzel benutzt.

Litt.: Pharm. Journ. and Trans. 1891, p. 1149.

Coix (Gramineae — Maydeae).

Coix Lacryma L. Durch die ganze Tropenzone verbreitet, in Japan, China, Indien u. s. w. kultivirt. Namen: Hiobs-, Moses-, Maria-, Jesusthränen, grosser Steinsame, Lithagrostis; in Indien: Sankhru, Sankhlu, Gargari-dhàn (hind.); Gargar, Kunch (beng.); Ràn-jondhala, Ràn-makai (mar.); Karái (guz.); in China und Malacca: Eejin, Ee-yin; in Brasilien: Lagrima de N.-S., Capim de rosario, Capim de contas, Capim de missanga. Die Verwendung der durch die knochenhart gewordene äussere Hüllspelze mit einer Steinschale versehenen Frucht zu Rosenkränzen, Halsketten etc. ist bekannt. Das Mehl dient zu feinen Backwaaren. Sie enthalten nach Entfernung der Steinschale 18,7 $^0/_0$ Proteinsubstanzen, 58,3 $^0/_0$ Stärke, 5,2 $^0/_0$ Oel. Eine Abkochung gilt ganz allgemein als diuretisch, ausserdem sollen sie gegen Phthisis angewendet werden. Ueber den Bau der auffallenden Droge vgl. Chemiker-Zeitung (Coethen) 1886. Bezüglich der Stärkekörner sei nur erwähnt, dass sie bis 12 μ. gross sind, Schichtung nicht erkennen lassen, rundlich sind, meist einen centralen Spalt und von demselben ausgehend, oft zahlreiche radiale Streifen erkennen lassen.

Neben der gewöhnlichen Sorte von rundlicher Form und perlgrauer Farbe kommt die Droge auch in mehr länglichen Stücken und von tiefbrauner Farbe vor, vielleicht geröstet.

Litt.: Kosteletzky I, p. 90. Dymock III, p. 573. Chemiker-Zeitung (Coethen) 1886. Christy & Co. VIII, p. 84. Pharm. Rundschau (New York) 1894, p. 166.

Coix gigantea Roxb., in Annam, Cochinchina, Tonquin. Name: Y-dzi. Die Früchte werden als Mittel bei Krankheiten der Leber, des Magens etc. verwendet. Schlechtes Trinkwasser soll durch Kochen mit den Früchten geniessbar gemacht werden.

Litt.: Pharm. Journ. and Trans. 1893, p. 85.

Cola (Sterculiaceae — Sterculieae).

Cola acuminata R. Br. Heimisch im tropischen Afrika, im rechtsseitigen Stromgebiet des Niger, seltener am unteren Congo, kultivirt besonders in Westindien und Südamerika. Namen in Afrika: Kola, Gourou, Ombéné, Nangoué, Kokkorokou, Ourou; in Westindien Bissy, Bissi. In Europa kennt man die Droge seit dem 16. Jahrhundert (frühere von arabischen Schriftstellern herrührende Nachrichten, wie sie z. B. Schuchardt aufführt, sind mindestens sehr unsicher). In Westindien soll sie 1630 durch einen Sklavenhändler Biche oder Bassai (s. die Namen) eingeführt sein. Obschon sie seit dem Bekanntwerden häufig von Reisenden erwähnt worden ist, bemüht man sich doch erst etwa seit 1880, ihr in Europa als Genuss- und Arzneimittel Eingang zu verschaffen, freilich mit geringem Erfolg. Es scheint, als ob die aus der Droge hergestellten Präparate über den Rang einer medicinischen Specialität, die beständig der Unterstützung der Reklame bedürfen, nicht herauskommen wollten. Dass das so ist, hat wohl seinen Grund darin, dass der Bedarf an Drogen, die Coffein und Theobromin enthalten, durch Kaffee, Thee, Cacao vollauf gedeckt ist (vermag doch auch der Paraguaythee trotz recht energischer Anstrengungen nicht aufzukommen, und ebenso spielt die so sehr gehaltreiche Guarana nur eine ganz untergeordnete Rolle). Für Kola fällt ganz besonders erschwerend ins Gewicht, dass der

Werth der Droge nicht durch den Gehalt an Coffein allein bedingt
zu sein scheint, sondern dass es darauf ankommt, das Glykosid,
durch dessen Zersetzung sich das Coffein bildet, möglichst unzersetzt zu konserviren. Ganz korrekt bestrebt man sich daher
neuerdings (z. B. Frederick Stearns & Co. in Detroit), aus möglichst
frischer Kola Präparate zu gewinnen, die das unzersetzte Glykosid
enthalten.

Die Cola acuminata hat eine holzige Frucht, die 6—12 endo-
spermlose Samen einschliesst, etwa von der Grösse einer Ross-
kastanie. Durch gegenseitigen Druck in der Frucht sind die
Samen von ziemlich unregelmässiger Gestalt. Sie enthalten innerhalb der dünnen Samenschale zwei dicke Cotyledonen und eine
wenig deutliche Radikula und Plumula. In der trocknen Droge
ist der Same oft in die beiden häufig sehr ungleichen Cotyledonen
zerfallen. Frisch ist der Same im Querschnitt von weisslicher
oder röthlicher Farbe, trocken mehr oder weniger rothbraun in
Folge der Bildung von Kolaroth, das durch Zerfall des Glykosides entstanden ist. Die Neger legen grossen Werth darauf, die
Samen möglichst lange frisch zu erhalten durch mässige An-
feuchtung und häufiges Umpacken, um ein Schimmeln zu ver-
hüten. Samen, wie wir sie meist erhalten, werden zum Genuss,
der gewöhnlich in einem Kauen der Samen besteht, nicht mehr
für tauglich gehalten. In einem sehr grossen Theil des centralen
und nördlichen Afrika spielen die Samen eine bedeutende Rolle.
Kano und Timbuktu im Sudan, sowie Sierra Leone und Gambia
sind Stapelplätze.

Eigentlich charakteristische Gewebselemente fehlen dem Samen.
Wenn es sich um den mikroskopischen Nachweis der Kola handelt,
würde auf die Stärkekörnchen zu achten sein. Sie sind $5—20\,\mu$,
in Ausnahmefällen bis $40\,\mu$ gross, eiförmig, am dicken Ende mit
einem Spalt und meist deutlichen Schichten. Die erste Untersuchung der Colanuss auf ihre Bestandtheile verdanken wir Liebig,
er wies in von Rohlfs mitgebrachten Samen Coffein nach. Heckel
und Schlagdenhauffen zeigten dann, dass dieselben neben
Coffein auch Theobromin enthalten. Neben diesen beiden Stoffen
schrieb man die Wirksamkeit auch dem rothen Farbstoff der
Samen, dem Colaroth zu. Am meisten gefördert wurde unsere
Kenntniss der Bestandtheile durch die Arbeiten Hillgers und
seiner Schüler. Das Ergebniss ist in wenigen Worten folgendes:
die Samen enthalten ein stickstoffhaltiges Glykosid, Kolanin,
welches schon beim Erhitzen mit Wasser auf $60—70^{0}$ sich theilweise, vollständiger beim Kochen mit verdünnter Schwefelsäure
in Coffein (und Theobromin?), Dextrose und Kolaroth zerfällt. Dieselbe Zersetzung des Kolanins geht beim längeren Auf-
bewahren schon in den Samen selbst durch Einwirkung eines in
denselben enthaltenen diastatischen Fermentes vor sich. Dem
hierbei gebildeten Kolaroth verdanken die trockenen Samen ihre

braune Farbe im Innern. Um daher die Gesammtmenge des in den Samen enthaltenen Coffeins etc. kennen zu lernen, ist es nothwendig, das Glykosid vollständig zu zerlegen. Ein Theil des durch Zersetzung des Kolanins gebildeten Kolaroths geht bald in Gerbstoff über. Diese Zersetzung findet auch statt durch das Ferment des Speichels, und offenbar ziehen die Neger Samen vor, die das Kolanin möglichst unzersetzt enthalten, um es erst beim Kauen zu zerlegen, vielleicht weil das Coffein in statu nascendi besonders kräftig wirkt. Die Menge des Coffeins wird auf höchstens 2,346 $^0/_0$, die des Theobromins auf 0,023 $^0/_0$ angegeben.

Es sei daran erinnert, dass Hillger in den Cacaosamen ein dem Kolanin analoges Glykosid aufgefunden hat.

Man hat die Cola als Heilmittel bei hartnäckigen Diarrhoeen, sonstigen Leiden der Verdauungsorgane, Nervenstörungen etc. etc. empfohlen. Es erscheint aber, als ob sie vor anderen coffeinhaltigen Drogen keinen Vorzug verdient (cf. oben).

Hin und wieder werden den Colanüssen fremde Samen substituirt, oft gewiss in betrügerischer Absicht, oft aber auch wohl ohne solche, da manche der vorkommenden Samen in Afrika ebenfalls gekaut werden: *Garcinia Cola Heckel* (Bitterkola, Männliche Kola), *Pentadesma butyraceum Don* (Kanya-Samen), *Heritiera littoralis Ait.*, *Napoleona imperialis Beauv.* Offenbar aus Versehen sind den Samen Calabarbohnen und kleine Palmenfrüchte beigemengt gewesen. Endlich sind zu erwähnen die Samen anderer Colaarten, wie *Cola digitata Masters (Ombéné Nipalo), Cola gabonensis Martens (Orindé).*

Litt.: Heckel, Les Kolas africains. Paris 1893. Schuchardt, Die Kola-Nuss in ihrer kommerciellen, kulturgeschichtlichen und medicinischen Bedeutung. Rostock 1891. Parke, Davis & Co., p. 904. Stewart, Kola. Detroit. Frederick Stearns & Co. 1894. Knebel, Bestandtheile der Kolanuss. Diss. (ohne Jahresangabe). Deutsche Vierteljahrsschr. f. öffentl. Gesundheitspflege. 1893. Arch. d. Ph. 1884, p. 344. (Die drei ersten Schriften mit reichlichen Angaben weiterer Litteratur.)

Colchicum (Liliaceae — Melanthioideae — Colchiceae).
Colchicum luteum Baker (Surinján-i-talk) und *Colchicum speciosum Stev. (Shamballit),* liefern aus Afghanistan nach Indien Knollen, die man dort medicinisch verwendet.

Litt.: Dymock III, p. 495. Pharmaceut. Zeitung 1887, p. 82. Gehe & Co. 1896, September.

Colebrookia (Labiatae — Satureinae).
Colebrookia oppositifolia Sm., in Britisch-Sikkim. Der Filz der Blätter und unteren Stengeltheile wird zur Beseitigung von Würmern aus alten Geschwüren benutzt.

Litt.: Pharm. Zeitung 1888, p 66.

Colletia (Rhamnaceae — Colletieae).
Colletia ferox Gill., in Argentinien. Name: Barba tigris. Volksheilmittel, vermuthlich wie andere Arten ein Purgirmittel.

Litt.: Kosteletzky III, p. 1203. Gehe & Co. 1881, Septbr., p. 15.

Collinsonia (Labiatae — Satureinae — Menthinae).

Collinsonia canadensis L. in Nordamerika. Namen: Stone-root, Knot-root. Verwendung findet die bitter adstringirend schmeckende Wurzel mit dem Rhizom und die eirunden, grob-gesägten, drüsigen Blätter. Man verwendet beide bei Blasen-krankheiten, Kolik, Veitstanz, Keuchhusten, als Wurmmittel und als Anthelminthicum.

Litt.: Kosteletzky III, p. 780. Amer. Journ. of Ph. 1885, p. 228. Pharm. Zeitung 1887, p. 661.

Colocasia (Araceae — Colocasioideae — Colocasieae).

Colocasia macrorrhiza Schott. in Australien. Dient als haut-röthendes Mittel, und zwar schreibt man das dem Milchsaft zu.

Litt.: Proceed. of the Linn. Soc. of New-South-Wales 1888.

Colocasia antiquorum Schott., var.: typica Engler. In Aegypten heimisch, jetzt in allen Tropen verbreitet. Namen in Brasilien: Inhame, Inhame branco. Der Saft hautröthend wie der der vorigen. Die mit Wasser infundirten Knollen dienen als Anthel-minthicum.

Litt.: Pharm Rundschau (New York) 1893, p. 37.

Colocasia antiquorum Schott., var.: acris Engler. Namen in Brasilien: Inhame da terra, Inhame bravo. Saft stark ätzend. Der Saft der Knollen soll ein heftig wirkendes Abor-tivum sein.

Litt.: Pharm. Rundschau (New York) 1893, p. 38.

Colubrina (Rhamnaceae — Rhamneae).

Colubrina reclinata Rich. (syn.: Ceanothus reclinatus L'Hérit.) auf den Antillen. Die Blätter sind bis 5 cm lang, eiförmig, zu-gespitzt, glatt, grün mit gelbem Hauptnerven. Sie werden als Surrogat für chinesischen Thee, aber auch wie die Rinde und jüngeren Zweige als Tonicum und Stomachicum verwendet. Ueber die Bestandtheile gehen die vorliegenden Angaben sehr auseinander, von einer Seite wird die Anwesenheit von Gerbsäure angegeben, von anderer geläugnet, ferner wird ein Alkaloid: Ceanothin, erwähnt.

Von grösserer Bedeutung ist die Rinde (Palo-mabi, Palo amargo, Porto-Rico-Rinde, Écorce costière). Sie bildet flache Stücke oder Röhren, von 0,1—0,3 cm Durchmesser, von kurzem Bruche. Geschmack anfangs bitter, später süss. Aussen-seite graubraun mit zahlreichen, in die Länge gestreckten Lenti-cellen. Kork aus verdickten Zellen, Mittelrinde mit Steinzellen, einzeln und in kleinen Gruppen, Markstrahlen sich keilförmig ver-breiternd, mit Kalkoxalatkrystallen, Bast mit Gruppen von Stein-zellen und spärlichen Fasern. Sie enthält 8,9 $^0/_0$ Gerbstoff und 9,7 $^0/_0$ eines glykosidischen Bitterstoffes. Dient als Heilmittel gegen Dysenterie und Fieber und soll unter braunen Chinarinden vorgekommen sein. Findet auch Verwendung als Hopfensurrogat.

Litt.: Journ. de Ph. et Ch. Ser. IV, Tom. 30, p. 408. Pharm. Rundschau (New York) 1884, p. 121. Pharm. Journ. and Trans. 1885, p. 831. Pharm. Zeitung 1887, p. 534.

Combretum (Combretaceae).

Combretum grandiflorum G. Don. Kletterstrauch des westlichen tropischen Afrika. Bildet wahrscheinlich einen Bestandtheil des Pfeilgiftes der Monbuttu.

Litt.: Pharm. Journ. and Trans. 1891, p. 917.

Combretum Raimbaultii Heckel. in Westafrika. Name: Kinkelibah. Die Blätter sollen ein ausgezeichnetes Mittel bei Fieber der Tropen sein und sogar das Chinin übertreffen. Sie enthalten 23$\%$ Tannin, viele Nitrate, aber kein Alkaloid.

Litt.: Repert. de Ph. 1891, p. 246. E. Merck 1895, p. 130.

Combretum racemosum Beauv. in Westafrika (Gambia) wird gegen Eingeweidewürmer der Kinder verwendet.

Litt.: Pharm. Journ. and Trans. 1892, p. 613.

Commelina (Commelinaceae — Commelineae).

Commelina tuberosa L. in Mexico. Die essbaren, schleimreichen Rhizome werden als Wurmmittel benutzt.

Litt.: Kosteletzky I, p. 127. Pharm. Zeitung 1882, p. 185.

Commelina bengalensis L. in Ostindien. Namen: Kánchara (hind.); Káchrádám (beng.); Chura, Kanna (Punj. Sind.); Kena (mar.); Kanang-Karai (tam.); Venna-deri-Kura, Niru-Kassuvu (tel.); Hittagani (can.). Achsen, Wurzeln und Blätter werden ebenfalls ihres Schleimgehaltes wegen verwendet.

Litt.: Dymock III, p. 509.

Commelina geniculata (Vellos.) Ham. in Brasilien (Rio de Janeiro). Name: Trapoeraba ephemera. Mittel gegen Schlangenbiss. Der ausgepresste Saft wird mit Branntwein getrunken, der Rückstand oder eine Tinktur aus der Pflanze auf die Wunde gelegt.

Litt.: Pharm. Rundschau (New York) 1892, p. 257.

Commelina agraria Kunth. In Brasilien vom Aequator bis 25° südl. Br. Namen: Trapoeraba commun, T. vulgar, T. miuda. Das Dekokt der Pflanze bei Unterleibsstockungen, Hämorrhoiden.

Litt.: Pharm. Rundschau (New York) 1882, p. 257.

Commelina agraria Kunth., var.: repens Seub. in Brasilien (Para). Namen: Taboquinha, Crama da terra. Verwendung ebenso.

Litt. wie vorige.

Commelina communis L. Von Cochinchina bis Japan. Die Blätter werden als erweichendes und diuretisches Mittel in Indien und auf Formosa gebraucht; auch gilt sie als Heilmittel bei Dysenterie und Fieber.

Auf Formosa heisst die Pflanze „Tan-chu.“

Litt.: Kosteletzky I, p. 127. Dymock III, p. 510. Chemist and Druggist 1895, p. 324.

Commelina robusta Kunth. in den östlichen Staaten von Brasilien. Namen: Trapoerab-assu, Andáca. Der aus dem durchschnittenen Stengel quellende Saft wird bei Augenentzündungen gebraucht. Der ausgepresste Saft mit Wasser innerlich bei Gonorrhoe. Das Dekokt der ganzen Pflanze in Bädern gegen Hämorrhoiden, als Klystier bei Dysenterie.

Litt. wie oben.

Commelina Pohliana Seub. in Brasilien (Minas Geraes und Pernambuco). Namen: Trapoerava vermelha (denselben Namen führt *Dichorisandra penduliformis Kth.*) Didyda porteira. Ein Dekokt zur Stärkung des Haarwuchses.

Litt. wie oben.

Commelina scabrata Seub. in Brasilien. Namen: Jacaminea, Trapoeraba-tinga. Der frisch ausgepresste Saft und ein Dekokt dienen als Wurmmittel.

Litt. wie oben.

Commelina deficiens Hook. in Brasilien, besonders in Bahia. Namen: Trapoeraba-rana, Olho da Santa Lucia, Taquarasinha d'agua, Marianinha. Der Schleim als Umschlag bei Augenentzündungen, das Dekokt bei Bronchialkatarrh und Harnverhaltung, als Klystier bei Unterleibsbeschwerden, in Bädern bei rheumatischen Leiden.

Litt. wie oben.

Commelina japonica Thbg., in Japan, wird ebenfalls medicinisch verwendet.

Litt.: Engler-Prantl, Pflanzenfamilien II 4, p. 64.

Commiphora (Burseraceae).

Commiphora abyssinica Engl. (Balsamodendron Kafal Kth.) liefert das jetzt im Handel befindliche Opoponaxharz.

Litt: Schimmel & Co. 1891, April, p. 35.

Commiphora Berryi Engl. (Balsamodendron Berryi Arn.) in Ostindien (Nilgerry) liefert ein Gummiharz von blassgelber bis brauner Farbe, das sich zu 84 % in Wasser löst und als Ersatz des Gummi arabicum verwenden lässt.

Litt.: Pharm. Journ. and Trans. 1889, p. 143.

Commiphora pubescens Engl. (Balsamodendron pubescens) in Belutschistan liefert ein ähnliches Produkt.

Litt. wie oben.

Comocladia (Anacardiaceae — Rhoideae).

Comocladia integrifolia Jacq. auf Jamaica und San Domingo.

Namen: Bressilet franc., Maiden Plum. Verwendung findet die mit Borke bedeckte Rinde, sie ist blätterig, dunkelbraun, längs- und querrissig, von stark adstringirendem Geschmack. Sie soll hypnotisch wirken. Cf. Mikania.

Litt.: Christy & Co. X, p. 106. Pharm. Post. 1887, p. 483.

Condalia (Rhamnaceae).

Condalia lineata A. Gray. in Argentinien. Name: Piquillin. Ein aus der Frucht bereiteter Roob dient als Laxans, besonders für Kinder.

Litt.: Gehe & Co. 1881, September, p. 15.

Convallaria (Liliaceae — Asparagoideae — Convallarieae).

Convallaria majalis L. in den Wäldern Europas und Sibiriens bis Japan, in Nordamerika im Gebiete der Alleghanies. Die Pflanze, deren verschiedene Theile (Rhizom, Blüthen, Früchte) ein altes, aber wohl kaum besonders geschätztes Volksmittel, z. B. bei Wassersucht, sind, hat neuerdings einiges Aufsehen erregt, nachdem man ihre Anwendbarkeit bei Herzleiden studirt hatte. Da ihm die kumulative Wirkung der Digitalis und manche andere unangenehme Nebenwirkungen desselben fehlen sollten, so glaubte man, ihm sogar vor diesem Mittel den Vorzug einräumen zu sollen.

1830 stellte Walz aus der Pflanze zwei Glykoside: Convallamarin und Convallarin dar, 1865 St. Martin ein Alkaloid Majalin, eine Säure, ein ätherisches Oel etc. Am wirksamsten sind das Convallamarin und Majalin, wenigstens scheint ihnen die Wirkung auf das Herz zuzukommen, wogegen Convallarin auf die Unterleibsorgane als Emeto-Catharticum wirkt. Zur Herstellung der wirksamen Stoffe wird am besten das Rhizom benutzt.

Litt.: E. Merck, Darmstadt 1886. Broschüre z. 59. Naturforscher-Versamml., mit Litteraturangaben. L'Union pharmaceutique. Paris 1884, p. 941. Liebigs Annalen 1882, p. 343. Parke, Davis & Co. p. 914.

Connarus (Connaraceae).

Connarus africanus Lam. Heimisch in Oberguinea, Senegambien und auf der Insel S. Thomé. Name: Séribéli. Der Samen und die Rinde der Wurzel werden als Anthelminthicum benutzt. Der wirksame Bestandtheil scheint ein Gerbstoff zu sein.

Litt.: Rép. de Pharm. 1896, Nr. 5.

Copaivabalsam.

Seit 1890 ist zu verschiedenen Malen ein angeblich aus Afrika stammender Balsam in den Handel gekommen, der als Copaivabalsam bezeichnet wurde. Die vorliegenden Untersuchungen lassen erkennen, dass der in Rede stehende Balsam mit dem echten südamerikanischen Balsam ausser einer oberflächlichen Ähnlichkeit im Geruch nichts zu thun hat. Vor allen Dingen neigte er ganz ausserordentlich zur Krystallbildung. Dazu kommt, dass, soweit wir bisher wissen, die afrikanischen Arten der Gattung

Copaifera und ihrer nächsten Verwandten feste, kopalartige Sekrete liefern. Auch die Ableitung von einer „Hardwickia" ist zweifelhaft.

Litt.: Apotheker-Zeitung 1894, Nr. 1. Pharm. Journ. and Trans. 1891, p. 449. 1893, p. 215.

Copernicia (Palmae — Coryphinae — Sabaleae).

Copernicia cerifera Martius. Namen: Carnaubapalme, Carnabuba (carne=Fleisch, uva=Traube), in Paraguay Palma negra, Caranda. Die Samen sollen in Pernambuco als Surrogat für Kaffee verwendet werden.

Die Wurzel dient den Eingebornen in Brasilien gegen Blenorrhoe und als Diureticum, sie ist neuerdings wiederholt als Ersatz der Sassaparilla empfohlen worden. Peckolt hat ihr aber schon 1858 jede Wirksamkeit abgesprochen. Sie soll Gerbsäure, Harzsäure, einen rothen Farbstoff, ein Alkaloid und kleine Mengen eines flüchtigen Oeles enthalten. Sie kommt in langen, wenig gebogenen, braunen, aussen grubigen Stücken in den Handel, die wenig Wurzelfasern erkennen lassen.

Litt.: Parke, Davis & Co. 140. Bullet. of Ph. 1892, p. 12.

Coptis (Ranunculaceae — Helleboreae).

Coptis Teeta Wall. im Himalaya Namen: Mishmee-bitter; in Indien: Mámírán, Mishmítíta (hind. bomb.); Haladio-vachnag (guz.); Sou-line, Chynlen (chin.). Verwendung findet das Rhizom, es dient als Tonicum bei Malaria, Dyspepsie, äusserlich bei Affektionen der Conjunctiva. Die Droge enthält Berberin.

Litt.: Dymock I, p. 31. Pharm. Journ. and Trans. 1879, p. 748.

Coptis anemonaefolia Sieb. et Zucc. in Japan. Name Oh-ren. Das Rhizom wird ebenso wie das der vorigen verwendet. Enthält ebenfalls Berberin.

Litt.: Christy & Co. IV, p. 53. New Idea 1885. Pharm. Journ. and Trans. 1879, p. 748.

Coralliorrhiza (Orchidaceae — Monandrae — Liparidinae).

Coralliorrhiza odontorrhiza Nuttall. in Nordamerika, östlich vom Mississippi. Name: Crawley-root. Verwendung finden die unterirdischen Theile als Diaphoreticum.

Litt.: Ueber neuere amerikan. Drogen. Broschüre v. Parke, Davis & Co., 1886.

Corchorus (Tiliaceae — Tilieae).

Corchorus fasciculatus L. Das Infusum der Pflanze regt die Schleimsekretion in hohem Maasse an und findet bei Bronchitis, Gonorrhoe und als Diureticum Verwendung.

Litt.: Bullet. of. Ph. 1892, p. 515.

Cordia (Borraginaceae — Cordioideae).

Cordia Myxa L. Von Aegypten bis Cochinchina und in Australien. Name: Small Sebesten Plum zum Unterschied von Cordia obliqua Willd., die Large Sebesten Plum heisst. Namen in Indien: Lasora (hind.); Bahubára (beng.); Bhokar, Shèlvant (mar.); Bargund, Gondani (guz.); Naruvili (tam.); Nakkera, Botuku (tel.); Viri (mal.); Doduchallu (can.). Die Früchte sind ihres Schleimgehaltes wegen ein altes Mittel gegen Husten etc., sie wirken auch auf die Harnabsonderung und, in grösserer Menge genossen, als Laxans. Die Wurzel dient als Purgans.

Litt.: Kosteletzky III, p. 849. Dymock II, p. 518. Parmaceut. Centralhalle 1889, p. 373.

Eine sehr schleimreiche Rinde, Ava-tholi, aus Travancore, wird von einer Cordia-Art abgeleitet.

Litt.: Pharm. Journ. and Trans. 1892, p. 573.

Coreopsis (Compositae — Heliantheae — Coreopsidinae).

Eine Species dient auf den Sandwichs-Inseln unter dem Namen Kookaolan als Surrogat für chinesischen Thee.

Litt.: Pharm. Rundschau (New York) 1885, p. 165.

Coriaria (Coriariaceae).

Es ist bekannt, dass mehrere Species der Gattung stark giftig wirken, sie sollen diese Eigenschaft dem Coriamyrtin (Coriariin?) verdanken, einem noch nicht genauer studierten, in Krystallen erhaltenen Stoffe. So soll *Coriaria myrtifolia L.* im westlichen Mittelmeergebiet heimisch (Redoul der Franzosen), deren Blätter unter Folia Sennae gemengt waren, Vergiftungen hervorgerufen haben.

Coriaria atropurpurea Moç et Sesse in Mexico. Name: Tlalocopetate. Wirkt heftig auf das Gehirn. Die Pflanze wird zum Vergiften von Hunden benutzt.

Coriaria nervifolia L. in Neuseeland, auf den Kermedec- und Chathaminseln und in Chile, liefert aus den Blüthenblättern einen weinartigen Saft, der in Neuseeland getrunken wird. Die Früchte sind sehr giftig.

Die meisten Arten dienen zum Gerben und in Verbindung mit Eisensalzen zum Schwarzfärben.

Der anfänglich rothe, an der Luft bald schwarz werdende Saft von *Coriaria thymifolia Humb. et Bpl.* in Neugranada liefert eine unauslöschliche Tinte.

Litt.: Kosteletzky V. Pharm. Post 1892, p. 138. Bullet. of Ph. 1892, p. 471.

Coronilla (Papilionaceae — Hedysareae — Coronillinae).

Auf die giftigen Eigenschaften dieser Pflanzengattung, speciell der *Coronilla varia L.* wurde man nach Kosteletzky erst in diesem Jahrhundert bei Gelegenheit der Verwechslung der Blätter mit denen von Menyanthes trifoliata aufmerksam, es trat besonders die diuretische Wirkung hervor.

Als wirksamer Bestandtheil von *Coronilla varia L., scorpiodes*

(L.) Koch, juncea L., montana Scop., pentaphylla Desf., nicht aber von *Coronilla Emerus L.*, ist ein Glykosid Coronillin $(C_7H_{12}O_5)x$ ermittelt worden, das seinen Sitz hauptsächlich in den Samen hat. Dasselbe ist ein Herzmittel, das auf gewisse, durch mangelnde Energie des Herzmuskels verursachte Symptome günstigen Einfluss ausübt. Die Wirkung besteht in einer Verstärkung des Pulsschlags, einer Zunahme der Diurese und Abnahme der Oedeme und der Dyspnoe.

Litt.: Kosteletzky IV, p. 1282. Merck 1894, p. 43. Rev. med. de l'Est. 1889. Journ. de Ph. d'Alsace-Lorraine 1884, 1888, 1893. Zeitschr. d. österr. Ap.-V. 1896. Apoth.-Zeitung 1896, p. 686 (n. b.).

Corydalis (Papaveraceae — Fumarioideae).

Corydalis formosa Pursh. in Nordamerika. Name: Turkey Corn. Ein Fluidextrakt aus den Knollen wird als Tonicum, Diureticum und Alterativum benutzt.

Litt.: Parke, Davis & Co., Broschüre, 1886.

Corydalis cava Schweigg. et Körte in Europa. Im Jahre 1826 fand Wackenroder in den Knollen ein Alkaloid, dem er den Namen Corydalin gab. Die neueren Arbeiten haben eine ganze Anzahl solcher nachgewiesen. 1. Corydalin. cryst. Schmelzpunkt 135^0 $C_{22}H_{27}NO_4$. 2. Corycavin (?) $C_{23}H_{23}NO_5$. Schmelzpunkt nach Merck 218^0, nach Freund und Josephy 126—130^0. Auch sonst stimmen die Angaben nicht gut überein. 3. Bulbocapnin. cryst. Schmelzpunkt 119^0. $C_{34}H_{36}N_2O_7$. Diese Base ist verhältnissmässig am reichlichsten in der Droge enthalten und dürfte im Wesentlichen mit dem alten Corydalin übereinstimmen. 4. Corydalin amorph. Erzeugt schon in geringen Dosen epileptische Krämpfe. Ein 5. Alkaloid, Corytuberin $C_{19}H_{25}NO_4$, ist von Dobbie und Lander beschrieben. Es beginnt sich bei 200^0 zu zersetzen, ohne zu schmelzen.

Litt.: Ber. d. deutsch. chem. Ges. XXV, p. 2411. Merck 1893, p. 28. Chem. News 1893, p. 130.

Corydalis nobilis Pers. im Altai, auch als Zierpflanze kultiviert. Aus Wurzel und Kraut sind 6 verschiedene Alkaloide dargestellt, die mit einer Ausnahme $(C_{21}H_{21}NO_4)$ noch nicht genau studirt sind.

Litt.: Bissmann, Dorpater Dissert. 1892.

Corydalis Govaniana Wall. im westlichen Himalaya, wird als Alterativum benutzt.

Litt.: Dymock I, p. 117.

Coscinium (Menispermaceae — Tinosporeae).

Coscinium fenestratum (Gaertn.) Colebr. in Indien und Ceylon. Namen: Woniwol (Ceylon), Jhár-ki-haldí (hind. bomb.), Mavamanjal (tam.), Dodamara-darasina (can.). Die cylindrischen Achsen vom höchst charakteristischen Bau der Menispermaceen. Wird als Tonicum benutzt in Indien, in Ceylon äusserlich als

Abkochung bei eiterigen Geschwüren, Fleischstücke sollen sich in solcher Abkochung wochenlang halten. Man schreibt die Wirkungen dem Berberin zu. Früher kam die Droge zuweilen als Calumbawurzel vor.

Litt.: Kosteletzky II, p. 502. Dymock I, p. 63. Pharm. Journ. and Trans. 1883, p. 518.

Cosmostigma (Asclepiadaceae — Marsdenieae).

Cosmostigma racemosum Wight. in Ostindien und Ceylon. Namen: Ghárahuvou (can.); Stendvel, Shendori, Márrel, Marvivel (mar.); Vallu-valli (mal.); Ghárpúl (goa). Verwendung finden Wurzel und Blätter bei Nierenkrankheiten. Die Wurzel enthält ein glykosidartiges Harz und ein Alkaloid.

Litt.: Dymock II, p. 449. Bullet. of Ph. 1891, p. 211.

Costus (Zingiberaceae — Zingibereae).

Costus spiralis Rosc. In Brasilien (S. Paulo, Minas Geraes, Rio de Janeiro bis Pará). Namen: Canna de macaco, Canna royo do brejó, Anachiri, Jaouanga, Paco-caatinga. Der gekaute Stengel gilt als Mittel gegen Gonorrhoe, ein Dekokt von Stengel und Blättern als harntreibendes Mittel.

Litt.: Kosteletzky I, p. 281. Pharm. Rundschau (New York) 1893, p. 289.

Costus discolor Rosc. In Brasilien (Maranhon, Pará). Namen: Canna de macaco, Paco caatinga. Der schleimige, säuerliche Saft der Pflanze wird wie bei der vorigen gegen Gonorrhoe, Nierenkrankheiten etc. angewendet.

Litt.: Pharm. Rundschau (New York) 1893, p. 289.

Costus igneus N. E. Brown. In Brasilien (Rio de Janeiro, Espirito Santo, Bahia). Namen: Canna do mato, Canna do Rio, Canna de brejo, Jigoio, Ubicaya. Der ebenfalls schleimige, säuerliche Saft der Pflanze wird bei Blasenleiden gebraucht.

Litt.: Pharm. Rundschau (New York) 1893, p. 289.

Coto.

Die Cotorinde gelangte zuerst 1874 an Wittstein in München. Sie stammte aus Brasilien, aus denselben Gegenden, die auch Chinarinde liefern sollten. Ihre Abstammung ist nicht bekannt. Meist ist man geneigt, sie den Lauraceen zuzuweisen, doch spricht dagegen das Fehlen der Bastfasern, die durch Stabzellen ersetzt sind, und der oft gar nicht deutlich ausgebildete sklerotische Ring an der Innengrenze der primären Rinde. Wittstein war geneigt, auch eine Terebinthacee anzunehmen. Möller (Baumrinden p. 112) betont ihre Aehnlichkeit mit den Monimiaceenrinden.

Neuerdings sind verschiedene Stimmen laut geworden, die die Abstammung der Cotorinde von einer Drimys behauptet haben. Schuchardt-Görlitz hatte Blüthen, Blätter etc. eines Baumes erhalten, der die Stammpflanze der Cotorinde sein sollte.

Schumann-Berlin bestimmte die Pflanze als *Drimys Winteri Forst. var. granatensis Eichl.* Ebenso erhielt Elborne aus Bogotà die Nachricht, dass die Cotorinde, dort Canelo genannt, wahrscheinlich von einer Drimys abstammte. Und endlich wurde auf der Heidelberger Naturforscherversammlung eine Cotorinde aus Venezuela vorgelegt, die von derselben Pflanze wie die Schumannsche abstammte. Diesen scheinbar mit so grosser Sicherheit auftretenden Angaben ist aber entgegenzuhalten, dass die Rinde von Drimys Winteri genau bekannt und von der Cotorinde nach Bau und Bestandtheilen deutlich verschieden ist. Die Stammpflanze der Cotorinde ist danach noch immer als unbekannt zu bezeichnen.

Die Stücke der Cotorinde sind 1—2 cm dick, halbflach, schwer, hart, braun, auf der Aussenseite grubig, stellenweise mit dünnem, weisslichem Kork versehen, innen mit groben Längsstreifen, oft zerklüftet. Bruch in den äusseren Parthien grobkörnig, in den inneren grobsplittrig. Geschmack brennend gewürzhaft. Der Querschnitt ist rothbraun mit eingestreuten, zahlreichen, gelblichen Gruppen.

Kork mit nach innen stärker verdickten Zellen mit braunem Inhalt. Innenrinde mit Oelzellen und einzelnen wie in Gruppen zusammenstehenden, unregelmässigen, stark verdickten Steinzellen, sie sind gegen die Innengrenze oft zu einem nicht zusammenhängenden Ringe geordnet. Bast mit geschlängelten, zwei Zellen breiten Markstrahlen, Baststrahlen mit zusammengefallenen Siebröhren, zahlreichen Oelzellen im Parenchym und ansehnlichen Gruppen stark verdickter Stabzellen, zwischen denen die Markstrahlzellen oft sklerotisch geworden sind.

Die Rinde enthält einen in blassgelben Krystallen erhaltenen Stoff, Cotoin $C_{14}H_{12}O_4$ zu 1,5 %, Dicotoin $C_{25}H_{20}O_6$, Pseudodicotoin $C_{25}H_{20}O_7$, Paracotoin, ätherisches Oel etc. und dient als Specificum gegen Diarrhoe.

Bald nach dem Bekanntwerden der Cotorinde tauchte eine zweite Cotorinde auf, die im Aussehen und Bau sich von der echten nicht unterscheidet. Man stellte aus ihr das weit weniger wirksame Paracotoin $C_{19}H_{12}O_6$ (nach Ciamician und Silber $C_{12}H_8O_4$, Schmelzpunkt 151—152°) dar und gab ihr danach den Namen Paracotorinde, der also mit der brasilianischen Provinz Para nichts zu thun hat. Die Rinde enthält ausserdem Leucotin $C_{34}H_{32}O_{10}$ (nach Ciamician und Silber ist dieser Körper nicht einheitlich, sondern besteht aus Methylprotocotoin und Methylhydrocotoin und Paracotoin), Oxyleucotin $C_{34}H_{32}O_{12}$, Dibenzoylhydrocotoin $C_{32}H_{32}O_8$, Piperonylsäure, ätherisches Oel.

In den brasilianischen Provinzen Rio, São Paulo, Minas Geraes heisst *Palicurea densiflora Martius* (Rubiaceae) Cotó-Cotó.

Litt.: Pharm. Journ. and Trans. 1893, p. 168. Arch. d. Ph. (3) 4, p. 219.

Ann. d. Ch. 199, 17. Ber. d. deutsch. chem. Ges. 1893, p. 777, 2340. 1894, p. 841. Liebigs Annalen 1894, 282, p. 191.

Cotoneaster (Rosaceae — Pomoideae — Pomarieae).

Cotoneaster nummularia Fisch. et Mey. von Klein-Asien bis zum Himalaya. Die von Aischirow als neu beschriebene Bildung von Manna (Shir-Kishr) auf dieser Pflanze (Pharm. Zeitung 1887, p. 146) ist schon seit langer Zeit bekannt (cf. Flückiger, Pharmakognosie III. Aufl., p. 33.)

Coumarouna (Papilionaceae — Dalbergieae — Geoffraeinae).

Von einer *Coumarouna* (Dipteryx) abgeleitet werden sogenannte „wilde Tonkabohnen", die aus Brasilien vorgekommen sind. Sie sind braun, 1,7 cm lang, 1,0 cm breit, 4 mm dick, mit weissem Nabel. Der Geruch nach Cumarin ist nicht stark. Es ist wahrscheinlicher, dass dieselben von einer Copaiba, in welcher Gattung gerade die Samen öfter Cumarin enthalten, als von der in der Ueberschrift genannten Gattung, abstammen.

Litt.: Chemiker-Zeitung (Cöthen) 1887, p. 693.

Craiboillo.

Kräftiges Purgans aus Columbien von unbekannter Abstammung.

Litt.: Christy & Co. X, p. 121.

Crataeva (Capparidaceae — Capparideae).

Crataeva Tapia L. im tropischen Amerika. Namen Tapia, Pão d'alho, wegen des lauchähnlichen Geruches der Früchte und anderer Theile. Denselben Namen führen aus diesem Grunde in Brasilien *Seguiera floribunda* und *S alliacea*. Die Blätter benutzt man zu Breiumschlägen für Abscesse, die Rinde als Fiebermittel und gegen Schwächezustände des Darmes.

Litt.: Kosteletzky V, p. 1619. Schindler, Brazilian Med. Plants. Rio de Janeiro 1888, p. 41. Bullet. of Ph. 1893, p. 110.

Crinum (Amaryllidaceae — Amaryllideae — Crineae).

Crinum asiaticum var.: scabrum Herb. In Indien, auf Ceylon und den Molukken, auch kultivirt. Namen: Chindár, Kánwal, Sukdarshan (Hind.); Nágadavana (Mar.); Nágdaun (Guz.); Kesar-chettu, Visha-manjili (Tel.); Visha-manjil (Tam.). Man verwendet die Blätter und die Zwiebeln, die letzteren besonders in Scheiben geschnitten, als Emeticum und Diaphoreticum; auch als Substitution der Scilla werden sie genannt.

Litt.: Dymock III. Gehe & Co. 1896, September.

Crinum scabrum Sims. In Brasilien. Namen: Lirio rajado, Cébola cecem oder cecym. Der Saft der die Grösse eines Kinderkopfes erreichenden Zwiebel wirkt ätzend. Gegen Wassersucht benutzt man einen alkoholischen Auszug derselben.

Litt.: Pharm. Rundschau (New York) 1893, p. 153.

Crossopteryx (Rubiaceae — Cinchonoideae — Cinchoneae).

Crossopterix Kotschyana Fenzl, von Abyssinien bis Niederguinea verbreiteter Strauch. Name: Bembe. Die Rinde wird in Westafrika als Fiebermittel benutzt.

Litt.: Journ. der Ph. v. Elsass-Lothr. 1895, p. 201.

Crotalaria (Papilionaceae — Genisteae).

Crotalaria retusa L. in den Tropen beider Erdhälften. Enthält ein Alkaloid, ebenso, und zwar in grösserer Menge, C. striata. Dasselbe ist vielleicht identisch mit Cytisin. Die Blätter der erstgenannten Art dienen innerlich als Brechmittel, äusserlich gegen Hautausschläge, die Wurzel gegen Kolik und Blähungen.

Litt.: Kosteletzky IV, p. 1249. Mededeelingen uit s' Lands Plantentuin VII, 1890.

Crotalaria sagittalis L. in Nordamerika gehört zu den als giftig gefürchteten Loco-Kräutern. Die Pflanze enthält wie die vorige mehrere giftige Alkaloide.

Litt.: Pharm. Rundschau (New York) 1891, p. 8.

Croton (Euphorbiaceae — Crotonoideae — Crotoneae).

Croton adenaster Jimenez in Mexico wird gegen Wechselfieber angewendet.

Litt.: Amer. Journ. of Ph. 1886, p. 72.

Croton argyranthemus Mich. in den südlichen Staaten der Union wird in Form eines Aufgusses gegen Diarrhoe und Koliken benutzt.

Litt.: Amer. Journ. of Ph. 1885, p. 597.

Croton astroites (?) in Westindien. Wurmmittel.

Litt.: Christy & Co. VII, p. 86.

Croton dioicus (?) in Mexico. Die Samen enthalten $29^0/_0$ eines dem Crotonöl in seinen Wirkungen gleichen Oeles. Die Wurzel wirkt drastisch.

Litt.: Amer. Journ. of Ph. 1886, p. 168.

Croton flavens L. in Westindien und dem nördlichen Südamerika. Liefert Insektenpulver.

Litt.: Ber. d. Pharmaceut. Ges. in Berlin 1890. 1891.

Croton Malambo Karst., in Venezuela, Neu-Granada und Columbien. Liefert die Malamborinde, die als Adstringens Verwendung findet. In der Mittelrinde Gruppen von Steinzellen, ausserdem Oelzellen und reichlich Oxalat in Einzelkrystallen, seltner in Drusen. An der Grenze gegen die Innenrinde ein fast geschlossener Ring von Steinzellen. In der Innenrinde ebenso Krystallzellen, am äusseren Ende der Baststrahlen kleine Gruppen von Bastfasern, ausserdem radiale Reihen solcher (Vogl, Kommentar z. österr. Ph.). Anscheinend von dieser Rinde verschieden ist die von Moeller (Baumrinden, p. 301) beschriebene, da derselbe den sklerotischen Ring nicht beschreibt.

Litt.: Bullet. of Ph. 1893, p. 110.

Croton Minal Parodi, in Argentinien. Benutzt als Mittel gegen Krankheiten der Athemwerkzeuge. Enthält ein Alkaloid: Minalin.

Litt.: Anales de la Soc. Cientif. Argent. XXIV, p. 55.

Croton morifolius Willd., in Mexico. Name: Palillo. Die Blätter werden im Aufguss bei Magenleiden, als Tinktur bei Gesichtsschmerzen gebraucht. Das Oel der Samen wirkt in sehr geringer Gabe stark purgirend.

Litt.: Pharm. Journ. and Trans. 1884, p. 1048.

Croton phebalioides R. Br., in Neu-Südwales, liefert eine Rinde, die wie Cascarilla gebraucht wird.

Litt.: Proceed. of the Linn. Soc. of New-South-Wales 1888. Bullet. of Ph. 1893, p. 110.

Cryptocarya (Lauraceae — Lauroideae — Cryptocaryeae).

Cryptocarya australis Benth., in Australien. Die bitter schmeckende Rinde enthält ein Alkaloid, das giftig wirkt.

Litt.: Austral. Journ. of Ph. 1887, p. 103.

Cryptocarya moschata Nees. et Mart., liefert die sogen. amerikanischen Muskatnüsse.

Cryptostegia (Asclepiadaceae — Periploceae).

Cryptostegia grandiflora R. Br. Heimath in Afrika und Madagascar, kultivirt in Indien. Name: Viláyati-vákhandi (Mar.); Palai (Mal.). Die Blätter sind giftig.

Litt.: Dymock II, p. 425. Bullet. of Ph. 1891, p. 211.

Cucumis (Cucurbitaceae — Cucurbiteae — Cucumerinae).

Cucumis Melo L. Aus der in Dosen von 25 g brechenerregend wirkenden Wurzel haben Heberger und Jorosiewicz das wirksame Princip, Melonen-Emetin, dargestellt, das vorläufig wenig charakterisirt ist.

Litt.: Arch. d. Ph. 1887, p. 410.

Cucumis myriocarpus Naud., in Südafrika. Name: Cacur, Cacuo. Die schwach nach Gurken riechende und bitter schmeckende Pulpa der Frucht dient den Eingeborenen als Purgans und in stärkerer Dosis als Brechmittel. Als das wirksame Princip ist ein nicht glykosidischer Bitterstoff, Myriocarpin, ermittelt.

Litt.: Christy & Co. X, p. 38. Arch. d. Ph. 1886, p. 39. Pharm. Journ. and Trans. 1887, p. 1.

Cucumis Citrullus Ser., ist wahrscheinlich die Stammpflanze einer als „wilder Kürbis" aus Namaland gekommenen Wurzel, die blasenziehend wirken soll.

Litt.: Chemiker-Zeitung (Coethen) 1887, p. 71.

Cucumis utilissimus Roxb., in Bengalen: Kahoor. Das Perikarp enthält ein eiweisslösendes Ferment. Es wirkt in alkalischer Lösung am besten.

Litt.: Annal. Botany 1892, p. 195.

Cunila (Labiatae — Satureinae).

Cunila Mariana L., in Nordamerika. Das sehr aromatische

Kraut findet Verwendung. Es enthält 0,7 $^0/_0$ ätherisches Oel, vom
spec. Gew. 0,915 und an Thymian erinnerndem Geruch. Es
enthält 40 $^0/_0$ eines Phenols, wahrscheinlich Thymol.

Litt.: Kosteletzky III, p. 782. Schimmel & Co. 1893, September, p. 44.

Cuphea (Lythraceae).

Cuphea lanceolata (?), in Mexico. Name: Atlanchana. Die
Pflanze wirkt adstringirend.

Litt.: Americ. Journ. of Ph. 1885, p. 339.

Cupressus (Coniferae — Pinoideae — Cupressineae).

Cupressus sempervirens L. Das ätherische Oel soll einge-
athmet ein vortreffliches Heilmittel gegen Keuchhusten sein.

Litt.: Schimmel & Co. 1892, April, p. 12.

Cuscuta (Convolvulaceae — Cuscutoideae).

Cuscuta europaea L. und *Cuscuta morogyna Vahl*, werden in
der südlichen Mandschurei als tonisches und diaphoretisches
Mittel benutzt.

Litt.: Kosteletzky III, p. 870. Pharm. Zeitung 1885, p. 813.

Cuscuta reflexa Roxb., in Ceylon, an den Zimmtbüschen
schmarotzend; gilt als Wundmittel.

Litt.: Pharm. Journ. and Trans. 1893, p. 302.

Cynanchum (Asclepiadaceae — Cynancheae).

Cynanchum pauciflorum R. Br., in Ostindien. Die Blätter
werden arzneilich verwendet.

Litt.: Bullet. of Ph. 1891, p. 211.

Cynara (Compositae — Cynareae — Carduinae).

Cynara Scolymus L. Die „Artischocke" wird als Diureticum
und Tonicum in Form einer Tinktur empfohlen.

Litt.: Kosteletzky II, p. 614. Therapeutic. Gazette 1889, Nr. 2.

Cynoglossum (Borraginaceae —- Borraginoideae — Cyno-
glosseae).

Cynoglossum officinale L. Die früher reichlich verwendeten
Wurzeln und Kraut sind gegenwärtig obsolet, sie scheinen nach
Angabe des Gehe'schen Handelsberichts (1881, Septbr., p. 19)
noch in Italien verwendet zu werden. Die Pflanze enthält ein
Alkaloid: Cynoglossin, dessen Wirkung zuerst excitirend, dann
narkotisch ist.

Litt.: Kosteletzky III, p. 844. Journ. d. Ph. v. Elss.-Lothr. 1891, p. 285.

Cynosurus (Gramineae — Festuceae).

Cynosurus scoparius Lam., ist auf Portorico als Mittel gegen
gelbes Fieber und als Diureticum in Gebrauch.

Litt.: Pharm. Journ. and Trans. 1887, p. 581.

Cypella (Iridaceae — Iridoideae — Moraceae).

Cypella coerulea Seubert, in Brasilien (Rio de Janeiro, Minas
Geraes, Parana, S. Paulo, S. Catharina). Namen: Lirio royo,
Lirio do mato. Das Rhizom wird als Emmenagogum verwendet

bei Unterleibsstockungen und Gelbsucht, sowie als Abführmittel. Es enthält Harze, Fettsäure, Gerbstoff etc.

Litt.: Pharm Rundschau (New York) 1892, p. 132.

Cypella Northiana Klatt, in Brasilien (Bahia, Minas Geraes, S. Paulo, S. Catharina). Namen: Lirio verde. Das Rhizom benutzt man als Abführmittel bei Haemorrhoidalbeschwerden.

Litt.: Pharm. Rundschau (New York) 1892, p. 133.

Cypella (Polia) bonariensis Ten. Heimisch in Brasilien in den Staaten Bahia, Pernambuco, Minas. Name: Batalina de campos. Die häutige, braune, eiförmige, 2—3 cm lange Zwiebel schmeckt beissend, sie gilt als blutreinigend und wird gegen Hautausschläge angewendet.

Litt.: Pharm. Rundschau (New York) 1892, p. 133.

Cyperus (Cyperaceae — Scirpoideae — Cyperinae).

Cyperus articulatus L., in allen Tropengegenden. Namen: in Westindien Ardue, in Guinea Endeagou; englisch: Anti-emetic Root. Das Rhizom wird in Nordamerika als Mittel gegen Erbrechen benutzt.

Litt.: Parke, Davis & Co., p. 13. Christy & Co. VII, p. 46. Pharm. Journ. and Trans. 1886, p. 101 ff.

Cyperus esculentus L. Heimisch in Südeuropa, Orient, Afrika, in Brasilien kultivirt. Verwendung finden die mandelartig süss schmeckenden Wurzelknollen (Bulbuli Trasi, Dulcina, Erdmandeln). Namen der Pflanze in Brasilien: Coco-capim, Cocosnussgras, Junga. Die Wurzelknollen werden roh oder geröstet gegessen; medicinisch finden sie wie Mandeln Verwendung zu Emulsionen. Sie enthalten im frischen Zustande $7,778\,^0/_0$ Stärke, $12,530\,^0/_0$ fettes Oel, $9,139\,^0/_0$ Glykose.

Litt.: Kosteletzky I, p. 118. Pharm. Rundschau (New York) 1894, p. 187.

Cyperus gracilescens Schult. In Brasilien (besonders in den Nordstaaten). Namen: Capiscaba. Die schwach aromatisch schmeckenden Wurzelknollen werden mit Branntwein angestossen als Gegengift bei Schlangenbissen angewendet.

Litt.: Pharm. Rundschau (New York) 1894, p. 187.

Cyperus sanguineo-fuscus Lindl. In Brasilien (Minas Geraes und Bahia). Namen: Piperioca, Piperoca, Piripirouca. Eine aus den Wurzelknollen mit Zuckerbranntwein bereitete Tinktur wird als Carminativum benutzt. Die lufttrockenen Knollen enthalten $2,712\,^0/_0$ Weichharz, $5,932\,^0/_0$ Harzsäure, 4,627 Bitterstoff, $9,0\,^0/_0$ Glykose, $2,878\,^0/_0$ Stärkemehl.

Litt.: Pharm. Rundschau (New York) 1894, p. 187.

Cyperus patulus Schrad. In Brasilien (Rio de Janeiro). Namen: Calamo bravo. Die schwach aromatischen Wurzelknollen werden als Tonicum und Carminativum benutzt.

Litt.: Pharm. Rundschau (New York) 1894, p. 188.

Cyphomandra (Solanaceae — Solaneae — Mandragorinae).
Cyphomandra betacea Sendtn., kultivirt der Früchte wegen in Centralamerika und in Westindien. Namen: Tomatobaum. Wird bei Leberkrankheiten verwendet.

Litt.: The Monthly Magazine 1887, Nr. 131, p. 725.

Cypripedilum (Orchidaceae — Diandrae — Cypripedilinae).
Cypripedilum pubescens Willd., in den atlantischen Staaten Nordamerikas. Das als Verfälschung der Senegawurzel seit lange bekannte und neuerdings als Verfälschung der Hydrastiswurzel vorgekommene Rhizom mit den Wurzeln findet auch selbständige Verwendung als krampfstillendes Mittel. Man hat in demselben neben häufiger vorkommenden Stoffen, wie ätherisches Oel, Gerbstoff, Gallussäure, Glykose etc. ein Glykosid gefunden. Die Wurzel zeigt ein heptarches oder octarches Gefässbündel, die Zellen der Kernscheide sind vor den Phloemtheilen allseitig stark verdickt, vor den Xylemtheilen nur die Radialwände verkorkt. Das Rhizom zeigt in reichlicher Menge koncentrische Gefässbündel, die nach aussen zu einem unregelmässigen Ring geordnet sind. Das Parenchym der Wurzel und des Rhizoms enthält reichlich kleinkörnige Stärke. Die Blätter, sowie die von *C. spectabile* vermögen bei Berührung der Haut Entzündungen hervorzurufen.

Litt.: Kosteletzky I, p. 259. Americ. Druggist 1885, p. 129. Zeitschr. d. österr. Ap.-V. 1894, p. 804. Minesota Bot. Studies 1894, 1, 32. Chemiker-Zeitung (Coethen) 1894, Nr. 9.

Cypripedilum parviflorum Salisb., scheint ein Alkaloid zu enthalten.

Litt.: Americ. Journ. of Ph., p. 395.

Cyrtosiphonia (Apocynaceae, jetzt zu Rauwolfia).
Cyrtosiphonia spectabilis Miq. und *Cyrtosiphonia madurensis T. et B.*, in Niederländisch-Indien, enthalten in der Rinde ein Alkaloid.

Litt.: Mededeelingen uit 's Lands Plantentuin VII, 1890.

Cyrtosperma (Araceae — Lasioideae — Lasieae).
Cyrtosperma lasioides Griff., im malayischen Archipel, enthält in den Blättern, *Cyrtosperma Mercusii*, im Kolben freie Blausäure.

Litt. wie Cyrtosiphonia.

D.

Dadebesi.
Wurzel aus Westafrika von unbekannter Abstammung. Stücke von $^1/_2$—1 cm Durchmesser mit dicker Rinde und dünnem Holzkörper, der Ipecacuanha im Aeussern nicht unähnlich. Enthält kein Emetin. Wird gegen Krankheiten der Kinder angewendet.

Litt.: Chemiker-Zeitung (Coethen) 1888, p. 1244.

Daemia (Asclepiadaceae).
Daemia extensa R. Br., in Ostindien. Namen: Utran, Ságováni (Hind.); Veli-parutti, Utamani (Tam.); Jittupaku,

Dushtupu-chettu, Guruti-chettu (Tel.); Veli-paritti (Mal.); Utarani (Mar.); Kuntiga, Juttuve, Talavaranaballi (Can.); Nágala-dudheli (Guz.); Chhagal-bali (Beng.). Verwendung finden die rundlich-herzförmigen, zugespitzten, unangenehm riechenden und ekelhaft schmeckenden Blätter als Expektorans, sowie bei Rheumatismus und als Anthelminthicum, die Wurzelrinde als Purgans. Die Pflanze enthält ein bitter schmeckendes Glykosid und ein Alkaloid.

Litt.: Kosteletzky III, p. 1094. Dymock II, p. 442. Bullet. of Pharm. 1891, p. 211.

Dalbergia (Papilionaceae — Dalbergieae — Pterocarpinae). *Dalbergia Sissoo Roxb.*, in Vorderindien, und *Dalbergia arborea* liefern ein bei rheumatischen Leiden angewendetes empyreumatisches Oel.

Litt.: Bullet. of Ph. 1892, p. 261.

Danais (Rubiaceae — Cinchonoideae — Cinchoninae). *Danais fragrans Commerç.*, auf Madagascar, Mauritius und Bourbon. Name: Bois à dartres. Die Wurzel dient als Mittel gegen Flechten; die Rinde ist fieberwidrig. Die Wurzel enthält einen grünbraunen Farbstoff, Danain, $C_{14}H_{14}O_5$.

Litt.: Kosteletzky II, p. 598. Compl. rend. 1885. Tome 51, p. 955.

Daphnandra (Monimiaceae — Atherospermoideae — Laurelieae). *Daphnandra repandula F. Müll.*, in Australien. Die Pflanze enthält mehrere Alkaloide, von denen eines, das in Wasser löslich ist, die Herzthätigkeit stark beeinflusst; es soll als Gegengift des Strychnins anwendbar sein. Die bitter schmeckende Rinde ist frisch gelb, wird anfänglich schwarz und beim Trocknen wieder gelb.

Daphnandra micrantha Benth., ebenfalls in Australien, enthält ein ähnlich wirkendes Alkaloid.

Litt.: Austral. Journ. of Ph. 1887, p. 103.

Daphnidium (Lauraceae — Lauroideae — Laureae). *Daphnidium Cubeba N. v. E.* (jetzt zu *Lindera Thunb.*), in China und Cochinchina. Die Früchte sind aussen runzlig, schwarzbraun, kugelig oder elliptisch, 5—6,5 mm gross, mit 4 mm langem Stiel. Geruch citronenartig. Im Perikarp Oelzellen, weiter nach innen Steinzellen, das Endokarp besteht aus stark verdickten Palissaden. Kein Endosperm, der Embryo mit zwei dicken Kotyledonen. Sie enthalten 1,25 % ätherisches Oel, reichliche Mengen fettes Oel (etwa 20 %) und zwei Alkaloide. In Cochinchina benutzt man sie als nervenstärkendes Mittel. Eine grössere Rolle spielen sie etwa seit 1885 als häufiger vorkommende Verfälschung der Kubeben.

Nach einigen Angaben stammte die in Rede stehende Frucht in einigen Fällen gar nicht von Daphnidium, sondern von *Litsea citrata Bl.*

Litt.: Pharm. Journ. and Trans. 1885, p. 614; 1886, p. 231; 1893, p. 846. Annales publiés par la Soc. roy. d. sc. med. et nat. de Bruxelle, t. III, 1894.

Daphniphyllum (Euphorbiaceae — Platylobeae — Phyllanthoideae — Daphniphylleae).

Daphniphyllum bancanum Kurz, im indisch-malayischen Gebiet. Die Pflanze enthält in der Rinde, in den Blättern und im Samen ein Alkaloid, Daphniphyllin, das sich als Herzgift erwiesen hat.

Litt.: Arch. für exper. Pathol. u. Pharmak. 1893, p. 266.

Datisca (Datiscaceae).

Datisca cannabina L., im westlichen Asien bis Nordindien. Name: Gelber Hanf. Die ganze Pflanze wird wegen ihrer bitterschmeckenden Bestandtheile und als Purgans bei Intermittens, gastrischen Zuständen und Skrophulose im Orient, auch in Italien benutzt. Die Wurzel enthält einen gelben Farbstoff, Datiscin, der zum Färben von Seide dient.

Litt.: Kosteletzky IV, p. 1485. Engler-Prantl, Pflanzenfamilien III, 6. Abthl., p. 152.

Datura (Solanaceae — Datureae).

Datura alba Nees. Heimisch in Ostindien, in Südeuropa häufig kultivirt. Namen: With flowered Datura, Jouz-masal, Mahng dah-rah-gay. Man verwendet in Indien die Blätter, Wurzeln und Samen, wie bei uns die entsprechenden Theile von Datura Stramonium. Die Wirkung soll eine einschläfernde sein.

Die Blätter enthalten Kalkoxalat in Drusen, die Wurzel als Krystallsand. Die Samen sind verhältnissmässig gross, gelbbraun, flach, etwa ohrförmig. Charakteristisch gebaut ist die Epidermis (vgl. Hartwich, Vierteljahresschr. d. naturf. Ges. in Zürich 1896). Die Samen enthalten 0,541 $^0/_0$, die Wurzel 0,315 $^0/_0$, die Blätter 0,41 $^0/_0$ Alkaloid. Das Alkaloidgemenge enthält Atropin, und anscheinend auch das indifferente Stramonin.

Litt.: Flückiger & Hanbury, Pharmacographia. Christy & Co. IV, p. 53. Gehe & Co. 1896, September.

Dchongwe oder **Jtschongwe.**

Ist ein vegetabilisches Arzneimittel aus Natal, dessen Abstammung unbekannt ist. Scheint ein Glykosid zu enthalten.

Litt.: Pharm. Zeitung 1896, p. 671.

Dedee.

Wurzel aus Westafrika mit hellgelbem Holz und röthlicher Rinde, aus der Hauptwurzel und zahlreichen Nebenwurzeln bestehend. Diureticum und Mittel gegen Gallenfieber.

Litt.: Pharm. Zeitung 1889, p. 728.

Dehaasia (Lauraceae — Lauroideae — Apollonieae).

Dehaasia squarrosa Hassk. und *Dehaasia firma Bl.*, in Niederländisch-Indien, enthalten ein Alkaloid, welches mit dem in manchen Lauraceen vorkommenden Lauro-tetanin nicht identisch ist.

Litt.: Nieuw Tijdschr. voor Ph. 1887, p. 113. Mededeelingen uit 's Lands Plantentuin VII, Batavia 1890.

Delphinium (Ranunculaceae — Helleboreae).

Delphinium Zalil Aitch. et Hemsl., in Persien und Afghanistan. Namen: Isfarak, Asfrak, Asperag, Zalil (Pers.); Zarir (Arab.); Trayaman, Gul-jalil (Bomb.); Gafiz (Punj.). Die gelben Blüthen benutzt man zum Färben von Seide und medicinisch wie das ganze Kraut als Tonicum und Alterativum. Enthält ein Alkaloid.

Litt.: Dymock I, p. 25. Christy & Co. X, p. 39.

Delphinium denudatum Wall. Ein Extrakt dieser Pflanze zusammen mit Cardamomum, Sem. Strychn., Sem. Ignat. und Sem. Lodoiceae wird als Heilmittel gegen Cholera, Diarrhoe und Chlorose empfohlen.

Litt.: Christy & Co. XI, p. 48.

Delphinium saniculaefolium Boiss., in Persien. Namen: Trayaman, Jahil (s. oben Delphin. Zalil, es erscheint überhaupt nicht sicher, von welcher Species die Droge stammt). Die Blüthen gegen Gelbsucht und Wassersucht, auch zum Färben. Die Pflanze soll Berberin enthalten.

Litt.: New Idea 1884. Pharm. Journ. and Trans. 1889, p. 989.

Delphinium Consolida L. Die Pflanze enthält ein Alkaloid, Calcatripin (vom alten Namen der Blüthen: Flores Calcatripae).

Litt.: Pharm. Zeitung für Russl. 1883, p. 37.

Delphinium Ajacis L. Die Blüthen wirken anaesthetisch, als Excitans, Rubefaciens, adstringirend und antizymotisch.

Litt.: Americ. Journ. of Pharm. 55, p. 51.

Derris [jetzt zu *Deguelia Aubl.*]. (Papilionaceae — Dalbergieae — Lonchocarpinae).

Derris elliptica Benth., auf Java wild und kultivirt. Name: Aker Tuba. Die Wurzel der Pflanze ist ein sehr starkes Gift für Fische und Insekten, bildet auch einen Bestandtheil des malayischen Ipoh-Pfeilgiftes. Als wirksamer Bestandtheil wurde ein stickstofffreier Körper: Derrid (Greshoff), oder Tubain (Wray) ermittelt.

Litt.: Mededeelingen uit 's Lands Plantentuin VII, Batavia 1890. Ph. Journ. and Trans. 1892, p. 62. Merck 1893, p. 104.

Ausser der genannten Art liefern auch *Derris uliginosa Benth.* und *D. Forsteriana Bl.* Fischgift.

Derris uliginosa Benth., in Ostindien und Ceylon. Namen: Pánlata (Beng.); Kájavoel, Kirtána (Mar.). Man stellt aus der Pflanze mit der Wurzel von Plumbago, Knoblauch und Asa foetida ein Oel her, das man bei Rheumatismen, Dysmenorrhoe verwendet. Enthält ein Alkaloid und ein Glykosid, das dem Saponin ähnlich ist.

Litt.: Dymock I, p. 471.

Derris pinnata Lour. In Cochinchina soll man die fleischige Wurzel nach Art der Areka-Nuss beim Betelkauen verwenden.

Litt.: Kosteletzky IV, p. 1313.

Dess'oas'si.

Wurzel unbekannter Abstammung aus Westafrika. Gegen Diarrhoe und Dysenterie.

Litt.: Chemiker-Zeitung 1888, p. 1244.

Detarium (Caesalpiniaceae — Cynometreae).

Detarium senegalense Gmel., im tropischen Afrika. Die Pulpa der Frucht enthält 2,728 % Weinsäure und 7,76 % Glykose, sie wird gegessen. Bezüglich der Samen unterscheidet man eine Form mit wohlschmeckenden, süssen und eine mit bitteren, giftigen Früchten. Beide sind auch botanisch verschieden.

Litt.: Journ. de Ph. et Ch. 1890, p. 401.

Devildora.

Devildoer, Dabreedwa, aus Britisch Guyana. Mittel gegen Impotenz. Enthält zwei Harze und ein wasserlösliches Alkaloid. Die Droge, deren Abstammung unbekannt ist, besteht aus mit Rinde versehenen, cylindrischen Stücken.

Litt.: Christy & Co. VIII, p. 44. Pharm. Journ. and Trans. 1886, p. 101 ff.

Djaeh.

Aetherisches Oel aus Holländisch Indien, wahrscheinlich von Zingiber.

Litt.: Schimmel & Co. 1889, Oktober, p. 57.

Dichondra (Convolulvaceae — Dichondreae).

Dichondra repens Forst. Verbreitet in Amerika, Neuseeland, Indien, Japan, China, Australien, Afrika. Auf Formosa, wo die Pflanze Ma-ti'-chui heisst, verwendet man sie als Diureticum.

Litt.: Chemist and Druggist 1895, p. 324.

Dichorisandra (Commelinaceae — Tradescantieae).

Dichorisandra thyrsiflora Mikan. in Brasilien, Provinz Rio de Janeiro. Name: Canna de macaco. Der säuerlich schmeckende Schleim, an dem die ganze Pflanze reich ist, wird bei Nierenkrankheiten gebraucht.

Litt.: Pharm. Rundschau (New York) 1892, p. 256.

Dichorisandra procera Mart. in Brasilien. Name: Cauim-Tinga. Der weisslich trübe Saft dient als Laxans, äusserlich als Umschlag bei Ekzem.

Litt.: Pharm. Rundschau l. c.

Dichorisandra penduliflora Kunth. in Brasilien (Bahia, Alagoas). Namen: Trepoerava vermelha, Trapoerava vermelha. Ein Dekokt dient als Stimulans, äusserlich als Schönheitsmittel bei den Frauen.

Litt.: Pharm. Rundschau l. c.

Dichorisandra spec. in Brasilien (Minas Geraes). Namen: Enkunak, Batata ova. Der Knollen wird roh gegessen.

Litt.: Pharm. Rundschau l. c.

Dichroa (Saxifragaceae — Hydrangeoideae — Hydrangeae).
Dichroa febrifuga Lour. (Adamia versicolor Fortune), im Himalaya, im südlichen China, auf den Philippinen und Java. Namen: Basak (Hind.), Singnamock (Bhutan), Gebokanak (Lepcha), Cay-thuong-son, Cham-chau (Cochinch.). Gilt als Fiebermittel und Emeticum, und zwar benutzt man die gelbe Zweigrinde und die Wurzelrinde. Enthält ein Glykosid: Dichroin.

Litt.: Kosteletzky IV, p. 1506. Dymock I, p. 588. Arch. d. Ph. 1888, p. 1044.

Dieffenbachia (Araceae — Philodendroideae — Aglaonemeae).

Dieffenbachia Seguine Schott in Westindien und Brasilien (Amazonas und Para). Namen: Canna de Imbé, Canna Marona, Antinga. Der ausgepresste Saft der Blätter erzeugt auf der Haut heftige Entzündung. Man verwendet die frischen Blätter zu Umschlägen oder als Infusum bei Angina tonsillaris. Das Rhizom wird bei Prurigo empfohlen.

Litt.: Pharm. Rundschau (New York) 1892, p. 282.

Dioclea (Papilionaceae — Phaseoleae — Diocleinae).
Dioclea reflexa Hook. f. im tropischen Amerika, Afrika und Asien. Die zu Asche gebrannten Samen geben mit Oel eine Salbe für Geschwüre in Lagos (West-Afrika).

Litt.: Christy & Co. VIII, p. 84.

Die Samen einer *Dioclea* spec. sind als Calabarbohnen wiederholt vorgekommen.

Dionysia (Primulaceae — Primuleae).
Dionysia diapensiaefolia Boiss. in Persien und Afghanistan. Liefert das Hamama (Amomum) der Bazare in Bombay.

Litt.: Pharm. Journ. and Trans. 1887, p. 151.

Dioscorea (Dioscoreaceae — Dioscoreae).
Eine Reihe Arten dieser Gattung werden der essbaren Wurzelstöcke wegen angebaut und offenbar seit langer Zeit. Sie enthalten einen giftigen Stoff, ein Glykosid, welches aber leicht herausgewaschen wird; man isst sie dann wie Kartoffeln.

Namen: Alu, in Indien, z. B. Kam Alu für *Dioscorea alata L.*, Sain-in, in China, für *Dioscorea Batatas L.*, ferner andere Arten, die runde Rhizome besitzen: Schu-yü, Tu-tschu, Schan-yü, auf den Südseeinseln: Ubi für *Dioscorea alata L.*, in Amerika: Yam, Inhame, Igname (letztere Namen gehören vielleicht ursprünglich dem Maniok), in Mauritius: Cambare marras für *Dioscorea bulbifera Lam.*, in Gabun: Pembaroga Iba und Pembaroga Obolli.

Von manchen der genannten Arten ist die Heimath nicht mit Sicherheit bekannt, ein Beweis für das hohe Alter ihrer Kultur. Der Stärkegehalt der Dioscorearhizome steht hinter dem der anderen entsprechenden Nährpflanzen weit zurück, so enthält D. bulbifera 3,69 % gegen 20 % der Kartoffel. Das aus der zuletzt genannten Art gewonnene giftige Glykosid wirkt auf Frösche lähmend.

Dioscorea villosa L. Das nicht mehlige, sondern mehr holzige Rhizom findet medicinische Verwendung als Expektorans und bei Gallensteinkoliken. Man hat einen harzartigen Körper, Dioscorein, gewonnen, der aber nicht einheitlich ist, sondern seine Wirksamkeit wahrscheinlich einem Saponin verdankt.

Litt.: Kosteletzky I, p. 228. Americ. Journ. of Ph. 1889, p. 42. Zeitschrift d. österr. Alp.-V. 1885. Pharm. Rundschau (New York) 1894, p. 188.

Dioscorea hirsuta Bl. Die rohen, mit Wasser extrahirten Knollen werden in Niederländisch-Indien gegessen. Sie enthalten ein bitterschmeckendes, stark narkotisch wirkendes Alkaloid: Dioscorin, und ein zweites, weniger giftig wirkendes, flüchtiges Alkaloid: Dioscorecin.

Litt.: Mededeelingen uit 's Lands Plantentuin XIII.

Diospyros (Ebenaceae).

Diospyros virginiana L. in den östlichen Vereinigten Staaten von Nordamerika. Name: Persimmmon. Man verwendet die Rinde als kräftiges Adstringens und Febrifugum. Sie bildet glatte oder schwach gebogene, aussen rostfarbene, innen dunklere, auf beiden Seiten längsstreifige Stücke von $1^1/_2$ mm Durchmesser von etwas süsslich adstringirendem Geschmack. Die primäre Rinde enthält grosse Einzelkrystalle von oxalsaurem Kalk, keine sklerotischen Elemente. Im Bast keine Fasern, sondern ånsehnliche grosse Steinzellen von Spindelform, fast vollständig von Kammerfasern umgeben. Enthält einen krystallinischen Körper der Formel $C_{30}H_{67}O_{10}$. Aehnliche Verwendung finden: *Diospyros guianensis (Aubl.) Gürke, D. melanoxylon Roxb., D. peregrina (Gärtn.) Gürke* und *D. Tupru Bush.*

Litt.: Amer. Journ. of Ph. 1889, Nr. 2.

Diospyros embryopteris Pers. in Indien. Namen: Taindu (Hind.); Gab (Beng.); Tumbilik-Kay (Tam.); Tumiki, Tinduki (Tel.); Parich-chi (Mal.); Timburni, Temar (Mar.); Temru (Guz.). Besonders die unreife Frucht gilt als Adstringens, die reife verwendet man bei Gonorrhoe. Sie enthält reichlich Gerbstoff.

Diospyros montana Roxb. Die Früchte dienen als Fischgift.

Litt.: Dymock III, 367.

Dolichos (Papilionaceae — Phaseoleae — Phaseolinae).

Unter dem Namen Maunaloa dienen die bohnengrossen, glänzendschwarzen Samen einer wahrscheinlich zu Dolichos gegehörigen Pflanze auf den Sandwichs-Inseln als Abführmittel, die ganze Pflanze gilt als Wundmittel.

Litt.: Pharm. Rundschau (New York) 1885, p. 165.

Dolichos Lablab L. Wird auf Formosa, wo die Pflanze Ton-tou-hue oder Tao-tou heisst, als Emmenagogum und bei Erkrankungen der Harnblase benutzt.

Litt.: Chemist and Druggist 1895, p. 324.

Dopong.

Geschmacklose Rinde von der westafrikanischen Küste, für Brustschmerzen empfohlen.

Litt: Christy & Co. VII, p. 85.

Dorstenia (Moraceae — Moroideae — Dorstenieae).

Dorstenia bahiensis Klotzsch. In Brasilien (Bahia). Name: Chupa-Chupa. Die knollige Wurzel wird gegen Schlangenbiss benutzt, das Infusum der Wurzel als Stimulans.

Litt.: Pharm. Rundschau (New York) 1891, p. 291.

Dorstenia Contrayerva L. Von Westindien bis Peru. Diese Pflanze soll nach Peckolt nicht die Contrayervawurzel liefern. Die Pflanze enthält zwei noch nicht genauer charakterisirte Stoffe: Cajapin und Contrayerbin, beide amorph. Sie geben Niederschläge mit einer Reihe von Alkaloidreagentien.

Litt.: Brit. Med. Journ. 1893, Nr. 1709.

Dorstenia multiformis Miq., in Brasilien (Rio de Janeiro, Espiritu Santo, Minas Geraes, Bahia). Namen: Carajsiá, Caapia, Contraherva de folha comprida. Das Rhizom ist von langcylindrischer Gestalt, von der Unterseite gehen in grosser Anzahl die dünnen Wurzeln ab. Es ist von aussen eigenthümlich stachlig, da es mit den etwas hervorragenden Resten früherer Sprosse und den harten, spitzen Niederblättern, aus deren Achsel die Sprosse entstanden sind, dicht besetzt ist.

Im Phloem der Wurzeln stark verdickte Bastfasern. Von stark aromatischem Geruch und beissend aromatischem Geschmack. Enthalten ätherisches Oel 0,016 $^0/_0$, Bitterstoff 0,0505 $^0/_0$ etc. Gilt als Gegengift bei Schlangenbiss und Giftpfeilen, ferner als Volksmittel bei ausbleibender Menstruation, Atonie des Magens, chronischer Diarrhoe, Wechselfieber.

Litt.: Pharm. Rundschau (New York) 1891, p. 291. Chemiker-Zeitung (Cöthen) 1887, p. 1225.

Dorstenia arifolia Lam., var.: pinnatifida Miq. In Brasilien (Rio de Janeiro, S. Paulo, Parana, St. Catharina, Rio Grande do Sul). Namen: Cayapaia, Cayapia, Carapia do Sul. Gegen Schlangenbiss und innerlich bei Typhus.

Dorstenia bryoniaefolia Mart. In Brasilien (Piauhy, Goyaz). Name: Figueira terrestre. Das Rhizom von der Dicke und Grösse eines kleinen Fingers ist an der Basis knollig verdickt, bräunlichroth mit mattgelben Wurzeln. Verwendung wie vorige.

Litt.: Pharm. Rundschau (New York) 1891, p. 291.

Dorstenia brasiliensis Lam. in Brasilien (Alagoas, Bahia, Minas Geraes, Espiritu Santo, Pernambuco. S. Paulo). Namen: Caaopia, Cayapia, Trapia do matto, Liga-Liga, Liga-osso, Serpentaria da terra, Contra herva. Diese sowie die folgende Art liefern die echte Radix Contrayervae.

Wird wie Dorstenia multiformis gebraucht.

Litt.: Kosteletzky II, p. 415. Pharm. Rundschau (New York) 1891, p. 291.

Dorstenia opifera Mart. in Brasilien (Alagoa, Bahia, Ceará, Minas Geraes, Sergipe, Piauhy, Matto Grosso). Namen: Tiú, Caa-Apia, Figueira terrestre, Contra herva. Verwendung als Gegengift und als Diureticum und Diaphoreticum.

Litt.: Kosteletzky II, p. 415. Pharm. Rundschau (New York) 1891, p. 292.

Doryphora (Monimiaceae — Atherospermoideae).

Doryphora Sassafras Endl. in Neu-Südwales. Die Rinde wird als Tonicum benutzt.

Litt.: Bullet. of Ph. 1893, p. 110.

Dracocephalum (Labiatae — Nepeteae).

Dracocephalum Moldavica L. in Südrussland, Sibirien, Himalaya. Name: türkische Melisse. Die lanzettlichen, tief und stumpfgesägten Blätter wurden früher als Herba Moldavicae, Melissae turcicae, Cedronellae medicinisch verwendet. Die mit Honigwasser besprengten Blumenkronen dienen in Russland als Theesurrogat.

Litt.: Kosteletzky III, p. 805. Pharm. Centralhalle 1889, p. 168.

Dracontium (Araceae — Lasioideae — Lasieae).

Dracontium polyphyllum L. in Brasilien (Para, Amazonas). Name: Jararaca merim, Jiraca, Jiraraca. Der mehlige Knollen ist etwas scharf, er gilt als Mittel gegen Schlangenbiss.

Litt.: Kosteletzky I, p. 74. Pharm Rundschau (New York) 1892, p. 280.

Dracontium asperum C. Koch in Brasilien (von Rio de Janeiro bis zum Aequator). Namen: Jararaca, Jararaca-taia. Knollen und Blattstiel gilt als Mittel gegen Schlangenbiss, Peckolt stellt aber jede Wirksamkeit in Abrede. Dagegen ist das Pulver der Knollen wirksam bei Asthma und Amenorrhoe. Der frische Saft der Knollen ist sehr scharf, lähmt die Geschmacksnerven. Diese und die vorhergehende Art sollen beim Blühen einen so starken Aasgeruch entwickeln, dass derselbe Schwindel und selbst Erbrechen erregt.

Litt.: Pharm. Rundschau (New York) 1892, p. 280.

Dregea (Asclepiadaceae — Marsdenieae).

Dregea volubilis Benth. in Vorderindien und Ceylon. Namen: Nakchikni (Hind.); Titakanga (Beng.); Hirandodi, Ambri (Mar.); Kodi-palai (Tam.); Dudhi-palli (Tel.). Verwendung finden Wurzel, Blätter und Frucht als Expektorantien. Sie enthalten ein bitter schmeckendes Glykosid und ein Alkaloid.

Litt.: Dymock II, p. 444. Bullet. of Ph. 1891, p. 211.

Drimia (Liliaceae — Lilioideae — Scilleae).

Drimia ciliaris Jacq. am Kap der guten Hoffnung. Der der Scilla ähnliche Knollen wird als Emeticum, Expektorans und Diureticum empfohlen.

Litt.: Pharm. Centralh. 1888, p. 566.

Drimys (Magnoliaceae — Illiceae).

Drimys aromatica F. Müll. in Australien. Die trocken schwarzen, fast kugeligen, kurzgestielten Früchte von scharf brennendem Geschmack und etwas an Knoblauch erinnerndem Geruch, werden als Ersatz des Pfeffers benutzt.

Litt.: Pharm. Journ. and Trans. 1891, p. 717.

Drimys dipetala F. Müll. in Australien mit sehr saftigen, dunkelgefärbten Früchten. Der Geschmack erinnert an den fader Aepfel, brennend scharf schmecken die nierenförmigen Samen. Aus den gestossenen Früchten bereitet man ein erfrischendes Getränk.

Litt.: Pharm. Journ. and Trans. 1891, p. 717.

Drimys granatensis L., in Brasilien. Namen: Casca d'Anta, Paratudo bark. Die Rinde wird ebenso wie die seit lange bekannte von Drimys Winteri als Stimulans und Stomachicum gegeben, speciell bei Kolik. Sie enthält nicht, wie Schuchardt angab, Cotoin, sondern nach Hesse einen indifferenten Körper, Drimin $C_{13}H_{14}O_4$, ferner einen noch wenig studirten Körper, der anscheinend den Charakter einer Säure hat: Drimyssäure. In den Blättern fand Hesse einen dritten Körper, Drimol $C_{28}H_{58}O_2$.

Litt.: Christy & Co. VIII, p. 39. Schindler, Brazilian Medicinal Plants. Rio de Janeiro 1884, p. 14. Liebigs Annalen 1895, p. 256, 369.

Die Rinde von *Drimys Winteri Forst.* heisst in Brasilien auch Casca d'Anta, ausserdem Canela de Paramo, Palo de Mambo, in Neu-Granada Arbol de Agi. Cf. *Coto*.

Drosera (Droseraceae).

Drosera Whittakerii Planch., in Australien. Enthält zwei Farbstoffe, von denen der eine in glänzend rothen Tafeln von der Formel $C_{11}H_8O_5$ und der zweite in orangefarbenen Nadeln von der Formel $C_{11}H_8O_4$ krystallisirt.

Litt.: Journ. Chem. Soc. 1887, p. 371.

Drosera rotundifolia L. Die sonst ganz in Vergessenheit gerathene Droge wird neuerdings in England und Amerika bei chronischer Bronchitis, Asthma, Keuchhusten und dem Husten der Phthisiker als Tinktur angewendet.

Litt.: Merck 1893, p. 101.

Duboisia (Solanaceae — Salpiglossideae).

Duboisia myoporoides R. Br., in Australien und Neu-Guinea.

Namen: Corkwood, Elm, Orungurabie, Ngmoo. Verwendung finden die Blätter. Sie sind kurzgestielt, bis 12 cm lang, 3 cm breit, ganzrandig, der Rand etwas umgeschlagen, die Sekundärnerven gehen vom auf der Unterseite stark hervortretenden Primärnerven fast im rechten Winkel ab und bilden am Rande Schlingen. Die Pflanze enthält ein Alkaloid: Duboisin, und zwar die Blätter 1,95—2,18 $^0/_0$, ferner ein zweites Alkaloid $C_{17}H_{21}NO_7$, das auch in der Scopolia atropoides, Atropa Belladonna und Datura Stramonium vorkommt.

Dagegen fand E. Schmidt in zwei Portionen der Duboisiablätter in der einen nur Hyoscyamin, in der anderen nur Hyoscin und endlich in Blättern einer Duboisiaspecies Scopolamin.

Die Alkaloide finden Verwendung in der Augenheilkunde, ähnlich wie Atropin, ausserdem wird Duboisin empfohlen als Hypnoticum und Sedativum wie Hyoscin.

Neben den Blättern hat man auch versucht, die Rinde in Gebrauch zu nehmen.

Duboisia Hopwoodii F. v. M. (Duboisia Piturie Bankroft) in Südaustralien. Name: Pituri, Pitschuri. Die Blätter werden von den Eingebornen gekaut und geraucht. Sie sind 5—10 cm lang, lineal, ganzrandig, etwas dick, die Spitze oft etwas umgebogen. Gerrard stellte daraus ein Alkaloid dar, von dem Petit nachwies, dass es mit dem Nicotin identisch sei.

Litt.: Journ. de Ph. et de Ch. 1879, p. 338. New Remedies 1879, p. 131. Pharm. Journ. and Trans. 1880.

Dûdûma.

Bitterschmeckende Wurzel in federkieldicken Stücken aus Westafrika. Mittel gegen Gallenfieber.

Litt.: Chem. Zeitung (Cöthen) 1888, p. 1244.

Duvaua (Anacardiaceae — Rhoideae).

Duvaua (jetzt zu Schinus) *dependens D. C.* im südöstlichen Brasilien, Uruguay, Argentinien, Chile, Peru. Aus den Früchten dieser Art und von *D. latifolia Gill.* bereitet man in Chile ein berauschendes Getränk Chicha. Die Früchte (Semen [sic!] Huingan) sind etwa 4 mm gross und enthalten in einem süssschmeckenden Mus einen harzig schmeckenden Samen. Sie werden gegen Blasenleiden empfohlen. Eine Abkochung der Rinde und das aus dem Stamme ausschwitzende Harz gilt als antirheumatisch. Eine durch einen Schmetterling erzeugte Galle wird technisch benutzt.

Litt.: Kosteletzky IV, p. 1242. Christy & Co. X, p. 39. Chemiker-Zeitung (Cöthen) 1887, p. 224. Arch. d. Pharm. 1883. Der Pharmaceut 1896 (n. b.).

E.

Echinacea (Compositae — Helianthoideae).

Echinacea angustifolia D. C. in den westlichen Vereinigten Staaten von Nordamerika. Name: Black Sampson. Die Wurzel findet Verwendung bei alten syphilischen Geschwüren in Form eines Fluidextraktes, auch gegen Insektenstiche.

Litt.: Parke, Davis und Co. p. 629. Christy & Co. X, p. 39.

Echinocystis (Cucurbitaceae — Sicyoideae).

Echinocystis californica (Megarrhiza californica Torrey) enthält ein Glykosid Megarrhizin, dessen Zersetzungsprodukt: Megarrhizeïn purgirend wirkt und ein zweites Glykosid: Megarrhin, das dem Saponin ähnelt und pupillenerweiternd wirkt.

Litt.: Amer. Journ. of Ph. 55, p. 195.

Echinodorus (Alismaceae).

Echinodorus macrophyllus Micheli. In Brasilien. Name: Chapeo de Couro. Der knollige Wurzelstock wird bei Wassersucht, die Blätter zu Bädern verwendet.

Litt.: Pharm. Rundschau (New York) 1893, p. 136.

Echites (Apocynaceae — Echitideae).

Echites longiflora Desf. in Argentinien, Uruguay, Brasilien (S. Paulo, Minas Geraes, Bahia). Namen: Jalapa, Flor de Barbado. Verwendung finden Wurzel und Blätter. Die Wurzel ist von röthlich fahler Farbe, auf dem Querschnitt mehlig in Folge des reichlichen Gehaltes an Amylum. Auf dem Querschnitt sehr regelmässig radial gestreift, in der Rinde Milchsaftschläuche.

Die Blätter sind 5 cm lang, am Grunde etwas herzförmig, aber fast kahl, unterseits wollig-filzig behaart, der Rand nach unten umgeschlagen. Rinde und Blätter wirken purgirend.

Litt.: Planchon, Produits fournis à la matière médicale par la famille des Apocynées 1894, p. 283.

Echites biflora Jacq., in Centralamerika und auf den Antillen. Name: Liane mangle, Liane à lait. Die Blätter und jungen Achsen werden als Purgirmittel und äusserlich auf skrophulöse Geschwüre benutzt.

Litt.: Planchon, l. c. p. 282.

Echites Cururu Mart., in Brasilien am Rio Negro. Die Rinde wird gegen Magenleiden und gastrische Fieber verwendet.

Litt.: Planchon, l. c. p. 178.

Echites Koua Mollien (?). Zweifelhafte Art in Afrika, die von den Mandingos zur Gewinnung von Pfeilgift benutzt wird. Name: Koua.

Litt.: Planchon, l. c. p. 294.

Echites syphilitica L. Zweifelhafte Gattung in Guyana, die als Antisyphiliticum benutzt wird.

Litt.: Planchon, l. c. p. 178.

Echites torosa Jacq., in Amerika. Name: Liane mangle. Die Samen werden von den Negern als Purgirmittel benutzt.

Litt.: Planchon, p. 110.

Ecke.

Arzneimittel aus Westafrika (Dahome) gegen Verdauungsbeschwerden; soll Eiweiss lösen.

Litt.: Tagebl. der 58. Naturforscher-Vers. in Strassburg.

Elephantopus (Compositae — Vernonieae — Lychnophorinae).

Elephantopus tomentosus L. Südöstliche Vereinigte Staaten. Name: Elephants' Foot. Das Kraut wird als Diaphoreticum, Expektorans und in starken Dosen als Emeticum gebraucht.

Litt.: Parke, Davis & Co., p. 643.

Elephantopus scaber L., in den wärmeren Gegenden der ganzen Erde. Namen in Brasilien: Fuma bravo, Erva da Collegio. In Indien: Gobhi (Hind.); Gojialata (Beng.); Gojibha (Mar.); Ana-shovadi (Tam.); Hakkariké (Can.). Verwendung finden Wurzeln und Blätter äusserlich zu erweichenden Umschlägen, innerlich in Brasilien gegen Fieber, in Indien gegen Unterleibs- und Leberkrankheiten.

Litt.: Kosteletzky II, p. 643. Dymock II, p. 243.

Elephantorrhiza (Mimosaceae — Piptadenieae).

Elephantorrhiza Burchellii Benth., in Natal, enthält 25—30 $^0/_0$ Gerbstoff; wird als Adstringens empfohlen.

Litt.: Christy & Co. X, p. 40.

Eleusine (Gramineae — Chlorideae).

Eleusine Coracana Gœrtn., kultivirt in Ostindien, den Sundainseln, Südchina, Japan, Afrika als Getreide. Namen: Rági (Sanskr.); Mandua, Mandal (Hind.); Marua (Beng.); Kayur (Tam.); Ponassa (Tel.); Rági (Can.); Náchni, Nágli (Mar.). Die Blüthen sollen in Goa als Heilmittel bei Kinderkrankheiten verwendet werden.

Litt.: Kosteletzky I, p. 98. Pharm. Record 1891, p. 209.

Eleusine indica Gœrtn. Heisst in Brasilien Capim pé de galinha. Das Dekokt der Wurzel wird gegen Diarrhoe benutzt, die frische junge Pflanze als Thee bei Haemoptisis und Haemopturesis.

Litt.: Pharm. Rundschau (New York) 1894, p. 111.

Elionurus (Gramineae — Andropogoneae).

Elionurus candidus Hack. In Brasilien. Name: Capim manga. Die aromatisch riechenden und schmeckenden Aehrchen werden gegen Blasenkatarrh, Gonorrhoe und Bronchialkatarrh verwendet.

Litt.: Pharm. Rundschau (New York) 1894, p. 110.

Elionurus rostratus Nees. Heimisch in Brasilien. Name: Capim jasmin. Ein Infusum der angenehm nach Jasmin riechenden, aber unangenehm beissend schmeckenden Aehrchen wird innerlich als Excitans und als Aphrodisiacum, äusserlich zu Bädern bei Rheuma verwendet. Ebenso wird *Elionurus bilinguis Hack.* benutzt. Die Pflanze führt den Namen: Capim jasmin da terra.

Litt.: Pharm. Rundschau (New York) 1894, p. 110.

Embelia (Myrsinaceae — Myrsinoideae).

Embelia Ribes Burm., im tropischen Asien bis in das südliche China verbreitet. Namen: Viranga, Váyvirang, Babirang (Hind.); Biranga (Beng.); Vavadinga (Mar.); Vayuvilangam (Tam., Tel.); Vàyubilaga (Can.). Verwendung findet die Frucht als Bandwurmmittel wohl von jeher in ihrer Heimath, neuerdings auch anderwärts, besonders in Nordamerika etwa seit 1887. Die Früchte sind bis 3 mm gross, schwärzlich, kugelig, fein gerunzelt, am oberen Ende mit einem Spitzchen, in der papierdünnen Fruchtschale liegt locker ein einzelner Same. Sie enthalten wenig ätherisches Oel von aromatischem Geruch, fettes Oel, Farbstoffe (Embelin), ein Alkaloid (Christembin), Gerbstoff (Embetannin). Als wirksames Princip ermittelte Warden eine Säure: Embeliasäure $C_9H_{14}O_2$, deren Ammoniumsalz ebenfalls als Anthelminthicum benutzt wird.

Die Früchte kommen auch als Verfälschung des Pfeffers vor. Sie selbst werden verfälscht durch die Früchte der *Myrsine africana L.*

Litt.: Kosteletzky III, p. 997. Dymock II, p. 349. Parke, Davis & Co., p. 644. Zeitschr. d. österr. Apoth.-Ver. 1888, p. 241. Pharm. Journ. and Trans. 1888, p. 601. Chem.-Zeitung (Coethen) 1888, p. 1660.

Embelia micrantha A. DC., auf Madagascar. Name: Tanterakala. Die Früchte werden als Wurmmittel und bei Nephritis verwendet.

Litt.: Pharm. Jahresbericht 1881/1882, p. 117.

Enterolobium (Mimosaceae — Ingeae).

Enterolobium Timboura Mart., in Brasilien und Uruguay. Die Rinde ist reich an Gerbstoff. Die Pflanze soll Saponin enthalten.

Litt.: Pharm. Journ. and Trans. 1886, p. 1086.

Eperua (Caesalpiniaceae — Amherstieae).

Eperua falcata Aubl., in Guyana. Namen: Bimiti-Wallaba, Ttoori-Wallaba, Karabiti-Wallaba, Sare-bebe. Die Rinde dient den Eingeborenen als Heilmittel gegen Zahnweh und Diarrhoe. Ein aus dem Stamm austretendes Gummi dient als Wurmmittel.

Litt.: Christy & Co. VIII, p. 54.

Eperua Jeumani Oliv., in Guyana. Die Rinde wird ebenfalls gegen Zahnschmerzen benutzt.

Litt.: Pharm. Zeitung 1891, p. 499.

Epiphegus (Orobanchaceae).

Epiphegus Virginiana Nutt., in Amerika. Namen: Beech drop. Auf den Wurzeln von Fagus ferruginea Ait. schmarotzend. Der dick knollige, unterirdische Theil wurde früher als Krebsmittel (Cancer root) benutzt, jetzt gilt die Pflanze als Adstringens. Sie enthält ein Alkaloid, ein Glykosid und eine eigenthümliche organische Säure.

Litt.: Kosteletzky III, p. 911. Americ. Journ. of Ph. 1893, p. 276.

Ephedra (Gnetaceae).

Im Jahre 1886 tauchte aus Südamerika als neu die mit Pingo-Pingo bezeichnete Ephedra andina auf, und es wendete sich für einige Zeit den so charakteristischen Ephedra-Arten, die ganz alte, aber ganz vergessene Heilmittel sind, erneutes Interesse zu.

Ephedra vulgaris Rich. (E. monostachya L., E. distachya L., E. helvetica C. A. Meyer), im Mittelmeergebiet, in Ungarn bis Pest, Orient, Asien bis zum Himalaya. Namen: in Armenien Dochoris desna Tschergak. Die Blätter und Zweige sind ein altes Mittel gegen Diarrhoe; die Früchte (Amenta Uvae marinae) bei Fieber, schon von Dioskorides als Mittel gegen Bauchflüsse und Fluor albus empfohlen.

Neuerdings empfohlen als Mittel gegen akuten und chronischen Rheumatismus. Enthält ein Alkaloid Ephedrin, welches mydriatisch wirkt und ein zweites Pseudoephedrin, welches dem ersten isomer ist.

Litt.: Kosteletzky II, p. 323. Berl. klin. Wochenschr. 1887, p 706. Merck 1893, p. 13; 1894, p. 177. Ber. d. Deutsch. chem. Ges. 1889, p. 1823. Pharm. Zeitschr. f. Russl. 1892, Nr. 1—7. Therapeut. Monatshefte 1885, Okt.

Ephedra trifurcata Torr., an der Südküste der Vereinigten Staaten. Name Canutillo. Als Mittel gegen Gonorrhoe empfohlen.

Litt.: Christy & Co. IX, p. 32. Americ. Druggist 1884, p. 176.

Ephedra flava (?), wird in China als Adstringens benutzt.

Litt.: Christy & Co. IX, p. 32.

Ephedra fragilis Desf. In Creta und an der Nordküste von Afrika; wird gegen Hämorrhoiden angewendet.

Litt.: Kosteletzky II, p. 323. Christy & Co. IX, p. 33.

Ephedra antisyphilitica C. A. Mey., in den westlichen Vereinigten Staaten von Nordamerika. Namen: Brigham weed, Mormon-tea, Mountain-rush, Whorehouse-tea, Canutillo (s. oben), Tepopate. Das ganze Kraut wird gegen Syphilis und Gonorrhoe angewendet.

Litt.: Parke, Davis & Co., p. 648. Pharm. Centralhalle 1889, p. 514.

Ephedra Ariandra Tel., in Brasilien (Rio Grande do Sul). Namen: Morango do campo, Fragaria do campo. Die Früchte dienen, mit Wasser angestossen, bei Fieber als kühlendes Getränk.

Litt.: Pharm. Rundschau (New York) 1893, p. 136.

Ephedra andina Pœpp., in Peru. Namen: Pingo-Pingo und Pinco-Pinco. Heilmittel gegen Steinleiden, und zwar werden die Wurzeln verwendet. Sie sind bis 5 mm dick, mit einer hellbraunen, blättrigen Rinde bedeckt. Auf dem Querschnitt zierlich radial gestreift. Im Phloem stark verdickte Fasern.

Litt.: Pharm. Centralhalle 1886, p. 304.

Epidendron (Orchidaceae — Monandrae — Laeliinae)

Epidendron pastoris La Llave. Die Luftknollen werden in Mexico wie Salep benutzt.

Litt.: Americ. Journ. of Ph. 1885, p. 506.

Equisetum (Equisetaceae).

Equisetum ramosum, wird in der südlichen Mandschurei bei Augenentzündungen und als Adstringens angewendet.

Litt.: Pharm. Zeitung 1885, p. 813.

Equisetum hiemale L. Enthält $1,4\,^0/_0$ eines fetten Oeles, $5,33\,^0/_0$ eines in Aether, Benzol, Chloroform und absolutem Alkohol löslichen Weichharzes. Wird in den Vereinigten Staaten als Adjuvans der Digitalis benutzt.

Litt.: Americ. Journ. of Ph. 1886, p. 417.

Eragrostis (Gramineae — Festuceae).

Eragrostis pilosa Pal. de Beauv. In Brasilien. Name: Capim atana. Ein Dekokt der Früchte wird gegen Diabetes verwendet.

Litt.: Pharm. Rundschau (New York) 1894, p. 112.

Eragrostis Bahiensis Röm. et Schult. In Brasilien. Name: Capim assú. Die Früchte und das Rhizom werden als diuretisches Mittel verwendet.

Litt.: Pharm. Rundschau (New York) 1894, p. 112.

Eragrostis rufescens Röm. et Schult. In Brasilien (S. Paulo bis Piauhy). Name: Capim orvalho. Der in den weiten behaarten Scheiden der linealischen, spitzen Blätter sich sammelnde Thau wird vom Volk gesammelt und als Mittel gegen den Kropf benutzt.

Litt.: Pharm. Rundschau (New York) 1894, p. 112.

Erianthus (Gramineae — Andropogoneae).

Erianthus asper Nees. In Brasilien (Minas, Espiritu Santo, Rio de Janeiro). Name: Barba de bode. Die zarten Blüthenstände benutzt man, um Kissen damit zu stopfen; das Schlafen auf denselben soll von Migräne befreien.

Litt.: Pharm. Rundschau (New York) 1894, p. 167.

Erigeron (Compositae — Astereae — Asterinae).

Erigeron canadensis L., in Nordamerika, von da aus als Unkraut weit verbreitet. Verwendung findet das ganze Kraut (Herba Erigerontis canadensis) gegen Diarrhoe, und das aus demselben destillirte ätherische Oel, welch letzteres als Wurmmittel verwendet wird. Es besteht aus rechts drehendem Limonen und einem noch nicht rein dargestellten aldehydartigen Körper.

Litt.: Kosteletzky II, p. 657. Americ. Journ. of Pharm. 1893, p. 420. Bullet. of Ph. 1892, p. 261.

Eriodendron, jetzt zu Ceiba (Bombacaceae — Adansonieae). *Eriodendron anfractuosum DC.* (Ceiba pentandra [L.] Gærtn.), in Mexico, auf den Antillen, in Guyana, Afrika, Ostindien und im malayischen Archipel. Namen: Baumwollenbaum, Silk-cotton-tree, Fromager; in Indien: Sveta-Sálmali, Safed-Semul, Pandhra-saur, Dolo-stemalo. Die Wurzel wird in Indien als Aphrodisiacum und gegen Phthisis benutzt. Ein aus dem Stamm austretendes Gummi gilt in Mexico als Mittel gegen Darmentzündungen. Es ist von röthlicher Farbe und schwillt in Wasser auf. Die Verwendung der Samenhaare (Kapok) als Polstermaterial ist bekannt.

Litt.: Kosteletzky V, p. 1876. The Chemist and Druggist 1889, p. 12. Americ. Journ. of Ph. 1886, p. 72.

Eriodendron leianthemum DC. Das Gummi wird in Mexico ebenso verwendet.

Litt.: Americ. Journ. of Ph. 1886, p. 72.

Eriodictyon (Hydrophyllaceae — Nameae). *Eriodictyon glutinosum Benth.* (Wigandia californica Hook. and Arn.), in Californien. Namen: Yerba santa, Consumptive's-weed, Mountain-balm, Holy herb, Mountain-peach, Saint herb. Verwendung finden die Blätter, und zwar nicht nur von dieser Art, sondern unter demselben Namen auch die von *E. tomentosum Benth.* und *E. angustifolium.* Die Blätter von E. glutinosum sind oben sattgrün, unterseits matt silberfarbig, beim Zerreiben riechen sie aromatisch und schmecken schwach bitter adstringirend und schleimig. Sie sind lanzettförmig, bis 10 cm lang und 1—1,5 cm breit, am Rande geschweift gezähnt, kurzgestielt, lederartig.

Das Blatt von Eriodictyon glutinosum lässt auf dem Querschnitt die beiderseits dickwandige Epidermis erkennen mit stark gefalteter Cuticula. Die Falten der Cuticula übertragen sich auch auf die Aussenwände der Zellen; auf beiden Seiten Drüsenhaare vom Typus der Labiatendrüsen. Zwei bis drei Palissadenschichten und schmales Schwammparenchym. Die Nerven ragen auf der Unterseite sehr stark hervor; dadurch entstehen förmliche Zellen, die dicht mit einzelligen, dickwandigen, geschlängelten Haaren erfüllt sind. Die Gefässbündel sind nicht von Fasern begleitet. Sind schon die Blätter von ausgetretenem Harz klebrig, so sind die Stengel geradezu mit einer ansehnlichen Harzschicht überzogen. Die Droge enthält verschiedene Harze, ein Glykosid und eine eigenthümliche Säure: Eriodictyonsäure.

Die Droge wird verwendet in Form eines Fluidextrakts bei entzündlichen Prozessen der Schleimhäute, besonders bei Bronchialkatarrh. Häufig besprochen ist ihre Fähigkeit, für einige Zeit die Geschmacksempfindung für Bitter aufzuheben, so dass z. B. Chinin wie Stärkemehl schmecken soll. Nach Suchannek besitzt sie diese Fähigkeit nur in geringem Grade.

Litt.: Parke, Davis & Co., p. 1246. Pharm. Centralh. 1883, p. 217. The Pharmac. Era, vol. I, Nr. 2, p. 59. Americ. Journ. of Ph. 1889, p. 70; 1895, p. 565. Pharm. Zeitung 1894, p. 824.

Eritrichium (Borraginaceae — Borraginoideae — Eritrichieae).

Eritrichium gnaphalioides A. DC. Name: Te de burro, Cordillerenthee. Besteht aus den dünnen Stengeln mit weisser Rinde und ganzrandigen, linealen, sitzenden Blättern. Bewirkt Vermehrung der Speichelsekretion, wird gegen Durchfall angewendet.

Litt.: Pharm. Journ. and Trans. 1892, p. 879.

Eryngium (Umbelliferae — Saniculeae).

Eryngium foetidum L., in Jamaica. Die Wurzel (Fit weed-Wurzel) gilt als Antispasmodicum.

Litt.: Pharm. Journ. and Trans. 1886, p. 101 ff.

Erythraea (Gentianaceae — Gentianoideae — Erythraeinae).

Erythraea australis R. Br., in Neusüdwales. Findet Verwendung wie bei uns Erythraea Centaurium.

Litt.: Pharm. Zeitung 1883, p. 107.

Erythraea chilensis Pers. (Erythraea Cachanlahuan R. et S.), in Chile. Name: Canchalagua. Wird wie unsere Erythraea Centaurium, auch als Anthelminthicum, benutzt. Enthält 9 % Bitterstoff.

Litt.: Kosteletzky III, p. 1038. Journ. Ph. et de de Ch. 1868, p. 211. Pharm. Post 1884, p. 268.

Erythrina (Papilionaceae — Phaseoleae — Erythrininae).

Erythrina Broteroi Hssk., in Australien. Die giftige Pflanze enthält besonders in der Rinde, weniger in den Blättern, ein Alkaloid, Erythrinin, welches respirationsvermindernd und bewegungshemmend wirkt.

Litt.: Pharm. Weekblad 1893, Nr. 28.

Erythrina Corallodendron L., im tropischen Amerika, auch in Cochinchina, Tahiti etc. Die Rinde wird in Tahiti als Adstringens benutzt; auf Mauritius als Sedativum und Hypnoticum. Sie enthält ein Alkaloid, welches wahrscheinlich mit dem von Erythrina Broteroi identisch ist.

Litt.: Kosteletzky IV, p. 1306. Christy & Co. X, p. 102.

Erythrina indica Lam. In Ostasien. Namen in Indien: Pángra, Páranga, Mándár (Hind., Mar.); Pálitá mándaá (Beng.); Kaliyana-murukku (Tam.); Bádidapu-chettu, Bádchipa-chettu (Tel.); Paravalada-mara, Harwana, Wanjippe

(Can.). Verwendung finden die Blätter und die Rinde, die letztere besonders bei Dysenterie, die Blätter äusserlich bei Geschwüren etc.; ein Saft aus den Blüthen bei Lungenleiden. Enthält ebenfalls ein Alkaloid. Vgl. auch Mededeelingen uit 's Lands Plantentuin VII, 1890, p. 29. Archiv für experimentelle Pathol. u. Pharmakol. 1893, p. 313.

Litt.: Kosteletzky IV, p. 1305. Dymock I, p. 451. The Pharm. Era 1891, p. 39.

Erythrina Mulungu Mart., in Brasilien. Name: Mulungú. Wirkt wie Erythrina Corallodendron.

Litt.: Christy & Co. VII, p. 66.

Erythrina crista galli L., in Brasilien. Wirkt wie Erythrina Corallodendron.

Litt.: Pharm. Jahresbericht 1880, p. 34.

Erythrophloeum (Caesalpiniaceae — Dimorphandreae).

Erythrophloeum guineense G. Don., in Sierra Leone. Namen: Red-water-tree, Mancône, Bouvane des floupes, Tali, Elinda bei den Mombuttus. Die giftige Rinde der Pflanze dient in Afrika den Negern bei Gottesurtheilen und bei der Bereitung von Pfeilgift. Ein solches als Haya bezeichnetes Pfeilgift wurde 1887 von Lewin untersucht und auf Grund der Prüfung verschiedener in demselben vorhandener Rindenstückchen als von dieser Rinde geliefert, die man bereits kannte, bestimmt. Die Rinde (Cortex Erythrophloei, Mancône-, Tali-, Sassy-Rinde, Casca bark, Sassy-tree bark, Saxon bark, Doom bark) bildet flache oder rinnenförmige Stücke von verschiedener Dicke, aussen matt zimmetbraun, stellenweise mit weissgrünem Anflug, längsrissig und flach quergerunzelt, innen schwärzlich. Bruch kurzsplitterig, fast körnig. Auf dem Querschnitt in der dunklen Masse reichlich helle Punkte, in der äusseren Hälfte ausserdem eine hellere Zone. Diese hellen Stellen werden durch Gruppen stark verdickter poröser Steinzellen erzeugt; vereinzelt finden sich in der helleren Zone (dem sklerotischen Ringe) Bastfasern. Unter den Steinzellen vereinzelte Zellen mit gut ausgebildeten Oxalatkrystallen. Die Siebröhren haben auf den geneigten Endflächen leiterförmig angeordnete Siebplatten. Markstrahlen 1—2reihig (nach Moeller, Anatomie der Baumrinden, p. 400, 4—6reihig). Das Parenchym mit rothbraunem Inhalt, der auf Gerbstoff schwach reagirt, sich aber mit Schwefelsäure blutroth färbt. Die Sklerose des Bastes ist nach dem Alter der Rinde recht verschieden.

Die Rinde enthält ein Alkaloid: Erythrophloëin, welches auf das Herz nach Art des Digitalins und anästhesirend wirkt. Nach anderer Ansicht (Liebreich) ist die letztere Wirkung als eine lähmende zu betrachten.

Erythrophloeum Laboucherii F. Müll., auf den Seychellen,

liefert eine mit der vorhergehenden anscheinend übereinstimmende Rinde.

Litt.: Parke, Davis & Co., p. 1130. Berl. klin. Wochenschr. 1888, p. 61. Chemiker-Zeitung (Coethen) 1888, p. 428. Pharm. Centralhalle 1888, p. 446. Christy & Co. XI, p. 60. E. Merck 1895, p. 75.

Erythroxylum (Erythroxylaceae).

Erythroxylum Coca Lam. Liefert die Cocablätter. Es soll auf die Droge, über welche eine sehr reichliche und leicht zugängliche Litteratur existirt, hier nicht weiter eingegangen werden.

Erythroxylum pulchrum St. Hil., in Brasilien. Namen: Subratil, Arco de pipa. Enthält in den Blättern 0,005 $^0/_0$ Alkaloid.

Litt.: Pharm. Rundschau (New York) 1886, p. 247.

Erythroxylum monogynum Roxb., auf Ceylon. Die auch nach Europa gekommenen Blätter (Christy & Co. IX, p. 68) enthalten nach Hooper kein Cocaïn, sondern einen Bitterstoff.

Litt.: Pharm. Journ. and Trans. 1886, p. 247.

Eschscholtzia (Papaveraceae — Papaveroideae — Eschscholtzieae).

Eschscholtzia californica Cham. Man unterscheidet von dieser Gattung 10 Arten, die von Kalifornien bis Neu-Mexico und Utah vorkommen, die aber vielleicht nur Varietäten der genannten Art sind. Häufig kultivirte Zierpflanze. Namen: California Poppy. Die ganze Pflanze findet arzneiliche Anwendung, besonders in Form eines Fluidextraktes, in Amerika. Sie gilt als gutes, schlaferzeugendes Mittel und Analgeticum, und soll in manchen Fällen im Stande sein, das Morphin resp. Opium zu ersetzen, zumal da ihr die unangenehmen Nebenwirkungen des ersteren fehlen sollen. Sie enthält mehrere Alkaloide, darunter Protopin $C_{20}H_{17}NO_5$, und ein Glykosid. Keines der gefundenen Alkaloide ist mit dem Morphin identisch, wie man behauptet hatte.

Litt.: Parke, Davis & Co., p. 650. Americ. Druggist 1889, p. 703. Therapeutische Monatshefte 1889, p. 125. Pharm. Zeitung 1889, p. 500. Arch. d. Ph. 1893, p. 136.

Escobedia (Scrophulariaceae — Gerardieae).

Escobedia scabrifolia R. et P., in Mittel- und Südamerika. Name: Azafrancillo de Mexico. Die Wurzel dient in Mexico und Columbien zum Färben. Sie enthält einen krystallinischen Stoff, Escobedin, und einen harzartigen Stoff, Azafranin, der mit Schwefelsäure blau, später violett wird.

Litt.: Kosteletzky III, p. 902. Americ. Journ. of Ph. 1885, p. 339.

Esso-cu.

Droge unbekannter Abstammung aus dem Dahomegebiet, anscheinend irgend eine Schmarotzerpflanze.

Litt.: Tagebl. d. Vers. deutsch. Naturf. u. Aerzte 1885, p. 188.

Eucalyptus (Myrtaceae — Leptospermoideae — Eucalyptinae).

Die Gattung Eucalyptus ist nach den verschiedensten Richtungen medicinisch und technisch von grosser Wichtigkeit. Bekannt sind die Erfolge, die man mit dem Anpflanzen von Eucalypten in Fiebergegenden erzielt hat und die wesentlich auf der reichlichen Wasserverdunstung in Folge des schnellen Wachsthums beruhen. Manche Arten sind wichtig geworden durch die Härte und Dauerhaftigkeit ihres Holzes.

Uns interessieren dieselben nach folgenden Richtungen:

1. Es liefern ätherisches Oel

Eucalyptus amygdalina Labill. Namen: Giant Eucalypt, Wangara, Peppermintstrauch, wie alle folgenden in Australien heimisch, liefert Stämme von 155 m Höhe und 30 m Umfang. Das ätherische Oel dieser Art ist in grosser Menge nach Europa gekommen, aber medicinisch nicht verwendbar, da es anscheinend kein Eucalyptol (Cineol) enthält. Neuerdings ist von Wallach und Schimmel & Co. im Oel von dieser Art allerdings Eucalyptol nachgewiesen, indessen hat dasselbe diesen Körper möglicher Weise nur deshalb enthalten, weil man in Australien beim Destilliren des Oeles die Blätter dieser Art und von *E. globulus* (s. unten) nicht genau auseinanderhält. — Spec. Gew. 0,86—0,89. Bestandtheile Phellandren und Cineol (?).

Litt.: Schimmel & Co. 1888, Oktober, p. 14; 1893, Oktbr., p. 16 (Anhang).

Eucalyptus Bayleana F. v. M. Das ätherische Oel enthält Eucalyptol. Es ist von melissenartigem Geruch. Spec. Gew. 0,890. Die frischen Blätter enthalten 0,9 $\%$ davon.

Litt.: Schimmel & Co. 1891, Oktober, p. 15. Pharm. Journ. and Trans. 1892, p. 944.

Eucalyptus capitellata Smith. Das ätherische Oel soll kaum von Pfefferminzöl zu unterscheiden und von ausserordentlicher Wirkung gegen Kolik sein.

Litt.: Schimmel & Co. 1891, Oktober, p. 15.

Eucalyptus citriodora Hook. Das ätherische Oel ist von starkem Melissengeruch. Spec. Gew. 0,870; es besteht der Hauptsache nach aus Citronellaldehyd.

Litt.: Schimmel & Co. 1893, Oktbr., p. 16 (Anh.); 1894, Oktbr., p. 20.

Eucalyptus cneorifolia D. C. Das ätherische Oel enthält gegen 50 $\%$ Eucalyptol; spec. Gew. 0,921. Die Fraktionen mit höheren Siedepunkten scheinen Citral zu enthalten. Das Oel wurde früher von E. oleosa abgeleitet.

Litt.: Pharm. Journ. and Trans. 1892, p. 877, 881.

Eucalyptus corymbosa Smith. Name: Bloodwood. Das ätherische Oel soll nach Rosen und Citronen riechen. Spec. Gew. 0,881. Es enthält reichlich Cineol.

Litt.: Schimmel & Co. 1891, Oktbr., p. 15; 1893, Oktbr., p. 28.

Eucalyptus crebra F. v. M. Name: Iron bark. Das ätherische Oel kommt dem von E. globulus nahe. Es ist sehr reich an Cineol.

Litt.: Schimmel & Co. 1893, April, p. 28.

Eucalyptus dealbata A. Cunn. Das ätherische Oel riecht nach Citronen und Melissen. Spec. Gew. 0,885. Die trocknen Blätter enthalten 2,7 $^0/_0$.

Litt.: Schimmel & Co. 1888, April, p. 19; 1889, April, p. 18; 1893, Oktbr., p. 16 (Anhang).

Eucalyptus dumosa A. Cunn. Das Oel enthält reichliche Mengen Cineol.

Litt.: Schimmel & Co. 1889, Oktbr., p. 26.

Eucalyptus Globulus Labil. Namen: Gum Tree, Blue Gum Tree, Fever Tree, Iron Bark, Woolly Butt. Das Oel dieser Species ist das am längsten in Europa verwendete. An seine Stelle trat nach einiger Zeit das von E. amygdalina (s. oben) und einiger anderer Species. Inzwischen hatte sich die Kultur von E. globulus weit verbreitet, und es erschienen Oele aus Algier, Spanien, Italien, Südfrankreich und Kalifornien. Besonders das Oel aus Algier und Kalifornien ist von grosser Bedeutung. Die Sorten verschiedener Provenienz sind besonders bezüglich des Geruches recht verschieden.

Die Ausbeute aus trockenen Blättern beträgt 1,6—3,0 $^0/_0$; spec. Gew. 0,91—0,93. Es enthält Valeraldehyd, Butyraldehyd, Capronaldehyd, Pinen, Cineol. Seine Verwendung als Stimulans, Antispasmodicum und Antisepticum ist bekannt. Die Blätter verdanken ihre Verwendung dem Gehalt an ätherischem Oel.

Litt.: Parke, Davis & Co., p. 655. Schimmel & Co. 1893, Oktbr., p. 16 (Anhang).

Eucalyptus goniocalyx F. v. M. Name: The spotted gum of Victoria. Das ätherische Oel besitzt einen stechend penetranten Geruch und widerlichen Geschmack. Spec. Gew. 0,918.

Litt.: Schimmel & Co. 1891, Oktbr., p. 15.

Eucalyptus gracilis F. v. M. Name: Whipstich scrub. Liefert ebenfalls ätherisches Oel, über welches weitere Mittheilungen fehlen.

Eucalyptus haemastoma Smith. Name: White gum. Frische Blätter liefern fast $1^7/_8$ $^0/_0$ ätherisches Oel von 0,890 spec. Gew. Es riecht nach Geranium und Pfefferminze und enthält Cymol, Menthon(?) und Cuminaldehyd.

Litt.: Schimmel & Co. 1893, Oktbr., p. 16.

Eucalyptus hemiphloia F. v. M. Aetherisches Oel von rothbrauner Farbe, das grosse Mengen Cuminaldehyd und viel Cineol enthält.

Litt.: Schimmel & Co. 1893, April, p. 28.

Eucalyptus incrassata Labill., liefert ätherisches Oel, über dessen Eigenschaften nichts bekannt geworden ist.

Eucalyptus leucoxylon F. v. M. Namen: Blue gum, Iron bark tree. Das Oel (Bulkoil) ähnelt dem von E. oleosa.

 Litt.: Schimmel & Co. 1891, Oktbr., p. 16.

Eucalyptus longifolia Link. Das verhältnissmässig dickflüssige Oel ist von aromatisch kühlendem Geschmack und flüchtig kamphorartigem Geruch. Spec. Gew. 0,940.

 Litt.: Schimmel & Co. 1891, Oktbr., p. 16.

Eucalyptus maculata Hook. Name: Spotted gum tree. Das Oel hat einen Melissengeruch; spec. Gew. 0,90. Es enthält Citronellon, Geraniol.

 Litt.: Schimmel & Co. 1893, Oktbr., p. 18 (Anhang).

Eucalyptus maculata var.: citriodora Hook. Das Oel hat einen ausgezeichneten Melissengeruch; spec. Gew. 0,87—0,905. Es enthält 95 $^0/_0$ Citronellon und Geraniol. Die trockenen Blätter liefern 2,2 $^0/_0$.

 Litt.: Schimmel & Co. 1890, Oktbr., p. 20; 1893, Oktbr., p. 17, p. 18 (Anhang).

Eucalyptus melliodora A. Cunn. Liefert ätherisches Oel, über welches Angaben noch nicht vorliegen.

 Litt.: Bullet. of Ph. 1892, vol. VI, Nr. 11.

Eucalyptus microcorys F. v. M. Name: Sallow wood. Das ätherische Oel enthält Cineol; spec. Gew. 0,935.

 Litt.: Schimmel & Co. 1893, Oktbr., p. 18 (Anhang) und frühere Berichte, deren Angaben theilweise abweichen.

Eucalyptus obliqua L'Hérit. Das ätherische Oel soll von rothgelber Farbe, mildem Geruch und bitterem Geschmack sein. Spec. Gew. 0,899.

 Litt.: Schimmel & Co. 1891, Oktbr., p. 16.

Eucalyptus odorata Behr. Das ätherische Oel enthält Cineol und Cuminol. Spec. Gew. 0,907.

 Litt.: Schimmel & Co. 1893, Oktbr., p. 18 (Anhang).

Eucalyptus oleosa F. Müll. Das ätherische Oel enthält Cineol und Cuminol. Spec. Gew. 0,915—0,925.

Eucalyptus piperita Sm. Name: Pepper mint. Liefert reichlich ätherisches Oel, über das Nachrichten nicht vorliegen.

 Litt.: Pharm. Journ. and Trans. 1892, p. 944.

Eucalyptus Planchoniana F. v. M. Frische Blätter liefern 0,06 $^0/_0$ ätherisches Oel von Citronellgeruch; spec. Gew. 0,915.

 Litt.: Schimmel & Co. 1891, Oktbr., p. 17.

Eucalyptus polyanthemos Schau. Liefert ätherisches Oel, über welches Näheres nicht bekannt ist.

 Litt.: Bullet. of Ph. 1892, vol. VI, Nr. 11.

Eucalyptus populifolia Hook. Namen: Bimbil box, Poplar

leaved gum. Das hellrothe, nach Cajeput riechende Oel enthält Cuminaldehyd und Cineol.

Litt.: Schimmel & Co. 1893, April, p. 28.

Eucalyptus pyriformis Turcz. Ueber das Oel ist Näheres nicht bekannt.

Litt.: Pharm. Journ. and Trans. 1892, p. 944.

Eucalyptus resinifera Smith. Name: Swamp gum. Das hellgelbe Oel enthält reichlich Cineol.

Litt.: Schimmel & Co. 1893, April, p. 28.

Eucalyptus Risdoni Hook. Das Oel enthält Cineol und Phellandren. Spec. Gew. 0,915.

Litt.: Schimmel & Co. 1894, April, p. 29.

Eucalyptus rostrata Schlechtdl. Name: Red Gum Tree. Das Oel enthält Valeraldehyd und Cineol. Spec. Gew. 0,924. Aus Algier von kultivirten Pflanzen.

Litt.: Schimmel & Co. 1893, Oktbr., p. 18.

Eucalyptus rudis Endl. Ueber das Oel ist Näheres nicht bekannt.

Litt.: Pharm. Journ. and Trans. 1892, p. 944.

Eucalyptus salubris F. Müll. Wie vorige.

Eucalyptus sideroxylon A. Cunn. Name: Iron bark. Wie vorige.

Litt.: Bullet. of Ph. 1892, vol. VI, Nr. 11.

Eucalyptus Staigeriana F. v. M. Name: Lemon-scented iron bark. Das Oel von schönem Melissengeruch enthält Citral. Spec. Gew. 0,880. Ausbeute 3,7 %.

Litt.: Schimmel & Co. 1893, Oktbr., p. 18 (Anhang). Christy & Co. IX, p. 14.

Eucalyptus Stuartiana F. v. M. Name: Stringy bark. Angenehm gewürzhaft riechendes Oel von goldgelber Farbe. Enthält kein Cineol.

Litt.: Schimmel & Co. 1893, April. p. 28.

Eucalyptus tesselaris F. v. M. Name: Morton bay ash. Hellgelbes Oel, reich an Cineol.

Litt.: Schimmel & Co. 1893, April, p. 28.

Eucalyptus tereticornis Smith. Name: Red gum. Rothes Oel, dessen Geruch an Zitwerwurzel erinnert. Enthält kein Cineol.

Litt.: Schimmel & Co. 1893, April, p. 28.

Eucalyptus uncinata Turcz. Ueber das Oel ist Näheres nicht bekannt.

Eucalyptus viminalis Labill. Name: Manna gum. Grünlich gelbes Oel von unangenehmem Geruch. Spec. Gew. 0,921.

Litt.: Schimmel & Co. 1891, Oktbr., p. 17.

2. Es liefern Kino und Gummi die folgenden Arten, wobei ich besonders der Zusammenstellung von Maiden (Pharm. Journ.

and Trans. 1889, p. 221 und 331) folge (vgl. ferner Wiesner, Rohstoffe). Es geht aus den Angaben von Maiden u. A. hervor, dass bei den Eucalypten eine scharfe Grenze zwischen Gummi und Kino nicht besteht, insofern das Sekret mancher Arten als adstringirend schmeckendes Gummi beschrieben wird, und andrerseits manche Kinosorten sich in Alkohol nicht völlig lösen, sondern Gummi hinterlassen, das in kaltem Wasser fast völlig löslich ist. Das austretende Sekret ist zuerst oft farblos, wird aber an der Luft bald roth bis schwarz in Folge der Oxydation von Gerbstoff, wobei die Löslichkeit in Wasser abnimmt.

a) Die Kinos folgender Arten sind in Wasser und Alkohol völlig löslich (Rubin-Kino):

Eucalyptus amygdalina Labill., *E. eugenioides Sieber*, *E. haemastoma Smith*, *E. macrorrhyncha F. v. M.*, *E. pilularis Smith*, *E. piperita Smith*, *E. Sieberiana F. v. M.*, *E. stellulata Sieb.*, *E. melliodora E. Cuom.*, *E. obliqua L'Hérit.*

b) Die Kinos folgender Arten sind nur zum Theil in Alkohol löslich, der aus Gummi bestehende Rückstand löst sich in Wasser fast vollständig auf:

E. leucoxylon F. v. M., *E. paniculata Sm.*, *E. resinifera Sm.*, *E. robusta Sm.*, *E. saligna Sm.*, *E. siderophloia Benth.*

c) Die Kinos folgender Arten lösen sich in Alkohol trübe mit gelber bis orangebrauner Farbe:

E. goniocalyx F. v. M., *E. hemiphloia F. v. M.*, *E. rostrata Schlchtdl.*, *E. punctata DC.*, *E. odorata Behr.*, *E. Gunnii Hook.*, *E. Stuartiana F. v. M.*, *E. viminalis Labill.*, *E. terminalis F. v. M.*, *E. corymbosa Sm.*, *E. microcorys F. v. M.*, *E. maculata Hook.* (über das Kino der letzteren Art vgl. weiter Pharm. Journ. and Trans. 1886, p. 1102). Vgl. ferner Pharm. Journ. and Trans. 1886, p. 141; 1890, p. 27.

3. Einige Arten liefern der **Manna** ähnliche Stoffe, so durch den Stich der *Cicada moerens: Eucalyptus viminalis Labill.*, *E. mannifera Mudie*, *E. resinifera Smith;* ferner *Eucalyptus Gunnii Hook.*

Litt.: Flückiger, Pharmakognosie, 3. Aufl., p. 34. Pharm. Journ. and Trans. 1891, p. 717. Trans. of the Roy. Soc. of Victoria, vol. II.

4. Im Jahre 1874 wurde von einem australischen Honig berichtet, der von *Apis nigra mellifica* auf Eucalyptusblüthen gesammelt wurde und dem hervorragende Heilkräfte zugeschrieben wurden (Christy & Co. XI, p. 64). Es ist inzwischen nachgewiesen, dass es sich dabei um gewöhnlichen Honig handelte, dem man Eucalyptusöl hinzugefügt hat (Americ. Journ. of Ph. 1889, Nr. 5. Archiv f. Ph. 1889, p. 873). Neuerdings hat Pfister gezeigt, dass der australische Honig reichlich Pollen von Myrtaceen, also wohl von Eucalyptus, enthält und einen eigenthümlichen, nicht

angenehmen Geschmack hat (Forschungsber. über Lebensmittel etc., forense Chemie und Pharmakognosie 1895, p. 35).

5. Aus den frischen Blättern von *Eucalyptus globulus* und *E. rostrata Schlechtdl.* stellt man durch Auspressen einen Succus her, der als Tonicum, Antiperiodicum und Antisepticum verwendet wird.

Litt.: Austral. Journ. of Ph. 1886, Januar.

6. Die Blätter von *Eucalyptus globulus*, die früher die ausschliesslich verwendete Droge bildeten, treten gegenwärtig an Wichtigkeit gegen das Oel und das daraus gewonnene Stearopten ganz zurück. Man verwendet fast ausschliesslich südeuropäische Blätter, und zwar die älteren, säbelförmigen, monofacial gebauten.

Litt.: Parke, Davis & Co., p. 655.

Kosteletzky IV, p. 1520 führt 1835 als pharmaceutisch wichtig nur *Eucalyptus resinifera Smith* des Kinos (Botanybai-Kino) wegen an und erwähnt das Vorkommen von Manna bei dieser und einigen anderen Arten.

Eucheuma (Rhodophyllidaceae).

Eucheuma speciosum. In Westaustralien. Liefert Gallerte, die ebenso verwendet wird, wie die anderer Florideen.

Litt.: Christy & Co. II (Anhang).

Euchresta (Papilionaceae — Dalbergieae — Geoffraeinae).

Euchresta Horsfieldii Benn., im Himalaya, Sundaarchipel und auf Formosa. Name: Prouo djuvo, Prana djiva, Kiboeaya (unter demselben Namen gehen auch die Samen von *Sterculia javanica*) in Java. Verwendung finden die Samen. Sie sind $1^1/_2$ cm lang, 5 mm dick, walzig-eirund, von tiefbrauner Farbe mit weisslichem Nabel. Der Embryo ist von röthlich gelber Farbe, er enthält viel Stärke. Wird als Mittel gegen Blutspeien und Brustbeschwerden empfohlen. Enthält $1{,}5\,^0/_0$ Alkaloid.

Litt.: Chemiker-Zeitung (Coethen) 1889, p. 562. Nederland. Tijdschr. voor Ph. 1895, Februar. Mededeelingen uit 's Lands Plantentuin XIII.

Eucommia.

Eucommia ulmoides Oliver, in China. Liefert die Tschung-rinde.

Litt.: Pharm. Journ. and Trans. 1891, p. 738.

Eugenia (Myrtaceae — Myrtoideae — Eugeniinae).

Eugenia acris Wight. et Arn. In Westindien wird aus den Blättern Oel destillirt, das ebenso wie das von Myrica acris als Bayöl bezeichnet wird. Es ist grünlich-gelb, von dicklicher Konsistenz. Spec. Gew. 0,932.

Litt.: Bullet. of Ph. 1892, p. 261.

Eugenia Cheken Hooker et Arnott. Heimisch in Chile. Namen: Cheken. Verwendung finden die Blätter und jüngeren Zweige als tonisches, expektorirendes, diuretisches und antiseptisches Mittel. Sie verdanken ihre medicinischen Eigenschaften dem Gehalt an Gerbstoff und ätherischem Oel. Sie sind 1—4 cm lang und etwa halb so breit wie lang, elliptisch bis eiförmig, starr, zart gerunzelt, hellgrün, kurz gestielt, am Rande umgebogen, beiderseits kahl. Gegen das Licht gehalten, scheinen Oelzellen durch. Anfangs fast geruchlos, entwickeln sie beim Zerreiben zwischen den Fingern einen angenehm gewürzhaften Geruch. Der Geschmack ist anfangs rein gewürzhaft, später stark bitter. Sie enthalten 1 $^0/_0$ ätherisches Oel, das wie das von Myrtus communis Rechtspinen und Cineol enthält, ferner zu etwa 0,08 $^0/_0$ einen in krystallinischen Krusten erhaltenen Körper Chekenon $C_{40}H_{44}O_8$, einen anderen, ebenfalls krystallinischen Körper Chekenin $C_{12}H_{11}O_3$, Chekenbitter, das amorph ist, und Chekenitin $C_{11}H_7O_6 +$ H_2O. Man ist in Europa etwa seit 1886 auf die Droge aufmerksam geworden.

Litt.: Parke, Davis & Co., p. 246. Arch. d. Ph. 1888, p. 665. Chemiker-Zeitung (Coethen) 1882, p. 330. Detroit Therap. Gaz. 1882, p. 284. Schimmel & Co. 1888, Oktober, p. 42.

Eugenia lucidula Miq. Die Früchte sind aus Batavia unter dem Namen Daden Salen als Gewürz eingeführt.

Litt.: Christy & Co. IX, p. 69.

Eugenia obovata Wall., in Britisch Sikkim. Die Rinde wird von den Eingeborenen gegen Kopfweh geschnupft.

Litt.: Arch. d. Ph. 1888, p. 1044.

Eugenia Sandwicensis A. Gray. Name: Ohia-Lehua, und *Eugenia Malaccensis.* Name: Ohio Ai. Blätter, Blüthen und Rinde beider Arten werden gegen Schwindsucht und Halskrankheiten angewendet.

Litt.: Pharm. Rundschau (New York) 1885, p. 165.

Eupatorium (Compositae — Eupatorieae — Ageratinae).

Eupatorium amarissimum (?), in Mexico. Die, wie viele der folgenden Arten, intensiv bittere Pflanze, gilt als Tonicum. Sie wird ausserdem zur Vertilgung von Insekten und als Ersatz des Hopfens angewendet.

Litt.: Christy & Co. VIII, p. 55; IX, p. 66.

Eupatorium aromaticum L., in Nordamerika. Gilt als Volksmittel bei rheumatischen Leiden. Enthält 0,6 $^0/_0$ eines stark riechenden und beissend schmeckenden Oeles.

Litt.: Kosteletzky II, p. 647. Americ. Journ. of Ph. 1890, p. 124.

Eupatorium Ayapana Vent., in Brasilien heimisch, weiter in Amerika und in Ostindien kultivirt. Name in Indien: Allápa. Wird bei Magenleiden als Tonicum angewendet. Riecht nach Cumarin.

Litt.: Kosteletzky II, p. 648. Zeitschr. d. österr. Apoth.-Vereins 1879, p. 495. Chemiker-Zeitung (Coethen) 1886, p. 433.

Eupatorium Berlandierii DC., wird in Arizona als Tabakssurrogat verwendet.

Litt.: Pharm. Journ. and Trans. 1880, p. 664.

Eupatorium foeniculaceum Willd., in den nordamerikanischen Südstaaten, wird als Diureticum geschätzt.

Litt.: Therapeut. Gazette 1884, December.

Eupatorium perfoliatum L., in den nordamerikanischen Südstaaten. Die Pflanze wird als Bittermittel benutzt. Sie enthält ein Glykosid, 0,01 ätherisches Oel, Harz, Wachs, Gallussäure, Gerbsäure und die blühende Pflanze ein Alkaloid.

Litt.: Kosteletzky II, p. 646. Americ. Journ. of Ph. 1880, p. 392; 1885, p. 77; 1892, p. 510.

Eupatorium purpureum L. Namen: Purple Boneset, Trumpet weed, Gravel root, Queen of the Meadow. Enthält ebenfalls einen glykosidischen Bitterstoff $C_{12}H_{11}O_3$, 0,18 % ätherisches Oel u. s. w.

Litt.: Kosteletzky II, p. 646. Americ. Journ. of Ph. 1890, p. 71.

Eupatorium rotundifolium L. Enthält ebenfalls ein Glykosid.

Litt.: Americ. Journ. of Ph. 1892, p. 225.

Eupatorium sanctum (?), in Mexico, dient als Fiebermittel, gegen Diarrhoe und als Ersatz des Hopfens.

Litt.: Americ. Journ. of Ph. 1886, p. 35.

Eupatorium tinctorium (?), in Südamerika. Name: Paraguay Indigo. Liefert Indigo. Ebenso *E. lamiifolium H. B. K.* in Quito.

Litt.: Kew Bulletin 1892, p. 179.

Eupatorium villosum Sw., wird aus Jamaica als Hopfensurrogat exportirt.

Litt.: Pharm. Zeitung 1884.

Euphorbia (Euphorbiaceae — Platylobeae — Euphorbieae).

Euphorbia Apios L., in Griechenland. Die Wurzeln wirken in kleiner Dosis abführend, in grösserer brechenerregend.

Litt.: Kosteletzky V, p. 1728. Arch. d. Ph. 1851, p. 56.

Euphorbia Cattimandoo W. Elliot, in Ostindien. Der nach Einschnitten ausfliessende Milchsaft wird gekocht, in Stangen geformt und so in den Handel gebracht. Er findet Verwendung als Mittel gegen Rheumatismus. Enthält 35,00 % Euphorbon etc.

Litt.: Arch. d. Ph. 1886, p. 749. Pharm. Journ. and Trans. 1883, p. 104.

Euphorbia cotinifolia L., in Südamerika und Mexico. Dient als Fischgift in Mexico, in Südamerika zum Vergiften der Pfeile.

Litt.: Kosteletzky V, p. 1721. Christy & Co. IX, p. 66.

Euphorbia dendroides L., in Südeuropa. Dient als Fischgift, medicinisch als heftiges Purgirmittel.

Litt.: Kosteletzky V, p. 1727. Arch. d. Ph. 1882, p. 56.

Euphorbia Drummondii Boiss., in Australien. Es ist aus

dieser Pflanze ein Alkaloid: Drumin, dargestellt, welches kräftig lokal anästhetisch wirken sollte, ähnlich wie Cocaïn. Das hat sich nicht nur nicht bestätigt, sondern das Drumin soll sogar zum grössten Theile aus Calciumoxalat bestanden haben.

Litt.: Gehe & Co. 1887, April u. September. Pharm. Journ. and Trans. 1886, p. 506.

Euphorbia eremocorpus (vielleicht *eremophila A. Cunn.*), in Californien. Enthält dem Euphorbium ähnliche Harze. Das Pulver erregt Niesen und Nasenbluten.

Litt.: Pharm. Zeitung 1886, p. 128.

Euphorbia geniculata Orteg. Heimisch in Südamerika, nach Egypten eingewandert. Wie dort medicinisch verwendet. Enthält Euphorbon und Kautschuk.

Litt.: Les nouv. remèdes 1888, p. 433.

Euphorbia heterodoxa Müll. Arg., in Brasilien. Name: Al-veloz, Aveloz, Avveloz (vgl. auch Euphorbia phyllanthus). Der Milchsaft der Pflanze findet Verwendung als Aetzmittel bei Krebsleiden.

Litt.: Americ. Druggist 1884, p. 143. Christy & Co., VII, p. 77; VIII, p. 36. Parke, Davis & Co., p. 27.

Euphorbia heterophylla L., in Brasilien. Name: Porceta ó Papagaio. Enthält einen violetten Farbstoff: Porcetin.

Litt.: Apoth.-Zeitung (Repertor.) 1892, p. 21.

Euphorbia Lathyris L., wohl in Südeuropa heimisch, in Mexico und Peru eingeschleppt. Von der jetzt ganz obsoleten Pflanze wurden früher die Samen als *Semen Cataputiae minoris* seu *Tithymali latifolii* seu *Lathyridis majoris* als Drasticum und Emeticum verwendet, sowie der Milchsaft als scharfes und blasen-ziehendes Mittel. Die Samen enthalten 40 $^0/_0$ eines stark abführend wirkenden Oeles, ferner Aesculetin und einen zweiten krystal-lisirenden Körper. Der Milchsaft enthält Euphorbon.

Litt.: Kosteletzky V, p. 1729. Arch. d. Ph. 1886, p. 753. Bullet. of Ph. 1893, p. 204.

Euphorbia maculata L., in Nord- und Mittelamerika. Das Kraut findet Verwendung gegen Husten und Asthma, der Saft zur Entfernung von Flecken der Hornhaut.

Litt.: Kosteletzky V, p. 1722. Pharm. Journ. and Trans. 1886, p. 101 ff. Americ. Journ. of Ph. 1886, p. 168.

Euphorbia phyllanthus, in Brasilien. Liefert auch Alveloz (s. oben).

Euphorbia pilulifera L. Heimisch in Australien, verbreitet in Ostindien, Westindien u. s. w. Namen in Indien: Dudhi (Hind.); Bara-keru (Beng.); Goverdhan, Mothidudhi, Nayeti (Mar.); Dudheli (Guz.); Amumpatchai-arissi (Tam.); Bidari, Nánabala (Tel.); Gentikasa, Barasu (Can.); in Amerika: Pill-bearing spurge, snake-weed, cat's-hair.

Empfohlen als Heilmittel gegen Bronchitis, Asthma etc. Enthält kein Alkaloid und Glykosid; der wirksame Stoff scheint ein Harz zu sein.

Litt.: Kosteletzky, V, p. 1723. Parke, Davis & Co., p. 694. Dymock III, p. 247. Christy & Co. V, p. 64, 70; IX, p. 35.

Euphorbia pulcherrima Willd., in Mexico. Wird als Depilatorium benutzt, die Bracteen gelten als milchtreibend.

Litt.: Americ. Journ. of Ph. 1885, p. 552.

Euphorbia Tirucalli L. Heimisch in Ostafrika (Sansibar), in Indien kultivirt. Namen: Bár-ki-thohor, Bar-ki-sehund (Hind.); Kádanivali (Mar.); Netrio-thora, Thora-dánadálio (Guz.); Kallikombu (Tam.); Káda-jemudu (Tel.); Bonta-kalli, Káda-nevali (Can.); Tiru-kalli (Mal.); Lanka-sij (Beng.). Die Rinde wird gegen Kolik, der Milchsaft als Purgans verwendet; letzterer enthält Euphorbon.

Litt.: Dymock III, p. 252. Arch. d. Ph. 1886, p. 751.

Euphorbia villosa W. et K., wird in Russland als Mittel gegen Hundswuth benutzt.

Litt.: Kosteletzky V, p. 1726. Pharm. Zeitung 1881, p. 617.

Mittheilungen über den Milchsaft von *Euphorbia tetragona Haworth, antiquorum L., Myrsinites L., orientalis L., Lagascae Sprengel, humifusa Willd., splendens Bory, canariensis L., trigona Haworth, neriifolia L., resinifera Berg, palustris L., Gerardiana Jacq., verrucosa Lam., exigua L., Cyparissias L., virgata W. et K.* finden sich im Arch. d. Ph. 1886, p. 749.

Eurybia (Compositae).

Eurybia moschata (?), in Neu-Seeland. Die Pflanze enthält ein Glykosid: Eurybin, das in stärkeren Dosen, subkutan angewendet, Erbrechen hervorruft.

Litt.: Merck 1894, p. 12.

Evodia (Rutaceae — Zanthoxyleae).

Evodia fraxinifolia Hook. f., in Nepal; aus den Früchten wird ätherisches Oel gewonnen, das nach Bergamott und Geranium riechen soll und als Desodorans für Jodoform empfohlen wird. Indessen ist behauptet worden, dass das Oel gar nicht von dieser Pflanze, sondern von *Xanthoxylon Hamiltonianum* (s. d.) stammt. Auch die Rinde liefert Oel.

Litt.: Christy & Co., p. 56. Gehe & Co. 1888, April, p. 8.

Evodia glauca Miq. Die Rinde (Obaku-Rinde) findet in China und Japan medicinische Verwendung. Sie ist von bitterem Geschmack und enthält reichlich Berberin.

Litt.: Pharm. Journ. and Trans. 1886, p. 966.

Evodia longifolia A. Rich., auf den Fidschi-Inseln. Name: Uci-salusalu. Die Blätter werden als Schutzmittel gegen Abortus angewendet.

Litt.: Pharm. Zeitung 1885, p. 486.

Evodia rutaecarpa Hook. f. et Thoms., in Indien, China und Japan. Namen: Go-siu-ju, Goschuyn. Die Früchte werden von den chinesischen und japanischen Aerzten als Purgans, Emmenagogum, Sudorificum und Stimulans verwendet.

Die Früchte gehen auch als japanische Cubeben, und sollen den echten Cubeben beigemengt vorgekommen sein.

Litt.: Christy & Co. IV, p. 50. Pharm. Journ. and Trans. 1887, p. 508.

Evonymus (Celastraceae — Celastroideae — Evonymeae).

Evonymus atropurpurea Jacq., im nördlichen und mittleren Theil der Vereinigten Staaten von Nordamerika. Name: Wahoo. Verwendung findet die Rinde der Wurzel und der jungen Zweige. Sie besteht aus bis 20 cm langen, 1 cm breiten halbrinnenförmigen oder rinnenförmigen Stücken, von gelblich-grauer Farbe. Der Geschmack ist anfangs süsslich-fade, später kratzend, zuletzt anhaltend bitter. Im Bast finden sich keine eigentlichen Bastfasern, sondern wie auch bei anderen Evonymusarten (cf. Moeller, Baumrinden), eigenthümliche faserartige, auf der Aussenseite mit Grübchen versehene Gebilde, die Moeller und Paschkis geneigt sind, als durch Umwandlung normaler Bastfasern in Schleim oder Pectin entstanden, zu halten. Die Rinde enthält ein Glykosid: Evonymin, ferner Evonsäure, Mannit u. s. w. Der wirksame Bestandtheil dürfte das in der Wurzelrinde am wenigsten vorkommende Evonymin, ein Herzgift, sein. Man verwendet die Droge als Cholagogum, Tonicum, Laxativum.

Litt.: Pharm. Centralhalle 1884, p. 193. Americ. Journ. of Ph. 1889, p. 204. Pharm. Journ. and Trans. 1889, p. 273.

Exacum (Gentianaceae — Exaceae).

Exacum zeylanicum Roxb., in Ceylon. Die Wurzel wird als bitteres Tonicum benutzt.

Litt.: Kosteletzky III, p. 1035. Pharm. Journ. and Trans. 1893, p. 302.

Excoecaria (Euphorbiaceae — Hippomaninae).

Excoecaria Agallocha L., im südlichen Asien weit verbreitet, bis Australien reichend. Name: Caju Matta Buta; in Indien: Gavura, Uguru, Gangwa, Geria (Beng.); Chilla (Tel.); Haro (Can.); Gevá, Phungali, Hura (Mar.); Tillai-cheddi (Tam.). Der Milchsaft ist ausserordentlich giftig; ein Tropfen ins Auge gebracht, soll Erblindung herbeiführen. Man benutzt ihn zur Heilung eitriger Geschwüre. Liefert ferner Aloëholz.

Litt.: Kosteletzky V, p. 1735. Dymock III, p. 314. Proceed. of the Linn. Soc. of New South Wales 1888, März.

Exostemma (Rubiaceae — Cinchonoideae — Cinchoneae).

Exostemma caribaeum Roem. et Schult., auf den Antillen. Namen: China caribaea, Jesuitenrinde, Seeuferrinde, wird neuerdings wieder als Substitut der Chinarinde empfohlen.

Litt.: Kosteletzky II, p. 594. Zeitschrift des österreich. Apoth.-Vereins 1883, p. 216.

F.

Fabiana (Solanaceae — Cestreae — Nicotianinae).

Fabiana imbricata R. et P., in Chile. Name: Pichi. Die Droge, Stengel und Blätter mit Blüthen, wird in ihrer Heimath von jeher gegen Krankheiten des Viehes benutzt. In Europa ist sie etwa 1886 aufgetaucht. Man hat sie gegen Leiden der Blase, Blasenstein und bei Entzündungen der Harnwege, sowie bei Leberleiden empfohlen. Sie enthält ein in Lösungen fluorescirendes Glykosid, dem Aesculin mindestens sehr ähnlich, ein in Krystallen erhaltenes Harz $(C_{18}H_{31}O_2)x$, u. s. w.; über die Anwesenheit eines Alkaloids gehen die Angaben auseinander.

Litt.: Kosteletzky III, p. 949. Parke, Davis & Co., p. 1065. Americ. Journ. of Ph. 1886, p. 65; 1889, p. 405; 1891, p. 433. Journ. de Ph. et de Ch. 1887, p. 279, 389. Pharm. Zeitschrift f. Russl. 1891, Nr. 43 ff.

Fevillea (Cucurbitaceae — Fevilleae).

Fevillea cordifolia L., hauptsächlich in Westindien. Die Samen (Semen Nhandirobae, Antidote Cacoon), die $50\,^0/_0$ eines festen Fettes enthalten, wirken brechenerregend, weshalb man sie als Gegengift verwendet. Man benutzt sie auch als Arzneimittel bei Wassersucht.

Litt.: Kosteletzky II, p. 723. Christy & Co. VII, p. 48.

Fevillea trilobata L., in Brasilien. Liefert ebenfalls Semen Nhandirobae. Das Fett findet wie das der vorigen Art technische Verwendung und wird auch zu Einreibungen bei Rheumatismus benutzt.

Litt.: Kosteletzky II, p. 723. Pharm. Zeitung 1887, p. 115.

Fibraurea (Menispermaceae — Tinosporeae).

Fibraurea tinctoria Lour. Heimisch im tropisch-ostasiatischen und malayischen Gebiet. Name auf Java: Kojoe keenjit; auf Formosa: Fien-hsien-t'êng. Man verwendet die Stengel als Diureticum, auf Formosa bei Koliken. Sie enthält, wie so viele Menispermaceen einen gelben Farbstoff, der zum Färben benutzt wird.

Litt.: Kosteletzky II, p. 500. Chemist and Druggist 1895, p. 324.

Ficus (Moraceae — Artocarpoideae — Ficeae).

Ficus bengalensis L., wild und angepflanzt in Indien. Name: Banyan. Die Wurzelrinde wird als Tonicum geschätzt.

Litt.: Kosteletzky II, p. 410. Bullet. of Ph. 1893, p. 110.

Ficus (Pharmacosyce) radula Miq. Im östlichen Brasilien (Provinzen Piauhy und Pará). Namen: Guaxinduba und Guximba preta. Der stark drastisch wirkende Milchsaft der Rinde wird als Anthelminthicum benutzt.

Litt.: Pharm. Rundschau (New York) 1891, p. 165.

Ficus (Pharmacosyce) anthelminthica Miq. Heimisch in Brasilien (Provinzen Rio de Janeiro, Ceará, Pará, Amazonas, Pernambuco). Namen: Gamelleira, Figueira brava, Lombrigueira (Spulwurmbaum); bei den Eingeborenen: Coajiúguba, Coaxinguba, Guaxinduba; in der Tupisprache: Uapuin-uassu. Wie von der vorigen Art wird auch der Milchsaft dieser als Anthelminthicum, besonders gegen Anchylostomum duodenale, benutzt. Doch ist auch hier bei der Anwendung seiner Giftigkeit wegen grosse Vorsicht geboten.

Litt.: Pharm. Rundschau (New York) 1891, p. 165.

Ficus (Pharmacosyce) vermifuga Miq. In Brasilien heimisch. Name: Figueira brava. Verwendung wie bei den vorigen, doch soll der Milchsaft etwas weniger giftig sein.

Litt.: Pharm. Rundschau (New York) 1891, p. 165.

Ficus nymphaeifolia Mill., in Mexico. Der Stamm liefert nach Einschnitten einen kautschukhaltigen Saft (Tescalama), der als Verbandmaterial Verwendung findet.

Litt.: Americ. Journ. of Ph. 1891, p. 67.

Flacourtia (Flacourtiaceae — Flacourtieae).

Flacourtia cataphracta W., in Ostindien, auch vielfach kultivirt. Namen: Pani-aonvala (Hind.); Jaggam (Pers.); Tambat (Mal.); Paniála (Beng.); Talisputrie. Die Früchte verwendet man gegen Diarrhoe.

Litt.: Kosteletzky V, p. 1625. Dymock I, p. 152. Christy & Co. VII, p. 49.

Flagellaria (Flagellariaceae).

Flagellaria indica L., in Neu-Südwales, auch in den Tropen von Asien und Afrika. Die Blätter sind adstringirend und werden deshalb als Wurmmittel benutzt.

Litt.: Kosteletzky I, p. 205. Proceed. of the Linn. Soc. of New South Wales 1888, März.

Flindersia (Meliaceae).

Flindersia maculosa F. v. M., in Neu-Südwales und Queensland. Name: Leopardbaum. Liefert klares bernsteinfarbenes Gummi von angenehmem Geschmack, das von den Eingeborenen gegen Diarrhoe benutzt wird. Es ist in Wasser löslich. Enthält 80,1 $^0/_0$ Arabin, 16,45 $^0/_0$ Wasser, 2,7 $^0/_0$ Asche.

Litt.: Pharm. Journ. and Trans. 1890, p. 540, 717.

Flourensia (Compositae — Heliantheae — Verbesininae).

Flourensia thurifera (Mol.) DC., von Arizona bis Mexico, liefert ein wie Weihrauch benutztes Harz.

Litt.: Americ. Journ. of Ph. 1886, p. 122.

Fourcroya (Amaryllidaceae — Agavoideae).

Fourcroya gigantea Vent. Name in Brasilien: Piteira. Der Saft der Blätter, die man zur Gewinnung der Fasern auspresst, wird zum Waschen bei Scabies benutzt, das Dekokt als Waschmittel gegen Ungeziefer der Thiere. Das alkoholische Extrakt der Blätter wird als Diureticum verwendet. Enthält nach Peckolt Saponin.

Litt.: Pharm. Rundschau (New York) 1892, p. 163.

Fourcroya cubensis Haw., in Brasilien. Namen: Caraguatá guassú, Caraoá assú, Gravatá assú, Piteira grande.

Verwendung etc. wie bei der vorigen.

Litt.: Kosteletzky I, p. 164. Pharm. Rundschau (New York) 1892, p. 163.

Frankenia (Frankeniaceae).

Frankenia grandifolia Ch. et Sch., in Californien, Arizona und Nordmexico. Namen: Yerba reuma, Flux herb. Die Droge besteht aus den ganzen oberirdischen Theilen der blühenden Pflanze. Die Blätter sind stumpf-eiförmig, spatelförmig bis lineal, ganzrandig, einnervig, fleischig. Das trockne Kraut ist grau-grünlich gefärbt, geruchlos, von rein salzigem Geschmack. Dieses Salz bildet einen Ueberzug auf den Blättern und ist das Sekret eigenthümlicher Drüsen der Epidermis und der subepidermalen Schicht. Diese Ausscheidungen sind bei der *Frankenia Berteroana* so stark, dass das Salz von der Bevölkerung als Kochsalz gesammelt wird.

E. grandifolia enthält $6\,^0/_0$ Gerbstoff, $28,049\,^0/_0$ Chlornatrium, $1,350\,^0/_0$ Magnesiumchlorid, $1,474\,^0/_0$ Calciumsulfat, $2,547\,^0/_0$ Natriumsulfat.

Ein Fluidextrakt wird gegen entzündliche Zustände der Schleimhäute benutzt.

Litt.: Parke, Davis & Co., p. 1237. Pharm. Centralhalle 1882, p. 341. Therapeut. Gaz. 1882, p. 60.

Franciscea (jetzt zu Brunfelsia) (Solanaceae — Salpiglossideae).

Franciscea uniflora Pohl. (Brunfelsia Hopeana Benth.), im äquatorialen Amerika. Namen: Manaca, Mercurio vegetal. Die ganze Pflanze, besonders aber die Wurzel wird in Brasilien von jeher als Antisyphiliticum angewendet und gegen Bisse giftiger Schlangen. In Europa ist sie neuerdings etwa 1884 wieder aufgetaucht und als Antisyphiliticum, Antiarthriticum, Purgativum und Diureticum empfohlen. Man benutzt die Wurzel und Zweige. Die Droge bildet ungleich lange, federspulen- bis zweifingerdicke cylindrische Stücke mit dünner schwarzbrauner oder rostbrauner Rinde. Der dichte Holzkörper ist von röthlich gelber Farbe. Die Rinde lässt reichliche Gruppen stark verdickter Steinzellen und grosse Oxalatdrusen erkennen, in einzelnen Stücken (von der Achse?) auch stark verdickte Fasern. Das Holz zeigt ziemlich enge Gefässe, verdickte Fasern, spärliches Holzparenchym an den Gefässen. Die Markstrahlen sind einreihig, auf dem Tangentialschnitt auffallend hoch. Bei denjenigen Stücken, die nicht von Wurzeln, sondern von Achsen stammen, sieht man deutlich, dass

die Bündel, wie normal bei den Solanaceen, bicollateral sind, die
Peripherie des Markes lässt die inneren Phloëmbündel erkennen.
An der Grenze zwischen Xylem und Mark zuweilen ziemlich stark
verdickte, poröse Steinzellen.

Die Droge enthält ein Alkaloid, Manacin, $C_{22}H_{33}N_2O_{10}$, das
giftig wirkt und durch Respirationsstillstand tödtet, auch die Sekre-
tion der Drüsen reizt, und ein zweites, Manaceïn, $C_{15}H_{33}N_2O_{10}$,
das sich in eine nicht näher studirte Substanz und Aesculetin
spaltet. (?) Das Manaceïn wirkt ähnlich wie das Manacin, aber
viel schwächer.

Litt.: Kosteletzky III, p. 940. Parke, Davis & Co., p. 963. Merck
1894, p. 114. Zeitschr. für Biologie 1894, p. 251; 1895. Pharm. Journ. and
Trans. 1893, p. 798. Christy & Co. XI, p. 44.

Als *Mercurio vegetal* kommen noch einige andere Drogen
vor, die als Antisyphilitica Verwendung finden; zu nennen ist die
Rinde der *Bichetea officinalis* (Urticaceae), die ausserdem Mururé
heisst. Man verwendet besonders auch einen nach Einschnitten
ausfliessenden Milchsaft (Oleum Mururé). Soll ein Alkaloid enthalten (cf. auch Urostigma).

Litt.: Merck 1894, p. 97; 1890, p. 52.

Als Manaca werden in Brasilien noch verwendet: *Durante
bicolor* und *Adenosma superflua*.

Fraxinus (Oleaceae — Fraxineae).

Fraxinus americana L., in Nordamerika. Name: The white
Ash. Die Rinde und ein daraus hergestellter Wein werden gegen
Dysmenorrhoe verwendet. Die Rinde enthält ein Glykosid, Fraxin,
und 0,03 % eines ätherischen Oeles, das schon bei gewöhnlicher
Temperatur fest ist. Die Anwesenheit eines Alkaloides ist
zweifelhaft.

Litt.: Kosteletzky IV, p. 1004. Americ. Journ. of Ph. 1882, p. 54; 1886,
p. 117. Pharm. Journ. and Trans. (3) XX, p. 810. Contrib. Dep. Pharm.
Wiscons. 1886, p. 19.

Fritillaria (Liliaceae — Lilioideae — Tulipeae).

Fritillaria Thunbergii Miq., in China und Japan. Namen:
Bai-mo, Pei-mu. Man verwendet die Zwiebel als Mittel gegen
Rheumatismus und zur Heilung eines Geschwüres, das man in
Japan als „Nin-meucho" bezeichnet.

Litt.: Christy & Co. IV, p. 49; V, p. 69.

Fucus (Fucaceae).

Fucus vesiculosus L. Namen: Sea-wrack, Bladderwrack,
Kelp-ware, Black-tang, Varech vésiculeux. Wird neuerdings wieder gegen skrophulöse Leiden empfohlen.

Litt.: Kosteletzky I, p. 33. Parke, Davis & Co., p. 104.

G.

Galega (Papilionaceae — Galegeae — Tephrosiinae).

Galega officinalis L., in Süd- und Südost-Europa wild, häufig in Gärten kultivirt. Das Kraut *(Herba Galegae, Rutae Caprariae)* war früher ein angesehenes harn- und schweisstreibendes Mittel. Neuerdings ist es als Galaktogogum empfohlen.

Litt.: Kosteletzky IV, 1271. The therap. Gazette 1891, p. 266. E. Merck 1895, p. 76.

Galium (Rubiaceae — Coffeoideae — Psychotriinae — Galieae).

Galium Aparine L. Man verwendete die Pflanze früher gegen Wassersucht, ferner gegen Brustleiden. Neuerdings ist sie als Heilmittel bei Hautkrankheiten und als Umschlag bei Wunden empfohlen.

Litt.: Kosteletzky II, p. 540. Pharm. Journ. and Trans. (3) XIV, p. 160.

Galium pilosum Ait., in Nordamerika. Das Kraut gilt als Mittel gegen den Biss giftiger Schlangen.

Litt.: Americ. Journ. of Ph. 1891, p. 325.

Garcinia (Guttiferae — Clusioideae — Garcinieae).

Garcinia Mangostana L., wahrscheinlich auf Malakka heimisch, überall im Monsungebiet und auch in den Tropengegenden der neuen Welt kultivirt. Namen: Mangosteen, Manggusta, Mengu, Mangu. Die gerbstoffreiche Fruchtschale dient als Mittel zum Gerben und in der Färberei, als Medikament gegen Diarrhoe. Enthält eine krystallinische Substanz, Mangostin.

Litt.: Kosteletzky V, p. 1971. Dymock I, p. 167.

Garcinia purpurea Roxb. und *Garcinia indica Chois.*, in Vorder- und Hinterindien. Namen der Frucht: Ratámbi, Bhirand (Mar.); Brindao (Goa.); des Fettes: Kokam cha tel, Bhirandel (Mar.); der Rinde: Ratambi sála (Mar.). Die Samen enthalten 30 $^0/_0$ Fett, von dem man aber durch Auskochen nur 10 $^0/_0$ gewinnt (Kokum-Oel oder -Butter). Es ist fest, weiss, krystallinisch, von mildem Geschmack und Geruch nach Cacao. Es besteht im Wesentlichen aus Stearin, mit wenig Myristin und Oelsäure. Das Fett wird gegen Hautkrankheiten verwendet, die Rinde als Adstringens.

Litt.: Kosteletzky V, p. 1973. Dymock I, p. 163. Stearns, A new Idea 1884, Mai.

Neuerdings sind auch die Fruchtschalen und Samen nach Europa gekommen. Die Fruchtschalen sind glänzend schwarz, sie erinnern an diejenigen der Walnuss. Sie enthalten Sekretbehälter. Ihres Säuregehaltes wegen werden sie als Antiscorbuticum, auch als Zusatz zum Curry benutzt. Die Samen sind abgeplattet nierenförmig, 1—2 cm lang, bis 1 cm breit, braun.

Die Samenschale besteht aus braunen, zusammengefallenen Zellen, dazwischen Sekretbehälter. Der nicht differenzirte Embryo besteht aus dünnwandigen Zellen, die meist das deutlich krystallinische Fett und in demselben ein grosses und mehrere kleine Aleuronkörner enthalten. Daneben kommen Zellen mit braunem Inhalt vor, der energisch auf Gerbstoff reagirt.

Litt.: Chemiker-Zeitung 1892, p. 1031. Gehe & Co. 1896, September.

Gardenia (Rubiaceae. — Cinchonoideae — Gardenieae).

Gardenia florida L. Heimisch in China, im ganzen südlichen Asien und Amerika kultivirt. Name: Sang-shih-sea. Die Früchte, die auch zum Färben dienen, werden in China als Emeticum, Stimulans und Diureticum benutzt.

Litt.: Kosteletzky II, p. 578. Christy & Co. IV, p. 54. Hanbury, Science papers, p. 241.

Gardenia lucida Roxb., in Ostindien. Die Pflanze gilt bei den Muhamedanern in Indien als dyspeptisches Mittel. Liefert ein Harz: Dekamali.

Litt.: Kosteletzky II, p. 578. New Idea 1884, September.

Gardenia Oudiepe Vieil, G. Aubryi Vieil, G. sulcata Gært. haben Blattknospen, die mit einem harzigen, grünen Knospenleim bedeckt sind, der bei den Eingeborenen medicinische Verwendung findet.

Litt.: Compt. rend. 1892, p. 22.

Garrya (Cornaceae).

Garrya Fremontii Torr., in Kalifornien. Name: California fever-bush. Die Blätter und Zweigspitzen werden gegen Fieber und Malaria verwendet. Die ersteren sind kurzgestielt, spitz-eiförmig, lederartig, ganzrandig mit etwas auf die Unterseite umgeschlagenem Rand, etwa 6 cm lang, 3 cm breit. Jüngere Blätter sind durch einzellige Haare silberglänzend, an älteren Blättern sind die Haare nur spärlich vorhanden.

Die Pflanze enthält einen Stoff, Garryin, der für ein Alkaloid gehalten wird.

Litt.: Parke, Davis & Co., p. 133. Pharmac. Centralhalle 1884, p. 405.

Gaultheria (Ericaceae — Arbutoideae — Gaultherieae).

Gaultheria procumbens L., in Nordamerika, liefert das bekannte Wintergreen-Oel, das jetzt meist durch das synthetisch dargestellte Oel ersetzt wird (cf. Betula lenta). Dieses letztere Oel besteht wie das der genannten Betula nur aus Salicylsäuremethylester, wogegen das Oel der Gaultheria ausserdem $0,31\,^0/_0$ eines Terpens, Gaultherilen, enthält; ferner enthalten die Blätter Arbutin u. s. w.

Der Salicylsäuremethylester ist bisher in folgenden Pflanzen nachgewiesen: *Gaultheria procumbens L., G. punctata Blume, G. Leschenaultii DC., G. leucocarpa Bl., G. fragrantissima Wall.* (sämmtlich in Blüthen und Blättern), *Betula lenta Willd.* (Rinde),

*Polygala Senega L., P. alba, P. vulgaris L., P. depressa Wender,
P. calcarea Schulz.* (Wurzel), *Monotropa Hypopitys L.* (Stengel),
Laurus Benzoin L. (Rinde), *Spiraea Ulmaria L.* (Blüthe).

Litt.: Americ. Journ. of Pharm. 1888, p. 208. Schimmel & Co. 1895,
April, p. 70.

Gba clalac,

ist eine rothbraune, bitterschmeckende Rinde aus Westafrika, die
als Anthelminthicum benutzt wird.

Litt.: Pharm. Zeitung 1889, p. 728.

Gbeijrihigbe,

aus Westafrika. Die Droge ist eine schwach aromatische Wurzel
mit gelbem Holz und dunkelbrauner Rinde, die gegen Dysenterie
geschätzt ist. Mit Paradieskörnern zu einer Paste verarbeitet,
findet sie Verwendung gegen Rheumatismus.

Litt.: Pharm. Zeitung 1889, p. 728.

Geigera (Rutaceae).

Geigera salicifolia Schott, in Neu-Südwales. Name: Copaiva-
balsambaum. Die Rinde, die bitter schmeckt, findet medicinische Verwendung.

Litt.: Proceed. of the Linn. Soc. of New South-Wales 1888, März.

Geissospermum (Apocynaceae — Plumiereae).

Geissospermum Vellosii Fr. Allem., im tropischen Brasilien.
Namen: Pão-Pareira, Pão-Pereira, Pão-Pereiro, Camara,
Pinguaciba, Canudo amargoso. Verwendung findet die Rinde
und die Blätter. Die Rinde (Pereirorinde) bildet derbe, 3 mm
dicke, mit lederbraunem Kork bedeckte Stücke, die im Bruch
körnig-blätterig, im Querschnitt aussen körnig, innen treppenförmig
geschichtet und von hellen Markstrahlen durchkreuzt ist. Das
Periderm besteht aus abwechselnden Schichten leerer und rothbraunen Inhalt führender Korkzellen, an die sich eine ebenfalls
dem Phellogen angehörige Schicht gleichmässiger, stark verdickter
Steinzellen anschliesst mit grossen rhomboëdrischen Krystallen.
In der schmalen Mittelrinde ebenfalls Gruppen von Steinzellen
mit angelagerten Rhomboëdern. Aehnliche Steinzellgruppen bilden im Bast tangentiale Schichten. Bastfasern fehlen. Im Weichbast kurze Sekretschläuche. Die Markstrahlen sind ein- oder zweireihig, ihre Zellen führen oft grosse Krystalldrusen, zwischen den
Steinzellschichten sind sie sklerotisch und schliessen Rhomboëder
ein. (Mit dieser Beschreibung stimmen die von Moeller und
Vogl [Komment. z. österr. Ph.] beschriebenen Rinden genau überein, dagegen bin ich noch nicht im Stande zu sagen, ob die von
Planchon [s. Litt.] beschriebene Rinde mit diesen identisch ist;
die etwas schematisirte Zeichnung von Collin zeigt wohl den
Bau, der den obigen Beschreibungen entspricht, und die stark ver-
dickten Zellen des Bastes werden als „sclérites" bezeichnet, im
Text werden sie aber bezeichnet als „fibres longues et fines, à

parois épaisses, à lumière punctiforme"; die Drusen in den Markstrahlen sind gar nicht erwähnt.)

Die Rinde enthält zwei Alkaloide, ein in Aether lösliches:
Pereirin und ein in Aether unlösliches: Geissospermin $C_{19}H_{24}N_2O_2$.
Sie ist etwa seit 1830 bekannt als Febrifugum und Antiperiodicum.

Als Cortex Pereiro kommt auch vor die Rinde von *Picramnia ciliata Mart.* Die Blätter, die ebenfalls verwendet werden
und die auch Pereirin enthalten, sind kurz gestielt, lanzettförmig.

Litt.: Moeller, Baumrinden, p. 168. Christy & Co. VII, p. 66. Planchon,
Produits fournis à la matière médicale par la famille des Apocynées 1894,
p. 169, 284. Annal. de Depart. nacional de Higiene 1891, p. 549. Ber. d.
deutsch. chem. Ges. 1893, p. 1084.

Geissospermum laeve Baillon., vielleicht mit voriger identisch,
liefert auch Cort. Pereiro.

Gelsemium (Loganiaceae — Gelsemieae).

Gelsemium sempervirens Pers. Vereinigte Staaten von Nordamerika, von Virginien bis Florida und Alabama. Name: Yellow
Jasmine. Diese seit längerer Zeit bekannte und häufig beschriebene Droge (Wurzel und unterirdische Stengeltheile) enthält zwei
Alkaloide in einer Gesammtmenge von 0,15—0,25 %: Gelsemin
$C_{54}H_{69}N_4O_{12}$ und Gelseminin. Dient als arterielles Sedativum,
Febrifugum und bei Neuralgie des Trigeminus.

Litt.: Pharm. Journ. and Trans. 1887, p. 606 ff. Arch. f. exper. Pathol.
u. Pharmakol. 1892, p. 31, 49. Ber. d. deutsch. chem. Ges. 1893, p. 1054.

Gelsemium elegans Benth., in China. Namen: Foo-moon-
keng, Hu-meng-tsao. Wird verwendet in China zu Giftmorden.
Enthält ein Alkaloid, welches mit dem Gelseminin nicht identisch
zu sein scheint.

Litt.: Pharm. Zeitung 1884, p. 643. Pharm. Journ. and Trans. 1887,
p. 924.

Genipa (Rubiaceae — Cinchonoideae — Gardeniinae —
Gardenieae).

Genipa brasiliensis Mart. (G. americana L.), in Brasilien.
Die Früchte der verschiedenen Genipa-Arten werden in Brasilien
als Mittel gegen Diarrhoe und die Rinde gegen Krätze verwendet.
Die genannte Art enthält Mannit.

Litt.: Kosteletzky II, p. 577. Chemiker-Zeitung (Coethen) 1892, p. 110.
Zeitschr. d. österr. Ap.-V. 1896, Nr. 6, 7.

Genista (Papilionaceae — Genisteae — Spartiinae).

Genista tridentata (?). Heimisch in Brasilien. Name: Car-
queja. Die Blätter werden gegen Blasenleiden, Husten etc. angewendet. Sie enthalten ätherisches Oel vom spec. Gew. 0,9962,
zu dessen Bestandtheilen Cineol gehört.

Litt.: Schimmel & Co. 1896, April, p. 70.

Gentiana (Gentianaceae — Gentianoideae — Swertieae).
Gentiana ochroleuca Fröl., in Nordamerika, die Schlangen-

wurzel von Sampson, wird wie bei uns Gentiana lutea verwendet.

Litt.: Kosteletzky III, p. 1045. Therapeutic. Gazette 1884, December.

Gentiana asclepiadea L., dient in der Mandschurei als Heilmittel bei Augenkrankheiten und bei Haematurie.

Litt.: Kosteletzky III, p. 1043. Pharmaceut. Zeitung 1885, p. 813.

Geoffraea (Papilionaceae — Dalbergieae — Geoffraeinae).

Geoffraea superba Humb. et Bonpl., in Brasilien. Die Früchte: Garampara und Moré werden als Wurmmittel benutzt.

Litt.: Christy & Co. XI, p. 87.

Geranium (Geraniaceae — Geranieae).

Geranium maculatum L., in Nordamerika. Das Rhizom wird als Adstringens empfohlen. Es bildet 2—6 cm lange, etwas platte, oft knollige, runzlige, kompakte, braune Stücke von adstringirendem Geschmack. Der Gerbstoffgehalt schwankt nach der Jahreszeit von $9,72\,^0/_0$ (Oktober) bis $27,85\,^0/_0$ (April). Die Droge führt den Namen Alaunwurzel.

Litt.: Kosteletzky V, p. 1899. Med. Bull. 1887, p. 362. Americ. Journ. of Ph. 1889, p. 238; 1891, p. 257; 1894, p. 624.

Geranium suelda, in Bolivien, wird als Mittel gegen Zahnschmerz gerühmt.

Litt.: Apotheker-Zeitung 1888, p. 699.

Gillenia (Rosaceae — Spiraeoideae — Spiraeeae).

Gillenia trifoliata (L.) Mnch. In Nordamerika, von Canada bis Florida. Die Pflanze enthält ein Glykosid und $3,96\,^0/_0$ Gerbstoff. Die Wurzel wird als Brech- und Abführmittel benutzt.

Litt.: Kosteletzky IV, p. 1475. Americ. Journ. of Ph. 1892, p. 121.

Gillenia stipulacea Nutt., ebenfalls in Nordamerika. Enthält ein Glykosid, Gilleïn, das schon in einer Dosis von 0,015 g Uebelkeit hervorruft, und ein zweites Glykosid, Gillenin. Die Wurzel wird wie die der vorigen Art benutzt und soll noch kräftiger wirken.

Litt.: Kosteletzky IV, p. 1475. Americ. Journ. of Ph. 1892, p. 513.

Gluta (Anacardiaceae — Mangifereae).

Die Rinde des Stammes einer Gluta-Art liefert in Kaiser-Wilhelmsland einen an der Luft eintrocknenden schwarzen Saft, der auf der Haut Entzündungen hervorruft, wie bei der nahe verwandten Gattung Anacardium. Vielleicht ist die in Rede stehende Art *Gluta Renghas L.*, von der diese Eigenthümlichkeit bekannt ist.

Litt.: Englers Botan. Jahrb. 1891. Ph. Jahresber. 1891, p. 5.

Glaucium (Papaveraceae — Papaveroideae).

Glaucium corniculatum (Curt.) var. phoeniceum, in Mittel- und Südeuropa, wurde früher verwendet wie Glaucium luteum und Chelidonium. Enthält ein Alkaloid, das anscheinend mit dem Fumarin identisch ist.

Litt.: Kosteletzky V, p. 1606. Compt. rend. 1892, p. 1122.

Gleditschia (Caesalpiniaceae — Eucaesalpinieae).

Gleditschia triacanthos L., im mittleren und südlichen Nordamerika, in Europa häufig angepflanzt. Das Mark der Hülsen dient als Arzneimittel gegen Katarrh. Ein angeblich aus dieser Pflanze dargestelltes Alkaloid: Gleditschin oder Stenocarpin, das als Anaestheticum wirken sollte, hat sich als ein Gemenge von Cocaïnhydrochlorid und Atropinsulfat herausgestellt.

Litt.: Kosteletzky IV, p. 1321. Therapeut. Monatshefte 1887, August. Répert. de Pharmacie 1893, Nr. 1.

Gleditschia stenocarpa. Ein angeblich aus dieser Pflanze gewonnenes Alkaloid, Triacanthin, ist auch zweifelhaft.

Litt.: Americ. Druggist 1887.

Gleichenia (Gleicheniaceae).

Gleichenia dichotoma Hook., heimisch in den Tropen beider Erdhälften, wird auf Mauritius gegen Asthma benutzt.

Litt.: Pharm. Journ. and Trans. 1886, p. 101 ff.

Globba (Zingiberaceae — Globbeae).

Globba (Ceratanthera) Beaumetzii, an der Westküste von Afrika. Namen: Dadigogo, Balanco founa. Das Rhizom dient als Präservativ gegen Schlangenbiss, als Purgans und als Bandwurmmittel. Wie andere Bandwurmmittel büsst die Droge ihre Wirksamkeit bald ein, angeblich schon durch Trocknen.

Litt.: Pharm. Zeitung 1892, p. 769. Ph. Journ. and Trans. 1891, p. 347.

Globularia (Globulariaceae).

Globularia Alypum Del. Im südlichen Frankreich als Purgans und Fiebermittel angewendet. Die Pflanze enthält Zimmetsäure, Mannit, ätherisches Oel, Globularin und Globularetin. — Globularin wirkt antipyretisch, Globularetin als Purgans, Diureticum und Excitans; ebenfalls als Diureticum wirkt das ätherische Oel.

Litt.: Kosteletzky III, p. 873. Pharm. Post 1894, p. 133.

Glochidion (Euphorbiaceae — Phyllanthinae).

Glochidion molle Bl. In Hinterindien. Die Blätter gelten als Heilmittel gegen Bisse und Stiche giftiger Thiere. Sie enthalten ein Alkaloid und Gerbstoff.

Litt.: Mededeelingen uit 's Lands Plantentuin XIII, p. 41.

Gloiopeltis (Gloiosiphoniaceae).

Gloiopeltis tenax Turn., in Japan. Liefert mit anderen Algen die in Japan als Tjintiow oder Lo-tha-ho bezeichneten Sorten Agar-Agar.

Litt.: Bull. de la Soc. bot. de France (2) I, 287.

Gloiopeltis coliformis. Name: Japanisches Moos, ist als Ersatz des Agar-Agar eingeführt worden.

Uebrigens liefern auch andere Arten, wie *G. cervicornis* Gallerten, die technisch verwendet werden und als Nahrungsmittel dienen.

Gloriosa (Liliaceae — Melanthioideae — Uvularieae).

Gloriosa superba L., von Ostindien bis Guinea, sowie im tropischen Afrika. Namen in Indien: Kalihári, Lánguli (Hind.); Bisha-lánguli (Beng.); Naga-karia, Indai, Kalávi (Mar.); Kalaipai-kizhangu (Tam.); Kalappa-gadda, Adavi-nabhi (Tel.); Radagari (Can.); Khadya-nága, Nágli, Kalalávi (Guz.). Das Rhizom wirkt purgirend (cf. Dymock, l. c.); der wirksame Bestandtheil ist das amorphe Superbin $C_{52}H_{60}N_2O_{17}$, das stark giftig wirkt.

Litt.: Kosteletzky I, p. 169. Dymock III, p. 480. Pharm. Journ. and Trans. 1880, p. 496.

Glycine (Papilionaceae — Phaseoleae — Glycininae).

Glycine hispida Maxim., ist die in China und Japan häufig kultivirte Sojabohne, als deren wilde Form die daselbst und in den Amurländern wild vorkommende *Glycine Soja Sieb. et Zucc.* gilt. Die Samen, auf deren Verwendung als Nahrungsmittel und Verarbeitung zu der bekannten „Sojawürze" hier nicht näher eingegangen werden kann, werden als Heilmittel bei Diabetes empfohlen.

Litt.: Journ. de Pharm. et Chim. 1888, p. 537.

Glycyrrhiza (Papilionaceae — Galegeae — Astragalinae).

Glycyrrhiza lepidota Pursh, in Nordamerika. Die unterirdischen Theile, die denen der Gl. echinata sehr ähnlich sind, enthalten 8,53 $^{0}/_{0}$ Glycyrrhizin.

Litt.: Americ. Journ. of Ph. 1890, p. 388.

Gmelina (Verbenaceae).

Gmelina arborea Roxb., in Ostindien. Namen: Khambári, Gumhár, Shevan (Hind.); Gamari, Shevana (Mar.); Shivannigida (Can.); Gumari (Tam.); Gumar-tek, Paddagomru (Tel.); Kumbulu (Mal.); Shewan (Guz.). Die Wurzel befördert die Milchsekretion, die Frucht wird gegen Fieber benutzt, die schleimreiche Rinde verwendet man, um den Alkoholgehalt von Sago-Toddi zu vermehren.

Litt.: Kosteletzky III, p. 833. Dymock III, p. 70. Pharm. Journ. and Trans. 1892, p. 573.

Gnaphalium (Compositae — Inuleae — Gnaphalinae).

Gnaphalium purpureum L., in fast ganz Amerika und in den wärmeren Gegenden von Australien, Asien und Afrika. Name: Cough weed, ist ein Heilmittel gegen Husten.

Litt.: Therapeut. Gazette 1884, December.

Gnaphalium polycephalum Mchx., in Nordamerika, gilt als Diureticum und wird zu Breiumschlägen bei Tympanitis gebraucht.

Als wirksamer Bestandtheil wurde eine nicht genauer charakterisirte hellgrüne, halbfeste Masse isolirt.

Litt.: Therapeut. Gaz. 1884, December. Amer. Journ. of Ph. 1890, p. 121.

Gnidia (Thymelaeaceae — Gnidieae).

Gnidia (Lasiosiphon) anthylloides (L. fil.) Gilg. Heimisch in Südafrika. Die scharfe Pflanze wird als Gegengift gegen Schlangengift angewendet.

Litt.: Pharm. Journ. and Trans. 1894, p. 275. E. Merck 1895, p. 133.

Gossypium (Malvaceae — Hibisceae).

Gossypium herbaceum L. Die Rinde der Wurzel (Cottonroot) wird seit dem Anfang der achtziger Jahre aus Amerika als Ersatz des Mutterkornes empfohlen, da sie ebenso Contractionen des Uterus herbeiführen soll; man hat sie auch mit Erfolg bei Dysmenorrhoe angewendet. Man verwendet sie besonders in Form des Fluidextraktes. Sie kommt in den Handel in Form ziemlich langer, zäher Bänder von etwa $^1/_2$ mm Dicke, die innen von weisslicher, aussen von lebhaft gelbrother Farbe sind. Die Mittelrinde zeigt kleine Gruppen von Zellen, deren Inhalt auf Gerbstoff reagirt. Die Innenrinde zeigt dreireihige Markstrahlen, die sich nach aussen fächerförmig verbreitern, so dass die dazwischen liegenden Baststrahlen sich nach oben auf dem Querschnitt zuspitzen. Die Baststrahlen sind charakterisirt durch tangentiale Gruppen von Fasern. In den Markstrahlen und auch in der Mittelrinde fallen Sekretbehälter mit braunem Inhalt auf, deren Inhalt nicht auf Gerbstoff reagirt, sich aber in Alkohol, Aether und Alkalien mit gelber Farbe löst.

Das Oel, der Samen, das sonst als Mittel zur Verfälschung des Olivenöles eines ziemlich schlechten Rufes geniesst, wird zur Herstellung von Bleipflaster und Linimenten benutzt.

Litt.: Therapeut. Monatshefte 1891, p. 32. Pharm. Zeitung 1881, p. 775.

Gossypium barbadense L. Die Blätter gelten als milchtreibendes Mittel. Der Aufguss heisst in Jamaica: „ti de hojas de algadon.“

Litt.: Allgem. med. C. Zeitung 1882, Nr. 66.

Gouania (Rhamnaceae — Gouanieae).

Gouania domingensis L. Heimisch in Westindien und Südamerika. Namen: Chawstick, Red Chawstick, Chewstick, Bejuco leñatero. Die aromatisch bitter schmeckenden Stengel werden als Kaumittel und zu Zahnstochern benutzt. Ein Fluidextrakt verwendet man als bitteres Aromaticum z. B. bei Dyspepsie u. s. w. Die Droge soll auch als Hopfensurrogat verwendet werden. Sie besteht aus 8—16 mm dicken Stücken, deren Rinde aussen schmutzig graubraun, deren Holz dottergelb ist.

Litt.: Kosteletzky IV, p. 1202. Pharmaceut. Centralhalle 1883, p. 154. Parke, Davis & Co., p. 254. Christy & Co. VIII, p. 57.

Gouania tomentosa Jacq. Von dieser oder einer nahe verwandten Art soll eine 1886 vorgekommene Droge aus Mexico stammen, die den Namen Barbasco und weisse Costilla de vaca führt, wogegen eine als schwarze Costilla de vaca bezeichnete Droge von einer Paullinia stammen soll. Die in Rede stehende Droge dient, wie auch die andere, als Fischgift, ferner gegen Hautkrankheiten und als Enthaarungsmittel. Der Name Barbasco kommt für Fischgifte auch sonst vor (= *Verbascum*, das früher zum Fischfang diente).

Die Droge enthält Saponin, oder einen demselben nahe verwandten Stoff, dessen Anwesenheit übrigens auch für G. domingensis angegeben wird.

Litt.: Chemiker-Zeitung 1886, p. 1167.

Gourliea (Papilionaceae — Sophoreae).

Gourliea decorticans Gill., in Argentinien. Namen: Chañar und Chañar breda. Aus der Hülse wird ein Roob bereitet, der bei Brustleiden beliebt ist. Die Hülse ist auch ein wichtiges Nahrungsmittel der Indianer des Gran Chaco, sie dient ferner zur Herstellung von Branntwein und eines Aloja de chañar genannten Getränkes. Die Rinde wird bei schwieriger Entfernung der Nachgeburt benutzt.

Litt.: Gehe & Co. 1881, September, p. 15.

Gratiola (Scrophulariaceae — Gratioleae).

Gratiola pedunculata R. Br. und *Gratiola peruviana L.*, werden in Form einer Abkochung in Neu-Südwales als Heilmittel bei Leberleiden benutzt.

Litt.: Proceed. of the Linn. Soc. of New South-Wales 1888, März.

Grevillea (Proteaceae — Grevilloideae — Grevilleae).

Grevillea robusta A. Cunn. Heimisch in Ostaustralien, vielfach in wärmeren Gegenden kultivirt. Liefert ein Sekret, das zum grössten Theil aus einem dem arabischen nahestehenden Gummi und $5-6\,^0/_0$ Harz besteht.

Litt.: Journ. de Ph. et de Ch. 1884, p. 479. Sér. 5. Tom. IX.

Grewia (Tiliaceae — Grewieae).

Grewia polygama Roxb., wird in Australien gegen Dysenterie verwendet.

Litt.: Pharmaceut. Zeitung 1883, p. 107.

Grewia Microcos L., von Vorderindien bis China. Die adstringirenden Blätter werden gegen Fieber und Dysenterie gebraucht. Die Früchte sind essbar.

Litt.: Kosteletzky V, p. 1951. Pharmaceut. Zeitung 1883, p. 107.

Grewia salutaris Span. In Hinterindien. Name: Koelict Pasoldu, Kajoe timor.[1] Die Früchte werden als Wurmmittel angewendet.

Litt.: Christy & Co. IX, p. 69.

Ueber die Verwendung anderer Arten der Gattung cf. Dymock I, p. 237.

---

[1] Nach Filet, Plantenkundig Woordenboek 1886, ist Kajoe timo: *Vernonia japonica D. C.* und Kajoe timor: *Polyphragmon sericeum Desf.*

Griffinia (Amaryllidaceae — Amaryllidoideae — Haemanthinae).

Griffinia hyacinthina Ker.-Gawl., in Brasilien (Rio de Janeiro, Minas Geraes, Espirito santo). Namen: Cebola brava, Cebola do mato. Die eirunde, weisse, sehr saftreiche Zwiebel von schwach beissendem, unangenehmem Geschmack wird als Diureticum und Drasticum benutzt.

Litt.: Pharm. Rundschau (New York) 1893, p. 135.

Grindelia (Compositae — Astereae — Solidagineae).

Grindelia robusta Nutt., in Nordamerika (Kalifornien). Namen: Gum plant (denselben Namen führen auch andere ebenfalls klebrige Arten), Hardy Grindelia, Wild Sunflower, Yellow Tar-weed. Man sammelt während der Blüthezeit die blühenden Zweigspitzen. Die an den jüngeren Theilen weissflaumigen Stengel tragen spärlich behaarte, alternirend gegenständige, nach oben den Stengel grösstentheils umfassende, spatelförmige bis lanzettliche Blätter, die durchscheinend punktirt sind. Die zurückgekrümmten Blättchen des Hüllkelches sind aussen mit einem braunen, im frischen Zustande milchweissen Sekret bedeckt. Die ganze Pflanze ist klebrig von einem durch Drüsenhaare ausgeschiedenen Sekret. Beim Zerreiben zeigt die Droge einen schwachen, an Gerberlohe erinnernden Geruch. Man verwendet die Droge gegen Asthma, Blasenkatarrh, Nierenleiden, und die alkoholische Tinktur bei Keuchhusten. Grössere Dosen sind giftig. Ueber die Bestandtheile liegen eine Anzahl Untersuchungen vor, deren Resultate noch wenig übereinstimmen. Es werden genannt: ein dunkelbraunes, unangenehm riechendes ätherisches Oel, das mit Schwefelsäure roth wird und welches die Hirn- und Rückenmarksfunktion herabsetzt; ein Harz, dem nach einer Angabe die expektorirende Wirkung des Mittels zukommen soll, 2 $^0/_0$ eines Saponins, das man Grindelin genannt hat und dem man ebenfalls therapeutische Wirkungen zuschreibt; es scheint noch in zwei Körper spaltbar zu sein. Am verschiedensten lauten die Angaben, ob die Droge ein Alkaloid enthält, jedenfalls muss erwähnt werden, dass das von einer Seite gefundene Alkaloid ebenfalls Grindelin genannt ist. Der Droge sollen andere GrindeliaArten beigemengt werden, nämlich *G. squarrosa Dunal, integrifolia DC., inuloïdes Willd., glutinosa Dunal, hirsutula Hook. et Arn., rubricaulis DC.*

Litt.: Parke, Davis & Co., p. 731. Pharm. Centralhalle 1883, p. 218. Pharm. Journ. and Trans. 1888, p. 743. Americ. Journ. of Pharm. 1888, p. 433. Journ. d. Pharm. v. Els.-Lothr. 1892, p. 133. Revue de therapeut. med.-chir. 1893, p. 656.

Grindelia squarrosa Dunal, in Mexico, in den westlichen Staaten der Union von Texas bis Minnesota. Name: Ague weed. Die Blätter sind schmal lanzettlich, gegen die Basis zusammengezogen und herzförmig. Wird gegen Intermittens und Rheumatismus angewendet. Scheint bei stärkeren Dosen leicht bedrohliche Erscheinungen hervorzurufen. Enthält auch Saponin.

Litt.: Parke, Davis & Co., p. 754. Pharm. Centralhalle 1883, p. 219. Americ. Journ. of Ph. 1888, p. 433.

Guarea (Meliaceae).

Unter dem Namen Cocillana ist aus Bolivia als Ersatzmittel der Ipecacuanha die Rinde eines Baumes gekommen, den man zur Gattung *Guarea L. (Sycocarpus)* zählt. Die Droge enthält 0,13 % eines festen krystallinischen Körpers, den man für einen Kohlenwasserstoff hält, ferner Spuren eines Alkaloids und eines Glykosides. Die Rinde ist etwa 15 mm dick, aussen rauh, innen faserig. Bruch der Aussenrinde körnig, der Innenrinde splitterig. In der ganzen Rinde vereinzelte Steinzellen. Die primären Fasern von Krystallzellen umgeben. Markstrahlen zweireihig, Siebröhren obliterirt. Der Geruch der Droge ist etwas widerlich, der Geschmack unangenehm bitter.

Es sei erwähnt, dass die Rinde von *Guarea trichilioides L.* und die von *Guarea Swartzii DC.*, beide in Mittelamerika, als Brechmittel benutzt werden.

Litt.: Kosteletzky V, 1985. Pharmceut. Zeitung 1893, p. 782. Parke, Davis & Co., p. 273. Ph. Centralh. 1888, p. 515. Bullet. of Ph. 1893, p. 350.

Guatteria (Anonaceae — Uvarieae).

Guatteria longifolia Wall., auf Ceylon, wird als Digestivum und Diureticum benutzt. Andere Species von ähnlicher oder gleicher Verwendung cf. bei Kosteletzky V, p. 1712.

Litt.: Bullet. of Ph. 1893, p. 110.

Guazuma (Sterculiaceae — Büttnerieae — Theobrominae).

Guazuma tomentosa H. B. K., liefert in Trinidad ein Gummi, das einen dicken, aber nicht stark klebenden Schleim liefert.

Litt.: Pharm. Journ. and Trans. 1896, p. 101 ff.,

Gundelia (Compositae — Arctotideae — Gundelinae).

Gundelia Tournefortii L., von Syrien und Armenien bis Persien. Ein von dieser Pflanze geliefertes Harz dient als Brechmittel.

Litt.: Pharm. Journ. and Trans. 1890, p. 660.

Gymnema (Asclepiadaceae — Marsdenieae).

Gymnema silvestre R. Br., in Indien. Namen: Mera-singi (Hind. Beng.); Kavali, Vákhandi (Mar.); Siru-kurinja (Tam.); Sanna gerse (Can.). Verwendung finden hauptsächlich die Blätter, dann auch die Wurzel. Die Blätter sind gegenständig, ganzrandig, 4—9 cm lang, 2—4 cm breit, elliptisch, spitzig, am Grunde abgerundet, selten herzförmig, lederartig, auf beiden Seiten flaumhaarig. Der wirksame Bestandtheil ist Gymnemasäure $C_{32}H_{55}O_{12}$, die in den Blättern bis zu 6 % enthalten ist. Sie hat in sehr auffallender Weise die Eigenthümlichkeit, für einige Zeit die Geschmacksempfindung für süss aufzuheben, was offenbar auf einer Wirkung der Säure auf die Geschmacksnerven und nicht auf der Bildung von unlöslichen Verbindungen beruht. Die gleiche Eigenthümlichkeit in Bezug auf bitterschmeckende Sachen existirt nicht oder nur in sehr geringem Masse. Die Wurzel wird gegen Schlangenbisse verwendet.

Litt.: Kosteletzky III, p. 1085. Dymock II, p. 450. Pharm Journ. and Trans. 1889, p. 864. Therapeut. Monatshefte 1894.

Gymnema latifolium Wall., in Niederländisch-Indien, enthält Laurocerasin in den Blättern.

Litt.: Mededeelingen uit 's Lands Plantentuin. VII. Batavia 1890.

Gymnema tingens Spr., in Ostindien, enthält einen dem Kautschuk ähnlichen Körper.

Litt.: Bullet. of Ph. 1891, p. 211.

Gymnema hirsutum Wall. und *G. montanum Hook. f.*, enthalten ebenfalls Gymnemasäure.

Litt.: Pharm. Journ. and Trans. 1889, p. 864.

Gymnocladus (Caesalpiniaceae — Eucaesalpinieae).

Gymnocladus dioica (L.) Baill. (syn.: G. canadensis Lam.), im östlichen Nordamerika. Namen: Kentucky-coffee-tree, chicot-stump-tree. Die gerösteten Samen dienen als Kaffeesurrogat; sie sind dick eiförmig oder fast kugelig mit lederiger Schale. Unreif enthalten sie einen nicht näher bekannten giftigen Stoff, der ein typisches Athmungsgift darstellt; von interessanteren Stoffen ist nur Saponin nachgewiesen, das wahrscheinlich auch in der Rinde vorkommt, die man zum Waschen benutzt.

Litt.: Kosteletzky IV, p. 1321. Americ. Druggist. 1886, September. Americ. Journ. of Pharm. 1892, p. 557.

Gynerium (Gramineae — Festuceae).

Gynerium argenteum Nees. Heimisch in Südbrasilien (Minas, S. Paulo, Matto Grosso) und Argentinien. Namen in Brasilien: Capim tinga, Pennacho de capim, Canna de pampas. Ein Dekokt des Rhizoms wird als Diureticum in Brasilien benutzt.

Litt.: Pharm. Rundschau (New York) 1894, p. 168.

Gynerium parviflorum Nees. In Brasilien. Namen: Canna brava, Canna flexa, Uba, Candiuba, Parima. Die Wurzel wird als Excitans und Diureticum benutzt.

Litt.: Pharm. Rundschau (New York) 1894, p. 168.

Gynocardia (Bixaceae — Pangieae).

Gynocardia odorata R. Br., in Ostindien und auf der malayischen Halbinsel. Namen: Chaulmugra (Hind. Bomb.); Tükkung (Lepcha). Verwendung finden hauptsächlich die Samen und das aus ihnen hergestellte Oel. Die Samen sind $2^1/_2$—3 cm lang und ungefähr halb so breit, unregelmässig eiförmig kantig. Die dünne Samenschale umschliesst das ölige Endosperm mit dem Embryo, dessen Kotyledonen blattförmig, flach und herzförmig sind. Die Samen enthalten 51 $^0/_0$ fettes Oel, wovon man durch Auspressen 25—30 $^0/_0$ gewinnt. Bei gewöhnlicher Temperatur ist das Oel salbenartig, von grüngelber Farbe, charakteristischem Geruch und scharfem Geschmack. Das wirksame Princip ist die Gynocardiasäure, die zu 18 $^0/_0$ in dem Oel vorhanden ist. Man verwendet Samen, Oel und Säure gegen Leprosis und andere Hautkrankheiten.

Die Früchte sollen auch zum Vergiften von Fischen verwendet werden und die Rinde als Fiebermittel.

Litt.: Dymock I, p. 142. Parke, Davis & Co., p. 296. Flückiger and Hanbury, Pharmacographia, traduite par Lanessan I, p. 146. Brit. med. Journ. 1881, Nr. 1056. Journ. de Pharm. et Ch. Sér. V, Tom. 11, p. 359. Pharm. Journ. and Trans. 1888, p. 225. Rev. de Ch. et de Ph. 1891, p. 147. Journ. de Ph. et de Ch. T. XXII, p. 445.

H.

Haemocharis (zu Laplacea). (Theaceae — Theeae).
Haemocharis haematoxylon Choisy, in Westindien. Der rothe Saft der Pflanze wird gegen Hautkrankheiten verwendet.

Litt.: Pharm. Journ. and Trans. 1886, p. 101 ff.

Hamamelis (Hamamelidaceae — Hamamelideae).
Hamamelis virginiana L., in den atlantischen Staaten der nordamerikanischen Union. Name: Witch Hazel. Verwendet werden die Rinde und die Blätter. Die Rinde, resp. die jungen Zweige werden mit Wasser destillirt und das Destillat mit Alkohol versetzt; es soll nur in Folge dieses Alkoholzusatzes wirksam sein; das Präparat führt den Namen Hazeline. Die Droge wird als tonisches und adstringirendes Mittel benutzt bei Hämorrhoiden, Diarrhoe, Dysenterie, Hämoptysis, Hämatemysis etc. Enthält in reichlicher Menge Gerbsäure und Gallussäure.

Die Rinde bildet faserige, rinnenförmige Stücke, die bis 3 mm dick, aussen und innen rothbraun und mit weisslichem Kork bedeckt sind. Der Querschnitt lässt in der Mittelrinde umfangreiche Gruppen stark verdickter Steinzellen erkennen. Der Bast besteht aus einreihigen Markstrahlen, deren Zellen radial gestreckt sind. In den Baststrahlen finden sich umfangreiche, tangential gestreckte Gruppen von stark verdickten Bastfasern, an ihrer Peripherie Krystalle von oxalsaurem Kalk (Kammerfasern), ferner Sekretzellen mit dunkelbraunem Inhalt (seltener in den Markstrahlen).

Litt.: Kosteletzky IV, p. 1380. Americ. Druggist 1884, vol. 13, p. 1. Pharm. Journ. and Trans. 1883, p. 524. Therapeutic Gazette 1886, p. 295. Americ. Journ. of Pharm. 1886, p. 417.

Haplopappus (Compositae — Astereae — Solidagininae).
Haplopappus Baylahuen Remy, in Chile (Prov. Coquimbo).

Name: Hysterionica. Verwendet wird das schwach aromatische Kraut, das mit einem gelben Sekret bedeckt ist. Charakteristisch sollen die länglich lanzettlichen Blätter sein, die oberhalb der Mitte am Rande zwei bis drei Zähne zeigen. Man verwendet sie im Infusum, als Tinktur oder als Fluidextrakt, als Stimulans bei träger Verdauung, gegen Diarrhoe und Dysenterie. Wirksame Bestandtheile scheinen einige Harze zu sein.

Litt.: Parke, Davis & Co., p. 797. Med. chir. Rundschau 1889, p. 887. Drugg. Bullet. 1890, vol. IV, Nr. 2. Americ. Journ. of Pharm. 1891, p. 377. Apotheker-Zeitung 1892, p. 253.

Heckeria (Piperaceae).

Heckeria (Pothomorphe) sidaefolia Miq. Heimisch in Brasilien. Namen: Caapeba, Periparoba, Guaxima. Die scharf aromatisch riechende und schmeckeude Wurzel wirkt diuretisch; sie wird verwendet bei Unterleibskrankheiten, Amenorrhoe.

Litt.: Pharm. Rundschau (New York) 1894, p. 241.

Heckeria (Pothomorphe) umbellata Miq. Heimisch in Brasilien in den tropischen Staaten, besonders Minas und Rio de Janeiro. Namen wie bei der vorigen, Caapeba und Periparoba, ferner Caena. Die kleine weissgrünliche Frucht ist von beissend scharfem Geschmack, der Stengel hat einen starken, etwas pfefferartigen Geruch. Blätter, Stengel und Wurzel werden verwendet. Der Saft der Blätter wird bei katarrhalischen etc. Leiden benutzt, äusserlich bei Verbrennungen, mit Essig und Kochsalz auf Kontusionen. Die frischen, gestossenen Blätter werden bei Leberleiden äusserlich als Umschlag verwendet etc. etc. Die Wurzel wirkt diuretisch, sie findet z. B. Verwendung bei Leber- und Milzleiden, Menstruationsstörungen, Wassersucht.

Die Pflanze enthält 0,05 $\%$ pfefferartig riechendes und schmeckendes ätherisches Oel, 0,018 $\%$ einer krystallinischen Substanz (Pothomorphin) etc. Das Pothomorphin bildet farblose, geruchlose Krystallkörner von scharf beissendem Geschmack, in Schwefelsäure löst es sich mit rother Farbe, in Wasser unlöslich, mit Goldchlorid und Sublimat giebt es Niederschläge.

Litt.: Pharm. Rundschau (New York) 1894, p. 241.

Heckeria (Pothomorphe) peltata Miq. In Brasilien in den nördlichen Staaten heimisch. Namen: Cáapeba, Catojé, Càapeua. Blätter, Wurzel und Früchte werden als diuretische Arzneimittel verwendet.

Litt.: Pharm. Rundschau (New York) 1894, p. 241.

Hedeoma (Labiatae — Satureineae).

Hedeoma pulegioides Pers., in Nordamerika. Das stark aromatisch riechende Kraut wird als nervenstärkendes, krampfstillendes Mittel benutzt. Die Pflanze liefert 0,5—1,5 $\%$ ätherisches Oel (Penny royal oil), welches frisch farblos ist, sich aber bald gelb färbt.

Litt.: Kosteletzky III, p. 782. Americ. Journ. of Pharm. 1891, p. 477.

Hedwigia (Burseraceae).

Hedwigia balsamifera Sw., in Westindien. Der Baum liefert einen durchsichtigen, dunkelrothen Balsam *(Baume à cochon, Baume de sucrier, Sucrier de montagne)*, den man innerlich wie den Copaivabalsam und auch äusserlich benutzt. Die Rinde wird als Fiebermittel verwendet. Die Pflanze enthält an wirksamen Stoffen ein Alkaloid und ein Harz.

Litt.: Kosteletzky IV, p. 1227. Christy & Co. XI, p. 14. Compt. rend. 1888, p. 107, 544.

Hedychium (Zingiberaceae — Hedychieae).

Hedychium coronarium Koen. var.: maximum Eichl. In Brasilien eingebürgert. Namen: Lagrima de moza, Escalda mão, Lirio suzena. Ein Dekokt der Knollen wird als Mittel gegen Rheumatismus genommen. Das Rhizom ist knollig mit kurzen, fingerförmigen, 2—3 cm dicken, knolligen Sprossen, hellbräunlich, mit zahlreichen Wurzelfasern besetzt, die im Boden ein Polster bilden. Im Querschnitt sind die Knollen weiss, stark faserig, von schwach aromatischem, galgantähnlichem Geruch und Geschmack. Sie enthalten 0,06 $^0/_0$ ätherisches Oel, Harze etc. — Auf den Molukken wird der untere Theil der Stengel gegen geschwollene Mandeln und Halsleiden angewendet.

Litt.: Kosteletzky I, p. 277. Pharm. Rundschau (New York) 1893, p. 288.

Hedychium spicatum Sm., in Indien und China. Namen: Ká-púr-kachri, Káchur-kacha, Kachri (Hind.); Kápur-kachari (Mar. Guz.); Shimai-kichilik-kizhangu (Tam.). Das wohlriechende Rhizom wird in Indien in Scheiben zerschnitten als Parfüm oder zu Räucherungen oder als Zusatz zum Tabak benutzt. Der Geruch wird mit dem des Irisrhizoms, von andern mit dem des Storax oder Rhabarber verglichen. Das sehr stärkereiche Rhizom lässt im Parenchym Sekretzellen mit ätherischem Oel und Harz erkennen. Petroläther extrahirt aus der Droge eine in farblosen Tafeln krystallisirende Substanz, die nicht Träger des Aromas ist. Diese Substanz, $C_{12}H_{14}O_3$, ist vielleicht das Aethylat der Methylparacumarsäure.

Litt.: Dymock, III, p. 417. Pharm. Journ. and Trans. [3] 15, p. 361.

Hedyosmum (Chloranthaceae).

Hedyosmum nutans Sw., in Westindien. Name: The mountain Cigar bush of Jamaica, wird als Antispasmodicum benutzt.

Litt.: Christy & Co. X, p. 55. (An diesem Orte auch Notizen über andere Arten.)

Hedyosmum brasiliense Mart. Heimisch in Brasilien (Espiritu Santo, Minas, Rio de Janeiro). Namen: Ambre vegetal, Folha de almiscar, Hortelea sylvestre. Ein Infusum oder eine Tinktur der nach Moschus riechenden Pflanze wird bei Fieber, Migräne, Gelenkrheumatismus etc. angewendet. Gilt auch als Aphrodisiacum.

Litt.: Pharm. Rundschau (New York) 1894, p. 240.

Heimia (Lythraceae — Nesaeeae).

Heimia salicifolia Lk., in Mexico und Südamerika. Namen:
Quiebra rado in Argentinien; Herva de la Vida, Abro sol
in Brasilien; Hanchinol in Mexico. Gilt in Mexico als Mittel
gegen Syphilis und als Mittel, die Fliegen aus den Zimmern zu
vertreiben. Enthält ein bitteres Princip, Nessin, das fieberwidrig wirken soll.

    Litt.: Kosteletzky IV, p. 1505. Americ. Journ. of Ph. 1885, p. 601.

Helenium (Compositae — Helenieae — Heleninae).

Helenium nudiflorum Nutt., in den Südstaaten der Vereinigten
Staaten, dient als Niesmittel.

    Litt.: Therapeut. Gazette, Detroit 1884, December.

Helianthella (Compositae — Heliantheae — Verbesininae).

Helianthella tenuifolia Torr. et Gr., in Florida. Die Wurzel
wird als Aromaticum, Expektorans, Diureticum und in stärkerer
Dosis als Emeticum verwendet.

    Litt.: Parke, Davis & Co., p. 788.

Helianthemum (Cistaceae).

Helianthemum canadense Michx., enthält ein Glykosid.

    Litt.: Americ. Journ. of Ph. 1888, p. 390.

Helicteres (Sterculiaceae — Helictereae).

Helicteres Isora L., in Ostindien, im malayischen Archipel
bis Nordaustralien. Namen: Marori, Marorphali (Hind.);
Mriga shinga (Guz.); Kevani, Varkati, Dhámani (Mar.);
Valumbirikai (Tam.); Atmorha (Beng.). Die Wurzel wird
ihres Schleimgehaltes wegen wie Althaea angewendet, ihre Rinde
bei Diabetes. Die umeinander gedrehten Früchte benutzt man
gegen Krämpfe der Kinder.

    Litt.: Kosteletzky V, 1871. Dymock I, 231. Repert. de Pharm. 1892,
Nr. 1, p. 20. Gehe & Co. 1896, September.

Heliotropium (Borraginaceae — Heliotropeae).

Heliotropium indicum L. Heimisch in Indien. Namen: Háthi-
shúra(Hind.); Hátisúra(Beng.); Bhúrúndi(Mar.); Tét-kodukki
(Tam.); Télumani, Nagadanti (Tel.); Tél-kotukka, Te-
liyanni (Mal.); Hathi-sundhána (Guz.); Indian Turnsole
(engl.). Verwendet wird das Kraut gegen Geschwüre, Insektenstiche und Schlangenbisse. In Gambia verwendet man es gegen
Gonorrhoe. Das Kraut enthält Gerbstoff, eine organische Säure,
ein Alkaloid.

    Litt.: Dymock II, p. 525. Pharm. Journ. and Trans. 1892, Nr. 1127,
p. 613.

Helonias (Liliaceae — Helonieae).

Helonias dioica Pursh., in Canada und den Vereinigten Staaten
östlich vom Mississippi. Name: False unicorn root. Das Rhizom wird in Form des Fluidextraktes als Tonicum und Diureti-

cum bei Spermatorrhoe, Leukorrhoe, Amenorrhoe empfohlen; starke Dosen wirken emetisch.

Litt.: Parke, Davis & Co., Ueber neuere amerikanische Drogen. Naturf. Vers. Berl. 1886. Pharm. Centralhalle 1888, p. 580.

Hemerocallis (Liliaceae — Asphodeloideae — Hemerocallideae).

Hemerocallis graminea (?), wird in China bei Lungenkrankheiten verwendet.

Litt.: Pharm. Record 1891, vol. XI, p. 209.

Hemidesmus (Asclepiadaceae — Periploceae).

Hemidesmus indicus R. Br., in Ostindien. Namen: Nunnari Root, Indian Sarsaparilla (engl.); Salsepareille de l'Inde (franz.); in Indien: Anantamul (Hind. Beng.); Upersára, Dudha sáli (Mar.); Nannári (Tam.); Sugandhi pála (Tel.); Sogadé, Karibanta (Can.); Upalsári (Guz.). Die 1831 zuerst in Europa bekannt gewordene Wurzel wird in Indien und England als Tonicum, Diureticum und Diaphoreticum benutzt. Sie enthält Cumarin. (Beschreibung bei Flückiger & Hanbury, Pharmacographia.)

Litt.: Kosteletzky III, p. 1081. Flückiger and Hanbury, Pharmacographia, traduite par Lanessau II, p. 72. Dymock II, p. 447. Pharm. Journ. and Trans. 1893, Nr. 1195, p. 952.

Heritiera (Sterculiaceae — Sterculieae).

Heritiera litoralis Dryand., von der Sambesimündung bis nach Australien und den Inseln des Stillen Oceans. Die Samen sind unter Kolanüssen gefunden worden. Charakteristisch ist die auffallende Ungleichheit der beiden Kotyledonen. Die Stärkekörnchen sind rundlich und etwa $8\,\mu$. gross, wogegen die der echten Kola mehr eiförmig und $16-24\,\mu$. gross sind. Die Samen enthalten etwa $5\,^0/_0$ Gerbstoff, aber kein Coffeïn. Man verwendet sie des Gerbstoffgehaltes wegen gegen Diarrhoe und Dysenterie.

Litt.: Kosteletzky V, p. 1882. Heckel, Les Kolas africains 1893, p. 125. Nouveaux remèdes 1887, p. 123. Christy & Co. X, p. 60.

Hernandia (Hernandiaceae — Hernandioideae).

Hernandia sonora L., auf den Antillen heimisch, auch in Hinterindien. Die Pflanze enthält ein giftiges, bitterschmeckendes Alkaloid. Sie soll ferner einen Saft enthalten, der den Haarwuchs entfernt. Sie wird auch als Purgirmittel benutzt.

Litt.: Kosteletzky II, p. 442. Pharm. Zeitung 1882, p. 78. Mededeelingen uit 's Lands Plantentuin, Batavia 1890.

Hernandia ovigera L., in Ostindien. Enthält ebenfalls ein Alkaloid und wird auch als Purgirmittel gebraucht.

Litt.: Kosteletzky II, p. 442. Mededeelingen uit 's Lands Plantentuin. Batavia 1890.

Herpestis (Scrophulariaceae).

Herpestis Monniera H. B. et K., kosmopolitisch. Namen in Indien: Gratiole de l'Inde, Sufed-chamni, Barambhi (Hind.);

Dhop-chamni, Brihmi-sak (Beng.); Nir-brami, Bamba (Mar.); Nir-brami (Tam.); Sámbráni-aku, Sambrani-chettu (Tel.). Die Pflanze verwendet man als Diureticum, als Fiebermittel und in Pondicherry als Aphrodisiacum.

Enthält ein Alkaloid, das mit Fröhde's Reagens roth wird und Gerbstoff.

Litt.: Kosteletzky III, p. 889. Dymock III. Christy & Co. IX, p. 65.

Herniaria (Caryophyllaceae — Alsinoideae — Paronychieae).

Herniaria glabra L. und *Herniaria hirsuta L.* Die früher als Mittel gegen Blasenkrankheiten, Wassersucht, Brüche benutzten, dann aber ganz obsolet gewordenen Pflanzen sind neuerdings hier und da wieder in Aufnahme gekommen. Sie enthalten ein dem Saponin ähnliches Glykosid, und in einer Menge von 0,2 $^0/_0$ einen Herniarin genannten Stoff der Zusammensetzung $C_{10}H_8O_3$, der der Methyläther des Umbelliferons ist.

Für Herniaria glabra wird ausserdem ein flüssiges Alkaloid Paronychin angegeben.

Litt.: Kosteletzky IV, p. 1402. Monatshefte für Chemie (Wien) 1889, p. 161. Journ. d. Ph. v. Elsass-Lothringen 1890, 17, p. 206.

Herreria (Liliaceae — Herrerioideae).

Herreria Salsaparilla Mart., im südöstlichen Brasilien (Rio de Janeiro, Bahia, Espiritu Santo und Minas Geraes). Namen: Salsaparilha brava, Salsaparilha do mato. Man benutzt ein Dekokt des Wurzelstockes, der zähen, holzigen Wurzelausläufer und der jungen Triebe gegen exzematische Hautkrankheiten.

Litt.: Kosteletzky I, p. 194. Pharm. Rundschau (New York) 1893, p. 80.

Heterotheca (Compositae — Astereae — Solidagininae).

Heterotheca inuloides Cassini, in den südlichen Vereinigten Staaten und in Mexico. Die Blüthenköpfchen finden in Mexico Verwendung wie die Arnica.

Litt.: Americ. Journ. of Ph. 1885, p. 339; 1891, p. 1.

Heterotropa (zu Asarum) (Aristolochiaceae — Asareae).

Heterotropa asaroides Morr. et Dcne., wird in der Mandschurei als Brechmittel benutzt, wie unser Asarum.

Litt.: Pharm. Zeitung 1885, Nr. 85, p. 813.

Heuchera (Saxifragaceae — Saxifrageae).

Heuchera hispida L., *H. cylindrica Dougl.*, *H. parvifolia Nutt.*, gelten in den westlichen Staaten von Nordamerika als vorzügliche Adstringentien und stehen vorzüglich in den Alkalidistrikten, wo Diarrhoen so häufig sind, in Ansehen.

Litt.: Kosteletzky IV, p. 1377. Botan. Gaz. 1887, p. 267.

Heuchera americana L., in Nordamerika bis Mexico. Die ganze Pflanze, besonders aber die Wurzel (Alum-root) wird als Adstringens benutzt wie die vorigen.

Litt.: Kosteletzky IV, p. 1377. Americ. Journ. of Pharm. 1891, p. 172; 1894, p. 467.

Hibiscus (Malvaceae — Hibisceae).

Hibiscus Rosa sinensis L., wahrscheinlich im malayischen Archipel heimisch; der schönen Blüthen wegen überall in den Tropen kultivirt, wird in China als tonisches Arzneimittel verwendet.

Litt.: Kosteletzky V, p. 1853. Pharm. Record 1891, vol. XI, p. 209.

Auf den Sandwichsinseln werden die Pamakani genannten Blätter einer Hibiscus-Art als Präservativ gegen Schwindsucht benutzt.

Litt.: Pharm. Rundschau. 1885, p. 165.

Hieracium (Compositae — Cichorieae — Crepidinae).

Hieracium Scouleri Hook., in Nordamerika, wird von den Eingeborenen als Mittel gegen Schlangenbiss angewendet.

Litt.: Americ. Journ of Pharm. 1891, p. 325.

Hina-Hina.

Mit diesem Namen bezeichnet man auf den Sandwichsinseln eine Composite von bitterem und gleichzeitig senfartigem Geschmack, die bei Verdauungsbeschwerden in Ansehen steht.

Litt.: Pharm. Rundschau (New York) 1885, p. 165.

Hippomane (Euphorbiaceae—Crotonoideae—Hippomaneae).

Hippomane Mancinella L., in Centralamerika, Westindien und Columbien. Den therapeutischen Werth dieses bekanntlich früher für so giftig gehaltenen Baumes, dass schon der Aufenthalt in seinem Schatten gefährlich sein sollte, hat Betancourt festgestellt; er hält den Milchsaft der Pflanze für ein drastisches Purgativum mit ausgesprochen diuretischer Wirkung.

Litt.: Kosteletzky V, p. 1736. Therapeut. Gaz., Detroit 1889, Nr. 4, p. 243.

Holarrhena (Apocynaceae — Plumerieae).

Holarrhena antidysenterica Wall., in Indien (von Kaschmir bis zur Halbinsel Malakka). Namen: Kura, Kaureya (Hind.); Kurchi (Beng.); Kuda, Pándhara-kuda (Mar.); Kuda, Doula-kuda (Guz.); Kulap-pálai (Tam.); Amkudu (Tel.); Kodamuraka, Kodasiga (Can.); weitere Namen bei Planchon und Dymock. Medicinisch verwendet werden die Samen, die Rinde, die Blätter, der Milchsaft.

Die Samen (Grains d'Anderjow, Conessi seeds; in Indien: Karwa-indarjau [Hind.]; Tita-indarjau [Beng.]; Kulappalai-virai [Tam.]; Amkudu-vittulu [Tel.]; Kadu-indarjau [Mar.]; Kadvo-indarjau [Guz.]; Kodu-murakan-bija [Can.]), werden in ihrer Heimath von jeher verwendet; in den europäischen Handel gelangen sie seit etwa 15 Jahren. Sie sind 8—16 mm lang, 2—3 mm breit, auf einer Seite convex, auf der andern flach oder vertieft mit fast bis zum Grunde reichender Raphe. Die Farbe ist graubraun bis braun, am oberen Ende zeigt die Handelswaare eine Narbe, wo der Haarschopf abgebrochen ist. Auf dem Querschnitt erkennt man innerhalb der braunen Samenschale ein dünnes Endosperm und den Embryo mit gefalteten Kotyledonen. Die Epidermis der Samenschale besteht aus grossen, tonnenförmig vorgewölbten Zellen, die in der äusseren Hälfte netz- oder leistenförmige Verdickungen zeigen. Die unter der Epidermis liegenden Schichten sind zusammengepresst, die äusseren Parthien lassen grosse Einzelkrystalle von Kalkoxalat erkennen. Im Endosperm Aleuron und vereinzelte Stärkekörnchen, im Embryo ebenfalls Aleuron mit Globoiden, Stärke und Oxalat in Drusen und Einzelkrystallen. Der Querschnitt wird mit Schwefelsäure roth. Geschmack bitter. Die Samen enthalten dasselbe Alkaloid, Conessin, wie die Rinde. Man verwendet sie gegen Fieber, Dysenterie und als Wurmmittel. Den Milchsaft der Pflanze verwendet man als Wurmmittel.

Die Rinde (Conessi-bark, Écorce de Tellichery, Écorce de Malabar; in Indien: Codaga-pala, Lo-moc) enthält bis zu $3\,^0/_0$ desselben Alkaloids wie die Samen. Die meist verbogenen, bis 5 mm dicken Stücke sind von aussen grünlich oder gelblich braun, matt, körnig, oft mit Flechten besetzt, von innen, rothbraun, gestreift. Der Bruch ist körnig, die Bruchfläche lässt auf rothbraunem Grunde zahlreiche weissliche, in koncentrische Kreise geordnete Partikel erkennen. Diese Kreise sind Gruppen von Steinzellen, die sich in der Mittelrinde und im Bast, begleitet von Oxalatzellen, finden. Der Bast zeigt ausserdem Fasern. Man benutzt die Rinde ähnlich wie die Samen.

Litt.: Dymock II, p. 391. Planchon, Produits fournis à la matière médicale par la famille des Apocynées. Montpellier 1894. Christy & Co. IV, p. 27; X, p. 40. Arch. de Ph. 1892, p. 401.

Holarrhena africana DC., an der Westküste des tropischen Afrika. Verwendet wird ebenfalls die Rinde (Conessi-Rinde, wie die vorige, afrikanische Chinarinde, Gbomi) als Fiebermittel und gegen Dysenterie. Aussehen und Bau der vorigen ähnlich nach den vorliegenden Notizen. Die Samen sollen als Verfälschung der Strophanthussamen vorgekommen sein, sie gleichen darin der vorigen Art. Enthält Conessin.

Litt.: Wolfsberg, Ueber Holarrhena africana DC. Göttingen 1880. Planchon l. c., p. 185.

Holarrhena angustata Pierre. In Cochinchina. Kork und Wurzel werden gegen Dysenterie verwendet.

Litt.: Planchon l. c.

Holarrhena crassifolia Pierre. In Cochinchina. Kork und Rinde werden wie bei der vorigen verwendet.

Litt.: Planchon l. c.

Holigarna [zu Catutsjeron] (Anacardiaceae — Semecarpeae). Verschiedene Arten der in Ostindien heimischen Gattung liefern aus der Rinde ein Sekret, das blasenziehend wirkt. In der Frucht wurde Cardol nachgewiesen, das auch wohl in dem Sekret vorkommt.

Das Sekret der Rinde und der Saft der Blätter von *Holigarna longifolia Roxb.* wird äusserlich gegen Zahnweh, auf Geschwüre, eine Abkochung der Früchte in Milch gegen Hautkrankheiten verwendet, auch gegen Leiden des Darmkanals.

Litt.: Kosteletzky IV, p. 1232. Ph. Journ. and Trans. 1895, Nr. 1305, p. 1197.

Holostemma (Asclepiadaceae — Cynancheae).

Holostemma Rheedianum Spr., in Ostindien. Blüthen und Wurzel werden medicinisch verwendet, besonders bei Augenkrankheiten.

Litt.: Kosteletzky III, p. 1095. Bullet. of Ph. 1891, V, p. 211.

Homeria (Iridaceae — Tigrideae).

Homeria collina (Thunb.) Vent. var.: miniata. Heimisch am Kap und kultivirt. Namen: Tulp, Cape Tulip. Seit einiger Zeit nach Melbourne eingeschleppt, wo sich die Blätter als Uebelkeit und Erbrechen erregend gezeigt haben.

Litt.: Pharm. Journ. and Trans. 1893, Nr. 1218, p. 350.

Hopea (Dipterocarpaceae — Shoreae).

Hopea splendida de Vriese und *aspera de Vriese*, liefern auf den Sundainseln mit anderen Dipterocarpaceen in den Samen des als Minyak-Tangkawang oder Minyak Sangkawang bekannte Fett.

Litt.: Pharm. Journ. and Trans. 1883, p. 401. Minjak Tengkawang en andere wenig bekende Plantaardige Vetten etc. Mededeelingen uit 's Lands Plantentuin III, 1886.

Hopea Mengarawa Miq. liefert in Porak (und auch sonst) eine Art Damarharz. Ueber Damar cf. Ber. d. ph. Ges. 1891, p. 363.

Litt.: Pharm. Journ. and Trans. 1886.

Hortia (Rutaceae — Toddalieae).

Hortia arborea Engler, liefert in Brasilien Paratudorinde. Cf. Kosteletzky V, p. 1796, Hortia brasiliana Vaud.

Litt.: Pharm. Zeitung 1887, p. 115 ff.

Houttuynia [jetzt Anemiopsis] (Saururaceae).

Houttuynia (Anemiopsis) californica Benth. et Hook., in Californien, Arizona und New Mexico. Name: Yerba Mansa. Die Wurzel findet in Form des Fluidextraktes Verwendung als Stimulans, Adstringens und Tonicum.

Litt.: Kosteletzky I, p. 78. Parke, Davis & Co.. p. 1235. Drugg. Bullet. 1890, vol. IV, Nr. 1, 10.

Humiria (Humiriaceae).

Humiria floribunda Mart., im tropischen Amerika. Namen: Niori, Couranoura, Tauranero. Der Stamm liefert einen nach Benzoë riechenden Balsam, den man wie Copaivabalsam gegen Gonorrhoe, Leucorrhoe etc. und Bronchitis verwendet. Eine Abkochung der Rinde ist Heilmittel gegen Husten

Litt.: Kosteletzky V, p. 1993 Christy & Co. IX, p. 41.

Humiria balsamifera St. Hil., im tropischen Amerika. · Name:
Humiri, liefert einen ähnlichen Balsam und bois rouge de
Guyana.

Litt.: Kosteletzky V, p. 1993. Zeitschr. des österr. Apoth.-V. 1890.

Hunteria (Apocynaceae — Plumerioideae — Rauwolfiinae).
Hunteria zeylanica (Retz.) Gardn. (H. corymbosa Roxb.), in
Vorderindien, Malakka und Ceylon, enthält in den Blättern und
in der Rinde ein giftiges Alkaloid etwa zu 0,3 %.

Litt.: Mededeelingen uit 's Lands Plantentuin VII, 1890, p. 55.

Hura (Euphorbiaceae — Platylobeae — Crotonoideae —
Hurinae).

Hura crepitans L., im tropischen Amerika. Name: Sand-
box-tree, Sandbüchsenbaum; in Mexico: Savilla. Die Samen
enthalten ein Oel, das purgirend wirkt und äusserlich gegen Lepra
verwendet wird. · Die Blätter dienen mit Oel infundirt als Mittel
gegen Rheumatismus. Der Milchsaft der Pflanze ist scharf.

Litt.: Kosteletzky V, p. 1736. Bullet. of Ph. 1893, p. 204. Berichte
d. Pharm. Ges. 1893, p. 191.

Hydnocarpus (Bixaceae — Pangieae).

Hydnocarpus Wightiana Blume, in Vorderindien. Namen:
Kadu-kavatha (mar.); Niradimutu (tam.); Niradivittulu
(tel.); Tamana, Maravetti (mal.). Der Baum hat eine kugelige,
apfelgrosse Frucht, die zahlreiche eckige, etwa 2 cm grosse Samen
einschliesst. Innerhalb der grauen Samenschale enthalten dieselben ein reichliches Endosperm und den Embryo mit zwei
grossen herzförmigen Cotyledonen. Die Samen enthalten bis 44 %
fettes Oel, das wie das der Gynocardia odorata gegen Hautkrankheiten verwendet wird. Das Oel scheint ebenfalls Gynocardiasäure zu enthalten (cf. Gynocardia). Soll auch als Fischgift
dienen.

Litt.: Kosteletzky V, p. 1625. Mededeelingen uit 's Lands Plantentuin
X, 1893, p. 30. Pharm. Zeitung 1883, p. 562. Pharm. Journ. and Trans. (3)
XV, p. 321. Dymock I, p. 148.

Hydnocarpus anthelminthica (?), in China. Von dieser Pflanze
werden die als Lukrabo und Ta-Fung-Tse oder Falsche
Chaulmugra-Samen (cf. Gynocardia) bezeichneten Samen abgeleitet. Die Samen sind etwa 1,8 cm gross, zwiebelförmig, rauh,
die Samenschale viel dicker als bei den Chaulmugra-Samen.

Litt.: Pharm. Journ. and Trans. (3) XV, p. 41, 121.

Hydrangea (Saxifragaceae — Hydrangeoideae).
Hydrangea arborescens L., im atlantischen Nordamerika. Name:
Seven bark. Verwendung findet Rhizom und Wurzel, ersteres
mit grosszelligem Mark, in der Rinde beider Stein- und Raphidenzellen. Man benutzt ein Fluidextrakt gegen Bright'sche Krankheit
und Blasenleiden. Enthält ein Glykosid Hydrangin $C_{34}H_{25}O_{11}$.

Litt.: Pharm. Zeitung 1881, p. 187. Amer. Journ. of Ph. 1887, p. 123;
1883, p. 117. Pharm. Journ. and Trans. 1892, Nr. 1129, p. 652.

Hydrangea Thunbergii Sieb., in Japan. In den süss schmeckenden Blättern ist ein in Krystallen erhaltener Stoff $C_{10}H_9O_3$ enthalten.

Litt.: Arch. d. Ph. 1885, p. 823.

Hydrastis (Ranunculaceae — Paeonieae).

Hydrastis canadensis L. Es genügt der einfache Hinweis auf
diese Droge, die seit 1833 Aufmerksamkeit erregt hat und wohl
in alle Pharmacopoeen übergegangen ist.

Hydrocotyle (Umbelliferae — Hydrocotyleae).

Hydrocotyle asiatica L., in Ostindien, in Mauritius sehr häufig.
Namen, engl.: Indian Pennywort; in Mauritius: Bevilaque
und bevi l'aqua; in Indien: Brahmamanduki, Khulakhudi,
Brahmi (Hind.); Thalkuri (Beng.); Karivana, Karinga (Mar.);
Vallárai (Tam.); Khar-brahmi, Khi-brahmi (Guz.); Babassa
(Tel.); Ondelaga (Can.). Verwendung findet die ganze Pflanze
als Tonicum, Diurcticum, Antisyphiliticum, gegen Hautkrankheiten
(Lepra, Exceme) innerlich als Aufguss, äusserlich als Kataplasma.
Soll als wirksamen Bestandtheil einen öligen, nicht flüchtigen Stoff,
Vellarin, enthalten.

Litt.: Kosteletzky IV, p. 1122. Pharmacographia. Dymock II, p. 107.
Christy & Co. VII, p. 52; VIII, p. 58; X, p. 97. The pacific Record 1892, p. 304.

Hydrocotyle umbellata L. Der Saft dient in Mexico als
Brechmittel.

Litt.: Americ. Journ. of Ph. 1886, p. 20.

Hygrophila (Acanthaceae).

Hygrophila spinosa T. And., in Ostindien. Namen: Tálmakhára, Talmakhána (Hind.); Kuliakhára (Beng.); Kolista,
Kolsunda (Mar.); Ekháro (Guz.); Kulugolike, Kolavalike
(Can.); Nirmulli (Tam.); Nirugobbi (Tel.); Vayalchulli (Mal.).
Verwendung findet die ganze Pflanze oder die Samen allein als
Volksmittel in Indien; man hat sie neuerdings als Mittel gegen
Wassersucht empfohlen. Die Samen sind etwa 3 mm lang, an
einem Ende spitz, am andern breiter, durch Druck in der Kapsel
unregelmässig kantig, von graubrauner Farbe. Die Samenschale
hat eine ausgezeichnete Schleimepidermis, deren Schleimhaare ringförmige Verdickungen haben. Kein Endosperm. Die Kotyledonen
des Embryo liegen flach aufeinander. Ihre Zellen enthalten Aleuronkörner, die in der Epidermis blau gefärbt sind. Die Samen enthalten 31,14 °/$_0$ Proteïnstoffe, 23 °/$_0$ fettes Oel und Spuren eines
Alkaloides; die Wurzel ebenfalls ein Alkaloid und ein Cholesterol.

Litt.: Dymock III, p. 36. Christy & Co. X, p. 111. Pharm. Journ. and
Trans. 1892, p. 1071. Gehe & Co. 1892, April.

Hygrophila obovata Hamilt., in Ostindien. Die Blätter werden
gegen Geschwülste verwendet.

Litt.: Kosteletzky III, p. 974. Beckurts Jahresber. 1887, p. 22.

Hymenaea (Caesalpiniaceae — Amherstieae).

Hymenaea Courbaril L. Im tropischen Amerika. Namen:

Lokustbaum, Quapinole, Jutahy, Jatahy und Jatoba.
Liefert amerikanischen Copal, Copal von Algaroba, von Gatoba,
von Gatchy oder Gatiby, den man bei Lungenaffektionen verwendet; die Rinde und die Blätter werden als Wurmmittel benutzt.
Der Querschnitt der Rinde zeigt ansehnliche Sekretbehälter. Die
Frucht enthält ebenfalls ein Harz, das nach Baldrian riecht und
von dem der Rinde verschieden ist.

Litt.: Kosteletzky IV, p. 1342. Pharm. Centralh. 1889, p. 290.

Hymenaea stigonocarpa Mart., in Brasilien. Name: Jatai-
Assu. Ein Auszug der Rinde wird gegen Haemorrhoiden und
Fluor albus, ein mit Zucker versetztes Dekokt als Expektorans
verwendet.

Litt.: Merck 1891, p. 77.

Hymenodictyon (Rubiaceae — Cinchonoideae — Cinchoneae).
Hymenodictyon excelsum (Roxb.) Wall., im westlichen Himalaya.
Namen: Bhaulan, Barthoa (Hind.); Bandaru (Tel.); Sagapu
(Tam.); Kála-Kadva, Bhourial (Mar.). Verwendung findet die
Rinde, welche sehr bitter schmeckt. Sie ist von fahlgelber Farbe,
millimeterdick, zeigt in der primären Rinde kleine Gruppen von
Steinzellen, Zellen mit rhomboedrischen Einzelkrystallen von Oxalat
und die primären Bündel stark verdickter Fasern. Auf der Grenze
gegen die Innenrinde ein aus Steinzellen bestehender sklerotischer
Ring, in der Innenrinde ein- oder zweireihige Markstrahlen, kurze
Sekretschläuche, keine Fasern. Diese von Moeller beschriebene
Rinde dürfte, wie es der Verf. selbst sagt, kaum von einer Rubiacee
stammen. Davon auch offenbar verschieden ist die von Dymock
beschriebene Rinde, der die Aehnlichkeit des Baues mit dem der
Chinarinde hervorhebt. Anscheinend die letztere, also wohl echte
Rinde ist von Naylor untersucht. Derselbe fand ein Alkaloid:
Hymenodictyonin $C_{24}H_{40}N_3$, dessen Genuss Schwindel und
Kopfweh erregt und eine zweite, ebenfalls bitter schmeckende
Substanz $C_{27}H_{49}O_7$. Man verwendet die Rinde als Tonicum und
Febrifugum.

Litt.: Kosteletzky II, p. 594. Dymock II, p. 193. Moeller, Baumrinden,
p. 136. Pharm. Journ. and Trans. 1893, p. 311.

Hyptis (Labiatae).
Hyptis spicigera Lam., an der Westküste Afrikas, liefert in
den Samen fettes Oel.

Litt.: Pharm. Zeitung 1889, p. 102. Ueber medicinische Verwendung von
Hyptis vgl. Kosteletzky III, p. 818.

I.—J.

Jabi, eine Wurzel mit dünner, leicht abblätternder Rinde
aus Namaqualand, von anfangs süssem, später bitterem Geschmack.
Wird gegen Gonorrhoe verwendet.

Litt.: Chemiker-Zeitung 1886, p. 786.

Jacaranda (Bignoniaceae — Tecomeae).

Jacaranda acutifolia H. et B., im mittleren und nördlichen Peru. Namen: Arabicheo, Jarabisco, Paravisco. Die Früchte und Blätter enthalten einen eisengrünenden Gerbstoff; einen Auszug der ersteren benutzt man gegen syphilitische Krankheiten.

Litt.: Merck 1894, p. 114.

Jacaranda lancifolia (?), heimisch in Columbien. Die Blätter liefern Fol. Carobae, die als Antisyphiliticum und als Trippermittel benutzt werden. Sie enthalten Carobin, Carobasäure und Carobon, ein Harz von tonischen und schweisstreibenden Eigenschaften und kein Alkaloid. Es scheint besonders ein Extrakt der Pflanze nach Europa gekommen zu sein. Gehe & Co. (1886, September, p. 8) sind zweifelhaft, ob dasselbe wirklich von dieser Pflanze und nicht vielmehr von *Jacaranda procera* stamme.

Litt.: Brit. med. Journ. 1885, p. 327. Christy & Co. VIII, p. 63.

Jacaranda mimosaefolia D. Don, in Brasilien und Argentinien. Name: Gualanday. Ebenfalls Antisyphiliticum.

Litt.: Christy & Co. XI, p. 85.

Jacaranda procera Sprengel, in Brasilien. Liefert hauptsächlich die Folia Carobae (s. oben). Die Blätter sind gross, doppelt gefiedert, mit Neigung zu unsymmetrischer Ausbildung, auf der Unterseite dicht sammetartig mit einzelligen Haaren bedeckt, ausserdem Drüsenhaare mit vielzelligem Kopf. Im Gewebe der Blätter, das sonst nichts Auffallendes zeigt, Einzelkrystalle und Drusen von oxalsaurem Kalk. Bestandtheile wie bei *J. lancifolia.*

Litt.: Kosteletzky III, p. 919. Parke, Davis & Co., p. 142. Chemiker-Zeitung 1882, p. 342. Liebigs Annalen 202, p. 150.

Jacaranda tomentosa R. Br., in Brasilien. Liefert ebenfalls Fol. Carobae.

Ueber *Caroba* liefernde Pflanzen vgl. ferner Real-Encyklopädie II, p. 565 und Artikel: *Caroba*, p. 87.

Litt.: Gehe & Co. 1884, April, p. 15.

Jacaratia [= Jaracatia] (Caricaceae).

Jacaratia dodecaphylla A. DC., in Südbrasilien. Der Saft der Frucht wird als Abführmittel benutzt.

Litt.: Villafranca, Les plantes utiles de Brésil. 1880.

Jacaratia digitata Pöppig u. Endl. (?), im oberen Amazonasthal, ist giftig.

Litt.: Villafranca, Les plantes utiles de Brésil. 1880.

Jambosa (Myrtaceae — Myrtoideae — Eugeniinae).

Jambosa vulgaris DC. Heimisch in Vorder- und Hinterindien, gegenwärtig der angenehm schmeckenden und nach Rosen duftenden Früchte wegen überall in den Tropen kultivirt. Namen: Rosenapfel, Pommes rose, Jamba assu. Rinde, Blätter und Wurzeln werden als Adstringentia äusserlich verwendet, die scharf und aromatisch schmeckenden Samen gegen Diarrhoeen, ebenso die abgewelkten Blüthen gegen Entzündungen.

Die Zweige riechen aromatisch, schmecken zuerst gewürzhaft, dann brennend und erzeugen Gefühllosigkeit.

Die Zweige und Blätter enthalten einen in Krystallen erhaltenen indifferenten Stoff, in geringer Menge ein bitter schmeckendes Alkaloid, eine Säure, die Aehnlichkeit mit der Harnsäure hat, und ein Harz, das den wirksamen Bestandtheil ausmachen soll.

In der Wurzel fand Gerrard einen nicht alkaloidischen Körper, Jambosin, $C_{10}H_{15}NO_3$, vielleicht mit dem oben genannten identisch, und ein wohl ebenfalls mit dem genannten Harz identisches Oleoresin.

Litt.: Kosteletzky IV. p. 1530. Therapeut. Gaz. IV, 450. Pharm. Journ. and Trans. Nr. 715, p. 717. Zeitschr. d. österr. Ap.-V. 1884, Nr. 8.

Jasminum (Oleaceae — Jasminoideae).

Jasminum flexile Vahl, in Ostindien. Name: Mullu-gundu. Die sehr schleimreiche Rinde verwendet man, um den Alkoholgehalt des Sago-Toddy zu vermehren.

Litt.: Pharm. Journ. and Trans. 1892, p. 573.

Jasminum glabriusculum Bl., in Indien. Name: Gambir oetan. Wird als Mittel gegen Malaria verwendet. Die Blätter enthalten einen Bitterstoff und ein wenig giftiges Alkaloid.

Litt.: Mededeelingen uit 's Lands Plantentuin XIII, p. 60.

Jatropha (Euphorbiaceae — Platylobeae — Jatropheae).

Jatropha Curcas L., heimisch im tropischen Amerika, überall in den Tropen kultivirt. Die Samen werden als heftiges Purgirmittel unter den Namen: Sem. Ricini majoris, Ficus majoris, Nuces catharticae americanae, Physic Nuts, Bastard Croton Beans seit lange benutzt, sie sind bereits im 16. Jahrhundert dem Nicol. Monardes bekannt. Namen der Pflanze in Indien: Bághsénda, Bágh-bherenda (Hind.); Moghli-arandi, Jepál (Mar.); Gallamark (Goa.); Káttámanaku (Tam.); Pápálam (Tel.); Káttá-vanakka (Mal.); Bettada-haralu (Can.); Jangli-arandi (Guz.). Die Samen sind etwa 17 mm lang, eiförmig, die Rückenseite gewölbt, die Bauchseite durch den Nabelstreifen dachartig erhöht, Farbe schwarz, mit feinen gelblichen Streifchen, am einen Ende ein weisslicher Flecken, an dem die Caruncula gesessen hat. Die geschälten Samen enthalten 26 $^0/_0$ fettes Oel, von dem 8—12 Tropfen zu einer starken Ausleerung genügen. Es unterscheidet sich von dem sonst so ähnlichen Ricinusöl dadurch, dass es in Alkohol fast unlöslich ist.

Litt.: Kosteletzky V, p. 1748. Chemiker-Zeitung 1885. Christy & Co. VIII, p. 64. Dymock III, p. 274.

Jatropha macrorhiza Benth. Heimisch in Mexico und den südlichen Staaten der Union. Namen: Jicama, Jicomia. Verwendung findet die Wurzel als Alterativum und Cholagogum, starke Dosen wirken emetisch.

Litt.: Parke, Davis & Co., p. 840.

Jatropha multifida L., in den Tropen vielfach kultivirt. Namen: Medicinier d'Espagne, Coral tree. Die Samen (Nuces purgantes, Been magnum) werden verwendet wie die von *J. Curcas.* Das fette Oel führt den Namen Ol. Pinhoën.

Litt.: Kosteletzky V, p. 1750. Dymock III, p. 277. Christy & Co. VII, p. 82.

Ichnocarpus (Apocynaceae — Echitoideae — Echitideae).

Ichnocarpus frutescens (L.) R. Br., verbreitet von Ostindien bis Australien. Namen: Sariva, Syama, Syamalata. Man verwendet die Wurzeln ähnlich wie *Sarsaparille*. Sie enthalten eine kautschukartige Substanz, Gerbstoffe, Harz, kein Alkaloid.

Litt.: Dymock II, p. 423. Bullet. of Ph. 1091, V, 211.

Jeffersonia (Berberidaceae).

Jeffersonia diphylla (L.) Pers., im atlantischen Nordamerika. Die Wurzel, die kein Berberin enthält, findet medicinische Verwendung.

Litt.: Americ. Drugg. 1884, p. 227.

Jei heib.

Afrikanische Droge aus Namaqualand. Die Droge heisst auch Vahl-Busch, mit welchem Namen man *Atriplex Halimus L.* bezeichnet, von welcher Pflanze unsere Droge nicht abstammt.

Litt.: Chemiker-Zeitung 1887, Nr. 52, p. 786.

Ilex (Aquifoliaceae).

Ilex Cassine Walt. (I. Caroliniana Mill.), in den um den mexikanischen Golf gelegenen Staaten der Union. Die Blätter liefern ein jetzt fast vergessenes Genussmittel, analog dem *Maté* in Südamerika, ausserdem verwendet man sie medicinisch; sie sollen abführend, emetisch und diuretisch wirken. Sie enthalten trocken $0,27\ ^0/_0$ Coffeïn, $7,39\ ^0/_0$ Gerbstoff etc.

Ebenso verwendet man die Blätter von *Ilex vomitoria Ait.*, die auch als *Folia Peraguae vel Apalachines* nach Europa kamen.

Litt.: Kosteletzky III, p. 1115. U. St. Depart. of Agricult. Div. of Bot. Bull. Nr. XIV, ausführliches Referat im Bot. Centralblatt 1893, Beiheft II.

Ilex opaca Ait., in Nordamerika. Rinde und Blätter werden als Bittermittel verwendet. Die Blätter enthalten ein Glykosid und einen Körper von senfartigem Geruch.

Litt.: Kosteletzky III, p. 1114. Liebig's Annalen 1881, p. 450. Amer. Journ. of Ph. 1887, p. 230.

Ilex verticillata Asa Gray. Heimisch in Nordamerika. Name: „Black alder". Die Rinde wird als tonisch-adstringirendes Mittel angewendet. Sie enthält eine geringe Menge von ätherischem Oel, Gerbstoff und einen Bitterstoff.

Litt.: Kosteletzky III, p. 1115. Amer. Journ. of Ph. 1880, p. 437; 1890, p. 275.

Illicium (Magnoliaceae — Illicieae).

Illicium floridanum Ellis. Heimisch in Nordamerika (Florida, Alabama, und westlich vom Mississippi). Namen: Southern star anise, Florida stink bush, Poison bay. Die Blätter gelten für giftig, die Rinde wird als Ersatz der *Cascarilla* gebraucht.

Die Blätter enthalten 0,25 % eines Glykosides, das sich mit Schwefelsäure beim Erwärmen roth färbt, die Blätter und Kapseln ein ätherisches Oel, das nach einer Mischung von Bergamottöl und Orangenblüthenöl riechen soll.

Litt.: Kosteletzky V, p. 1697. Amer. Journ. of Ph., Vol. XV, p. 225. Weekly Drug. News 1884, 13. Decbr.

Illicium parviflorum Michx. Heimisch in Florida, riecht wie Sassafras. Die Samen sollen in ähnlicher Weise giftig wirken, wie die von *I. religiosum.*

Litt.: Kosteletzky V, p. 1697. Journ. d. Ph. et de Ch. 1890, p. 319.

Illigera (Hernandiaceae — Hernandioideae).

Illigera pulchra Bl., in Niederländisch-Indien. Die Pflanze enthält Laurotetanin. Verwendung scheint sie nicht zu finden.

Litt.: Mededeelingen uit s' Lands Plantentuin VII, p. 96.

Imperata (Gramineae — Andropogoneae).

Imperata brasiliensis Trin. Heimisch in Brasilien. Name: Sapé. Die langen, federkieldicken Wurzeln werden als Diureticum benutzt bei Icterus und gelbem Fieber zusammen mit *Jaborandi.*

Litt.: Pharm. Rundschau (New York) 1894, p. 109.

Imperata caudata Trin. Heimisch in Brasilien (Rio de Janeiro bis Pernambuco). Name: Sapé macho. Die Wurzeln werden wie die der vorigen Art benutzt, gelten als energischer wirkend.

Litt.: Pharm. Rundschau (New York) 1894, p. 110.

Indigofera (Papilionaceae — Galegeae — Indigoferinae).

Indigofera Anil L. Die Blätter werden in Indien als Wurmmittel benutzt, ebenso die von *I. linifolia.*

Litt.: Kosteletzky IV, p. 1265. Pharm. Journ. and Trans. 1890, p. 660.

Indigofera aspalathoides Vahl, soll in den Wurzeln ein ätherisches Oel liefern, das bei Erysipelas angewendet wird.

Litt.: Kosteletzky IV, p. 1267. Bullet. of Ph. 1892, p. 261.

Inga (Mimosaceae — Ingeae).

Inga vera Willd., in Westindien und Centralamerika. Die Rinde wird als Tonicum angewendet, das Fruchtmus genossen, in grossen Mengen soll es schwach abführend wirken.

Litt.: Kosteletzky IV, p. 1352. Christy & Co. VII, p. 83.

Inula (Compositae — Inuleae — Inulinae).

Inula campana (wohl *Inula Helenium L.,* die im Mittelalter diesen Namen führte). Die Wurzel wird gegen Leucorrhoe empfohlen.

Litt.: Med.-chir. Rundschau 1885, 2.

Inula graveolens Desf. Um das Mittelländische Meer. Ein Extrakt der Pflanze bewirkt Lähmung der Athmung bei Thieren, wesshalb man sie gegen Keuchhusten und Asthma empfiehlt.

Litt.: Kosteletzky II. D. Med. Wochenschr. 1894.

Inula racemosa Hook.f., in China. Name: Muhsiang. Dient als Substitut der Costuswurzel von *Aplotaxis auriculata* (s. d.).

Litt.: Pharm. Journ. and Trans. 1891, Nr. 1095, p. 1149.

Joannesia (Euphorbiaceae — Platylobeae — Crotonoideae).

Joannesia princeps Vell. (Anda Gomesii Juss, Anda brasiliensis Raddi), in den maritimen Provinzen Brasiliens. Name: Anda Assu. Verwendung finden die ölhaltigen Samen (Anda-, Arara-Nüsse, Purga de Gentio, Cocca de Purga, Purga de Paulistas, Fruta de Arara) als Purgirmittel. Die Samen (ohne Schale) enthalten 50—53 $^0/_0$ fettes Oel, 2,3 $^0/_0$ eines in Alkohol löslichen Harzes und einen basischen Körper Johannesin. 25—40 Tropfen des Oeles genügen zu einer kräftigen Entleerung, die Samen wirken entsprechend energischer, was man dem im Oel fehlenden besonders wirksamen Stoff zuschreibt. Es ist darauf aufmerksam zu machen, dass die Angaben über die angewendete Dosis weit auseinandergehen, von einer Seite (Merck 1890, p. 62) werden 10 g des Oeles oder zwei Samen als Dosis angegeben; nach Flora brasil. I, c. 722 wirkt schon ein Same giftig.

Die Samen sind von Grösse und Form der echten Kastanien. Innerhalb des dünnen Endosperms liegt der grosse Embryo, dessen Zellen neben Plasma und Oel Aleuronkörner enthalten, die ein oder mehrere Krystalloide und ein grosses Globoid enthalten. Andere Zellen enthalten eine grosse Druse von Kalkoxalat. Die Rinde wird als Fischgift benutzt, ebenso die Fruchtschale.

Litt.: Kosteletzky V, p. 1747. Chemiker-Zeitung 1888, p. 894. Merck 1890, p. 62. Christy & Co. VII, p. 54.

Jonidium [jetzt *Hybanthus Jacq.*] (Violaceae — Violeae).

Jonidium angustifolium H. B. Kth. Die der *Ipecacuanha* ähnliche Wurzel wird in Mexico gegen Wassersucht angewendet.

Litt.: Amer. Journ. of Ph. 1886, p. 168.

Jonidium suffruticosum Ginz. (Hybanthus enneaspermus [L.] F. v. Müll.), in den Tropen der alten Welt. Namen in Indien: Ratanpurs (Hind., Mar.); Oritatamaray (Tam.); Purusharatanam (Tel.); Nunbora (Beng.). Die Blätter werden mit Oel in Neu-Süd-Wales als kühlender Umschlag verwendet; ähnlich benutzt man sie in Ostindien. Die Wurzel enthält ein Alkaloid, Quercitrin, ein Harz u. s. w.

Litt.: Kosteletzky V, p. 1633. Dymock I, p. 139. Proceed. of the Linn. Soc. of New South Wales 1888, März.

Ipomoea (Convolvulaceae — Convolvuleae).

Ipomoea arborea Kth. (?). Die Zweige und Stengel werden

in Mexico zu Bädern gebraucht, sie gelten als heilsam bei Lähmungen.

Litt.: Amer. Journ. of Ph. 1886, p. 72.

Ipomoea bona nox L. Die Blüthen gelten als Heilmittel bei Schlangenbiss, dieselben und andere Theile der Pflanze werden auch gegen Insektenstiche verwendet.

Litt.: Dymock II, 540. Pharm. Record 1891, Vol. XI, p. 209.

Ipomoea dissecta Willd., in Westindien. Scheint Blausäure zu enthalten.

Litt.: Christy & Co. VII, p. 86.

Ipomoea hederacea Jacq., in Ostindien. Namen, in Indien: Mirchai, Kaladana (Hind.); Nil-Kolomi, Káladana (Beng.); Kodi-Kákkatan-virai, Jiriki virai (Tam.); Jiriki-vittulu, Kolli-vittulu (Tel.); Káladana (Guz.); Nilapushpi-che-bij (Mar.); bei den Tataren: Nilafar; in China: Baytschon und Czeyczon; bei den Arabern: Habbu-Nil. Verwendung finden die Samen als Purgirmittel. Es scheint, als ob die Samen mehrerer Arten nebeneinander verwendet werden. Sie enthalten ein Harz, zu 8,2 $^0/_0$, welches anscheinend mit dem Convolvulin identisch ist.

Litt.: Flückiger und Hanbury, Pharmacographie. Dymock II, p. 530. Chemiker-Zeitung 1892, p. 44.

Ipomoea muricoides Roem. et Schult., wird in Mexico wie *Ip. arborea* verwendet.

Litt.: Amer. Journ. of Ph. 1886, p. 72.

Ipomoea pandurata G. F. W. Meyer. Heimisch von Alabama, Carolina bis Canada. Verwendung findet die Wurzel gegen Steinleiden. Sie ist bis 90 cm lang, bis 4 cm dick, getrocknet aussen braungrün, innen grauweiss, sehr harzreich. Das Harz liefert beim Kochen mit verdünnter Schwefelsäure Glykose, ist also glykosidisch und lässt sich in ein Weichharz und eine Harzsäure spalten, die beide mit Schwefelsäure eine karminrothe Farbe geben. In Dosen von 0,2 g bringt es heftige Kolikschmerzen und wässerige Stühle hervor.

Litt.: Chem. Journ. and Trans. 1881, Nr. 558, p. 284.

Ipomoea pes caprae Sw., in Westindien, Centralamerika und Ceylon, soll in Neu-Südwales, wohin die Pflanze verschleppt sein dürfte, in den Blättern ein Mittel gegen Wassersucht und Rheumatismus liefern. Blätter und Wurzel werden auch in Ostindien verwendet. Dort führt die Pflanze folgende Namen: Goat'sfoot Convolvulus (engl.); Dopátilata (Hind.); Chhágel-Khuri (Beng.); Marjádoel (Mar.); Ravara-patri (Guz.); Balabanditiga, Chevulapilli-tiga (Tel.); Kutherai-Kolapadi, Anttoo-Kala-dumbo, Adapa-Kodi (Tam.); Adambu-balli. Wurzel und Blätter scheinen ein Alkaloid zu enthalten.

Litt.: Dymock II, p. 536. Proceed. of the Linn. Soc. of New South-Wales 1888, März.

Ipomoea sinuata Ort. (I. dissecta Pursh), in Mittelamerika heimisch, aber in den Tropen weit verbreitet. Soll das Material zur Herstellung des blausäurehaltigen Noyauliqueur liefern.

Litt.: Pharm. Journ. and Trans. 1884, Nr. 147. Amer. Journ. of Ph. 1885.

Ipomoea triflora Maria et Velasco, in Mexico. Die Wurzel liefert die Jalape de Querétan. Sie kommt in Querscheiben in den Handel, die von grauer Farbe sind. Enthält 16 $^0/_0$ Harz. Die Dosis der Wurzel beträgt 2,0 g.

Litt.: Am. Journ. of Ph. 1885, p. 601.

Irvingia (Simarubaceae — Picramnieae).

Irvingia Oliveri (vielleicht *malayana Oliv.*). Liefert in Cochinchina aus den Samen das Cay-Cay genannte Fett, das zur Anfertigung von Kerzen dient. Es ist zu 52 $^0/_0$ in den Samen enthalten, ist frisch von graugelber Farbe, schmilzt bei 36^0 und riecht unangenehm. Es enthält 30,5 $^0/_0$ Oleïnsäure und 38,5 $^0/_0$ sonstige Fettsäuren.

Litt.: Journ. de Ph. et de Ch. 1886, p. 312. Pharm. Post 1886, p. 705.

Isotoma (Campanulaceae — Lobelioideae).

Isotoma longiflora Presl., heimisch in Westindien, auf Java verwildert. Führt in Cuba den Namen Rebenta Caballos (cf. *Solanum aculeatissimum*), gilt als sehr giftig für das Vieh, soll aber auch wie Tabak benutzt, also doch wohl geraucht werden. Enthält ein Alkaloid, Isotomin, das bei Fröschen centrale, motorische Paralyse und diastolischen Herzstillstand bedingt.

Litt.: Mededeelingen uit 's Lands Plantentuin X, p. 95. Ber. d. Pharm. Ges. 1893, p. 191. Arch. f. exp. Pathol. u. Pharmakol. XXXII, p. 266.

Juglans (Juglandaceae).

Juglans cinerea L. In Nordamerika von Canada bis Georgien. Name: Butternut. Die Wurzelrinde wird im Juni gesammelt und als angenehm wirkendes Purgirmittel verwendet.

Litt.: Kosteletzky IV, p. 1213. Repert. de Ph., Tome XII, Nr. 9, p. 426. Amer. Journ. of Ph. 1893, p. 426.

Juniperus (Coniferae — Pinoideae — Cupressineae).

Juniperus oxycedrus L., im Mittelmeergebiete bis Kaukasien. Liefert durch trockne Destillation besonders in Frankreich Oleum cadinum, ferner aus den frischen Zweigspitzen ein ätherisches Oel, das als Abortivum und Anthelminthicum wirkt.

Litt.: Kosteletzky II, p. 348. Schimmel & Co. 1889, Oktober, p. 54.

Juniperus virginiana L., im östlichen Nordamerika heimisch, in Europa häufig als Zierbaum gepflanzt. Das ätherische Oel, das aus den Blättern zu 0,2 $^0/_0$ gewonnen wird (Cedernholzöl), soll als Abortivum wirken, was aber von anderer Seite in Abrede gestellt wird. Es riecht orangenartig. Dagegen verwendet man es gegen Gonorrhoe. Die jungen Zweige werden als Abortivum benutzt, auf der Pflanze vorkommende Gallen (Cedernäpfel) als Wurmmittel.

Litt.: Kosteletzky II, p. 348. Schimmel & Co. 1890, Oktober, p. 14.

Justicia (Acanthaceae — Justicieae).

Justicia Gendarusa L., in Ostindien auf dem Festland und den Inseln. Namen: Guerit petit colique, Vedakodi. Die Blätter und jungen Zweige werden in Form einer Abkochung als schweisstreibendes Mittel bei Rheumatismus benutzt. Soll auch emetisch wirken.

Litt.: Kosteletzky III, p. 931. Les nouvelles remèdes 1885, p. 225. Dymock III, p. 48.

Ixora (Rubiaceae — Coffeoideae — Ixoreae).

Ixora coccinea L. Heimisch in Vorderindien. Namen: Rangan, Ranjana (Beng., Hind.); Bakura, Pentgul (Mar.); Vitchie (Tam.). Man verwendet die Wurzel und Zweige als Mittel gegen Dysenterie, auch gegen Fieber und Gonorrhoe.

Litt.: Kosteletzky II, p. 554. Dymock II, p. 212. The pacific Record 1892, p. 304.

Ixora paniculata Lam. (Pavetta indica L.), in Ostindien. Namen: Kukura-chura (Beng.); Papari, Kankra (Hind.); Pavuttay-vayr (Tam.); Páputta-vayroo (Tel.); Pápadi (Mar.); Pappadi (Can.). Verwendung finden die Wurzel und die Blätter. Die weissliche Wurzel riecht aromatisch und schmeckt bitter, sie gilt als gutes Magenmittel und Diureticum und findet Verwendung bei Schwäche des Darmkanals. Die Blätter riechen nicht angenehm, schmecken weinartig sauer und werden äusserlich gegen Hämor-rhoiden und bei Hautkrankheiten (Erysipelas) verwendet. Die Pflanze scheint ein Glykosid zu enthalten.

Litt.: Kosteletzky II, p. 555. Dymock II, p. 212. Journ. de Ph. et de Ch. 1880, p. 337 ff.

K.

Kämpferia (Zingiberaceae — Hedychieae).

Kämpferia Galanga L. In Ostindien (Cochinchina) wild und kultivirt. Namen: Chookoo Bulbs; Chandra-múla (Hind.); Chandú-múla, Húmúla (Beng.); Kachula-kalangu (Mal., Tam.); Chandra-múla, Utnen (Mar.); Kapur-kachri (Guz.). Verwendung finden die Rhizome, die dem Ingwer ähnlich sehen. Sie haben einen angenehm kampherartigen Geruch. Man benutzt sie als aromatisch-tonisches Arzneimittel. Sie enthalten ätherisches Oel und in geringer Menge ein Alkaloid.

Litt.: Kosteletzky I, p. 271. Dymock III, p. 414. Christy & Co. VIII, p. 81; IX, p. 24.

Kämpferia rotunda L., in Ostindien wild und kultivirt. Namen: Bhume-champa (Hind.); Bhin-champa (Beng.); Bhin-champo (Guz.); Bhin-chapha (Mar.); Konda-kalawa (Tel.); Malan-kua (Mal.). Die rundlichen, nicht stark, aber ebenfalls nach

Kampher riechenden Knollen werden äusserlich als Wundmittel, und innerlich als Diureticum, bei Leberleiden etc. angewendet. Sie liefern 0,2 % ätherisches Oel, das zuerst nach Kampher, dann nach Esdragon riecht. Es enthält Cineol und vielleicht Methylchavicol.

Litt.: Kosteletzky I, p. 270. Dymock III, p. 416. Schimmel & Co. 1894, April, p. 57.

Kalmia (Ericaceae — Rhododendroideae — Phyllodoceae).

Kalmia latifolia L., in Nordamerika von Florida bis Kanada, enthält Andromedotoxin zu 1,7 %, *Kalmia angustifolia L.* Arbutin. Die Blätter der erstgenannten Art werden gegen Diarrhoen, äusserlich gegen syphilitische Hautkrankheiten angewendet. Sie sind narkotisch und besonders für Hausthiere zuweilen tödtlich. Die Drüsenhaare dieser und verwandter Arten sind von harzartiger Beschaffenheit und werden als Niesemittel benutzt.

Litt.: Kosteletzky III, p. 1023. Americ. Journ. of Pharm. 1886, p. 417. Neederl. Tijdschr. voor Pharm. 1890, p. 160.

Katakiambar.

Wurzel aus Westafrika von unbekannter Abstammung, die angeblich sehr giftig ist. Der Querschnitt zeigt vier primäre, breite Markstrahlen, zwischen denselben schmalere sekundäre. In der Rinde Raphidenbündel von Calciumoxalat.

Litt.: Chem.-Zeitung 1888, p. 1624.

Kaù.

Braune, erbsengrosse, ölreiche Samen von unbekannter Abstammung aus Namaqualand in Westafrika.

Litt.: Chemiker-Zeitung 1887, p. 786.

Kaukee.

Wurzel und Rinde aus Westafrika, die eine gelbe Farbe liefern und abführende Eigenschaften haben. Abstammung unbekannt.

Litt.: Christy & Co. VII, p. 85.

Kennedya (Papilionaceae — Phaseoleae — Glycininae).

Kennedya monophylla Vent. (Hardenbergia), wird in Neu-Südwales wie Sarsaparilla gebraucht.

Litt.: Proceed. of the Linn. Soc. of New South-Wales 1888, März.

Kentjoor.

Aetherisches Oel von gewürzhaft aromatischem, an Galgant erinnerndem Geruch aus Holländisch Indien. Abstammung unbekannt.

Litt.: Schimmel & Co., 1889, Oktober, p. 57.

Kiggelaria (Bixaceae — Pangieae).

Kiggelaria africana L. Heimisch in Ostafrika. Die Blätter enthalten 0,085—0,1125 % Blausäure in bisher unbekannter Bindung, jedenfalls nicht als Amygdalin.

Litt.: Nieuw Tijdschr. voor Pharm. 1891, p. 337.

Kigelia (Bignoniaceae — Crescentieae).

Unter dem Namen Eto sind aus Westafrika Früchte nach Europa gekommen, die von einer Kigelia abgeleitet werden. Es würde auf *Kigelia africana (Lam.) Benth.* zu rathen sein, wenn nicht, wie Christy & Co. annehmen, eine neue Art vorliegt. Die Droge soll gegen Wahnsinn (mania) angewendet werden.

Litt.: Christy & Co. VII, p. 84, 87.

Koentjil.

Aetherisches Oel unbekannter Abstammung aus Niederländisch Indien. Es riecht nach Basilicum und Myrthe.

Litt.: Schimmel & Co. 1889, Oktober, p. 57.

Kopsia (Apocynaceae — Plumerioideae — Cerberinae).

Kopsia florida Bl., in Niederländisch Indien, enthält in der Rinde, den Blättern und Samen ein giftiges Alkaloid. Die Samen enthalten 1,85 $^0/_0$. Ebenso enthält *Kopsia arborea B.* Alkaloid. *Calicarpum Roxburghii Don.* und *Calicarpum albiflorum T. et B.* enthalten ebenfalls Alkaloide, und zwar die erstgenannte Art 1,7 $^0/_0$ in den Samen. Es bewirkt Tetanus. Ob die Alkaloide beider identisch sind, steht noch nicht fest. Die Gattung Calicarpum wird gegenwärtig zu Kopsia gezogen.

Litt.: Mededeelingen uit 's Lands Plantentuin VII, p. 61.

Kowti seeds.

Aus Ostindien stammende Samen einer Euphorbiacee, vielleicht von *Croton oblongifolius Thwaites (C. persimilis Müll. Arg.)*. Die Samen sind 2,1 cm lang, bis 1,2 cm breit, bis 0,8 cm dick, eiförmig, am spitzen Ende mit ansehnlicher Caruncula. Die Aussenseite zeigt die graubraune kräftige Samenschale mit unregelmässigen, rauhen Längsstreifen, der Querschnitt ein grosses Endosperm, in der Mitte den ansehnlichen Embryo mit flachen Kotyledonen. Im Gewebe grosse Aleuronkörner mit kleinen Globoiden und schlecht ausgebildeten Krystalloiden.

Litt.: Gehe & Co. 1896, September.

Kydia (Malvaceae — Malveae — Abutilinae).

Kydia calycina Roxb., in Ostindien (Himalaya, Westghoti und Birma). Namen: Kadularangy-puttay. Die ausserordentlich schleimreiche Rinde dieses Baumes wird als Adstringens, Tonicum und Specificum bei Diabetes angewendet.

Nach Hooper und Dymock findet sich der Schleim nicht in besonderen Zellen oder Sekretbehältern, sondern entsteht durch Verschleimung der Zellwände (Bastfasern?).

Litt.: Dymock I, p. 228. Pharm. Journ. and Trans. 1892, p. 573.

Kyllingia (Cyperaceae — Scirpoideae — Cyperinae).

Kyllingia odorata Vahl. In Brasilien. Namen: Capim cheiroso, riechendes Gras; Capim cidreira, Melissengras; Capim limon, Limonengras. Die Pflanze riecht angenehm citronellartig.

Sie verdankt diesen Geruch einem Gehalt von 0,1512 $^0/_0$ (von den frischen Pflanzen) von ätherischem Oel. Dasselbe ist von gelblicher Farbe, spec. Gew. 0,873. Man macht aus den frischen Blättern eine Tinktur, Infusum und destillirtes Wasser, die als Diaphoretica und Diuretica verwendet werden.

Litt.: Pharm. Rundschau (New York) 1894, p. 187.

Kyllingia pungens Link. Heimisch in Brasilien (Alagoas, Bahia, Minas Geraes). Namen: Capim de camelon. Das Dekokt der schwach aromatischen Wurzel wird bei Dysenterie und Diabetes verwendet.

Litt.: Pharm. Rundschau (New York) 1894, p. 187.

L.

Lachnanthes (Haemodoraceae).

Lachnanthes tinctoria Ell. In den nördlichen Staaten des atlantischen Nordamerika. Namen: Red Root, Spirit Weed. Aus der ganzen Pflanze macht man eine Tinktur, die gegen Pneumonie, typhöse Fieber, Phthisis etc. Verwendung findet. Die Wurzel benutzt man zum Rothfärben.

Litt.: Christy & Co. X, p. 75.

Laennecia (jetzt zu Conyza) (Compositae — Astereae — Conyzinae).

Laennecia parviflora D. C., in Mexico bei Toluca und im nordwestlichen Theile des Thales von Mexico. Wird als Specificum gegen Gallensteine benutzt. Enthält einen neutralen, bitter schmeckenden Stoff.

Litt.: Americ. Journ. of Pharm. 1891, p. 1.

Lagascea (Compositae — Heliantheae — Lagascinae).

Lagascea spinosissima (Nocca). In Persien. Name: Shukal. Die ganzen getrockneten Pflanzen werden als Heilmittel gegen Aussatz, Schlagfluss etc. verwendet. Sie enthalten ein Alkaloid, einen harzartigen Körper und eine auf Zusatz von Ammoniak stark fluorescirende Substanz.

Litt.: Pharm. Journ. and Trans. 1892, Nr. 1124, p. 552.

Lamino.

Heilmittel unbekannter Abstammung aus Columbien, das die Eingeborenen bei tertiärer Syphilis verwenden.

Litt.: Christy & Co. X, p. 121; XI, p. 86.

Lamium (Labiatae — Stachydeae — Lamiinae).

Lamium album L. Die Blüthen dieses alten, für möglichst unschuldig gehaltenen Volksmittels haben vorübergehend grosse Aufmerksamkeit erregt. Die Blüthen allein oder die ganze blühende Pflanze wurden 1887 als Haemostaticum ersten Ranges gerühmt und für manche Zwecke dem Mutterkorn gleichgestellt. Der wirksame Bestandtheil sollte ein Alkaloid sein, das man in den Blüthen gefunden hatte. Leider ist nachher behauptet worden, dass dieses Alkaloid Calciumsulfat war. Das frische Kraut wird auch gegen weissen Fluss empfohlen.

Litt.: Kosteletzky III, p. 790. Parke, Davis & Co., p. 913. Zeitschr. d. österr. Ap.-Ver. 1887, p. 374. Therapeut. Gaz. Ser. III, vol. IV, p. 144. Deutsche Med. Zeitung 1889, p. 475.

Lantana (Verbenaceae — Lantaneae).

Lantana spinosa L., in Brasilien und Westindien. Name: Camará, Camabará. Das Infusum der Blätter und Stengel wird als Sudorificum getrunken. Ferner setzt man die Pflanze Bädern, die gegen Rheumatismus angewendet werden, zu.

Litt.: Kosteletzky III, p. 823. Merck, 1894, p. 98.

Lantana brasiliensis Link. Heimisch in Südamerika, verwendet in Brasilien, Paraguay, Bolivia, Peru von den Eingeborenen als Antipyreticum; enthält ein Alkaloid, Lantanin, das der Träger der Wirksamkeit ist.

Litt.: Christy & Co. XI, p. 25. Pharm. Zeitung 1885, p. 654.

Ueber ein Mittel: Lantana, vgl. Pharm. Journ. and Trans. 1895, p. 365.

Laportea (Urticaceae — Urereae).

Laportea caciera (?). In Neu-Südwales und Queensland. Scheint sehr stark zu brennen und wird daher als lokales Excitans verwendet.

Litt.: Christy & Co. IX, p. 69; X, p. 117.

Laportea moroides Wedd. In Queensland. Name: Giftbaum. Soll so heftig brennen, dass Pferde durch die blosse Berührung getödtet werden.

Larrea (Zygophyllaceae).

Larrea mexicana Moric. In Mexico und Kalifornien. Soll auf seinen Zweigen in Folge der Einwirkung eines Coccus: *Carteria Larreae* das Sonora-Gummi oder Arizona-Schellack liefern. Die Pflanze wird zu Schwitzbädern gegen Rheumatismus gebraucht.

Litt.: Pharm. Journ. and Trans. 1885, p. 128.

Lasia (Araceae — Lasioideae — Lasieae).

Lasia Loureirii Schott, in Ostindien und dem malayischen Archipel. Name bei den Sundanesen: Sampie. Die Wurzeln und jungen Blätter werden innerlich und äusserlich gegen Leibweh und Kolik gebraucht. Die Arten der Gattung enthalten Blausäure, entweder frei oder lose gebunden, jedenfalls nicht als Amygdalin.

Litt.: Mededeelingen uit 's Lands Plantentuin VII, p. 106.

Lavandula (Labiatae — Ocimoideae — Lavanduleae).

Lavandula dentata L. Das ätherische Oel dieser aus Südspanien stammenden Art, das Cineol enthält und etwas nach

Rosmarin und Kampher riecht, soll als Aborticum dienen, in Form von Inhalation gegen Katarrhe und Diphtherie heilsam sein und auf offene Wunden gestrichen, dieselben schnell zum Heilen bringen.

Sein spec. Gew. ist 0,926; es siedet zwischen 170 und 200°.

Litt.: Schimmel & Co. 1889, Oktober, p. 54.

Lavandula Stoechas L., in Südeuropa. Name in Spanien: Romero santo (Heiliger Rosmarin). Das dem vorigen im Geruch ähnliche, ebenfalls Cineol enthaltende Oel wird als blutstillendes Mittel, gegen Wunden, Hautausschläge etc. verwendet.

Litt.: Kosteletzky III, p. 800. Schimmel & Co. 1889, Oktober, p. 54.

Lawsonia (Lythraceae — Nesaeeae — Lagerstroemiinae).

Lawsonia inermis L. Vielleicht heimisch in Nordaustralien, seit sehr alter Zeit weit verbreitet, jetzt westlich bis Marokko, östlich bis Südchina, nördlich bis Persien und Belutschistan verbreitet, auch in Westindien. Namen: Henna; in Indien: Méhndí (Hind.); Mendi (Mar., Guz.); Marutonri, Aivanam (Tam.); Méhédi (Beng.); Goranta (Tel.); Goranta (Can.). Die Blätter liefern die bei den Orientalen allgemein gebräuchliche „Henna", die zum Färben der Finger- und Fussnägel, auch der Fusssohlen und des Bartes dient und deren Verwendung sich schon bei alten egyptischen Mumien nachweisen lässt.

Die Blätter sind bis 6 cm lang, bis 2,5 cm breit, zugespitzt, eiförmig, in den kurzen Blattstiel verschmälert, die Sekundärnerven gehen vom Hauptnerven in einem Winkel von etwa 60° ab, biegen in der äusseren Hälfte nach oben um und vereinigen sich mit dem nächst höheren Nerven. Der Hauptnerv zeigt Fasern nur auf der Unterseite, das Gefässbündel ist bikollateral, der Holztheil halbmondförmig. Die Epidermiszellen beider Seiten sind geradlinig polygonal und haben Spaltöffnungen. An der Oberseite zwei Reihen von Palissaden, im Schwammparenchym zwei Schichten von Oxalatdrusen, die für das Blatt recht charakteristisch sind.

Die adstringirende Wurzel (früher *Radix Alkannae verae* oder *Radix Cypri antiquorum*) wird als Mittel bei Hautkrankheiten innerlich und äusserlich verwendet, die Blätter gegen Gelbsucht („similia similibus"), Blasenkatarrh, Wunden, Geschwüre etc. Der wirksame Stoff scheint ein Gerbstoff von glykosidischem Charakter zu sein; auch geringe Mengen eines Alkaloides sind aufgefunden. — Mehndi (s. oben) wird eine aus der Pflanze gewonnene Essenz (Oel?) genannt.

Litt.: Kosteletzky IV, p. 1506. Dymock II, p. 41. Christy & Co. VII, p. 50. Bullet. of Pharm. 1892, p. 261. Journ. d. Pharm. et Chim. 1894. T. XXIX, p. 591.

Lechea (Cistaceae).

Lechea major Michx., in Nordamerika von Kanada bis Florida, westlich bis zum Mississippi, wird als Fiebermittel und Tonicum benutzt.

Litt.: Pharm. Zeitung 1891, p. 566.

Lecythis (Lecythidaceae — Lecythidoideae).

Lecythis grandiflora Aubl., in Brasilien und Guyana. Namen: Sápucaseira, Castagneira de Maranhão. Die Abkochung der Rinde soll tonisch und diuretisch wirken. Die Abkochung der Fruchtschale wird verwendet gegen Blasenkatarrh und Albuminurie. Die schleimgebenden Blüthen gelten als Heilmittel bei Augenkrankheiten.

Litt.: Kosteletzky IV, p. 1537. Christy & Co. VII, p. 84. Schindler, Brazilian medicinal plants. Rio de Janeiro 1884, p. 52.

Ledum (Ericaceae — Rhododendroideae — Ledeae).

Ledum latifolium Ait., in Nordamerika von Labrador bis Britisch Kolumbien. Die Blätter werden unter dem Namen Labradorthee, Jamesthee, Country tea, gegen Lungenkrankheiten verwendet, aber auch wie der chinesische Thee als Genussmittel getrunken. Gekaut als Wundmittel. Enthält Ericolin.

Litt.: Kosteletzky III, p. 1025. Pharm. Zeitung 1892, p. 799. Pharm. Journ. and Trans. 1884, p. 302. Bot. Centralbl. (Beihefte) 1894, p. 285.

Ledum palustre L., von cirkumpolarer Verbreitung. Namen: Wilder Rosmarin, Sumpfporst. Wird neuerdings als Mittel gegen Bronchialkatarrhe, auch gegen Keuchhusten empfohlen. Enthält im ätherischen Oel Ledumkampher $C_{15}H_{26}O$, ferner Leditannsäure $C_{25}H_{20}O_3$. Die übrigen Verwendungen der Pflanze als Hopfensurrogat, sowie ihre narkotischen Eigenschaften sind so bekannt, dass nur kurz darauf hingewiesen sei.

Litt.: Kosteletzky III, p. 1024. Pharm. Zeitung f. Russland 1883, p. 209. Pharm. Ztg. 1892, p. 799. Bot. Centralbl. (Beihefte) 1894, p. 285.

Leonotis (Labiatae — Stachydeae).

Leonotis Leonurus R. Br., am Cap. Wird als Purgans, Emmenagogum, Mittel gegen Schlangenbiss, äusserlich gegen Hautkrankheiten verwendet. Die Hottentotten rauchen das Kraut.

Litt.: Pharm. Journ. and Trans. 1885, p. 890; 1886, p. 101 ff.

Leonotis nepetaefolia Schimp., gilt auf Portorico als Specificum gegen Wechselfieber und gegen typhöse Fieber.

Litt.: Pharm. Journ. and Trans. 1888, p. 881.

Leontice (Berberidaceae).

Leontice thalictroides L., im atlantischen Nordamerika, Canada, in Asien im Amurgebiet und Japan. Das Rhizom wird in Amerika als krampfstillendes und schweisstreibendes Mittel verwendet, die Samen sollen als Kaffeesurrogat dienen.

Litt.: Kosteletzky V, p. 1615. Parke, Davis & Co. Broschüre z. Berliner Naturforscherversammlung.

Leonurus (Labiatae — Lamiinae).

Leonurus Cardiaca L. Die bei uns wohl ganz obsolete Pflanze

wird in England und Amerika, wo sie Mutterwurz heisst, als
Emmenagogum und Nervinum und ebenso in Australien verwendet.
Die Pflanze enthält einen amorphen Bitterstoff, mehrere Harze etc.

Litt.: Kosteletzky III, p. 707. Pharm. Journ. and Trans. 1894, p. 180.

Leptomeria (Santalaceae — Osyrideae).

Leptomeria acida R. Br., die Früchte dienen als Adstringens
in Australien. Sie enthalten reichlich Aepfelsäure, in geringer
Menge Wein- und Citronensäure.

Litt.: Chem. and Drugg. 1885, p. 313.

Leucadendron (Proteaceae — Persoonioideae — Proteeae).

Leucadendron concinnum R. Br. Heimisch am Cap der guten
Hoffnung. Wird gegen Malaria verwendet. Soll eine dem Salicin
ähnliche Substanz, Proteasin, enthalten. Nach einer neuen Untersuchung von E. Merck enthält die Pflanze ein amorphes Glykosid,
Leucoglycodrin, $C_{27}H_{42}O_{10}$ oder $C_{27}H_{44}O_{10}$ und einen krystallinischen Bitterstoff, Leucodrin, $C_{15}H_{16}O_8$, der bei 211—213⁰
schmilzt.

Litt.: Pharm. Journ. and Trans. 1886, p. 327. E. Merck 1896, p. 3.

Liatris (Compositae — Eupatorieae — Adenostylinae).

Liatris odoratissima Willd. Heimisch in den Vereinigten
Staaten. Namen: Vanilla Plant, Deer's Tongue, Dog Tongue,
Hound's Tongue. Die stark duftende Pflanze enthält reichlich
Cumarin, welches sich, wie auf den Tonkabohnen, zuweilen auf
den Blättern krystallinisch abscheiden soll. Der Gehalt soll 1,5 $^0/_0$
betragen. Man benutzt sie hauptsächlich zum Parfümiren des
Schnupftabaks, medicinisch als Aromaticum, Tonicum und Stimulans. Die Blätter enthalten beiderseitig Palissandenparenchym,
auf beiden Epidermen Spaltöffnungen und Drüsen von der bei
den Compositen gewöhnlichen Form.

Litt.: Gehe & Co. 1886, September, p. 8; 1887, April, p. 6. Pharm.
Journ. and Trans. (3), Nr. 612, p. 768. New Remedies 1883, p. 260.

Liatris spicata Willd., in Nordamerika (Pennsylvanien, Virginien, Carolina). Das kurze, runzelige, braune Rhizom wird verwendet als Diureticum und gegen Gonorrhoe. Es riecht nach
Terpentin und schmeckt brennend und bitter. Die Untersuchung
hat ausser Harzen und kautschukartigen Körpern Bemerkenswerthes
nicht ergeben.

Litt.: Kosteletzky II, p. 650. Amer. Journ. of Ph. 1892, p. 603.

Liatris squarrosa Willd., in Nordamerika. Das Rhizom wird
wie von der vorigen Art verwendet.

Litt.: Kosteletzky II, p. 651.

Licari lanali.

Eine nicht weiter bekannte Pflanze in Französisch-Guyana, die
ein nach Rosen und Citronen riechendes ätherisches Oel liefert.
Spec. Gew. 0,868, Siedep. 198⁰, dreht links, Formel $C_{10}H_{18}O$.
Beckurts Jahresbericht stellt es zu den Lauraceen.

13*

Ein unter dem gleichen Namen aus Mexico kommendes Oel, das aber von abweichendem Geruche ist, soll von einer *Amyris* abstammen.

Litt.: Compl. rend. 1892, 998.

Lichtensteinia (Umbelliferae — Ammineae).

Lichtensteinia interrupta E. May, am Kap. Die Blätter werden gegen Katarrhe und Fieber angewendet.

Litt.: Pharm. Journ. and Trans. 1886, p. 101 ff. E. Merck 1895, p. 133.

Ligusticum (Umbelliferae — Seselineae).

Ligusticum filicinum S. Wats., in Colorado. Name: Osha. Die Wurzel wird medicinisch verwendet, sie führt den Namen Hustenwurzel.

Litt.: Amer. Journ. of Ph. 1891, p. 321.

Ligusticum Panul Clos., in Chile. Name: Panul. Man verwendet die blühenden oder fruchttragenden Spitzen der Pflanze als Mittel gegen den Schweiss der Phthisiker und gegen Hautkrankheiten. Sie riecht ziemlich kräftig, vielleicht mehr nach Angelica wie nach Levisticum. Der Gehalt an ätherischem Oel ist sehr gering, mehrere Kilo lieferten bei der Destillation keine merkbare Menge.

Litt.: Pharm. Journ. and Trans. 1892, p. 879.

Ligusticum sinense Oliv., in China (Provinz Hupeh und Szechwan). Name: K'ao-peu. Die Wurzel wird medicinisch verwendet. Die in Japan unter demselben Namen gebrauchte Droge stammt von *Nothosmyrnium japonicum Miq.*

Litt.: Pharm. Journ. and Trans. 1891, Nr. 1095, 1149.

Ligustrum (Oleaceae).

Ligustrum Roxburghii Clarke, in Ostindien. Namen: Pungula, Pungula marum. Die braun-rothe Rinde ist schleimreich, man benutzt sie, um den Alkoholgehalt des Sago-Toddy zu erhöhen.

Litt.: Dymock II. Pharm. Journ. and Trans. 1892, Nr. 1125, p. 573.

Lilium (Liliaceae — Lilioideae — Tulipeae).

Lilium candidum L., in Südeuropa von Corsica bis Persien und zum Kaukasus, allgemein kultivirt. In China verwendet man die nicht getrockneten Zwiebeln dieser und anderer Species mit Bouillon gekocht als kräftigendes Mittel. Auf Formosa giebt man die Zwiebeln dieser Art und die von *Lilium longiflorum Thunb.,* die beide Pai-ho heissen, bei Lungenkrankheiten und als Tonicum.

Litt.: Gehe & Co. 1890, April, p. 21. Chem. and Drugg. 1895, p. 324.

Lilium bulbiferum L., in Mitteleuropa, allgemein kultivirt. Die Blüthen gelten als Heilmittel bei Lungenkrankheiten, ausserdem dienen die ungeöffneten, getrockneten Blüthen als Zuspeise zum Fleisch.

Litt.: Gehe & Co. 1890, April, p. 21. Pharm. Record 1891, Vol. XI, p. 209.

Lindera (Lauraceae — Lauroideae).

Lindera Benzoin (L.) Meissn. (Benzoin odoriferum Nees. Lau-

rus Benzoin L.), in Nordamerika von Canada bis Florida verbreitet. Namen: Spicewood, Spicebush, Feverbush. Die Rinde wird als Fiebermittel und als Stimulans benutzt, ebenso die Früchte. Nach Kosteletzky leitete man von diesem Baum früher die Benzoe ab. Schimmel & Co. erhielten aus der Rinde 0,43 $^0/_0$ eines nach Wintergreen riechenden Oeles, aus den Beeren 5 $^0/_0$ eines aromatisch und kampherartig riechenden Oeles, aus den Schösslingen 0,3 $^0/_0$ eines kampher und kalmusartig riechenden Oeles (Abkochungen dieser letzteren dienen als Wurmmittel), aus den Blättern 0,3 $^0/_0$ eines lavendelartig riechenden Oeles. Alle diese Oele sind auch bezüglich des specifischen Gewichtes und des Siedepunktes, soweit letzterer untersucht, ganz verschieden.

Litt.: Kosteletzky II, p. 477. Schimmel & Co. 1890, Oktober, p. 49.

Lindera sericea Bl., in Japan. Name: Kuro-moji. Die Blätter liefern ein ätherisches Oel, spec. Gew. 0,901 bei 18°. Es enthält: Rechts-Limonen, Dipenten, Terpineol, Links-Carvol. Aus dem aromatischen Holz macht man Zahnstocher.

Litt.: Schimmel & Co. 1889—1891. Ber. d. d. chem. Ges. 1891, p. 81.

Lippia (Verbenaceae — Verbenoideae — Lantaneae).

Lippia citriodora H. B. Kth. Heimisch in Uruguay, Argentinien, Chile, nördlich bis Peru. Die Pflanze scheint ausserhalb ihrer Heimath kultivirt zu werden: Christy & Co. führen sie aus Mexico an, wenn nicht etwa die folgende vorgelegen hat. Die Blätter, die sehr angenehm riechen, liefern ein Parfüm, in Südamerika trinkt man ihren Aufguss als Thee, ausserdem werden sie als reizende Arzneimittel verwendet *(Folia Aloysiae)*.

Litt.: Kosteletzky III, p. 822. Christy & Co. VII, p. 81.

Lippia mexicana (?) (Lippia dulcis Trevir.). Heimisch in Columbien, Centralamerika, Cuba. Namen: Orosul, Orozuz de Cuba, Regaliz de Cuba. Ein immergrüner, kriechender Halbstrauch mit vierkantigen Stangen und quirligen Blättern, die viele Drüsen führen. Sie sind dünn, gestielt, im Umriss dreieckig, nach unten in den Blattstiel verlaufend, am Rande grob gesägt. Die kugligen, erbsengrossen oder etwas walzigen Blüthenstände sind langgestielt in den Blattachseln, die einzelnen Blüthen in den Achseln bewimperter, grüner Hüllblätter. Der Kelch ist röhrig, fünfzähnig, die ungefähr 2 mm lange, röhrige Korolle undeutlich zweilippig, mit 4 Staubgefässen. Die Droge riecht stark und eigenthümlich aromatisch und schmeckt angenehm bitter-süsslich. Die Pflanze enthält: 1) Verbenagerbstoff, der sich mit Eisenchlorid graulich-grün färbt; 2) einen zur Gruppe der Quercetine gehörigen Stoff, der mit Eisenchlorid hellgrün wird; 3) ein sauerstoffhaltiges, ätherisches Oel; 4) einen leicht flüchtigen Kampher, Lippiol, von aromatisch bitterem Geschmack. Die Blätter oder die ganze blühende Pflanze wird als ausgezeichnet wirkendes Mittel gegen Asthma, Husten, Bronchitis etc. empfohlen. Die

Blüthen wirken, in grösserer Menge genossen, einschläfernd und brechenerregend. Der Träger der Wirksamkeit ist das Lippiol.

Litt.: Parke, Davis & Co., p. 983. Pharm. Zeitschrift f. Russl. 1882, p. 902 ff. Pharm. Centralblatt 1884, p. 441. Pharm. Zeitung 1887, p. 194. Gehe & Co. 1883, April, p. 19.

Liriodendron (Magnoliaceae — Magnolieae).

Liriodendron tulipifera L. Heimisch im atlantischen Nordamerika, eine Varietät in China heimisch, vielfach als Parkbaum angepflanzt. Die Rinde, besonders die der Wurzel, wird als Ersatz der Chinarinde verwendet. Im Handel erscheint die Rinde der Wurzel und diejenige dünner Zweige. Sie enthält eine geringe Menge ätherischen Oeles, ein braunes amorphes Harz, einen gelbbraunen Farbstoff und ein toxisch wirkendes Alkaloid „Tulipiferin", das sich mit concentrirter Schwefelsäure anfangs gelb, dann roth färbt. Das Harz soll mit dem früher dargestellten „Liriodendrin" identisch sein.

Litt.: Kosteletzky V, p. 1705. Pharm. Rundschau (New York) 1886, p. 169. Americ. Druggist 1886, p. 101.

Liriosma (Olacaceae — Olaceae).

Liriosma ovata Miers. Heimisch in Brasilien in den Staaten Para und Amazonas. Name: Muira puama, Murapuama. Verwendung finden die holzigen Stämme und Wurzeln, indessen soll die Wurzelrinde der wirksamste Theil sein. In der Rinde Fasern und Gruppen sklerotischer Zellen, ausserdem Krystallkammerfasern mit Einzelkrystallen. Die sklerotischen Zellen und Fasern treten zu einem nicht geschlossenen Ring zusammen. Im Holz hauptsächlich Fasern und Gefässe, spärliches Parenchym, Markstrahlen ein- bis zweireihig. Man hat in der Droge gefunden: ätherisches Oel, Gerbstoffe, Phlobaphene etc., einen krystallisirbaren Körper, der Fehlingsche Lösung reducirt, $0,018\,^0/_0$ eines gelben, amorphen Harzes, das alkalisch reagirte und mit Alkaloidreagentien Fällungen gab. Die Droge wird als Excitans und Aphrodisiacum gegeben, auch bei Dysenterie angewendet.

Litt.: Kleesattel, Beiträge zur Pharmakognosie der Muira Puama. Erlanger Diss. 1892. Bericht d. pharm. Ges. 1893, p. 67. Bullet. of Ph. 1892, Vol. VI, Nr. 11. Pharm. Zeitung 1893, p. 699.

Litsea (Lauraceae — Persoideae — Litseeae).

Litsea chrysosoma Bl., in Niederländisch-Indien (Java, Bagke). Name: Medang langit. Die Stammrinde enthält $1\,^0/_0$ Laurotetanin.

Litsea javanica Bl. (Name: Hoeroe pantjar) und *Litsea latifolia Bl.*, in Indien sehr verbreitet (Name: Hoeroe pajong bodas). Enthalten beide ebenfalls Laurotetanin.

Litt.: Mededeelingen uit 's Lands Plantentuin VII, p. 79.

Litsea zeylanica C. u. T. Nees (Name: Koppa-marum) und *Litsea Wightiana Benth. et Hook.* (Name: Sudala-marum), haben sehr schleimreiche Rinden.

Die Rinde von *L. zeylanica* wird nach Kosteletzky II, p. 478 äusserlich als Wundmittel gebraucht.

Litt.: Pharm. Journ. and Trans. 1892, Nr. 1125, p. 573.

Lobelia (Campanulaceae — Lobelioideae).

Lobelia delessa (?), in Mexico. Die Wurzel wirkt brechenerregend und abführend, man verwendet sie bei Asthma, Bronchitis etc. etc., gepulvert reizt sie zum Niesen. Die Droge ist holzig, einfach, cylindrisch, mit wenigen Fasern, aussen röthlichgelb, innen weiss, geruchlos.

Litt.: Christy & Co. X, p. 74. Pharm. Zeitung 1886, p. 445. Nouveaux remèdes 1887, Nr. 2.

Lobelia laxiflora Hb. Bpl. Kth., in Mexico, als Siphocampylus bicolor G. Don. kultivirt, findet in Mexico nach: El Studio. Mexico. 1891, IV, Nr. 1 medicinische Verwendung.

Lobelia purpurascens R. Br., gilt als Mittel gegen Schlangenbiss.

Litt.: Pharm. Zeitung 1891, p. 175.

Lobelia nicotianaefolia Hayne. Heimisch in Ostindien (Ceylon, Madras). Namen: Wild Tabacco (engl.); Dhavala (Mar.); Kattu popillay (Tam.); Adavipogaku (Tel.); Kadahogesappu (Can.). Verwendung findet die ganze Pflanze, deren Wirkung derjenigen des Tabak ähnlich ist. Sie enthält Lobelin und ein zweites, noch nicht genauer studirtes Alkaloid.

Litt.: Dymock II, p. 322. Pharm. Zeitung f. Russl. 1886, Nr. 30, p. 494.

Lodoicea (Palmae — Borassinae — Borasseae).

Lodoicea Sechellarum Labill., auf einigen Inseln der Sechellen-Gruppe. Namen: Doppel-Kokosnuss, Maledivennuss, Sea Cocoanut, Coco de mer; Darya-ka-náriyal (Hind.); Kadat-rengay (Tam.); Samudrapu-tenkaya (Tel.); Katal-tenna (Mal.); Darya-nu-náriyal (Guz.); Jahari-náral (Mar). Das süsse Endosperm, das wie von der Kokosnuss gegessen wird, wird in Indien als tonisches Arzneimittel und Antipyreticum verwendet.

Litt.: Dymock III, p. 520. Pharm. Journ. and Trans. 1886, p. 101 ff.

Loeselia (Polemoniaceae).

Loeselia coerulea G. Don. Heimisch in Mexico. Name: Banderilla. Wird als Diaphoreticum, Emeticum und Catharticum benutzt.

Litt.: Amer. Journ. of Ph. 1885, p. 385.

Lonicera (Caprifoliaceae).

Lonicera Periclymenum L. Auf Formosa, wo die Pflanze Ion-tung-t'êng heisst, wird sie äusserlich bei Abscessen, innerlich bei Rheumatismus, Wassersucht, Syphilis angewendet.

Litt.: Kosteletzky II, p. 529. Chemist and Druggist 1895, p. 324.

Lophira (Ochnaceae — Exalbuminosae — Lophireae).
Lophira alata Banks. Heimisch in Central- und Westafrika.

Namen; Meni, Laintlaintain. Die Samen liefern Fett, das technisch und medicinisch in Afrika benutzt wird.

Litt.: Pharm. Zeitung 1881, p. 617; 1889, p. 102.

Lophogyne (Podostemaceae).

Lophogyne helicandra Tul. In Brasilien (Rio de Janeiro). Name: Musgo de pedra. Ein Dekokt der Pflanze dient als erfrischendes Getränk bei Fieber.

Litt.: Pharm. Rundschau (New York) 1894, p. 240.

Lucam.

Ein von der Westküste von Afrika stammendes adstringirendes Arzneimittel, das gegen Magenkrankheiten verwendet wird. Dient auch zum Färben von Netzen.

Litt.: Christy & Co. VII, p. 85.

Lucuma (Sapotaceae — Palquieae — Sideroxylinae).

Lucuma peroba (?). Name einer aus Brasilien stammenden Rinde, deren Abstammung unsicher ist. Die Rinde besteht aus grossen, wenig röhrenförmig gebogenen, bis 4 cm dicken Stücken. Die Stücke sind aussen hellroth-braun, grau überlaufen, mit tiefen Längsfurchen, auf dem Querschnitt schön roth, Bruch aussen glatt, innen faserig, die Fasern des Bastes verlaufen in aufeinander folgenden Schichten verschieden, also sich kreuzend. Die mikroskopische Untersuchung zeigt mehrfache, ziemlich weit in den Bast vordringende Korkbänder, also Borkebildung. Im Bast tangentiale Gruppen von Bastfasern, von Kammerfasern umgeben. Die einzelnen Bastfasern sehr stark verdickt, so dass das Lumen streckenweis verschwinden kann, mit langgestreckten schiefen Tüpfeln, Enden meist etwas knorrig verästelt. Obliterirte Siebröhren bilden tangentiale Gruppen, ebenfalls in tangentialen Reihen finden sich in den äusseren Theilen des Bastes rundliche Zellen mit nicht genau zu charakterisirendem Inhalt (Sekretzellen?). Einzelne Zellen des Weichbastes sehr gross, sie lassen aber keinen Inhalt erkennen, so dass es zweifelhaft erscheint, ob sie Sekretzellen sind. Markstrahlen ein- bis dreireihig, ihre Zellen radial, zwischen den Fasergruppen sklerosirt. — Gerbstoff fehlt der Rinde, mit Phloroglucin und Salzsäure wird alles roth, abgesehen von den Korkbändern.

Der wässerige Auszug der Rinde fluorescirt schön. Sie enthält 1,44 $\%$ Alkaloid.

Luffa (Cucurbitaceae — Cucurbiteae — Cucumerinae).

Luffa acutangula (L.) Roxb. Heimisch im tropischen Asien, durch die Kultur weit durch die Tropen, auch nach Afrika, verschleppt. Namen in Indien: Karela-toria, Karvi-turai (Hind.); Kudu-sirola, Kadu-dorka (Mar.); Ghosha-lata, Tito-torai (Beng.); Pé-pirkkam (Tam.); Chedu-bira, Verri-bira (Tel.); Kadir-ghisodi (Guz.); Hire-balli (Can.). Die ganze Pflanze gilt als bitter tonisches und diuretisches Mittel. Den Saft der Blätter verwendet man in Indien als äusserliches Mittel auf Wunden

und Geschwüre und gegen die Bisse giftiger Thiere, die Pulpa
der Frucht als Emeticum und Purgans, die getrocknete Frucht
als Schnupfmittel bei Gelbsucht, die Wurzel gegen Gonorrhoe und
das Oel der Samen äusserlich gegen Hautausschläge. — Die unreifen Früchte werden gegessen.

Litt.: Kosteletzky II, p. 730. Dymock II, p. 80. Bullet. of Ph. 1892, p. 261.

Luffa cylindrica (L.) Röm., in den Tropen der alten Welt
heimisch, in Amerika kultivirt. Liefert in den festen Fasernetzen
der Früchte die bekannten Luffahschwämme; die Früchte, auch
die Blätter werden gegessen.

Litt.: Amer. Journ. of Ph. 1884, p. 6.

Luffa echinata Roxb., heimisch in Indien (Guzerat, Sind,
Bengalen, Dacca). Namen: Kukar-lata, Bindál, Ghagar-
bel, Deodail (Hind.); Kukar-vel, Vápala (Guz.); Deodangri,
Deotádi (Mar.); Deodáli (Can.). Verwendung findet die eiförmige
Frucht von Grösse einer Muskatnuss, bedeckt mit zahlreichen,
langen, biegsamen Borsten. Das Perikarp ist faserig, oben mit einer
Oeffnung zum Entlassen der Samen versehen. Dasselbe schmeckt
stark bitter; es enthält einen purgirend wirkenden Körper, der
mit dem Colocynthin identisch oder doch nahe verwandt ist.

Litt.: Dymock II, p. 81. Pharm. Journ. and Trans. 1890, p. 997.

Luffa operculata (L.) Cogn., in Brasilien. Name: Buchinha,
Bucha dos Paulistas. Die Früchte haben die Form einer Pflaume,
sind 3—7 cm lang, zehnrippig, auf den Rippen stachelig. Ver-
wendung findet das Fasernetz der Frucht, das man wohl durch
Maceration in Wasser erhalten hat. Es soll drastisch wirken.
Uebrigens wird auch die ganze Frucht verwendet.

Litt.: Chemiker-Zeitung (Coethen) 1887, p. 3. Schindler, Brasilian Medicinal Plants Rio de Janeiro 1884, p. 9.

Lunasia (Rutaceae — Zanthoxyleae).

Lunasia (Rabelaisia) philippinensis Planchon. Heimisch auf
den Philippinen. Namen: Lunas, Paetan, Abuhab. Die Rinde
liefert den Eingebornen einiger Inseln Pfeilgift. Sie schmeckt
ausserordentlich bitter und erregt, schon in geringer Menge genommen, Erbrechen und Krämpfe. Die Eingebornen benutzen bei
Augenentzündungen einen Aufguss der Rinde. Ein Muster der
Rinde aus der Sammlung der ethnographischen Gesellschaft in
Zürich ist etwa 1 cm dick, innen braun, gestreift, aussen weiss
oder weisslich, auf dem Querschnitt braun, weisslich punktirt. Die
Markstrahlen sind eine Zellreihe breit, die Zellen radial gestreckt,
meist mit lebhaft braunem Inhalt. In den Baststrahlen reichlich
tangential gestreckte, grosse Fasergruppen mit Krystallzellen umscheidet, die einzelnen Fasern stark verdickt. Im Weichbast
tangentiale Gruppen von Parenchymzellen mit lebhaft braunem
Inhalt wie in den Markstrahlzellen. In den äusseren Parthien
Gruppen stark verdickter grosser Steinzellen, weiter nach innen
diese Steinzellen nur noch einzeln.

Als wirksamer Bestandtheil wurde ein Alkaloid ermittelt. Ausserdem enthält die Rinde eine den Terpenen nahestehende Substanz.

Litt.: Lewin, Pfeilgifte. Merck 1894, p. 112. Sitzungsber. d. physik.-medic. Societät Erlangen, 1894, p. 96; 1896, p. 72.

Lupinus (Papilionaceae — Genisteae — Spartiinae).

Lupinus albus L. Die Samen sollen in Ostindien als Abortivum benutzt werden, nach derselben Richtung geht die Angabe bei Kosteletzky IV, p. 1305, wonach sie ein Menstruation beförderndes Mittel sind.

Litt.: Pharm. Journ. and Trans. 1890, p. 660.

Lycoperdon (Lycoperdaceae).

Lycoperdon giganteum Batsch (L. Bovista L.). Wird neuerdings wieder in England als blutstillendes Mittel empfohlen.

Litt.: Pharm. Journ. and Trans. 1883, p. 487.

Lycopodium (Lycopodiaceae).

Lycopodium clavatum L. Die Verwendung der Sporen bei Leiden der Harnblase ist eine sehr alte und bekannte, im Allgemeinen war man wohl der Meinung, dass die Wirkung im Wesentlichen eine mechanische sei. Neuerdings wird aber eine Tinktur des ganzen Krautes bei Incontinentia urinae angewendet.

Litt.: Merck 1893, p. 100.

Lycopodium polytrichoides, auf den Sandwichsinseln. Name: Moa. Gilt in kleinen Dosen als Tonicum, in grossen als Drasticum.

Litt.: Pharm. Rundschau 1885, p. 165.

Lycopodium Saururus. Heimisch in Südamerika, auch auf Bourbon und Mauritius. Namen: Pilijan, Coda di Quirquincho. Wird in Argentinien als Emmenagogum und Drasticum verwendet, auch als Mittel gegen Unfruchtbarkeit. Enthält ein Alkaloid Piliganin $C_{15}H_{24}N_2O$, das mit dem Lycopodin nicht identisch ist. Beim Destilliren im Wasserstoffstrom liefert es eine Base, die dem Nikotin mindestens sehr ähnlich sein soll.

Litt.: Gazz. chim. ital. XXII, p. 162. Hygiea (Stockholm) 1886, p. 155.

In Formosa findet unter dem Namen Wan-nien-sung ein *Lycopodium* als Tonicum und Adstringens Verwendung.

Litt.: Chemist and Druggist 1895, p. 324.

Lycopus (Labiatae — Menthinae).

Lycopus virginicus L., in Nordamerika. Name: Bugle Weed. Wird gegen Blutungen angewendet, soll etwas narkotisch wirken. Das trockene Kraut liefert 0,075 $^0/_0$ ätherisches Oel von gelber Farbe und charakteristischem Geruch, spec. Gew. 0,924. Enthält ferner ein leicht zersetzliches Glykosid.

Litt.: Kosteletzky III, p. 753. Americ. Journ. of Ph. 1890, Vol. 62, p. 71. Schimmel & Co. 1890, Oktober, p. 49. Apoth.-Zeitung (Berlin) 1888, p. 947.

Lythrum (Lythraceae — Lythreae).

Lythrum Salicaria L. Wird neuerdings gegen chronische Entzündungen der Schleimhäute empfohlen; wurde früher gegen Diarrhoe etc. verwendet.

Litt.: Kosteletzky VI, p. 1504. Therap. Gaz. 1884.

M.

Mabo.

Mabonüsse, verkehrteiförmige, 6 cm lange, 3 cm breite, gefurchte Früchte, deren Samen reich an Oel sind.

Litt.: Pharm. Zeitung 1889, p. 102.

Macleya (Papaveraceae — Papaveroideae — Chelidonieae).

Macleya cordata (Willd.) R. Br., in China und Japan. Namen in China: Hakura-kukai; in Japan: Takenigusa, Tsiampangiku, Tachiobaku. Die ganze Pflanze enthält einen orangefarbenen Milchsaft. Man hat aus ihr zwei Alkaloide dargestellt: Sanguinarin, also identisch mit dem in der Sanguinaria canadensis enthaltenen Alkaloid und Macleyin, welches auffallend dem Protopin aus Papaver somniferum ähnelt.

Litt.: Pharm. Journ. and Trans. 1882, Nr. 614, p. 803. Beckurts Jahresbericht 1883—84, p. 348.

Macrozamia (Cycadaceae).

Macrozamia Denisonii F. Müll. (Lepidozamia Peroffskyana Regel). Heimisch in Queensland und Neu-Südwales. Enthält in den Stielen ein Gummi, das neben wenig Arabin viel Metarabin ($77,22 \, ^0/_0$) enthält.

Litt.: Pharm. Journ. and Trans. 1890, p. 7.

Magnolia (Magnoliaceae — Magnolieae).

Magnolia acuminata L. (Cucumber-Tree), *M. glauca L.* (White-Bay, Beaver-Tree), *M. grandiflora L.* (Big Laurel), *M. macrophylla Michx.*, *M. umbrella Desr. (syn.: M. tripetala L.)*, sämmtlich in Nordamerika, liefern die Magnoliarinde. Der Hauptlieferant ist *M. glauca.* Der Geschmack ist zusammenziehend und bitter. Enthält ein Glykosid, Magnolin, das farblose Krystalle bildet, eine fluorescirende Substanz, ätherisches Oel, Gerbstoff und drei verschiedene Harze. Sie dient als tonisches Arzneimittel und wird bei Malaria und Rheumatismen verwendet.

Die Rinde ist etwa 1 cm dick, von kurzfaserigem Bruch, aussen grau, innen gelblich, fein gestrichelt. Bei *M. acuminata* besteht der Kork aus dünnwandigen Zellen, in der Mittelrinde sind einzelne Zellgruppen zu Steinzellen umgewandelt, daneben finden sich, wie auch im Bast, Oelzellen. Im Bast finden sich in den äusseren Theilen ebenfalls Steinzellen zusammen mit Faserbündeln, die weiter nach innen allein in tangentialen Gruppen auftreten. Markstrahlen ein- bis dreireihig, selten zwischen den Bündeln sklerosirt. Oxalat fehlt.

Auch die Früchte und Samen von *M. glauca* und *M. acuminata* werden verwendet.

Litt.: Kosteletzky V, p. 1702. Pharm. Rundschau (New York) 1886, p. 224. Americ. Journ. of Ph. 1891, p. 438. Moeller, Baumrinden, p. 227.

Magnolia mexicana Mocino et Sessé, in Mexico. Die Blüthen dienen im frischen Zustande als krampfstillender Theeaufguss. Sie enthalten ätherisches Oel und Harz.

Litt.: Amer. Journ. of Ph. 1886, p. 168.

Magnolia stellata Maxim., in Japan. Die Knospen dieser Art, sowie die Knospen und Samen der nahe verwandten *M. conspicua Salisb.* dienen als Fiebermittel. Die äusseren Theile der Knospen schmecken kajeputartig, die inneren nach Sternanis.

Litt.: Chemiker-Zeitung (Coethen) 1892, p. 113.

Magnolia Kobus D. C. Namen: Opke-ni oder Omau kush-ni. Ein Dekokt der Rinde wird von den Ainoos als Prophylakticum bei Epidemien benutzt.

Litt.: Pharm. Journ. and Trans. 1896, Nr. 1339.

Mahanamila.

Ein aus Mount Gomba (Ostafrika) nach Europa gekommenes adstringirendes Extrakt einer Rinde, das bei Geschwüren angewendet werden soll. Abstammung unbekannt.

Litt.: Christy & Co., VII, p. 82.

Malouetia (Apocynaceae — Echitoideae — Parsonsieae).

Malouetia nitida Spruce. Heimisch in Centralamerika und Brasilien. Liefert die Guachamacarinde, die bald heller aschgrau, bald dunkler ist und danach als *Guachamaca blanco* und *Guachamaca negro* bezeichnet wird. Enthält ein Alkaloid, Guachamacin, welches chemisch und physiologisch so sehr mit dem Curarin übereinstimmt, dass man beide für identisch hält. Danach wäre Malouetia ein Hauptbestandtheil des Curare (?).

Litt.: Americ. Druggist 1884, p. 12. Arch. d. Pharm. 1885, p. 443.

Mammea (Guttiferae — Calophylloideae).

Mammea americana L., in Westindien heimisch, im tropischen Amerika der schmackhaften Früchte wegen allgemein kultivirt. Namen: Mammei, Aprikose von St. Domingo. Ein nach Einschnitten aus der Rinde fliessendes Harz findet Verwendung gegen Hautkrankheiten und gegen die in die Haut sich einbohrenden Sandflöhe. Eine Abkochung der Rinde wird zur Heilung von Geschwüren verwendet.

Litt.: Kosteletzky V, p. 1978. Pharm. Journ and Trans. 1888, p. 881.

Mandarakan.

Droge aus Ostindien von unbekannter Abstammung. Rothbraune Frucht mit einem 1,3 g schweren Samen, der innen von weisser Farbe ist, eine Höhlung und hier und da mit Harz erfüllte Kanäle zeigt. Enthält ein rothbraunes Harz und 58 °/₀ Fett, das bei 46° schmilzt. Ist vielleicht die Frucht einer Palme.

Litt.: Nieuw Tijdschr. voor Pharm. 1888, p. 192.

Mangifera (Anacardiaceae — Mangifereae).

Mangifera indica L. Heimisch im südlichen Asien (vielleicht Vorderindien und Ceylon), gegenwärtig in allen Tropen kultivirt. Namen: Mango, Manguier; in Indien: Amb, Am (Hind.); Manga-maram (Tam.); Amba (Mar.); Ambo (Guz.); Ma (Mal.); Persien: Nagkzak; Arabien: Ambaj. Verwendung finden Rinde, Blätter, Frucht, Same und ein Gummi. Die Samen wirken anthelminthisch, ferner wie die Wurzel gegen Diarrhoen etc., die Blätter benutzt man bei Asthma und Husten, das dem Bdellium ähnliche Gummi als Antisyphiliticum (vgl. auch Dymock l. c.). Die Rinde und die Samen enthalten Gerbstoff. Die Rinde ist von einem Kork bedeckt, dessen Zellen auf der Innenseite sklerotisch sind. In der Mittelrinde rhomboëdrische Einzelkrystalle und Steinzellen, die zu einem doppelten Ring geordnet sind, ausserdem Gruppen solcher, die sich auch noch in den äusseren Parthien des Bastes finden. Im Bast tangentiale Gruppen von Fasern, von Krystallzellen umkammert. Markstrahlen bis vier Zellreihen breit und reichlich Krystalle enthaltend. Im Weichbast anscheinend schizogene Sekreträume. Die unreifen Früchte werden ihres Gerbstoffgehaltes wegen als adstringirendes Mittel benutzt.

In Ostindien fabricirt man eine gelbe Farbe, Piuri, aus dem eingedickten Harn von Kühen, die ausschliesslich mit Mangoblättern gefüttert sind.

Litt.: Kosteletzky IV, p. 1232. Dymock I, p. 381. Moeller, Baumrinden, p. 319. Pharm. Journ. and Trans. 1883, Vol. XIV, p. 501. Gehe & Co. 1896, September.

Mangifera gabonensis Aubr. In Westafrika. Name: Ababaum. Aus den zerstampften Samen bereiten die Eingeborenen ein Nahrungsmittel: Odika. Es enthält Fett von der Konsistenz der Cacaobutter.

Litt.: New Remedies, Vol. XI, Nr. 11, p. 322.

Manihot (Euphorbiaceae — Platylobeae — Crotonoideae).

Manihot utilissima Pohl, in Brasilien heimisch, überall in wärmeren Gegenden kultivirt. Namen: Maniok, Cassava. Liefert aus den Wurzeln das bekannte Stärkemehl Maniok und Tapiok. Das Dekokt der Blätter soll milchtreibende Eigenschaften besitzen, die Samen wirken wie die anderer Euphorbiaceen purgirend, die zu Brei zerriebenen Wurzeln gelten als Mittel gegen Schweiss, gegen brandige und syphilitische Geschwüre.

Litt.: Kosteletzky V, p. 1751. Bullet. of Ph. 1891, Vol. V, p. 260. Christy & Co. VIII, p. 84.

Maranta (Marantaceae).

Maranta arundinacea L. Heimisch im tropischen Amerika. Namen der Pflanze in Brasilien: Acontiguepe, des rohen Stärkemehles: arú, des durch Waschen gereinigten: aru-aru, daraus die brasilianische Bezeichnung: arrarusa und aus der caraibischen: aru-uma (Arowurzel), arrow-root. — Nach diesen Angaben Peckolt's wäre die sonst übliche Erklärung arrow-root = Pfeilwurz, weil die Rhizome gegen Pfeilgift gebraucht würden, falsch. — Allerdings gilt auch in Brasilien der frische Saft der Knolle als heilsam bei Pfeilwunden und Insektenstichen, auch bei Sumpffieber.

Litt.: Kosteletzky I, p. 282. Pharm. Rundschau (New York) 1894, p. 88.

Maranta Gibba J. E. Smith. In Brasilien (Espirito Santo, Bahia, Alagoas). Name: Urubâ de caboclo. Ein Dekokt des Rhizoms wird als Diureticum getrunken.

Litt.: Pharm. Rundschau (New York) 1894, p. 88.

Margyricarpus (Rosaceae — Rosoideae — Sanguisorbeae).

Margyricarpus setosus R. et P., durch einen grossen Theil des andinen Südamerika verbreitet. Das Kraut liefert in Chile eine als Sabinella bezeichnete Droge, die gegen Magenkatarrhe verwendet wird.

Litt.: Kosteletzky IV, p. 1465. Pharm. Journ. and Trans. 1892, p. 879,

Marsdenia (Asclepiadaceae — Marsdenieae).

Marsdenia Roylei Wight, in Ostindien. Die Balgkapseln werden gegen Gonorrhoe verwendet.

Litt.: Dymock II, p. 458. Bullet. of Ph. 1891, Vol. V, p. 211.

Marrubium (Labiatae — Stachydoideae — Marrubieae).

Die blühenden Spitzen von *Marrubium Alysson L.*, *var.: lanatum* werden in Südspanien als Mittel gegen Brust- und Halsleiden benutzt.

Litt.: Schimmel & Co. 1889, Oktober, p. 55.

Maunaloa.

Zu den Phaseoleen gehörige, auf den Sandwichsinseln heimische Pflanze, deren bohnengrosse, glänzendschwarze Samen als Abführmittel dienen, während die ganze Pflanze als Wundmittel gilt.

Litt.: Pharm. Rundschau (New York) 1885, p. 165.

Medicago (Papilionaceae — Trifolieae).

Medicago sativa L. Die Samen gelten in Ostindien als Abortivum.

Litt.: Pharm. Journ. and Trans. 1890, p. 660.

Melaleuca (Myrtaceae — Leptospermoideae).

Melaleuca acuminata F. Müll., in Australien, liefert ein farbloses ätherisches Oel, dessen Geruch schwach an den der Wachholderbeeren erinnert. Spec. Gew. 0,892. Es enthält Cineol.

Litt.: Schimmel & Co. 1892, April, p. 44.

Melaleuca decussata R. Br., in Victoria und Südaustralien. Liefert $^3/_8\,^0/_0$ eines dunkelgelben ätherischen Oeles von öliger Konsistenz. Spec. Gew. 0,938. Aehnelt dem Cajeputöl.

Litt.: Schimmel & Co. 1891, p. 6.

Melaleuca ericifolia Smith. In allen australischen Kolonien mit Ausnahme von Westaustralien. Liefert ein dem vorigen ähnliches Oel. Spec. Gew. 0,899—0,902.

Litt.: Schimmel & Co. 1891, Oktober, p. 6.

Melaleuca genistifolia Smith. In Neu-Südwales und Nordaustralien. Liefert ein ätherisches Oel von gelbgrüner Farbe und mildem Geruch und Geschmack. Die Blätter werden als Theesurrogat benutzt.

Litt.: Kosteletzky IV, p. 1519. Schimmel & Co. 1891, Oktober, p. 6.

Melaleuca linariifolia Smith. In Neu-Südwales und Queensland. Liefert ein hellgelbes, dünnflüssiges, nach Cajeput riechendes Oel, dessen Geschmack zuerst an Macis und später an Mentha erinnert. Spec. Gew. 0,903.

Litt.: Schimmel & Co. 1891, Oktober, p. 6.

Melaleuca paraguariensis (?). Heimisch in Südamerika (Matto Grosso und Rio Corrientes). Liefert ätherisches Oel, das man bei Cholera, Neuralgie und chronischen Rheumatismen verwendet. (Da die Gattung Melaleuca auf Australien beschränkt ist, dürfte diese Pflanze einem anderen Genus angehören.)

Litt.: Apoth.-Zeitung. Rep. d. Pharm. 1892, p. 45.

Melaleuca squarrosa Smith. In Südaustralien, Tasmanien, Victoria und Neu-Südwales. Liefert in geringer Menge ein grünes, ätherisches Oel von unangenehmem Geruch.

Litt.: Schimmel & Co. 1891, Oktober, p. 6.

Melaleuca uncinata R. Br. Heimisch in Süd- und Westaustralien, Victoria, Neu-Südwales und Queensland. Die Blätter dienen gekaut als antikatarrhalisches Mittel. Liefert ein ätherisches Oel, das in Geruch und Geschmack dem Cajeputöl gleicht mit Beimengung von Mentha. Spec. Gew. 0,925. Enthält Cineol und wahrscheinlich Terpineol.

Litt.: Proceed. of the Linn. Soc. of New South-Wales 1888, März. Schimmel & Co. 1891, Oktober, p. 6; 1892, April, p. 44.

Melaleuca viridiflora Soland. In Australien. Liefert das dem Cajeputöl ähnliche Niaouli-Oel. Es enthält Cineol und Terpineol, angeblich auch Baldriansäure und deren Ester des Terpineols, Valeraldehyd und Benzaldehyd, Pinen und Limonen.

Litt.: Bullet. de la Soc. chim. de Paris 1893, IX, p. 432. Schimmel & Co. 1893, Oktober, p. 8.

Melaleuca Wilsonii F. v. M. In Victoria und Südaustralien.

Liefert ein dem Cajeputöl ähnliches ätherisches Oel von hellgelber Farbe. Spec. Gew. 0,925.

Litt.: Schimmel & Co. 1891, Oktober, p. 7.

Melastoma (Melastomaceae — Osbeckieae).

Melastoma Ackermanni (?), in Südamerika. Liefert ein Heilmittel, *Sulamita vitulus*, das antineuralgisch wirken soll. Die Blätter enthalten ätherisches Oel.

Litt.: New Remed. 1883, p. 258.

Melia (Meliaceae — Melieae).

Melia Candollei Juss. Die Rinde enthält einen krystallinischen Bitterstoff.

Litt.: Nieuw Tijdschr. voor Pharm. 1887.

Melia dubia Cav. Heimisch in Ostindien und Ceylon. Namen: Dinkarling (Hind.); Kadu Khajur (Guz.); Nimbara (Mar.); Kád bevu, Ara bevu (Can.). Medicinisch verwendet wird die Frucht, deren Pulpa von ekelhaft bitterem Geschmack ist und die gegen Kolik, sowie als Anthelminthicum verwendet wird. Das bitter schmeckende Princip ist ein in Krystallen erhaltenes Glykosid.

Litt.: Dymock I, p. 332. The Pacific Record 1892, p. 304.

Melia Azadirachta L. (syn.: Azadirachta indica A. Juss.). Heimisch in Ostindien, in Nordamerika kultivirt und verwildert. Namen: Indian Lilac (engl.); Azadirac d'Inde (franz.); in Indien: Nimb (Hind.); Nim (Beng.); Nimb, Bálata-Nimb (Mar.); Bevinamara, Isa-bevu (Can.); Nimbamu, Vepachetta (Tel.); Vembu, Veppam (Tam.); Limbado (Guz.). Medicinische Verwendung finden die Rinde, die Wurzel, die Blätter, die Blüthen, die Frucht, ein aus den Samen gewonnenes Oel und ein Gummi.

Die Rinde (Cortex Margosae, Nim Bark) wird als tonisches Mittel angewendet. Sie kommt in grossen, $^1/_2$ cm dicken und 5—7 cm breiten Stücken in den Handel. Sie ist geruchlos, schmeckt aber ein wenig adstringirend und bitter. Sie ist von aussen rothbraun mit längsgestreckten, gelbbraunen Korkflecken, manche Stücke haben starken Schwammkork, innen ist sie weisslich, schiefgestreift. Bruch ausserordentlich faserig. Der Bast ist charakterisirt durch zwei bis drei Zellenreihen breite Markstrahlen, auf ziemliche Entfernungen tangential gestreckte Gruppen stark verdickter Fasern, die von Krystallzellen umscheidet sind. Zwischen den Fasergruppen sind im Weichbast ebenfalls tangential gestreckte, ziemlich auffallende Gruppen obliterirter Siebröhren.

Es kommen als Azadirachta verschiedene Rinden vor: eine zweite ist aussen dunkel rothbraun, innen röthlich gelb, streifig, Bruch sehr faserig. Im Bast sind die Gruppen der ebenfalls stark verdickten Fasern weniger deutlich tangential, die bei der ersten Rinde so bemerkenswerthen obliterirten Siebstränge fallen hier nicht auf. Die Markstrahlen sind viel schmäler, ein bis zwei Zellreihen breit. Kammerfasern ebenfalls vorhanden. Die Mittelrinde der ersten Rinde zeigt ausgedehnte Sklerose, die der zweiten nicht.

Cornish will 1856 in der Rinde ein Alkaloid, Margosin, gefunden haben. Nach Broughton (1873) ist das bitterschmeckende Princip ein Harz.

Die Samen liefern durch Pressen 40—45 $\%$ eines fetten Oeles (Neem-Oel, Margosa-Oel), das nach Knoblauch riechen soll und scharf und bitter schmeckt. Es wird gegen Rheuma und Ausschläge, und als Vermifugum benutzt. Ebenso benutzt man die Wurzelrinde und die Früchte als Anthelminthicum, zu demselben Zwecke die Blätter, und die letzteren ausserdem gegen Steinbeschwerden, Blasenleiden etc.

Der Baum darf nicht verwechselt werden mit *Melia Azedarach L.*

Litt.: Kosteletzky V, p. 1983. Dymock I, p. 322. Flückiger and Hanbury, Pharmacographia. Pharmac. Zeitung 1887, p. 595. Bullet. of Pharm. 1892. p. 261. Gehe & Co. 1896, September.

Melianthus (Melianthaceae).
Melianthus major L., in Südafrika (Kap) heimisch. Die fiederig getheilten Blätter sind von unangenehmem Geschmack; sie werden äusserlich auf Geschwüre, ja gegen Krebs angewendet.

Litt.: Kosteletzky V, p. 1813. Pharm. Journ. and Trans. 1886, p. 101 ff. 1888, p. 162.

Melicope (Rutaceae — Zanthoxyleae).
Melicope erythrococca Benth. In Australien. Enthält ein Alkaloid, welches auf die Herzthätigkeit in heftiger Weise einwirkt.

Litt.: Bullet. of Pharm. 1892, p. 123.

Melilotus (Papilionaceae — Trifolieae).
Melilotus parviflora Desf., wird in Mexico als Stimulans benutzt.

Litt.: Amer. Journ. of Ph. 1891, p. 67.

Melinis (Gramineae — Tristegineae).
Melinis minutiflora Beauv. Heimisch in Brasilien, Ascension, Natal, Madagascar. Namen in Brasilien: Capim mellado, Capim gordura, Capim de Frei Luìz. Die ganze, klebrige Pflanze mit der Wurzel wird als Mittel gegen Diarrhoe angewendet. Enthält ätherisches Oel, Harz, Gallussäure, Gerbsäure.

Litt.: Pharm. Rundschau (New York) 1894, p. 111.

Melodinus (Apocynaceae — Plumerioideae — Arduineae).
Melodinus laevigatus Bl. Heimisch im Sunda-Archipel. Name auf Bangka: Tarangti. Die Rinde enthält 0,6 $\%$ Alkaloid, die Samen 0,8—1,0 $\%$, die Blätter 0,05 $\%$. Mit Salpetersäure wird es zuerst blau, dann grün, endlich orangegelb. Schwefelsäure mit schwachen Oxydantien giebt die Reaktion noch schöner. Das Alkaloid ist ein Herzgift.

Melodinus laxiflorus (Name: Tatarveman) und *Melodinus orientalis Bl.* (Name: Arvi kikadantja), beide ebenfalls in Niederländisch-Indien heimisch, sind auch giftig; sie werden äusserlich als Heilmittel verwendet.

Melodinus monogynus Roxb., in Indien und China, ist ein Fischgift. In China werden die Früchte (Shanch'êng) als Heilmittel bei Halskrankheiten verwendet und auch als Obst gegessen.

Litt.: Kosteletzky III, p. 1079. Mededeelingen uit 's Lands Plantentuin VII, p. 46; X, p. 102.

Melodinus suaveolens Champ., bei Hongkong. Die Pflanze wird wie die vorige, mit der sie übrigens nicht identisch ist, gegen Halsleiden und bei Drüsenanschwellungen angewendet.

Litt.: Pharm. Journ. and Trans. 1887, p. 174.

Menispermum (Menispermaceae — Cocculeae — Menisperminae).

Menispermum canadense L., in Wäldern des atlantischen Nordamerika, häufig in Gärten. Enthält drei Alkaloide: Oxyacanthin, Menispermin und Menispin, welches letztere als weisses amorphes Pulver erhalten wurde.

Litt.: Americ. Journ. of Pharm. 1885, p. 401.

Mentha (Labiatae — Stachydoideae — Satureinae).

Mentha canadensis L., in Nordamerika. Name: Wild Mint. Das trockene Kraut liefert 1,23 $^0/_0$ ätherisches Oel von röthlichgelber Farbe, dessen specifisches Gewicht sehr hoch zu 0,943 angegeben wird.

Litt.: Schimmel & Co. 1893, Oktober, p. 44.

Mentha gracilis R. Br. und *Mentha saturegioides R. Br.*, in Neu-Südwales. Ersetzen in ihrer Heimath im medicinischen Gebrauch unsere Minzen.

Litt.: Proceed. of the Linn. Soc. of New South Wales 1888.

Mercurialis (Euphorbiaceae — Acalypheae).

Mercurialis annua L., in Europa. Namen: Bingelkraut etc., Barons Mercury, French Mercury, Girls Mercury, Foirole, Vignola. Das längst als Purgans obsolet gewordene Kraut wird neuerdings als Diureticum und gegen Syphilis empfohlen, auch als Catharticum.

Der Name Bingelkraut kommt nach Pritzel-Jessen eigentlich nur *Mercurialis perennis L.* zu. In Amerika stellt man aus der Pflanze ein ätherisches Oel dar.

Litt.: Parke, Davis & Co., p. 1026. Bullet. of Ph. 1892, p. 261. Journal de Ph. d'Anvers. 1894, I, p. 30.

Mesembrianthemum (Aizoaceae — Ficoideae — Mesembrianthemeae).

Mesembrianthemum aequilaterale Haw., in Neu-Seeland, Australien und Amerika. Name: Schweinskopf wegen der Form der Früchte. Der ausgepresste Saft der Blätter wird gegen Dysenterie angewendet. Er soll auch antiseptisch wirken. Vermuthlich gehört die so benutzte Pflanze einer anderen Gattung an, da die Gattung Mesembrianthemum auf Afrika beschränkt ist und östlich nur bis zur Insel Bourbon geht.

Litt.: Proceed. of the Linn. Soc. of New South-Wales 1888. Pharm. Centralhalle 1889, p. 167.

Mesua (Guttiferae — Calophylloideae).

Mesua ferrea L., in Vorder- und Hinterindien wild und kultivirt. Namen: Eisenholzbaum, Mesua Nagas, Nagasbaum, Indian Rose Chesnut, Nâga-Kesara; in Indien: Nágkesar (Hind., Beng.); Nágchampa (Mar.); Nagecuram (Tam.); Nagasampayi (Can.); Chikati manu (Tel.); Veila (Mal.). Die sehr wohlriechenden Blüthen (Flores Nag-Kassar) werden in der Parfümerie verwendet, sie dienen auch in der Medicin als Adstringens und Stimulans. Die harzreiche Rinde wirkt schweisstreibend, die Früchte etwas schweisstreibend, das aus den Samen gepresste Oel wird gegen Rheumatismus verwendet. Die meisten Theile des Baumes enthalten ein Harz, dessen alkoholische Lösung sauer reagirt, ferner ätherisches Oel. Die Samen liefern $31,5\,^0/_0$ fettes Oel.

Litt.: Dymock I. p. 170. Kosteletzky V, p. 1975. Pharm. Record. 1891. Vol. XI, p. 209. Bullet. of Ph. 1892, p. 261.

Mezoneuron (Caesalpiniaceae — Eucaesalpinieae).

Mezoneuron Scortechinii F. v. M., in Australien. Liefert das Barrister-Gummi. Es steht dem Traganth nahe und enthält weder Arabin noch Metarabin.

Litt.: Pharm. Zeitung 1893, p. 67.

Michelia (Magnoliaceae — Magnolieae).

Michelia Champaca L., in Java heimisch, in den Tropen vielfach kultivirt. Namen: Champaka, Tjempaka; in Indien: Champa (Hind., Bengal.); Shampang (Tam.): Pivalá-chaphá (Mar.); Ráe champo (Guz.); Sampangi-puvou (Tel.); Sampagehuvvu (Can.). — Die Rinde, die Gerbstoff und Gallussäure und reichlich Steinzellen enthält, wird als Fiebermittel verwendet, die wohlriechenden Blüthen sollen diuretisch wirken und werden gegen Gonorrhoe benutzt, ebenso benutzt man auch die Wurzel und das Oel aus den Samen.

Die Blüthen liefern ein ätherisches Oel von ausserordentlich feinem Wohlgeruch, es scheint aber sehr selten nach Europa zu kommen. Das unter diesem Namen in den letzten Jahren vorgekommene Produkt ist nach den Mittheilungen von Schimmel & Co. meist minderwerthig, sei es in Folge nachlässiger Fabrikation, sei es, dass überhaupt fremde Oele oder solche mit dem echten Champaca-Oel vermengt vorgekommen sind. In einem solchen Champaca-Oel, das aber nach Schimmel & Co. nichts anderes als Guajakholz-Oel ist, hatte E. Merck einen Alkohol $C_{17}H_{30}O$ gefunden, den er Champacol nannte, und der identisch mit dem von Schimmel & Co. in ihrem Guaiakholz-Oel gefundenen sein soll.

14*

Das hier genannte Guaiakholz stammt aus Südamerika und nicht von *Guaiacum officinale.*

Litt.: Kosteletzky V, p. 1699. Dymock I, p. 42. Pharm. Journ. and Trans. 1886, p. 102. E. Merck 1893, p. 18. Schimmel & Co. 1888—1894.

Michelia longifolia Blume. Heimisch auf den Sundainseln. Liefert ein fast wasserhelles, im Geruch an Basilicum erinnerndes Oel, spec. Gw. 0,883. Medicinische Verwendung der Pflanze wie bei der vorigen.

Litt.: Kosteletzky V, p. 1700. Schimmel & Co. 1893, Oktober, p. 47; 1894, April, p. 59.

Michelia nilagirica Zenker. Heimisch in Ostindien und auf Ceylon. Namen: Hill Champa. In Indien: Shempangan, Sempagum (Tam.); Sapu (Cing.). Die Rinde dient als Fiebermittel, indessen ist der Werth problematisch. Sie enthält ätherisches Oel, scharfes Harz, Gerbstoff, Zucker, ein nicht alkalisch reagirendes bitteres Princip, Schleim etc. An Stelle des ätherischen Oeles dieses Baumes soll das von *Cinnamomum Wightii* vorkommen. Ein von Schimmel & Co. untersuchtes Oel von röthlicher Farbe zeigte spec. Gew. 1,01.

Litt.: Dymock I, p. 43. Christy & Co. IX, p. 65. Schimmel & Co. 1887. Pharm. Journ. and Trans. 1888, p. 581.

Micromeria (Labiatae — Satureinae).

Micromeria Douglasii Benth. Heimisch in den nordwestlichen Vereinigten Staaten, in Columbien und in Nordcalifornien. Das Kraut (Yerba Buena) findet Verwendung als Fiebermittel, Anthelminthicum und Emmenagogum.

Litt.: Parke, Davis & Co. p. 1233. Beckurts Jahresbericht 1881—1882, p. 120. Pharm. Centralhalle 1889, p. 168.

Micromeria obovata Benth., nach Krauseminze riechend, ist aus Jamaica nach England gekommen.

Litt.: Christy & Co. VII, p. 83.

Als *Muna-Muna* wird in Ecuador eine Pflanze bezeichnet, die als Emmenagogum und Mittel gegen Unfruchtbarkeit in grossem Ansehen steht. Sie wird als zur Gattung *Micromeria* gehörig bezeichnet. Im Geruche ähnelt sie der *Mentha Pulegium.*

Litt.: Pharm. Journ. and Trans. 1892, p. 878.

Microstemon (Anacardiaceae — Rhoideae).

In den Straits Settlements gewinnt man durch Einschnitte in einen grossen Baum einen dem Storax ähnlichen Balsam (Minyak Plang), der aber wenig aromatisch ist. Er wird von den Eingebornen gegen Hautkrankheiten (Psoriasis) benutzt. Die Pflanze unterscheidet sich freilich deutlich von der einzigen Art der Gattung *Microstemon (M. velutina [Hook. f] Engl.),* scheint ihr aber doch sehr nahe zu stehen.

Mikania (Compositae — Eupatorieae — Ageratinae).

Mikania Guaco H. B. (vielleicht Varietät von *Mikania amara W.),* in Mittel- und Südamerika. Liefert in den etwas plattgedrückten Stengeln und Blättern die wichtigste Sorte des unter dem Namen Guaco in Süd- und Mittelamerika berühmten Heilmittels gegen Schlangenbiss. Man bezeichnet die von dieser Pflanze gelieferte Sorte als Guaco von Tabacco oder G. von Guatemala.

Unter dem Namen Guaco oder Huaco versteht man in Süd- und Mittelamerika eine ganze Anzahl von Pflanzen, die sämmtlich in der Heilwirkung gegen Schlangengift übereinstimmen sollen. Es sind ausser der genannten andere Arten der Gattung Mikania, *Mikania Houstoni Willd.* (Guaco von Veracruz), *Mikania gonoclada DC.* (Guaco von Tampico). Ferner werden als nach derselben Richtung wirksam, wenn auch nicht direkt als Guaco bezeichnet, genannt: *Mikania saturejaefolia W.* in Montevideo, *Mikania opifera Mart.* und *Mikania cordifolia W.*, beide in Brasilien und die letztere als *Erva de cobra* bezeichnet. Ferner werden als Guaco genannt Arten der Gattung Aristolochia, von denen die Wurzeln angewendet werden, so *Aristolochia fragrantissima Ruiz.* als Guaco de Terra caliente in Süd- und Mittelamerika, *A. ovalifolia Duch.* in Mexico, *A. maxima L.* in Centralamerika und Columbien, *A. anguicida L.* als Guaco von Columbien auf den Antillen und der benachbarten Küste von Mittel- und Südamerika, *A. grandiflora Swz.*, *A. pentandra L.* als Guaco von San Cristobal und wohl noch andere. Ferner *Comocladia integrifolia Jacq.* 1868 gelangte als Guaco eine Wurzel nach Europa, die zuerst auch für die einer Aristolochia gehalten wurde, von der Flückiger dann aber nachwies, dass es die von *Cissampelos Pareira* war. Neuerdings (1892) sind als Guaco endlich noch Drogen vorgekommen, die aus nicht sicher bestimmten Knollen und Zwiebeln bestanden, als muthmassliche Stammpflanzen werden *Liliaceen, Cucurbitaceen* und *Passifloraceen* genannt.

Es ist wohl als mehr wie wahrscheinlich zu bezeichnen, dass diese Pflanzen nicht alle gleichwerthig sein werden bezüglich ihrer Wirksamkeit. Speciell betreffs der zuerst genannten Art gehen die Angaben weit auseinander, während einerseits auffallende Heilungen erzählt werden (cf. Brenning), wird andererseits behauptet, dass sie gänzlich wirkungslos sei.

Auf die Heilwirkung der Guacodrogen wurde man zuerst 1788 durch Mutis aufmerksam, die Pflanze wurde von Humboldt und Bonpland mitgebracht. Sie bezeichneten die Pflanze als bejuco (Liane) de guaco.

Nach Europa sind diese Drogen wiederholt gekommen, freilich nicht gegen Schlangenbiss empfohlen, sondern als Heilmittel gegen Syphilis, Rheuma und Krebs. Zu Ende der sechziger Jahre sind es Aristolochienblätter und -wurzeln gewesen und die oben genannte Cissampeloswurzel. Ferner empfehlen Parke, Davis & Co. aus Blättern und den genannten knolligen Wurzeln hergestellte Fluidextrakte gegen Rheuma.

Zu Anfang der achtziger Jahre (1882) wurde *Mikania Guaco* eingeführt, indessen nicht als Guaco, sondern als Condurango und zwar als Condurango von Venezuela, während die echte Droge, die Rinde von *Gonolobus Condurango*, Condurango von Ecuador heisst. Dieser theilweise Parallelismus von Condurango und Guaco ist ganz interessant, da auch die erstere Droge gegen Schlangenbiss, Syphilis und hauptsächlich Krebs angewendet wird. Ich erinnere daran, dass als Condurango von Mexico eine Aristolochienwurzel vorgekommen ist, ich habe sie in der Chemiker-Zeitung (Coethen) 1888, p. 392 beschrieben. Es scheint, als ob die Verbreitung des Gebrauches der Condurangodrogen sich mit der der Guacodrogen ungefähr deckt, beide reichen meines Wissens von Mexico bis nach Südamerika.

Der Stengel der *Mikania Guaco* zeigt in der Mittelrinde ausserhalb charakteristischer Faserbogen, die dem schmalem Bast vorliegen, ansehnliche Sekretzellen.

Litt.: Kosteletzky II, p. 648. Brenning, Die Vergiftungen durch Schlangen 1895, p. 122. Parke, Davis & Co. p. 764. Christy & Co. IV, p. 44. Gehe & Co. 1882, September, p. 19; 1884, April, p. 17.

Millettia (Papilionaceae — Galegeae — Tephrosiinae).

Millettia atropurpurea Benth., von Martaban bis Sumatra. Die Samen enthalten ein giftig wirkendes Glykosid, das dem Saponin offenbar sehr nahe steht. Diese und andere Arten dienen als Fischgift.

Litt.: Mededeelingen uit ˌs' Lands Plantentuin VII, p. 33.

Millettia megasperma Benth., in Australien. Liefert ein Kino. Dasselbe ist rubinroth, durchscheinend, in Wasser rosafarben löslich. Es enthält 78 $^0/_0$ Gerbstoff.

Litt.: Pharm. Zeitung 1893, p. 67.

Mimosa (Mimosaceae — Eumimoseae).

Mimosa laccifera (?), in Mexico. Liefert im Goma de Sonora ein dem Körnerlack ähnliches Sekret, das durch ein Insekt, Carteria mexicana, erzeugt wird.

Litt.: Amer. Journ. of Ph. 1885, p. 601.

Mimosa pudica L., in Brasilien heimisch, überall in die Tropen verschleppt. Namen: Sensitive plant, Sensitive commune; in Indien: Lajálú (Hind.); Làjak (Beng.); Lájri (Mar.); Totalvadi (Tam.); Mudugudavore. Die Angaben über die Wirkungen dieser Pflanze sind auffallend widersprechend. Auf Mauritius verwendet man sie zur Herabminderung des Geschlechtstriebes, wogegen die Wurzel von den Eingeborenen und den Negern in Südamerika als Aphrodisiacum verwendet wird. Die Blätter und Zweige sollen giftig wirken und die Wurzel das beste Gegengift dagegen sein.

Die Wurzel enthält 10 $^0/_0$ Gerbstoff.

Litt.: Kosteletzky IV, p. 1351. Dymock I, p. 538. Pharm. Journ. and Trans. 1886, p. 101 ff.

Mimusops (Sapotaceae — Mimusopeae).

Mimusops Elengi L. Heimisch im westlichen Vorderindien und auf Ceylon, kultivirt auch sonst in den Tropen. Namen, in Indien: Maulsiri (Hind.); Ovali (Mar.); Bakul (Beng.); Bolsiri (Guz.); Mogadam (Tam.); Pogada-mánu (Tel.); Halmadhu (Can.); Central-Provinzen: Taindu. Liefert wie andere Arten der Gattung Guttapercha. Medicinische Verwendung finden die Rinde, die Blüthen, die Früchte und das Oel der Samen.

Die Rinde ist rothbraun mit starker grauer Korkschicht, Bruch lang und grobfaserig, der Querschnitt lässt schwache tangentiale Schichtung und im Bast zerstreute, helle Punkte erkennen.

Der Kork besteht aus kubischen, zarten und flachen, einseitig verdickten Zellen. In der Mittelrinde werden Zellgruppen sklerotisch, ohne sich dabei zu vergrössern, in zerstreuten Zellen kommen grosse Rhomboide von Kalkoxalat vor. Im Bast finden sich in der äussersten Parthie immer, bei älteren Rinden auch weiter nach innen ebenfalls Steinzellen, dann in tangentialen Gruppen dünne, stark verdickte, an den Enden oft knorrige Fasern, Siebröhren, Oxalatzellen, die theilweise sklerotisch geworden sind, und Sekret-schläuche. Die Markstrahlen sind bis 4 Zellreihen breit, ziemlich grosszellig, zwischen den Sklerenchymgruppen ebenfalls sklerotisch, selten Krystalle führend. Die Rinde enthält 7 $^0/_0$ Gerbstoff, ferner Farbstoffe, Guttapercha. Man verwendet sie in Abkochung zu Gurgelwässern bei Halsleiden und innerlich bei Blasenkrankheiten.

Die wohlriechenden Blüthen liefern ein aromatisches Oel, in Indien sind sie wie die Blätter ein Mittel gegen Kopfschmerzen. Die adstringirend schmeckenden, unreifen Früchte kaut man zur Heilung des kranken Zahnfleisches.

Das Oel der Samen wird bei schweren Entbindungen benutzt.

Litt.: Kosteletzky III, p. 1104. Dymock II, p. 362. Moeller, Baumrinden, p. 197. The pacific Record 1892, p. 304.

Mirabilis (Nyctaginaceae — Mirabileae).

Mirabilis dichotoma L. In Mexico und Westindien heimisch. Zuweilen kultivirt. Die Wurzel wird in Mexico und Westindien als Drasticum benutzt, wie die Jalape.

Litt.: Kosteletzky II, p. 437. Amer. Journ. of Ph. 1886, p. 20.

Mitracarpum (Rubiaceae — Coffeoideae — Psychotriinae).

Mitracarpum scabrum Zucc. Die Pflanze wird in Gambia zur Heilung von Geschwüren gebraucht.

Litt.: Pharm. Journ. and Trans. 1892, p. 613.

Mitragyne (Rubiaceae — Cinchonoideae — Cinchoninae — Naucleeae).

Mitragyne inermis (Willd.) K. Sch. Heimisch im westlichen tropischen Afrika. Liefert eine als Fiebermittel geschätzte Rinde, die einen gelben Farbstoff enthält. (Cortex Khoss, Écorce de Josse oder Xosse.)

Litt.: Journ. de Ph. et de Ch., Sér. 4, Tom. 30, p. 24.

Miwa Gum.

Aus Ostafrika stammendes Gummi von mir nicht bekannter Abstammung. Es ist wie das Gummi arabicum in Wasser löslich, aber von weit geringerer Klebkraft.

Litt.: Christy & Co. VII, p. 82.

Mokundukundu-Rinde.

Von Livingstone aus Centralafrika mitgebrachte Fieberrinde. Sie ist 3—4 mm dick, aussen mit grobgewulsteter, hellgrauer Borke bedeckt, die Innenfläche ist orangegelb. Bruch zähe, weich und langsplitterig. Im Bast Faserbündel, die schon mit der Lupe als radial geordnete Punkte kenntlich sind. Geschmack rein bitter. Abstammung unbekannt.

Litt.: Pharm. Centralh. 1880, p. 319.

Mollinedia (Monimiaceae — Monimioideae — Hedycarieae).

Mollinedia laurina Tul. Heimisch in Brasilien (Rio de Janeiro). Name: Capitú. Man verwendet die aromatischen Blätter zu Bädern bei Rheumatismus.

Litt.: Ber. d. Ph. Ges. 1896, p. 96.

Momordica (Cucurbitaceae — Cucurbiteae — Cucumerinae).

Momordica Charantia L. Allenthalben in den Tropen, in Amerika jedenfalls eingeschleppt. Namen in Indien: Karela (Hind.); Káralá (Mar.); Pava-Kai, Pávak Kapchedi (Tam.); Kákara-chettu (Tel.); Karala (Beng.). Die Blätter (früher als Folia Pandipavel, Papavel und Papari auch in Europa gebraucht), dienen (in Asien und Mexico) als Wurmmittel, gegen Husten, Kolikschmerzen, äusserlich gegen Hautausschläge, auch in Indien beim Bierbereiten als Hopfenersatz. Die Frucht, die reif und unreif gegessen wird, soll ebenfalls die Würmer abtreiben. Die Wurzel wird als Aphrodisiacum benutzt.

Litt.: Kosteletzky II, p. 728. Dymock II, p. 78. Amer. Journ. of Ph. 1885, p. 506.

Momordica Balsamina L., wie die vorige überall in den Tropen, ebenfalls in Amerika nicht heimisch. Namen: Balsamgurke, Balsam Cucumber, Wonder Apple, Cerasee; arabisch: Mokah; in Indien: Karelo jungro (Sind.); chinesisch: Ku-Kwa, Philippinen: Pavia, Palla, Appalia. Die Frucht wird gegen eine ganze Reihe innerlicher Leiden, z. B. Kolikschmerzen, empfohlen, sie soll auch emetisch wirken. Ein auf dieselbe aufgegossenes Oel (Oleum Momordicae) stand früher als wundheilend in grossem Rufe.

Litt.: Kosteletzky II, p. 728. Parke, Davis & Co., p. 47.

Momordica cochinchinensis Spreng. Die Pflanze ist in Indien heimisch. Namen, in Indien: Kakrol; auf Formosa: Mu-pie-tzu. In Indien benutzt man die Samen bei Leber- und Milzleiden, procidentia uteri et ani etc., auf Formosa bei Darmkrankheiten. Geschwüren etc.

Litt.: Dymock II, p. 77. Chemist and Druggist 1895, p. 324.

Monarda (Labiatae — Monardeae).

Monarda fistulosa L., in den Vereinigten Staaten von Nordamerika. Namen: Wild Bergamot, American Horsemint, Menthe de cheval. Verwendung findet das getrocknete Kraut von aromatischem, an Pfefferminze erinnerndem Geruch. Es ist ursprünglich 1880 als Ersatz des Chinin empfohlen worden; man benutzt es gegen Durchfälle der Kinder, in starken Dosen wirkt es schweisstreibend.

Litt.: Kosteletzky III, p. 780. Parke, Davis & Co., p. 1230. Chemiker-Zeitung 1882, p. 331.

Mongumo.

Ist eine aus Madagascar gekommene Rinde unbekannter Abstammung. Sie ist der Rinde der *Ochrosia borbonica J. F. Gmel.* ähnlich und enthält eine charakteristische Säure: Monguminsäure.

Litt.: Pharm. Journ. and Trans. 1879, Nr. 816.

Monnina (Polygalaceae).

Monnina polystachya R. et P., in Peru, liefert eine Rinde, die gegen Dysenterie verwendet wird.

Litt.: Bullet. of Ph. 1893, p. 110.

Monodora (Anonaceae — Monodoreae).

Monodora grandiflora Benth., in Westafrika. Name: Ayera. Die gepulverten Samen werden gegen Blattern und zur Heilung von Geschwülsten angewendet.

Litt.: Christy & Co. VII, p. 85.

Monstera (Araceae — Monsteroideae — Monstereae).

Monstera pertusa (L.) de Vriese, von Westindien bis Brasilien. Namen in Brasilien: Imbé de S. Pedro, Imbé manso, Dragao fedorento. Die frischen, zerquetschten Blätter werden zu Umschlägen benutzt, sie wirken stark hautreizend, man verwendet sie daher, wie auch den Saft der Wurzel, zur Heilung von Geschwüren.

Litt.: Pharm. Rundschau (New York) 1892, p. 279.

Montañoa (Compositae — Heliantheae — Verbesininae).

Montañoa (Montagnaea) floribunda (H. B. K.) DC., in Mexico. Gilt als Abortivum und wird als wehenbeförderndes Mittel angewendet. Enthält einen Bitterstoff und eine charakteristische Säure.

Litt.: Amer. Journ. of Ph. 1886, p. 168.

Montañoa tomentosa Cerv., in Mexico. Verhält sich bezüglich der Anwendung und der Bestandtheile wie die vorige.

Litt.: Christy & Co. VII, p. 66. Amer. Journ. of Ph. 1886, p. 168.

Montrichardia (Araceae — Lasioideae — Montrichardieae).

Montrichardia linifera Schott., in Brasilien (Bahia und Pernambuco). Namen: Aninga, Aninga yba. Die Pflanze enthält, wie viele Araceen, einen sehr scharfen, ätzenden Stoff. Die zerstossenen Blätter verwendet man als Kataplasmen auf Geschwüre und zu Bädern gegen chronischen Rheumatismus. Das Pulver der Wurzel gilt als Heilmittel bei Brustwassersucht.

Litt.: Pharm. Rundschau (New York) 1892, p. 281.

Montrichardia arborescens Schott., in Brasilien (Para und Amazonas). Namen: Aninga uva, Aninga-iba, Aninga-péri, Imbé rana, Aningaiba, Guimbé-rana, Guimbé, Imbé da praia, Guimbé da praia. Der ausgepresste Saft der Blätter wird ebenfalls, und zwar mit Mandioccamehl vermengt, als Kataplasma bei Geschwüren, das Dekokt gegen Gichtknoten verwendet. Das Pulver der Wurzel ist ein energisches Diureticum und Drasticum.

Litt.: Pharm. Rundschau (New York) 1892, p. 281.

Morinda (Rubiaceae — Coffeoideae — Psychotriinae).

Morinda citrifolia L., in den ganzen Tropen verbreitet. Die Rinde wird in Afrika als Fiebermittel gebraucht. Die Blätter giebt man gegen Diarrhoeen, mit Kokosöl gegen zu heftige Nachwehen, die Frucht gegen Milzleiden, Asthma, Phthisis etc. Sie enthält einen gelben Farbstoff, Morindin, den man für identisch mit der Ruberythrinsäure gehalten hat, der sich aber von dieser durch sein Verhalten gegen Kalilauge und gegen alkoholische Salzsäure, Schwefelsäure und Eisenchlorid unterscheidet.

Litt.: Kosteletzky II, p. 565. Journ. de Ph. et de Ch. 1885, p. 689. Chem. Soc. 1887, p. 52.

Morinda tinctoria Roxb. In Indien wild und kultivirt. Namen: A'l, Atchi (Hind.); Baratondi, A'sa, Nagakuda (Mar.); Núna-maram (Tam.); Ach, Achhu (Beng.); Munja, Pavattari (Tel.); Maddi (Can.). Die Blätter und die Frucht werden benutzt wie bei der vorigen. Enthält auch Morindin.

Litt.: Kosteletzky II, p. 565. Dymock II, p. 226. Christy & Co. IX, p. 65.

Morinda umbellata L., in Ostindien (Java). Namen: Tjang Koedoe. Verwendung wie von M. citrifolia.

Litt.: Kosteletzky II, p. 566. Christy & Co. XI, p. 84.

Moringa (Moringaceae).

Moringa arabica Pers. (M. aptera Gärtn.). Heimisch im arabisch-afrikanischen Wüstengebiet, aber der Samen wegen vielfach kultivirt (Jamaica, Domingo, Ostindien, Ceylon). Namen: Elban (arab.); bei den Somali Mokor. Liefert in den Samen ebenfalls Behenöl, wie die folgende und stimmt auch wohl bezüglich der übrigen Verwendungen mit ihr überein.

Litt.: Kosteletzky IV, p. 1368. Kew Bulletin LXXI, p. 284.

Moringa oleifera Lam. (M. pterygosperma Gärtn.). Heimisch in Ostindien, ebenfalls durch die Kultur weit verbreitet. Namen in Indien: Sahjna (Hind.); Shegva, Shegat (Mar.); Murungai (Tam.); Saragavo (Guz.); Nugge (Can.); Munaga (Tel.). Es werden fast alle Theile der Pflanze medicinisch verwendet. Die unreifen Früchte und Samen, sowie die Blätter, Blüthen und Knospen und die scharf rettichartig schmeckende Wurzel werden im asiatischen Archipel als Gemüse gegessen. Die Wurzel dient in Indien als Stimulans und Diureticum und röthet äusserlich angewendet die Haut; am wirksamsten ist ihre Rinde. Man verwendet die Wurzel in Indien wie Meerrettich. Sie ist bis 1 m lang, bis 8 cm dick, aussen und innen blassgelblich weiss, porös. Die Rinde ist von einem dünnen Kork bedeckt; innerhalb der Mittelrinde zeigt sie zahlreiche Sekretzellen und andere, deren Inhalt auf Gerbstoff reagirt, sowie Steinzellen und Oxalatdrusen. Weiter nach innen folgen Gruppen von Bastfasern.

Die Samen von Moringa oleifera sind gerundet dreikantig, von schwarzbrauner Farbe mit drei breiten, papierdünnen, weisslichen Flügeln. In der ziemlich breiten Samenschale liegt ohne Endosperm der Embryo mit dicken Kotyledonen. Sein Gewebe besteht aus Parenchym, durchzogen von zarten Gefässbündelanlagen. Das Parenchym enthält Oel und Aleuronkörner, die $5-10\,\mu$. gross sind. In den meisten Zellen fällt ein besonders grosses Korn (Solitär) von $15-22,5\,\mu$. auf. Die Körner enthalten in grosser Anzahl kleine Globoide und keine Krystalloide. Die Samenschale besteht von innen nach aussen: 1. aus einer Schicht tangential gestreckter Zellen mit zarten, spiralig verlaufenden, netzförmig verzweigten Verdickunngsleisten; 2. einer Schicht ebenfalls tangential gestreckter, stark verdickter, poröser Steinzellen; 3. einer starken Schicht rundlicher Zellen mit netzförmigen Verdickungsleisten, die denen der ersten Schicht sehr ähnlich sind; 4. einer braun gefärbten Schicht von einigen Lagen zusammengefallener Zellen, überdeckt von der Cuticula. Die Flügel bestehen aus dünnwandigen Zellen, die rundliche oder ovale Stärkekörner führen.

Die Samen führen ebenfalls einen scharfen Stoff, der seinen Sitz hauptsächlich in der Samenschale haben soll; man verwendet sie als stimulirendes Arzneimittel, aber auch als Brech- und Abführmittel. Ein aus dem Stamm gewonnenes Gummi wird zusammen mit Sesamöl gegen Ohrleiden angewendet. Die Samen liefern $36\,^0/_0$ eines klaren, hellen, fast farblosen Oeles (Behenöl), spec. Gew. 0,912, das bei $15,6^0$ sich in einen festen und einen flüssigen Bestandtheil scheidet. Der letztere ist ausserordentlich lange haltbar, ohne ranzig zu werden, weshalb man ihn besonders als Mittel zum Oelen der Uhren benutzt. Das Oel enthält Oleïn, Palmitin und Stearin, sowie den Glycerinester einer charakteristischen, bei 76^0 schmelzenden Säure, der Behensäure $C_{22}H_{44}O_2$. Eine in dem Oel aus den Samen der erstgenannten Art gefundene Säure, Moringasäure, ist vielleicht nichts anderes als Oelsäure. Der scharfe Bestandtheil, den die Wurzel und wohl auch andere Theile der Pflanze enthalten, ist nicht genauer bekannt, er ist mit den schwefelhaltigen Cruciferenölen nicht identisch.

Die Rinde enthält ein Alkaloid und zwei Harze, die sich in ihrem Verhalten gegen Ammoniak unterscheiden.

Das Gummi scheint bezüglich seiner Entstehung dem Traganth nahe zu stehen, da der in Wasser unlösliche Theil unter dem Mikroskop zellige Struktur erkennen lässt.

Litt.: Kosteletzky IV, p. 1368. Dymock I, p. 396. Pharm. Post 1887, p. 176. Pharm. Centralhalle 1892, Nr. 36.

Morrenia (Asclepiadaceae — Cynanchoideae).

Morrenia brachystephana Griseb., in Südbrasilien und Argentinien. Name: Tasi. Ein aus dem gelbgefärbten Rhizom und der Frucht gewonnener, gelblicher, schleimiger, süsslich schmeckender Saft gilt als kräftiges Galaktagogum. Rhizom und Frucht enthalten ein Alkaloid, Morrenin, das bitter schmecken und scharf riechen soll. Aus dem Saft der Frucht hat man ferner ein Glykosid gewonnen, das man Morrenol nannte, das aber mit dem Asclepion aus *Asclepias syriaca L.* identisch zu sein scheint.

Litt.: Americ. Drugg. 1891, p. 250. Ber. d. deutsch. chem. Ges 1891, p. 24; 1849, 1851. L'Union pharmaceutique 1892, p. 217. E. Merck 1895, p. 134.

Morula (Labiatae).

Morula japonica Maxim., enthält $2,13\,^0/_0$ eines braunrothen, ätherischen Oeles von 0,820 spcc. Gew., das $44\,^0/_0$ Thymol enthält, und anscheinend Cymen.

Litt.: Apoth.-Zeitung 1892, p. 439.

Morus (Moraceae — Moreae).

Morus indica L. Heimisch in Ostasien. Name auf Formosa: Sang-pai-p'i, wo man die Rinde gegen Brustleiden und Harnbeschwerden anwendet. Die jungen Blätter gelten als Galaktagogum.

Litt.: Kosteletzky II, p. 425. Chemist and Drugg. 1895, p. 324.

Mpsingo Wood.

Ist eine Sorte Ebenholz aus Ostafrika.

Litt.: Christy & Co. VII, p. 82.

M'Pogonnüsse.

Dreifächerige Frucht aus Gaboon, deren Samen $80\,^0/_0$ eines sehr dünnflüssigen Oeles geben.

Litt.: Pharmaceut. Zeitung 1889, p. 102.

Mramfeô.

Wurzel von der afrikanischen Goldküste, deren Abkochung mit weisser Thonerde zusammen als Mittel gegen Abortus dient. Bildet 2 cm dicke Stücke mit weichem längsrunzligem und querrissigem Kork. In der Rinde Nester von Steinzellen. Holz feinstrahlig. Geschmack schwach bitter.

Litt.: Chem.-Zeitung (Coethen) 1888, p. 1244.

Msalsu wood.

Holz aus Ostafrika (Mount Gomba), das medicinisch verwendet wird.

Litt.: Christy & Co. VII, p. 82.

Mtete-Gum.

Gummi aus Ostafrika (Mount Gomba), wenig löslich und schlecht klebend.

Litt.: Christy & Co. VII, p. 82.

Muawi.

Baum in Mozambique, dessen Rinde ähnlich wirken soll wie die des Erythrophloeum guineense, und die bei Gottesurtheilen Verwendung findet. Sie bildet flache, rothbraune Stücke von hornartiger Konsistenz. Mittelrinde reichlich sklerosirt. Bastfasern mit Krystallzellen umscheidet. Im Bast Sekretschläuche. Enthält ein Alkaloid, Muawin, das im reinen Zustande eine syrupdicke Flüssigkeit darstellt. Wird mit Vanadinschwefelsäurebihydrat dunkelgrün, dann vom Rande blau, endlich von der Mitte aus gelb. Es wirkt qualitativ wie Digitalin.

Litt.: Merck 1890, p. 11; 1892, p. 78.

Mucuna (Papilionaceae — Phaseoleae — Erythrininae).

Mucuna gigantea DC. Von Vorderindien bis zum tropischen Australien und Polynesien verbreitet. Die Rinde wird in Neu-Südwales äusserlich gegen Rheumatismus verwendet.

Litt.: Kosteletzky IV, p. 1303. Proceed. of the Linn. Soc. of New South-Wales 1888, März.

Mucuna pruriens DC. Heimisch in den Tropen beider Hemisphären. Namen in Indien: Kiwachh (Hind.); Kuhilé (Mar.); Punaik-kali (Tam.); Alkuri, Kámách (Beng.); Pilli-adugu, Dulagondi (Tel.); Nasaguni-gida, Turachi-gida (Can.); Kiváuch (Guz.). In Indien verwendet man die Samen als Aphrodisiacum. Die Wurzel gilt ebenfalls in Indien als Diureticum und Heilmittel gegen Gift, man wendet sie auch gegen Cholera an. Die ganzen Hülsen werden in Westindien in der Abkochung gegen Wassersucht benutzt. Die Haare auf den Hülsen dieser und der anderen Arten (Juckpulver) werden noch hier und da als Wurmmittel benutzt, sie sind neuerdings aus Westafrika gekommen. Ihre Wirkung scheint eine rein mechanische zu sein.

Litt.: Kosteletzky IV, p. 1303. Dymock I, p. 447. Christy & Co. XI, p. 85.

Mucuna urens DC. Heimisch in den Tropen der alten und der neuen Welt. In Caracas und Venezuela benutzt man eine Abkochung der Samen, die reichlich Gerbstoff enthalten soll, zu Verbänden, gegen Haemorrhoiden und auf Wunden. In Westindien wird eine aus den Samen (Horse-eye-Beans, Breadnut-berries, Eselinaugen, Katzenaugen, Calibohnen) bereitete Emulsion gegen Dysurie gebraucht. Bemerkenswerth ist es, dass die Samen zuweilen seit 1879 als wilde Calabarbohnen vorgekommen sind, mit denen sie äusserlich kaum Aehnlichkeit haben. Sie sind von dunkel rothbrauner Farbe, fein runzelig, gerundet viereckig, bis 3 cm breit und 1—$1^1/_2$ cm dick, also annähernd scheibenförmig. Auf der Kante ist der Same von einer 5 mm breiten, um $^3/_4$ seines Umfanges herumreichenden vertieften Narbe umgeben, die in der Mitte die Raphe erkennen lässt. Auf der freien Strecke ist das Hilum und die Chalaza deutlich zu erkennen. Während man allgemein annahm, dass die Samen Bestandtheile von erheblicher physiologischer Wirkung nicht besässen, wird von Christy & Co. angegeben, dass sie ein Alkaloid enthalten, das dem Physostigmin bezüglich der Wirkung nahe komme.

Litt.: Kosteletzky IV, p. 1302. Rép. de Ph. 1883, p. 112. Chemiker-Zeitung (Coethen) 1887, p. 633; 1890, p. 34. Christy & Co. VII, p. 83; XI, p. 87.

Verschiedentlich sind Mucuna-Samen vorgekommen, die vielleicht von anderen Arten stammen; so aus Westafrika als Juta-Seeds, ebenfalls aus Westafrika von Lagos als Smooth flat round Seed, und als Garbi.

Litt.: Christy & Co. VII, p. 86; VIII, p. 84; XI, p. 84. Chemiker-Zeitung (Coethen) 1890, p. 34.

Murraya (Rutaceae — Aurantieae).

Murraya Koenigii Sprengel. In Ostindien. Namen: Curry leaf tree; in Indien: Karhi nimb, Ihirang, Jiranî (Mar.); Gora-nimb (Guz.); Ganda-nim (Punj.); Katnim (Hind.); Karibevu (Can.); Karu-veppilai (Tam.); Kari-vepachettu (Tel.); Barsanga (Beng.). In Indien sind die Blätter oft ein Bestandtheil des Curry, medicinisch verwendet man sie als magenstärkendes Mittel, gegen Dysenterie, gegen Brechreiz, Fieber, Biss giftiger Thiere. Die Rinde und die Wurzel werden als Stimulantia angewendet, sowie gegen Hautausschläge. Die Samen liefern ein gelbes Oel (Simabol-Oel), die Blätter ein ätherisches Oel und einen krystallinischen Körper, Koenigin, der vielleicht ein Glykosid ist.

Litt.: Kosteletzky V, p. 1996. Dymock I, p. 262. Pharm. Journ. and Trans. 1890, p. 423. The Pacif. Record. 1892, p. 304.

Musa (Musaceae).

Musa sapientum L. Heimisch in Südasien, überall in den Tropen kultivirt. Namen: Banane, Bananenfeige, Pisang; Bananier, Bananier à petit fruit, Bananier figuier (franz.); Fico d'Adamo (ital.); Bananero, Banano, Cambar de Venezuela, Plátano cambaro de Méjico (span.); Platano macho (auf Cuba); Guineo (in Panama); Bacave (frz. Guyana); Tulhtula mouz (Arab.); Kala (in Bengalen); Kela (Bombay); Mouz (Dec.); Kan-tsian (China). Die Wurzel ist zum medicinischen Gebrauch empfohlen.

Litt.: Kosteletzky I, p. 287. Parke, Davis & Co., p. 49.

Musa paradisiaca L. In Brasilien werden die Früchte der *Banana da terra* oder *Banana comprida* genannten Form unreif in Scheiben geschnitten und als Heilmittel gegen Diarrhoe angewendet. Aeusserlich liefern sie ein Pflaster gegen Krebs. Aus den zerstossenen Blüthen macht man einen Saft gegen Bronchialkatarrh; das Rhizom gilt als Mittel gegen Schlangenbiss, den Saft des Stammes verwendet man gegen Leukorrhoe, Blasenkatarrh, Nierenleiden etc.

Litt.: Kosteletzky I, p. 287. Pharm. Rundschau (New York) 1894, p. 38.

Muscari (Liliaceae — Lilioideae — Scilleae).

Muscari comosum (L.) Mill. Die Zwiebel ist als Verdauung beförderndes Mittel, ferner bei Wassersuchten und äusserlich gegen Hautkrankheiten angewendet worden. Die Pflanze enthält einen als Säure bezeichneten Stoff, Comosumsäure, der den Saponinen nahestehen soll.

Litt.: Kosteletzky I, p. 188. Annali di chimic. di farmacologia 1888, p. 314.

Mussaenda (Rubiaceae — Cinchonoideae — Gardeniinae — Mussaendeae).

Mussaenda frondosa L. Von Vorderindien bis zum malayischen Archipel, auch auf Neu-Guinea. Namen in Indien: Bebina, Sribar (Hind.); Srivadi (Mal.); Vellaellay (Tam.); Srivar, Srivardoli, Bhútkes, Lavasat (Mar.); Asari (Nipal). Verwendung finden die Blätter, Früchte, Blüthen, Wurzel und Rinde, und zwar die Wurzel gegen Gelbsucht, der Saft der Blätter und Früchte bei Augenkrankheiten, die Blüthen als Diureticum und äusserlich gegen Geschwüre. Auf Mauritius, wo die Pflanze Wilde Cinchona heisst, gilt die Rinde als tonisches Mittel. Die ganze Pflanze enthält ein bitter und scharf schmeckendes Glykosid. Die Rinde ist reich an Harz, die Früchte und die Kelchblätter enthalten reichlich Zucker.

Unter dem Namen Mussaenda-Kaffee von Réunion ist ein Kaffeesurrogat vorgekommen, das von *Mussaenda borbonica* abgeleitet wurde, aber von der Loganiacee *Gaertnera vaginata* abstammt. Lapeyère wollte in den Samen 0,3—0,5 $^0/_0$ Coffeïn gefunden haben, nach neueren Untersuchungen sind sie frei davon.

Litt.: Kosteletzky II, p. 575. Dymock II, p. 202. Bullet. of Pharm. 1893, VII, p. 110.

Mutisia (Compositae — Mutisieae — Mutisinae).

Mutisia viciaefolia Cav. Von Peru bis Argentinien. Name in Chile: Estrilla. Die Pflanze soll wirksam sein bei Herzaffektionen, Hysterie, Epilepsie, Phthisis und Krankheiten der Respirationsorgane. Besondere Dienste soll sie leisten bei Herzschwäche, die in Folge von körperlicher Ueberanstrengung in hochgelegenèn Gegenden auftritt. Man hat in der Pflanze 2,4 $^0/_0$ eines bitteren Extraktivstoffes nachgewiesen, der der wirksame Bestandtheil sein soll.

Litt.: Christy & Co. X, p. 67. The Drugg. Bullet. 1888, p. 368.

Myoporum (Myoporaceae).

Myoporum platycarpum R. Br., in Australien mit Ausnahme von Queensland. Namen: Sandelholzbaum, Dogwood, Zuckerbaum. Am Stamm tritt in grossen Massen ein hartes, glasartig

brechendes Harz vor, dessen Bruch anfangs indigoblau ist, aber
später braun wird. In der Hand erweicht es. Es ist geschmacklos. Petroleum löst 46,8 %, Alkohol 28,1—36,4 %, der Rest besteht aus Unreinigkeiten. Ferner liefert der Baum eine Manna,
deren Abscheidung durch Insekten veranlasst werden soll; sie
enthält 89,65 % Mannit.

Litt.: Journ. of Chem. Soc. 324, p. 665. Apoth.-Zeitung 1893, p. 39.
Archiv de Pharm. 1894, p. 311.

Myrica (Myricaceae).

Myrica asplenifolia (Banks) Baill. Heimisch in Nordamerika
von Nordkarolina bis zum Saskatchavan. Name: Sweet fern. Ein
Dekokt der ganzen Pflanze, besonders aber der Wurzel, wird als
Adstringens innerlich und äusserlich als blutstillendes Mittel verwendet. Die Blätter enthalten 0,08 % eines zimmetartig riechenden,
ätherischen Oeles von spec. Gew. 0,926. Die Wurzel enthält
3,77—6,79 % Gerbstoff, Harz, aber keine Alkaloide und keine
Glykoside.

Litt.: Kosteletzky II, p. 368. Schimmel & Co. 1890, Oktober, p. 50.
Amer. Journ. of Ph. 1892, p. 303.

Myrica cerifera L. Heimisch in Nordamerika vom Eriesee bis
Florida. Liefert mit einigen andern Arten (*M. caroliniensis Mill.*
in Nordamerika, *M. xalapensis Kth.* in Mexico, *M. caracassana* in
Neu-Granada, *M. cordifolia L.*, *M. quercifolia L.*, *M. laciniata*, die
drei letzten am Cap der guten Hoffnung) in dem Ueberzug der
Früchte das bekannte Myrica- oder Myrtlewachs. Die Wurzel
und die Rinde werden als Brechmittel und Laxans benutzt.

Die Rinde bildet Stücke, die bis 0,6 cm dick sind, aussen
hellgrün, innen braun, Bruch kurzfaserig. Geschmack bitter, adstringirend. Enthält Gerbstoff. Aussen ist die Rinde mit einem
dünnen Kork bedeckt, dessen Zellen flach und meist dünnwandig
sind, doch zeigen einzelne Zelllagen einseitig verdickte Zellen.
An den untersuchten Stücken fehlte in Folge von Borkebildung
die Mittelrinde, so dass der Kork unmittelbar dem Bast aufliegt.
Im Bast sind die Markstrahlen 2—3reihig, ihre Zellen radial gestreckt, die Strahlen verbreitern sich nach aussen bedeutend, die
Zellen sind dann tangential gedehnt, grossentheils mit feinkörnigem,
trüb braunem Inhalt. Im Tangentialschnitt sind die Markstrahlen
bis zu 30 Zellen hoch. In den Baststrahlen kleine Gruppen stark
verdickter Fasern, weiter nach aussen einzelne grosse Steinzellen,
die zuweilen nur schwach verdickt sind. Zahlreiche Zellen des
Bastparenchyms mit braunem Inhalt. Krystalle fehlen.

Litt.: Kosteletzky II, p. 367. Planchon et Colin, Les Drogues simples. I.

Myrica xalapensis H. B. Kth. Heimisch in Mexico in der
Sierra Huanchinango. Die Pflanze wurde soeben schon als wachs-
liefernd genannt. Die Wurzelrinde ist scharf adstringirend, in
grösseren Dosen brechenerregend.

Litt.: Americ. Journ. of Ph. 1885, p. 339.

Myrica sapida Wall. Heimisch in Indien vom Himalaya bis Malakka und Borneo. Ich habe die Rinde unter dem Namen Kaiphal erhalten. Denselben Namen führt in Indien nach Dymock, Pharmakographia III, p. 355 die Rinde von *Myrica Nagi Thunb.*, die als in Ostindien im subtropischen Himalaya vorkommend angeführt wird. Nach Engler-Prantl, Pflanzenfamilien III, 1, p. 27 kommt aber letztere Art in China und Japan vor. Ich muss es dahingestellt sein lassen, ob Dymocks Rinde und die meinige vielleicht identisch sind, jedenfalls stimmen die Angaben Dymocks über den Bau seiner Rinde genau mit der meinigen überein. Die Früchte sind wohlschmeckend und werden gegessen. Die gerbstoffreiche Rinde ist ein Ersatzmittel für Secale cornutum, sie wird auch gegen Katarrh und Brustbeschwerden verwendet.

Ein mir vorliegendes Muster der Rinde besteht aus mehrere Centimeter dicken, rothbraunen, flachrinnigen Stücken, die mit gelbbraunem Kork bedeckt sind. Der Bruch ist kurzsplitterig, auf dem Bruch werden glitzernde Punkte sichtbar. Geschmack adstringirend, dann brennend.

Die Korkzellen sind im Querschnitt der Rinde ziemlich hoch, mit braunem Inhalt, an sie schliesst sich noch eine Schicht sklerotischer Zellen, die an den Seiten- und Innenwänden porös verdickt sind. Die weiter nach innen gelegenen Zellen sind relativ schwach verdickt. Der Kork scheint überall unmittelbar an den Bast zu grenzen.

Die Baststrahlen enthalten Siebröhren mit schiefen Platten; die Parenchymzellen sind, wie die der Markstrahlen getüpfelt; sie führen kleinkörnige Stärke in einfachen oder wenig zusammengesetzten Körnern. Ferner in den Baststrahlen ansehnliche schizogene Sekretbehälter (die glitzernden Punkte des Querschnittes), einzelne kurze Steinzellen und langgestreckte, stark verdickte Steinzellen (ob echte Fasern, wage ich nicht zu entscheiden), sowie axial gestreckte Krystallschläuche, die hauptsächlich Drusen, spärlich Einzelkrystalle und Krystallsand enthalten. Die Markstrahlen sind gewöhnlich 2—5 Zellreihen breit, die Zellen radial gestreckt, mit braunem Inhalt, gewöhnlich bis 20 Zellreihen hoch. Zuweilen verbreitern sich einzelne Markstrahlen sehr erheblich, und es entstehen dann in ihnen ansehnliche Sekretbehälter (anscheinend wie in den Baststrahlen schizogen), die die Rinde nun sehr auffallend in radialer Richtung durchsetzen.

Litt.: Pharm. Journ. and Trans. 1890, p. 660. Gehe & Co. 1892, April, p. 3.

Myristica (Myristicaceae).

Myristica angolensis Welw. Heimisch in Westafrika (Gaboon). Namen am Gaboon: Combo, in Angola: Mutugo. Die Samen sind 2 cm lang, 1,5 cm breit, nach einer Angabe geruch- und geschmacklos, nach Welwitsch frisch aromatisch. Sie enthalten über 70 %/₀ Fett und sind als Oelsamen nach Liverpool gekommen.

Litt.: Warburg. Pharm. Ges. 1892, p. 222. Christy & Co. VIII, p. 26. Pharm. Zeitung 1889, p. 102.

Myristica argentea Warb., in Neu-Guinea und zwar im holländischen Teil der Insel. Zuerst 1666 bekannt geworden, gegenwärtig wichtigster Exportartikel Neu-Guineas. Namen: Pala papua, Aniz moscada (Philippinen); Papua noten und Mannetjes noten van Nieuw-Guinea (Holland); Long nutmeg (England); Pferdemuskat und Neu-Guinea-Muskat (Deutschland). Die Samen und das aus denselben gewonnene Oel können wie die von *Myristica fragrans* verwendet werden, sind aber weniger fein, welcher Mangel sich wahrscheinlich nach Warburg im Laufe der Zeit durch sorgfältige Kultur und Behandlung der Pflanze wird beseitigen lassen. Die Frucht ist 45—65 mm lang, 45—55 mm breit und fast kahl, das Perikarp 7—12 mm dick. Der Arillus besteht aus 4—5 breiteren Streifen, die oben und unten zusammengewachsen sind; er ist schmutzig grau oder braunroth. Die Nuss ist 35—45 mm lang, 20—25 mm breit, an der Basis am breitesten. Frisch glänzend rothbraun, ist die Handelswaare, weil ziemlich weich, abgerieben, fein punktirt, gelbbraun. Das Endosperm enthält viel Stärke, und die braunen Ruminationsstreifen (Perisperm) sind mehr zerstreut und gröber, als bei der echten Nuss. Die Samenschale ist sehr dadurch charakterisirt, dass ihr die bei den anderen Arten unter den Palissaden gelegene Querfaserschicht fehlt.

Litt.: Warburg l. c. Christy & Co. l. c. Arch. d. Ph. 1895 (Hallström).

Myristica (Virola) Bicuhyba (Schott) Warb., im südlichen Brasilien. Die Frucht liefert beim Extrahiren mit Aether 59 %/₀, beim Pressen in hydraulischen Pressen 45,5 %/₀ Fett. Dasselbe besteht im Wesentlichen aus den Glyceriden der Myristinsäure und Oelsäure, in geringer Menge sind darin enthalten: freie Fettsäure (Myristinsäure), Harz, ätherisches Oel und flüchtige Säuren. — Die Rinde wird als Adstringens verwendet, besonders ein Dekokt derselben gegen Diarrhoe. Ein Saft oder Extrakt der Rinde wird äusserlich gegen Brüche, Geschwüre, innerlich wie Copaivabalsam, ferner das Fett zu Einreibungen und die Früchte gegen Schlangenbisse etc. benutzt.

Litt.: Warburg l. c. Anales del Departamento nacional de Higiene 1891, Nr. 10, p. 401. Deutsch. chem. Ges.-Ber. XVIII, p. 2617.

Myristica crassa King. Heimisch auf der malayischen Halbinsel. Die Frucht soll von den chinesischen Ansiedlern gegessen werden. Warburg (l. c.) nimmt an, dass das nur vom Perikarp gilt.

Myristica fatua Houtt. (M. tomentosa Thunb.). Heimisch auf den Molukken. Vielfach verwechselt mit *M. argentea.* Die Nuss ist fast rechteckig, $3^1/_2$—4 cm lang, $2^1/_2$—3 cm breit, die Arillusfurchen ziemlich breit und tief. Bemerkenswerth ein Höcker unweit der Spitze an der Chalaza. Das Endosperm zeigt im Querschnitt viele dünne Ruminationsstreifen, es ist von schwachem Geruch oder geruchlos. Das Perikarp ist dick, rostroth behaart, 5,5 cm lang, 3—3,5 cm breit. Man verwendet die Nuss in ihrer Heimath bei Dysenterie, Kopfschmerz und als Aphrodisiacum.

Litt.: Kosteletzky II, p. 474. Warburg l. c. Arch. d. Ph. 1895 (Hellström). Christy & Co. VIII, p. 26.

Myristica Gardneri (DC.) Warb., im südlichen Brasilien. Wird medicinisch verwendet.

Litt.: Warburg l. c.

Myristica guatemalensis Hensl. (Virola guatemalensis Warb.). Heimisch in Guatemala. Im Handel zuweilen als Africain oil nut, Noix du Dragonnier. Der Same ist 20 mm lang, 14—15 mm breit, fast eiförmig, kaum gefurcht. Der Kern ist braungrau, von den Seiten etwas zusammengedrückt. Die Ruminationsstreifen sind theilweise gross und dringen in das Endosperm bis über die Hälfte des Querschnittes vor. Liefert festes Fett.

Litt.: Warburg l. c. Arch. d. Ph. 1895 (Hallström). Christy & Co. VIII, p. 26 u. 84. Pharm. Zeitung 1889, p. 102.

Myristica madagascariensis Lam. (Brochoneura madagascariensis [Lam.] Warb.). Heimisch auf Madagascar. Nach Kosteletzky werden die Samen verwendet, wie die von *Myristica fragrans.* Warburg ist geneigt, anzunehmen, dass die Angaben über Verwendung der erstgenannten Art auf die zweite, die man z. B. auf Bourbon kultivirt, zu beziehen sind.

Litt.: Kosteletzky II, p. 474. Warburg l. c.

Myristica malabarica Lam. Heimisch in Vorderindien (Malabar, Canara, Concan). Namen: Rán-jaiphal, Ramphal (Mar.); Panam-Palka (Mel). Die längliche Frucht ist von aussen lohbraun und behaart, bis 6 cm lang. Der Arillus ist von rothbrauner Farbe und fein zerschlitzt, die Lappen an der Spitze oft verschlungen, die Schale hart und zerbrechlich. Der Kern ist bis 33 mm lang, bis 18 mm breit. Die Ruminationsstreifen dringen sehr tief in das Endosperm ein, welch letzteres nicht aromatisch ist. Das Endosperm ist in Indien Heilmittel gegen Kopfschmerzen und Aphrodisiacum. Das im Endosperm enthaltene Fett (Poondy Oil) wird zu Einreibungen verwendet.

Der Arillus (Bombay-Macis, Rámpatri) ist seit einigen Jahren nach Europa gekommen und wird als Substitution resp. Verfälschung des viel aromatischeren von *Myristica fragrans* stammenden „Banda-Macis" benutzt. Im unzerkleinerten Zustande sind beide leicht zu unterscheiden durch die schmäleren Lappen und rothbraune Farbe des Bombay-Masis. Im grob zerkleinerten Zustande erlauben die verhältnissmässig radial gestreckten Epidermiszellen und die zahlreichen rothgelben bis braungelben Oel-

15*

zellen der letztgenannten Sorte die Verfälschung zu erkennen.
Die letzteren sind auch für die Untersuchung des Pulvers wichtig.
Die chemischen Reaktionen, die man zur Erkennung des Bombay-
Macis empfohlen hat, sind noch nicht völlig zufriedenstellend. Die
besten Resultate giebt die von Waage angegebene Methode, wonach der ätherische Auszug von Bombay-Macis mit Kaliumchromat
dunkelrothbraun, derjenige von Banda-Macis gelb wird.

Der Stamm von *Myristica malabarica* liefert eine Art
Drachenblut.

Litt.: Warburg l. c. Arch. d. Ph. 1895 (Hallström). Dymock III, p. 197.
Christy & Co. VIII, p. 26. Schweiz. Wochenschr. f. Ch. u. Ph. 1896, Nr. 39, n. b.
Arb. aus d. Kaiserl. Gesundheitsamte 1895/96 (Busse), n. b.

*Myristica microcephala Bth. (Pycnanthus microcephala [Bth.]
Warb.),* in Westafrika. Die Samen enthalten 73 °/₀ Fett.

Litt.: Warburg l. c.

Myristica officinalis Martius, in Brasilien. Nach Kosteletzky
wird der Same bei Koliken etc. und das Fett zu Einreibungen
benutzt. Nach Warburg beruhen diese und alle anderen Angaben
über die Verwendung der Frucht dieser Art auf Verwechslung
mit *Myristica Bicuhyba,* da die Frucht von *M. officinalis* noch nicht
bekannt ist.

Litt.: Kosteletzky II, p. 474. Warburg l. c. Christy & Co. VIII, p. 28.

Myristica Otoba H. B. K. (Dialyanthera Otoba Warb.), in Südamerika (Venezuela, Neu-Granada). Name: Muskatnuss von
Santa Fé. Die Samen sind eiförmig, 1¹/₂ cm gross, von aromatischem Geruch und Geschmack. Die weissliche Macis wird zu
einer Salbe gegen Krätze und andere Hautkrankheiten verwendet,
ebenso das Fett der Samen. Auch hier bezweifelt Warburg die
Richtigkeit der Angaben.

Litt.: Kosteletzky II, p. 473. Warburg l. c. Christy & Co. VIII, p. 28.

Myristica peruviana DC. (Virola peruviana Warb.), in Mittelamerika. Das Fett findet Verwendung.

Litt.: Warburg l. c.

Myristica sebifera Sw. (Virola sebifera Aubl.), in Mittel- und
Südamerika. Namen bei den Creolen: Oyapoe, Dniapa und
Virola; der Frucht: Jezjizmadou. Der Same ist 12—14 mm
lang, 10—12 mm breit, von graubrauner Farbe. Er ist dem
der Haselnuss täuschend ähnlich, fast kugelförmig mit tiefer Aus-
höhlung an der Chalaza. In der inneren Palissadenschicht der
Samenschale liegen grosse scheibenförmige Oxalatkrystalle fast
ohne Ausnahme in der Mitte der Zellen in einer Reihe und nicht
wie gewöhnlich bei den anderen Arten in den Erweiterungen der
Zellenden. Die Zellen der darauf folgenden Querfaserschicht unterscheiden sich von denen aller andern Arten im Querschnitt durch
ihre rechteckige Form, durch die Streckung in radialer Richtung
und durch ihr grosses Lumen. Die Samen liefern 26 °/₀ Fett, das
zur Fabrikation von Seife benutzt wird. Die Rinde liefert einen

gerbstoffreichen Saft von rother Farbe, der gegen Aphthen und schlechte Zähne verwendet wird. Dem letzteren Zweck dient auch eine Tinktur der Samen und des Arillus. — Warburg bemerkt, dass man diese Art, die nach ihm nur auf den Antillen vorkommt, mit *M. surinamensis* verwechselt haben könne.

Litt.: Kosteletzky II, p. 474. Warburg l. c. Christy & Co. VIII, p. 29. Arch. d. Ph. 1895 (Hallström).

Myristica succedanea Reinw., auf den nördlichen Molukken. Name: Pala maba. Kultivirt in Kaiser Wilhelmsland. Samen sehr aromatisch und von *M. fragrans* kaum zu unterscheiden.

Litt.: Warburg l. c.

Myristica surinamensis Rol. (Virola surinamensis Warb.). Heimisch auf der Insel Cariba in Surinam, aber auf dem Festlande und den westindischen Inseln durch Kultur verbreitet. Name der Samen: Cuago-Nüsse und zuweilen Afrikanische Oelnüsse. Die Früchte sind kirschgross, dunkelgrau, der Kern hart, von aussen hellbräunlich, innen weiss, mit braunen Ruminationsstreifen. Sie schmecken schwach aromatisch und liefern nach Voelker 60,53 °/₀ Fett, das bei 47⁰ schmilzt. Es ist mit dem Fett von *M. bicuhyba* verwechselt.

Litt.: Warburg l. c. Christy & Co. VIII, p. 30. Arch. de Ph. 1895 (Hallström). Ber. d. deutsch. chem. Ges. XVIII, Nr. 13, p. 2011. Zeitschr. f. angew. Chemie 1889, p. 3.

Myrospermum (Papilionaceae — Sophoreae).

Myrospermum frutescens Jacq., im nordöstlichen Südamerika, Centralamerika und auf Trinidad. Aus den Hülsen wird eine Tinktur bereitet, die man als Stomachicum verwendet.

Litt.: Kosteletzky II, p. 1246.

Myrtus (Myrtaceae — Myrtoideae — Myrteae).

Myrtus Aragan H. B. Kth. Heimisch in Mexico. Die Rinde der Pflanze benutzt man zum Gerben, aus den Blättern, die ein ätherisches Oel enthalten, bereitet man ein Parfüm.

Litt.: Pharm. Post 1885, p. 928.

Myrtus communis L. Heimisch im Mittelmeergebiet. Vor einigen Jahren erregte das ätherische Oel der Myrthe Aufmerksamkeit als Antisepticum, Anthelminthicum und als Mittel gegen Krankheiten der Respirationsorgane. 50 Kilo Blätter sollen 150 g Oel liefern. Das Oel ist von hellgelber Farbe, es dreht rechts, spec. Gew. 0,910 bei 16⁰. Bei der Rektifikation gehen bei 160 bis 240⁰ 80 °/₀ über, der Rest besteht aus zum Theil polymerisirten und hochsiedenden Terpenen. In dem Destillat wurde nachgewiesen Rechtspinen $C_{10}H_{16}$, Cineol $C_{10}H_{18}O$ und wahrscheinlich Kampher $C_{10}H_{16}O$. — Das in den Handel gebrachte Myrtol besteht aus den zwischen 160 und 170⁰ siedenden Antheilen und ist ein Gemenge von Rechtspinen und Cineol. — Das Oel ist identisch mit dem der Blätter von *Eugenia Cheken* (s. d.).

Litt.: Kosteletzky IV, p. 1524. Arch. f. Ph. 1889, p. 174. Schimmel & Co. 1889 u. 1890.

N.

Nance-Rinde.

Aus Mexico stammende, als Gerbematerial und Adstringens benutzte Rinde unbekannter Abstammung. Nancenes soll der Name von *Malphigia glabra* sein. Als Nancite oder Manquitta beschreibt Moeller, Baumrinden p. 272 die Rinde der *Malphigia punicaefolia L.* (Cerisier des Antilles). Diese Rinde ist gegen 5 mm dick, mit lederbraunem, schwammigem Kork bedeckt. Sie enthält in der Mittelrinde Steinzellen und Krystallzellen mit Rhomboëdern von Kalkoxalat, in der Mittelrinde kleine Gruppen stark verdickter Bastfasern mit Kammerfasern. Die Markstrahlen sind 3—5reihig. Sie enthält 21,23 $^0/_0$ Gerbstoff. Die Nance-Rinde, die mit der Moellerschen wohl identisch sein dürfte, enthält 26,2 $^0/_0$ Gerbstoff.

Litt.: Amer. Journ. of Ph. 1886, p. 239. Moeller, Pflanzen-Rohstoffe. Ber. über die Weltausstellung 1878, VIII. Heft, p. 28.

Nandina (Berberidaceae).

Nandina domestica Thunbg. In China und Japan wild und kultivirt als Zierpflanze. Die Pflanze enthält in der gelben Wurzel Berberin und ein zweites Alkaloid Nandinin $C_{19}H_{19}NO_4$.

Litt.: Nieuw Tijdschr. voor Ph. Nederl. 1884, p. 199.

Narcissus (Amaryllidaceae — Amaryllidoideae — Narcisseae).

Narcissus Pseudo-Narcissus L. Die schon früher als Brechmittel benutzte Wurzel (Radix Pseudonarcissi seu Narcissi majoris seu Bulbocodii) ist neuerdings wieder empfohlen worden.

Litt.: Kosteletzky I, p. 149. Therapeut. Gaz. 1889, p. 414.

Narcissus Tazetta L. Die knollige Wurzel gilt in Indien als Abortivum. Sie wird dort auch den Colchicum-Knollen substituirt.

Litt.: Dymock III, p. 498. Pharm. Journ. and Trans. 1890, p. 660.

Naregamia (Meliaceae — Melieae).

Naregamia alata W. et A. Heimisch in Ostindien. Namen: Goa-Ipecacuanha; Pittvel, Pittpápra, Pittmári, Tinpáni (Mar.); Nela-naregam (Mal.); Nela-naringu, Nalakanu-gida (Can.); Trifolio (Goa). Verwendung findet der (unterirdische) Stamm und die Wurzeln als Emeticum, Expektorans und als Heilmittel gegen Ruhr etc., also ähnlich wie *Ipecacuanha*, der die Droge auch substituirt werden soll. Sie zeigt einen normalen Holzkörper, in der Rinde Oelzellen.

Sie enthält ein Alkaloid Naregamin, Asparagin, Gummi etc., aber keinen Gerbstoff.

Litt.: Kosteletzky V, p. 1982. Parke, Davis & Co. p. 729. Dymock I, p. 333. Pharm. Journ. and Trans. 1887, Nr. 903, p. 317. Drugg. Bullet. 1890, Vol. IV, Nr. 7, p. 212.

Nauclea (Rubiaceae — Cinchonoideae — Cinchoninae —
Naucleeae).

Nauclea sinensis Oliv. Heimisch in China (Provinz Nan-t'o).
Name: K'ou-t'eng. (Unter demselben Namen versteht man in
Japan *Uncaria ryncophylla Miq.*). Eine Tinktur findet Verwendung
bei Kinderkrankheiten.

Litt.: Pharm. Journ. and Trans. 1891, Nr. 1095, p. 1149.

Nelumbo (Nymphaeaceae — Nelumbonoideae).

Nelumbo nucifera Gärtn. (Nelumbium speciosum Willd.). Heimisch von Queensland bis Japan, westlich bis zur unteren Wolga;
früher in Aegypten verbreitet, aber offenbar nicht wild. Namen,
in Japan: Ren Nikh (für die Frucht); in China: Lien-tsze (für
die Frucht), Saou-fun und Gaan-feen (für das Stärkemehl des
Rhizoms); in Indien: Kamal, Kanval (Hind.); Alli-támara
(Tel.); Nyadale-huvu (Can.); Kamala (Mar.); Sevaka (Goa);
Paban (Sind.); Ambal (Tam.). Medicinisch verwendet werden
die Früchte in Japan, die Blüthen in Indien äusserlich mit Myrobalanen, innerlich mit Süssholzsaft.

Die Pflanze hat einen umgekehrt kegelförmigen Blüthenboden,
in den 9—17 Fruchtknoten eingesenkt sind. Die ebenfalls in den
Blüthenboden eingesenkten Früchte sind etwa 1,5 cm lang, eiförmig,
an der Spitze mit einem kurzen, von der Narbe herrührenden
Fortsatz, daneben mit einem Höckerchen. Die Frucht- und Samenschale umschliesst ohne Perisperm und Endosperm den Embryo
mit dicken Kotyledonen und innerhalb derselben mit zwei kleinen,
bereits grünen Blättchen. Die Fruchtschale besteht zu äusserst aus
einer Schicht fast kubischer Zellen mit deutlicher Cuticula und
stark verdickter Aussenmembran, in die eingelagert sich häufig
Oxalatdrusen finden, deren Spitzen die Cuticula oft durchbohren.
Daran schliesst sich eine Palissadenschicht, eine starke Schicht
ziemlich dickwandiger Zellen, die Gerbstoff führen, und dünn-
wandiges, zusammengefallenes Gewebe, in dem Gefässbündelchen
verlaufen. Die Kotyledonen enthalten reichlich Stärke, deren
Körner 5—10 mm gross sind.

Litt.: Kosteletzky I, p. 84. Dymock I, p. 71. Chem.-Zeitung (Coethen)
1892, p. 44.

Nepeta (Labiatae — Stachydoideae — Nepeteae).

Nepeta Cataria L. Namen: Katzenminze; Catnep, Cat-
mint (engl.); Cataise (franz.). Enthält 0,3 $^0/_0$ ätherisches Oel von
spec. Gew. 1,041, von Geruch nach Minzen und Kampher und
eine bitterschmeckende Substanz von saurem Charakter.

Litt.: Kosteletzky III, p. 794. Annal. d. Ch. u. Ph. 1889, p. 555.
Schimmel & Co. 1891, Oktober, p. 40.

Nerium (Apocynaceae — Echitoideae — Echitideae).

Nerium odorum Sol. Heimisch von Persien bis Centralindien
und Japan, in letzterem Lande wahrscheinlich nicht wild. Namen:

Oleander; Laurier Rose (franz.); in Indien: Kaner (Hind., Guz., Mar.); Karabi, Kaner (Beng.); Alari (Tam., Mal.); Gannéru (Tel.); Kanigila (Can.). Verwendung in der Heilkunde findet die Wurzel. Sie enthält zwei als starke Herzgifte wirkende Stoffe, Neriodorin und Neriodoreïn, die vielleicht mit den aus *Nerium Oleander* dargestellten identisch sind.

Litt.: Kosteletzky III, p. 1061. Dymock II, p. 398. Pharm. Journ. and Trans. (3), 11, p. 873; 13, p. 289.

Nerium Oleander L. Heimisch von Portugal bis Mesopotamien. Alle Theile der Pflanze wirken stark giftig, indessen soll die wildwachsende Pflanze viel energischer wirken, als die kultivirte. Neuerdings wird eine Tinktur aus den Blättern als zeitweiliger Ersatz der *Digitalis* empfohlen, um eine Angewöhnung an dieses Mittel zu vermeiden. Früher verwendete man in Europa die Blätter (Folia Oleandri seu Nerii seu Rosaginis) gegen chronische Hautausschläge. — Die Pflanze ist öfter untersucht worden. Man hatte zwei angeblich basische Stoffe aus den Blättern dargestellt: Oleandrin und Pseudocurarin. Der letztere Stoff soll sich als ein Gemenge von indifferenten Substanzen und Oleandrin herausgestellt haben, und Oleandrin soll kein Alkaloid, sondern ein Glykosid sein. Ferner enthalten die Blätter nach Schmiedeberg ein Glykosid Neriin von den Eigenschaften des Digitaleïns, und Nerianthin, ebenfalls ein Glykosid. Pieczczek hat 1890 in der Rinde ein Glykosid Rosaginin gefunden und ein zweites, das mit Schmiedebergs Neriin identisch sein soll. Es scheint danach, als ob die verschiedenen Theile der Pflanze bezüglich ihrer Bestandtheile nicht übereinstimmen, wobei noch daran erinnert sei, dass Schmiedeberg sein Nerianthin in Blättern aus Tunis auffand.

Litt.: Kosteletzky III, p. 1060. Merck 1892, p. 71. Centralbl. f. d. med. W. 1883 p. 60. Arch. d. Ph. 1890, p. 228.

Newbouldia (Bignoniaceae — Tecomeae).

Newbouldia laevis (P. Beauv.) Seem. An der Westküste des tropischen Afrika weit verbreitet. Namen: Yol (Sierra Leone); Nabadi (Guinea); Artoko (Lagos). Verwendung der Wurzelrinde als Heilmittel gegen Dysenterie, Ruhr etc.

Litt.: Parke, Davis & Co. p. 1034. Gardeners Chronicle 1888, p. 656.

Nicandra (Solanaceae — Nicandreae).

Nicandra physaloides (L.) Gärtn. Heimisch in Peru, in Amerika, Europa und Asien vielfach kultivirt und leicht verwildernd. Der Kelch hüllt die reif nahezu saftlosen Beeren mit zahlreichen Samen völlig ein. Die Beeren werden in Peru bei Hirnleiden verwendet und neuerdings als diuretisches Mittel in Europa empfohlen. (Ueber die Samen vgl. Hartwich, Festschrift der naturf. Ges. Zürich 1896, p. 366.)

Litt.: Kosteletzky III, p. 972. Beckurts Jahresbericht 1890, p. 105.

Notaphoebe (Lauraceae — Persoideae — Cinnamomeae).

Notaphoebe umbelliflora Bl. Heimisch in Java. Namen: Kitallus merang und Ki merang. Enthält $^1/_{10}\,^0/_0$ eines Alkaloides in der Zweigrinde, das mit Salpetersäure und Salzsäure erst blau, dann rothviolett wirkt. Es bewirkt Tetanus.

Litt.: Mededeelingen uit s' Lands Plantentuin VII, p. 88.

Nothochlaena (Polypodiaceae — Pterideae).

Nothochlaena hypoleuca. Heimisch in Columbia. Name: Doradilla. Die Blätter finden gegen Brust- und Leberkrankheiten Verwendung.

Litt.: Christy & Co. VII, p. 118.

Ntomba.

Gummi aus Ostafrika, nicht gut löslich und kaum klebend.

Litt.: Christy & Co. VII, p. 82.

Ntombua.

Ebenfalls aus Ostafrika stammendes Gummi, stark adstringirend.

Litt.: Christy & Co. VII, p. 82.

Nu heib.

Heilmittel gegen Krankheiten des Uterus und gegen Menstruationsstörungen aus Namaqualand. Besteht aus einer Wurzel und Stengeln unbekannter Abstammung.

Litt.: Chemiker-Zeitung (Coethen), 1887, p. 755.

Nyctanthes (Oleaceae — Jasminoideae).

Nyctanthes arbor tristis L. Heimisch in Ostindien, in den Tropen vielfach der wohlriechenden Blüthen wegen, die aber nur des Nachts geöffnet sind, kultivirt. Namen: Night Jasmine; Arvore da notte (portug.); in Indien: Harsinghár, Hár, Siháru (Hind.); Sephalika (Beng.); Pártaka, Kurasli (Mar.); Manja-pu (Tam.); Harsing (Can.); Poghada (Tel.); Pakúra (Punj.). Die Blätter werden als Mittel gegen hartnäckige, intermittirende Fieber angewendet, die gepulverten Samen gegen Kopfausschläge. Die Blüthen riechen wie Safran und werden auch so verwendet, leider ist die Farbe wenig haltbar.

Litt.: Kosteletzky II, p. 1009. Dymock II, p. 376. Ber. d. Pharm. Ges. 1893, p. 191.

Nyssa (Cornaceae).

Nyssa aquatica L. Heimisch in Nordamerika (Maryland, Virginien, Carolina, Florida). Name: Tupelo. Aus dem ausserordentlich weichen und schwammigen Holze dieses Baumes werden Quellmeissel angefertigt, die vor den Laminariastiften und dem Pressschwamm mancherlei Vortheile besitzen. Zur Herstellung der Meissel wird das trockne Holz zusammengepresst, in Wasser quillt es dann wieder auf. Nach Maisch wäre die Stammpflanze *Nyssa grandidentata.*

Litt.: Pharm. Centralhalle 1883, p. 545, 581. Amer. Journ. of Ph. 1883, p. 631. Gehe & Co. 1880, April, 34.

O.

Ochrosia (Apocynaceae — Plumerioideae — Plumerieae).
Mehrere Arten der Gattung enthalten ein oder zwei Alkaloide,
von denen das eine in mittlerer Dosis Tetanus erzeugt.

Litt.: Mededeelingen uit 's Lands Plantentuin VII, p. 57.

Ocotea (Lauraceae — Persoideae — Cinnamomeae).
Ocotea pretiosa Benth u. Hook. (Mespilodaphne pretiosa Nees).
Heimisch in Brasilien. Namen: Mispellorbeer, Pereiora. Die
Rinde (Casca preciosa) findet Verwendung im Aufguss als
Expektorans. Der Geruch und Geschmack ist angenehm zimmt-
artig. Sie enthält 1,16 $^0/_0$ ätherisches Oel von kräftig zimmt-
artigem Geruch und spec. Gew. 1,118 bei 15°. Dasselbe soll
kein Zimmtaldehyd enthalten.

Litt.: Merck 1892, p. 76. Schimmel & Co. 1893, April, p. 63.

Unter dem Namen Akia-manalo verwendet man auf den
Sandwichsinseln die schmallanzettlichen, unten behaarten Blätter
und Stengel einer Ocotea-Art als blutreinigendes Mittel bei Kindern.

Litt.: Pharm. Rundschau (New York) 1885, p. 51.

Ocimum (Labiatae — Ocimoideae — Moschosminae).
Ocimum album L. Heimisch in Ostindien, wird als Gewürz
in Getränken verwendet. Wohl nur Form der folgenden.

Litt.: Pharm. Journ. and Trans. 1890, p. 660.

Ocimum basilicum L. Heimisch im tropischen Asien und Afrika.
Die bei uns nur als Gewürz benutzte Pflanze wird in Gambia als
Heilmittel bei fieberartigen Erkrankungen gebraucht.

Litt.: Kosteletzky III, p. 814. Pharm. Journ. and Trans. 1892, Nr. 1127,
p. 613.

Ocimum canum Sims. Auf Ceylon. Ein aus der Pflanze mit
Cacaobutter bereitetes Fett wird gegen Hautkrankheiten verwendet.

Litt.: Christy & Co. IX, p. 64.

Ocimum micranthum Willd. In Westindien. Findet als Aromaticum arzneiliche Verwendung.

Litt.: Christy & Co. VII, p. 85.

Odongo.
Rinde aus Westafrika, die als Wundmittel und als Purgans
benutzt wird. Technisch verwendet man sie zum Färben.

Litt.: Christy & Co. VII, p. 84, 87.

Oenanthe (Umbelliferae — Seselineae — Oenanthinae).
Oenanthe crocata L. Heimisch in England, Frankreich, süd-
lichem Europa. Die ganze Pflanze, hauptsächlich aber die spindel-
förmig verdickte Wurzel, ist ein heftiges Gift; die Wirkung
soll der des Schierlings ähnlich sein. Man verwendet die Wurzel

äusserlich gegen Hautkrankheiten und Geschwüre und innerlich in der Homöopathie bei Epilepsie. Enthält das amorphe Oenanthotoxin $C_{17}H_{22}O_5$.

Litt.: Kosteletzky IV, p. 1142. Pharm. Zeitung 1885, Nr. 84, p. 779. Christy & Co. X, p. 41. Arch. f. exper. Pathol. u. Pharmakol. 1894, 15, 261.

Oenothera (Oenotheraceae).

Oenothera biennis L. Heimisch in Nordamerika, in Europa vielfach verwildert. Namen: Nachtkerze, Nachtschlüsselblume, gelbe Rapunzel, Cure-ale, Scabish, Sundrop, Tree-primrose, Herbe aux ânes, Onagre. Die Blätter und die Wurzel werden hier und da als Salat benutzt, in Nordamerika auch die ersteren medicinisch, und zwar innerlich bei verschiedenen nervösen Leiden, äusserlich gegen Hautkrankheiten. Früher war auch die Wurzel *(Radix Onagrae vel Oenotherae vel Rapunculi)* als blutreinigendes Mittel im Gebrauch.

Litt.: Kosteletzky IV, p. 1489. Parke, Davis & Co., p. 716.

Okahero.

Droge aus Westafrika, und zwar aus der Kalahariwüste. Bildet Querscheiben eines fleischigen, kantigen Pflanzenstengels von 2—3 cm Durchmesser, am Rande mit kurzen, gebogenen Stacheln. Im Wasser quellen die Stücke auf das Doppelte auf. Der Geschmack ist süsslich, schleimig. Die Ableitung von einer Cactacee ist falsch, wahrscheinlich stammt die Droge von einer Euphorbia. Mit dieser Droge identisch ist eine andere, unter dem Namen **Jöà** aus Namaqualand 1887 nach Europa gelangt (vgl. auch *Oro*).

Litt.: Chemiker-Zeitung (Coethen) 1887, p. 755; 1888, p. 250. Gehe & Co. 1886, April, p. 21.

Oldenlandia (Rubiaceae —Cinchonoideae—Oldenlandieae).

Oldenlandia senegalensis (Cham. et Schlcht.) Hiern. Heimisch vom Senegal bis Abyssinien und im centralen Theil von Vorderindien. Die jungen Blätter werden in Westafrika als Mittel gegen Eingeweidewürmer verwendet.

Litt.: Pharm. Journ. and Trans. 1892, Nr. 1127, p. 613.

Olea (Oleaceae — Oleoideae — Oleinae).

Olea glandulifera Wall. Heimisch in Ostindien. Name: Kadaly-marum. Die Rinde enthält ein bitteres Glykosid, Quercetin und reichlich Schleim.

Litt.: Pharm. Journ. and Trans. 1892, Nr. 1125, p. 573. Dymock II, p. 379.

Omphalea (Euphorbiaceae — Platylobeae — Crotonoideae).

Omphalea oleifera Hemsl. und *Omphalea cardiophylla Hemsl.* Heimisch in S. Salvador. Name der ersteren Species: Tambor. Die Samen liefern ein ähnlich dem Ricinusöl purgirendes fettes Oel, wie anscheinend auch andere Arten. Vgl. über sonstige medicinische Verwendung der Gattung: Kosteletzky II, p. 574.

Litt.: Pharm. Journ. and Trans. 1882, p. 301.

Omphalocarpum (Sapotaceae — Palaquieae — Illipinae). *Omphalocarpum procerum P. Beauv.* Heimisch im tropischen Westafrika. Die Früchte enthalten eine dem Kautschuk ähnliche Substanz, ein dem Saponin ähnliches Glykosid, eine organische Säure u. s. w., die Samen fettes Oel. Das letztere gilt als Heilmittel gegen Kolik.

Litt.: Christy & Co. V, p. 54; VII, p. 86. Pharm. Journ. and Trans. 1881, Nr. 598, p. 479.

Onobrychis (Papilionaceae—Hedysareae—Euhedysarinae). *Onobrychis sativa Lam.*, gilt in Ostindien als Aphrodisiacum.

Litt.: Pharm. Journ. and Trans. 1890, p. 660.

Opuntia (Cactaceae — Opuntioideae — Opuntieae). *Opuntia ficus indica Mill.* Heimisch in Süd- und Mittelamerika, gegenwärtig auf der ganzen Erde in wärmeren Gegenden der essbaren Früchte wegen kultivirt und verwildert. Uebermässiger Genuss der Früchte ruft choleraähnliche Erscheinungen hervor. Die Stengelglieder werden ihres reichen Schleimgehaltes wegen äusserlich als Kataplasma und innerlich gegen Diarrhoe in Algerien angewendet.

Litt.: Kosteletzky IV, p. 1396. Amer. Journ. of Ph. 1891, p. 76.

Opuntia vulgaris Mill. Heimisch in den östlichen Vereinigten Staaten von Massachusetts bis Georgia. In Europa vielfach verwildert. Die Stengelglieder werden äusserlich wie die der vorigen gebraucht. Eine chemische Untersuchung der Frucht, die aber besonders charakteristische Bestandtheile nicht ergeben hat, vgl. Americ. Journ. of Ph. 1884, p. 3. Kosteletzky IV, p. 1395.

Einige Arten lassen in Mexico ein Gummi in wurmförmigen oder rundlichen Stücken austreten, das geschmacklos ist, gelblich weiss, durchsichtig oder opak. In Wasser quillt es auf, liefert aber keinen Schleim. Es scheint Stärke zu enthalten, da es mit Jod dunkelblau werden soll, und Oxalatraphiden. Man bezeichnet es als Goma de Nopal oder einheimischen Traganth. Die Arten, die es liefert, sind: *Opuntia Tuna Mill.*, *O. rosea DC.*, *O. Hernandezii DC.*

Litt.: Kosteletzky IV, p. 1396. Amer. Journ. of Ph. 1885, p. 450.

Die Rinde einer Art, die in Mexico als Nopallilo bezeichnet wird, wird gegen Dysenterie angewendet.

Litt.: Americ. Journ. of Ph. 1885, p. 450.

Orixa (Rutaceae — Zanthoxyleae). *Orixa japonica L.* In China und Japan. Namen: Siyokuschizo; in Japan: Kokusagi, Nogusa, Heminotiya, Haneboku, Tomome. Verwendung finden das Holz der Wurzel (in China: Siyousan) und des Stammes, sowie die Blätter als Heilmittel bei Typhus, Malaria, Speichelfluss, Halsgeschwülsten, Insektenstichen und Schlangenbissen. Das Holz enthält Berberin und ein Harz.

Litt.: Nieuw Tijdschr. voor Pharm. 1884, p. 225.

Ormosia (Papilionaceae — Sophoreae).

Ormosia coccinea Jacks. Heimisch in Brasilien und Guyana. Liefert ein geschätztes Nutzholz unter dem Namen: Petit pana-coco de Cayenne. Die Pflanze enthält ein Alkaloid.

Litt.: Pharm. Centralh. 1889, p. 311.

Ormosia dasycarpa Jacks. Heimisch in Brasilien und Venezuela. Die Pflanze enthält ein Alkaloid, das dem Opium ähnliche, narkotische Eigenschaften besitzen soll, wogegen das Alkaloid der vorigen Art wirkungslos sein soll. Die Samen gelangen häufig nach Europa, sie führen den Namen: Crab's-eye-seeds, wogegen die Pflanze *Anghina pedra* heisst.

Litt.: Merck 1888, p. 42 (dort medicinische Litteratur).

Oro.

Unter diesem Namen ist aus Sierra Leone eine angeblich von einer cactusähnlichen Euphorbiacee stammende Droge bekannt geworden. Sie soll Uebelkeit und Diarrhoen, unter Umständen den Tod herbeiführen können. Von anderer Seite wird die Abstammung von einer Euphorbiacee bestritten (vgl. auch *Okahero*, offenbar sind beide Drogen mindestens ähnlich).

Litt.: Pharm. Journ. and Trans. 1885, p. 105; 1886, p. 879.

Oroxylum (Bignoniaceae — Bignonieae).

Oroxylum indicum (L.) Vent. Heimisch in ganz Ostindien bis Cochinchina und im malayischen Archipel. Namen in Indien: Arlu, Phalphala, Sona (Hind.); Nacona, Sona (Beng.); Mului, Tálpalang, Miringa (Punj.); Tetu, Jagdala (Mar.); Tetu (Guz.); Vanga adanthay (Tam.); Tigdu-mara, Sone-patta (Can.); Pamania, Dundillam (Tel.); Peiani (Mal.). Medicinisch verwendet wird die Wurzelrinde. Sie ist etwa 3,0 mm dick, aussen mit einem schwammigen Kork bedeckt, gelb bis braun, innen faserig und grünlichgelb. Im Parenchym finden sich reichlich nadelförmige Krystalle, von denen Dymock anführt, dass sie unorganischer Natur seien, also nicht aus Calciumoxalat bestehen würden. Die Rinde ist geruchlos, der Geschmack schwach säuerlich und etwas bitter. Man verwendet sie äusserlich bei Rheumatismen, innerlich mit Opium als Sudorificum, auch als Adstringens und Tonicum bei Dysenterie.

Die Droge enthält einen krystallinischen Körper, Oroxylin, der kein Alkaloid und kein Glykosid ist, Fett, Wachs, eine sich mit Eisenchlorid bläulich schwarz färbende Substanz, die aber durch Gelatine nicht gefällt ist, also kein Gerbstoff zu sein scheint, aber Fehling'sche Lösung reducirt, Citronensäure etc. etc.

Litt.: Dymock III, p. 15. Pharm. Journ. and Trans. 1890, p. 257; 1892, p. 257.

Orthosiphon (Labiatae — Ocimoideae).

Orthosiphon stamineus Benth. Heimisch in Ostindien, Java, Australien. Namen: Java-Thee; Koemis Koetjing (mal.). Die

Pflanze hat einen wenig verzweigten, aufrechten Stengel, gestielte, an der Basis keilförmige Blätter, in schlaffen Trauben stehende Blüthen von weisser oder bläulicher Farbe. Die Ober- und Unterseite der Bätter zeigt reichliche Oeldrüsen. Verwendet werden die dünneren Stengel und die Blätter der Pflanze, die letzteren oft wie·chinesischer Thee zubereitet (daher Java-Thee). Man verwendet die Droge als Mittel gegen Gicht, Blasen- und Nierenleiden. Sie enthält in geringer Menge ein Glykosid, Orthosiphonin, welches in Alkohol wenig löslich ist. Man empfiehlt daher in der Annahme, dass dieses Glykosid der wirksame Bestandtheil ist, nicht eine Tinktur, sondern ein Extrakt zu verwenden. Aetherisches Oel ist in den angeblich zu stark getrockneten Blättern in geringer Menge enthalten, ferner Fett, eine Harzsäure, Gerbstoff, Citronensäure, Weinsäure u.s.w., aber kein Alkaloid.

Litt.: Parke, Davis & Co., p. 1036. Merck 1888, p. 54. Nieuw Tijdschr. voor Pharm. 1886, p. 2. Beckurts Jahresber. 1889, p. 59. Christy & Co. X, p. 104.

Osmorrhiza (Umbelliferae — Ammineae).

Osmorrhiza longistylis DC. Heimisch in den Vereinigten Staaten von Nordamerika von Virginien bis Canada, und westwärts bis Oregon. Namen: Sweet Sicily, Sweet root, Sweet Anis. Die aufrechten Stengel der Pflanze sind purpurroth oder grün, flaumhaarig. Die langgestielten Blätter dreifach gefiedert, die Fiederblättchen eirund, gesägt oder gekerbt. Die weissen Blüthen stehen in zusammengesetzten Dolden mit einer Hülle von schmallanzettlichen Blättern. Die unterirdischen Theile bestehen aus einem kurzen Rhizom und einer Anzahl spindelförmiger Wurzeln. Das Rhizom zeigt drei bis vier Holzringe(!) mit breiten Markstrahlen. Das Rhizom und die Wurzel enthalten $^1/_4\,^0/_0$ ätherisches Oel, das reichlich Anethol enthält und daher nach Anis und Fenchel riecht. Sonst ist in der Droge Fett, Harz, Gerbstoff u. s. w., aber kein Alkaloid gefunden. Die Droge wird als mildes Karminativum benutzt.

Litt.: Kosteletzky IV, p. 1177. Pharm. Journ. and Trans. 1882, p. 999. Pharm. Rundschau (New York) 1887, p. 149.

Ostrya (Betulaceae).

Ostrya virginica Willd. Heimisch im atlantischen Nordamerika bis Mexico, auch in Japan. Namen: Hopfenhainbuche, Iron-Wood, Hop-Hornbeam, Lever Wood. Verwendet wird das Holz bei intermittirenden Fiebern, neuralgischen Schmerzen, Dyspepsie, Skrophulose.

Litt.: Parke, Davis & Co., p. 805.

Oxalis (Oxalidaceae).

Oxalis Acetosella L. Eine aus der frischen Pflanze bereitete Paste wird als äusserliches Heilmittel angewendet; sie soll energischer wirken als Zinkchlorid (doch wohl als Aetzmittel).

Litt.: New Remedies IX, p. 150.

Oxydendron (Ericaceae — Arbutoideae — Andromedeae).

Oxydendron arboreum DC. (Andromeda arborea L.). Heimisch in Nordamerika von Pennsylvanien entlang den Alleghanies bis Florida. Namen: Elk-tree, Elk-wood, Sorrel-tree, Sour-leaf, Sour tree. Verwendung finden die Blätter. Sie sind oblong oder lanzettförmig, bis 20 cm lang, zugespitzt, gesägt, glatt, blaugrün bereift, kurzgestielt, netzaderig. Sie enthalten reichlich freie Säure. Man benutzt sie als Tonicum und Diureticum.

Litt.: Kosteletzky III, p. 1018. Parke, Davis & Co., p. 1159. Beckurts Jahresber. 1891, p. 78.

Oxymitra (Anonaceae — Melodoreae).

Oxymitra (Goniothalamus) macrophylla (Blume) Baill. Verwendet wird die Wurzel (Namen: Kitjantung, Aker Siradarah) als Abortivum.

Litt.: The pacif. Record. 1892, p. 304.

Oxytropis (Papilionaceae — Galegeae — Astragalinae).

Oxytropis Lamberti Pursh, wird in Mexico gegen Zahnschmerzen verwendet.

Litt.: Americ. Journ. of Ph. 1891, p. 67.

P.

Pachyrrhizus (Papilionaceae — Phaseoleae — Phaseolinae).

Pachyrrhizus angulatus Rich. Im tropischen Amerika und Asien (Java), ursprünglich angeblich heimisch in Amerika. Namen in Java: Bangkowang, Bankoeang, Besoesoe, Daun sabrang, Daun hode; in Brasilien: Jacutupé. Die mehlreiche Wurzel wird gegessen, liefert auch Stärkemehl. Die Blätter werden bei Kindern angewendet gegen Diarrhoe. Nach dem Genuss der ganzen Hülsen, die behaart sind, hat man Diarrhoe beobachtet, die man dem mechanischen Reiz der Haare zuschreibt. Die Samen wirken an und für sich giftig, sie enthalten Pachyrrhizid oder Derrid (cf. Derris).

Litt.: Kosteletzky IV, p. 1300. Mededeelingen uit 's Lands Plantentuin VII, p. 20; X, p. 63.

Paeonia (Ranunculaceae — Paeonieae).

Paeonia albiflora Pall. Heimisch in Sibirien, Japan und dem Himalaya. Die Wurzel wird bei Frauenkrankheiten angewendet, aber auch als Gemüse gegessen. Aus den gepulverten Samen bereitet man einen Thee.

Litt.: Kosteletzky V, p. 1690. Pharmaceut. Zeitung. 1885, p. 813.

Paeonia Moutan Sims. Heimisch in Japan, auch in China. Namen in Japan: Phonzo Zoufou. Nach Kosteletzky ist die Pflanze ursprünglich in China heimisch. Verwendung findet die

Wurzel (Botan-Wurzel) in China und Japan als Heilmittel bei
nervösen Leiden. Nach Europa ist meist die Wurzelrinde gekommen. Dieselbe besteht aus röhrenförmigen Stücken von 1 cm
Durchmesser. Die Dicke der Rinde beträgt 3—4 mm. Von aussen
ist die Rinde dunkelgraubraun, runzelig. Der Querschnitt ist
röthlich weiss, kaum strahlig. Der dünne Kork besteht aus abwechselnden Lagen braungefärbter und farbloser, flacher Korkzellen. Markstrahlen ein- bis zweireihig. In den Baststrahlen
sind Gruppen von Siebröhren deutlich. Im Parenchym Amylum
mit zum Theil zusammengesetzten Körnern und grosse Oxalatdrusen. Geschmack und Geruch feurig gewürzhaft, an Sassafras
erinnernd. Die Droge enthält zu 4 $^0/_0$ einen mit Wasserdämpfen
übergehenden Körper, Paeonol, der p.—Methoxy—0—Oxyaceto-
phenon ist. Ob er an einer Wirkung der Droge betheiligt ist,
weiss man nicht.

Litt.: Kosteletzky V, p. 1690. Chemiker-Zeitung (Cöthen) 1891, p. 801.
Ber. d. d. chem. Ges. 1891, p. 2847. Christy & Co. IV, p. 49; VII, p. 70.

Paeonia rubra (officinalis L.). Die Rinde gilt in der Mandschurei als Karminativum und Alterans.

Litt.: Pharmaceut. Zeitung 1895, p. 813.

Paeonia obovata Maxim. Name: Horap oder Orap. Die
Wurzel wird von den Ainoos innerlich gegen Magenschmerzen,
äusserlich auf Quetschungen gebraucht. Den Saft der gekauten
Samen benutzt man gegen Augenentzündungen, mit Tabak geraucht die Samen gegen Ohrenschmerzen.

Litt.: Pharm. Journ. and Trans. 1896, Nr. 1336.

Palicourea (Rubiaceae — Coffeoideae — Psychotriinae).

Palicourea densiflora Mart. Heimisch in Brasilien. Wird als
Stammpflanze einer Art der Cotorinde angegeben (cf. *Coto*).

Palicourea rigida H. B. K. Heimisch in Brasilien (Herva do
rato, weil die Beeren zum Vergiften schädlicher Nagethiere
dienen). Die Wurzel (Raiz de Douradinha) wird als heftig
wirkendes Diureticum angewendet. Dieselbe Wirkung haben auch
andere Arten. Vgl. Engler-Prantl, Pflanzenfamilien IV. Th.,
4. Abthl., p. 115 und Kosteletzky II, p. 560.

Den Namen Douradinha führt auch eine Whalteria, deren
Blätter man gegen Husten verwendet.

Litt.: Beckurts Jahresber. 1885, p. 10.

Palo dulce.

Diuretisch wirkendes Mittel aus Mexico von mir unbekannter
Abstammung.

Litt.: Christy & Co. VII, p. 81.

Panax (Araliaceae).

Mehrere Arten in Australien liefern Gummi, nämlich *Panax
sambucifolius Sieber, var.: angustifolius, Panax Murrayi F. Müll.,
Panax elegans E. Moore.* Die betreffenden Gummata bestehen

vorwiegend aus Arabin, sind also zum grössten Theil in Wasser löslich, ein unlöslicher Rest ist Metarabin; trotzdem sind sie zum pharmaceutischen Gebrauch nicht sonderlich geeignet, da sie einen aromatischen Geschmack haben.

Litt.: Nature 1892, p. 507. Pharm. Zeitung 1892, p. 409.

Pancratium (Amaryllidaceae — Narcisseae — Pancratiinae). *Pancratium illyricum L.* Heimisch im Mittelmeergebiet. Die Zwiebel wird in Mexico, wo man sie kultivirt, als Diureticum benutzt; sie soll ein Herzgift enthalten. Die Pflanze hätte sonach viel Analoges mit der Meerzwiebel.

Litt.: Americ. Journ. of Ph. 1885, p. 552.

Parameria (Apocynaceae — Echitoideae — Echitideae). *Parameria vulneraria Radlkofer.* Heimisch im malayischen Archipel (Insel Cebu). Durch Auskochen der Rinde, der Zweige und Wurzeln und der Blätter mit Cocosöl stellen die Eingeborenen einen Balsam (Tagulaway-Balsam) her, der auf Wunden gebracht, dieselben ausserordentlich schnell heilt. Die Untersuchung wies in der Rinde 8,5 % einer dem Kautschuk mindestens sehr ähnlichen Substanz und 3 % Harz nach.

Litt.: Arch. d. Pharm. 1885, p. 817.

Pandanus (Pandanaceae). *Pandanus odoratissimus L. f.* Heimisch in Indien, Persien, Arabien. Namen in Indien: Kevra (Hind.); Keya (Beng.); Kevada (Mar.); Kevado (Guz.); Tázhan-chedi (Tam.); Mogalichettu, Gajangi (Tel.); Tázha, Kaita (Mal.); Tále-mara, Kyádage-gida (Can.). Die Frucht gilt als Abortivum, ihr Saft als Heilmittel gegen Aphthen; die Blätter verwendet man äusserlich auf Wunden, ihren Saft gegen Diarrhoe und Dysenterie. Die sehr wohlriechenden Blüthen destillirt man mit Sandelholz zur Gewinnung eines Parfüms.

Litt.: Kosteletzky I, p. 159. Dymock III, p. 535. Schimmel & Co. 1888, Oktober, p. 45; 1894, April, p. 59.

Panicum (Gramineae — Paniceae). *Panicum echinolaena Nees.* In Brasilien (S. Paulo, Goyaz, Minas, Bahia, Ceara, Piauhy und Alagoas). Name: Capim flor. Die frische, zerstossene Pflanze dient als Emolliens, mit Mandioccamehl gekocht als Kataplasma, mit Fett und Oel als Salbe etc. Ebenso wird *Panicum myurus Lam.* benutzt.

Litt.: Pharm. Rundschau (New York) 1894, p. 111.

Panicum petrosum Trin. In Brasilien (Minas, Goyaz, Pernambuco, Alagoas). Name: Barba de bode. Die frische Pflanze dient gestossen mit *Lonchocarpus* als Kataplasma bei Leberanschwellung, die Wurzel als auflösendes und harntreibendes Mittel. Ebenso benutzt man *Gymnothrix nervosa Nees.* Name: Grama de praia.

Litt.: Pharm. Rundschau (New York) 1894, p. 111.

Panicum scandens Trin. In Brasilien. Name: Rabo de raposo. Die Blätter verursachen auf der Haut einen nesselartigen Ausschlag. Ein Dekokt dient zur Waschung bei Ekzem.

Litt.: Pharm. Rundschau (New York) 1894, p. 111.

Pangium (Flacourtiaceae — Pangieae — Hydnocarpeae).

Pangium edule Reinw. Durch den ganzen malayischen Archipel bis zu den Keyinseln verbreitet und viefach angepflanzt. Namen: Pangi (malayisch); Pitjoeng (sund.); Poetjoeng (javan.); für die Frucht: Klowak. Die ganze Pflanze enthält Blausäure. Die deshalb frisch giftigen Samen werden als Fischgift benutzt, nach längerem Einweichen in Wasser werden sie gegessen. Auch die Rinde und die Blätter dienen als Fischgift. Die letzteren benutzt man äusserlich gegen Hautausschläge, die Samen gegen Kopfungeziefer.

Litt.: Kosteletzky V, p. 2006. Mededeelingen uit 's Lands Plantentuin VII, p. 109; X, p. 18.

Pappea (Sapindaceae — Nephelieae).

Pappea capensis Sond. et Harv. Heimisch im Kaplande. Name: Wilde Preume. Die kirschgrossen, mit einem Arillus versehenen Samen mit gekrümmtem Embryo enthalten ein ätherisches (?) Oel, das man gegen Haarkrankheiten verwendet.

Litt.: Kosteletzky V, p. 1825. Bullet. of Ph. 1892, p. 261.

Pappophorum (Gramineae — Festuceae).

Pappophorum mucronulatum Nees. In Brasilien (Minas, Bahia, Piauhy, Alagoas). Name: Capim amargoso. Ein Dekokt der bitterschmeckenden Blätter wird gegen Kolik angewendet.

Litt.: Pharm. Rundschau (New York) 1894, p. 111.

Pariana (Gramineae — Hordeae).

Pariana zingiberina Döll. In Brasilien. Namen: Capim gengibre, Capim bambú. Ein Dekokt der Früchte wird als kühlendes Getränk bei Fieber benutzt.

Litt.: Pharm. Rundschau (New York) 1894, p. 112.

Parinarium (Rosaceae — Chrysobalanoideae — Hirtellinae).

Parinarium macrophyllum Sabine. Heimisch in Westafrika. Namen: Ingwerpflaume, Ginger-bread-plum. Die Rinde wird gegen äusserliche Krankheiten verwendet.

Litt.: Pharm. Journ. and Trans. 1892, Nr. 1127, p. 613.

Paris (Liliaceae — Asparagoideae — Parideae).

Paris quadrifolia L. Heimisch in Europa und Westasien bis zum Altai. Die ganze Pflanze *(Radix, herba et baccae Paridis vel Solani quadrifolii)* ist ein altes Mittel, das als Purgans, Emeticum, gegen Krämpfe etc. verwendet wurde. Sie soll die Herzthätigkeit beschleunigen. Sie enthält zwei Glykoside: Paradin $C_{32}H_{56}O_{14}$, das sich in Glykose und Paridol spaltet, und Paristyphin $C_{38}H_{64}O_{18}$.

Litt.: Kosteletzky I, p. 208. Ph. Journ. and Trans. 1892, Nr. 1153, p. 83.

Parkia (Mimosaceae — Parkieae).

Parkia biglobosa Benth. Heimisch im tropischen Afrika. Die Samen dieser und auch wohl anderer Arten liefern den Sudan-Kaffee. Die Samen sind braun, mit glänzender, harter Samenschale, 1 cm lang, 8 mm breit, 5 mm dick, eirund, an einem Ende etwas geschnäbelt, mit einer Erhebung auf beiden konvexen Seiten. Sie enthalten 21,3 $^0/_0$ Fett, 6,18 $^0/_0$ nicht reducirenden Zucker. Man scheint sie zuweilen mit der Kolanuss verwechselt zu haben.

Litt.: Journ. de Pharm. et Chim. 1887, p. 601. Kosteletzky IV, p. 1350.

Parkinsonia (Caesalpiniaceae — Eucaesalpinieae).

Parkinsonia aculeata L. Heimisch in den Tropen und Subtropen der alten und neuen Welt. Von dieser Art leiten Christy & Co. „Seed-like French Bean“ ab, von Lagos in Westafrika stammend. Die Samen sollen fieberwidrig und schweisstreibend wirken und als Mittel gegen Epilepsie Verwendung finden. Nach Kosteletzky benutzt man auf den Antillen die gerösteten Samen und die Blüthen gegen Wechselfieber.

Litt.: Kosteletzky IV, p. 1326. Christy & Co. VIII, p. 84.

Paronychia (Caryophyllaceae — Alsinoideae — Paronychieae).

Paronychia argentea Lam. Die Blüthen werden in Marokko als Diaphoreticum benutzt.

Litt.: Pharm. Record 1891, vol. XI, p. 209.

Parthenium (Compositae — Heliantheae — Melampodinae).

Parthenium Hysterophorus L. Heimisch von Nordamerika bis Südamerika, auch in Westindien, stellenweise in der alten Welt (Mauritius) eingeführt. Namen: Wild Wormwood, Bastard fever few, Native Fever Plant, West Indian Mugwort, Herbe blanche, Native Chamomille, Matricaire oder Camomille du Pays. Die mit kurzen Haaren besetzte Pflanze ist 1,20 m hoch, verästelt, die abwechselnd stehenden Blätter sind doppelt gefiedert, der Blattstiel geflügelt, die Blüthenkörbchen sind halbkugelig, etwa 4—5 mm gross, die Achänen zusammengedrückt. Die Pflanze wird äusserlich als erweichendes und zertheilendes Mittel, auch gegen Wunden, angewendet. Innerlich benutzt man die Pflanze als Emmenagogum, Adstringens, Febrifugum und Wurmmittel. Neuerdings ist sie als Ersatz des Chinins empfohlen worden.

Ueber ihre Bestandtheile wissen wir wenig Sicheres. Von einer Seite ist ein Alkaloid, Parthenin, angegeben worden, das bei Gesichtsschmerzen sich wirksam erwiesen haben soll, und noch vier andere, mit Säuren sich verbindende Körper. Von anderer Seite ist ein Glykosid aufgefunden, dem die Pflanze den bitteren Geschmack verdanken soll.

Litt.: Kosteletzky II, p. 675. Journ. de Ph. et Ch. 1885, p. 233. Americ. Journ. of Ph. 1886, p. 451; 1890, p. 121. Apoth.-Ztg. 1888, p. 767. Christy & Co. VII, p. 69; X, p. 99.

Parthenium integrifolium L. Die Spitzen der blühenden Pflanze werden in Indien als fieberwidriges Mittel benutzt. Sie enthält einen Bitterstoff.

Litt.: Pharm. Journ. and Trans. 1881, Nr. 592, p. 359; 1882, Nr. 603, p. 596.

Passiflora (Passifloraceae — Passifloreae).

Passiflora Dictamo D. C. und *Passiflora mexicana Juss.* Beide in Mexico heimisch. Man gebraucht Blätter und Stiele in Abkochung gegen Lungenaffektionen.

Litt.: Americ. Journ of Ph. 1885, p. 552.

Passiflora coerulea L. Heimisch in Süd- und Mittelamerika. Die Früchte werden gegessen, auch gegen Skorbut verwendet. Die Wurzel soll brechenerregend wirken.

Litt.: Kosteletzky IV, p. 1388. Amer. Journ. of Ph. 1885, p. 552.

Passiflora quadrangularis L. Heimisch im tropischen Amerika. Die säuerlich süssen Früchte werden gegessen. Die Wurzel ist giftig, sie soll Starrkrampf erzeugen.

Litt.: Kosteletzky IV, p. 1387. Chemiker-Zeitung 1881, p. 389.

Paullinia (Sapindaceae — Paullinieae).

Paullinia Cupana H. B. Kth. (P. sorbilis Martius), liefert in den zerstossenen und mit heissem Wasser zu einer Paste angestossenen Samen die bekannte Guarana, anscheinend diejenige Coffeïn enthaltende Droge, die am reichsten daran ist. Die Angaben schwanken von $3,7$—$5,0\,^0/_0$. Von einer Beschreibung der allgemein bekannten Droge kann hier Umgang genommen werden, da sie sich in den Handbüchern über Pharmakognosie hinreichend behandelt findet. Vgl. ferner Parke, Davis & Co., p. 767.

Paullinia pinnata L. (= Serjania curassavica). Heimisch im tropischen und subtropischen Amerika, Afrika und Madagascar. Namen: Cururu-ape, Timbo, Barbasco, Costilla de vaca. Medicinische Verwendung findet die Wurzelrinde bei Leberleiden; man applicirt sie äusserlich in Form eines Umschlages, der einen starken Ausschlag hervorruft. Die Wurzel ist ästig, aussen weisslich, mit reichlichen Lenticellen besetzt, im Innern gelblich weiss. Der Geruch ist angenehm moschusartig, ein Geschmack ist beim Kauen zunächst nicht wahrzunehmen, beim längeren Kauen bemerkt man ein Jucken auf der Zunge. Die sehr giftige Wurzel und die Samen dienen wie die auch von anderen Arten der Gattung als Fischgift. Die Wurzel enthält ein Alkaloid, Timbonin, dessen Sulfat in Nadeln krystallisirt.

Unter den Bezeichnungen Timbo und Barbasco versteht man in Brasilien eine ganze Anzahl von Pflanzen, die zum Vergiften von Fischen benutzt werden, so als Timbo: *Serjania cuspidata St. H., Serjania lethalis St. H., Serjania piscatoria Radlk. (Tingi), Serjania ichtyoctona Radlk., Serjania erecta Radlk., Serjania acuminata Radlk.,* und andere Arten. Dann *Tephrosia toxicaria Pers.*, *Conchocarpus Peckolti.* Der Name Timbo soll Fischgifte ganz allgemein bezeichnen, womit natürlich nicht gesagt sein soll, dass auch alle so bezeichneten Pflanzen nach dieser Richtung besonders wirksam sind. Als Barbasco werden bezeichnet z. B. *Serjania inebrians Radlk.*, Paullinia-Arten, Gouania-Arten (cf. p. 164). Der Name Barbasco ist aus Verbascum entstanden, das man früher allgemein zum Betäuben von Fischen verwendet zu haben scheint, indessen haben chemische Untersuchungen einen nach dieser Richtung wirksamen Körper nicht nachweisen können.

Litt.: Kosteletzky V, p. 1821. Christy & Co. IX, p. 66; X, p. 41, 116, 117. Chemiker-Zeitung (Coethen) 1886; 1887, p. 315. Pharm. Post 1893, 31. December. Arch. d. Pharm. 1891, p. 31. Der Fortschritt (Genf) 1887, p. 359. Mededeelingen uit 's Lands Plantentuin X, p. 33. Berichte d. Ges. naturf. Fr. in Berlin 1888.

Paulowilhelmia (Acanthaceae — Acanthoideae — Strobilantheae).

Paulowilhelmia speciosa Hochst. Anscheinend quer durch Afrika heimisch. Name an der Goldküste: Adubiri. Dient auch zum Vergiften der Fische.

Litt.: Pharm. Journ. and Trans. 1890, p. 604.

Pectis (Compositae — Helenieae — Tagetininae).

Pectis febrifuga Van Vall. Die Pflanze wird auf den Antillen als Fiebermittel benutzt.

Litt.: Christy & Co. VII, p. 83. Beckurts Jahresber. 1881/82, p. 147.

Pedalium (Pedaliaceae — Pedalieae).

Pedalium Murex L. Heimisch in Ostindien, Ostafrika, Madagascar. Namen in Indien: Bara-gakhru (Hind., Beng.); Peru-nerunji (Tam.); Pedda-palleru (Tel.); Káttu-nerin-nil (Mal.); Annegalu-gida (Can.); Kadva-gokhru (Guz.); Karonta, Ubha-gokhru (Mar.). Die ganze Pflanze hat einen Moschusgeruch. Man benutzt in Indien, auch seitens der europäischen Aerzte, die ganze Pflanze oder die Früchte, die beide sehr schleimreich sind, als Mittel gegen Tripper, Cystitis, Steinbeschwerden, Fieber etc. Von den Früchten sollen 30,0 gr mit 500,0 gr Wasser abgekocht werden. Die Früchte enthalten ein grünliches Fett, eine kleine Menge Harz und ein Alkaloid.

Litt.: Kosteletzky III, p. 921. Dymock III, p. 33. Deutsch. med. Ztg. 1889, p. 702. Americ. Druggist 1888, p. 457.

Peganum (Zygophyllaceae — Peganoideae).

Peganum Harmala L. Heimisch im südlichen Europa und Orient. Namen: Harmelraute; Syrian Rue (engl.); Rue sauvage (franz.); in Indien: Hurmal, Hurmero, Ispand (Bomb., Beng., Hind.); Shimai-azha-vanai-virai (Tam.); Shima-goranti-vittulu (Tel.); Sipand (pers.). Verwendung finden die Samen; sie sind 3 mm gross, braun mit violettem Anflug, unregelmässig dreikantig-nierenförmig, fein grubig-punktirt. Im Querschnitt erkennt man das Endosperm und den grünlichen Embryo.

Die Samenschale besteht aus einer Schicht grosser, ziemlich dickwandiger Epidermiszellen, die von einer dicken Cuticula über-
lagert sind, darunter liegt, durch eine oder wenige Lagen dünnwandiger Zellen getrennt, eine Schicht ebenfalls grosser, dünnwandiger Zellen, auf die eine dünne Schicht ganz zusammen-
gepresster Zellen (Nährschicht) folgt. Sie enthalten in der Samenschale in einer Gesammtmenge von etwa $4\,^0/_0$ zwei Alkaloide,
und zwar zu etwa $^2/_3$ Harmalin $C_{13}H_{14}N_2O$, und zu $^1/_3$ Harmin
$C_{13}H_{12}N_2O$. Das Harmin entsteht durch Oxydation des Harmalins.
Bringt man einen Schnitt durch den Samen in Jod-Jodkalium, so
entsteht durch die Alkaloide sofort eine sehr reichliche Fällung.
Durch Zersetzung ebenfalls des Harmalins entsteht ein rother
Farbstoff, das Harmalaroth. Dieses Farbstoffes wegen verwendet man die Samen technisch und ökonomisch, des Ge-
schmackes wegen als Gewürz. Medicinisch benutzt man sie äusserlich zu Umschlägen auf Wunden, innerlich bei Magenkrankheiten. Sie haben schwach narkotische Eigenschaft, ähnlich wie
Cannabis indica. Früher fanden sie in Europa Verwendung als
Semen Rutae silvestris. Gegenwärtig gelangen sie ebenfalls häufig
aus Indien zu uns, ohne, wie es scheint, besonderes Interesse zu
erwecken.

Litt.: Kosteletzky V, p. 1780. Dymock I, p. 252. The Chemist and
Druggist 1890, p. 541. Gehe & Co. 1892, April, p. 3.

Peireskia (Cactaceae — Peireskieae).

Peireskia Guamacho. Heimisch in Venezuela. Liefert das
Guaramacho-Gummi, eine aus zusammengeballten Tropfen ge-
bildete, reichlich mit Steinen verunreinigte Masse von hellgelber
bis braunrother Farbe. $48\,^0/_0$ lösen sich in Wasser zu einer
dünnen Flüssigkeit, $52\,^0/_0$ bilden eine weisse Gallerte.

Litt.: Zeitschrift f. Nahrungsmittel-Unters., Hygiene u. Waarenkunde
1884, p. 73.

Pelargonium (Geraniaceae — Geranieae).

Pelargonium aconitophyllum Steud. In Ostafrika. Die Wurzel
wird gegen Diarrhoe und Dysenterie gebraucht.

Litt.: Christy & Co. X, p. 60.

Pentaclethra (Mimosaceae — Parkieae).

Pentaclethra macrophylla Benth. In Westafrika. Namen:
Orvala und Opachala. Die Samen sind 70 mm lang, glänzend
braun, sie enthalten und liefern reichlich Oel. Zerkleinert werden
sie von den Eingeborenen mit den Samen von *Irvingia Gabonensis Baillon* gemischt und liefern das Dikabrot.

Der Fettgehalt beträgt $45,18\,^0/_0$, Eiweissstoffe etc. $30,50\,^0/_0$.

Litt.: Répert. de Pharm. 1892, p. 337. Chemist and Druggist 1889.

Pentadesma (Guttiferae — Moronoboideae).

Pentadesma butyracea Sabine. Heimisch in Westafrika, an
der Sierra Leoneküste. Namen: Butterbaum, Tallow tree.

Verwendung finden die Samen, die Kanyanüsse, ihres Gehaltes an Fett wegen, das die sogenannte Kanyabutter oder Sierra Leonebutter liefert. Die Samen sind von zwei geraden und einer gewölbten Fläche begrenzt, etwa 4 cm lang, 3 cm dick, mattbraun, im frischen Zustand innen schön roth, aussen mit einem zerschlitzten Arillus. Sie bestehen aus ziemlich gleichförmigem Parenchym, dessen Zellen Fett und globoidhaltige Aleuronkörner führen, und zarten Gefässbündelanlagen. Sie enthalten 32,5 $^0/_0$ Fett, das aus 81,65 $^0/_0$ Stearinsäure und 18,35 $^0/_0$ Oelsäure besteht (Planchon). 1893 sind sie als Sorte der Kolanüsse vorgekommen.

Litt.: Kosteletzky V, p. 1970. Chemiker-Ztg. (Coethen) 1893, p. 1209. Planchon, Les Kolas africains 1893, p. 111.

Pentatropis (Asclepiadaceae — Cynanchoideae — Asclepiadeae).

Pentatropis microphylla (Roxb.) Wight et Arn. und *Pentatropis spiralis (Forsk.) Dcne.*, die erstere in Vorderindien, die zweite ausserdem im ganzen tropischen Afrika heimisch. Von beiden Arten werden die Wurzeln gegen Gonorrhoe verwendet.

Litt.: Dymock II, 458. Bullet. of Pharm. 1891, p. 211.

Penthorum (Crassulaceae).

Penthorum sedoides L. Heimisch in Nordamerika, China und Japan. Name in Nordamerika: Virginia stone crop. Aus der ganzen Pflanze bereitet man ein Fluidextrakt, das als leicht adstringirendes und einhüllendes Mittel dient.

Litt.: Pharm. Rundschau (New York) 1890, p. 243.

Peperomia (Piperaceae).

Peperomia pellucida H. B. K. Heimisch in Brasilien vom Staate Bahia bis zum Aequator. Name: Jaboti membeca. Die jungen Blätter werden als Salat gegessen. Die ganze, schwach aromatische Pflanze wird im Aufguss gegen Rheumatismus verwendet.

Litt.: Pharm. Rundschau (New York) 1894, p. 240.

Peperomia transparens Miq. Heimisch in Brasilien in den Staaten Minas, Bahia, Rio de Janeiro. Namen: Lingua de tatú, Lingua de sapo, Herva de vidro, Bredo de muro. Wird gebraucht wie die vorige, ausserdem wird der ausgepresste Saft mit Zucker gegen Husten verwendet.

Litt.: Pharm. Rundschau (New York) 1894, p. 240.

Peperomia hederacea Miq. Heimisch in Brasilien in den Staaten von Rio de Janeiro bis Santa Catharina. Der ausgepresste Saft wird gegen syphilitische und gichtische Leiden angewendet.

Litt.: Pharm. Rundschau (New York) 1894, p. 241.

Perezia (Compositae — Mutisieae — Nassauvinae).

Perezia oxylepis Gray, Perezia Schaffneri Gray, Perezia Parryi Gray, Perezia rigida Gray, Perezia nana Gray, Perezia

Wrightii Gray. Heimisch in Mexico. Von den genannten und wohl noch anderen Arten findet die Wurzel (Raiz de Pipitzahuac) als Purgirmittel Verwendung. Die Droge erregte 1883 und in den folgenden Jahren vorübergehend Aufmerksamkeit wegen eines sehr charakteristischen Stoffes, den sie enthält, der Pipitzahoinsäure oder Perezon, die 1855 zuerst dargestellt wurde. Der Körper bildet goldglänzende Blättchen vom Schmelzpunkt 104^{0}, er sublimirt bei 110^{0}. Die Pipitzahoinsäure scheint ein Alkylderivat eines Oxybenzochinons zu sein. Der Körper löst sich in Alkohol mit goldgelber Farbe, die mit Alkalien in purpurroth übergeht. Man hat daher das Perezon als Indikator in der Titriranalyse vorgeschlagen. Die Droge enthält davon etwa $3,6\,^{0}/_{0}$.

Die Droge, die übrigens in der Grösse, wohl nach den verschiedenen Arten, sehr differirt, besteht aus einem ziemlich aufrechten Wurzelstock, der dicht mit einem Filz bräunlicher Haare bedeckt ist. Die Haare bestehen aus einer einfachen Zellreihe. Die Wurzeln zeigen innerhalb der dicken Rinde einen Holzring aus schmäleren und breiteren Holzstrahlen und zwischen denselben Markstrahlen. Vor den breiteren Holzstrahlen liegen Gruppen schizogener Sekretbehälter, die das Perezon enthalten. Besonders charakteristisch sind Gruppen von Steinzellen in Rinde und Mark, die zwischen sich und den benachbarten Parenchymzellen Intercellularräume lassen, die mit einem dunkelbraunen Sekret erfüllt sind.

Litt.: Pharm. Rundschau (New York) 1883, p. 245. Pharm. Journ. and Trans. (3. Reihe), vól. XIV, p. 698. Pharm. Zeitung 1883, Nr. 77. Ber. d. deutschen chem. Gesellsch. 1885, p. 480 u. 936. Chemiker-Zeitung (Coethen) 1886, p. 709.

Pericampylus (Menispermaceae — Cocculeae — Menisperminae).

Pericampylus incanus Miers. Heimisch im tropischen Himalaya, im vorderindischen und malayischen Gebiet. Name in Indien: Bárak-kánta. Die Rinde enthält einen anscheinend alkaloidischen Körper, der auf Frösche betäubend wirkt. Findet in Ostindien medicinische Verwendung. Die Früchte kommen als „falsche Cubeben" vor.

Litt.: Dymock I, p. 64. Bullet. of Ph. 1892, p. 123.

Periploca (Asclepiadaceae — Periplocoideae — Periploceae).

Periploca aphylla Dcne. Im westlichen Vorderindien, Afghanistan, Persien, Arabien bis Nubien. Die wohlriechenden Blüthen werden in Indien gegessen und finden auch arzneiliche Verwendung.

Litt.: Dymock II, p. 458. Bullet. of Ph. 1891, p. 211.

Persea (Lauraceae — Persoideae — Cinnamomeae).

Persea gratissima Gärtn. Im tropischen Amerika heimisch, jetzt überall in den Tropen kultivirt. Namen: Ahuaca, Agua-

cate, Avocato-Birne, Abogate, Ahuacatl, Palta, Alligator
Pear, Midshipman's Butter, Vegetable Marrow. Die Früchte
sind ein beliebtes Obst, medicinische Verwendung finden die bitterschmeckenden Samen. Sie wirken schmerzstillend (bei Intercostal-
neuralgie) und anthelminthisch, liefern auch eine unauslöschliche
Tinte, die man zum Zeichnen der Wäsche benutzt. Die Blätter
und die Früchte sollen den Monatsfluss befördern, auch gegen
Wechselfieber heilsam sein, ferner äusserlich auf Wunden und
Geschwüre Verwendung finden; das Perikarp soll wie die Samen
anthelminthisch wirken. Die Früchte, aber auch andere Theile
der Pflanze, enthalten einen dem Mannit ähnelnden Zucker,
Perseit.

Litt.: Kosteletzky II, p. 492. Parke, Davis & Co. p. 18. Arch. d. Ph.
1882, p. 205. Répertoire de Pharm. 1885, tome XII, p. 414. Americ. Journ.
of Pharm. 1885, p. 234.

Petalostigma (Euphorbiaceae — Phyllantheae — Drypen-
tinae).

Petalostigma quadriloculare F. v. M. Heimisch in Nordaustralien, Queensland und Neu-Südwales. Die Rinde enthält einen
Bitterstoff und ein ätherisches Oel. Man benutzt sie als tonisches Arzneimittel bei fieberigen Krankheiten.

Litt.: Christy & Co. VIII, p. 82. Pharm. Zeitung 1882, p. 102; 1883,
p. 107.

Petiveria (Phytolaccaceae — Rivineae).

Petiveria alliacea L. Von Texas und Mexico durch ganz
Südamerika, auch in Westindien. Die ganze nach Knoblauch
riechende Pflanze und einzelne Theile derselben finden medicinische Verwendung, im allgemeinen dürfte die Wirkung eine diuretische sein; am meisten verwendet man das Kraut (Herva de
Pipi) und die Wurzel (Raiz Pipi und Raiz de Guiné) als
Fiebermittel, Diaphoreticum, Anthelminthicum, Abortivum und
gegen Gonorrhoe.

Die Wurzel bildet hin- und hergebogene Stücke von graubrauner Farbe, die 3—6 mm Durchmesser haben. Sie enthält in
der Rinde in vergrösserten Zellen Oxalatkrystalle, entweder einen
einzigen monoklinen Krystall, der bis $120\,\mu$. Grösse erreichen
kann, oder einige etwas kleinere Krystalle oder in grosser Anzahl
ganz kleine, fast an Krystallsand erinnernde Kryställchen. Der
deutlich strahlige Holzkörper besteht aus dreireihigen Markstrahlen und Holzstrahlen mit wenig auffallenden Tüpfelgefässen.

Den an Knoblauch erinnernden Geruch soll die Droge einem
ätherischen Oel verdanken, jedenfalls fehlen aber der Wurzel
Oelbehälter.

Litt.: Kosteletzky IV, p. 1447. Chemiker-Zeitung (Cöthen) 1887, p. 348.
Pharm. Journ. and Trans. 1886, p. 101 ff.; 1888, p. 123.

Peumus (Monimiaceae — Monimioideae — Hedycarieae).
Peumus Boldus Mol. (Boldoa fragrans Juss.). Heimisch in

Chile. Name: Boldo. Die Blätter erscheinen seit 25—30 Jahren unregelmässig im Handel als Mittel gegen Leberkrankheiten und Gallensteine, auch gegen Rheuma, Gonorrhoe und Dyspepsie. Der wirksame Bestandtheil dürfte das ätherische Oel sein, von dem sie 2 $\%$ enthalten. Die Blätter sind gestielt, eiförmig, ganzrandig, dick, zerbrechlich, oberseits von zahlreichen hellen Knötchen rauh, mit grossen Büschelhaaren. Die Epidermen beiderseits mit deutlicher Cuticula. Unter der Epidermis der Oberseite ein ein- oder mehrreihiges, schleimführendes Hypoderm, auf das zwei Reihen von Palissadenzellen folgen, an die sich das Schwammparenchym schliesst. In letztem ansehnliche Oelzellen.

Neben den Blättern wird in Chile auch die Rinde benutzt, technisch zum Färben und Gerben, medicinisch giebt man ihr den Vorzug vor den Blättern.

Eine von Moeller untersuchte, als Laurus Peumo bezeichnete Rinde, deren Abstammung von unserer Pflanze er für nicht ganz sicher hält, zeigt folgenden Charakter: Die wohlriechende Rinde ist 1,2 cm dick, mit dünnem, röthlich-grauem Kork bedeckt, im Querschnitt im äusseren Viertel homogen, innen mit annähernd tangential geordneten Pünktchen und Strichelchen auf lichtbraunem Grunde. An der Grenze des äusseren Drittels eine zarte, dunkle Trennungslinie. Der Kork besteht aus kaum abgeplatteten, dünnwandigen und aus einseitig verdickten Zellen. In der Mittelrinde ein schmaler sklerotischer Ring, dessen Zellen nicht grösser, als die Parenchymzellen und die auf der Innenseite stärker verdickt sind. Innerhalb des Ringes häufig noch isolirte Gruppen von Steinzellen. Die Markstrahlen sind 1—3reihig, ihre Zellen radial gestreckt. Im Bast Gruppen von kreisrunden, mässig verdickten Fasern und Steinzellen, die theils die Form von Stabzellen haben, theils Uebergänge von diesen zu isodiametrischen Steinzellen zeigen. Zahlreiche Steinzellen mit Einzelkrystallen. Der Weichbast stellenweise durch tangentiale Siebröhrengruppen geschichtet. Im Weichbast und im Parenchym der Mittelrinde Oelzellen. Ausser dem Oel enthalten die Blätter 0,1 $\%$ eines Alkaloids, Boldin, und 0,3 $\%$ eines Glykosids, $C_{30}H_{32}O_8$. Letzteres scheint an der Wirkung der Droge wesentlich betheiligt zu sein.

Litt.: Kosteletzky II, p. 436. Parke, Davis & Co. p. 116. Moeller, Baumrinden, p. 101. Pharm. Centralhalle 1883, p. 164. Compt. rend. 98, p. 1152. Christy & Co. VIII, p. 38. Merck 1885, p. 8.

Pharbitis [zu Ipomaea] (Convolvulaceae — Convolvuloideae — Convolvulinae).

Pharbitis triloba Miq. Die Samen der in Japan heimischen Pflanze enthalten Convolvulin.

Litt.: Pharm. Centralhalle 1887, p. 270.

Phaseolus (Papilionaceae — Phaseoleae — Phaseolinae).

Phaseolus diversifolius Pers. Heimisch in Nordamerika. Die stärkemehlreiche, keulenförmige Wurzel wird gegen Dyspepsie gekaut.

Litt.: Therapeut. Gaz. 1884, Dezember.

Phaseolus lunatus L. Es giebt Formen mit weissen und solche mit farbigen Samen. Die der ersteren werden gegessen, die der letzteren sind giftig, sie enthalten einen dem Amygdalin verwandten Stoff, der bei der Spaltung Blausäure (0,25 $^0/_0$ vom Gewicht der Samen) liefert.

Litt.: Pharm. Journ. and Trans. XIV, p. 1048.

Phaylopsis (Acanthaceae — Ruellieae).

Phaylopsis parviflora Willd., in Westafrika. Wird in Gambia als Fiebermittel verwendet.

Litt.: Pharm. Journ. and Trans. 1892, Nr. 1127, p. 613.

Phellodendron (Rutaceae — Toddalieae).

Phellodendron amurense Rupr. Heimisch im Amurland, Nordjapan, Sacchalin. Name bei den Ainos: Shikerebe-ni. Die gelbe Rinde wird äusserlich bei Verwundungen gebraucht, die Früchte als Expektorans.

Litt.: Pharm. Journ. and Trans. 1896, p. 1339.

Philodendron (Araceae — Philodendroideae — Philodendreae).

Philodendron bipinnatifidum Schott. Heimisch in Brasilien (Staaten: Minas Geraes, S. Paulo, Espirito Santo, S. Catharina, Rio de Janeiro). Namen: Banana de macaco (Affenbanane), Futo de macaco, Banana de Imbé, Banana de morcega (Fledermausbanane). Die Früchte liefern ein angenehmes Obst, die Samen werden als Anthelminthicum benutzt, die Wurzel soll giftig sein.

Litt.: Pharm. Rundschau (New York) 1892, p. 282.

Philodendron cordatum Kunth. Heimisch in Brasilien im Staate Rio de Janeiro und in den südlicher gelegenen Staaten. Namen: Folha de fonte, Guimberana. Der aus den Blättern gepresste Saft wird mit Seife gemischt als Heilmittel bei Hautkrankheiten verwendet.

Litt.: Pharm. Rundschau (New York) 1892, p. 281.

Philodendron Imbé Schott. Heimisch in Brasilien. Namen: Cipo Imbé, Cipo Guimbé, Capa homem. Das Dekokt der frischen Blätter und Stengel dient als Umschlag gegen Oedem, zu Bädern gegen Rheuma und als Kataplasma bei Geschwüren. Der frisch ausgepresste Saft röthet wie bei so vielen Araceen die Haut, innerlich genommen wirkt er drastisch, in grösserer Dosis erregt er Uebelkeit und Erbrechen, Kolik und Durchfall. Beim Volke herrscht der Glaube, dass bei anhaltendem Gebrauch der Bäder die Hoden einschrumpfen, daher der Name Capa homem (kastrirter Mann).

Litt.: Pharm. Rundschau (New York) 1892, p. 281.

Philodendron laciniatum Engl. In den nördlichen Staaten von Brasilien und im Staate Rio de Janeiro. Name: Folha de urubu (Aasgeierblatt). Die frischen Blätter mit Oel bestrichen werden gegen Gesichtsschmerzen äusserlich verwendet.

Litt.: Pharm. Rundschau (New York) 1892, p. 282.

Philodendron ochrostemon Schott. Heimisch in Brasilien in den Staaten Rio de Janeiro, Minas Geraes und S. Paulo. Name: Imbé miudo. Wirkung wie von *Philodendron Imbé,* aber weniger energisch.

Litt.: Pharm. Rundschau (New York) 1892, p. 283.

Philodendron Selloum C. Koch. Heimisch in Brasilien in den Staaten Alagoas, Rio Grande do Norte, Minas Geraes und S. Paulo. Namen: Fructo de Imbé, Imbé de comer. Die Früchte liefern ein sehr wohlschmeckendes Obst, die Samen werden als Anthelminthicum benutzt.

Litt.: Pharm. Rundschau (New York) 1892, p. 282.

Philodendron speciosum Schott. Heimisch in Brasilien in den Staaten Rio de Janeiro, Espirito Santo, S. Paulo, Minas Geraes. Name: Aringa-iba. Die frischen Blätter werden als Kataplasma bei Furunkeln und Abscessen benutzt, ein Dekokt gegen Gelenkrheumatismus. Die gestossenen Samen als Wurmmittel; die gestossene Wurzel bei Hydrothorax.

Litt.: Pharm. Rundschau (New York) 1892, p. 282.

Philodendron squamiferum Poeppig. Heimisch in Brasilien in den Nordstaaten. Namen: Guiambé, Guaiambé, Guambé. Die gestossenen Blätter werden äusserlich zu Umschlägen und innerlich als Dekokt bei Oedem und Wassersucht benutzt.

Litt.: Pharm. Rundschau (New York) 1892, p. 282.

Im Jahre 1892 sind mir die unterirdischen Theile einer Philodendronspecies als Sarsaparilla von Jamaica vorgekommen. Vgl. Arch. d. Ph. 1894. Dieselbe Droge erhielt ich wieder 1895 als Sarsaparilla von Tampico.

Phlox (Polemoniaceae — Polemonieae).

Phlox caroliniana Hill. Heimisch in Nordamerika. In den unterirdischen Theilen dieser Pflanze wurden feste Kohlenwasserstoffe aufgefunden, von denen zwei der Formel $(C_{10}H_{18})x$ entsprechen. Die Wurzel ist charakterisirt durch in der Rinde vorkommende Cystolithen von Calciumoxalat. Man substituirt sie in Amerika derjenigen von *Spigelia marylandica L.*

Litt.: Americ. Journ. of Ph. 1886, p. 479; 1888, p. 321. Pharm. Journ. and Trans. 1891, p. 839.

Phoradendron (Loranthaceae — Viscoideae).

Phoradendron flavescens (Pursh) Nutt. Heimisch in Nordamerika, von Südcalifornien bis Oregon, östlich bis Neumexico und Texas. Namen: Amerikanische Mistel, American Misteltoe, Yellow Misteltoe, Gui de Chêne. Benutzt werden die Stengel und Blätter, die man zur Blüthezeit sammelt. Die Stengelfragmente sind von Fingerlänge und Federspulendicke, gelb bis schwarzbraun, gerunzelt. Auf dem Querschnitt kann man mit der Lupe die Bündel der primären Bastfasern erkennen. Die Blätter sind länglich oder rundlich-elliptisch, bis 6 cm lang, derb lederartig, oben runzelig, unten dreinervig mit spärlichen Verzweigungen. Die Pflanze ist zweihäusig, die männlichen Blüthenstände sind reichblüthiger als die weiblichen. Das Perigon ist dreispaltig. Die Droge gilt als Laxans, Antispasmodicum und ganz besonders als Ersatz des Mutterkorns als wehentreibendes Mittel.

Litt.: Parke, Davis & Co. p. 1027. Pharm. Centralhalle 1883, p. 153.

Phrynium (Marantaceae — Phrynieae).

Phrynium Beaumetzii Heckel. Heimisch in Westafrika. Das Rhizom liefert ein Arzneimittel (Gogo), das als Vermifugum und Purgans benutzt wird.

Litt.: Christy & Co. IX, p. 37; X, p. 97.

Phyllanthus (Euphorbiaceae — Platylobeae — Phyllanthinae).

Phyllanthus epiphyllanthus L. (Rokh bush). In Westindien medicinisch verwendet; soll urintreibend wirken.

Litt.: Kosteletzky V, p. 1768. Christy & Co. X, p. 117.

Phyllanthus Emblica L. Heimisch auf den Mascarenen, in Ostindien, auf den Sundainseln, in China und Japan. Liefert eine Sorte der früher als adstringirende Arzneimittel beliebten Myrobalanen *(Myrobalani Emblicae)*, die man neuerdings versucht hat, wieder in den Arzneischatz einzuführen. Die Früchte enthalten ein grünliches Oleoresin, Myrobalanin.

Litt.: Kosteletzky V, p. 1772. Journ. de Ph. et de Ch. 1888, p. 140.

Phyllanthus Niruri L. In den Tropen fast kosmopolitisch. Name, in Brasilien: Herva pombinha, Yerba de quinino; in Java: Daon Maniran, Herbe au chagrin. Die Pflanze wirkt abführend und diuretisch, man benutzt sie in Indien gegen Verstopfung, Wassersucht, Ikterus, Gonorrhoe und Blasenkrankheiten. Sie soll sich auch als Ersatz der Chinarinde bewährt haben. In Brasilien benutzt man sie auch als Diureticum.

Die Pflanze enthält einen Bitterstoff: Phyllanthin $C_{30}H_{37}O_8$, der auf Fische giftig wirkt.

Litt.: Kosteletzky V, p. 1770. Dymock III, p. 265. Deutsch-amerikan. Apoth.-Zeitung III, p. 588. Pharm. Journ. and Trans. 1888, p. 881. Neederl. Tijdschr. voor Ph., Ch. en Tox. 1891, 3, p. 128. Merck 1892, p. 103.

Phyllocladus (Coniferae — Taxoideae — Taxeae).

Phyllocladus trichomanoides Don. Heimisch in Neu-Seeland. Die Rinde liefert unter dem Namen Tanekaha-Rinde, oder Tou-Tou, oder Kiri-toa-toa ein Gerbematerial, das 28,66 $^0/_0$ Gerbstoff enthält. Sie bildet bis 1,5 cm dicke Stücke, die aussen rothbraun, höckerig-warzig, innen orangegelb, grobstreifig sind. Die Rinde zeigt aussen eine Schicht tafelförmiger Korkzellen, in der Mittelrinde fallen Steinzellen auf, die in den äusseren Parthien kleiner, in den inneren sehr gross und stark verdickt sind. Diese Steinzellen finden sich vereinzelt auch im Bast. Abgesehen von den durch diese sehr grossen Steinzellen verursachten Unregelmässigkeiten ist der Bast sehr gleichmässig aus einfachen Faserreihen und Weichbast geschichtet. Die Bastfasern sind gerundet quadratisch und stark verdickt. In der Droge ist Kalkoxalat nicht zu erkennen, doch schiessen nach dem Behandeln mit Schwefelsäure reichlich Gypskrystalle an.

Eine als Gerberinde von Westindien beschriebene Droge steht der Phyllocladusrinde mindestens sehr nahe.

Litt.: Moeller, Baumrinden, p. 35. Pharm. Journ. and Trans. 1887, p. 609 u. 688. Arch. d. Ph. 1885, p. 120.

Physalis (Solanaceae — Solaneae — Solaninae).

Physalis Alkekengi L. Heimisch in Europa und Asien, in Nordamerika eingeschleppt. Die Früchte dieser Art (Baccae Alkekengi seu Halicacabi) sind ein altes und ganz obsoletes diuretisch wirkendes Arzneimittel, das neuerdings als Hauptbestandtheil der „Pilules antigoutteuses de Laville" wieder in Gebrauch gekommen ist.

Litt.: Kosteletzky III, p. 967. Festschr. d. naturf. Ges. Zürich 1896, p. 366.

Physalis angulata L. Heimisch in Westindien und Südamerika. Namen in Brasilien: Camapu oder Juápoca. In Brasilien verwendet man die Blätter als tonisches Arzneimittel, den Saft der ganzen Pflanze gegen Ohrkrankheiten, eine Abkochung der ganzen Pflanze gegen Rheumatismus. In Ostindien, wo die Pflanze eingewandert ist, benutzt man die Wurzel gegen Fieber und die ganze Pflanze äusserlich bei Erkrankungen der Testikeln.

Litt.: Kosteletzky III, p. 968. Schindler, Brazilian Medicinal Plants 1884, p. 11.

Physalis peruviana L. Heimisch in Südamerika, nach Ostindien durch die Kultur verpflanzt. Namen: Strawberry tomato, Cape Goseberry, Brazil Cherry, Ananaskirsche. In Frankreich wird die Pflanze der wohlschmeckenden Früchte wegen vielfach kultivirt. Medicinisch wird die Pflanze und speciell die bitter schmeckende Wurzel als Diureticum gebraucht.

Litt.: Kosteletzky III, p. 968. Dymock II, p. 562. Journ. de Ph. et de Ch. 1889, p. 293.

Phytolacca (Phytolaccaceae — Phytolacceae).

Phytolacca acinosa Roxb. Heimisch in Vorderindien, China und Japan. In Japan verwendet man eine Abkochung der Pflanze als kräftiges Diureticum. Der wirksame Stoff soll ein Harz der Formel $C_{24}H_{38}O_8$ sein, man hat es Phytolaccatoxin genannt. —

Die Sprosse der Pflanze werden als Gemüse gegessen, ihre Früchte wie die anderer Arten zum Färben benutzt.

Litt.: Kosteletzky IV, p. 1448. Pharm. Journ. and Trans. 1891, Nr. 1096, p. 1170.

Phytolacca decandra L. Wahrscheinlich in Nordamerika heimisch, durch die Kultur weit verbreitet, im ganzen Mittelmeergebiet verwildert. Name: Poke root. Am wichtigsten ist die Verwendung des Farbstoffes der Früchte der Pflanze zum Färben von Geweben, vorzüglich aber zum Färben von Wein. Diesem Farbstoff hat die Pflanze ihre weite Verbreitung zu danken. Derselbe ist unschädlich; da er aber wohl fast immer nicht rein, sondern nur als Auszug der Früchte angewendet wird, und da die Früchte, wie die meisten anderen Theile der Pflanze, nicht ohne einigermassen energische Wirkungen sind, so ist die Verwendung des Phytolacca-Farbstoffes desshalb nicht unbedenklich. In Portugal ist es daher Vorschrift, die Pflanzen vor dem Blühen abzuschneiden, um die Verwendung der Früchte unmöglich zu machen, oder der Anbau ist völlig verboten.

Alle Theile der Pflanze wirken purgirend, in grösseren Dosen drastisch, daneben sollen Symptome narkotischer Wirkung auftreten.

Hier und da, auch in Europa resp. Deutschland gebraucht man die Wurzel als Antisyphiliticum und Antiscorbuticum, auch gegen Rheumatismus und passive Congestionen des Uterus. Früher fand sie als Radix Solani racemosi, Radix Mechoacannae spur., Radix Mechoacannae Canadensis reichlicher Verwendung. Sie kommt jetzt in den Handel in 10—15 cm langen, bis 2 cm breiten Streifen von schmutzig weisser Farbe und zäher Beschaffenheit. Sie sind durch Zerspalten der Wurzel erhalten. Auf dem Querschnitt zeigt die Droge einen recht charakteristischen Bau, nämlich nicht einen, sondern eine grössere Anzahl koncentrischer Kreise von Gefässbündeln, die dadurch zu Stande kommen, dass das Cambium sein Wachsthum einstellt und dass im peripher gelegenen Parenchym sich ein neues Cambium bildet u. s. w.

Ueber die Bestandtheile der Droge herrscht noch wenig Klarheit: der Farbstoff ist mit demjenigen der rothen Rübe, dem Caryophyllenroth identisch. Als wirksamen Bestandtheil hat man ein Harz oder Oel Phytoleïn und ein Resinoid Phytolaccin dargestellt. Unter demselben Namen, Phytolaccin, ist ein aus den Samen dargestellter, krystallinischer Stoff beschrieben worden, über dessen physiologische Eigenschaften nichts bekannt ist. Ebenfalls mit dem Namen Phytolaccin belegt ist ein Alkaloid, das aus den Wurzeln dargestellt ist. Aus der Wurzel hat man ferner ein Glykosid dargestellt, das bitter schmeckt und mit Wasser stark schäumende Lösungen giebt. Endlich sind in den Früchten und Blättern angeblich charakteristische Säuren aufgefunden.

Litt.: Kosteletzky IV, p. 1447. New Remedies 1879, November. Americ.

Journ. of Ph. 1888, p. 123; 1882, p. 597; 1883, p. 567. Compt. rend. XCI, p. 856. Journ. de Ph. et de Ch. 1890, Nr. 5. Gehe & Co. 1885, April, p. 14. Forschungsber. über Lebensm. etc. 1895, n. b.

Phytolacca dioica L. Heimisch in Peru und Argentinien Im Mittelmeergebiet vielfach kultivirt und verwildert. Name: Cella ombra. Die Früchte enthalten 3,2 $^0/_0$ reducirenden und 11,2 $^0/_0$ nicht reducirenden Zucker.

Litt.: Liebigs Annalen 1881, p. 232.

Picrorhiza (Scrophulariaceae — Digitaleae).

Picrorhiza Kurrooa Benth. Heimisch in Indien. Namen: Katki, Kutki (Hind., Beng.); Katuku-rogani (Tam.); Katuku-rori (Tel.); Bál-kadu (Mar.); Kutaki (Guz.). Verwendung findet die Wurzel als bitteres Tonicum und Antiperiodicum. Der bitter schmeckende Stoff ist ein Glykosid Picrorhizin, von dem die Droge nach Dymock 14,96 $^0/_0$ enthält; dasselbe liefert beim Kochen mit verdünnter Säure Picrorhizetin, von dem die Droge schon 3,85 $^0/_0$ enthält.

Litt.: Dymock III, p. 11. New Idea 1884, September.

Picraena (Simarubaceae — Simarubeae).

Picraena ailanthoides Planch. Heimisch in Japan, wo man die Pflanze auch medicinisch verwendet, und zwar Rinde und Holz. Enthält einen bei 205^0 schmelzenden Bitterstoff, der in seinen Eigenschaften mit dem Quassiin übereinstimmt.

Litt.: Pharm. Journ. and Trans. 1891, Nr. 1096, p. 1170.

Picramnia (Simarubaceae — Picramnieae).

Von einer Species dieser Gattung leitet man die als Cascara amarga oder Hondurasrinde bezeichnete, aus Mexico und Honduras stammende Rinde ab. Man bezeichnet als Stammpflanze *Picramnia antidesma Sw.* Von anderer Seite wird die Ableitung von einer Picramnia in Zweifel gezogen.

Die Droge besteht aus flachen, 4 cm breiten Stücken, die aussen ockerfarbig und mit warzig-rissigem Kork bedeckt sind. Auf dem Querschnitt erkennt man in der Innen- und Mittelrinde reichlich tangential gedehnte helle Punkte und Flecken.

Sie ist fast ohne Geruch, aber von stark bitterem Geschmack. Mikroskopisch ist sie charakterisirt durch eine mächtige, mässig sklerosirte Korkschicht, an die sich ein geschlossener Steinzellen-ring anschliesst, durch tangentiale Bastfaser- und Steinzellenplatten, die von Krystallzellen allseitig umgeben sind, endlich durch breite, zwischen dem Sklerenchym ebenfalls sklerosirte und Krystalle einschliessende Markstrahlen. (Moeller.)

Von dieser Beschreibung scheinbar nicht unwesentlich verschieden ist die von Parke, Davis & Co. (s. Litt.) mitgetheilte Beschreibung und Abbildung von Thompson, insofern in derselben von den Kammerfasern und den Krystallen in den Markstrahlen keine Rede ist. Dagegen scheint die übrige Beschreibung gut zu stimmen. Wenn man annehmen dürfte, das Thompsons

Zeichnung und Beschreibung nach mit Salzsäure aufgehellten Präparaten angefertigt ist, in der sich die aus Kalkoxalat bestehenden Krystalle gelöst hatten, so würden sich beide Beschreibungen vereinigen lassen, andernfalls müsste man annehmen, dass zwei verschiedene Rinden als Cascara amarga vorkommen.

Man empfiehlt die Droge gegen chronische Hautkrankheiten und verschiedene Formen der Syphilis, rühmt auch ihre diuretischen Eigenschaften bei verschiedenen Krankheiten der Harnblase.

Sie enthält 3 $^0/_0$ eines bisher amorph und bräunlich erhaltenen Alkaloïdes.

Litt.: Parke, Davis & Co. p. 148. Therapeut. Gaz. 1884, p. 8. Pharm. Centralhalle 1884, p. 393. Americ. Journ. of Ph. 1884, p. 330. Apoth.-Zeitung 1889, p. 666. Christy & Co. VIII, p. 40. Gehe & Co. 1885, April, p. 12; 1886, September, p. 8.

Picrasma (Simarubaceae — Simarubeae).

Picrasma quassioides Benn. Heimisch in Ostindien. Name: Kashshing. Verwendung finden das Holz und die Rinde als Ersatz des Quassiaholzes und speciell als Fiebermittel. Das Holz besteht aus Stücken der grösseren Zweige von 5—10 cm Durchmesser, die dunkelbraune Rinde ist aussen mit Quernarben versehen. Die Markstrahlen in Holz und Rinde sind 1—5 Zellreihen breit, 15 Zellen hoch. Im Bast finden sich tangentiale Gruppen von Steinzellen. Im Parenchym so reich Kalkoxalat in Krystallen, dass die krystallführenden Stellen dem blossem Auge schon als opake Punkte erscheinen. Die Droge enthält einen krystallisirenden Körper, der vielleicht Quassiin ist, ausserdem im Holz Alkaloide.

Der von der indischen Pharmakopoe für diese Droge gebrauchte Name Bharangi kommt ihr nicht zu, sondern dem *Clerodendron serratum.*

Litt.: Dymock I, p. 287. Pharm. Journ. and Trans. 1889, Nr. 995, p. 47.

Picrasma ailanthoides (Bunge) Planch. (*Picraena ailanthoides Planch.*, p. 256, hiermit identisch.) Heimisch im nördlichen China und Japan. Namen bei den Ainos: Shiu-ni, Yuk-raige-ni. Die bittere Rinde gilt für giftig, man verwendet sie bei Kopfkrankheiten der Kinder.

Litt.: Pharm. Journ and Trans. 1896, p. 1339.

Pilea (Urticaceae — Procrideae).

Pilea pumila (L.) Gray. Heimisch im gemässigten Nordamerika. Name: Cleaseed oder Richweed. Die einjährige Pflanze hat einen fleischigen, 20—40 cm hohen kahlen Stengel, eiförmige, dreinervige, grobgesägte, oberseits behaarte Blätter, die androgynen oder eingeschlechtigen Blüthen bilden vom Blattstiel überragte Trugdolden. Die Pflanze wird äusserlich gegen die durch Berührung mit *Rhus Toxicodendron* entstandenen Hautausschläge benutzt. Sie enthält ein Glykosid.

Litt.: Amer. Journ. of Ph. 1888, p. 389.

Pilea muscosa Ldl. Heimisch in Brasilien. Namen: Folha gorda, Herva gorda. Der ausgepresste Saft der Pflanze wird gegen Harnzwang angewendet, ein Infusum als Diureticum.

Litt.: Pharm. Rundschau (New York) 1892, p. 35.

Pimentrinde.

Unter diesem Namen ist 1885 eine Droge von Hamburg aus angeboten worden, deren ätherisches Oel nach Macis, deren Aetherauszug nach Gewürznelken riecht, die also wohl Eugenol enthält. Sie kommt in Röhren von 2—3 cm Durchmesser vor, ist 2 mm dick, aussen hellgrau oder gelblichgrau, innen rothbraun und feinstreifig. Die Wände der Korkzellen sind theilweise aussen stärker verdickt, in der Mittelrinde ein sklerotischer Ring, Schleim- und Oelzellen. Steinzellen finden sich auch im Bast. Bastfasern in meist einfachen, tangentialen Reihen. Die Markstrahlen sind einreihig, breiten sich aber nach aussen fächerartig aus.

Litt.: Chemiker-Zeitung (Coethen) 1885.

Pinellia (Araceae — Aroideae — Areae).

Pinellia tuberifera Ten. Heimisch in Japan und China. Name in Japan: Han-ge. Verwendung finden kleine Knöllchen, etwa von Grösse einer Erbse bis zu der einer kleinen Kugel, auf einer Seite flach oder eingedrückt. Es dürften die Knöllchen sein, die bei dieser Pflanze an den Blättern entstehen.

Die Wirkung soll der des Colchicum ähnlich sein.

Litt.: Christy & Co. IV, p. 51. Hanbury, Science papers, p. 262.

Pinkneya (Rubiaceae — Cinchonoideae — Condaminecae).

Pinkneya pubens Pers. Heimisch in Nordamerika von Carolina bis Georgien. Bäumchen mit grossen, etwas filzigen Blättern und interpetiolaren, pfriemlichen Nebenblättern. Blüthen gross, rosenfarbig und purpurn gefleckt, in achsel- und endständige, dekussirte Rispen gestellt. Die Rinde (Cortex Caroliniensis febrifugus, Georgia bark) findet als Fiebermittel, bei Malaria und Intermittens Verwendung. Die ganz allgemeine Angabe, dass die Rinde Cinchonin enthalte, hat sich nicht bestätigt. Naudin hat in der Rinde kein Alkaloid, wohl aber ein braunes Harz und einen glykosidischen Bitterstoff Pinkneyin gefunden. — Auch die Wurzel der Pflanze wird verwendet.

Litt.: Kosteletzky II, p. 600. Amer. Journ. of Ph. 1881, p. 81; 1885, p. 161.

Pinus (Coniferae — Pinoideae — Abietineae).

Pinus contexta. In Britisch-Columbia kaut man die Rinde ihres Zuckergehaltes wegen.

Litt.: Pharm. Journ. and Trans. 1886, p. 101 ff.

Pinus densiflora S. et Z., heimisch in China. *Pinus Messoniana D. Don,* heimisch auf den malayischen Inseln. Liefern aus Japan unter dem Namen Matsu ein aus dem Theer des Holzes destillirtes Oel. Es hat spec. Gew. 0,875 und enthält 4 % Phenole von Guaiakolgeruch. Der grösste Theil siedet unter 200°, nur 10 % haben einen höheren Siedepunkt.

Litt.: Schimmel & Co. 1888, April, p. 45; Oktober, p. 43.

Pinus religiosa H. B. K. In Mexico. Liefert unter dem Namen Aceite de abeto einen zuerst farblosen, dann grünlich gelben Terpentin von scharf bitter aromatischem Geschmack und angenehmem Citronengeruch. Er soll Abietin und Bernsteinsäure enthalten.

Litt.: Amer. Journ. of Ph. 1885, p. 234.

Piper (Piperaceae).

Piper Betle L. Im ganzen indisch-malayischen Gebiet, kultivirt auch auf Madagascar, Bourbon und Westindien. Die Blätter sind bekannt als wichtiges Ingredienz beim Betelkauen. Man ersetzt in manchen Gegenden die Blätter durch die anderer Piperarten, so *Piper Siriboa L.* (Siribo, Rataboolat-wel, kultivirt; Seewya-wel, wildwachsend; Bido-Maran, auf den Molukken); *Piper Malamiris Miq.* (Siriutan, Siri Candhati); *Piper subpeltatum Willd., Piper sphaerostachyum Miq.* Namen für den Betelpfeffer in Indien: Pán (Hind., Beng., Guz., Mar.); Vettilai (Tam.); Nága-valli (Tel.); Vetrila (Mal.); Viledele (Can.). Auch abgesehen von der Verwendung beim Betelkauen. finden die Betelblätter in Indien u. s. w. reichliche medicinische Benutzung. Man hat angefangen, etwa seit 1886, sie auch in Europa zu verwenden, besonders bei Entzündungen der Rachen-, Kehlkopf- und Bronchialschleimhäute. Mit gutem Erfolge will man sie bei Diphtheritis, dann bei Entzündungen des Mittelohres angewendet haben. Indessen scheint sich das Mittel nicht eingebürgert zu haben.

Der wirksame Bestandtheil scheint ausschliesslich das ätherische Oel zu sein, von dem die Blätter nur eine geringe Menge enthalten; 790 kg der frischen Blätter liefern 1 kg Oel. Die verschiedenen, in Europa untersuchten Oele, theils aus Indien importirt, theils in Europa aus trockenen Blättern destillirt, waren von nicht gleicher Beschaffenheit. In Europa destillirtes hatte ein spec. Gew. 1,024, während in Indien destillirtes nur 0,943 spec. Gew. hatte. Die von Schimmel & Co. ausgesprochene Ansicht, dass der Grund für diese Verschiedenheit in den in Indien vorhandenen, minder vollkommenen Destillationseinrichtungen, die die höher siedenden Antheile schwerer übertreiben lassen, zu suchen sein dürfte, leuchtet ein. Ein aus frischen Blättern destillirtes Oel enthielt ein Isomeres des Eugenols: Betelphenol, kleine Mengen eines anderen Phenols (vielleicht Chavicol) und Terpene. Das Betelphenol scheint in allen Betelölen vorzukommen.

Litt.: Kosteletzky II, p. 451. Lewin, Ueber Areca Catechu, Chavica Betle und das Betelkauen 1889. Schimmel & Co. 1888—1891, dort weitere Litteratur. Gehe & Co. 1886, 1887, 1891, September, p. 19. Nieuw Tijdschr. voor Ph. 1887, p. 113. Journ. de Ph. et de Chim. 1887, p. 28. Pharmaceut. Zeitung 1887, p. 209. Dymock III, 183.

Piper borbonense DC. Heimisch auf Bourbon. Die wie die echten Cubeben mit stielartigem Fortsatz versehenen Früchte sind klein, braun; sie enthalten im Perikarp keine Steinzellen und in denselben und im Perisperm kein Cubebin. Man benutzt sie in ihrer Heimath als Ersatz der Cubeben.

Litt.: Pharm. Journ. and Trans. 1886, p. 101 ff. Arch. d. Ph. 1896.

Piper Clusii D. C. Heimisch in Afrika. Die Früchte finden in ihrer Heimath Verwendung, sind auch als Senna Seed nach Europa gekommen als Mittel gegen Diarrhoe. Häufiger sind sie vorgekommen als afrikanische Sorte der Cubeben. Sie sind etwas kleiner als diese, etwas oval, weniger deutlich runzelig. Sie enthalten im Perikarp keine Steinzellen. Ferner enthalten sie im Perikarp und im Perisperm kein Cubebin, aber reichlich Piperin. Mit ihnen zusammen kommt eine zweite Sorte vor, die makroskopisch und mikroskopisch kaum davon zu unterscheiden ist; sie enthält ebenfalls kein Cubebin, aber auch kein Piperin. Diese Samen stammen wahrscheinlich von *Piper guineense Schum.*

Auch Stamm und Wurzel von Piper Clusii sind als Mittel gegen Verdauungsstörungen empfohlen worden.

Litt.: Christy & Co. IX, p. 66; X, p. 119. Arch. d. Ph. 1896.

Piper. Jaborandi Vellozo. Heimisch in Südbrasilien. Liefert eine der als Jaborandi und speciell: *Jaborandi do mate, Brasil Jaborandi, Jaborandi von Paraguay* (unter dem letzteren Namen gehen auch die Blätter von *Pilocarpus pennatifolius Lem.*) bezeichneten südamerikanischen Drogen, von denen die Blätter der genannten *Rutacee* (und anderer Arten) bekanntlich überall officinell geworden sind. Es sind sogar Piperaceendrogen, die zuerst (im 17. Jahrh.) als Jaborandi bekannt geworden sind. Es kommen ausser der genannten folgende Arten in Betracht: *Piper reticulatum L.* in Mexico; *Piper nodulosum Lk., Piper geniculatum Swartz* in Mexico, Westindien, Venezuela, Guyana, östl. Brasilien; *Piper mollicomum Kth.* in Brasilien, Venezuela, Westindien; *Piper citrifolium Lamark* in Guyana und Westindien; *Piper ceanothifolium H. B. Kth.* in Brasilien; *Piper hirsutum Sw.* in Brasilien.

Die Wurzel von *Piper Jaborandi* ist neuerdings unter dem Namen Jambu assu als Stimulans und Febrifugum empfohlen worden. Sie soll ein Alkaloid enthalten (ob Piperin?).

Litt.: Parke, Davis & Co., p. 830.

Piper methysticum Forst. Heimisch oder kultivirt auf zahlreichen Inseln von Neu-Guinea bis zu den Sandwichsinseln. Die Wurzel dient den Eingeborenen zur Herstellung des Kawa-Kawatrankes, den man bereitet, indem man die zerkleinerte Wurzel kaut oder in selteneren Fällen zerreibt und mit Wasser ansetzt. Dieser wässerige Auszug wird nach Entfernung der Wurzeltheile getrunken.

Neuerdings ist die Droge etwa seit 1876 empfohlen worden als Diaphoreticum und Antiblenorrhagicum, bei Bronchitis, katarrhalischen Affektionen, bei Cystitis, Orchitis etc. Vorher war sie, besonders von polnischen Aerzten, bis in die zweite Hälfte dieses Jahrhunderts ziemlich oft angewendet, dann aber in Vergessenheit gerathen.

Die Droge bildet Stücke, die bis 3 cm dick sind, von unregelmässiger Form, aussen von graubrauner Farbe. In der Rinde und in den Markstrahlen finden sich Sekretzellen mit grünlichem Inhalt, der mit Schwefelsäure schön roth wird. In der Rinde langgestreckte sklerotische Zellen. In den bis 20 Zellen breiten Markstrahlen sind von einem Holzstrahl zum andern reichende „Brücken" verholzt, ihre Zellen etwas verdickt und getüpfelt.

Die Droge enthält einen in weissen Nadeln krystallisirenden Körper, das Methysticin, ein Derivat des Methylenäthers des Brenzkatechins, zwei Harze, die von Lewin als α- und β-Harz unterschieden werden. Von diesen wirkt das α-Harz auf die Zunge und das Auge anästhesirend. Zu erwähnen ist, dass von Franchimont die Ansicht ausgesprochen ist, dass der wirksame Bestandtheil, wenigstens derjenige, der nach dem Kawatrank die Trunkenheit verursacht, als Glykosid vorhanden ist. Ein Alkaloid, welches Lavialle aufgefunden haben wollte, existirt nicht.

Litt.: Kosteletzky II, p. 453. Parke, Davis & Co., p. 874. Christy & Co. X, p. 93; XI, p. 37. Merck 1888, p. 39. Gehe & Co. 1880, September, p. 22. Lewin, Ueber Piper methysticum.

Piper Novae Hollandiae Miq. „Australian Pepper." Ist etwa seit 1881 hin und wieder nach Europa gekommen, wie die vorige als Heilmittel gegen Krankheiten der Schleimhäute, besonders Gonorrhoe. Die Droge bildet Scheiben von 5—9 cm Durchmesser und 5—8 mm Dicke, die von einem weichen, hellbraunen Kork bedeckt sind. Die Rinde ist etwa 1 cm dick. Der Holzkörper ist durch das Zusammenfallen der Markstrahlen strahlig zerklüftet, in den Holzstrahlen sind die weiten Gefässe mit blossem Auge sichtbar. Das innere Drittel des Holzkörpers ist durch einen der Rinde koncentrischen eingesunkenen Ring von Parenchym von den äusseren Parthien getrennt. In der Rinde Gruppen von Steinzellen. Die Markstrahlen sind bis zehn Zellenreihen breit, ihre Zellen radial gestreckt. In denselben und in der Rinde reichlich Sekretzellen, die sich mit koncentrirter Schwefelsäure nicht roth färben. Es sind drei koncentrische Holzkreise vorhanden, von denen der mittlere der grösste ist. Der Geschmack ist scharf brennend, die Zunge gefühllos machend. Es scheint dieser anästhesirende Stoff (vgl. den vorigen Artikel) bei den Piperaceen häufiger gerade in den Wurzeln vorzukommen, so zeigt die Wurzel von Piper Cubeba denselben Geschmack.

Litt.: Chemiker-Zeitung (Coethen) 1886. Christy & Co. IV, p. 56.

Eine ganze Anzahl von Piperaceenfrüchten sind als Verfälschungen und Substitutionen der Cubeben vorgekommen. Zu ihnen gehören von den schon erwähnten *Piper borbonense, Piper*

Clusii und *Piper guineense*. Man ordnet sie am übersichtlichsten nach dem Bau des Perikarps:

1. Aeussere und innere sklerotische Schicht vorhanden, ausserdem zerstreute Sklerose im Parenchym des Perikarps.

Piper ribesioides Wallich. Etwas grösser als die echten Cubeben. In der Gefässbündelschicht des Perikarps Höhlungen, die nach aussen zu mit kleinen Steinzellen besetzt sind. Same nur am Grunde mit dem Perikarp verwachsen. Mit Schwefelsäure keine Rothfärbung von Cubebin.

Padang-Cubeben. Länge des stielartigen Fortsatzes grösser als bei der vorigen, sonst ähnlich. Abstammung nicht zu ermitteln.

2. Aeussere und innere sklerotische Schicht vorhanden, keine Sklerose im Parenchym des Perikarps.

Hierher gehört die echte Cubebe, bei der sich zwei Formen unterscheiden lassen, von denen die eine die für die officinelle Droge charakteristische Rothfärbung mit koncentrirter Schwefelsäure zeigt, während sie bei der anderen fehlt. Die erstere heisst in Java Rinoe katoentjar, die anderen Rinoe badak und Rinoe tjaroeloek.

In diese Abtheilung gehören eine Anzahl Sorten, die sich von der echten Cubebe durch das Ausbleiben der Cubebinreaktion und durch mehr oder weniger unerhebliche Differenzen im Bau der inneren Steinzellenschicht unterscheiden; nach meiner Erfahrung sind alle diese Formen so durch Uebergänge mit der echten Cubebe verbunden, dass es mir gewagt erscheint, sie von einander zu trennen.

3. Aeussere Steinzellenschicht vorhanden, aber meist sehr schwach entwickelt, innere fehlend.

Piper mollissimum Blume. Liefert die „Keboe-Cubeben, Karbauw-Beeren.“ Frucht erheblich grösser als die echte Cubebe, stielartiger Fortsatz doppelt so lang als die Frucht. Same mit dem Perikarp völlig verwachsen. Das dicke Perikarp enthält nur in den äussersten Parthien, aber nicht immer unmittelbar unter der Epidermis Steinzellen. Färbt sich mit koncentrirter Schwefelsäure nicht roth.

4. Aeussere und innere Steinzellenschicht fehlend.

Hierher gehören zunächst die oben bereits erwähnten, aus Afrika stammenden *Piper Clusii DC.*, *Piper guineense Schumann* und *Piper borbonense DC.* Die beiden erstgenannten sind als afrikanische und Congo-Cubeben vorgekommen.

Piper Lowong Blum. Aus Ostasien. Den afrikanischen sehr ähnlich, enthält ebenfalls Piperin und ausserdem Pseudocubebin.

Pfeffer von Ceylon. Den vorigen sehr ähnlich, die Früchte aber kleiner. Diese Sorte wird hier nur der Vollständigkeit halber aufgeführt, da sie nicht als Cubebe, sondern als Pfeffer angeboten wurde.

Eine nicht genauer zu bestimmende Frucht ohne stielartigen Fortsatz, aber natürlich ebenfalls von einer Piperacee stammend, ist einige Male vorgekommen in den letzten Jahren und einmal als *Piper crassipes* (1886) bezeichnet, was nicht richtig ist. Der Same hängt mit dem Perikarp überall zusammen. Steinzellen im Perikarp nur unter der Epidermis wie bei *Piper mollissimum*. Cubebin nicht vorhanden.

Litt.: Arch. d. Pharm. 1896.

Piper (Enckea) ceanothifolium H. B. Kth. Heimisch in Brasilien in den Staaten Espirito Santo, Minas und Rio de Janeiro. Namen: Jaboramdi, Nhandi. Die Blüthenstände werden im alkoholischen Auszuge innerlich und äusserlich als Reizmittel gebraucht, die Wurzel wird bei Zahnweh gekaut, sie gilt auch als schweisstreibendes Mittel. Die Pflanze soll ein Alkaloid enthalten.

Litt.: Pharm. Rundschau (New York) 1894, p. 241.

Piper (Arthante) caudatum Vahl. Heimisch in Brasilien in den tropischen Staaten nördlich bis Pernambuco. Pimenta dos Indos, Pimenta comprida. Die Blüthenstände werden als Ersatz des Pfeffers benutzt und, gepulvert in Milch genommen, gegen Gonorrhoe. Die Wurzel wird gegen Schlangenbiss angewendet, gegen Zahnschmerzen gekaut, sie gilt überhaupt als harn- und schweisstreibendes Mittel.

Litt.: Pharm. Rundschau (New York) 1894, p. 242.

Piper (Arthante) Mikamana Miq. (?) In den Südstaaten von Brasilien. Name: Pariparoba. Wird zur Hervorrufung zurückgetretener Lochien angewendet.

Litt.: Pharm. Rundschau (New York) 1894, p. 242.

Als Periparoba, Caapeba, Aguaxima wird ferner in Brasilien *Piper umbellatum*, und zwar die Wurzel, als Stomachicum und Sudorificum benutzt.

Litt.: Schindler, Brazilian Medical Plants. Rio de Janeiro 1884, p. 46.

Piper (Arthante) eximium Kth. Heimisch in Brasilien in den Staaten Minas und Rio de Janeiro. Namen: Pimenta de cobra cipo, Cipo page, Boyo-juba, Bojubu. Die Blüthenstände gelten als Gegenmittel bei Schlangenbissen, ein Dekokt wird gegen weissen Fluss angewendet. Die Rinde der Wurzel gilt, wie bei so vielen Arten, als schweiss- und harntreibend.

Litt.: Pharm. Rundschau (New York) 1894, p. 242.

Piper angustifolium R. et P. (Arthante elongata Miq.). In Südamerika und Brasilien (Minas, Espirito Santo, Bahia), Peru. Name in Brasilien: Herva de soldado. Liefert die bekannten Maticobätter, die aber nur aus Peru exportirt werden. Die Früchte (in Peru Thoho-Thoho) werden wie die Cubeben gebraucht.

Litt.: Pharm. Rundschau (New York) 1894, p. 242.

Piptocalyx (Monimiaceae — Monimioideae — Hortonieae).

Piptocalyx Moorei Oliver. Heimisch in Neu-Südwales. Die Blätter, die ein noch nicht genauer untersuchtes Glykosid enthalten, sind als Hopfensurrogat nach Europa gekommen. Sie sind lanzettlich zugespitzt, etwa 7 cm lang, 3 cm breit, ganzrandig, zäh und pergamentartig, aber dünn, auf beiden Seiten glänzend mit stark hervorragenden Nerven, die an der Unterseite röthlich-braune Haare tragen. Gegen das Licht gehalten werden Sekretbehälter in Form der bekannten durchsichtigen Punkte deutlich.

Litt.: Pharm. Journ. and Trans. 1894, Nr. 1248, p. 977.

Piqueria (Compositae — Eupatorieae — Piquerinae).

Piqueria trinervia (Jacq.) Cavanilles. Heimisch in Mexico. Die Pflanze wird in Mexico als Fiebermittel, auf Cuba zu aromatischen Tabaksaucen gebraucht.

Litt.: Kosteletzky II, p. 644. Amer. Journ. of Ph. 1886, p. 168; 1891, p. 1.

Piscidia (Papilionaceae — Dalbergieae — Lonchocarpinae).

Piscidia Erythrina L. Heimisch in Florida, Mexico und auf den westindischen Inseln. Namen: Jamaica Dogwood (denselben Namen führt auch *Erythrina Corallodendron*), Manaca (der Name kommt eigentlich der *Franciscea uniflora* zu). Medicinische Verwendung findet die Wurzelrinde. Sie besteht aus flachen oder halbrunden Stücken, die von rothbraunem Kork bedeckt oder, wo derselbe fehlt, grünlich-gelb sind. Innenseite dunkelbraun, längsstreifig. Die Rinde ist sehr hart, beim Durchbrechen im äusseren Theile blätterig, im inneren grob splitterig. Sie ist geruchlos, beim Kauen zuerst geschmacklos, erregt sie später ein Kratzen im Halse. Zerstreute Zellen des Parenchyms enthalten eine dunkelbraune Substanz, die nicht auf Gerbstoff reagirt. Der Bast ist durch Faserbündel, die von Krystallzellen umkammert sind, geschichtet, auch die Siebröhren treten in tangentialen Reihen auf. Markstrahlen meist dreireihig.

Die Droge enthält einen in farblosen Prismen krystallisirenden Körper, Piscidin $C_{29}H_{24}O_8$, der in Wasser unlöslich, in Alkohol, besonders in kochendem, löslich, leicht löslich in Aether, Chloroform und Benzol ist. Die Krystalle schmelzen bei 192° C. Das Piscidin wird als der wirksame Bestandtheil der Droge angesehen. Die Pflanze hat narkotische Eigenschaften; in ihrer Heimath ist sie ein vielfach angewendetes Fischgift. Die Aufmerksamkeit medicinischer Kreise hat sie seit 1878 erregt. Man verwendet sie als Sedativum und Hypnoticum gern in Form des Fluidextraktes. Von guter Wirkung soll sie bei Schwindsüchtigen sein zur Stillung des quälenden Hustens als Ersatz des Opiums.

Litt.: Kosteletzky IV, p. 1277. Parke, Davis & Co., p. 593. Christy & Co. VII, p. 52; VIII, p. 63; XI, p. 40. Pharm. Centralhalle 1883, p. 567. Americ. Chem. Journ. 1883, Bd. V, p. 39. Zeitschr. d. österr. Apoth.-Vereins 1883, p. 477. Gehe & Co. 1884, April, p. 14; Septbr., p. 5; 1885, April, p. 12; 1888, April, p. 52.

Pistacia (Anacardiaceae — Rhoideae).

Pistacia Terebinthus L. Verbreitet im Mittelmeergebiet. Liefert aus Schnitten in die Rinde den altbekannten Chiosterpenthin, der 1880 und in den folgenden Jahren vorübergehend wieder, besonders in England, gegen krebsartige Leiden verwendet wurde. Der Terpenthin enthält 9—12 $^0/_0$ ätherisches Oel, Harze und angeblich Spuren von Benzoësäure. Er ist von ziemlich fester Konsistenz, bei der Berührung mit der Hand nur wenig klebrig; die Farbe braun mit einem Stich ins Grünliche. Der Geruch soll an den der Citronen erinnern. Er entstammt den schizogenen Sekreträumen der Rinde.

Litt.: Kosteletzky IV, p. 1256. Parke, Davis & Co. p. 563. Pharm. Journ. and Trans. 1880, Nr. 513, p. 854. Pharmaceut. Zeitung 1880, p. 642. Christy & Co. IV, p. 40.

Pistia (Araceae — Pistioideae).

Pistia stratiotes L. Ueberall in den Tropen. Namen, in Indien: Jal-Kunbhi (Hind.); Gondála, Shérval (Mar.); Agasatamaray (Tam.); in Brasilien: Flor d'agua, Lentilha d'agua. Man verwendet in Indien die Blätter als erweichendes Mittel, die Asche gegen Ringwurm. In Brasilien wird der Saft der frisch brennend schmeckenden Blätter gegen Blutharnen, Diabetes, Herpes etc. gebraucht, die gestossenen Blüthen als Umschlag auf Wunden und Abscesse, ein Infusum der Blätter beï Dysenterie und Blasenleiden. Die Blätter enthalten ein scharf schmeckendes Harz.

Litt.: Kosteletzky I, p. 69. Dymock III, p. 550. Pharm. Rundschau (New York) 1893, p. 39.

Pithecolobium (Mimosaceae — Ingeae).

Pithecolobium hymenaeifolium Benth., in Hinterindien. Die Pflanze enthält ein Alkaloid.

Litt.: Mededeelingen uit 's Lands. Plantentuin VII, p. 42.

Pithecolobium Saman Benth. Heimisch in Amerika bis Brasilien, durch die Kultur in den Tropen weiter verbreitet. Liefert in Ostindien ein sehr minderwerthiges, in Wasser nur aufquellendes Gummi. Die Rinde enthält ein Alkaloid, Pithecolobin, das angeblich Beziehungen zu den Saponinen hat und giftig wirkt. Die Hülsen sind 1888 als falsche *Fructus Ceratoniae* nach London gekommen. Sie sind bis 5 cm lang, gerade, $1^1/_2$—3 cm breit, zwischen den Samen schwach eingeschnürt. Im Perikarp ein dunkelbraunes, klebriges, halbflüssiges Mus.

Litt.: Mededeelingen uit 's Lands Plantentuin VII, p. 40. Dymock I, p. 553. Pharm. Zeitung 1888, p. 744. Nederl. Weekbl. voor Geneesk. 1893, p. 431.

Ausserdem hat Greshoff in *Pithecolobium bigeminum Mart., lobatum Benth., unguis cati Benth., umbellatum Benth., moniliferum, fasciculatum Benth.* grössere oder geringere Mengen Alkaloid

aufgefunden. Die letzgenannte Art hat ausserdem ein Glykosid.
Pithecolobium Clypearia Benth. ist frei von Alkaloid.

Litt.: Mededeelingen uit 's Lands Plantentuin VII, p. 38.

Pittosporum (Pittosporaceae).

Pittosporum undulatum Vent. liefert ein farbloses Oel von
jasminartigem Geruch.

Litt.: Bullet. of Pharm. 1892, p. 261.

Einige australische Arten liefern Gummiharze, so *Pittosporum
Tobira, P. tenuifolium Gaertn.* und *P. eugenioides A. Cunn.* Mehr
gummiartige Stoffe liefern *P. phillyreoides DC.* und *P. bicolor.*

Litt.: Pharm. Journ. and Trans. 1892, Nr. 1152, p. 59.

Pittosporum floribundum W. et A. In West- und Ostindien.
Namen in Ostindien: Vehkali, Vikhávi, Vehyenti (Mar.); Ti-
biliti (Nepal). Die Rinde schmeckt bitter aromatisch, sie soll
narkotische Eigenschaften haben. In Ostindien verwendet man
sie als Fiebermittel. Sie enthält ein bitter schmeckendes Glykosid
Pittosporin. Ausserdem liefert die Pflanze ein Harz,

Litt.: Dymock I, p. 153. Pharm. Journ. and Trans. 1892, Nr. 1152, p. 59.

Plantago (Plantaginaceae).

Plantago Ispaghula Roxb. Heimisch in Ostindien und Persien.
Namen in Indien: Isbaghol (Hind.); Esabgol (Mar.); Eshop-
ghol (Beng.); Esopgol, Uthamu-jirun (Guz.); Ishappukol-
virai (Tam.); Isopagála-vittulu (Tel.); Isabakolu (Can.).
Englisch: Spogel seeds. Verwendung finden die Samen ihres
Schleimgehaltes wegen innerlich, auch geröstet, als Mittel gegen
Diarrhoen u. s. w., äusserlich zu Umschlägen bei Rheumatismus. —
Die Samen sind 3 mm lang, 1—1,5 mm breit, zugespitzt oval, auf
der Bauchseite von den beiden Langseiten her zusammengebogen,
in der Mitte der Rinne findet sich die kleine Chalaza. Die Farbe
ist matt graubraun, auf dem Rücken findet sich eine länglich
ovale, lebhaft rothbraune Stelle. Die Epidermis der Samenschale
ist auf der gewölbten Rückenseite zu Schleimzellen umgewandelt,
deren Inhalt beim Aufquellen geschichtet ist. Die Samenschale
umschliesst das Endosperm, in dem der kleine Embryo liegt.

Litt.: Kosteletzky III, p. 981. Dymock III, p. 126. Pharm. Centralhalle
1889, p. 167. Gehe & Co. 1896, September.

Plantago lanceolata L. Die verschiedenen Theile dieser Pflanze
sind als Radix, Herba et Semen Plantaginis angustifoliae
ein altes, jetzt wohl überall obsoletes Heilmittel gegen Diarrhoeen,
Lungenkrankheiten etc. Neuerdings ist ein aus den Blättern hergestelltes Extrakt oder ein Saft als Stypticum in England empfohlen
worden.

Litt.: Kosteletzky III, p. 978. Pharm. Journ. and Trans. 1882, Nr. 637,
p. 205.

Plantago major L. Die Samen werden in Indien aus Persien
importirt und als Bártang, Barhang verwendet gegen Dysenterie.

In Formosa, wo die Pflanze Chê-ch'ien-tzu heisst, werden die
Samen als diuretisches Mittel angewendet. Die Blätter sind von
Rosenbaum 1886 analysirt, ohne dass besonders charakteristische
Bestandtheile aufgefunden worden wären.

Auch die verschiedenen Theile dieser Pflanze sind als Radix
et Herba Plantaginis latifoliae ebenso wie die der vorigen
benutzt.

Litt.: Kosteletzky III, p. 977. Dymock III, p. 128. Pharm. Journ. and
Trans. 1884, p. 101. Americ. Journ. of Ph. 1886, p. 417. Chemist and Druggist
1895, p. 324.

Platycodon (Campanulaceae — Campanuloideae — Platy-
codinae).

Platycodon grandiflorum (Jacq.) A. DC. Heimisch in Japan,
China und der Mandschurei. Häufig kultivirt. Die Wurzel wird
in China unter dem Namen Chich kêng als stärkendes, adstringirendes und blähungtreibendes Mittel verwendet bei Ruhr, Lungenkrankheiten, Cholera u. s. w. Die Droge wird in den chinesischen
Läden in 9—16 cm langen und 1 cm dicken, verschrumpften, ab-
geschälten, weisslichen Stücken feilgeboten.

Litt.: Pharm. Journ. and Trans. 1887, p. 174.

Pleurogyne (Gentianaceae — Gentianoideae — Gentianeae).

Pleurogyne rotata (L.) Eschsch. Heimisch im ganzen ark-
tischen Gebiet, in Europa bis Lappland, in Amerika bis Colorado,
in Asien bis zum Altai, Japan und China vordringend. Name in
Japan: To-Yak. Die Wurzel wird in Japan als bitter tonisches
Arzneimittel verwendet.

Litt.: Christy & Co. IV, p. 55.

Pluchea (Compositae — Inuleae — Farchonanthinae).

Pluchea odorata Cass. Heimisch in Guinea, Westindien und
Centralamerika. Aus Westindien 1883 als Aromaticum nach England gekommen. Verwandte Arten werden in Asien verwendet,
so *Pluchea indica (L.) Less.* und *P. balsamifera Less.*

Litt.: Kosteletzky III, p. 669. Christy & Co. VII, p. 86.

Plumbago (Plumbaginaceae — Plumbagineae).

Plumbago zeylanica L. Heimisch in Ostindien bis zu den
Sandwichsinseln und dem tropischen Neuholland, sowie im tropischen Westafrika. Die besonders im frischen Zustande ätzend
scharfe Wurzel wird in Westafrika als blasenziehendes Mittel
verwendet.

Litt.: Kosteletzky III, p. 985. Apoth.-Zeitung 1895, p. 719.

Plumbago scandens L. Heimisch im tropischen Amerika. Die
Wurzel wird wie die der vorigen Art, und zwar angeblich in Westafrika, angewendet. Ich bin nicht im Stande, die Richtigkeit
dieser Angabe kontrolliren zu können.

Litt.: Kosteletzky III, p. 985. Apoth.-Zeitung 1895, p. 719.

Plumiera (Apocynaceae — Plumerioideae — Alstoninae).

Plumiera acuminata Ait. (P. acutifolia Poir). Heimisch in Mexico, im tropischen Asien kultivirt. Namen: Jasmin tree, Frangipamei; in Indien: Khair-champa, Sufed-champa (Hind.); Gobarchampa (Beng.); Dolo-champa (Guz.); Khera chapha (Mar.); in Niederländisch-Indien: Sambodja. Die Wurzel der Pflanze gilt für giftig, was indessen nach Versuchen von Boorsma nicht richtig zu sein scheint. Verwendung finden die Rinde, die Blüthen· und die Blätter. Die Rinde ·wird verwendet als Purgans, bei Fieber, Gonorrhoe, und besonders bei Pferden gegen Kolik, die Blätter bei Geschwülsten, der Milchsaft als Rubefaciens bei rheumatischen Leiden, die Blüthen als Fiebermittel. Die Rinde bildet rinnenförmige Stücke, bis 3 mm dick, aussen mit weisslichem Kork, und auf demselben reichlich punktförmige, dunkle Flechten, die Innenfläche hellbraun, undeutlich gestreift.

Der Kork besteht aus flachen, unverdickten Zellen, die Mittelrinde aus tangential gestrecktem Parenchym. In demselben zahlreiche, nicht besonders umfangreiche Gruppen stark verdickter, poröser Steinzellen und mit denselben zusammengelagerte Krystallzellen mit ansehnlichen Einzelkrystallen. Ferner fallen schon im Querschnitt weite Milchsaftschläuche mit körnigem Inhalt auf. Im Bast zwei Zellreihen breite Markstrahlen, deren Zellen radial gestreckt sind, kollabirte Siebröhren und Gruppen stark verdickter, deutlich geschichteter, langer Fasern. Stärke in der ganzen Rinde ziemlich spärlich.

Die Rinde enthält einen nicht im Milchsaft sich findenden Bitterstoff Plumierid $C_{30}H_{40}O_{18} . H_2O$, der in alter Rinde zu 5—6 $^0/_0$ enthalten ist. In Salzsäure löst sich das Plumierid farblos, die Lösung wird bald gelb, dann roth, nach 24 Stunden schön violett, während sich ein brauner Bodensatz gebildet hat. Ferner ist aus der Rinde ein Glykosid Agoniadin dargestellt worden. Der Milchsaft enthält eine Säure Oxymethyldioxyzimmtsäure $C_6H_2 . CH_2OH . (OH)_2 . CHCHCOOH.$

Litt.: Kosteletzky III, p. 1066. Mededeelingen uit 's Lands Plantentuin XIII, p. 11. Dymock II, p. 421. E. Merck 1896, p. 11, 130. Amer. Journ. of Ph. 1895, p. 247.

Ueber die medicinische Verwendung anderer (brasilianischer) Arten als drastische und anthelminthische Mittel: *P. phagedaenica Mart., P. drastica Mart., P. fallax Müll. Argent., P. Sucuuba R. Spruce, P. lancifolia Müll. Arg.* vgl. Medeelingen etc. XIII, p. 31. Ueber den Bau von *P. phagedaenica Mart.* und *P. drastica Mart.* vgl. Heermeyer, Histologische Untersuchungen einiger bis jetzt wenig bekannter Rinden. Dorpater Diss. 1893.

Plumiera rubra L. Heimisch von Mexico bis Venezuela. In Yucatan werden die Blüthen als expektorirendes Mittel benutzt, der Milchsaft zum Wegbeizen von Warzen, aber auch als Purgirmittel.

Litt.: Kosteletzky III, p. 1066. Amer. Journ. of Ph. 1885, p. 385.

Plumiera sucuuba R. Spruce. Heimisch in Brasilien. Name: Sucuuba. (Denselben Namen, sowie Sebuu-uva führt auch *Plumiera phagedaenica Mart.*) Die Rinde enthält ebenfalls Agoniadin (s. oben), sie soll fieberwidrig wirken (cf. oben).
Litt.: Merck 1891, p. 77.

Plum tree bark.

Eine aus China stammende Rinde, die fieberwidrige Eigenschaften haben soll. Sie enthält ätherisches Oel, Gerbstoff (2,8 $^0/_0$) und eine kleine Menge Alkaloid. — Soll von einer Lauracee abstammen.
Litt.: Christy & Co. VIII, p. 83.

Podophyllum (Berberidaceae).

Podophyllum Emodi Wall. Heimisch im Himalaya, vielfach in den Gärten in Kultur. Namen in Indien: Pápra, Pápri, Bhavan-bakra, Chimyaka. Verwendung findet das Rhizom wie das von *Podophyllum peltatum* (s. unten). Das Rhizom ist walzig oder platt, oben zeigt es ovale und kreisrunde Narben, unten zahlreiche Wurzeln, die heller sind, als das bräunlichgelbe Rhizom. Das Rhizom enthält 10—12 $^0/_0$ Harz, damit mehr wie doppelt so viel wie *P. peltatum,* und man hatte daraus geschlossen, dass das Rhizom also auch doppelt so wirksam sein müsste, wie das von *P. peltatum,* da man weiss, dass die wirksamen Bestandtheile im Harze enthalten sind. Durch Umney wissen wir, dass der wirksame Bestandtheil des Harzes das Pikropodophyllin ist, welches an und für sich seiner Unlöslichkeit wegen fast unwirksam, in der Droge in Pikropodophyllinsäure gelöst aber sehr wirksam ist. Nun enthält aber das Harz von *P. Emodi* so viel weniger dieser wichtigen Bestandtheile, dass der Gehalt davon im Rhizom nur halb so gross ist, wie in *P. peltatum.* Es ist daher nicht gerechtfertigt, *P. Emodi* dem letzteren vorzuziehen.
Litt.: Dymock I, p. 69. Pharm. Journ. and Trans. 1889, p. 585; 1892, p. 207; 1895, p. 505. E. Merck 1895, p. 134.

Podophyllum peltatum L. Heimisch in Nordamerika von der Hudsonsbay bis New Orleans. Namen: Wilde Limone, May Apple, Mandrake. Verwendung findet das Rhizom. Es ist mehrere Fuss lang, kommt aber nur in Gestalt fingerlanger, bleistiftstarker Fragmente in den Handel. Es ist deutlich knotig, die Oberseite jedes Knotens zeigt die Narbe eines Sprosses. Von der Unterseite entspringen die dünnen Wurzeln. Die Farbe ist braunroth, der Bruch spröde und glatt. Auf dem Querschnitt erkennt man die zerstreuten Holzbündel. Die Zellen des Parenchyms enthalten Stärke und Drusen von oxalsaurem Kalk. Der Geschmack ist schleimig-bitter. Die Droge wird als Abführmittel benutzt, meist aber nicht sie selbst, sondern das aus ihr hergestellte Harz, das Podophyllin. Vgl. *Podophyllum Emodi.*
Litt.: Kosteletzky V, p. 1612. Arch. f. Pharm. 1884, p. 829; 1891, p. 228. Pharm. Post 1889, p. 105. Pharm. Rundschau (New York) 1890, p. 154. Apoth.-Zeitung 1891. Americ. Journ. of Pharm. 1894, p. 417.

Podophyllum pleianthum Hance auf Formosa und *Podophyllum versipelle Hance* bei Canton, finden äusserlich zu Umschlägen Verwendung.

Litt.: Pharm. Journ. and Trans. 1887, p. 341.

Pogonopus (Rubiaceae — Cinchonoideae — Condamineeae). *Pogonopus febrifugus Benth. et Hook.* Heimisch in Südamerika. Die Rinde findet unter dem Namen „Quina morada" und „Cascarilla" (also wie die von *Croton Eluteria*) Verwendung als Fiebermittel und tonisches Arzneimittel. Sie ist von gelblich weisser bis röthlicher Farbe, ziemlich weich, fast geruchlos, wenig bitter. Die Rinde enthält das wenig fluorescirende Moradin, $C_{21}H_{18}O_8$ oder $C_{16}H_{14}O_6$ vom Charakter einer Säure und das Alkaloid Moradeïn.

Litt.: Pharm. Journ. and Trans. 1890, p. 854.

Poinciana (Caesalpiniaceae — Eucaesalpinieae). Unter dem Namen Pay-Pay sind aus Kamerun Hülsen, angeblich von einer *Poinciana* stammend, nach Europa gekommen. Verwendung unbekannt.

Poinciana pulcherrima L., vgl. *Caesalpinia.*

Litt.: Chemiker-Zeitung (Coethen) 1889, p. 562.

Polanisia [zu Cleome] (Capparidaceae — Cleomoideae). *Polanisia viscosa D. C.* In Neu-Südwales und Indien. Die scharf reizende Pflanze wird gegen Kopfweh verwendet in Neu-Südwales; in Indien wird sie innerlich gegen Magen- und Darmkrankheiten, auch gegen Würmer benutzt.

Litt.: Kosteletzky V, p. 1618. Proceed. of the Linn. Soc. of New South-Wales 1888, März.

Polygala (Polygalaceae). *Polygala angulata DC.* Heimisch im mittleren Brasilien. Wird als Brechmittel benutzt wie Ipecacuanha. Ebenfalls als Brechmittel wird übrigens nach Flückiger die in den Staaten S. Paulo und Minas Geraes heimische *Polygala Poaya Martius* benutzt.

Litt.: Beckurts, Jahresbericht 1891, p. 149.

Polygala butyracea Heck. Heimisch in Afrika im Gebiet des oberen Niger, in Sierra Leone kultivirt. Die Samen liefern ein Fett (Ankalaki, Maloukang). Sie sind eiförmig, leicht abgeplattet, 5 mm lang, 3 mm breit, glänzend, aussen braun oder schwärzlich. Das Fett enthält 4,8 $^0/_0$ Palmitinsäure, 31,5 $^0/_0$ Oleïn, 57,54 $^0/_0$ Palmitin, 6,16 $^0/_0$ Myristin.

Litt.: Journ. de Ph. et Ch. 1889, p. 148.

Polygala mexicana Moc. Heimisch in Mexico. Soll eine der Senega sehr ähnliche Wurzel haben.

Litt.: Americ. Journ. of Ph. 1886, p. 72.

Polygala rarifolia D. C. Heimisch in Afrika (Sierra Leone

und Angola). Die Samen liefern ein Oel, das ebenfalls (s. *P. butyracea*) als Maluku bezeichnet wird.

Litt.: Pharm. Zeitung 1889, p. 728.

Einige Arten sollen giftig sein, so *Polygala venenosa Jacq.* und *P. cyparissias St. Hil.* Es sei übrigens daran erinnert, dass auch die Senegawurzel vielfach zu den heftig wirkenden Arzneimitteln gerechnet wird.

Litt.: Beckurts, Jahresber. 1891, p. 150.

Vgl. übrigens auch die Zusammenstellung bei Kosteletzky V, p. 1595.

Polygonatum (Liliaceae — Asparagoideae — Polygonateae).

Polygonatum biflorum (Walt.) Elliott. Heimisch in den atlantischen Staaten Nordamerikas. Man verwendet die Wurzelstöcke. Dieselben sind etwa $^1/_2$ cm dick, 4—10 cm lang, blassgelb, von zwiebelartigem Geruch. Der Geschmack ist schleimig, süsslich, nachher schwach bitter. Der Bruch ist kurz und hornartig, die Bruchfläche weiss. Eine von Gorrell ausgeführte Untersuchung hat charakteristische Bestandtheile nicht ergeben.

Litt.: Amer. Journ. of Ph. 1891, p. 385.

Polygonum (Polygonaceae — Polygonoideae).

Polygonum Bistorta L. Die Wurzel ist ein altes, vielleicht unverdient in Vergessenheit gerathenes Adstringens. Der Gerbstoffgehalt beträgt 15 %. Neuerdings ist das wässerige Extrakt wieder empfohlen worden.

Litt.. Kosteletzky IV, p. 1414. Merck 1894, p. 47. Pharm. Zeitschr. f. Russl. 1894, XXXIII, p. 165.

Polygonum hydropiper L. Die scharf schmeckende Pflanze wurde früher als *Herba Hydropiperis vel Persicariae urentis* innerlich bei Gelbsucht, Wassersucht, Skropheln, äusserlich gegen Geschwüre gebraucht. Sie wird ebenso wie verwandte Arten gegenwärtig in Mexico unter dem Namen Chilillo als Antirheumaticum und Diureticum verwendet. Man scheint mit dem Namen Chilli und diminutiv Chilillo scharf schmeckende Pflanzen überhaupt zu bezeichnen (cf. Hartwich, Bedeutung der Entdeckung von Amerika für die Drogenkunde, 1892, p. 12). In der Pflanze ist 1871 von Rademaker eine charakteristische Säure, Polygoninsäure, aufgefunden, deren Existenz neuerdings bezweifelt wird. Der Gerbstoffgehalt beträgt 3,46 %, Asche 7,4 %.

Litt.: Kosteletzky IV, p. 1417. Amer. Journ. of Ph. 1885, p. 21; 1886, p. 279.

Polygonum hydropiperoides Michx. Heimisch in Nord- und Südamerika und Australien. Wird in Mexico verwendet wie die vorige und heisst ebenfalls Chilillo. Ist als Emmenagogum empfohlen.

Litt.: Amer. Journ. of Ph. 1883, p. 195.

Polymnia (Compositae — Heliantheae — Melampodinae).

Polymnia Uvedalia L. Heimisch in Nordamerika. Namen: Bearsfoot, Leaf-cup, Yellow leaf-cup. Verwendung finden die Blätter und die Wurzel als tonisches, stimulirendes Arzneimittel besonders bei rheumatischen Leiden. Die Blätter sind eiförmig, handförmig gelappt, wenig behaart, die walzenförmige Wurzel ist braungelb, längsrunzelig.

Litt.: Parke, Davis & Co., p. 52. Beckurts Jahresber. 1891/92, p. 148. Pharm. Rundschau (New York) 1890, p. 243.

Polypodium (Polypodiaceae).

Polypodium adiantiforme L. Die Pflanze wird auf Portorico als Antisyphiliticum und schweisstreibendes Mittel verwendet.

Litt.: Pharm. Journ. and Trans. 1888, p. 881.

Polypodium Calaguala Ruiz. Heimisch in Südamerika (Peru) und Mittelamerika. Das Rhizom dieser und anderer Farne (z. B. *Polypodium crassifolium L., Acrostichum Huascaro Ruiz, Aspidium coriaceum Sw.*) [1]) liefert die Calagualawurzel, die frisch als Diaphoreticum verwendet wird.

Litt.: Kosteletzky I, p. 57. Christy & Co. VII, p. 70, 81.

Polypodium Friedrichsthalianum Kre. In Mittelamerika. Wird in Mexico gegen die Bisse eines Insektes (Taboba) verwendet.

Litt.: New Idea 1885, I.

Polypodium incanum Sw., wird als Emmenagogum benutzt.

Litt.: Pharm. Zeitung 1881, p. 681. Gehe & Co. 1884, April, p. 18.

Polyporus (Polyporaceae).

Polyporus senex (Fomes senex). In Chile. Wird empfohlen seiner grossen Aufsaugungsfähigkeit wegen als blutstillendes Mittel, ferner gegen Nachtschweisse der Phthisiker (also wie *Boletus Laricis*).

Litt.: Rundschau (Leitmeritz) 1885, p. 489.

Pongamia (Papilionaceae — Dalbergieae — Lonchocarpinae).

Pongamia glabra Vent. (Galedupa pinnata [L.] Taub.). Heimisch im tropischen Asien und Australien. Namen in Indien: Kiramál (Hind.); Dahar-karanja (Beng.); Karanja (Mar.); Pungam-maram (Tam.); Ranagu, Kanuga-chettu (Tel.); Honge (Can.). Man verwendet von der Pflanze die Blätter, die Wurzel und das aus den Samen gepresste Oel (Curungöl). Die aus fünf bis sieben Blättchen bestehenden, unpaarig gefiederten Blätter werden zu Bädern gegen Rheumatismus angewendet. Die schwärzliche Wurzel und ihr Saft ist ein Heilmittel gegen offene Schwären und Fisteln. Das Oel wird gegen Scabies und Herpes sehr geschätzt, besonders heilkräftig soll es sein gegen Pityriasis versicolor und Porrigo capitis. Die Samen enthalten 27 %/0 Oel, welches von gelber oder mehr brauner Farbe und bitterem Geschmack ist. Es verdankt diesen Geschmack einem harzartigen

---

[1]) Die Namen nach Kosteletzky.

Bestandtheil. Die Rinde ist sehr schleimreich, sie enthält ein Alkaloid.

Litt.: Kosteletzky IV, p. 1308. Dymock I, p. 468. Parmaceut. Central-halle 1889, p. 512. Pharm. Zeitung 1883, p. 222. Christy & Co. V, p. 100; VII, p. 70.

Popowia (Anonaceae — Mitrephoreae).

Popowia pisocarpa Endl. Im malayischen Archipel. Die Pflanze enthält in der Rinde ein Alkaloid.

Litt.: Nieuw Tijdschr. voor Pharm. 1887, März.

Populus (Salicaceae).

Populus alba L. Heimisch in Europa und dem Mittelmeer-gebiet. Die Rinde wurde früher als *Cortex Populi* gegen Harn-beschwerden benutzt. Sie soll nach älteren Untersuchungen Salicin enthalten. Nach neueren enthält sie einen Bitterstoff.

Litt.: Kosteletzky II, p. 392. Americ. Journ. of Ph. 1892, p. 226.

Populus tremuloides Michx. In Nordamerika. Die Rinde, die früher, wohl auch eines Salicingehaltes wegen, als Fieber-mittel benutzt wurde, gilt gegenwärtig noch als Tonicum.

Litt.: Kosteletzky II, p. 392. Bullet. of Ph. 1893, p. 110.

Poracary (richtig **Paracary**).

Ist ein in den nördlichen Staaten von Brasilien verwendetes Arzneimittel gegen Asthma und Bisse und Stiche giftiger Thiere. Man verwendet den ausgepressten Saft der Pflanze oder eine Tinktur, oder die ganze zerriebene Pflanze, im letzteren Falle äusserlich. Sie soll von einer Labiate: *Peltodon radicans Pohl* oder *Clinopodium repens* stammen.

Litt.: Schindler, Brazilian Medicinal Plants. Rio de Janeiro 1884, p. 43. Auszug daraus in Indépend. Journal 1885, 17. Juni.

Potentilla (Rosaceae — Potentilleae).

Potentilla canadensis L. Die Pflanze wird neuerdings (1887) in Amerika als Heilmittel gegen Nachtschweisse verwendet.

Litt.: Therapeutic Gazette 1887, p. 646.

Pottsia (Apocynaceae — Echitoideae — Parsonsieae).

Pottsia cantonensis Hook. et Arn. Heimich in Vorderindien, Hinterindien und China. Die Pflanze liefert ein wenig werth-volles Kautschuk, sie enthält ein dem Strophantin ähnliches Glykosid.

Litt.: Planchon, Produits fournis à la matière médicale par la famille des Apocynées, p. 325. Pharmaceut. Zeitung 1891, p. 763.

Pourouma (Moraceae — Conocephaloideae).

Pourouma mollis Tréc. Heimisch in Brasilien in den Staaten von Bahia bis Para. Name: Inharé. Das Dekokt der Wurzel-rinde wird gegen Dysenterie benutzt.

Litt.: Pharm. Rundschau (New York) 1891, p. 289.

Pradosia [zu Lucuma] (Sapotaceae — Palaquieae — Chry-sophyllinae).

Pradosia lactescens (Vell.) Radlk. (*Lucuma glycyphloea Mart. et Eichl.*). Heimisch in Brasilien, Provinz Rio de Janeiro. Liefert die *Cortex Monesiae* (Casca doce, Buranhé, Buranhem, Gurenhem, Guranhem, Imyracem). Sie bildet harte und schwere, mit dünnem grauen Kork bedeckte Rindenstücke von brauner Farbe und feiner tangentialer Streifung am Querschnitt. Der Kork hat grosse, mässig abgeplattete, einseitig nach innen verdickte Zellen, darunter ein 0,15 mm dickes Phelloderm. Der Bast enthält keine Fasern, sondern regelmässige, tangential gestreckte Lagen von stark verdickten Steinzellen. Die randständigen schliessen oft ein Rhomboëder von Kalkoxalat ein. Ausserdem findet sich in den Parenchymzellen des Weichbastes reichlich Krystallsand. Die Markstrahlen sind zwei- bis dreireihig, ihre Zellen radial gestreckt, zwischen den Gruppen der Steinzellen zuweilen sklerosirt. Zellen, die im Lumen häufig grösser sind als die Parenchymzellen, enthalten Milchsaft. Die Droge ist ausserordentlich reich an Gerbstoff, sie soll davon 52 $^0/_0$ enthalten; diesem Gehalt verdankt sie ihre Verwendung als Stomachicum und Adstringens. Ferner enthält sie einen zu den Saponinen zu rechnenden Stoff, Monesin, sie gilt deshalb als besonders wirksames Expectorans.

Ferner soll sie 36 $^0/_0$ eines nicht gährungsfähigen, süssen Stoffes enthalten, 0,5 $^0/_0$ Glycyrrhizin, 0,009 $^0/_0$ (der frischen Rinde) Hivurahein, eine krystallisirbare, in kaltem Wasser unlösliche, in Aether lösliche Substanz.

Oefter mit der Monesiarinde verwechselt ist eine als Aracca bezeichnete Gerberrinde, die äusserlich und auch im Bau viele Aehnlichkeit mit der Monesiarinde hat. Sie unterscheidet sich von letzterer durch die radial gestreckten Steinzellen, die auch nicht auf die tangentialen Platten beschränkt sind, und durch die grosse Anzahl klinorhombischer Oxalatkrystalle.

Litt.: Moeller, Baumrinden, p. 193. Real-Encyklop. d. ges. Pharm. VII, p. 116. Merck, 1892, p. 36. Vogl, Commentar z. österr. Pharm.

Prangos (Umbelliferae — Seselineae).

Prangos pabularia Lindl. Heimisch in Thibet und Kaschmir. Namen in Thibet: Prangos; in Indien: Komal, Fiturasaliyun; in Afghanistan: Badián-i-kobi. Man verwendet die Früchte dieser Pflanze ähnlich wie die von *Petroselinum sativum* als Carminativum, Diureticum und Emmenagogum. Sie enthalten ätherisches Oel, fettes Oel, Harz, Spuren eines Alkaloids, Quercitrin und Valerianate.

Litt.: Dymock II, p. 138. Arch. d. Pharm. 1887, p. 427.

Prenanthes (Compositae — Cichorieae — Crepidinae).

Prenanthes alba L. Heimisch in Nordamerika. Verwendet wird die Wurzel als Mittel gegen den Biss der Klapperschlangen. Sie ist bis 10 cm lang, bis 2 cm dick, gelblich, innen weiss, von eigenthümlichem Geruch und bitterem Geschmack. Man hat Gerbstoff, Harz, Wachs, Gummi und Farbstoff darin gefunden.

Litt.: Americ. Journ. of Pharm. 1886, p. 117.

Prepro.

Droge aus Westafrika, die man gegen Kolik und zum Färben verwendet.

Litt.: Christy & Co. VII, p. 85.

Primula (Primulaceae).

Primula veris L. Enthält, wie *Cyclamen europaeum*, ein Glykosid, Cyclamin, das als Emeto-Catharticum wirkt und specielle Einwirkung auf die Blutkörperchen zeigt. Verschiedene Theile der Pflanze (Radix, herba et flores Paralyseos) sind alte Mittel gegen Krankheiten der Nieren und der Harnblase u. s. w.

Litt.: Kosteletzky III, p. 988. Merck 1886, p. 28.

Proboscoidea (Martyniaceae).

Proboscoidea Jussieui Steud. (Martynia proboscoidea Glox.). Wahrscheinlich in Texas und Arizona heimisch, gegenwärtig weiter verbreitet. Name in Nordamerika: Unicorn plant; in Italien: Testa di quaglia (Wachtelkopf). Die Samen der Pflanze werden als Mittel gegen Harnbeschwerden angewendet.

Litt.: Americ. Journ. of Pharm. 1885, p. 641.

Proboscoidea lutea (Lindl.) Stapf. (Martynia montevidensis Cham.). Heimisch im südlichen Brasilien, in Paraguay und Uruguay. Die Samen sollen gegen Augenleiden angewendet werden.

Litt.: Gehe & Co. 1881, September, p. 15.

Prosopis (Mimosaceae — Adenanthereae).

Prosopis juliflora D. C. Heimisch im tropischen und subtropischen Amerika, vielfach angepflanzt. Name: Mesquitobaum. Denselben Namen führen auch *Prosopis dulcis Kth., P. microphylla Kth.* in Texas. Die Fiederblättchen der 8—15 paarig gefiederten Blätter werden gegen Augenentzündungen und auch sonst gegen Entzündungen angewendet. Im Aufguss giebt man sie gegen Fieber. Die ökonomisch ausserordentlich wichtigen Hülsen wirken schwach abführend, sie enthalten 26 °/₀ Glykose.

Die Rinde wirkt adstringirend, sie gilt als Heilmittel bei Unterleibsleiden, übrigens ist sie (wenigstens die der Wurzel) sehr viel weniger reich an Gerbstoff wie das Kernholz (0,5 °/₀ : 6—7 °/₀). Die Rinde lässt Gummi austreten, das Mesquitegummi, welches mit Wasser einen Schleim von guter Klebkraft giebt, aber sich in der Technik nicht recht einzubürgern vermag seiner ziemlich dunkelbraunen Farbe wegen. Der Schleim reagirt sauer. Es soll mit dem noch dunkleren Gummi von *Acacia albicans* verfälscht werden.

Litt.: Kosteletzky IV, p. 1357. Americ. Journ. of Pharm. 1885, p. 542; 1890, p. 66.

18*

Protium (Burseraceae).

Protium guianense March. Heimisch in Brasilien (Amazonas), liefert ein Gummi: Bren branco oder Cicantar.

Litt.: Beckurts Jahresber. 1887, p. 4.

Protium (Icica) heptaphyllum March. Heimisch in Süd- und Mittelamerika (Mexico, Guyana, Brasilien). Name in Britisch-Guyana: Hiawa. Die Pflanze liefert ein weiches, dem Elemi ähnliches Harz. Nach anderen Nachrichten soll Takamahak von dieser Pflanze stammen. Das Harz ist weich, von grauer Farbe, theilweise krystallinisch, von fenchelartigem Geruch. Es enthält 7,3 % ätherisches Oel, dem es den Geruch verdankt. Es ist optisch inaktiv.

Die emetisch wirkende Rinde wird gegen Fieber angewendet. Sie bildet 5 mm dicke, schwach rinnige Stücke von brauner Farbe, bitterem Geschmack, ohne Geruch. Die Korkzellen sind auf der Innenseite sklerotisch verdickt. Die Rinde enthält ferner Nester sklerotischer Zellen (wohl in der Mittelrinde), in der Innenrinde Gruppen von Bastfasern mit Krystallfasern, Harzzellen und drei-reihige Markstrahlen.

Ich bin nicht in der Lage, zu entscheiden, ob die vor-liegenden Nachrichten sich auf ein und dieselbe Pflanze beziehen.

Litt.: Kosteletzky IV, p. 1223. Americ. Journ. of Pharm. 1886, p. 122. Pharmaceut. Zeitung 1882, p. 668. Pharm. Post 1892, p. 111. Christy & Co. X, p. 41.

Prunus (Rosaceae — Prunoideae).

Prunus (Cerasus) Capollin Zucc. Heimisch in Mexico. Die Blätter liefern ein der Aq. Laurocerasi analoges Destillat. Die Rinde wird gegen Dysenterien und Augenkrankheiten ange-wendet.

Litt.: Kosteletzky IV, p. 1555. Americ. Journ. of Ph. 1885, p. 385.

Prunus serotina Poir. Heimisch in Nordamerika. Die Rinde (Wild cherry bark) wird als beruhigendes Arzneimittel in der Heimath der Pflanze und in England gebraucht. Sie enthält 0,05 (April) bis 0,14 % (Oktober) Blausäure.

Litt.: Kosteletzky IV, p. 1555. Pharm. Journ. and Trans. 1889, p. 355.

Prunus sphaerocarpa Sweet. Heimisch auf den Antillen. Die aromatisch riechende Rinde (Cort. paceguero de matto) wird verwendet.

Litt.: Kosteletzky IV, p. 1556. Pharm. Post 1893, p. 453.

Prunus virginiana L. (ob identisch mit *serotina?*). Heimisch in Nordamerika. Man empfiehlt die Rinde als Heilmittel bei Lungenleiden. Sie enthält kein krystallinisch zu erhaltendes Amygdalin, wohl aber eine analoge, amorphe Substanz, die mit Emulsin, das übrigens der Droge fehlt, Benzaldehyd und Blausäure giebt. Ferner enthält die Droge einen fluorescirenden Stoff.

Litt.: Kosteletzky IV, p. 1555. Pharm. Rundschau (New York) 1887, p. 203; 1895, p. 204. Gehe & Co. 1884, April, p. 14. Schimmel & Co. 1890, April, p. 48.

Prunus Padus L. Das Dekokt der bei den Ainos Kikin-ni genannten Rinde wird gegen Magenschmerzen benutzt, auch als Getränk wie Thee.

Litt.: Pharm. Journ. and Trans. 1896, p. 1339.

Pseudochrosia (Apocynaceae — Plumerieae).

Pseudochrosia glomerata Bl. Die Rinde des Baumes enthält ein giftiges Alkaloid. Verwendung nicht bekannt.

Litt.: Mededeelingen uit 's Lands Plantentuin VII, p. 56.

Psidium (Myrtaceae — Myrteae).

Psidium Araça Raddi. Heimisch von Peru und Rio.de Janeiro bis Guatemala und Westindien, auch kultivirt der Früchte wegen. Namen: Araça, Araça iba, Araça mirim. Die Wurzel und besonders gewisse Anschwellungen derselben, die für pathologisch gehalten werden, werden als angeblich ausgezeichnetes Heilmittel bei Menorrhagien empfohlen. Ein mir vorliegendes, von Merck stammendes Muster der Droge lässt nichts Pathologisches erkennen. Die Stücke haben eine bis 2 mm dicke, glatte, braune Rinde. Im Bast sind die Markstrahlen ein bis zwei Zellenreihen breit, die Zellen radial gestreckt. In den Baststrahlen eine ähnliche, aber weniger deutliche Schichtung als bei *Psidium pomiferum* (s. dort) aus Krystalle führenden und krystallfreien Zellschichten, ähnlich sind auch die tangential angeordneten sklerotischen Zellen. Zahlreiche unverdickte Zellen mit braunem Inhalt.

Im Holz sind die Markstrahlen denen der Rinde gleich, Gefässe nicht gross, Holzfasern reichlich, Holzparenchym nur in kleinen, tangentialen Gruppen.

Litt.: Aerztl. Rundschau 1891, p. 105. Merck 1894, p. 97.

Psidium Guayava Raddi. Heimisch im tropischen Amerika, aber überall in den Tropen kultivirt der Früchte wegen. Namen in Amerika: Guayava, Guajava, Guayaba, Araçu guaçu. Guava tree (engl.); Goyavier (franz.); in Indien: Lál-safri-ám, Sufed-safri-ám (Hind.); Lál-jám, Sufed-jám (Duk.); Támhara peru, Pándhara peru (Mar.); Shiv-appu-goyá-pazham, Vellai-goyyá-pazham (Tam.); Tella-jámpandu, Erra-jam-pandu (Tel.); Bili-shibe-hannu, Kempu-shibé-hannu (Can.); Dhop-goachhi-phal, Lal-goachhi-phal (Beng.). Die Frucht wird als Adstringens verwendet, ebenso die Rinde, die besonders gegen Diarrhoen der Kinder wirksam sein soll, auch die Wurzel wird so benutzt. Die jungen Blätter gelten in Westindien als Fiebermittel. Die Rinde enthält 27,4 $^0/_0$ Gerbstoff.

Litt.: Dymock II, p. 30. Bullet. of Ph. 1893, p. 110. Pharm. Centralhalle 1894, p. 627.

Psidium pomiferum L. Die essbaren Früchte gelten in Mexico als Wurmmittel, die Blätter als Wundmittel, Wurzel und Rinde sind adstringirend wie bei der vorigen. Die Rinde enthält $12\,\%$ Gerbstoff, die Blätter $13-15\,\%$ (Psiditanninsäure), $30,8\,\%$ Calciumoxalat (?).

Die Blätter sind kurz gestielt, bis 12 cm lang, $5\frac{1}{2}$ cm breit, oval, zugespitzt, ganzrandig, Rand etwas verstärkt. Sekundär- vom Primärnerven unter einem Winkel von etwa 50^{0} abgehend. Mit der Lupe betrachtet durchscheinend punktirt. Geruch schwach, an Senna erinnernd, Geschmack schwach bitterlich aromatisch. Der Querschnitt lässt am kollateralen Mittelnerven Drusen und Einzelkrystalle von Oxalat erkennen. Das Gefässbündel beiderseits mit Faserbelag. An der Oberseite vier Reihen von Palissadenzellen, Schwammparenchym etwa dreischichtig, relativ dickwandig. Im Mesophyll Sekretbehälter. Haare spärlich, einzellig, ziemlich dickwandig, oft an der Basis umgebogen. Epidermen beiderseits polygonal, Stomatien nur auf der Unterseite und dort sehr zahlreich.

Die Rinde bildet kleine Stücke, die etwa 1 mm dick, aussen grünlich braun bis grünlich grau, innen hellbraun sind. Der Querschnitt zeigt einen dünnen, 3—4 Zellenreihen breiten Kork aus flachen Zellen mit braunem Inhalt. Offenbar findet ausgiebige Borkebildung statt, da der Bast unmittelbar an den Kork grenzt. Markstrahlen 1—2 (selten 3) Zellreihen breit, die Zellen radial gestreckt, 9 bis (selten) 17 Zellreihen hoch. Die Baststrahlen zeigen eine sehr deutliche Schichtung, man erkennt tangentiale Schichten von Krystallzellen, die in der Droge reichlich Luft enthalten und daher zunächst schwarz erscheinen, und krystallfreie Schichten, in denen die Siebröhren sich finden. Letztere haben einfache, schiefgestellte Platten. Die Krystallzellen lassen auf den Längsschnitt zwei Formen unterscheiden, einmal solche, die in grösserer Anzahl (acht) übereinander stehen und je einen Einzelkrystall enthalten und solche, die mehr vereinzelt sind und neben Rhomboëdern viele kleine Kryställchen (Sand) enthalten.

In tieferen Parthien des Bastes treten ein resp. zwei schmale Zonen von kleinen, stark verdickten, porösen Steinzellen auf. Sekretbehälter fehlen der Rinde.

Litt.: Kosteletzky IV, p. 1522. Amer. Journ. of Pharm. 1885, p. 601. Annales de l'Institut Colonial de Marseille, 3me.année, vol. II. Lille 1895.

Psidium pyriferum L. Name: Djamboë. Wird wie die vorige verwendet, gleicht ihr auch hinsichtlich der Bestandtheile. Ein aus der Pflanze dargestelltes Harz, Guavin, wirkt fieberwidrig.

Litt.: Kosteletzky IV, p. 1522. Americ. Journ. of Pharm. 1885, p. 601. Chem. Centralblatt 1888, p. 1310. Gehe & Co. 1896, September. E. Merck 1895, p. 78.

Psoralea (Papilionaceae — Galegeae — Psoraliinae).

Psoralea corylifolia L. Hauptsächlich in Vorderindien und Ceylon. Namen: Bukchi, Bábachi (Hind.); Bavachi (Mar.); Latakasturi (Beng.); Karpo-karichi (Tam.); Bhavanchi-vittulu, Káru-bogi vittulu (Tel.). Die aromatischen Hülsen verwendet man in der Parfümerie, die Samen gegen Hautkrankheiten. Sie enthalten ätherisches Oel und Harz.

Litt.: Kosteletzky IV, p. 1264. Dymock I, p. 412. New Idea 1884, September. Christy & Co. IV, p. 47; V, p. 69.

Psoralea glandulosa L. Heimisch in Chile. Name: Culen. Die Wurzel dient in Chile als Brechmittel, die Blätter wirken anthelminthisch; äusserlich verwendet man sie zu Umschlägen. Sie enthalten ein Alkaloid.

Die Blätter sollen auch als Thee getrunken werden, früher leitete man den Paraguaythee von dieser Pflanze ab.

Litt.: Kosteletzky IV, p. 1264. Americ. Journ. of Pharm. 1889, p. 345.

Psoralea longifolia Pursh. Ein Auszug der Samen findet Verwendung zur Heilung von Hautkrankheiten, wie von *Psoralea corylifolia.*

Litt.: Beckurts Jahresber. 1881/82, p. 209.

Psoralea melilotoides Michx. In Nordamerika. Namen: Samsons snake root, Congos root. Die spindelförmige, bis 25 cm lange, aromatische Wurzel wird gegen Diarrhoen angewendet. Sie ist frei von Gerbstoff, enthält 2 $^0/_0$ ätherisches Oel.

Litt.: Americ. Journ. of Pharm. 1889, p. 345.

Psoralea pentaphylla L. Wird in Mexico angewendet. Die Wurzel ist im vorigen Jahrhundert nach Spanien als *Contrayerva alba* gekommen.

Litt.: Kosteletzky IV, p. 1265. Americ. Journ. of Ph. 1889, p. 345.

Pterocarpus (Papilionaceae—Dalbergieae—Pterocarpinae).

Pterocarpus esculentus Schum. et Tonn. Die Früchte werden in Westafrika unter dem Namen Poorachin gegessen.

Litt.: Christy & Co. VII, p. 84.

Pterocarpus flavus Lour. Heimisch im südlichen China und auf den Molukken. Die Pflanze gilt als Tonicum und Diureticum, speciell die Blätter werden als Bandwurmmittel angewendet. Die Rinde und die Wurzel gelten als Specificum gegen die als Berri-Berri bezeichnete Krankheit. Die specifisch schwere Rinde ist 2—3 mm dick, grau, von bitterem Geschmack. Eine zum Gelbfärben von Seide benutzte Rinde sollte von dieser Art abstammen, bis Squire und Holmes zeigten, dass sie von *Evodia glauca* abstammt.

Litt.: Kosteletzky IV, p. 1310. L'Union pharmaceutique 1891, p. 117. Pharmaceut. Zeitung 1885, p. 813.

Pterocarpus santalinus L. fil. Heimisch in Vorderindien. Namen: Red Sanders, Santal rouge; in Indien: Ragat-chandan, Lal-chandan (Hind.); Rakta-chandan, Tambara-chandana (Mar.); Shen-shandanam (Tam.); Erra-gandhapu-chekka, Kempu-gandha-chekke (Tel.); Rakta-chondon (Beng.); Ratanjli (Guz.). Der Baum liefert das rothe Sandel-holz. Das ätherische Oel desselben wird neuerdings als Ersatz des Copaivabalsams empfohlen. Es hat ein spec. Gew. 0,945 und soll fast ausschliesslich aus zwei sauerstoffhaltigen Antheilen bestehen.

Litt.: Kosteletzky IV, p. 1310. Dymock I, p. 462. Bullet. de la Société chimique de Paris, tom. 37, p. 303.

Pterocaulon (Compositae — Inuleae — Plucheinae).

Pterocaulon pycnostachyon Ell. Heimisch in Nordamerika. Die als „Indianische Schwarzwurzel" bezeichnete Wurzel soll narkotisch und zugleich wehentreibend wirken.

Litt.: Therapeut. Gazette 1884, December.

Pterospermum (Sterculiaceae — Helictereae).

Pterospermum acerifolium W. Heimisch in Birma, in Hinter-indien oft kultivirt. Namen, in Indien: Kaniár, Katha-champa (Hind.); Kanakchampa (Beng.); in Sikkim: Hathipaila. In Sikkim benutzt man die weissen Wollhaare von der Unterseite der Blätter als blutstillendes Mittel. In Concan mischt man die Blüthen und Rinde mit Kamala und benutzt sie äusserlich bei Geschwüren (? small pox).

Litt.: Dymock I, p. 23. Pharm. Journ. and Trans. 1888, Nr. 952, p. 225.

Pueraria (Papilionaceae — Phaseoleae — Diocleinae).

Pueraria tuberosa DC. Heimisch in Vorderindien. Namen: Sural, Siali (Hind.); Dári, Gúmodi, Paharia, Debrelara (Tel.). Die grosse, knollige Wurzel ist stark schleimig, dabei etwas scharf und bitter. Sie findet als Kataplasma äusserlich Verwendung bei Anschwellungen. Sie enthält einen Bitterstoff, ein saures und ein neutrales Harz. Der Inhalt der Zellen redu-cirt Fehling'sche Lösung; er soll ferner einen dem Inulin ähn-lichen oder mit ihm identischen Stoff enthalten.

Litt.: Kosteletzky IV, p. 1270. Dymock I, p. 424. The pacific Record 1892, p. 304.

Pueraria Thunbergiana (Sieb. et Zucc.) Benth. Heimisch in Ostasien. Name bei den Ainos: Oikara. Die geröstete Wurzel wird äusserlich bei Verletzungen angewendet. In Japan wird sie gegessen.

Litt.: Pharm. Journ. and Trans. 1896, p. 1339.

Pusaetha [Entada] (Mimosaceae — Piptadenieae).

Pusaetha scandens (L.) O. K. In den Tropen beider Hemi-sphären weit verbreitet. Namen in Indien: Garambi, Gardul (Mar.); Gila-gach (Beng.); Parin-kaka-vully (Mal.); Suvali amli (Guz.); Pangra (Sikkim); Takdokhym (Lepcha). Die Samen: Pilpápra (Guz.); Gila (Beng.); in Java: Gandro; Mahapus-wolta (Cing.); in Westindien: Swordbean; in Afrika bei den Mombuttu: Morokoh. Die Samen benutzt man in Java als Brechmittel, in Indien als Fiebermittel; auf Sumatra werden sie, nachdem sie geröstet sind, gegessen.

Sie sind als Verfälschung der Calabarbohnen vorgekommen.

Sie enthalten Saponin und 7 oder nach anderen Angaben 30 % fettes Oel.

Ein Aufguss auf die Fasern (?) des Stammes wird auf den Philippinen gegen Hautkrankheiten verwendet.

Litt.: Kosteletzky IV, p. 1350. Dymock I, p. 539. Chemiker-Zeitung (Coethen) 1890, p. 34. Apotheker-Zeitung 1888, p. 108.

Pusaetha polystachya. In Trinidad verwendet man die Wurzel als Heilmittel gegen Syphilis.

Litt.: Pharm. Journ. and Trans. 1886, p. 101 ff.

Purshia (Rosaceae — Cercocarpeae).

Purshia tridentata D. C. Heimisch in Californien vom Ostabhang der Sierra Nevada bis zu den Rocky Mountains und vom Oregongebiet bis Neu-Mexico. Die einzelnen Karpelle der Frucht dieses kleinen Strauches enthalten, dunkelbraune oblong-obovate Samen ohne Endosperm. Das Mesokarp ist in eine tiefpurpurrothe, harzige Pulpa von so intensiver Bitterkeit umgewandelt, dass eine Frucht hinreicht, eine grössere Menge Wasser ungeniessbar zu machen. Nach einer Untersuchung von Trimble ist die bitterschmeckende Substanz im Aetherextrakt enthalten.

Litt.: Amer. Journ. of Ph. 1891, p. 524; 1892, p. 69.

Pycnanthemum (Labiatae — Satureineae).

Pycnanthemum incanum Michx. Heimisch in Nordamerika. Namen: Mountain Mint oder Basil. Enthält ein ätherisches Oel von röthlichgelber Farbe von spec. Gew. 0,935. Die Pflanze findet gegen Schlangenbisse Verwendung.

Litt.: Kosteletzky III, p. 770. Schimmel & Co. 1893, September, p. 45.

Pycnanthemum linifolium Pursh. Heimisch in Nordamerika. Wird als Heilmittel gegen Dyspepsie und Unterleibsbeschwerden angewendet.

Litt.: Amer. Journ. of Ph. 1888, Nr. 12; 1894, p. 169.

Pycnanthemum lanceolatum Pursh. In Nordamerika. Ueber eine Untersuchung der Pflanze, die an Stelle von Stärke Inulin nachgewiesen hat, vgl. Amer. Journ. of Ph. 1894, p. 65.

Pygeum (Rosaceae — Prunoideae).

Pygeum latifolium Miq. und *Pygeum parviflorum T. et P.* Heimisch in Java, wo die erstgenannte Art Kihadji, die zweite Kawo-jang, Ki-toembilag, Ki-badak heisst. Die Rinde beider Arten liefert bei der Destillation Blausäure.

Litt.: Mededeelingen uit 's Lands Plantentuin VII, p. 104.

Q.

Quassia (Simarubaceae).

Quassia africana Baill. Heimisch in Westafrika (Gabon). Verschiedene Theile der Pflanze werden als Tonicum benutzt. Sie enthält einen bitterschmeckenden Stoff, der wahrscheinlich Quassiin ist.

Litt.: Annales de l'Institut Colonial de Marseille, 3. année, 2. vol. 1895, Lille 1895.

Quirarte.

Heilmittel gegen Erysipelas aus Columbia. Weiteres ist mir nicht bekannt geworden.

Litt.: Christy & Co. X, p. 121; XI, p. 86.

Quisqualis (Combretaceae).

Quisqualis indica L. Heimisch in Hinterindien, auf den Philippinen und im westlichen tropischen Afrika, in Ober- und Niederguinea und auch sonst in den Tropen der alten und neuen Welt kultivirt als Zierstrauch. Namen, in China: She-keun-tsze; in Japan: Si-kui-si; in Indien: Rangun-ki-bel (Hind.); Vilayati-chameli, Irangun-malli (Mar.); Rangunu-malle-chettu (Tel.). Verwendung finden die schwarzbraunen, scharf fünfkantigen, fast fünfflügeligen Früchte mit brüchigem, dünnem Perikarp. Der Querschnitt lässt den Samen mit den beiden dicken Kotyledonen erkennen. Die Zellen sind etwas dickwandig, getüpfelt, in den Ecken kollenchymetisch verdickt. Sie enthalten fettes Oel und Aleuron. Der Fettgehalt beträgt bei Extraktion mit Aether 15 $^0/_0$, das Oel ist von gelblicher Farbe. Ferner enthalten die Samen ein Alkaloid. Der Aschegehalt beträgt 7 $^0/_0$.

Die Samen werden in Indien und auch sonst in den Tropen als Anthelminthicum verwendet; sie sollen noch besser wirken, als Santonin. Auch die Blätter sollen ähnlich wirken. Stärkere Dosen der Samen sollen unangenehme Nebenwirkungen haben. In Madagascar ebenfalls als Wurmmittel verwendete Quisqualisfrüchte sind rund (?), hellbraun, mit einem kurzen Stiel versehen; sie sollen von einer anderen Art abstammen.

Litt.: Kosteletzky IV, p. 1499. Dymock II, p. 13. Pharm. Journ. and Trans. 1882, p. 667; 1886, p. 101 ff.

Quivisia (Meliaceae — Melieae).

Quivisia mauritiana Baker. Die Früchte werden auf Mauritus gegen Tripper verwendet.

Litt.: Pharm. Journ. and Trans. 1886, p. 101 ff.

R.

Rabass.

Droge aus Namaqualand, Südwestafrika. Besteht aus Stengeln und Bruchstücken am Rande gesägter, behaarter Blätter. Der Geruch erinnert an Thymian.

Litt.: Chemiker-Zeitung (Coethen) 1887, p. 755.

Raiz de Cametia.

Aus Columbia. Angeblich ein Gegengift gegen Strychnin.

Litt.: Christy & Co. X, p. 121; XI, p. 86.

Randia (Rubiaceae — Cinchonoideae — Gardenieae).

Randia latifolia Lam. Heimisch in Mexico und auf den Antillen. Soll Gallen liefern, die technische Verwendung finden. Sie heissen Karinga und Karinguva.

Litt.: Arch. d. Ph. 1883, p. 820 ff.

Randia uliginosa (Retz.) DC. In Indien. Namen: Pindálu, Pedalu (Hind.); Pinglu (Guz.); Chuvadialu, Piralu (Beng.); Pendhári, Pendhru, Péndhar (Mar.); Nalaika (Tel.); Wagata (Tam.); Karé (Can.); Pindalu, Pindáluka (Sanskr.). Die unreifen Früchte sind adstringirend, geröstet benutzt man sie als Hausmittel gegen Dysenterie und Diarrhoe.

Litt.: Dymock II, p. 207. Pharm. Journ. and Trans. 1883, p. 818.

Randia dumetorum (Retz.) Lam. Heimisch vom südlichen China über die grossen Sundainseln nach Vorderindien und bis Abyssinien. Namen: Maimphal, Mindhla, Pinda (Hind.); Mindhal (Guz.); Gela, Gelaphal, Peralu (Mar.); Menphal (Beng.); Maruk-kallén-kai (Tam.); Mangáre-bongáre (Can.). Medicinische Verwendung finden die Früchte, und zwar in kleineren Dosen gegen Dysenterie, in grösseren als Emeticum; die Wirkung soll der der *Ipecacuanha* ähnlich sein. Sie dienen auch als Fischgift. Der wirksame Stoff soll sich in den Samen finden. Die zweifächerigen Früchte sind braun, eiförmig bis rundlich, bis 5 cm lang, bis 4 cm dick, am Grunde vertieft, an der Spitze verschmälert mit den Resten des Kelches. Das Mesokarp ist hart und von gelblicher Farbe. Innerhalb des Perikarps sitzen in dem eingetrockneten Fruchtmus in jedem Fach an 100 Samen. Die Samen enthalten Aleuron und Fett. Nach Vogtherr sind die wirksamen Bestandtheile Randiasäure und Randiasaponin; beide sind aber im Fruchtmus enthalten.

Litt.: Kosteletzky II, p. 579. Dymock II, p. 204. Arch. d. Ph. 1894, p. 489. Mededeelingen uit 's Lands Plantentuin X, p. 90. Gehe & Co. 1892, April, p. 3; 1893, April, p. 15. Pharm. Journ. and Trans. 1883, p. 818. The Chemist and Druggist 1891, p. 460.

Rauwolfia (Apocynaceae — Plumerieae — Rauwolfiinae).

Rauwolfia canescens L. Heimisch auf den Antillen und auf

dem benachbarten Festlande von Südamerika. Name: Canado
de parayo. Die Rinde enthält 0,4 $^0/_0$ Alkaloid und 0,7 $^0/_0$ eines
fluorescirenden Stoffes. Die Rinde der Wurzel wird äusserlich als
blasenziehendes Mittel, innerlich als Brech- und Purgirmittel angewendet. Der giftige Milchsaft wird äusserlich gegen Hautkrankheiten, innerlich gegen Syphilis angewendet. Der reife Saft
der Früchte wird als Tinte benutzt.

Litt.: Kosteletzky III, p. 1077. Mededeelingen uit 's Lands Plantentuin
VII, p. 49. Planchon, Produits fournis à la matière médicale par la famille
des Apocynées 1894.

Rauwolfia serpentina (L.) Benth. Heimisch in Vorder- und
Hinterindien und Java. Namen, in Indien: Chota chand (Hind.);
Chandra (Beng.); Harkai (Mar.); Pátala-gandhi (Tel.); Chu-
vanna-avilpori (Mal.); Covanmamilpori (Tam.); Sutranabhi
(Can.); in Java: Paoenja Pandak, Poeleh Pandak. Die Zweig-
rinde enthält einen fluorescirenden Stoff und ein Alkaloid (siehe
R. canescens). Die Rinde, auch die der Wurzel, ist stark bitter,
sie enthält ebenfalls ein Alkaloid. Sie kam früher auch nach
Europa als *Radix Mungos,* welchen Namen aber auch die Wurzel
von *Ophiorhiza Mungos L.* führte.

Ferner ist in der Wurzel nachgewiesen: Harz, ein flüchtiges
Oel, Gerbstoff und eine gelbe krystallisirende Substanz, Ophi-
oxylin, die die Wirkung ausmachen soll. Wardle und Bose
haben in der Droge ein Alkaloid nachgewiesen, das dem Brucin
ähnlich ist und das sie Pseudobrucin genannt haben. Die
Farbe der Wurzel ist braun, ihre Rinde weich uud korkig, der
Kork besteht aus flachen und radial gestreckten Zellen in wechselnden Schichten. Sie schmeckt stark bitter, unangenehm, lauch-
artig, etwas ekelhaft.

Man verwendet die Droge gegen Fieber, Dysenterie, gegen
Schlangen, als Fischgift, sie soll Kontraktionen des Uterus bewirken, wie Mutterkorn.

Litt.: Kosteletzky III, p. 1077. Dymock II, p. 414. Mededeelingen uit
's Lands Plantentuin VII, p. 51. Planchon, Produits fournis à la matière médicale par la famille des Apocynées. Pharm. Journ. and Trans. 1892, p. 101.
Nieuw Tijdschr. voor Ph. 1888, p. 1.

Remijia (Rubiaceae — Cinchonoideae — Cinchoneae).

Remijia Vellozii D. C. Heimisch in Brasilien. Liefert mit
anderen Arten Quina de Serra oder Quina de Remijo. Man
stellt als Fiebermittel aus ihr eine weisse, bitterschmeckende,
amorphe Substanz dar, Vieirin, die nach Husemann hauptsächlich aus Chinovin und Chinovasäure besteht.

Litt.: Kosteletzky II, p. 593. Pharm. Zeitung 1880, p. 337. Merck
1888, p. 51.

Renealmia (Zingiberaceae — Zingibereae).

Renealmia exaltata L. fil. Heimisch in Guiana und Brasilien
(Rio de Janeiro, Minas Geraes, Espirito Santo, Bahia, Para). Namen:

Caeté assú, Poco-catinga, Canna do mato, Pacova, Canna do brejo. Die Samen werden als Anthelminthicum benutzt, die von den Samen befreite Kapsel als Tonicum und Aromaticum, das Rhizom als Tonicum und Carminativum, äusserlich bei krebsartigen Geschwüren, auf Wunden etc. Samen und Rhizom enthalten aromatisch schmeckendes, ätherisches Oel, Harz etc.

Litt.: Pharm. Rundschau (New York) 1893, p. 289.

Rhamnus (Rhamnaceae — Rhamneae).

Rhamnus californica Eschsch. Heimisch in Californien, Arizona, Neumexico. Name: Wilder Kaffeebaum. Verwendung findet die Rinde wie die anderer Rhamnusarten gegen Verstopfung. Sie ist von bitterem Geschmacke, geruchlos, aussen dunkelbraun, innen hellgelb.

Litt.: Pharm. Journ. and Trans. 1887, p. 823.

Rhamnus crocea Nutt. Heimisch in Californien und Arizona. Name: Californischer Berghollunder. Die Früchte werden gegessen. Die Rinde gilt ebenfalls als mildes Abführmittel. Sie bildet aussen dunkelbraune, innen rothe Stücke, die auf der Oberfläche weissfleckig sind. Der Geruch ist etwas aromatisch.

Litt.: Pharm Journ. and Trans. 1887, p. 823.

Rhamnus Humboldtiana Röm. et Schulte. In Mexico. Das Mesokarp der kirschgrossen Früchte schmeckt ausserordentlich süss. Die Samen enthalten 25 $^0/_0$ fettes Oel und einen dem Curare ähnlichen, Lähmungen erzeugenden Stoff. Man verwendet sie in Form einer Tinktur.

Litt.: Amer. Journ. of Ph. 1891, p. 67.

Rhamnus Wightii Wr. and Arn. Heimisch in Vorderindien und auf Ceylon. Namen: Raktrarohida, Ragatrora. Die Rinde wird als tonisches, adstringirendes und abführendes Mittel gebraucht. Sie kommt in Röhren oder gekrümmten Stücken von 2—3 mm Dicke vor, die Aussenfläche ist schmutzigbraun, mit zahlreichen Korkleisten und zuweilen mit Flechten bedeckt, ältere Stücke runzelig und mit Querrissen, jüngere aschgrau. Die Mittelrinde ist röthlichbraun. Die Innenseite ist chokoladenbraun bis fast schwarz. Schnitte werden beim Betupfen mit Kalilauge roth, mit Eisenchlorid schmutziggrün. Nach den vorliegenden, nicht ganz klaren Beschreibungen enthalten die Parenchymzellen reichlich Oxalatkrystalle, die Mittelrinde Steinzellen, die Innenrinde Fasergruppen.

Sie enthält einen in Aether löslichen krystallisirenden Stoff zu 0,47 $^0/_0$ ein hellbraunes zu 0,85 $^0/_0$ und ein rothes, in Aether sich lösendes Harz zu 1,35 $^0/_0$ drei in Alkohol lösliche Harze, Gerbstoff 2,48 $^0/_0$, einen Bitterstoff 1,23 $^0/_0$, Zucker, Cathartinsäure 4,42 $^0/_0$ u. s. w. Asche 9,20 $^0/_0$. Die Bestandtheile sollen Analogien mit denen der folgenden Art zeigen, der sie auch bezüglich der Wirksamkeit nahe steht.

Litt.: Dymock I, p. 352. Pharm. Journ. and Trans. 1888, p. 681.

Rhamnus Purshiana DC. Heimisch in Nordamerika. Namen der Droge: Cascara sagrada, Chittem bark, Sacred bark, Sacred tree bark, Shittim wood, Bearberry, Bear wood. Verwendung findet die Rinde. Sie bildet rinnige oder röhrige Stücke mit dünnem, braunem Kork, auf demselben zuweilen Lenticellen. Innen ist die Rinde gelb, auf dem Bruch im Baste faserig. Die Rinde ist im Wesentlichen derjenigen von *Rhamnus Frangula* gleich gebaut, hat also auch im Bast charakteristische tangential gestreckte Fasergruppen mit Krystall-Kammerfasern, unterscheidet sich von ihr aber durch folgende Merkmale. Sie zeigt in der Mittelrinde zerstreute Gruppen kleiner, von Einzelkrystallen begleiteter Steinzellen, welche letzteren sich vereinzelt auch im Bast finden. Das Parenchym enthält Oxalat in Drusen. Bezüglich der wirksamen Bestandtheile, ob die Droge Frangulin oder dessen Spaltungsprodukt Emodin enthält, herrscht noch nicht völlige Sicherheit. Nach einer Arbeit von Wenzell enthält die Droge Emodin, aber kein Frangulin. Sie wird als Abführmittel wie *Cortex Frangulae,* besonders in Form eines Fluidextraktes gebraucht, scheint aber vor der letzteren wohl keine Vorzüge zu besitzen.

An Stelle der genannten Art soll auch die Rinde von *Rhamnus crocea* und *Rhamnus californica* gesammelt werden (cf. p. 285).

Litt.: Parke, Davis & Co., p. 161. Real-Encyklop. d. ges. Ph. II, p. 582; VIII, p. 548. Pharm. Journ. and Trans. 1889, p. 649 u. 657.

Rheum (Polygonaceae — Rumicoideae — Rumiceae).

Unter dem Namen Dai-Hoan wird in Anam die Wurzel eines *Rheum* gebraucht; sie gleicht im Aeussern der echten Droge, soll aber im Bau mehr sich der *Rhapontik* nähern, also wohl einen einfachen Gefässcylinder ohne die charakteristischen inneren Bündel haben.

Litt.: L'Union pharmaceut. 1891, p. 117.

Rhimor.

Wurzel aus Westafrika von sehr bitterem Geschmack, mit dunkelbrauner Rinde und hellrothem, porösem Holz, die auf die Verdauungsorgane einwirken soll.

Litt.: Pharm. Zeitung 1889, p. 728.

Rhinacanthus (Acanthaceae — Imbricatae — Odontonemeae).

Rhinacanthus nasutus (L.) Lindau (Rh. communis Nees.). Im tropischen Asien, Ostafrika und auf Madagascar, wahrscheinlich in Ostindien und Java heimisch, überall in den Tropen als Gartenpflanze kultivirt. Namen, in Indien: Palak-juhi (Hind.); Joipáni (Beng.); Gajkarni (Mar.); Nága-malli (Tam.); Nága-malle (Tel.); Puzhuk-kolli, Pushpa-kedal (Mal.); Nága-mallige (Can.); Gachkaran (Guz.); in China: Tong-Pang-Chong. Man verwendet die Blätter und die Wurzel, und zwar beide gegen Hautkrankheiten (Herpes tonsurans), die Wurzel wird ausserdem als Aphrodisiacum benutzt. Die Pflanze enthält als charakteristischen Bestandtheil das Rhinacanthin $C_{14}H_{18}O_4$, welches als geschmacklose, harzartige, kirschrothe Masse erhalten wird. Es ist weder Alkaloid noch Glykosid. In der Pflanze soll es in Intercellularräumen als Bestandtheil eines Milchsaftes (vielleicht in schizogenen Sekretbehältern) vorhanden sein. Man hält es für den wirksamen Stoff.

Lit.: Kosteletzky III, p. 933. Dymock III, p. 55. Pharm. Zeit. f. Russl. 1881, XX, p. 98.

Rhizophora (Rhizophoraceae — Rhizophoroideae — Gynotrocheae).

Rhizophora Mangle B. In Südamerika und Westindien. Die Rinde dieses Baumes wird wegen ihres Gerbstoffgehaltes, der 25,10 $^0/_0$ beträgt, technisch sehr reichlich verwendet; medicinisch dient sie als adstringirendes Arzneimittel, auch bei Fieber. Der Gerbstoff wird Catecholtannin genannt, er soll mit dem der Mimosenrinde viel Uebereinstimmendes haben. Beim Kochen mit verdünnten Säuren liefert er ein unlösliches Phlolaphen.

Ferner liefert der Baum ein Gummi, das man in Mexico gegen Husten verwendet. Es kommt in Klumpen vor, die bis 5 cm Durchmesser erreichen, aussen röthlichbraun, innen dunkelroth sind. Es soll von süsslich angenehmem Geschmacke und in Wasser vollkommen löslich sein. Eine andere Sorte des Gummi, die von *Rhizophora Candel L.* (wohl zu *Kandelia* gehörig) abstammt, liefert Thränen, die sich nicht in Wasser lösen.

Litt.: Kosteletzky IV, p. 1500. Amer. Journ. of Ph. 1885, p. 601. Pharm. Journ. and Trans. 1892, p. 345.

Rhizophora mucronata Lam. Heimisch von Japan und Australien bis Ostafrika. Namen, in Malabar: Kandel; portugiesisch: Salgeira (diesen Namen führen aber auch andere *Rhizophoraceae*). Wird des Gerbstoffgehaltes wegen wie die vorige als adstringirendes Mittel benutzt, dient auch gegen Hämaturie.

Litt.: Kosteletzky IV, p. 1500. Dymock I, p. 599. Proceed. of the Linn. Soc. of New South Wales 1888, März.

Rhizophora longissima (?). Die Rinde liefert auf den Philippinen ein geschätztes Fiebermittel.

Litt.: Bullet. of Ph. 1893, p. 110.

Rhododendron (Ericaceae — Rhododendroideae).

Rhododendron maximum L. Heimisch in den Vereinigten Staaten von Nordamerika von Maine bis Ohio, hauptsächlich in Pennsylvanien. Name: Great Laurel. Verwenduug finden die Blätter als adstringirendes, aber auch narkotisches Mittel; sie sollen früher an Stelle derjenigen des gelbblühenden *Rhododendron chrysanthum L.* benutzt worden sein. Sie sind bis 20 cm lang, lederartig, eirund-elliptisch, spitz, gegen den Grund verschmälert, glatt mit umgerolltem Rand. Sie enthalten Arbutin, Ericolin und Urson, ferner Gerbstoff u. s. w. und eine Spur ätherischen Oeles.

Litt.: Kosteletzky III, p. 1023. Amer. Journ. of Ph. 1885, p. 164.

Rhus (Anacardiaceae — Rhoideae).

Rhus aromatica Ait. Heimisch von Canada durch das atlantische Nordamerika bis Mexico. Namen: Sweet Sumach, Fragrant Sumach. Verwendung findet die Wurzelrinde, am liebsten in Form eines Fluidextraktes, bei Diabetes, Syphilis, Blasenleiden, Nierenleiden, Dysenterie u. s. w. Von Bestandtheilen sind zu nennen: fettes Oel, Gerbsäure, Gallussäure u. s. w., ein Alkaloid konnte nicht nachgewiesen werden. Der Kork ist dünn und besteht aus flachen, unverdickten Zellen. Die Markstrahlen sind einreihig, ihre Zellen wenig radial gestreckt. In den Baststrahlen Gruppen obliterirter Siebröhren; dieselben sind mit dem Parenchym geschichtet. Ganz vereinzelt Gruppen von Steinzellen, in einigen derselben Einzelkrystalle von Oxalat. Im Parenchym Oxalatdrusen. In Mittelrinde und Bast reichlich schizogene Sekretbehälter. Zahlreiche Zellen des Parenchyms werden mit Natronlauge blau. Die scharlachrothen, behaarten Früchte enthalten 10,65 $\%$ Citronensäure.

Litt.: Kosteletzky IV, p. 1242. Parke, Davis & Co. p. 1111. Pharm. Rundschau (New York) 1890, p. 262. Nederl. Tijdschr. voor Ph. 1890, p. 530. Gehe & Co. 1882, September, p. 21; 1883, April, p. 18; 1884, April, p. 15; 1888, April, p. 52.

Rhus perniciosa H. B. Kth. Heimisch in Mexico. Liefert ein Gummiharz (Goa Anchipin), das als Purgans und Diureticum dient. Es ist von Farbe milchweiss bis braun, mit grünlichen oder bräunlichen Flecken, geruchlos, von bitterem Geschmack. Es enthält 34 $\%$ Gummi und 44 $\%$ bitterschmeckendes Harz. — Sonst soll die Pflanze giftig sein.

Litt.: Kosteletzky IV, p. 1241. Amer. Journ. of Ph. 1885, p. 431.

Robinia (Papilionaceae — Galegeae — Robiniinae).

Robinia Nicou Aublet. Heimisch in Französisch-Guyana. Die zerfaserten Stengel werden als sicher wirkendes Fischgift benutzt. Als wirksamer Bestandtheil wurde Nicoulin C_3H_4O isolirt. Schmelzpunkt 162°. Es bildet farblose schiefe, rhombische Tafeln oder Nadeln, die in Chloroform, Benzol, Alkohol, Aether, Aceton, Amyl- und Butylalkohol leicht löslich sind, wenig löslich in heissem, fast unlöslich in kaltem Alkohol. Mit wenig Schwefelsäure wird es orangeroth, mit mehr Schwefelsäure ponceauroth, mit roher und rauchender Salpetersäure blutroth, mit Brom in Chloroformlösung beim Abdampfen roth, dann grün, endlich gelb. — Bezüglich seiner Wirkung zeigt es Verwandtschaft einerseits mit dem Morphin und anderen Opiumalkaloiden, andererseits mit dem Atropin und Aconitin.

Litt.: Mededeelingen uit 's Lands Plantentuin X, p. 67. Annales de l'Institut colonial de Marseille, 3. année, 2. vol. Lille 1895.

Rourea (Connaraceae — Connareae).

Rourea oblongifolia Hook. et Arn. var. floribunda. Name: Cangoura. Heimisch im südlichen Mexico. Verwendung finden die Wurzel und die Samen gegen Hautkrankheiten (Scabies) und als Gift zum Vertilgen schädlicher Thiere. Die Wurzel ist hin- und hergebogen, wenig runzelig, geringelt, braun, von eigenthüm- lichem Geruch und etwas adstringirendem Geschmack. Sie enthält Harze und einen gelben Farbstoff. Die Samen haben eine braune, glänzende Schale, an der Basis mit einem gelben, fleischigen Arillus.

Litt.: Amer. Journ. of Ph. 1891, p. 1. E. Merck 1895, p. 50.

Rubus (Rosaceae — Rosoideae — Rubinae).

Rubus Chamaemorus L. Heimisch im Norden von Europa, Asien und Amerika. Liefert die als Obst und Kompott bekannten „Moltebeeren“. Die Pflanze, besonders die Blätter sollen diuretisch wirken; man verwendet sie in Russland als Heilmittel bei Wasser- sucht. Als der Träger der Wirkung gilt eine Säure.

Litt.: Kosteletzky IV, p. 1461. Pharm. Journ. and Trans. 1886, p. 722.

Rubus villosus Ait. Heimisch in Nordamerika. Wurzel, Blätter und Blüthen werden als adstringirende Arzneimittel an- gewendet. Die Pflanze wird auch der grossen Früchte wegen kultivirt. Die Wurzelrinde (Black berry bark) enthält $0,015\,^0/_0$ flüchtiges Oel, einen Bitterstoff, $14-18\,^0/_0$ Gerbstoff, $0,8\,^0/_0$ Villosin, ein in seidenglänzenden Nadeln krystallisirendes Glykosid.

Aehnlich wird verwendet *Rubus canadensis L.* und *Rubus hispidus L.*

Litt.: Kosteletzky IV, p. 1460. Americ. Journ. of Ph., Vol. 53, p. 595; Vol. 61; 1894, p. 580.

Ruellia (Acanthaceae — Contortae — Ruellieae).

Unter dem Namen Tin-sing-tjei werden kleine braune, flache, etwa 1 mm grosse Samen beschrieben mit für viele Acan- thaceen charakteristischer Schleimepidermis. Dieselbe besteht aus schleimführenden Haaren mit ringförmigen oder spiraligen Ver- dickungen. Die Droge stammte von Samarang auf Java. Es sei darauf aufmerksam gemacht, dass den chinesischen Namen: Thien-sin-tsi, javanisch: Telor kodok die Samen von *Hygro- phila obovata Nees* und *Hygrophila salicifolia Nees* führen (cf. *Hygrophila*).

Litt.: Chemiker-Zeitung (Coethen) 1889, p. 433.

Ruscus (Liliaceae — Asparagoideae — Asparageae).

Ruscus aculeatus L. Heimisch im Mittelmeergebiet, west- lichen Frankreich, Belgien und Grossbritannien. Man verwendete die Rhizome *(Radix Rusci vel Brusci)* als diuretisches Arznei- mittel in früherer Zeit und hat sie neuerdings zu diesem Zweck wieder empfohlen. Es sei daran erinnert, dass die Droge als Substitution der Sarsaparille genannt wird.

Litt.: Kosteletzky I, p. 226. Americ. Journ. of Ph. 1881, p. 33.

Ruscus hypoglossum L. Heimisch von Spanien bis zur Balkanhalbinsel. Namen: Bislingua Uvularia und Laurus

Alexandrina angustifolia. Das Rhizom wird gebraucht wie das der vorigen Art, ausserdem bei Halskrankheiten.

Litt. Kosteletzky I, p. 227. Americ. Journ. of Ph. 1881, p. 33.

Ruscus Hypophyllum L. Heimisch von Madeira bis zum Kaukasus. Namen: Laurus Alexandrina. Verwendung des Rhizoms wie bei der vorhergehenden Art.

Litt.: Kosteletzky I, p. 227. Americ. Journ. of Ph. 1881, p. 33.

S.

Sabal (Palmae — Coryphinae — Sabaleae).

Sabal serrulata R. et Sch. Die Früchte finden Verwendung bei Phthisis und Krankheiten der Lunge. Sie sollen diuretisch wirken. Sie sind trocken länglich-eiförmig, 10—15 mm lang, 5—9 mm breit, durchschnittlich 0,5 g schwer und je einen Samen enthaltend, der in der unreif gesammelten Frucht stark geschrumpft ist.

Litt.: Americ. Journ. of Ph., vol. 55, p. 466. Pharm. Centralhalle 1883, p. 168.

Sabbatia (Gentianaceae — Gentianoideae — Erythraeinae).

Sabbatia angularis Pursh. Heimisch in Nordamerika, in den Mittel- und Südstaaten der Union. Name: American Centaury. Das Kraut wird verwendet wie unsere Herb. Centaur. min. Die Blätter der Pflanze sind bis 2 cm lang, länglich eirund, fünfnervig, ganzrandig, spitz, am Grunde stengelumfassend. Stengel vierkantig, geflügelt. Blumenkrone hell- bis purpurroth. Die Pflanze soll einen glykosidischen Bitterstoff enthalten, der mit Schwefelsäure rubinroth, mit Eisenchlorid grün wird.

Litt.: Kosteletzky III, p. 1038. Americ. Journ. of Ph. 1891, p. 335.

Sabbatia campestris Nutt. Ebenfalls in Nordamerika heimisch (Arkansas und Texas). Die Blätter sind eiförmig, an der Basis herzförmig, drei- bis fünfnervig, bis 2 cm lang. Die Pflanze wird in Form des Fluidextrakts ähnlich wie die vorige als Antiperiodicum und Tonicum benutzt.

Litt.: Parke, Davis & Co. p. 1127. Apotheker-Zeitung. Repert. d. Ph. 1892, p. 13.

Sabbatia Elliotti Steud. Heimisch in Amerika im südlichsten Theil der Vereinigten Staaten. Name: Quinine flower. Verwendung findet die Wurzel als sehr geschätztes Fiebermittel. Träger der Wirksamkeit soll ein Glykosid, Sabbatin, sein.

Litt.: Parke, Davis & Co., p. 1110. Apotheker-Zeitung. Repert. d. Ph. 1888, p. 622; 1892, p. 13.

Saccharum (Gramineae — Andropogoneae).

Saccharum holcoides Hack. In Brasilien (Minas Geraes). Namen:

Capim ema, Capim canela d'ema. Ein Dekokt des Rhizoms wird als Diureticum verwendet.

Litt.: Pharm. Rundschau (New York) 1894, p. 166.

Sagbinay Gum.

Als Arznei verwendetes Gummi aus Persien von mir unbekannter Abstammung etc.

Litt.: Christy & Co. VIII, p. 82.

Sahagunia (Urticaceae — Artocarpoideae — Euartocarpeae).
Sahagunia strepitans (Fr. Allem.) Engl. Heimisch in Brasilien im Staate Rio de Janeiro. Name: Bainha de espado. Der Milchsaft des Baumes wird als Anthelminthicum benutzt, ein Dekokt der Rinde zu Waschungen bei Hautkrankheiten.

Die Früchte der *Sahagunia Peckoltii Schum.* Namen: Diconroque und Feijão de caboclo, bilden ein beliebtes Obst und Nahrungsmittel.

Litt.: Pharm. Rundschau (New York) 1891. p. 220.

Salix (Salicaceae).
Salix nigra Marsh. Heimisch im atlantischen Nordamerika. Namen: Black Willow, Catkins Willow, Puny Willow. Die Rinde, resp. ein aus ihr hergestelltes Fluidextrakt wird seit etwa 1887 als Heilmittel bei manchen Geschlechtskrankheiten, z. B. Spermatorrhoe, anscheinend mit Erfolg benutzt. Die Rinde der Wurzel gilt auch als Mittel gegen Fieber.

Litt.: Kosteletzky II, p. 386. Christy & Co. X, p. 68; XI, p. 49. Gehe & Co. 1887, September, p. 6; 1888, April, p. 52.

Salix Martiana Leybold. In Brasilien. Namen: Salgueiro dorio, Avirama, Oirana. Ein Iŋfusum der Blüthenkätzchen wird als schweisstreibendes Mittel und die Rinde gegen Sumpffieber verwendet.

Litt.: Pharm. Rundschau (New York) 1894, p. 240.

Salsola (Chenopodiaceae). — Spirolobeae — Salsoleae).
Salsola foetida Del. Auf dieser Pflanze findet sich eine sehr wohlschmeckende Manna in milchigen Tropfen.

Litt.: Pharmaceut. Zeitung 1887, p. 27.

Salvadora (Salvadoraceae).
Salvadora oleoides Decne. Heimisch in Pendschab und Afghanistan. Namen in Indien: Pilu, Jhal (Hind.); Pilu (Beng., Guz.); Kakhar (Mar.); Kárkol, Ughai-puttai (Tam.); Voragogu (Tel.). Medicinische Verwendung finden Blätter, Rinde, Frucht und Oel der Samen. Mir liegen Früchte und die Rinde vor, und zwar die letztere von der Wurzel. Sie wird als Vesicatorium benutzt und soll einen scharfen, kressenartigen Geschmack haben. Von diesen Eigenschaften ist an meinem Muster nichts zu bemerken; der Geschmack ist schwach salzig.

Indessen stimmt der Bau meiner Rinde mit den Angaben bei Dymock und Moeller gut überein. Wahrscheinlich sind

wohl diese scharfen Stoffe flüchtiger Natur. Die Rinde ist etwa
1 mm dick, aussen graugelb mit weichem Kork. Bei jungen Stücken
ist der Kork schmal, die Zellen durchweg dünnwandig, ältere
Stücke zeigen ausgiebige Borkebildung, die bis in den Bast reicht.
Die Mittelrinde besteht aus Parenchym, in dem einige Zellen
Stärke führen. Die Markstrahlen sind im Bast vier Zellreihen
breit, nach aussen sich verbreiternd, die Zellen wenig radial
gestreckt. Die Baststrahlen bestehen in jüngeren Rinden ausschliesslich aus Weichbast mit sehr vereinzelten, stark verdickten,
reichlich porösen, in der Richtung der Achse gestreckten Steinzellen, die in älteren Rinden reichlicher, aber auch nicht in
zusammenhängenden Gruppen auftreten. Siebröhren konnte ich
so wenig wie Moeller auffinden. — Gerbstoff fehlt der Rinde,
sie enthält 0,109 $^0/_0$ Alkaloid, ferner Krystalle eines in siedendem
Wasser löslichen Kalksalzes.

Die Früchte sollen diuretisch wirken und werden besonders
gegen Steinbeschwerden angewendet, das Oel derselben gegen
Rheumatismen und nach Entbindungen. Der Gehalt der Früchte
an Oel beträgt 27,77 $^0/_0$, es ist von graugelber Farbe, angenehm
mildem Geschmack, bei gewöhnlicher Temperatur fest, bei 38°
schmelzend. Die Früchte enthalten 0,58 $^0/_0$ Alkaloid. Sie sind
6—7 mm lang, 4 mm dick, gelbbraun bis braun, glatt oder
runzelig, an der Basis befindet sich der bis 2 mm lange Frucht-
stiel und Reste des Kelches. Die Fruchtschale ist papierartig
dünn, spröde, sie umschliesst einen endospermlosen Samen mit
dicken Kotyledonen, die die Radicula umschliessen.

Litt.: Dymock 11, p. 380. Gehe & Co. 1896, September.

Salvia (Labiatae — Monardeae).

Salvia axillaris Mocina. Heimisch in Mexico. Die aromatisch bittere Pflanze hat lineal-oblonge, spitze, ganzrandige, am
Grunde verschmälerte, rauhhaarige Blätter und zwei- bis sechs-
blumige, achselständige Blüthenquirle. Sie findet als Aromaticum,
ähnlich wie Thymian, Verwendung.

Litt.: Americ. Journ. of Pharm. 1885, p. 601.

Salvia Chia Ruiz et Pavon. Heimisch in Mexico und Mittelamerika. Die Früchte dieser Art und wahrscheinlich noch einiger
anderer, wie *Salvia columbariae Benth., S. hispanica L., S. ur-
ticaefolia L., S. polystachya Orteg.* finden ihres Schleimgehaltes
wegen als Chiasamen Verwendung. Sie sind $2^1/_2$ — 3 mm lang,
1 mm breit, cylindrisch, etwas abgeplattet, an den Enden zugespitzt, glatt, glänzend, von grauer Farbe mit braunen Flecken.
Sie enthalten den Schleim in den Epidermiszellen der Testa, in
denen er als Verdickungsschicht abgelagert wird; auf diese Schleim-
schicht folgt dann noch als tertiäre Schicht ein sehr charakteristisches Spiralband, welches durch seine Ausdehnung das Austreten des Schleimes begünstigt. Man benutzt die Droge in der
Augenheilkunde, ferner zur Herstellung eines erfrischenden Ge-

tränkes (in Guatemala Chan oder Tschan genannt) und soll auch Brod daraus backen.

Litt.: Christy & Co. VII, p. 81. Journ. de Pharm. et de Ch. 1887, p. 260. Americ. Journ. of Pharm. 1854, p. 585.

Salvia Sclarea L. Heimisch in Südeuropa, in Mitteleuropa kultivirt und häufig verwildert. Früher zum Aromatisiren des Bieres und Weines verwendet. Lieferte zum pharmaceutischen Gebrauch *Herba Sclareae vel Hormin. sativi vel Gallitrichi*, das äusserlich bei Geschwülsten und innerlich bei Blähungen verwendet wurde. Wie die vorigen wurden die Samen ihres Schleimgehaltes wegen in der Augenheilkunde benutzt. Das ätherische Oel vom Geruch der ganzen Pflanze, zu $^1/_5\,^0/_0$ darin enthalten, heisst Muscateller Salbei-Oel.

Litt.: Schimmel & Co. 1889, April, p. 44.

Samandura (Simarubaceae — Simarubeae).

Samandura (Samadera) indica Gaertn. Heimisch in Vorderindien und auf Ceylon. Namen: Niepa (Tam.); Karinghata (Malabar); Samadara (Cing.). Verwendung findet die Rinde und die Samen, die beide von sehr bitterem Geschmack sind, als Fiebermittel, etwa wie Quassia. Das aus den Samen gepresste Oel ist ein Mittel gegen Rheuma, die Blätter ebenso gegen Erysipelas. Der Oelgehalt der Samen beträgt $33\,^0/_0$, es besteht zu $84\,^0/_0$ aus Oleïn und $16\,^0/_0$ aus Palmitin und Stearin. Das bittere Princip, amorph und von gelber Farbe ist Samaderin genannt worden. Mark und Kryder haben 1890 in der Rinde und den Samen ein Alkaloid gefunden, und ein in Krystallen erhaltenes Glykosid, das mit koncentrirter Schwefelsäure schön violett wird.

Litt.: Kosteletzky V, p. 1804. Dymock I, p. 293. Nederl. Tijdschr. v. Ph., Chem. en Toxicol. 1890, p. 48.

Sambucus (Caprifoliaceae — Sambuceae).

Sambucus canadensis L. Heimisch in Nordamerika von Canada bis Carolina, bei uns häufig angepflanzt. Die Verwendung der Pflanze ist im Allgemeinen dieselbe wie bei uns die von *Sambucus nigra L.* Die weissen Blüthen, die man zu Paketen zusammenpresst, werden als Carminativum und Diureticum benutzt. Sie enthalten $0,5\,^0/_0$ eines ätherischen Oeles, das bei gewöhnlicher Temperatur die Konsistenz der Butter hat; es ist von aromatischem Geruch und leicht bitterem Geschmack. Die Rinde enthält Baldriansäure, flüchtiges Oel, Fett, Harz etc. Die Frucht enthält eisenbläuende Gerbsäure, Harz, Gummi, Zucker etc.

Litt.: Kosteletzky II, p. 522. Pharmaceut. Zeitung 1881, p. 617, 765. Americ. Journ. of Ph. 1892, p. 1.

Sanicula (Umbelliferae — Saniculeae).

Sanicula marilandica L. Heimisch in Nordamerika. Name: Schwarze Schlangenwurzel. Man benutzt die Wurzel als Expektorans und schweisstreibendes Mittel bei Lungenkrankheiten und Wechselfieber. Die Wurzel ist kurz und dick, mit zahlreichen Wurzelfasern versehen, welch letztere als Haarseil bei Pferden benutzt werden gegen Geschwülste. Der Geschmack der Droge ist petersilienartig, sie enthält ätherisches Oel und Harz.

Litt.: Kosteletzky IV, p. 1124. Americ. Journ. of Pharm. 1884, p. 163.

Santalum (Santalaceae — Osyrideae).

Die verschiedenen Sorten des Sandelholzes werden gegenwärtig wohl nirgend mehr in irgend nennenswerther Weise medicinisch verwendet; dagegen spielen die aus denselben gewonnenen ätherischen Oele eine Rolle, in erster Linie freilich als Parfüm, dann aber auch medicinisch in ähnlicher Weise wie der Copaivabalsam. Es ist darüber folgendes zu bemerken:

Die allgemein für die beste gehaltene Sorte ist die ostindische, sie stammt von *Santalum album L.* Heimisch in Ostindien und auf den Inseln des indischen Archipels. Dieser Baum liefert das „weisse Sandelholz", aus dem das Oel des Handels destillirt wird. Als weisses Sandelholz soll auch das Holz von *Epicharis Loureirii* und *E. Bailloni* (Meliaceae) in den Handel kommen. Das Oel wird aus dem Holz in einer Menge von $2-5\,^0/_0$ gewonnen. Es ist stark linksdrehend (-17^0 bis -20^0), spec. Gew. 0,975—0,980, jedenfalls nicht unter 0,970; es muss in dem fünffachen Volum verdünnten Alkohols (5 Vol. $+$ 1 Vol. H_2O) bei $15,5^0$ C. löslich sein. Das Oel enthält circa $90\,^0/_0$ Santalol $C_{15}H_{26}O$. — Der durch die rücksichtslose Gewinnung des Holzes drohenden Ausrottung der Pflanze beugt man, wenigstens in der Provinz Madras, durch Anpflanzen vor.

Dieser ostindischen Sorte scheint am nächsten zu stehen das Macassar-Oel. Die Firma Schimmel & Co. leitet es ebenfalls von *Santalum album L.* ab; es ist im Holz nur zu $1,6-3,0\,^0/_0$ enthalten, scheint sich aber bezüglich des spec. Gewichts etc. vom erstgenannten nicht zu unterscheiden.

Mehrere Sorten Sandelholz-Oel kommen aus Australien: Südaustralisches Oel von *Santalum Preissianum Miquel* (der Baum heisst in Australien Quandong). Dies das Oel liefernde Holz ist von dunkelbrauner Farbe, von ungemein dichtem und zähem Gefüge und sehr hart und schwer. Es liefert $5\,^0/_0$ Oel, das von kirschrother Farbe, dickflüssig und von einem spec. Gew. von 1,022 ist. Das Oel scheidet schon bei relativ hoher Temperatur einen krystallinischen Körper ab. Derselbe schmilzt bei $101-103^0$ und hat die Formel $C_{15}H_{26}O$ (cf. oben). Bei gewöhnlicher Temperatur ist das ganze Oel fest.

Westaustralisches Sandelöl. Es wird gewonnen aus dem Holz von *Santalum cygnorum Miquel* (Swan-River Sandelwood). Es liefert $2\,^0/_0$ Oel, welches sich im Geruch unvortheilhaft von dem echten Oel unterscheidet, insofern es einen widerlich harzigen Geruch hat. Es dreht rechts ($+5^0\ 20'$) und hat ein spec. Gew. von 0,953. Ferner liefert *Santalum Yasi Seem.* auf den Fidschiinseln ein Sandelholzöl, dessen Geruch weniger fein und schwächer als der des ostindischen Oeles ist. Der Gehalt des Holzes an Oel beträgt $6^1/_4\,^0/_0$.

Afrikanisches Sandelholzöl stellten Schimmel & Co. her aus einem von Tamatave auf Madagascar stammenden Holz. Dasselbe ist von braunrother Farbe, sehr hart und schwer. Es liefert $3\,^0/_0$ Oel von rubinrother Farbe und 0,969 spec. Gew. Der Geruch ähnelt dem des folgenden. Die Stammpflanze ist nicht bekannt.

Endlich ist zu nennen venezuelanisches oder westindisches Sandelholzöl. Es ist etwa seit 1872 bekannt. Das Holz liefert $1,6—3,0\,^0/_0$ Oel, welches von viel weniger angenehmem Geruche ist als das ostindische. Man versetzt es deshalb mit Zimmtöl. Spec. Gew. 0,963—0,967. Es löst sich erst in 50—70 Theilen verdünnten Alkohols (cf. oben). Es dreht rechts $(+ 26^0)$. Die Stammpflanze ist nicht genau bekannt, indessen soll es sicher von einer *Rutacee* abstammen, nach Kirkby vielleicht von *Spiranthera odoratissima A. St. Hil.*

Litt.: Zahlreiche Angaben in den Handelsberichten von Schimmel & Co. Ferner: Pharm. Journ. and Trans. 1886, p. 819, 857, 859, 1065.

Ueber Pflanzen, die sonst noch Sandelhölzer liefern, vgl. Pharm. Journ. and Trans. 1886, p. 819, 857.

Sanguinaria (Papaveraceae — Chelidonieae).

Sanguinaria canadensis L. Heimisch im atlantischen Nordamerika. Name: Blood root. Verwendung findet das Rhizom als tonisches, expektorirendes, die Sekretionen vermehrendes Mittel bei Bronchitis, Keuchhusten und Asthma. Starke Dosen wirken brechenerregend. Das Rhizom ist trocken tiefbraun, innen etwas heller und von kurzem Bruch. Es ist 6—10 cm lang, 1—2 cm dick. An der Unterseite mit reichlichen Wurzeln. Der Querschnitt lässt nahe der Peripherie einen Kreis kleiner kollateraler Gefässbündel erkennen.

Die Droge enthält ein Alkaloid: Sanguinarin, welches mit dem aus *Chelidonium majus*, dem die Droge in der Wirkung sehr ähnlich zu sein scheint, dargestellten Chelerythrin $C_{19}H_{17}NO_4$ identisch ist, ausserdem ein zweifelhaftes Alkaloid, Sanguinaria-Porphyroxin.

Litt.: Husemann-Hilger, Pflanzenstoffe II, p. 783. Americ. Journ. of Pharm. 1881, p. 273. Pharmacist XIX, 1885, p. 7.

Santolina (Compositae — Anthemideae).

Santolina Chamaecyparissus L. Heimisch im südwestlichen Europa, geht nördlich bis in den Kanton Wallis und nach Steiermark. Namen: Heiligenpflanze, Cypressenkraut. Die ganze Pflanze ist ein kleiner, graufilziger Strauch mit lineal-vierseitigen, vierreihig gezähnten Blättern und citronengelben Blüthenkörbchen mit

weichhaarigem Hüllkelch. Die durchdringend aromatisch und bitter
schmeckende Pflanze war als Herba Santolinae seu Abrotani
montani seu Abrotani femineae früher, und in Frankreich
wohl auch jetzt noch, als Anthelminthicum im Gebrauch. Die
stark riechenden Blätter dienen ferner als Mottenmittel, kommen
auch hier und da als *Folia Rosmarini* in den Handel.

Das Kraut enthält 8 $^0/_0$ Asche, 12,5 $^0/_0$ Alkoholextrakt, 1,5 $^0/_0$
Petrolätherextrakt, ätherisches Oel. Besonders charakteristische
Bestandtheile sind nicht aufgefunden worden.

> Litt.: Kosteletzky II, p. 694. Pharm. Journ. and Trans. 1885, p. 301.

Santolina fragrantissima Forsk. Die Pflanze soll in Arabien
unter dem Namen Fahanin oder Fohanin wie bei uns *Matricaria
Chamomilla* verwendet werden. Sie dient ebenfalls wie die vorige
Art als Insektenmittel.

> Litt.: Kosteletzky II, p. 694. Brit. Med. Journ. 1885, April, p. 11.

Santolina rosmarinifolia L. Im südwestlichen Europa. Die
Blätter sind lineal, am Rande höckerig, einige ganzrandig, flach,
kahl, etwa $2^1/_2$ cm lang.

In Spanien wird ein Dekokt der Blätter gegen Hautkrankheiten benutzt. Sie kommen ebenfalls als *Folia Rosmarini* vor.

> Litt.: Kosteletzky II, p. 694. Vogl, Kommentar z. österr. Pharmakopoe.

Sapindus (Sapindaceae — Sapindeae).

Sapindus Saponaria L. Heimisch in Südamerika und auf
den Antillen. (Arbol de las cuentas del Xabon.) Verwendung
findet zunächst die Frucht; sie ist eine drupöse Spaltfrucht mit
ziemlich kugeligen, auch seitlich etwas verbundenen Knöpfen, die
sich bei der Fruchtreife trennen. Von gelblicher Farbe. Fruchtfleisch saponinhaltig, pergamentartiges Endokarp. Mit zwei bis
drei kugeligen, glänzend schwarzen Samen mit beinharter Steinschale. Man verwendet sie als Nuculae Saponariae, Seifen-
nüsse, Savoncillo, medicinisch gegen Bleichsucht und Fieber,
technisch ihres Saponingehaltes wegen zum Waschen, auch als
Fischgift. Sie führen daher auch den Namen Barbasco. Auch
andere Arten liefern Seifenbeeren, so *Sapindus Rarak DC.* in
Niederländisch-Indien (die Fruchtknöpfe sind dickschalig, deutlich
gekielt); *Sapindus Mukorossi Gärtn.* in China und Japan (auch
in Indien als Dodan); *Sapindus emarginatus Vahl., S. laurifolius
Vahl, S. acuminatus Vahl.*, sämmtlich in Vorderindien.

> Litt.: Kosteletzky V, p. 1824. Christy & Co. X, p. 117. Mededeelingen
> uit 's Lands Plantentuin X, p. 42.

Sapindus trifoliatus L. Heimisch im südlichen Asien und
auch kultivirt. Namen: Soapnut tree, Savonnier à feuilles
de Laurier; in Indien: Ritha (Hind.); Ponnán-kottai (Tam.);
Ringin, Ritha (Mar.); Aritha (Guz.); Kunkudu-kayalu (Tel.);
Antala, Artala (Can.). Verwendung wie bei den vorigen, ausser-

dem verwendet man die Früchte auch als Wurmmittel, die Rinde
der Pflanze als Adstringens.

Litt.: Dymock I, p. 368. New Idea 1884, September.

Die Früchte von *Sapindus rubiginosus Roxb.*, heimisch in
Asien, Name: Tampagang, gelten als Mittel gegen Dysenterie,
die von *S. senegalensis Poir.* werden gegessen, die Samen gelten
als giftig.

Saraca (Caesalpiniaceae — Amherstieae).

Saraca indica L. (Jonesia Asoca Roxb.). Heimisch in Vorder-
indien, Ceylon und wohl auch auf den Sunda-Inseln. Namen:
The Asoka tree; in Indien: Asok (Hind., Beng.); Ashoka
(Mar.); Asupála (Guz.); Ashogam (Tam.); Asoka (Can.). Die
Blätter gelten als blutreinigendes Mittel, ihr Saft mit Kümmel als
Mittel gegen Kolik. Die Rinde wird als Adstringens verwendet.
Sie enthält 10,3 $^0/_0$ Gerbstoff, der in Wasser löslich ist, und 8,8 $^0/_0$
in Weingeist löslichen Gerbstoff. Sie soll Haematoxylin ent-
halten.

Litt.: Kosteletzky IV, p. 1327. Dymock I, p. 507. Pharm. Post 1887,
p. 778.

Sarcocephalus (Rubiaceae — Cinchonoideae — Naucleeae).

Sarcocephalus cordatus (Roxb.) Miq. Heimisch von Malakka
und Ceylon durch den malayischen Archipel bis Nordaustralien
und Neu-Guinea. In Kaiser Wilhelmsland heisst der Baum seiner
bitteren Rinde wegen Kinabaum. Ueber eine medicinische Verwendung derselben ist mir nichts bekannt.

Ein von Moeller untersuchtes Muster, dessen Ableitung von
dieser Art ihm aber nicht zweifellos erschien, bildete 0,5 cm dicke
Stücke, die zum grösseren Theil von zunderartig weichem Korke
gebildet waren. Der nur 1 mm starke Basttheil ist orangeroth,
lang- und weichfaserig. Die Korkzellen sind äusserst weitlichtig,
nur die innersten 2—5 Zellreihen tafelförmig stärker abgeplattet,
allseitig gleichmässig sklerotisch. Im Bast sind die Siebröhren
einzeln zerstreut, mit stark geneigten Endflächen, jede mit 4 oder
5 feinporigen Siebplatten. Die Bastfasern sind über millimeter-
lang, krummläufig, oft zackig, an den Enden stumpf, knorrig oder
verbreitert gabelig, 0,05 mm breit, stark verdickt, grob geschichtet,
porenarm, im Querschnitt gerundet eckig oder rundlich. Sie stehen
isolirt, oder bilden kurze radiale Reihen oder kleine unregelmässige
Gruppen. Die Markstrahlen sind ein- oder zweireihig, kurz- und
breitzellig. Das Parenchym ist von einer homogenen, dunkelroth-
braunen Masse erfüllt. Diese aus Queensland stammende Rinde
wird zum Gerben benutzt.

Litt.: Beckurts Jahresber. 1891, p. 5. Moeller, Baumrinden, p. 140.

*Sarcocephalus sambucinus (Winterbott.) K. Sch. (S. esculentus
Afzel.).* Heimisch an der Westküste des tropischen Afrika. Die
faustgrossen, fleischigen Sammelfrüchte werden gegessen, ihnen ver-

dankt der Baum den Namen Pfirsichbaum. Zur medicinischen Verwendung empfohlen ist das Holz (Njimoholz) der Wurzel (Egbessiwurzel, Woacroolie Root) und die Stammrinde (Doundakérinde).

Das Njimoholz kommt theils in Stücken, die noch mit Rinde versehen sind, theils in runden, ebenfalls mit Rinde versehenen Abschnitten nach Europa. Das Holz ist gelb, stellenweise röthlich und besitzt einen an Moschus erinnernden Geruch. Der alkoholische Auszug des Holzes fluorescirt, er ist im durchfallenden Licht gelb, im auffallenden grün. Alkaloide enthält das Holz nicht, dagegen einen Bitterstoff von leicht aromatischem Geschmack und eine Harzsäure. Die Wirkung des Holzes soll der des Pepsins ähnlich sein, es wird auch von den Eingeborenen gekaut.

Die Rinde (Doundakérinde, Jadali, Dorg, Amelliky, Quinquina africain, Quinquina de Rio Nuñez, auch Njimo). Die Angaben über die Bestandtheile der Droge gehen auseinander; es wird angeführt derselbe Bitterstoff, der auch im Holz enthalten ist, ferner zwei bitterschmeckende Resinoide ($C_{28}H_{19}NO_{13}$ und $C_{19}H_{10}NO_9$. Die ursprüngliche Angabe, dass die Droge ein Alkaloid, Doundakin, enthalte, welche die Athmung und das Herz afficirt, hat sich nicht bestätigt. Offenbar war die untersuchte Rinde nicht die echte. Es sollen an ihrer Stelle andere Rinden, besonders von Arten der Gattung *Morinda*, in den Handel kommen. Die letzteren geben an Chloroform einen Farbstoff ab, der nach dem Abdunsten des Chloroforms mit Aceton und Aetzlauge erwärmt, rothviolett bis blau wird, während bei gleicher Behandlung die echte Rinde eine gelbliche Flüssigkeit giebt.

Die Doundakérinde ist bis 0,5 cm dick, sehr faserig, aussen mit graubraunem Kork versehen, innen streifig. Sie zeigt einen aus flachen, unverdickten Zellen bestehenden Kork, nur die innersten Lagen desselben sind allseitig verdickt. Die Rinde zeigt Borkebildung. Die Markstrahlen sind 1—2 Zellreihen breit, ihre Zellen wenig radial gestreckt. Die Baststrahlen sind sehr schmal, im Weichbast nur etwa 3 Zellreihen breit, es lassen sich schon im Querschnitt der Rinde die Siebplatten der Siebröhren mit Leichtigkeit erkennen. Zahlreiche Zellen enthalten Krystallsand, einige wenige auch Einzelkrystalle von Calciumoxalat, Sandzellen finden sich auch in den Markstrahlen. Die übrigen Zellen des Parenchyms enthalten Stärke in kleinen runden Körnern, brauner Inhalt fehlt. Ferner zahlreiche kleine Gruppen von Bastfasern und auch einzelne Fasern. Dieselben sind sehr lang, dünn, stark verdickt, die Spitze unregelmässig zackig, oft auch die Seiten durch Eindrücke benachbarter Parenchymzellen.

Abgesehen von dem fehlenden Farbstoff in meiner Rinde und dem Krystallsand, die andererseits Moellers Rinde von *S. cordatus Miq.* fehlen, stimmen beide im Bau gut überein. Ein mir vorliegendes Muster von Njimoholz, dessen Rinde übrigens genau

mit der beschriebenen Doundakérinde übereinstimmte, zeigte einreihige Markstrahlen mit getüpfelten, wenig radial gestreckten
Zellen; dazwischen die ganz schmalen Holzstrahlen mit ansehnlichen, getüpfelten Gefässen, reichlichem Parenchym und kleinen
Gruppen nicht stark verdickter Holzfasern mit schiefen Tüpfeln.

Litt.: Kosteletzky II, p. 574. Christy & Co. II; IV, p. 56; VIII, p. 45;
IX, p. 7. Compt. rend. XCVII, p. 271; C, p. 69. Pharm. Zeitung 1886, p. 351.
Pharm. Centralhalle 1887, p. 175.

Sarcolobus (Asclepiadaceae — Cynanchoideae — Tylophoreae — Marsdeniinae).

Sarcolobus Spanoghei Miq. In Indien. In der ausserordentlich
giftigen Pflanze wurde als wirksamer Stoff ein nach Art des Curare,
also lähmend, wirkendes Harz, Sarcolobid, nachgewiesen.

Litt.: Pharm. Zeitung 1891, p. 763.

Sarcopetalum (Menispermaceae — Cocculeae — Menisperminae).

Sarcopetalum Harveyanum F. v. Müll. Heimisch in Ostaustralien.
Ein Extrakt der Pflanze wirkt betäubend, sie soll zwei Alkaloide
enthalten.

Litt.: Bullet. of Ph. 1892, p. 123.

Sarcostemma (Asclepiadaceae — Cynanchoideae — Asclepiadeae).

Sarcostemma australe R. Br. Heimisch in Queensland. Der
Milchsaft gilt bei den Eingebornen als Specificum gegen Pocken,
die Europäer benutzen ihn als Wundmittel.

Litt.: Proceed. of the Linn. Soc. of New South Wales 1888, März.

Sarcostigma (Icacinaceae — Sarcostigmateae).

Sarcostigma Kleinii Wight et Arnott. Heimisch in Vorder-
und Hinterindien. Die Pflanze liefert Adul- oder Odulöl, das
gegen rheumatische Beschwerden Verwendung findet.

Litt.: Bullet. of Ph. 1892, p. 261.

Sarracenia (Sarraceniaceae).

Sarracenia flava L. Heimisch in den südlichen Staaten des
atlantischen Nordamerika. Namen: Fly-trap, Huntsman's-cup,
Side-saddle plant, Watches, Trumpet-plant. Verwendung
findet das Rhizom besonders gegen Diarrhoe und gilt als sehr
wirksam, ferner bei Leukorrhoe, Dyspepsie etc.

Litt.: Parke, Davis & Co. p. 1188. Therapeut. Gaz. 1884, Dezember.

Sarracenia purpurea L. Heimisch im atlantischen Nordamerika,
südwärts bis Neufundland. Die Blätter werden als schweisstreibendes
Mittel und bei Dyspepsie, die Wurzel als Specificum gegen Blattern
angewendet. — Es liegen mehrere chemische Untersuchungen über
die Droge vor, die aber sämmtlich noch nicht befriedigende Resultate gegeben haben; man hat zwei wenig sichere Alkaloide,

ferner ein drittes, das die Eigenschaften des Veratrins haben soll, eine Säure und eine Aminbase aufgeführt.

Litt.: Compt. rend. Bd. 88, p. 185. Husemann-Hilger, Pflanzenstoffe II, p. 812. Gehe & Co. 1872, April, p. 17, 18; 1884, April, p. 17, 19.

Sarracenia variolaris Michx. In den südlichen Vereinigten Staaten von Florida bis Carolina. Findet als tonisches Arzneimittel bei Diarrhoe Verwendung.

Litt.: Therapeut. Gaz. 1884, Dezember.

Satureja (Labiatae — Satureineae — Melissinae).

Satureja Juliana L. Heimisch in Südeuropa. Name in Sicilien: Erva de ibbisi. Eine Abkochung wird gegen Wechselfieber angewendet. Man hat aus dem aromatisch riechenden und stechend schmeckenden Kraut zwei Substanzen der Formel $C_{34}H_{58}O_4$ und $C_{35}H_{56}O_4$ dargestellt.

Litt.: Kosteletzky III. p. 764. Gaz. chim. 9, p. 285—289.

Satureja montana L. Heimisch in Südeuropa. Die aromatische Pflanze wird in der Volksmedicin angewendet. Das ätherische Oel derselben ist von orangegelber Farbe, es enthält 35—40 % Carvacrol, ein zweites Phenol und zwei Terpene, die bei 172—175° und 180—185° sieden.

Litt.: Kosteletzky III, p. 763.

Satureja Thymbra L. Das Kraut wurde früher unter dem Namen Herba Thymi cretici als Aromaticum benutzt. Das Oel enthält circa 19 % Thymol, ferner bei 175° siedend Cymol, bei 160° siedend Pinen, dann geringe Mengen Dipenten und Essigsäure-Bornylester.

Litt.: Kosteletzky III, p. 763. Schimmel & Co. 1889, Oktober, p. 55.

Saururus (Saururaceae).

Saururus cernuus L. Heimisch in den atlantischen Staaten Nordamerikas von Canada bis Louisiana. Name: Schwarze Sarsaparille. Die Pflanze wird ähnlich wie die Sarsaparilla angewendet und soll, wie behauptet wird, derselben überlegen sein. Wurzel und Blätter werden äusserlich zu erweichenden und zertheilenden Geschwüren angewendet.

Litt.: Kosteletzky II, p. 444. Weekly drug News. 1885, p. 45.

Saussurea (Compositae — Cynareae — Carduinae).

Saussurea Lappa (Dcne.) Clarke. Heimisch in Kaschmir. Namen: Arabian Costus; in Indien: Kut (Hind.); Páchak (Beng.); Upalét (Guz.); Kushta (Mar.); Koshta (Can.); Goshtam (Tam.); Goshtamu (Tel.). Man verwendet die Wurzel (in Kaschmir: Koot; in Ostasien: Putchuk) in der Heimath und in ganz Ostasien und Indien als aromatisches Räucherungsmittel und als Aphrodisiacum, ferner äusserlich zu Einreibungen, als Haarwaschmittel, zu Wund- und Zahnwässern, zum Vertreiben der Motten, endlich auch bei Cholera.

Die Droge kommt in den Handel in Form krummer, gedrehter Stücke von 2 cm Durchmesser und 9 cm Länge. Aussen ist sie rauh, braun, mit Längsrissen, auf dem Bruch harzig und schmutzig weiss. Der Geruch soll an Veilchen erinnern, nach andern Angaben mehr an Moschus. Die wichtigsten Bestandtheile scheinen zwei Harze zu sein, von denen das eine, von neutraler Reaktion, der Träger des Geruches ist.

Litt.: Dymock II, p. 296. The pacif. Record 1892, p. 304.

Saxifraga (Saxifragaceae — Saxifrageae).

Saxifraga ligulata Wall. Heimisch im Himalaya. Namen in Indien: Bat-pia, Popal, Ban-patrak, Dakachru (Hind.); in den indischen Bazars: Páshánbed, Pákhánbhed; Atia, Torongsingh (Khasia); Sohanpe-soah (Nipal). Verwendet wird das Rhizom als äusserliches Mittel bei Furunkeln und Augenentzündungen. Es kommt in Stücken in den Handel, die etwa 4 cm lang und 1 cm dick sind. Die äussere Oberfläche ist braun, runzelig, schuppig, mit vielen Wurzelfasern, im Innern ist es dicht und hart, frisch fast weiss, im Alter röthlich. Unter dem Mikroskop lässt der Querschnitt zahlreiche Krystalle erkennen. Es riecht nach Lohe, aber aromatischer, der Geschmack ist schwach adstringirend.

Es enthält einen mit Aether ausziehbaren, fettartigen, wohlriechenden Körper, ferner $14,28\,^0/_0$ Gerbstoff, $1,17\,^0/_0$ Gallussäure.

Litt.: Dymock I, p. 585. Pharm. Journ. and Trans. 1888, Nr: 947, p. 123.

Saxifraga sarmentosa L. Wird in China unter dem Namen: Kiw-tse-ho-ie medicinisch verwendet. Der Saft, in die Ohren geträufelt, soll Taubheit heilen.

Litt.: Christy & Co. VIII, p. 81.

Scaevola (Goodeniaceae).

Scaevola Koenigii Vahl. Heimisch an den tropischen Gestaden beider Erdhälften. Namen in Hinterindien: Boppa tieda, Bopa tjeda, Moral, Mokal, Polendo laut, Tutukeku. Die Blätter werden von den Eingeborenen nnter dem Namen Potherb gegessen, das Mark wie das von *Aralia papyrifera* und *Aeschynomene* zu sogenanntem Reispapier verarbeitet. Alle Theile der Pflanze schmecken bitter, der Saft wird gegen Augenkrankheiten (Verdunkelungen der Hornhaut), der Saft der Wurzel gegen Dysenterie, eine Abkochung gegen Syphilis, ein Extrakt gegen Beri-beri angewendet. Die Pflanze enthält einen indifferenten Bitterstoff und ein giftiges Glykosid, dem Saponin verwandt.

Litt.: Kosteletzky II, p. 746. Mededeelingen uit 's Lands Plantentuin XIII, p. 33.

Scaphium [jetzt zu Firmiana] (Sterculiaceae — Sterculieae).

Scaphium scaphigerum Wall. In Hinterindien. Namen: Boatam-paijang, Boea Kepayong; Phong-tai-hai (chinesisch). Man verwendet die Frucht (Ta-hai-tsze), die eine sehr grosse

Menge Schleim enthält, ausserdem aber adstringirend und bitter schmeckt, gegen Dysenterie und Diarrhoe. Die Frucht soll 59,04 % Bassorin enthalten.

Litt.: Dymock I, p. 230. Hanbury, Science papers, p. 235. Vordermann, Javaansche Geneesmiddelen 1894, p. 287. Christy & Co. IX, p. 62, 69.

Schima (Theaceae — Theeae).

Schima Wallichii Choisy. Heimisch im Himalaya, Tenasserim und Hinterindien. Namen: Chilauni, Makriya-chilauni. Die Rinde des Baumes enthält in grosser Menge weisse, nadelförmige Bastfasern, die in die Haut gerieben, Röthung und Jucken hervorrufen, wie die Haare der Hülsen von Doliches pruriens.

Litt.: Dymock I, p. 190. Pharm. Zeitung 1888, p. 631.

Schinus (Anacardiaceae — Rhoideae).

Schinus Molle L. Verbreitet in den Anden von Mexico bis Chile, sowie auch im südlichen Brasilien, Entrevios und Uruguay, vielfach in den subtropischen Ländern und im Mediterrangebiet angepflanzt. Namen: Aroeira, peruanischer Pfefferbaum, Molle; in der Tupisprache: Ymira quiynha (Baumpfeffer). Die frische Rinde wird in Brasilien als Adstringens benutzt, das spirituöse Extrakt gegen Tripper. Sie dient in Brasilien unter dem Namen Casca de Aroeira da Capoeira als Gerbematerial. Sie ist mehr als centimeterdick, blätterig-brüchig, chokoladenbraun. Der Periderm besteht aus abwechselnden Schichten dünnwandiger und breit tafelförmiger, allseitig sklerosirter Korkzellen. Der Bast ist geschichtet durch im Querschnitt gerundet-quadratische Faserbündel, die von Kammerfasern mit Einzelkrystallen umscheidet sind. Die Bastfasern sind meist über 1 mm lang, stark verdickt. Der Weichbast enthält geschrumpfte Siebröhrenstränge, im Parenchym Einzelkrystalle und zuweilen Drusen und Sekreträume (schizogene?) mit gelbbraunem, feinkörnigem Inhalt. Die Markstrahlen sind bis vier Zellreihen breit, sie enthalten ebenfalls nicht selten Krystalle.

Die kleinen, stark aromatischen, pfefferartig scharfen Früchte werden als Stomachicum und Diureticum und als Pfeffer benutzt. Sie enthalten 3,357 % ätherisches Oel vom spec. Gew. 0,830 und fenchelartigem Geruch und Geschmack und 14,620 % Harz von terpentinähnlicher Konsistenz und Wachholdergeruch. Die immer noch öfter wiederholte, wohl von Landerer zuerst gebrachte Angabe, dass die Früchte Piperin, oder nach anderen Cubebin enthalten, ist als beseitigt anzusehen. Nach Arata enthält das ätherische Oel ein Terpen, Thymol, und einen nicht krystallisirenden Körper der Formel $C_{34}H_{70}O_3$.

Die Blätter werden äusserlich wie Senfteig angewendet, ein Infusum dient innerlich als Diureticum.

Am wichtigsten ist das aus dem Stamm, nach Peckolt aus der verletzten Rinde durch Ausschwälen gewonnene Harz. Das

Harz ist den Europäern bald nach der Entdeckung von Amerika bekannt geworden, es hiess lange Zeit „Amerikanischer Mastix". Bereits Columbus hat vorgeschlagen, den Handel damit ebenso zu monopolisiren, wie es die Genuesen mit dem echten, auf der Insel Chios gewonnenen Mastix thaten. Das Harz bildet röthlich-gelbe Stücke, die beim Kauen erweichen, von bitterem und scharfem Geschmack, sie schmelzen bei 40°, weihrauchähnliche Dämpfe ausstossend. Es besteht aus 40 % Gummi, 60 % Harz und etwas ätherischem Oel. Man benutzt es in Emulsion zur Entfernung von Hornhautflecken. Man behauptet auch von ihm, dass es Cubebin enthalte.

Litt.: Kosteletzky IV, p. 1243. Pharm. Rundschau (New York) 1891, p. 59. Moeller, Baumrinden, p. 317. Americ. Journ. of Pharm. 1885, p. 339. Pharm. Zeitung 1888, p. 4, Christy & Co. XI, p. 12. Merck 1888, p. 56. Hartwich, Bedeutung der Entdeckung von Amerika f. d. Drogenkunde 1892, p. 5, 29.

Schinus molle L. var. Aroeira DC. Heimisch in den südlichen Staaten von Brasilien und in Matto Grosso. Namen: Aroeira und Comeiba. Wird benutzt wie die vorige.

Litt.: Pharm. Rundschau (New York) 1891, p. 59.

Schinus terebinthifolius Raddi var. rhoifolia Engl. In Brasilien auf den Abhängen des Orgelgebirges und niedrigeren Bergen im Staate Rio de Janeiro. Namen: Aroeirinha (kleine Aroeira), Aroeira vermelha, Cambuy und Cambium (die letzteren Namen führt auch eine Myrtacee). Die Blätter werden als adstringirendes Mittel bei Augenleiden, als Hautkosmeticum, zur Konservirung des Zahnfleisches etc., in alkoholischer Tinktur zu Einspritzungen bei Blenorrhoen gebraucht. Ebenso gilt die Rinde als adstringirend wirkendes Mittel bei Rheumatismus, syphilitischen Ausschlägen u. s. w. Das Extrakt derselben kann wie Catechu verwendet werden. Die Früchte, wie die der vorigen Art von pfefferartigem Geschmack, sind ein energisch wirkendes Diureticum und Stimulans, sie finden Verwendung bei Kolik, Nieren- und Harnblasenkrankheiten etc. Mit dem Harz, dem Schinusterpentin, hat man günstige Erfolge bei Tripper, Leukorrhoe, syphilitischen Geschwüren und chronischem Bronchialkatarrh erzielt.

Die frischen Blätter liefern 0,87 % ätherisches Oel. Es ist dünnflüssig, farblos, von brennendem Geschmack und stark aromatischem Geruch ähnlich wie Sassafras. Spec. Gew. 0,856. Die Blätter liefern ferner mit Petroläther 1,22 % gelblichgrünes, dickflüssiges Harz, 0,87 % Gallussäure, 2,88 % Gerbsäure, 0,0314 % Bitterstoff.

Die frische Rinde enthält 10,62 % Gerbstoff, 0,47 % ätherisches Oel, dasselbe ist farblos, dünnflüssig, von starkem terpentinähnlichem Geruch, brennendem Geschmack und 0,948 spec. Gew., ferner 0,525 % Weichharz und zwei Harzsäuren. Die rothen Früchte enthalten 0,68 % ätherisches Oel. Dasselbe ist dünnflüssig, von terpentinähnlichem Geruch, brennendem Geschmack, spec. Gew. 0,8656, ferner verschiedene Harze, ein in weissen Nadeln erhaltenes Harz: Aroeirin, und Fett.

Litt.: Kosteletzky IV, p. 1243. Pharm. Rundschau 1891, p. 59 ff.

Schinus terebinthifolius Raddi var. Raddiana Engl. Heimisch in Brasilien in den Staaten Rio de Janeiro, Bahia, Espirito Santo, Minas, Parana, São Paulo, Alagoas etc. Namen: Aroeirinha, Aroeira de capoeira. Verwendung etc. wie bei der vorigen.

Litt.: Pharm Rundschau (New York) 1891, p. 88.

Schinus Weinmanniaefolius Engl. Heimisch in Brasilien in den Staaten S. Paulo, Parana und Minas Geraes. Name: Aroeira rasteira. Früchte und Blätter werden wie beim vorigen zu Heilzwecken verwendet.

Litt.: Pharm. Rundschau (New York) 1891, p. 136.

Schinus lentiscifolius L. Heimisch im Küstengebiet der Süd-staaten Brasiliens bis Montevideo. Name: Aroeira de praia. Verwendung wie bei den vorigen.

Litt.: Pharm. Rundschau (New York) 1891, p. 136.

Schizandra (Magnoliaceae — Schizandreae).

Schizandra chinensis (Rupr.) Baill. Heimisch in China und Japan. Name: Répnihat. Ein Dekokt der Stengel findet bei den Ainos Verwendung bei Erkältungen.

Litt.: Pharm. Journ. and Trans. 1896, Nr. 1339.

Schleichera (Sapindaceae — Schleichereae).

Schleichera trijuga W. Heimisch im tropischen Asien und seinen Inseln. Namen in Indien: Kosimb (Hind. und Mar.); Pu-maram (Tam.); May, Roatangha (Tel.); Puvam (Mal.); Sa-gade, Chakota (Can.). Verwendung finden die Rinde, das Oel der Samen und der Arillus derselben, welcher letztere gegessen wird.

Die Rinde ist aussen blätterig, innen fest und hart. Sie ent-hält 9,4 $^0/_0$ Gerbstoff, weshalb man sie als Adstringens verwendet.

Am wichtigsten ist das zu 68 $^0/_0$ in den Samen enthaltene, fette Oel (Macassar-Oel). Es ist bei gewöhnlicher Temperatur butterweich, hellgelb, riecht nach Blausäure. Schmelzpunkt 22^0. Es enthält 3,14 $^0/_0$ freier Oelsäure, das übrige Fett besteht aus Glyceriden, und zwar 70 $^0/_0$ der Oelsäure, 5 $^0/_0$ Palmitinsäure und 25 $^0/_0$ Arachinsäure. Ferner enthält das Oel 0,03—0,05 $^0/_0$ Blausäure.

Litt.: Kosteletzky V, p. 1829. Nieuw Tijdschr. voor Pharm. 1889, p. 147, 183. Chemiker-Zeitung (Cöthen) 1891, p. 600. Dymock I, p. 370. Christy & Co. XI, p. 87.

Scirpus (Cyperaceae).

Scirpus capsularis Lour. Name auf Formosa: Fêng-hsin-ts'ao. Die Pflanze wird als Diureticum benutzt, ebenso in China. Das Mark der Stengel dient zum Offenhalten eitriger Wunden.

Litt: Kosteletzky I, p. 124. Chemist and Druggist 1895, p. 324.

Scoparia (Scrophulariaceae — Digitaleae).

Scoparia dulcis L. Auf Martinique. Name: Balai doux. Die Blätter der Pflanze sind sehr bitter und werden als Tonicum und Stomachicum benutzt. Die schleimige und adstringirende Abkochung der Wurzel wird bei Blenorrhagie, Gonorrhoe und Menstruationsstörungen angewendet.

Litt.: Kosteletzky III, p. 896. Christy & Co. X, p. 42.

Scopolia (Solanaceae — Solaneae — Hyoscyaminae).

Scopolia carniolica Jacq. Heimisch in den Ostalpen, den Karpathen und den angrenzenden Gebieten. Die verschiedenen Theile der Pflanze werden wie diejenigen von *Atropa Belladonna* benutzt. Sie enthält Hyoscyamin und vielleicht Hyoscin. Der Gesammtgehalt an Alkaloiden beträgt $0{,}43 - 0{,}51\ ^0/_0$. Nach Schmidt ist das neben Hyoscyamin vorkommende Alkaloid nicht Hyoscin, dagegen enthält die Pflanze Scopolamin.

Litt.: Kosteletzky III, p. 944. Pharm. Zeitung 1889, p. 773. Pharm. Journ. and Trans. 1889 (3) Nr. 1016. Arch. d. Pharm. 1890, p. 139. Journ. de Ph. et de Ch. 1890, p. 240. Apotheker-Zeitung 1894, p. 6. Pharm. Post 1894, p. 333. Americ. Journ. of Ph. 1894, p. 432.

Scopolia japonica Maxim. Heimisch in Japan. Name: Roto. Verwendung findet der unterirdische Achsentheil und die Wurzel. Die Droge bildet getrocknet 5—10 cm lange, etwas über 1 cm dicke, selten verzweigte, mehr oder weniger gebogene Stücke, die an der oberen Hälfte runde, flache Narben der Stengel und Zweige, und an der unteren Hälfte warzenförmige Reste der Nebenwurzeln tragen. Die Farbe ist braun, innen blasser. Geruch schwach, Geschmack etwas bitter. Enthält zwei Alkaloide, Rotoin und Scopolein, deren Zusammenhang mit den Tropeïnen noch nicht erforscht ist, die aber auch mydriatische Eigenschaften zeigen (enthält nach Schmidt ebenfalls Hyoscyamin und Scopolamin).

Litt.: Pharm. Journ. and Trans. 1880, p. 789. Arch. d. Pharm. 1881, p. 135; 1886, p. 155. Nieuw Tijdschr. voor Pharm. 1884, p. 154 u. 177.

Scopolia lurida (Link et Otto) Dun. Heimisch im Central-Himalaya. In Europa als Gartenpflanze seit 1823, in Schlesien verwildert gefunden. Wird verwendet wie die vorigen und wie *Atropa Belladonna,* mit denen sie die mydriatischen Eigenschaften theilt. Enthält Hyoscyamin, vielleicht auch Atropin.

Litt.: Dymock II, p. 625. Brit. med. Journ. 1885, p. 1145. Arch. d. Pharm. 1890.

Scopolia tangutica Maxim. Heimisch in Westchina. In den Wirkungen anscheinend wie die vorigen.

Litt.: Pharm. Post 1892, p. 153.

Scrophularia (Scrophulariaceae — Anthirrhinoideae — Cheloneae).

Scrophularia nodosa L. Heimisch in Europa, Centralasien und Nordamerika. Lieferte früher *Herba et Radix Scrophulariae foe-*

tidae seu vulgaris, die man besonders äusserlich zu Umschlägen anwendete. Gegenwärtig findet die Droge in Amerika als Carpenters square Verwendung. Soll in geringen Mengen ein Alkaloid und ein pfefferartig schmeckendes Harz enthalten.

Litt.: Kosteletzky III, p. 886. Pharm. Journ. and Trans. 1887, p. 90.

Scutellaria (Labiatae — Scutellarioideae).

Scutellaria lanceolaria Miq. Heimisch in Ostasien. Enthält ätherisches Oel und in einer Menge von 2,35 °/₀ (von Korea) bis 5,74 °/₀ (von China) einen gelben, krystallinischen, zu den Phenolen gehörigen Körper, Scutellarin $C_{10}H_8O_3$, der medicinisch indifferent ist.

Litt.: Chem. Centralbl. 1889, p. 100. Pharm. Zeitung 1890, p. 139.

Scutellaria laterifolia L. Heimisch in Nordamerika von Canada bis Carolina. Wurde unverdient als Mittel gegen Hundswuth empfohlen, auch gegen Krämpfe benutzt. Enthält einen glykosidischen Bitterstoff, ätherisches Oel in Spuren, Gerbstoff, ein Harz.

Litt.: Kosteletzky III, p. 806. Amer. Journ. of Ph. 1889, p. 555.

Sebaea (Gentianaceae — Exacinae).

Sebaea ovata R. Br. Heimisch in Australien und auf Neuseeland. Das Kraut wird als Amarum wie das von *Erythraea* gebraucht.

Litt.: Proceed. of the Linn. Soc. of New South-Wales 1888, März.

Sechium (Cucurbitaceae — Sicyoideae).

Sechium edule Sw. Heimisch im wärmeren Amerika, dort sowie auch anderwärts (Spanien, Algier) kultivirt. Die Früchte und die Wurzeln werden gegessen, das Stärkemehl der letzteren wird auch medicinisch wie Arrow-Root verwendet.

Litt.: Americ. Journ. of Pharm. 1885, p. 506.

Sedum (Crassulaceae).

Sedum acre L. Das scharf und pfefferartig schmeckende Kraut wurde früher als *Herba recens Sedi minoris* äusserlich als die Haut röthendes Mittel, innerlich als Emeticum und Purgans verwendet, auch gegen Epilepsie. Neuerdings ist ein Fluidextrakt der Pflanze als Lösungsmittel für croupöse und diphtheritische Membranen empfohlen.

Litt.: Kosteletzky IV, p. 1372. D. med. Zeitung 1885, p. 99. Parke, Davis & Co., p. 1145.

Senecio (Compositae — Senecioneae).

Senecio aureus L. Heimisch in Nordamerika. Das Kraut wird wie Arnica äusserlich verwendet, ferner bei Menstruationsstörungen, die Wurzel gegen Rheumatismus.

Litt.: Kosteletzky II, p. 716. Ph. Jahresber. 1879. Liebigs Annalen, 209. Bd. Brit. Med. Journ. 1894, p. 679.

Senecio canicida. Heimisch in Mexico. Namen: Itzquinpatti, Yerba del Perro, Yerba de Puebla. Die sehr energisch wirkende Pflanze wird als schweisstreibendes Mittel, sowie äusserlich bei Geschwüren und Hautkrankheiten angewendet. Die Wurzel gilt als der wirksamste Theil. Sie ruft tetanische Symptome hervor.

Litt.: Christy & Co. XI, p. 43. Therapeut. Gaz. 1889, Nr. 4. Brit. Med. Journ. 1894, p. 679.

Senecio cervariaefolius Hemsl. Heimisch in Mexico (Chihuahua, Oaxaca und Chiapas).

Senecio Grayanus Hemsl. Ebenfalls in Mexico heimisch (Chihuahua). Beide Arten werden wie *S. canicida* verwendet. Die Rhizome sind bis 3 cm dick, aussen grau. Nicht nur die Rinde, sondern auch das Holz soll harzführende Sekretgänge enthalten. Der Geruch ist stark aromatisch, der Geschmack stark bitter. Auf Frösche sollen sie als Herzgift und muskellähmend wirken.

Litt.: Americ. Journ. of Ph. 1891.

Senecio hieraciifolius L. Findet in Nordamerika medicinische Verwendung.

Litt.: Liebigs Annalen, 209. Bd.

Senecio Kaempferi DC. In Japan. Die Pflanze wird als hautröthendes Mittel verwendet. Sie enthält eine ungesättigte Fettsäure, Seneciosäure, $C_5H_8O_2$.

Litt.: Mittheil. d. med. Facult. d. Univ. Tokio. Bd. 1, p. 403.

Senecio vulgaris L. Früher wurde die Pflanze äusserlich als erweichendes, zertheilendes Mittel, ferner gegen Koliken, Würmer, zur Beförderung der Menstruation und gegen hysterische Krämpfe angewendet. Sie enthält zwei Alkaloide, zusammen 0,0486 %, Senecionin $C_{18}H_{25}NO_6$, und Senecin.

Litt.: Kosteletzky II, p. 717. Journ. de Ph. et de Ch. 1895, XV, p. 26.

Serenaea (Palmae — Coryphinae — Sabaleae).

Serenaea serrulata (Roem. et Schult.) Hook. f. Heimisch in Florida und Süd-Carolina. Name: Saw Palmetto. Ein Fluidextrakt der ovalen Beeren findet Verwendung bei Lungenphthise, Bronchitis und Laryngitis.

Litt.: Parke, Davis & Co., p. 1141.

Seriocarpus (Compositae — Astereae — Asterinae).

Seriocarpus tortifolius Nees. In Nordamerika. Wird gegen Kolik der Pferde gebraucht.

Litt.: Therapeut. Gaz. 1884, December.

Sesbania (Papilionaceae — Galegeae — Robiniinae).

Sesbania grandiflora Poir. Heimisch von Mauritius bis Nordaustralien, in den Tropen oft als Zierpflanze kultivirt. Namen in Indien: Agasta (Mar.); Avisi (Tel.); Agátti (Tam.); Bak (Beng.); Agasthio (Guz.); Basna (Hind.); Agashi (Can.). Die adstringirende, Gerbstoff und Gummi enthaltende Rinde wird als toni-

sches Mittel bei Katarrh angewendet, ebenso die Blüthen und
Blätter bei Kopfschmerzen und Katarrhen der Nase.

Litt.: Dymock I, p. 472. Bullet. of Ph. 1893, VII, p. 110.

Seseli (Umbelliferae — Seselineae).

Seseli Harveyanum F. v. Müller. Heimisch in Australien. Die
nach Fenchel riechenden Früchte werden als Ersatz des Anis
angewendet.

Litt.: The Chemist and Druggist 1892, p. 665.

Seseli (Libanotis) sibiricum Garcke. Heimisch in der Mandschurei. Wird bei Rheuma, Katarrhen etc. angewendet.

Litt.: Pharm. Zeitung 1885, p. 813.

Sethia [jetzt zu Erythroxylon] (Erythroxylaceae).

Sethia acuminata Arn. Heimisch in Indien und auf Ceylon.
Namen: Batakirata, Matara. Die Blätter der Pflanze sind ein
beliebtes Wurmmittel besonders bei Kindern.

Litt.: Christy & Co. VII, p. 77; IX, p. 47. Pharm. Journ. and Trans.
1882, p. 818. Americ. Journ. of Ph., Vol. 55, p. 323.

Shepherdia [jetzt Lepargyrea] (Elaeagnaceae).

Shepherdia argentea Nutt. Heimisch in Nordamerika (Oregon,
Nevada, Utah, Montana, Wyoming, Colorado bis Neu-Mexico). Die
scharlachrothe Beere wird nach einigen Frösten wohlschmeckend
und dann von den Indianern gern gegessen. Sie enthält 2,4 $^0/_0$
freie Säure und 5,4 $^0/_0$ Zucker.

Litt.: Americ. Journ. of Pharm. 1888, p. 593.

Shorea (Dipterocarpaceae — Shoreae).

Eine ganze Anzahl Arten dieser Gattung liefern in ihren
Samen das Fett Minyak-Tangkawang: *Shorea stenoptera Burck,*
in Nordwest-Borneo, liefert Tangkawang tungkul, *Shorea
Gysbertsiana Burck* und *Sh. Gysbertsiana var. scabra Burck,* ebenfalls in Nordwest-Borneo, liefern Tangkawang lajas und Tangkawang guntjang, *Shorea aptera Burck* in West-Borneo heisst
Tangkawang madjan, Salunsung und Sunkasmun. Das
von dieser Art gelieferte Fett ist gelblich, weich und verhältnissmässig wenig geschätzt. *Shorea scaberrima Burck* liefert Tangkawang babie, denselben Namen führt das Fett von *Shorea
compressa Burck. Shorea Martiniana Scheff* und *Shorea Pinanga
Scheff* in West-Borneo liefern Tangkawang Pinang (vgl. auch
Hopea).

Litt.: Pharm. Journ. and Trans. 1887, p. 901.

Shorea robusta Gärtn. f. Heimisch in Vorderindien. Namen:
Salbaum, Saulbaum. Das Harz des Baumes (Ral, Dhuna,
Kungiliyam, Guggilamu, Guggalu) findet medicinische Verwendung wie bei uns die Coniferenharze, ist auch mit Zucker gemischt ein Heilmittel gegen Dysenterie. Die Samen werden zu-

weilen gegessen, auch das aus ihnen gewonnene Fett verwendet, das sie zu 14,8 °/₀ enthalten.

Das Harz hat ein spec. Gew. 1,097—1,123, es ist von brauner Farbe, zum Theil in Alkohol löslich, vollkommen löslich in Aether, Terpentinöl und fetten Oelen.

Litt.: Dymock I, p. 195. New Idea 1884, September.

Sickingia (Rubiaceae — Cinchonoideae — Rondeletieae).

Sickingia rubra (Mart.) K. Sch. Heimisch in Brasilien. Name: Arariba roxa. Die Rinde ist als falsche Chinarinde unter dem Namen China de Cantagallo vorgekommen und neuerdings (1891) als Material zur Gerbstoffgewinnung empfohlen worden. Zu letzterem Zwecke soll sie sich wenig eignen des sehr reichlich vorhandenen rothen Farbstoffes wegen. In Brasilien findet sie unter dem Namen Casca de arariba vermelha Verwendung als Heilmittel bei intermittirenden Fiebern. Sie enthält ein sauerstofffreies Alkaloid, Aribin $C_{23}H_{20}N_4$.

Sie bildet Röhren oder Halbröhren, die bis 5 mm dick sind. Der weisslich gelbe Kork fehlt meist, so dass die rothe, oft kirschrothe Farbe der innern Parthien zum Vorschein kommt. Auf dem Querschnitt erscheint der Bast fein radial gestreift und der ganze Querschnitt mit glänzenden Punkten bedeckt. Ausser der Farbe sind die in der Mittelrinde und im Bast vorhandenen Steinzellen sehr charakteristisch. Dieselben sind aussergewöhnlich gross,, von bauchig-spindelförmiger Gestalt, stark verdickt, deutlich geschichtet, wenig porös. Zahlreiche Zellen des Parenchyms enthalten Krystallsand. Die Markstrahlen sind ein- bis vierreihig.

Litt.: Vogl, Beitr. zur Kenntniss der sogen. falschen Chinarinden 1876. Moeller, Baumrinden, p 142. Chem. Zeitung (Cöthen) 1891, p. 848 u. 1126. Ber. d. pharm. Ges. 1892, p. 132. E. Merck 1892, p. 76; 1895, p. 75. Ann. de Ch. et Ph. 1861, Bd. 120, p. 247.

Sickingia viridiflora (Sald. et Allem.) K. Sch. Heimisch in Brasilien. Die Rinde (Casca de arariba branca) findet als fieberstillendes Mittel Verwendung.

Litt.: Merck 1892, p. 76.

Sida (Malvaceae — Sidinae).

Sida floribunda H. B. Kth. In Chile. Die ausserordentlich schleimreiche Pflanze wird bei Lima als Wurmmittel benutzt. Da die Pflanze reichlich mit kleinen, steifen Borsten besetzt ist, so nimmt man mangels wirksamer Bestandtheile an, dass dieselben die Wirkung bedingen.

Litt.: Nouv. Remèdes 1887.

Sida picta Gill. In Mexico. Die Pflanze wird als Emmenagogum verwendet.

Litt.: Americ. Journ. of Ph. 1886, p. 20.

Sida rhombifolia L. In Südaustralien. Man verwendet die

schleimreiche Pflanze bei Rheumatismus und Auszehrung, äusserlich gegen Schlangenbisse und Insektenstiche.

Litt.: Proceed. of the Linn. Soc. of New South-Wales 1888, März. Vgl. auch Dymock I, p. 206.

Sida retusa L., ist nur eine durch abweichende Blattform ausgezeichnete Varietät der vorigen. Wird ebenso verwendet. Die Blätter dienen auf Mauritius unter dem Namen: faux thé, cha inglez, techincha als Theesurrogat.

Litt.: Christy & Co. VI, p. 101.

Sideroxylon (Sapotaceae — Sideroxyleae).

Sideroxylon dulcificum A. DC. In Westafrika. Soll die Eigenschaft haben, den Geschmack saurer Substanzen in einen süssen umzuwandeln.

Litt.: Pharm. Journ. and Trans. 1889, Nr. 996, p. 65.

Siegesbeckia (Compositae — Heliantheae — Verbesininae).

Siegesbeckia orientalis L. Heimisch in den wärmeren Gegenden der ganzen Welt. Namen: Herbe de Flacq, Herbe grasse, Guérit·vite, Herbe divine. Die Pflanze gelangt neuerdings seit der Mitte der achtziger Jahre öfter nach Europa. Man benutzt sie in China als Heilmittel gegen Dysurie, Steinbeschwerden, Podagra, Leukorrhoe. Bei uns empfiehlt man sie als magenstärkendes, appetitreizendes Mittel, ferner in Form einer Abkochung bei Herpes tonsurans, in Form einer Tinktur mit Oel bei Geschwüren. Linné empfahl die Pflanze als Mittel gegen Stottern, und neuerdings Daruty als Sudorificum und Antisyphiliticum. Man hat aus der Pflanze einen nicht genauer charakterisirten Körper, Darutyn, dargestellt.

Sie ist bis 1,5 m hoch, der Stengel rauhhaarig, nach oben in mehrere, gegenständige Aeste getheilt. Die Blätter sind gestielt, eiförmig, am Grunde fast dreieckig, ungleich gesägt oder fast eingeschnitten, etwas steifhaarig. Die Blüthen sind gelb, die äusseren Hüllblättchen lineal spatelförmig, stumpf. Strahlblüthen sehr kurz.

Litt.: Kosteletzky II, p. 670. Christy & Co. IX, p. 49; X, p. 85; XI, p. 57. Merck 1890, p. 63. Chemiker-Zeitung (Coethen) 1889, p. 696. Pharm. Zeitung 1890, p. 86.

Silphium (Compositae — Heliantheae — Melampodinae).

Silphium laciniatum L. Heimisch in den Vereinigten Staaten von Nordamerika. Aus dem Stamm und den Blättern schwitzt in hellgelben Thränen ein angenehm terpentinartig riechendes Harz aus. Das Harz enthält ein Terpen zu $19\,^0/_0$ und $37\,^0/_0$ einer Harzsäure. Ausserdem Wachs und Zucker.

Litt.: Pharm. Journ. and Trans. 1891, p. 359.

Silybum (Compositae — Cynareae — Carduinae).

Silybum Marianum L. Die seit lange obsolete Pflanze wird neuerdings (1887) als Heilmittel bei Gallenkrankheiten empfohlen.

Litt.: Med. Presse 1887, p. 492.

Simaba (Simarubaceae).

Simaba Cedron Planch. Heimisch in Mittelamerika und dem nördlichen Theile von Südamerika (Neu-Granada, Columbien, Costa Rica). *Cedron de Oxaca.* Die Pflanze ist ein bis 6 m hoher Baum mit unpaarig gefiederten, mindestens 60 cm langen Blättern. Die wenig ansehnlichen Blüthen von blassbrauner Farbe bilden 60 und mehr cm lange traubige Blüthenstände. Die Frucht enthält sechs Carpelle, in jedem ein Ovulum. Die ansehnliche Frucht umschliesst in Folge Fehlschlagens der übrigen Ovula nur einen Samen, der ohne Endosperm, von einem häutigen Integument bedeckt ist. Die Kotyledonen sind sehr gross, im frischen Zustande fleischig und weiss. Nur diese gelangen in den Handel; sie sind 3—4 cm lang, 1,5 bis 2,5 cm breit, länglich eiförmig, auf der einen Seite gerundet, auf der anderen gerade oder sogar etwas nierenförmig eingebogen, auf der Aussenseite gewölbt, innen eben. Am einen Ende sind die Kotyledonen in eigenthümlicher Weise ausgeschnitten, indem ein Spalt, der ziemlich auf der Spitze der gewölbten Seite entspringt, sich nach kurzer Strecke nach rechts und links theilt und zwei halbkreisförmige Stücke von etwa 2 mm Durchmesser abtrennt. Auf dem Querschnitt erkennt man 5—6 schwache Gefässbündel, das übrige Gewebe besteht aus gleichmässig polyedrischen Zellen, die Stärke, Plasma und etwas Fett enthalten.

Man hat aus der Droge einen giftig wirkenden Bitterstoff, „Cedrin" dargestellt, der in schwachgelblichen Prismen und Tafeln erhalten wird.

Die Droge wird 1699 zuerst erwähnt. Früher wurde sie als Mittel gegen Schlangenbisse, Hundswuth und bei Fieber angewendet, in neuerer Zeit hat man sie als Magenmittel empfohlen. Ob die Droge einen Vorzug vor den lange bekannten, bitteren Simarubaceen verdient, erscheint zweifelhaft.

Litt.: Arch. de Pharm. 1885. Merck 1888, p. 55. Christy & Co. VIII, p. 76; IX, p. 52. Parke, Davis & Co., p. 226. Beckurts Jahresber. 1892, p. 189.

Simaba ferruginea St. Hil. Heimisch in Brasilien (Minas Geraes). Name: Calunga. Die bitterschmeckende Rinde wird gegen Dyspepsie und intermittirende Fieber angewendet.

Litt.: Kosteletzky V, p. 1803. Schindler, Brazilian Medizinal Plants 1884, p. 11.

Simaba Waldivia. Heimisch in Columbien. Wird wie die vorigen benutzt. Die Samen enthalten einen Bitterstoff, $C_{36}H_{24}O_{20} + 5H_2O$, den man als Waldivin bezeichnet.

Litt.: Compt. rend. 1880, p. 886. Apoth.-Zeitung. Repert. d. Pharm. 1892, p. 21.

Singoogoo-Blätter.

Droge von Sumatra, die gegen oedematöse Geschwülste an den Beinen angewendet wird. Da *Clerodendron serratum Spr.* den Namen Singoegoe führt, so ist es mindestens wahrschein-

lich, dass die Blätter von dieser Pflanze abstammen. In Vorderindien verwendet man von Clerodendron serratum sonst die
Wurzel, die Blüthen und die Zweigspitzen.

Litt.: Dymock III, p. 81. Christy & Co. VIII, p. 81.

Sisyrinchium (Iridaceae — Iridoideae — Sisyrinchieae).

Sisyrinchium galaxoides Fr. Allem. Heimisch in Brasilien in
den Staaten Rio de Janeiro und Minas und kultivirt. Namen: Capim
rei (Königsgras), Marisisso, Carerisso, und daraus korrumpirt:
Baririzo und Beririsso. Der ungefähr fingerlange Wurzelstock verdickt sich in der Mitte zu einer walnussgrossen Knolle,
welche rund herum von fleischigen, dem oberen Theile des Rhizoms entspringenden Wurzelfasern umgeben ist. Die Knolle, die
medicinische Verwendung findet, ist im Durchschnitt fleischig hellgelb, an der Luft dunkelgelb werdend, geruchlos und von süss-
lichem Geschmack. Man verwendet sie als Abführmittel, ebenso
das aus der Knolle gewonnene Stärkemehl, dem ein Harz an-
haftet. Die Knolle enthält ausserdem nach Peckolt einen Bitterstoff, der aber nicht rein dargestellt werden konnte.

Litt.: Pharm. Rundschau (New York) 1892, p. 133.

Sium (Umbelliferae — Ammineae).

Sium capense. Die Wurzel wird gegen Milzbrand angewendet.

Litt.: Pharm. Journ. and Trans. 1886, p. 101 ff.

Skimmia (Rutaceae — Toddalieae).

Skimmia japonica Thunb. Heimisch in Japan, auch angepflanzt der Blüthen und Früchte wegen. Gilt als giftig. Die
gewürzhaft scharfen Blätter liefern ein fast farbloses, ätherisches
Oel vom spec. Gew. 0,863, der grösste Theil ist ein Terpen
$C_{10}H_{16}$. Die Rinde enthält ein Glykosid, Skimmin $C_{15}H_{16}O_8$
(Schmelzp. 210°), das in Glykose und Skimmetin $C_9H_6O_2$ ge-
spalten wird. Das Skimmetin ist wahrscheinlich identisch mit
dem Umbelliferon und das Skimmin steht dem Daphnin,
Aesculin und Scopolin nahe. — Skimmetin findet sich auch als
solches in der Pflanze. Ferner enthält die Rinde einen weissen,
krystallinischen, bei 244° schmelzenden Körper und eine giftige,
bräunliche, amorphe Substanz.

Litt.: Eykmann, Phytochemische Notizen über einige japanische
Pflanzen. Tokio 1883.

Smilax (Liliaceae — Smilacoideae).

Smilax calophylla Wall. Heimisch in Ostasien. Name: Itah
Tambaja. Die Wurzel gilt als Aphrodisiacum, sie wird mit
Betel gekaut.

Litt.: Pharm. Zeitung 1892, p. 800.

Smilax glycyphylla Sm. Heimisch in Neu-Südwales. Findet

Verwendung gegen Skorbut. Enthält einen krystallinischen Stoff: Glycyphyllin $C_{26}H_{14}O_{12} + 3H_2O$.

Litt.: Pharm. Journ. and Trans. 1881, p. 808. Proceed. of the Linn. Soc. of New South-Wales 1888, März.

Smilax myosotiflora A. DC. Heimisch in Ostasien. Name: Itah Visi. Wird wie *Smilax calophylla* benutzt.

Litt.: ebenda.

Smilax Pseudo-China L. Heimisch in den Vereinigten Staaten von Nordamerika. Namen: China-briar, American China-root, False China-root, Virginia Sarsaparilla, Falsche Pockenwurzel, Palo de China. Verwendung findet das Rhizom als Bamboo-brier-root wie Sarsaparilla. Es sei daran erinnert, dass die Pflanze eine Substitution des Rhizoma Chinae liefern soll.

Litt.: Kosteletzky I, p. 225. Parke, Davis & Co., p. 48.

Smilax rotundifolia L. Das scharf und bitter schmeckende Rhizom enthält ein nicht genauer untersuchtes Glykosid.

Litt.: Americ. Journ. of Ph. 1886, p. 417.

Smilax zeylanica L. Heimisch in Ostindien. Das knollige Rhizom wird wie Rhizoma Chinae verwendet. Es ist neuerdings nach Europa gekommen. Die jungen Triebe werden gegessen.

Litt.: Kosteletzky I, p. 225. Christy & Co. IX, p. 65.

Solanum (Solanaceae — Solaneae).

Solanum aculeatissimum Jacq. In Brasilien. Die Früchte gelten als giftig, sie sollen das Vieh nach dem Genuss stark aufblähen, daher Arrebenta de caballo, Pferdeplatzer. Sie enthalten Solanin. Die Samenschale dieser Art weicht von dem allgemeinen Solanaceentypus in sofern ab, als ausserhalb der Nährschicht nicht wie sonst, eine, sondern zwei Zelllagen liegen, deren innere der typischen Epidermis entspricht.

Litt.: Zeitschr. d. österr. Apoth.-Vereins 1894, p. 390. Vierteljahrsschr. d. naturf. Ges. Zürich 1896 (Jubelband).

Solanum acutilobum Dun. Heimisch in Brasilien. Liefert Jurumbeba (vgl. *S. paniculatum*).

Litt.: Kosteletzky III, p. 950. Chemiker-Zeitung (Coethen) 1888, p. 87.

Solanum auriculatum Ait. In Hinterindien; ist ausgezeichnet durch den hohen Solaningehalt, die Pflanze enthält davon 6 $^0/_0$.

Litt.: Pharm. Zeitung 1891, p. 763.

Solanum bravia (?). In Brasilien. Liefert Jurumbeba brava (vgl. *S. paniculatum*).

Litt.: Gehe & Co. 1887, September, p. 6.

Solanum Carolinense L. Heimisch fast in den ganzen Vereinigten Staaten von Nordamerika, von den Neu-England-Staaten bis Mississippi und Illinois. Name: Horse nettle, Pferdenessel. Die citronengelben oder gelbgrünen Beeren werden als

Mittel gegen Epilepsie angewendet und von den Negern als Aphrodisiacum benutzt. Sie sollen auch bei Tetanus wirksam sein. Sie enthalten Solanin, nach Lloyd ein davon verschiedenes, in Aether lösliches Alkaloid: Solnin.

Litt.: Kosteletzky III, p. 959. Pharm. Journ. and Trans. 1889, p. 552. Americ. Journ. of Pharm. 1891, p. 65 u. 216; 1894, p. 161. Pharm. Zeitung 1891, p. 311. E. Merck 1895, p. 82. Therapeut. Wochenschr. 1895, Nr. 30.

Solanum crispum Ruiz et Pav., *S. Gayanum Remy* und *S. Tomatillo Remy* werden in Chile unter dem Namen Natre oder Natri bei typhösen Fiebern angewendet. Die Droge soll den Puls verlangsamen und bei mehrtägigem Gebrauch abführend wirken. Man verwendet die Blätter (Hojas Natre) und die Stengel (Palo Natre). Beide zeigen im Bau nichts Auffallendes. Die Droge soll $2\,^0/_0$ eines nicht genau charakterisirten, in Aether und Chloroform unlöslichen Alkaloides enthalten, des Natrin oder Witheringin, das Nausea, Erbrechen und Purgiren herbeiführen und als Antipyreticum dem Chinin etwas nachstehen soll. Jedenfalls enthält die Droge in reichlicher Menge Solanin.

Litt.: Pharm. Journ. and Trans. 1892, p. 879.

Solanum grandiflorum R. et P. var. pulverulentum. Die birngrosse, aussen grüne, innen weisse Frucht (Wolfsfrucht), die auf Schafe stark giftig wirken soll, enthält ein Alkaloid, Grandiflorin, das der Träger der Wirksamkeit zu sein scheint.

Litt.: Compt. rend. 1888, 105, p. 1075.

Solanum insidiosum Mart. Heimisch in Brasilien. Soll nach Peckolt die echte Jurumbeba liefern (cf. *Solanum paniculatum*).

Litt.: Pharm. Rundschau (New York) 1889, p. 167.

Solanum paniculatum L. Heimisch in Brasilien. Diese Art scheint hauptsächlich die als Jurumbeba bezeichnete Droge zu liefern, die 1887 und 1888 vorübergehend Aufmerksamkeit erregte als Abführungsmittel und als Diureticum. Im Einzelnen liefert *S. mammosum L.* Jurumbeba de Para, *S. bravia* liefert Jurumbeba brava, *S. acutilobum Dun.* und *S. insidiosum Mart.* liefert Jurumbeba de Rio. Nach Peckolt soll übrigens, wie oben schon erwähnt, die letztgenannte Art die allein echte Jurumbeba liefera.

Man verwendet Wurzel, Blätter, Stengel und Früchte. Eine Wurzel, die wie die folgenden Drogen von *S. paniculatum* stammen sollte, kommt in 5—10 cm langen, 3—13 mm dicken Stücken vor. Die Rinde, die bei dünnen Stücken relativ dick, bei dickeren dünn ist und oft fehlt, ist von hell graugelber Farbe, längsrunzelig und höckerig. Der Holzkörper ist fein, aber deutlich radial gestreift. Der anatomische Bau zeigt kaum etwas besonders Bemerkenswerthes, achsial gestreckte Schläuche enthalten Krystallsand von Calciumoxalat, ältere Rinden haben Steinzellen, die Markstrahlen sind meist einreihig, selten breiter, sich nach aussen verbreiternd.

Die Stengelorgane sind graugelb, reichlich mit Dornen bewehrt.

Die Blätter sind meist buchtig gelappt, oberseits dunkel braungrün, nur schwach an den Nerven, unterseits dicht weissfilzig behaart. Die Haare sind achtstrahlige Sternhaare. Blätter und Stengel führen ebenfalls Krystallsand. Die Bündel sind, wie für die Solanaceen typisch, bikollateral.

Die Früchte sind etwa 1 cm grosse, theilweise unreife, rundliche Beeren, aussen runzelig, mit einem den Kelchrest tragenden Stiel.

Die Samen sind $2^1/_2$—3 mm gross, rundlich keilförmig, feingrubig. Im Bau zeigen sie in der verdickten Innenwand und den verdickten Seitenwänden der Epidermis der Testa den Solanaceentypus.

Nach Peckolt enthält die Droge einen von ihm Jurumbebin genannten Körper, über den nichts weiter bekannt ist. Von anderer Seite wird dieser Körper als Alkaloid bezeichnet. Kobert konnte im Fluidextrakt ein Alkaloid nicht auffinden.

Litt.: Pharm. Zeitung 1887, p. 115, 606, 732. Chemiker-Zeitung (Coethen) 1888, p. 87, 250. Apotheker-Zeitung 1888, p. 108, 192. Gehe & Co. 1887, September, p. 6; 1888, April, p. 8. E. Merck 1895, p. 80.

Solanum pteleaefolium Sendt. Heimisch in Brasilien. Die Wurzel (Raiz de Jauna) liefert eine Tinktur, die gemeinsam mit Eisensalzen bei intermittirenden Fiebern, bei Nieren- und Leberleiden zur Anwendung gelangt.

Litt.: Merck 1892, p. 79.

Solidago (Compositae — Solidagininae).

Solidago canadensis L. Heimisch in Nordamerika, in Europa kultivirt und aus den Kulturen verwildert. Name: Golden rod, den aber auch zahlreiche andere Arten führen. Enthält 0,63 $^0/_0$ ätherisches Oel von hellgelber Farbe und angenehmem, süssaromatischem Geruch. Spec. Gew. 0,859.

Litt.: Schimmel & Co. 1894, April, p. 57.

Solidago mexicana, wird in Mexico äusserlich als Wundmittel bei Geschwüren gebraucht.

Litt.: Americ. Journ. of Ph. 1891, p. 1.

Solidago montana, wird ebenfalls in Mexico als Wundmittel gebraucht.

Litt.: Christy & Co. VII, p. 81.

Solidago odora Aiton. Heimisch in Nordamerika. Name: Sweet scent Golden Rod. Die aromatisch riechenden Blätter werden als Diaphoreticum und Stimulans benutzt. Sie enthalten ein ätherisches Oel von kräftig aromatischem Geruch, das als Geschmacks- und Geruchskorrigens benutzt wird. Spec. Gew. 0,963.

Litt.: Kosteletzky II, p. 654. Therap. Gazette 1884, December. Schimmel & Co. 1891, September, p. 40; 1894, April, p. 57.

Solidago rugosa Mill. Heimisch in Nordamerika. Liefert

nach Pharm. Journ. and Trans. 1894 ein ätherisches Oel, das abweichend von denen verwandter Arten dem Origanum-Oele ähnelt.

Litt.: Schimmel & Co. 1894, April, p. 57.

Solidago vulneraria Mart. Eine in Brasilien unter dem Namen Herva Lanceta benutzte Droge, von der behauptet wird, dass sie Morphin enthalte, soll von der genannten Pflanze abstammen.

Litt.: Americ. Journ. of Ph., Vol. LV.

Sophora (Papilionaceae — Sophoreae).

Sophora angustifolia Sieb. et Zucc. Die bitter schmeckende Wurzel (Kusham, Kiusiu) wird in Japan medicinisch verwendet. Sie soll ein Alkaloid enthalten.

Litt.: Pharm. Journ. and Trans. XIV, p. 241.

Sophora heptaphylla L. Heimisch auf Ceylon und in China. Die soeben erwähnte Wurzel Kusam, Kusin, Kuh-shing, wird auch von dieser Art abgeleitet. Sie ist von bitterem Geschmack und wird in Japan als Anthelminthicum benutzt.

Litt.: Christy & Co. IV, p. 52. Pharm. Centralhalle 1889, p. 512.

Sophora japonica L. Heimisch in China und Japan, in Europa zuweilen angepflanzt. Die Pflanze enthält so reichlich Kathartin(?), dass die Verarbeitung des sehr brauchbaren Holzes Kolik und andere Krankheitserscheinungen hervorrufen soll. Aus den Blüthen wird eine gelbe Farbe (in China: Wai-fa) bereitet. Der Stamm liefert ein Gummi, das dem Kirschgummi ähnlich ist. Nach Eykman enthält die Pflanze ein Glykosid.

Litt.: Kosteletzky IV, p. 1247. Ber. d. deutsch. chem. Ges. XV, p. 215. Nieuw Tijdschr. voor Ph. 1887, März—April.

Sophora speciosa Benth. Heimisch in Texas. Die Samen gelten als giftig, einer derselben soll letal wirken. Man benutzt sie als Berauschungsmittel. Die Samen enthalten ein Alkaloid.

Litt.: Americ. Journ. of Ph. 1886, p. 465.

Sophora tomentosa L. Ueberall in den Tropen. Wurzel und Samen dieser Pflanze waren früher auch in Europa als *Radix et semen anticholericum* in Gebrauch. Name bei den Malayen: Oepas bidji. Alle Theile der Pflanze schmecken bitter. Besonders die Samen und die Wurzelrinde werden bei Brechdurchfall, Cholera etc., auch bei Erkrankungen nach dem Genuss giftiger Thiere ange-wendet und bei Syphilis. Die Pflanze enthält ein Alkaloid.

Litt.: Kosteletzky IV, p. 1247. Mededeelingen uit 's Lands Planten-tuin VII, p. 23. Proceed. of the Linn. Soc. of New South-Wales 1888, März.

Sorocea (Moraceae — Artocarpoideae).

Sorocea ilicifolia Miq. Heimisch in Brasilien. Name bei den Botokuden: Soróco. Der Milchsaft des Baumes wird ge-nossen. Die gestossene Rinde wird verbrannt, um lästige In-sekten zu vertreiben.

Litt.: Pharm. Rundschau (New York) 1891, p. 219.

Sorocea Uriamem Mart. Heimisch in Brasilien in den nördlichen Staaten und in Rio de Janeiro. Name: Ariamem. Ein Dekokt der Rinde ist ein beliebtes Volksmittel zur Waschung gegen Hautjucken und Ausschläge.

Litt.: Pharm. Rundschau (New York) 1891, p. 219.

Soymida (Meliaceae).

Soymida febrifuga Juss. Heimisch in Indien und auf Ceylon. Namen: Rohán (Hind.); Shemmaram (Tam.); Cheve-mánu, Somida-manu (Tel.). Man verwendet die Rinde, die von bitter-aromatischem Geschmack sein soll, als Adstringens und Tonicum, ja geradezu als Ersatz der Chinarinde bei intermittirenden Fiebern, bei Diarrhoe und Dysenterie.

Es sind im Lauf der Zeit, als von dem genannten Baum stammend, ganz verschiedene Rinden in den Handel gekommen, da die vorliegenden Beschreibungen unter einander und von mir vorliegenden Mustern weit abweichen.

Offenbar übereinstimmend sind die Beschreibungen von Moeller (Baumrinden, p. 264) und von Lanessan in den Anmerkungen zur französischen Uebersetzung der Pharmacographia (Bd. II, p. 304). Ich will nur die wichtigsten Angaben rekapituliren: Der Kork besteht aus an der Innenseite verdickten Zellen und aus flachen unverdickten Zellen. Die Mittelrinde ist nur zum Theil erhalten, viele ihrer Zellen schliessen Oxalatdrusen ein. Der Bast ist geschichtet aus Weichbast und Fasergruppen. Die Zellen der letzteren sind stark verdickt, die Gruppen mit Drusenzellen umscheidet. Die Markstrahlen sind bis fünfreihig, selten Drusen führend.

Die Beschreibung der Pharmacographia selbst erwähnt nichts von Bastfasern, dagegen Schleimzellen, ferner Oxalatkrystalle; es ist aber nicht gesagt, ob Drusen oder Einzelkrystalle. Die Rinde schmeckt bitter und adstringirend. Ungefähr dieselbe Beschreibung giebt Dymock in der Pharmacographia indica (Bd. I, p. 338). Er nennt die Oxalatkrystalle sternförmig, also sind es wohl Drusen.

Eine von mir aus der mir unterstellten Sammlung untersuchte Rinde weicht wieder ab. Die Stücke sind etwa 1 cm dick, von aussen mit schwarzgrauem Kork versehen, wo derselbe abgesprungen, entstehen deutliche flache Vertiefungen (conchas der Chinarinden), darunter ist die Rinde rothbraun, auf der Innenseite mattbraun, gestreift. Bruch kurzfaserig. Auf dem Querschnitt mit schiefen radialen Streifen, und, besonders in der inneren Hälfte, mit tangentialen Streifen. Der Kork besteht aus flachen unverdickten Zellen. Er grenzt nach innen meist unmittelbar an den Bast. Wo von der Mittelrinde etwas da ist, besteht dieselbe aus Parenchymzellen mit braunem Inhalt. Zahlreiche Zellen enthalten Oxalatkrystalle und zwar vorwiegend

Einzelkrystalle, selten Drusen. Der Bast ist deutlich geschichtet, die Faserbündel reichen über die ganzen schmalen Baststrahlen, ihre Zellen sind stark verdickt, sie lassen die primäre Membran deutlich erkennen. Die Bündel sind mit Kammerfasern umscheidet, deren Zellen Einzelkrystalle enthalten. Im Weichbast kleine Gruppen obliterirter Siebröhren, die, soweit sich erkennen lässt, einfache, schiefgestellte Siebplatten haben. Die Markstrahlen sind bis fünf Zellenreihen breit, bis 50 Reihen hoch, die Zellen stark radial gestreckt, krystallfrei. Dagegen enthalten die Zellen des Weichbastes reichlich Einzelkrystalle. Die Rinde schmeckt bitter adstringirend, sie färbt Wasser schnell rothbraun und enthält reichlich eisengrünenden Gerbstoff.

Von allen bisher genannten ganz verschieden ist endlich eine mir vom Hause Gehe & Co. zugegangene Rinde. Sie besteht aus bis 6 cm langen, 5 cm breiten, bis 2 cm dicken Stücken, die aussen mit grauem, rissigem Kork bedeckt sind; wo derselbe abgesprungen ist, zeigt die Rinde eine braune Farbe mit deutlich violettem Stich, an der Innenseite ist sie dunkelrothbraun, feinstreifig. Der Geschmack ist aromatisch, adstringirend — brennend. Der wässerige Auszug ist kaum gelblich, er enthält reichlich eisenbläuenden Gerbstoff. Auf dem Querschnitt zeigt die Rinde spärliche Streifung und hellere Flecken. Der Kork besteht aus ziemlich hohen Zellen, die an den Seiten- und Innenwänden stark verdickt sind. Die Mittelrinde zeigt radial gestreckte Parenchymzellen, theils mit rothbraunem Inhalt, theils mit Stärke in kleinen runden Körnern. Die Mittelrinde enthält als sehr charakteristisches Element Gruppen nicht stark verdickter, poröser, radial gestreckter Steinzellen. Diese Zellen finden sich auch in den äusseren Theilen des Bastes, der ausserdem kleine Gruppen stark verdickter, kurzer, verbogener Fasern enthält. Neben den Fasern mit zugespitzten Enden kommen Zellen vor, die besonders kurz und an den Enden gerade abgeschnitten sind; man wird sie als Stabzellen bezeichnen müssen. Die Fasergruppen sind von Zellen mit Einzelkrystallen umgeben. Die Markstrahlen sind bis drei Zellreihen breit, bis 50 Zellen hoch und ihre Zellen wenig radial gestreckt, sie haben braunen Inhalt wie die Zellen der Mittelrinde. Diese Rinde ist durch die Steinzellen und die violette Farbe ausserordentlich charakterisirt.

Ich nehme an, dass die von Dymock beschriebene Rinde die echte sein wird, habe aber freilich für diese Behauptung keinen andern Beweis, als, dass Dymock sich in Indien am leichtesten von der Echtheit der von ihm beschriebenen Rinde hat überzeugen können.

Litt.: Gehe & Co. 1896, September und oben im Text.

Sparattosperma (Bignoniaceae — Tecomeae).

Sparattosperma leucanthum (Vell.) K. Sch. Heimisch in Brasilien. Die Blätter dieses Baumes sollen diuretisch wirken, sie werden auch gegen Steinleiden benutzt. Peckolt hat aus denselben einen krystallinischen Körper, Sparattospermin $C_{38}H_{24}O_{20}$ dargestellt.

Litt.: Repert. de Pharm. 1892, p. 22. (Apotheker-Zeitung.)

Spartium (Papilionaceae — Genisteae).

Spartium monospermum L. Wird in Arabien als Diureticum und Abführmittel verwendet, die Wurzel äusserlich als Wundmittel.

Litt.: Kosteletzky IV, p. 1252. Brit. Med. Journ. 1885, April, p. 11.

Spergularia (Caryophyllaceae — Alsinoideae — Sperguleae).

Spergularia media L. (jetzt zu *Tissa Adans.*). Weit verbreitet. Das Kraut ist als Heilmittel gegen Blasenkatarrh empfohlen worden.

Litt.: Pharm. Zeitung 1881, p. 636.

Sphaeranthus (Compositae — Inuleae — Plucheinae).

Sphaeranthus indicus L. Heimisch im tropischen Afrika, Asien und Australien. Namen in Indien: Mundi, Gorakh-mundi' (Hind., Mar., Guz.); Murmuria (Beng.); Kottak-karandai (Tam.); Boda-tarapu (Tel.); Mundikasa (Can.). Man verwendet die Pflanze als Tonicum, Stimulans und Aphrodisiacum. Die Pflanze enthält ein dickliches, ätherisches Oel von bräunlicher Farbe, und ein Alkaloid.

Litt.: Dymock II, p. 257. Pharm. Journ. and Trans. XIV, p. 985.

Spigelia (Loganiaceae — Spigelieae).

Spigelia Anthelmia L. Heimisch von Westindien bis Guyana, Brasilien und Peru, zum arzneilichen Gebrauch auch kultivirt. Besonders die unterirdischen Theile und das Kraut werden als Wurmmittel benutzt.

Spigelia marylandica L. Heimisch in Nordamerika von New Jersey bis Texas und Wisconsin. Name: Pinkroot, Wormgrass. Man benutzt das Rhizom wie das der vorigen Art. Es ist bis 15 cm lang, 3 cm dick, etwas ästig, dünn berindet, oberseits mit Narben, unterseits mit zahlreichen dünnen und zerbrechlichen Wurzeln. Die Rinde ist purpurbraun, das Holz gelblich. Die Droge enthält etwas ätherisches Oel, Harz, Gerbstoff, einen Bitterstoff und ein dem Nikotin und Coniin verwandtes Alkaloid.

Nach Maisch besteht gegenwärtig die als Spigelia bezeichnete Droge meist aus den Wurzeln von *Phlox Carolina* und anderen Arten dieser Gattung.

Litt.: Kosteletzky III, p. 1051. Pharm. Zeitung 1884, p. 59. Pharm. Journ. and Trans. 1887, p. 731.

Spiraea (Rosaceae — Spiraeoideae).

Spiraea tomentosa L. Heimisch in Nordamerika. Namen: Hardhask, Steeplebush, Whitecap, Nordowswet. Man verwendet die Wurzel ihres Gerbstoffgehaltes wegen als Adstringens, aber auch die blühenden Zweige und Blätter.

Litt.: Kosteletzky IV, p. 1475. Beckurts Jahresber. 1881/82, p. 54.

Spondias (Anacardiaceae — Spondieae).

Spondias lutea L. Verbreitet im tropischen Amerika, Westafrika und auf Java. Namen: Jobo, gelbe Mombinpflaume. Der Stamm soll ein gutes Gummi liefern. Die säuerlichen Früchte, sowie die gerbstoffhaltige Rinde und Wurzel werden als Adstringentia etc. benutzt.

Litt.: Kosteletzky IV, p. 1234. Pharm. Journ. and Trans. 1893, p. 1026.

Spondias venulosa Mart. Heimisch im tropischen Brasilien. Der Saft der Früchte findet Verwendung zu Limonaden. Die Rinde des Stammes wird gegen Diarrhoe und Dysenterie benutzt. Aeltere Bäume liefern ein Gummi, das in Wasser löslich ist und etwas Gerbstoff enthält.

Litt.: Repart. d. Ph. 1892, p. 21. (Apoth.-Zeitung.)

Streng genommen nicht hierher gehörend, aber doch wohl mit einiger Berechtigung kurz zu erwähnen ist ein eigenthümliches, Axin oder Aje genanntes, Produkt. Dasselbe wird in Mexico, angeblich in der Provinz Mechoacan, von einer Schildlaus, Coccus Axui, auf Spondias- und Xanthoxylon-Arten gebildet. Die Schildlaus soll zu diesem Zweck sogar gezüchtet werden. Das Axin ist ein dunkelgelbes oder braungelbes, ziemlich weiches Fett, das bei 35° schmilzt, in Aether, Chloroform und kochendem Alkohol löslich ist und sich leicht verseifen lässt. Es nimmt leicht ranzigen Geruch an, wird hart und bräunlich und ist dann in Aether und Alkohol unlöslich. Es besteht vorwiegend aus Laurinsäure und wenig Palmitinsäure.

Stachytarpheta (Verbenaceae — Lantaneae).

Stachytarpheta jamaicensis (L.) Vahl. Heimisch im tropischen, kontinentalen Amerika und in Westindien. Name in Jamaica: Vervaïn; in Brasilien: Jarboo, Urgevao, Orgibao. Die Pflanze wird als Emmenagogum und von den Negern als Abortivum benutzt.

Litt.: Deutsch-americ. Apoth.-Zeitung 3. p. 588.

Stapelia (Asclepiadaceae — Cynanchoideae — Tylophoreae).

Stapelia reflexa Haw. wird in Indien als Tonicum und Febrifugum angewendet.

Litt.: Dymock II, p. 458. Bullet. of Ph. 1891, p. 211.

Statice (Plumbaginaceae — Staticeae).

Statice brasiliensis Boiss. Heimisch im südlichen Brasilien und in Paraguay. Namen: Baycuru, Biacuru, Guaycuru. Man verwendet die Wurzel der Pflanze. Sie bildet fingerlange, daumendicke, geschrumpfte, eckige Stücke von grauer oder brauner Farbe. Die radialstreifige, rothbraune Rinde enthält Gruppen von Steinzellen, sie ist von einer dunklen Borke bedeckt. Das Holz ist hellgefärbt, das Mark enthält ebenfalls Steinzellen. Stärke fehlt, dagegen ist die Droge reich an Gerbstoff. Sie enthält ferner 1,3 $^0/_0$ eines in Aether und Alkohol löslichen Harzes, Spuren flüchtigen Oeles und ein Alkaloid, Baycurin.

Nach Acard ist der wirksame Bestandtheil ein flüchtiger Körper, der erst durch Einwirkung von Wasser entsteht, was auf die Gegenwart eines Glykosides würde schliessen lassen.

Neben der genannten Art sollen auch andere Arten der Gattung Statice die Droge liefern. Man verwendet sie gegen Drüsenanschwellungen, Dysenterie etc. Nach Acard soll sie Uteruscontractionen hervorrufen.

Litt.: Parke, Davis & Co., p. 50. Schindler, Brazilian Medicinal Plants. Rio de Janeiro 1884, p. 8. Gehe & Co. 1884, April, p. 18. Pharm. Central-halle 1883, p. 593; 1889, p. 665. Americ. Journ. of Pharm. 1884, p. 361. L'Union pharmaceut. 1894.

Staurostigma (Araceae — Staurostigmateae).

Staurostigma Luschnathianum C. Koch. Heimisch in Bra-silien (Minas Geraes, S. Paulo, Rio de Janeiro). Namen: Jara-raca, Jararaca miuda. Der runde Knollen von Walnussgrösse wird gegen Schlangenbiss benutzt.

Litt.: Pharm. Rundschau (New York) 1893, p. 39.

Stellaria (Caryophyllaceae — Alsinoideae).

Stellaria media (L.) Vill. Name: Riten-kina. Wird von den Ainos gegen Stoss- und Quetschwunden verwendet.

Litt.: Kosteletzky V, p. 1915. Pharm. Journ. and Trans. 1896, p. 1339.

Stenotaphrum (Gramineae — Paniceae).

Stenotaphrum glabrum Trin. In Brasilien. Namen: Capim papuan, Grama miuda, Grama dos jardins. Die Varietäten *americanum* und *multiflorum Döll* werden wie *Rhizoma Graminis* verwendet.

Litt.: Pharm. Rundschau (New York) 1894, p. 111.

Sterculia (Sterculiaceae — Sterculieae).

Sterculia Balanghas L. Weit verbreitet in Ostasien. Name: Tada-paya. Die Frucht ist verkehrt-eiförmig, mehrsamig. Die Samen sind oval, schwarzbraun, $2^1/_2$ cm lang, bis $1^1/_2$ cm dick, mit runzliger Schale. Die einzelnen Kotyledonen sind etwa bohnengross, braun. Sie werden roh und geröstet gegessen. Die Blätter sind elliptisch-länglich, stumpflich, an der Basis abgerundet, fast kahl. Sie, sowie eine aus den Früchten bereitete Gallerte werden gegen Diarrhoe angewendet. — Der Stamm soll Gummi liefern.

Litt.: Kosteletzky V, p. 1879. Chemiker-Zeitung (Coethen) 1889, p. 562. Beckurts Jahresber. 1889, p. 135.

Sterculia foetida L. Heimisch von Vorderindien bis Neu-Südwales, in Amerika kultivirt und verwildert. Namen in Indien: Wild-almond; bei den Tamilen: Kudrap dukku; auf Java:

Boea kepoeh, boea djangkang. Die Rinde gilt als Diaphoreticum und Diureticum, sie soll besonders von den Chinesen gegen Rheumatismus gebraucht werden. Die jungen Blätter werden ebenso benutzt.

Die Frucht ist faustgross, oval-nierenförmig; sie enthält bis 15 ovale, schwarze Samen, die eine gelbe Caruncula haben. Sie enthalten bis 40 % fettes Oel und Stärke. Man benutzt eine Abkochung derselben gegen Gonorrhoe, geröstet werden sie gegessen. Die Blüthen riechen stark nach Menschenkoth, sie sollen Scatol enthalten.

Litt.: Kosteletzky V, p. 1882. Dymock I, p. 230. Ber. der Pharm. Ges 1893, p. 191.

Sterculia scaphigera Wall. Heimisch in Ostasien (Siam). Namen in China: Ta-hai-tsze, Phong-tai-hai; in Java: Boea tampajang; ferner Oomas-Mungoo. Die geflügelte Frucht ist 12—15 cm lang, 6—9 cm breit, sie enthält mehrere Samen. Die Samen sind 2—3 cm lang, etwa 1 cm breit, eiförmig, dunkelbraun und runzelig. In Wasser gelegt, sollen die Samen auf das 20— 30fache Volumen aufquellen. Sie werden in diesem Zustande gegen Diarrhoe und Dysenterie angewendet. Das Pericarp enthält 59 % Bassorin.

Litt.: Dymock I, p. 230. The Chemist and Druggist 1892, p. 159 Geneeskundig Tijdschr. voor Nederl. Indie XXXIV, p. 287.

Stereospermum (Bignoniaceae — Tecomeae).

Stereospermum chelonioides (L. fil.) DC. Heimisch in Vorderindien, auf Ceylon und den Sundainseln. Namen in Indien: Páder, Padri (Hind.); Dharmara (Beng.); Pádal (Mar.); Pádri (Tam., Mal.); Tagada (Tel.); Padrigida (Can.). Wurzel und Blüthen liefern in Indien ein kühlendes Getränk. Der Stamm liefert ein röthliches Gummi.

Litt.: Dymock III, p. 22. The Chemist and Druggist 1889, p. 12.

Stevia (Compositae — Eupatorieae — Ageratinae).

Stevia salicifolia Cav. Heimisch in Mexico. Eine Tinktur aus den Blüthen wird bei Arthritis und bei Kontusionen angewendet.

Litt.: Americ. Journ. of Ph. 1891, p. 1.

Stillingia (Euphorbiaceae — Hippomaninae).

Stillingia silvatica L. Heimisch in den südlichen Vereinigten Staaten von Nordamerika. Die Wurzel (Yaw-root) gilt als kräftiges Antisyphiliticum. Sie enthält 3,25 % strohgelbes, ätherisches Oel, Harz, fettes Oel, Gerbstoff und angeblich ein Alkaloid, dessen Existenz freilich auch bestritten wird.

Litt.: Kosteletzky V, p. 1737. Americ. Journ. of Pharm. 1885, p. 529. Pharm. Rundschau (New York) 1891, p. 202.

Stromanthe (Marantaceae).

Stromanthe sanguinea Sond. In Brasilien (Rio de Janeiro,

Minas, Espirito Santo). Namen: Caeté bravo, Bananeira miuda. Der Saft der ausgepressten Blätter dient als Umschlag bei entzündlichen Hautaffektionen, ein Dekokt des Wurzelstocks bei Blasenkatarrh.

Litt.: Pharm. Rundschau (New York) 1894, p. 88.

Stromanthe lutea Eichl. In Brasilien. Name: Uaria. Ein Aufguss der Blätter wird bei Harnverhaltung, eine Tinktur aus denselben bei Blasenkatarrh gebraucht.

Litt.: Pharm. Rundschau (New York) 1894, p. 88.

Strophanthus (Apocynaceae — Echitideae — Neriinae).

Strophanthus hispidus DC., heimisch in Westafrika, und *Strophanthus Kombé Oliver*, heimisch in Ostafrika, liefern die bekannten Strophanthussamen. Es sei daran erinnert, dass man bis vor Kurzem beide Arten für nur eine, nämlich *Strophanthus hispidus* hielt. Indessen dürfte es jetzt durch die Untersuchungen von Pax sichergestellt sein, dass beide gute Arten sind. Die ersten Versuche, die Droge in die Heilkunde einzuführen, datiren seit 1862. In den achtziger Jahren wurde die Droge viel angewendet als theilweiser Ersatz der Digitalis (Strophanthus bewirkt in kleinen Gaben Kontraktion des Herzmuskels, in grösseren Herzstillstand). Die Folge war, dass die vorhandenen geringen Vorräthe bald aufgebraucht waren, die neu ankommenden konnten, da man über die Droge noch wenig orientirt war, nicht genügend geprüft werden und gelangten so in den Verkehr. Das war nach zwei Richtungen bedenklich; einmal mussten Samen, die gehaltreicher waren als die zuerst angewendeten, schlimme Ueberraschungen bereiten, da es sich um eine Droge von höchst energischer Wirkung handelte, auf der anderen Seite mussten strophanthinarme oder ganz gehaltlose Samen am Werth der Droge erst recht irre machen. Während man so bald die Dosen für die Droge erhöhen, bald herabmindern wollte, erkaltete allmählich das Interesse an derselben, sicher mit Unrecht, da wir es doch beim Strophanthus mit dem bis jetzt bekannten mächtigsten Herzgift zu thun haben. Die genaue Erkennung einer guten und gehaltreichen Sorte wurde auch dadurch erschwert, dass nicht nur die officinellen Sorten (Hispidus und Kombé) einander sehr ähnlich waren, sondern dass sich auch manche der falschen Samen schwer oder gar nicht davon unterscheiden liessen, wenigstens dem äussern Ansehen und der mikroskopischen Struktur nach. Dazu kam, dass die Arzneibücher, obschon bald gute und charakteristische Reaktionen des die Wirksamkeit bedingenden Stoffes, des Strophanthins, bekannt geworden waren, diese nicht aufnahmen, sondern sich begnügten, Reaktionen negativen Charakters: Abwesenheit von Alkaloiden, Gerbstoffen, Stärke, aufzunehmen, wobei ausdrücklich wieder darauf hingewiesen sei, dass es gehaltreiche Sorten giebt, die im Endosperm Stärke enthalten.

Die Früchte von Strophanthus, die immer paarweise zusammensitzen, sind in der Bauchnaht aufspringende Kapseln, die von Hispidus bis 40 cm lang, an beiden Enden deutlich verschmälert, die von Kombé etwas kürzer, bis 30 cm lang, weniger schmal, besonders am Grunde.

Jede Frucht enthält mehrere Hundert Samen. Dieselben sind bis 15 mm lang, bis 5 mm breit, flach lanzettlich, mit einfachen, angedrückten Haaren versehen. Die Farbe ist bei Kombé mehr grünlich, bei Hispidus ausgesprochen braun. Nur dieser Theil des Samens gelangt in den Handel und findet pharmaceutische Verwendung. Nach oben setzt sich der Same in einen bis 10 cm langen, borstenartigen Fortsatz fort, der einen zierlichen, nach allen Seiten abstehenden Haarschopf trägt. Ursprünglich trägt das entgegengesetzte Ende des Samens ebenfalls einen, gegen denselben gerichteten Fortsatz, der aber meist schon in der Frucht abbricht. Der Same lässt im Querschnitt die dünne Samenschale, ein meist ziemlich schmales Endosperm und die flach aufeinander liegenden Kotyledonen des Embryo, dessen Radicula der Spitze, also der Borste zugekehrt ist, erkennen. Bei Samen, die dem Grunde der Kapsel entstammen, kommt es häufig vor, dass die Kotyledonen nicht flach aufeinander liegen, sondern mit den Rändern um einander greifen; es finden sich auch trikotyle Samen. Endosperm und Embryo lassen Aleuron und fettes Oel erkennen, ersteres, wie erwähnt, auch zuweilen Stärke in kleinen Körnchen. Die Samenschale besteht aus der Nährschicht und der besonders entwickelten Epidermis. Die Zellen der letzteren sind aufgetrieben, mit einer ringförmigen Verdickung versehen, zu einzelligen Haaren ausgewachsen, die sich an den Samen anlegen. In der Samenschale verläuft die Raphe, die dicht unter der Spitze beginnt, auf der einen Breitseite bis etwas über die Mitte, wo sie sich schliesslich verbreitert.

Der die Wirkung bedingende Bestandtheil ist das Glykosid: Strophanthin $C_{20}H_{34}O_{10}$ (Fraser), $C_{31}H_{48}O_{12}$ (Arnaud). Es bildet farblose, bitterschmeckende, in Wasser und Aether lösliche Krystallblättchen. Es soll etwa zu $1\,^0/_0$ in den Samen vorhanden sein. Mit koncentrirter Schwefelsäure wird es einen Moment blau, dann spangrün, welche Färbung ziemlich beständig ist. Diese Reaktion ist so scharf, dass sie sich mikrochemisch gut verwenden lässt, und man sollte nur Strophantussamen zum medicinischen Gebrauch zulassen, bei denen sich mindestens das Endosperm mit koncentrirter Schwefelsäure schön grün färbt.

Als Verfälschungen sollen bereits extrahirte Samen vorgekommen sein, die ein fahles Aussehen haben. Als Verwechselung werden die Samen der Apocynee *Kicksia africana Benth.* angegeben, die ebenso lang wie die Strophanthussamen, aber etwas schmaler, mehr kantig, zimmetbraun und kahl sind. Die Kotyledonen sind ineinandergerollt.

Strychnos (Loganiaceae).

Strychnos Gaultheriana Pierre. Heimisch in Cochinchina und Hinterindien. Diese und vielleicht noch andere Arten liefern die etwa seit 1881 genauer bekannt gewordene, in China als Hoang-Nan (engl. Tropical Bindweed) bezeichnete, sehr bitter schmeckende Rinde. Sie enthält Brucin und Strychnin neben einander, und zwar ersteres in grösserer Menge, bis zu $2,7\,{}^0/_0$. Sie gilt in Asien als zuverlässiges Heilmittel bei Lepra, wird auch bei Excemen und Syphilis, und bei Hundswuth angewendet. Neben dieser Rinde ist aus Westindien eine ebenfalls als Hoang-Nan bezeichnete Rinde vorgekommen.

Die Rinde ist 1,5 mm dick, mit weichem, orangegelbem Kork bedeckt, innen schwarzbraun, mit glattem Bruch, im Querschnitt durch eine helle Gewebeparthie in zwei Platten getheilt. Die Rinde scheint sich im Bau von dem allgemeinen Strychnostypus nicht zu entfernen. Sie zeigt in der Mittelrinde einen nach aussen scharf abgesetzten, geschlossenen sklerotischen Ring, aus kleinen, isodiametrischen, stark verdickten Steinzellen bestehend. Steinzellen einzeln oder in kleinen Gruppen auch im Bast. Fasern und Siebröhren fehlen dem Bast. Die Markstrahlen sind drei- bis vierreihig, ihre Zellen fast kubisch. Im ganzen Parenchym reichlich ansehnliche Einzelkrystalle von Calciumoxalat.

Litt.: Parke, Davis & Co., p. 789. Moeller, Baumrinden, p. 162. Pharm. Zeitung 1882, p. 135. Pharmac. Centralhalle 1889, p. 490. Gehe & Co. 1881—1884. Christy & Co. IV, p. 44. Ueber Strychnosdrogen vgl. Festschrift des Schweiz. Apoth.-Ver. 1893, p. 71.

Strychnos Pseudoquina S. Hil. Heimisch in Brasilien. Name: Quina de Cipo. Eine angeblich von der genannten Pflanze stammende Rinde wird wie Chinarinde gegen Fieber benutzt.

Litt.: Upsala Läkareförenings Förhandlingar 1885, p. 439. Beckurts Jahresber. 1885, p. 10.

Strychnos spinosa (es ist nicht ersichtlich, ob *Str. spinosa Lam.*, die auf Mauritius, Madagascar und auch auf dem Festlande von Afrika vorkommt, oder *Str. spinosa Harvey,* ebenfalls aus Ostafrika bekannt, gemeint ist). Die Samen sind als Litongo seed nach Europa gekommen.

Litt.: Christy & Co. VII, p. 82. Festschr. d. Schweiz. Apoth.-Ver. 1893, p. 71.

Stylosanthes (Papilionaceae—Hedysareae—Stylosanthinae).

Stylosanthes elatior Swartz. Heimisch in Nordamerika. Namen: Pencil-flower, Afterbirth-weed. Man fertigt aus der ganzen Pflanze ein Fluidextrakt, das bei Uterusleiden Verwendung findet.

Litt.: Parke, Davis & Co., p. 1161. Repert. d. Pharm. in Apotheker-Zeitung 1892, p. 13.

Swertia (Gentianaceae — Gentianeae).

Swertia angustifolia Ham. Diese und wohl noch andere Arten dienen zur Verfälschung der folgenden.

Litt.: Pharm. Journ. and Trans. 1887, p. 903.

Swertia Chirata Ham. Heimisch im Himalaya. Namen in Indien: **Kiráyat** (Hind., Guz.); **Chireta** (Beng.); **Kirait** (Mar.); **Nila-vembu** (Tam.); **Nela-vemu** (Tel.); **Nelabevu** (Can.); **Nila-veppa** (Mal.). Man verwendet die ganze blühende Pflanze, die sehr bitter schmeckt, wie bei uns *Gentiana* oder *Erythraea Centaurium*, als Tonicum und Amarum, und wohl mit demselben Erfolg. In Indien erfreut sich die Droge grossen Ansehens, wird auch in England angewendet.

Als die Bitterkeit der Droge bedingend sind ermittelt worden (1869) **Opheliasäure** $C_{13}H_{20}O_{10}$ (Ophelia ist synonym mit Swertia) und ein Glykosid **Chiratin** $C_{26}H_{48}O_{15}$.

Die Droge soll mit einer ganzen Reihe anderer Swertiaarten, ferner mit *Andrographis paniculata, Slevogtia orientalis Griseb.* verfälscht werden.

Wohl auch hierher gehört ein als Ersatzmittel des Chinin empfohlenes Präparat **Halviva**, das aus einer indischen Pflanze **Agathotes** oder **Kreat** dargestellt wird. Agathotes ist synonym mit Swertia; über Kreat vgl. die indischen Namen.

Litt.: Dymock II, p. 511. Flückiger and Hanbury, Pharmacographia. Gehe & Co. 1878, April, p. 85; 1884, April, p. 35; 1886, September, p. 21. Pharm. Zeitschr. f. Russl. 1891.

Swietenia (Meliaceae — Swietenieae).

Swietenia senegalensis DC. (nicht *Rxb.*) (syn. *Khaya senegalensis Juss*). Heimisch in Senegambien. Name: **Cailcedra**. Die Rinde dieses Baumes wird in ihrer Heimath als Fiebermittel angewendet, indessen soll sie sich als solches nicht bewährt haben. Sie enthält 0,08 $^0/_0$ einer harzartigen, bitteren Substanz, **Cailcedrin**, die in Wasser unlöslich, in Alkohol, Aether und Chloroform löslich ist.

Die Droge ist 14 mm dick, mit grobrissiger Borke bedeckt, innen zimmtbraun, im Bruche grobkörnig, im Querschnitt mit hellen Punkten und Linien unregelmässig gezeichnet, der innere Theil fein koncentrisch geschichtet. Der Kork wird fast ausschliesslich von dünnwandigen, kubischen Zellen gebildet, nur die innersten Lagen sind etwas abgeflacht und an der Innenseite stärker verdickt. Der Kork grenzt unmittelbar an den Bast. Im letzteren sind die Markstrahlen bis fünfreihig, hier und da krystallführend. In den Baststrahlen Gruppen sehr grosser, stark verdickter, poröser Steinzellen und tangentiale Gruppen schwach verdickter Bastfasern. Im Parenchym ansehnliche Einzelkrystalle von Oxalat und Drusen.

Litt.: Kosteletzky V, p. 1990. Moeller, Baumrinden, p. 263. Christy & Co. X, p. 42. Nouveaux remèdes 1887, Nr. 4.

Swietenia humilis Zuccarini. Heimisch in Mexico. Die Samen wirken heftig brechenerregend und abführend.

Litt.: Arch. d. Ph. 1891. Merck 1892, p. 105.

Symphonia (Guttiferae).

Symphonia globulifera L. Die Samen dieser Art sind unter dem Namen Garlick Seed 1887 nach England gelangt.

Litt.: Christy & Co. X, p. 118.

Symphoricarpus (Caprifoliaceae — Linnaeeae).

Symphoricarpus vulgaris Michx. Heimisch in Nordamerika. Die Zweige werden als diuretisches Mittel angewendet. Man verwendet sie auch als Fiebermittel, wozu sich übrigens die Wurzel besonders eignen soll.

Es sei darauf aufmerksam gemacht, dass in neuerer Zeit mit den Früchten des bei uns so viel kultivirten *Symphoricarpus racemosus Michx.* mehrfach Vergiftungen vorgekommen sind.

Litt.: Kosteletzky II, p. 530. Beckurts Jahresber. 1889, p. 30.

Syndool-Rinde.

Droge unbekannter Abstammung aus Westafrika. Sie schmeckt bitter und wird gegen Windblattern angewendet.

Litt.: Christy & Co. VII, p. 85.

Syngonium (Araceae — Colocasioideae — Syngonieae).

Syngonium Vellozianum Schott. Heimisch in Brasilien, in den Staaten Rio de Janeiro, Espirito Santo, Minas Geraes. Namen: Fricua und Frigua. Der Saft der ausgepressten Blätter gilt als Specificum gegen Asthma.

Litt.: Pharm. Rundschau (New York) 1892, p. 281.

Syzygium (Myrtaceae — Myrtoideae — Eugeniinae).

Syzygium Jambolana (Lam.) DC. Wild und angebaut durch das ganze ostindisch-malayische Gebiet bis China und Neu-Südwales, auch auf Mauritius und den Antillen kultivirt. Namen: Java plum, Jamboo; in Indien: Jámun (Hind.); Kálájám (Beng.); Jámbú (Mar.); Navel (Tam.); Jambúdo (Guz.); Neredi (Tel.); Nevale (Can.). Die beerenartigen Früchte werden gegessen. Dieselben finden auch medicinische Verwendung, ebenso die Samen allein, die Blätter und die Rinde. Die Blätter, die kurz gestielt und länglich-elliptisch sind, finden allein oder in Verbindung mit anderen Adstringentien Verwendung gegen Diarrhoe. Aehnlich verwendet man die Rinde, die auch zum Gerben benutzt wird. Sie bildet leichte, fast schwammige, etwa centimeterdicke Stücke mit dünnem, oft weisslich gelbem Kork oder ausgiebiger Borkebildung. Bruch im äusseren Theil körnig, im inneren faserig. Der Kork besteht aus kubischen, durchweg dünnwandigen Zellen. Ein sehr charakteristisches Merkmal der Rinde sind die stark verdickten, grossen (bis 0,8 mm), porösen Steinzellen, die tangentiale Gruppen bilden. Dazwischen schmale, ebenfalls tangential gestreckte Gruppen stark verdickter Bastfasern, im Parenchym Oxalatdrusen. Markstrahlen ein- bis dreireihig.

Besondere Aufmerksamkeit haben die Früchte und die Samen erregt. Die sauerschmeckende, beerenartige Frucht, die etwa die Grösse einer Olive hat, ist eiförmig, dunkelrothbraun, netzrunzelig, vom Reste der Korolle gekrönt. Das geschrumpfte Fruchtfleisch ist 1—2 mm dick, die innere Schicht ist fast völlig sklerosirt und mit der Samenschale verwachsen. Es enthält Sekreträume. Der Same, der dicke Kotyledonen hat, ist mehrfach eingeschnürt und zerbricht an diesen Stellen leicht. Diese Bruchstücke gelangen in den Handel. Sie zeigen schwache Fibrovasalstränge und bestehen im Uebrigen aus einem polyedrischen Parenchym, das Gerbstoff und Stärke enthält. Die Stärkekörnchen sind ziemlich gross, von unregelmässiger Gestalt, mit kleinem Spalt. Sie lassen häufig Kegelschichtung erkennen. Die Zellen der Epidermis sind quadratisch und derbwandig. In der Randzone finden sich ansehnliche Sekreträume. Mit Natronlauge wird das Gewebe allmählich blau. Es werden den Samen diejenigen anderer Syzygium-Arten und von *Jambosa vulgaris* substituirt.

Sie enthalten eine Spur ätherischen Oeles, $0,3\,{}^0/_0$ in Alkohol und Aether lösliches Harz, $1,65\,{}^0/_0$ Gallussäure etc.

Die Samen sind bei uns als Heilmittel bei Diabetes mellitus empfohlen. Es sind nach dieser Richtung eine grosse Reihe von Versuchen gemacht worden, deren Resultate nicht übereinstimmen, deren bei weitem überwiegende Anzahl aber doch eine günstige Beeinflussung der Krankheit erkennen lässt. Den Stoff in der Droge, dem die Wirkung etwa zuzuschreiben sein würde, kennen wir noch nicht. Es ist ferner darauf aufmerksam zu machen, dass nicht frische Samen anscheinend an Wirkung sehr erhebliche Abnahme zeigen, und ferner ist darauf hinzuweisen, dass von mancher Seite günstige Resultate überhaupt nicht mit den Samen, sondern mit dem Perikarp erzielt wurden.

Von Hildebrandt wurde konstatirt, dass die Droge auf die saccharificirenden Fermente des Blutserums, des Pankreas und des Speichels hemmend einwirkt, dass diese Hemmung sich aber auf Pepsin und Trypsin nicht erstreckt, so dass eine Beeinflussung der Eiweissverdauung ausgeschlossen ist.

Litt.: Kosteletzky IV, p. 1532. Dymock II, p. 27. Chemiker-Ztg. (Coethen) 1885. Parke, Davis & Co., p. 831. Merck 1893 und vorhergehende Jahre. Gehe & Co. 1885, 1886, 1888. Christy & Co. VII, p. 77; X, p. 63; XI, p. 26, 87. Real-Encyklop. IX, p. 575. Berl. klin. Wochenschr. 1892, Nr. 1. Pharm. Ztg. 1892, p. 442. The Chemist and Druggist 1892, Nr. 645, p. 319. Zeitschr. d. österr. Ap.-V. 1890, p. 298. Pharm. Centralhalle 1889. Moeller, Baumrinden p. 352. E. Merck 1895, p. 82.

T.

Tabebuja (Bignoniaceae — Tecomeae).
Tabebuja longipes. In Britisch Guiana. Die Rinde (weisse Cedernrinde) wird gegen Syphilis angewendet.
Litt.: Pharm. Centralhalle 1888, p. 516.

Tabernaemontana (Apocynaceae — Plumieroideae).

Tabernaemontana sphaerocarpa Bl. Heimisch in Hinterindien. Namen: Djembiriet, Hamperoe badak, letzteren Namen führt auch *Orchipeda foetida.* Medicinische Verwendung finden die Blätter und auch die Wurzel äusserlich bei Hautkrankheiten. Rinde und Samen enthalten ein giftiges Alkaloid, das in beiden nicht identisch zu sein scheint.

Litt.: Mededeelingen uit 's Lands Plantentuin VII, p. 65.

Unter dem Namen Cata grande findet sich bei Christy & Co. VIII, p. 83, eine Tabernaemontana genannt, von deren arzneilicher Verwendung aber nichts gesagt wird.

Tabernaemontana africana Hook. Heimisch in Westafrika (Rio Nuñez). Name: Satia. Der Saft wird gemischt mit einer Abkochung von *Erythrina senegalensis DC.* und von *Sarcocephalus esculentus Afz.*, und dient äusserlich gegen Elephantiasis. Die Ableitung des Arzneimittels von der genannten Art ist nicht sicher.

Litt: Planchon, Produits fournis à la matière médicale par la famille des Apocynées 1894, p. 294.

Tabernaemontana cerifera Panch et Séb. Heimisch in Neu-Caledonien. Liefert von den Knospen ein gelbliches Wachs, das man gewinnt, indem man die abgeschnittenen Zweige in siedendes Wasser taucht.

Litt.: Planchon l. c.

Tabernaemontana citrifolia L. Heimisch auf den Antillen, von da weiter verbreitet nach Bourbon, Indien. Rinde und Blätter werden als Fiebermittel und Anthelminthica gebraucht, der Milchsaft gegen Warzen.

Litt.: Kosteletzky III, p. 1064. Planchon l. c.

Tabernaemontana coronaria Br. Heimath unbekannt, in Indien kultivirt. Namen in Indien: Tagar (Hind., Mar., Guz.); Nandiavatai, Nanthia-vatai (Tam., Tel.); Nandi-battal (Can.); Karáta-pála (Mal.). Die Wurzel und der Milchsaft werden gegen Augenkrankheiten und Eingeweidewürmer benutzt. Enthält ein bitterschmeckendes Alkaloid.

Litt.: Kosteletzky III, p. 1064. Dymock II, p. 413. Planchon l. c.

Tabernaemontana crispa Roxb. Heimisch in Amerika, in Indien kultivirt. Name: Curatu-Pala. In Indien gebraucht man eine Abkochnng der Rinde als Antidysentericum und Adstringens, ebenso die Wurzel; äusserlich bei Abscessen.

Litt.: Kosteletzky III, p. 1064. Planchon l. c.

Tabernaemontana dichotoma Roxb. Heimisch in Indien und auf Ceylon. Namen der Frucht: Divi-Ladner. Verwendung wie von *T. coronaria.*

Litt.: Dymock II, p. 413. Planchon l. c.

Tabernaemontana macrophylla Vieill. Heimisch in Neu-Caledonien. Liefert reichlich ein gelbgrünes, zerreibliches Harz oder Gummiharz, bei den Eingeborenen als Ouiépé bezeichnet.

Litt.: Planchon l. c.

Tabernaemontana mauritiana Poir. Auf Mauritius und Réunion. Die adstringirende Rinde wird gegen Dysenterien und als Wurmmittel gebraucht. Dient auch, wie der Milchsaft, als Fischgift.

Litt.: Planchon l. c.

Tabernaemontana neriifolia Vahl. Heimisch in Centralamerika und Porto Rico. Name: Huevo de Gallos Muneco. Die Abkochung der Rinde wird als Antisyphiliticum und Febrifugum benutzt, der Milchsaft gegen Hautwarzen.

Litt.: Planchon l. c.

Tabernaemontana oblongifolia DC. In Cayenne und Brasilien. Die Rinde gilt als fieberwidrig.

Litt.: Planchon l. c.

Tabernaemontana semperflorens Perr. Auf den Philippinen wird eine Abkochung der Blätter gegen die Bisse giftiger Thiere verwendet.

Litt.: Planchon l. c.

Tabernaemontana utilis W. Arn. Heimisch in Amerika (Cayenne), kultivirt in Indien. Namen: Hya-Hya, Cow-tree, l'arbre à lait de Demerara, arvore de Vacca. Liefert im Gegensatz zu den meisten anderen Arten einen nicht giftigen, wohlschmeckenden Milchsaft, der als fieberwidrig gilt.

Litt.: Kosteletzky III, p. 1064. Planchon l. c.

Tabernanthe (Apocynaceae — Plumieroideae — Tabernaemontanae).

Tabernanthe Iboga Baill. Heimisch an der Westküste des tropischen Afrika. Namen in Gabun: Iboga; am Congo: Bocca; ferner Abona und Obonete. Man verwendet die gelbe Wurzel am Congo gegen Fieber, in Gabun als Aphrodisiacum. Nach ihrem Genuss soll das Schlafbedürfniss verschwinden. — Sie enthält ein Glykosid.

Litt.: Bullet. of Miscell. information Nr. 98, 1895, p. 37—38 durch Bot. Centralbl. 1885, Bd. 62, p. 139. Engler-Prantl, Pflanzenfamilien Th. IV, 2. Abthl., p. 146. Pharm. Journ. and Trans. 1894, December, p. 436.

Tachia (Gentianaceae — Gentianoideae — Tachiinae).

Tachia guianensis Aubl. Heimisch in Südamerika (Brasilien). Name: Caferana. Die Wurzeln werden als Tonicum und Antipyreticum verwendet.

Litt.: Kosteletzky III, p. 1034. Merck 1890, p. 64. Pharm. Zeitung 1890, p. 101.

Tacora.

Gerbstoffhaltige Rinde von der Küste von Westafrika.

Litt.: Christy & Co. VII, p. 85.

Tagetes (Compositae — Helenieae — Tagetininae).

Tagetes erecta L. und *Tagetes lucida Cav.*, in Mexico, werden als Fiebermittel, erstere auch als Purgans und Wurmmittel verwendet.

Litt.: Kosteletzky II, p. 680. Americ. Journ. of Ph. 1886, p. 168.

Tamonea (Melastomataceae — Tamoneae).

Tamonea (Miconia). Eine als *Miconia Fothergilla Nand.* bezeichnete Pflanze liefert auf Martinique Milchsaft, der als örtliches Anästheticum auf Wunden gilt.

Litt.: Kosteletzky IV, p. 1514. Christy & Co. X, p. 41.

Tanacetum (Compositae — Anthemideae — Chrysantheminae).

Tanacetum balsamita L. Im südlichen Europa wild. Seit sehr langer Zeit als Arzneipflanze in den Gärten unter dem Namen *Costus hortensis* kultivirt. Pharmaceutisch wurde das ganze Kraut verwendet als *Herba et Summitates Balsamitae seu Menthae sarracenicae vel romanae.* Scheint auch neuerdings noch verwendet zu werden.

Litt.: Kosteletzky II, p. 707. Schimmel & Co. 1891, Oktober, p. 42.

Tanacetum umbelliferum Boiss. Heimisch in Persien. Namen: Sweet pellitory, Mitha-akarkara, Bozidán. Man verwendet die Wurzel in Indien als Aphrodisiacum, Tonicum, Purgans, Abortivum und Anthelminthicum. Sie ist bis 20 cm lang, gefurcht, hart, innen weiss, von ekelhaft süssem Geschmack mit säuerlichem Nachgeschmack. Die Droge enthält Wachs, einen wahrscheinlich mit dem Pyrethrin identischen Körper, der auf der Zunge ein betäubendes Gefühl erregt und reichlichen Speichelfluss erzeugt. Ferner enthält die Droge Harz, Zucker und eine organische Säure.

Litt.: Dymock II, p. 281. Pharm. Journ. and Trans. 1890, p. 143.

Tandool.

Von der Westküste von Afrika stammende, etwas bitter schmeckende Rinde, die gegen Brust- und Magenleiden angewendet wird.

Litt.: Christy & Co. VII, p. 85.

Tanghinia (Apocynaceae — Plumieroideae — Cerberinae).

Tanghinia venenifera Dupet. Thou. Heimisch auf Madagascar. Liefert das dort zu Gottesurtheilen benutzte Gift Tanghin, kultivirt auf Réunion. Die Pflanze wird häufig verwechselt mit *Cerbera Manghas L.* Verwendung findet nur die Frucht und der Same, obschon die spiralig gestellten, oblong spateligen, zugespitzten, dünnen Blätter ebenfalls giftig sind. Die Theilfrucht ist steinfruchtartig, mit nicht faserigem, sondern hartem, netzig skulptirtem Steinkern, meist durch Fehlschlag einzeln. Innerhalb der Testa ein ganz schwaches Endosperm und der grosse Embryo.

Die Samen enthalten in reichlicher Menge fettes Oel und einen in Krystallen erhaltenen Körper Tanghinin, dessen chemischer Charakter unbekannt ist, jedenfalls ist er kein Alkaloid und kein Glykosid. Er ist in den Samen zu $1\,^0/_0$ enthalten. Er ist der wirksame Bestandtheil und wirkt sehr heftig auf das Herz, in ähnlicher Weise wie Strophanthin und Ouabain, von denen er sich aber dadurch unterscheidet, dass er Krämpfe hervorruft. Die Giftigkeit der Samen ist so gross, dass erzählt wird, einer derselben reiche zum Tödten von 20 Personen aus.

Litt.: Planchon, Produits fournis à la matière médicale par la famille des Apocynées 1894, p. 121. Compt. rend. CVIII, p. 1255. Christy & Co. X, p. 42 (Tangena).

Tarchonanthus (Compositae — Inuleae — Tarchonanthinae).

Tarchonanthus camphoratus Houtt. Heimisch in Südafrika, Namaland, Somaliland, Abyssinien. Die Pflanze riecht dem Salbei und Kampher ähnlich und wird auch ähnlich, wenn auch nur äusserlich, angewendet. Die Pflanze enthält einen in Blättchen, die bei 82^0 schmelzen, krystallisirenden Alkohol $C_{50}H_{102}O$ oder $C_{52}H_{106}O$; ferner ein schweres, dunkelfarbiges Oel, das einen Ester und eine aromatische Säure enthält. — Aus dem Holz der Pflanze macht man musikalische Instrumente.

Litt.: Kosteletzky II, p. 669. Pharm. Zeitung 1881, p. 107.

Taxodium (Coniferae — Pinoideae — Taxodinae).

Taxodium mexicanum Carr. (syn. *T. Montezumae Decne.*, *T. mucronatum Ten.*). Heimisch in Mexico zwischen 1600 und 2300 m Meereshöhe. Namen: mexikanische Sumpfcypresse, Sabino, Abuchnete. Die Rinde gilt als menstruationsbeförderndes, harntreibendes Mittel, die Blätter verwendet man gegen Scabies, aus dem Holz gewinnt man durch trockene Destillation ein empyreumatisches Oel. Das ätherische Oel der Pflanze ist von angenehmem Geruch und grüngelber Farbe, spec. Gew. 0,8259, ausserdem enthält sie ein neutrales Weichharz.

Litt.: Amer. Journ. of Ph. 1885, p. 309.

Tecoma (Bignoniaceae — Tecomeae).

Tecoma speciosa DC. Heimisch in Brasilien. Die Pflanze findet Verwendung als Diureticum und Antisyphiliticum. Sie enthält $1,2\,^0/_0$ Gerbstoff und vielleicht ein Glykosid.

Litt.: Deutsch-amerik. Apoth.-Zeitung 1889.

Tecoma Ipe Liais. Heimisch in Südbrasilien, Paraguay, Uruguay und Argentinien. Name: Ipé-tabacco. Eine Abkochung des Holzes wird gegen Flechten benutzt. Dasselbe enthält nach Peckolt $2\,^0/_0$ Chrysophansäure.

Litt.: Merck 1892, p. 78.

Telanthera (Amaranthaceae — Gomphreneae).

Telanthera (jetzt zu *Alternanthera Forsk.*) *polygonoides Miq.*

Heimisch in Nordamerika. Gilt als Diureticum und Antispasmodicum und wird bei Harnbeschwerden medicinisch benutzt.

Litt.: Therapeut. Gazette 1884, December.

Telfairia (Cucurbitaceae — Melothrieae — Telfairiinae).

Telfairia pedata Hook. Heimisch im tropischen Ostafrika und auf den Maskarenen. Name: Koueme. Die Samen (Frana seeds), die entschält 59,31 $^0/_0$ fettes Oel enthalten, werden als Bandwurmmittel angewendet. Es sei daran erinnert, dass die Samen von Cucurbita Pepo zu gleichem Zwecke benutzt werden.

Litt.: Kosteletzky II, p. 739. Christy & Co. VII, p. 87. Pharm. Centralhalle. 1891, p. 743.

Tephrosia (Papilionaceae — Galegeae — Tephrosiinae).

Mehrere Arten der Gattung, auch die folgenden, finden als Fischgift Verwendung. Vgl. darüber Mededeelingen uit 's Lands Plantentuin X.

Tephrosia tinctoria Pers., liefert Indigo.

Tephrosia cinerea Pers., wird auf den Antillen und in Guyana innerlich bei Fiebern, Nervenkrankheiten, Würmern, äusserlich zur Zertheilung von Geschwülsten (Skropheln, Drüsen) angewendet.

Tephrosia purpurea Pers. Ueberall in den Tropen. Namen: Purple goat's rue. In Indien: Sarphunkha, Sarpunkha (Hind., Guz.); Bon-nilgachh (Beng.); Unháli (Mar.); Kollukkay-velai (Tam.); Verupali (Tel.). Die Pflanze gilt als Abführmittel und Diureticum, äusserlich wird sie bei Schwären etc. angewendet.

Litt.: Kosteletzky IV, p. 1272. Dymock I, 415. Proceed. of the Linn. Soc. of New South-Wales 1888, März.

Tepowo.

Frucht einer Cucurbitacee von der afrikanischen Westküste „A cure for knee diseases."

Litt.: Christy & Co. VII, p. 85.

Terminalia (Combretaceae).

Terminalia arjuna Bedd. In Ost- und Westindien. Namen in Ostindien: Kahu, Arjun (Hind.); Vellai-maruda-maram (Tam.); Tella-maddi-chettu (Tel.); Arjun, Shárdul, Pinjal (Mar.); Arjun (Beng.); Tora-billi-matti (Can.). Man verwendet die Rinde als Fiebermittel, Tonicum, bei Steinleiden, äusserlich auf Geschwüre. Sie enthält 16 $^0/_0$ Gerbstoff. Bemerkenswerth ist der hohe Aschegehalt, der 34 $^0/_0$ beträgt.

Litt.: Dymock II, p. 11. Bullet. of Ph. 1893, VII, p. 110.

Terminalia angustifolia Jacq. (syn. *Terminalia Benzoin L.*). Heimisch in Ostindien. Der Baum, der früher für die Stammpflanze der Benzoë gehalten wurde, liefert ein Harz, welches derselben ähnlich ist und das man technisch und medicinisch auch so verwendet.

Litt.: Kosteletzky IV. p. 1494. Upsala Läkareförenings Förhandlingar 1885, XX, p. 197.

Terminalia Catappa L. Heimisch auf Madagascar, den Inseln des Malayischen Archipels, Neu-Guinea, Fiji, Liukiu- und Bonininseln, in Ost- und Westindien kultivirt. Die sehr wohlschmeckenden Samen werden gegessen und in der Medicin wie Mandeln gebraucht. Sie sind etwa 0,5 g schwer und enthalten reichlich Fett, das etwa zu $54\,^0/_0$ aus Oleïn und zu $46\,^0/_0$ aus Palmitin und Stearin besteht. Die gerbstoffreiche Rinde wird in der Technik zum Färben, und medicinisch als Adstringens verwendet.

Litt.: Kosteletzky IV, p. 1495. Nieuw Tijdschr. voor Ph. 1888, p. 194.

Terminalia Chebula Retzius. Heimisch in Vorderindien, Ceylon, Hinterindien und dem Archipelagus. Namen in Vorderindien: Har, Hara (Hind.); Hirada (Mar.); Kaduk-kai (Tam., Mal.); Hora, Haritaki (Beng.); Karakkaya (Tel.); Aalekay (Can.); Harade (Guz.); Hana (Pahari); Silim-kung (Lepcha); auf Java: Madja kĕling, Djo kĕling. Die Früchte, die bekanntlich die *Myrobalani Chebulae* sind, wirken abführend in Dosen zu 4 g.

Litt.: Kosteletzky IV, p. 1497. Dymock II, p. 1. Pharm. Journ. and Trans. 1885, p. 482.

Dass mehrere Arten der Gattung Terminalia die durch ihren Gerbstoffgehalt ausgezeicheten Myrobalanen (sie enthalten etwa $45\,^0/_0$ davon) liefern, darf als bekannt vorausgesetzt werden. Ausser der Gerbsäure enthalten sie Ellagsäure, auch Gallussäure. Die Myrobalanen werden hauptsächlich technisch verwendet, aber auch medicinisch als Adstringentia.

Terminalia bellerica Roxb., in Ostindien, liefert die runden *Myrobalani bellericae.*

Terminalia Chebula Retz., oben schon erwähnt, liefert die *Myrobalani citrinae, indicae, nigrae.*

Auch die Früchte von *Terminalia Catappa L.* werden wie Myrobalanen verwendet.

Die *Myrobalani Emblicae* stammen von der Euphorbiacee *Phyllanthus Emblica Gärtn.*, heimisch in Ostindien. Die fast walnussgrosse Frucht ist dreikantig und dreifächerig, in jedem Fach 2—3 Samen.

Die Frucht von Terminalia ist eine 4—5kantige Steinfrucht mit fleischigem oder lederartigem Exokarp. In der Steinschale stark verdickte Parenchymzellen, die Gerbstoff enthalten und grosse Sekretgänge. Embryo eiförmig oder kugelig mit umeinander gerollten Keimblättern, die kurze Radicula zum Theil einschliessend.

Tetranthera (Lauraceae — Persoideae — Litseeae).

Tetranthera citrata Nees. Heimisch in Hinterindien. Namen auf Java: Krangean, Lehmoh, Kidjeroek. Die Früchte sind verschiedentlich als Citronellfrüchte nach Europa gekommen. Sie liefern ein angenehm riechendes, ätherisches Oel. Enthält ein Alkaloid, das wahrscheinlich Lauro-tetanin ist.

und zwar in den Blättern zu 0,05 %, in der Stammrinde 0,4 %, in den Früchten 0,1 %. Die Früchte sind wiederholt als Cubeben nach Europa gekommen.

Litt.: Schimmel & Co. 1889, April, p. 45. Mededeelingen uit 's Lands Plantentuin VII. Arch. d. Ph. 1896.

Tetranthera laurifolia Jacq. Heimisch in Indien. Namen: Maida-lakri (Hind.); Mushaippé-yetti, Maida-lakti (Tam.); Naramámidi, Méda (Tel.); Kukur-chita (Beng.); Médalakadi (Mar.); Maeda-lakari (Guz.). Man verwendet die Rinde bei Diarrhoe und Dysenterie, und äusserlich zu erweichenden Umschlägen. Sie enthält auch Lauro-tetanin, eine kleine Menge nach Patchouli riechenden ätherischen Oeles, schmeckt ganz schwach bitter, und ist sehr schleimreich.

Sie bildet bis 20 cm lange Röhren und Halbröhren, die bis 4 cm Durchmesser haben. Die Dicke beträgt 3 mm bis 1 cm. Aussen ist die Rinde hellgraubraun, innen schwärzlich und längsstreifig. Auf dem Querschnitt erkennt man in der Mitte in einen Kreis angeordnete gelbe Punkte, der Bast ist deutlich radialstreifig. Der Kork besteht aus zarten, hohen Korkzellen, die theilweise an der Innenwand stärker verdickt sind. In der Mittelrinde ist der grösste Theil der Parenchymzellen zu Schleimzellen umgewandelt, deren Inhalt fein geschichtet ist und oft Oxalatnadeln enthält. Die Grenze zwischen Mittelrinde und Bast bildet ein aus Gruppen von Steinzellen und Bastfasern gemischter sklerotischer Ring, der nicht völlig geschlossen ist. Der Bast lässt schmale Markstrahlen und tangentiale Reihen starkverdickter Bastfasern erkennen.

Litt.: Dymock III, p. 211. Chemiker-Zeitung 1893, p. 500. Gehe & Co. 1892, April.

Tetranthera amara Nees (Hoeroe kiries), *Tetranthera lucida Hassk.* (Hoeroe heedjoh), und *Tetranthera intermedia Bl.* (Kibedas) enthalten ebenfalls ein Alkaloid, welches wahrscheinlich Lauro-tetanin ist.

Litt.: Mededeelingen uit 's Lands Plantentuin VII.

Tetrapleura (Mimosaceae — Adenanthereae).
Tetrapleura Thonningii Benth. In Westafrika. Die Hülsen (Prabaça-Früchte) sollen reinigende (detersive) Eigenschaften haben, und dürften wohl Saponin enthalten, da sie mit Quillaia verglichen werden.

Litt.: Christy & Co. VII, p. 87.

Teucrium (Labiatae — Ajugoideae).
Teucrium africanum Thunb. In Südafrika. Die Pflanze soll antiseptisch wirken (wohl das ätherische Oel). Die Kaffern verwenden sie bei Augenkrankheiten, Insektenstichen etc.

Litt.: Christy & Co. X, p. 43. Pharm. Journ. and Trans. 1886, p. 101 ff.

Teucrium Scordium L. Name: Lachenknoblauch. Die

nach Knoblauch riechende und bitter schmeckende Pflanze ist seit langer Zeit als reizendes, diaphoretisches und wurmwidriges Mittel angewandt, aber ganz obsolet geworden. In Amerika verwendet man sie neuerdings gegen Hämorrhoiden.

Litt.: Kosteletzky III, p. 773. Pharm. Zeitung 1885, p. 65.

Thalia (Marantaceae).

Thalia geniculata L. In Brasilien (Minas, Rio etc.). Name: Aguti-guepo-obi. Ein Dekokt des Wurzelstocks wird als harntreibendes Mittel benutzt.

Litt.: Pharm. Rundschau (New York) 1894, p. 87.

Thalictrum (Ranunculaceae — Anemoneae).

Thalictrum macrocarpum Gren. Heimisch in den Pyrenäen. Die Pflanze enthält ein farbloses, krystallisirbares Alkaloid, Thalictrin, welches ähnliche Wirkungen zeigt wie Aconitin, und einen gelben, krystallinischen, stickstofffreien Körper: Macrocarpin, der keine arzneilichen Wirkungen besitzt.

Litt.: Pharm. Journ. and Trans. 1880, Nr. 528, p. 111.

Thalictrum aquilegifolium L. Name: Arikko. Die bittere Wurzel wird von den Ainoos innerlich gegen Magenschmerzen, äusserlich als Antisepticum, die Blätter als lokales Anästheticum gebraucht.

Litt.: Kosteletzky V, p. 1651. Pharm. Journ. and Trans. 1896, Nr. 1339.

Thapsia (Umbelliferae — Laserpitieae).

Thapsia garganica L. Heimisch in Nordafrika und Südeuropa, vielleicht auch in Frankreich wild. Verwendung findet die starke, möhrenartige, aussen graue, innen weisse Wurzel als *Radix Turpethi spurius* (bei den Arabern Bu-nefa, Vater der Gesundheit). Sie enthält einen blasenziehenden Milchsaft, aus dem man dargestellt hat: einen in Blättchen krystallisirenden, stickstofffreien Körper, dessen Lösungen blasenziehend wirken, Schmelzpunkt 87^0, ferner Caprylsäure und eine zweibasische Säure, Thapsiasäure $C_{16}H_{30}O_4$. Die Wirkung der Droge ist sehr giftig und besonders äusserlich der des Crotonöles und der Canthariden ähnlich. In Frankreich benutzt man das Harz der Wurzel, das Thapsiasäure, ätherisches Oel und $66\,^0/_0$ eines braunen, bröckligen Harzes enthält, zur Herstellung eines blasenziehenden Pflasters. Der Droge ist häufig die Wurzel der mit ihr zusammen wachsenden *Ferula nodiflora L.* beigemengt.

Thapsia villosa L. Ebenfalls in Nordafrika und Südeuropa heimisch. Die Wurzel wird zuweilen der der vorigen Art substituirt, soll aber milder wirken. Enthält ein in Chloroform und Petroläther, nicht aber in Alkohol lösliches Harz.

Thapsia Silphium Viviani. Ebenfalls in Nordafrika heimisch. Die Wurzel soll von allen am heftigsten wirken.

Litt.: Kosteletzky IV, p. 1170. Gehe & Co. 1878, April. Pharmaceut. Zeitung 1881, p. 225; 1884, p. 375. Gaz. chim. XIII, p. 514. Nouv. remèdes 1887, p. 267, 295.

Thespesia (Malvaceae — Hibisceae).

Thespesia populnea (L.) Corr. Heimisch im tropischen Afrika, Asien und Polynesien, in Westindien eingeführt und kultivirt. Namen: Thespésia à feuilles de peuplier, Portia tree, Porché, Bois de rose de l'Océanie, Valon; in Indien: Páraspipal (Hind.); Bhendi (Mar.); Puracha-maram (Tam.); Kandarola-mara (Can.); Gangarenu-chettu (Tel.); Porach (Beng.); Párasa-piplo (Guz.). Der Bast findet Verwendung zur Herstellung von Säcken, besonders für Kaffee.

Medicinisch verwendet man die Rinde und die Frucht. Die letztere giebt eine klebrige, gelbe Farbe, die in Indien bei Psoriasis gebraucht wird; in Tahiti werden die frischen Kapseln äusserlich bei Migräne angewendet, auf Mauritius der ausgepresste Saft gegen Warzen; in Cochinchina eine Abkochung als erweichendes Mittel. Eine Abkochung der Rinde wird in Cochinchina ebenso angewendet, auf Mauritius gegen Dysenterie und Hämorrhoiden.

Nach Verletzungen fliesst auch aus der Rinde ein gelber, klebriger Saft, wie der der Kapsel, der ebenso verwendet wird.

Litt.: Kosteletzky V, p. 1861. Dymock I, p. 213. Christy & Co. X, p. 43.

Thevetia (Apocynaceae — Plumiereae — Cerberinae).

Thevetia Ycotli A. DC. Heimisch in Mexico. Man verwendet die Samen gegen Hautkrankheiten und Schlangenbisse. Sie sind sehr giftig und enthalten ein Alkaloid, Thevetosin, das wie Emetin und auch wie Digitalin wirken soll.

Litt.: Zeitschr. d. österr. Apoth.-V. 1895, p. 626.

Thibaudia (Ericaceae — Vaccinioideae — Thibaudieae).

Thibaudia Quereme H. et B. Heimisch in Peru. Aus den Blüthen bereitet man eine Tinktur, die gegen Zahnschmerzen verwendet wird.

Litt.: Kosteletzky III, p. 1013. Pharm. Record. 1891, XI, p. 209.

Thuja (Coniferae — Pinoideae — Cupressineae).

Thuja occidentalis L. Heimisch von Canada bis Virginien, bei uns reichlich kultivirt. Namen: Lebensbaum, Arbor vitae, White Cedar. Medicinisch verwendet werden die Zweigspitzen als Expektorans, Fiebermittel, Anthelminthicum, gegen Rheumatismen, Husten, Skorbut etc.

Litt.: Kosteletzky II, p. 345. Parke, Davis & Co., p. 41.

Thymus (Labiatae — Stachydoideae — Thyminae).

Thymus capitatus Lk. (syn. *Thymus creticus Brot.*). Im Mittelmeergebiet. Unter dem Namen *Herba Thymi cretici* wurde das Kraut als Aromaticum auch bei uns gebraucht. Das ätherische Oel hat bei 15^0 ein spec. Gew. von 0,901, es enthält $6\,^0/_0$ Thymol, ausserdem ein zweites Phenol, Essigsäure-Bornylester, und an Terpenen: Pinen, Cymol, Dipenten. Das mit dem Oel geschüttelte Wasser nimmt eine pfirsichrothe Farbe an.

Litt.: Kosteletzky III, p. 764. Schimmel & Co. 1889, Oktbr., p. 56.

Ticorea (Rutaceae — Cusparieae — Cuspariinae).

Ticorea febrifuga St. Hil. Die Rinde wird in Brasilien als Adstringens und Fiebermittel wie Chinarinde gebraucht.

Litt.: Kosteletzky V, p. 1795. Bullet. of Pharm. 1893, p. 110.

Tillandsia (Bromeliaceae — Tillandsieae).

Tillandsia usneoides L. Verbreitet von Argentinien bis Carolina. Liefert das bekannte Polstermaterial: Louisiana Moos, Crin vegetal, vegetabilisches Pferdehaar. Namen der Pflanze in Brasilien: Barba de velho, Herva de Barbanos. Ein Dekokt der ganzen Pflanze wird in Brasilien bei Unterleibsstockungen, äusserlich zu Bädern und Umschlägen bei Drüsenaffektionen verwendet. In Peru macht man aus der Pflanze eine Salbe, die gegen Hämorrhoiden angewendet wird.

Litt.: Kosteletzky I, p. 156. Pharm. Rundschau (New York) 1895, p. 240.

Tinospora (Menispermaceae — Tinosporeae).

Tinospora Bakis (A. Rich.) Miers. Heimisch in West- und Mittelafrika. Namen der Wurzel: Bakis, Douloubi, Caryi. Die sehr bitter schmeckende Wurzel wirkt hauptsächlich diuretisch. Man verwendet sie gegen Fieber, gegen Blasenleiden, Gelbsucht, Flechten und andere Hautkrankheiten, Syphilis. Die im frischen Zustande graue Wurzel wird beim Trocknen runzelig und blättert ab, wodurch braune Flecken entstehen. Auf dem Querschnitt ist sie strahlig. Sie zeigt unter dem Kork die aus tangential gestrecktem Parenchym bestehende Rinde, das Holz besteht aus breiten Markstrahlen und Holzstrahlen mit ansehnlichen Gefässen und Holzfasern. In den Markstrahlen und in der Rinde reichlich Stärke. Sie enthält etwa $3\,^0/_0$ Colombin und zwei Alkaloide: Sangolin und Pelosin.

Litt.: Annales de l'institut colonial de Marseille 1895, p. 65.

Tinospora cordifolia Miers. In Ostindien. Namen: Gurach, Giloe, Gulancha (Hind., Beng.); Gulwail, Guloe, Gharol (Mar.); Tippa-tíge (Tel.); Shindil-kodi (Tam.); Amrita-balli (Can.); Rassakinda (Cing.); Gurjo (Sikkim); Amritwel (Goa.); Gado (Guz.). Hauptsächlich unter dem Namen Gulancha werden Abschnitte des Stammes und der Wurzel verwendet gegen intermittirende Fieber, sekundäre Syphilis, Rheumatismus, auch gegen Bisse giftiger Schlangen und Insekten. Enthält etwa $2\,^0/_0$ Colombin und ein noch nicht genau studirtes Alkaloid. Die Droge kommt vor in Abschnitten, die bis 20 cm lang, bis 4 cm dick sind, aussen graubraun, runzelig, wenn von der Achse stammend, warzig, im Querschnitt grobstrahlig. Die Wurzel lässt unter der Rinde zwei aus Steinzellen bestehende sklerotische Ringe erkennen, zwischen beiden kleine Gruppen von Steinzellen. Der Holzkörper besteht aus Holzstrahlen, die von breiten Markstrahlen, deren Zellen radial gestreckt sind, getrennt werden. Jeder Holzstrahl ist noch einmal, aber nicht bis zum Centrum des Querschnitts reichend, durch einen schmäleren, sekundären Markstrahl getrennt. Im Holz grosse Gefässe und Holzfasern. Die an die Markstrahlen grenzenden Zellen der Holzstrahlen enthalten schön ausgebildete Einzelkrystalle. Der Stamm lässt im Querschnitt einige Unterschiede erkennen, die das Bild zu einem höchst charakteristischen machen. Unter dem Kork liegt in der Mittelrinde nur ein sklerotischer Ring, der nach aussen durch eine Schicht von Krystallzellen, die grosse Einzelkrystalle enthalten, begrenzt ist. In der Mittelrinde Sekretbehälter, die mir in der Wurzel nicht aufgefallen sind. Die Holzstrahlen sind von denen der Wurzel nicht verschieden. Der jedem Holzstrahl vorgelagerte halbmondförmige Phloëmtheil ist durch einen Bogen von stark verdickten Fasern begrenzt. Dieser Bogen ist dem sekundären Markstrahl gegenüber unterbrochen. Im Mark sind kleine Gruppen von Zellen sklerosirt.

Litt.: Dymock I, p. 54. Flückiger & Hanbury, Pharmacographia. Christy & Co. V, p. 72. Zeitschr. d. österr. Apoth.-Ver. 1884, p. 312. Gehe & Co., 1896, September.

Toddalia (Rutaceae — Toddalieae).

Toddalia aculeata Lam. Heimisch in Ostafrika, auf den Maskarenen, den Comoren, Madagascar, im tropischen Asien von Vorderindien und dem Himalaya bis China und zu den Philippinen. Namen: Espinho do ladrão, Patte de poule; in Indien: Milakaranai (Tam.); Konda-Kashinda (Tel.); Kúdú-miris-wel (Cing.); Kánch, Dahan (Hind.); Limri, Kaka-toddali (Mar.). Die Wurzel dieses ästigen Bäumchens liefert die früher auch in Europa benutzte *Radix Lopeziana*, *Radix Indica Lopeziana* und *Racine de Juan Lopez Pigneiro*. Sie wird zuerst 1671 genannt. Als Radix Lopeziana ist übrigens nicht nur die Wurzel dieser Pflanze, sondern auch die verwandter Species, besonders von *Zanthoxylum* vorgekommen. Es scheinen auch Beziehungen zu bestehen zwischen der aus Westafrika stammenden, ebenfalls wohl von verwandten Arten gelieferten Artarwurzel und der *Radix Lopeziana* (cf. *Artar*).

Die aromatisch scharfe Wurzel wird als Stimulans und Fiebermittel angewendet.

Ein mir vorliegendes Muster der Droge, aus Ostindien stammend, verhält sich folgendermaassen: Die Stücke sind bis 3 cm dick, oft stark abgeplattet, aussen mit gelbem, pulverigem Kork. Rinde auch der dickeren Stücke nicht über $1^1/_2$ mm dick. Das Holz ist geschmacklos, die Rinde schwach bitter.

Der Kork besteht ausschliesslich aus dünnen, ziemlich hohen Zellen. In der Mittelrinde, die aus Parenchym besteht, fallen Zellen mit Einzelkrystallen, ferner Sekretbehälter mit gelbem, körnigem Inhalt, die wenig in der Richtung der Achse gestreckt sind und Faserbündel auf. Im Bast sind die Markstrahlen 1—3 Zellreihen breit, 60 und mehr Zellen hoch, die Zellen radial

gestreckt. In den äusseren Parthien des Bastes in den Baststrahlen tangentiale Gruppen nicht stark verdickter Fasern, ferner
in den Baststrahlen Krystalle und Sekretzellen wie in der Mittelrinde, Siebröhren in tangentialen Reihen mit nicht sehr schiefen
Siebplatten. Im Holz die Markstrahlen eine, selten zwei Zellenreihen breit, die Zellen radial gestreckt, getüpfelt, in den Holzstrahlen reichlich Gefässe, stark verdickte Holzfasern, Holzparenchym sehr spärlich. (Ueber die Anatomie der Rinde des
Stammes vgl. Moeller, Baumrinden, p. 327.)

Von Bestandtheilen der Wurzel ist ein Harz bekannt geworden, das aus mehreren besteht, ein ätherisches Oel und ein Bitterstoff. Die Wurzel enthält kein Berberin.

Die frischen Blätter werden gegen Leibschmerzen angewendet.
Man hat aus ihnen ebenfalls ein ätherisches Oel dargestellt (cf.
Dymock).

Aus den unreifen Früchten (übrigens auch aus der Wurzel)
macht man mit Oel ein Liniment, das gegen Rheumatismus Verwendung findet.

Litt.: Kosteletzky V, p. 1787. Dymock I, p. 260. Flückiger & Hanbury, Pharmacographia. Gehe & Co. 1896, Oktober. Amer. Druggist 1886,
p. 462.

Tonga.

Drogengemisch von den Fidji-Inseln, das 1880 zuerst auf-
tauchte als Heilmittel gegen Neuralgie. Das Mittel ist nicht
gleichmässig zusammengesetzt, es fanden sich z. B. in einigen
Proben Stücke einer Rinde, Blätter einer dikotylen Pflanze und
Faserbündel aus einem Monokotylen-Stamm. Andere Proben hat
man genauer bestimmen können: sie bestehen 1. aus den Nai yalu
oder Walu genannten Stengeln der *Rhaphidophora vitiensis Schott*
(Araceae — Monsteroideae). Die Pflanze ist verbreitet auf den
Fidji-Inseln und Neuen Hebriden. In der Droge fanden sich bis
fingerdicke, selten über 2 cm lange, sehr leichte, poröse, rinden-
lose, korkfarbige oder mit schwarzbrauner Rinde bedeckte Stücke
des Stammes, die den Monokotyledonenbau zeigen. Der zweite
Bestandtheil, der meist an Menge zurücksteht, sind kleine Rindenstücke von höchstens Millimeterdicke, ockergelber bis ziegelrother
Oberfläche oder längsrippige, federspulendicke Stengel. Man
leitet diesen Bestandtheil ab von *Premna taitensis DC.* (Verbenaceae — Viticoideae — Viticeae), die auf den Gesellschaftsinseln
wächst und bei den Eingeborenen den Namen Aro führt. An
den Rindenfragmenten wies Möller nach, dass der Bast aus alter-
nirenden Lagen von Parenchym und Siebröhren besteht, dass aber
Fasern fehlen. Zahlreiche Gruppen von Parenchymzellen sklero-
siren ohne erhebliche Vergrösserung. Im Parenchym des Bastes
und in den Markstrahlen Oxalatsand und Raphiden.

Man hat aus der Tonga ein Alkaloid, Tongin, dargestellt.

Die ganze Droge darf nur den Charakter eines Geheimmittels beanspruchen.

Litt.: Chemiker-Zeitung (Coethen) 1882, p. 379. Parke, Davis & Co., p. 1176. Pharm. Journ. and Trans. 1880. Americ. Journ. of Ph. 1881—82.

Topas Aire.

Volksname einer argentinischen Composite, die gegen Augenkrankheiten angewendet wird.

Litt.: Gehe & Co. 1881, September, p. 15.

Toray toray.

Aus Westafrika stammende Wurzel mit röthlichem Holz und dünner, dunkelgrauer, glatter Rinde, die gegen Dysenterie verwendet wird.

Litt.: Pharm. Zeitung 1889, p. 728.

Torrubia.

Torrubia sinensis. Ein auf den Larven von Insekten in China lebender Pilz, der als Aphrodisiacum benutzt wird.

Litt.: Christy & Co. X, p. 43.

Toxicodendron (Euphorbiaceae — Platylobeae — Phyllanthoideae).

Toxicodendron capense Thunb. (syn. *Hyaenanche globosa Lamb.*). Heimisch am Kap der guten Hoffnung. Man verwendet dort die Früchte zum Vergiften der Hyänen, daher „Hyaenanche". Im Perikarp der Frucht lassen sich zwei Schichten unterscheiden, eine äussere, schwammige, die hauptsächlich der Sitz des Hyaenanchins ist, das indessen auch in den Samen vorkommen soll, und eine innere, das holzige, spröde Endocarpium, das sich leicht ablöst. Die Samen sind länglich rund, etwas abgeplattet, an einem Pol wenig zugespitzt. Die Farbe ist ein dunkles Rothbraun, ihre Oberfläche ist glatt und glänzend. Im Querschnitt erkennt man das grosse, weisse Endosperm und den grüngefärbten Embryo.

Das Hyaenanchin ist ein indifferenter Bitterstoff, der in Wasser leicht löslich ist. Er gehört zu den centralen Krampfgiften und ist bezüglich seiner physiologischen Wirkung dem Strychnin verwandt, wirkt aber viermal schwächer und mehr auf das Gehirn als auf das Rückenmark.

Litt.: Kosteletzky V, p. 1766. Arbeit. d. pharmakolog. Inst. Dorpat 1892, VIII, p. 1. Merck 1895, p. 132.

Tradescantia (Commelinaceae — Tradescantieae).

Tradescantia diuretica Mart. Heimisch in Brasilien. Namen: Trepoeraba, Trapoerava, Trapüerava. Die Pflanze wird gegen Hämorrhoiden angewendet innerlich als Dekokt, äusserlich zu Klystiren und Sitzbädern, letztere auch bei Rheumatismus, Harnverhaltung etc. Das Dekokt wird auch bei Leucorrhoe und Gonorrhoe angewendet.

Litt.: Kosteletzky I, p. 127. Pharm. Rundschau (New York) 1892, p. 257.

Tradescantia erecta Jacq. Heimisch in Mexico. Name: Yerba vel Pollo. Die Pflanze gilt als ausgezeichnetes Mittel gegen Blutungen aller Art.

Litt.: Lancet 1882, p. 716. Rundschau (Leitmeritz) IX, 77.

Eine von Christy & Co. IX, p. 67 angeführte, ebenfalls aus Mexico stammende Art, wirkt diuretisch.

Trianosperma (Cucurbitaceae — Cucurbiteae — Abobrinae).

Trianosperma (jetzt zu *Cayaponia*) *ficifolia Mart.* Heimisch in Brasilien, Uruguay und anderen Theilen von Südamerika. Die Pflanze führt, besonders in den Provinzen Rio, San Paolo, Santa Catharina, Rio Grande do Sul, den Namen Tayuya. (Unter diesem Namen werden auch andere Cucurbitaceen gebraucht, so *Trianosperma Tayuya Mart.*, in Rio auch als Abobrinha do matto bezeichnet, ferner *Trianosperma arguta Mart.* in Rio, *Trianosperma glandulosa Mart.* in Para, *Wilbrandia hibiscoides Manso* als Gonú und Tayuya de quiabo in Minas und San Paolo, *Wilbrandia drastica Mart.* in Minas als Abobrinha do matto bezeichnet, *Wilbrandia scabra Mart.*, *Wilbrandia Riedelii Manso* als Tayuya de cabacinho und Abobrinha bezeichnet, *Druparia racemosa Manso* als Abobora do matto in Goyaz bezeichnet, endlich Bryonia.) Verwendung findet von all diesen Arten die Wurzel. Im Folgenden ist nur die der erstgenannten Art berücksichtigt. Die Wurzel ist etwa 5 cm dick, etwas zusammengedrückt, sehr stärkereich, der Geschmack ist scharf und bitter. Man wendet sie und zwar am liebsten in Form einer alkoholischen Tinktur an bei Fieber, Wassersucht, Lähmungen, Hautkrankheiten und angeblich mit gutem Erfolge bei Syphilis. Sie enthält 11,75 $^0/_0$ Wasser, 0,84 $^0/_0$ Glykose, 17,32 $^0/_0$ Stärke, 57,39 $^0/_0$ Faser, organische Säuren etc., 1,17 $^0/_0$ Harz, 0,24 $^0/_0$ Tayuyin, 11,47 $^0/_0$ Asche. Das Tayuyin ist eine grünlich gelbe, sehr bitter schmeckende Masse, die bei 49° schmilzt, sauer reagirt und sich in Alkalien, Wasser und Alkohol löst. Peckolt, der die Substanz entdeckt hat, stellt sie zu den Bitterstoffen. Ausserdem hat derselbe 1862 in der Droge zwei Alkaloide aufgefunden: Trianospermin in farb- und geruchlosen, sublimirbaren Nadeln von beissendem Geschmack und Trianospermitin, das sich aus der ätherischen Lösung in geruch- und geschmacklosen Körnern abscheidet.

Kleinere Dosen von Tayuyin führen stark ab, grössere führen ausserdem Salivation und Schweiss herbei.

Mir liegen zwei Muster der Droge vor, die sehr voneinander abweichen. Das erste besteht aus bis 2 cm dicken, cylindrischen Stücken von bitterem Geschmack. Sie lassen innerhalb der dünnen Rinde den Holzkörper mit weiten Gefässen erkennen, der nur bei den dickeren Stücken einen deutlich strahligen Bau besitzt.

Die Zellen der nicht dicken Korkschicht sind dünnwandig und zeigen starke Ligninreaktion. Unter dem Kork in der Mittelrinde eine nicht zusammenhängende Schicht ziemlich grosser, dünnwandiger, poröser Steinzellen; weiter nach innen gegliederte Milchsaftschläuche mit gelbem Inhalt und obliterirte Siebröhren. Die vier primären Markstrahlen sind sehr breit, ihre Zellen radial gestreckt, zwischen je 2 Strahlen 1—3 sekundäre Markstrahlen. In der Rinde verbreitern sich die Markstrahlen. Die grossen Gefässe, die zuweilen Thyllenbildung zeigen, sind behöft getüpfelt, ausserdem im Holz nicht eben dickwandige, verholzte Fasern. Bemerkenswerth ist, dass kleine Zellgruppen oder einzelne Zellen in der Rinde und in den Markstrahlen ebenfalls Verholzung zeigen.

Das zweite Muster besteht aus Längsscheiben einer dicken, rübenförmigen Wurzel von bräunlicher und weisslich-grauer Farbe, ebenfalls von bitterem Geschmack. Kork wie bei der ersten Sorte. Im Holzkörper schmale Holzstrahlen mit kleinen Gefässgruppen und Fasern. Markstrahlen dazwischen sehr breit. Stärke reichlich in ganz kleinen Körnern. Dieselbe eigenthümliche partielle Verholzung in der Rinde und in den Markstrahlen wie bei dem ersten Muster. Diese Uebereinstimmungen gestatten den Schluss, dass beide Drogen von derselben Pflanze stammen.

Litt.: Christy & Co. IV, p. 41; VIII, p. 78. Pharm. Journ. and Trans. 1886, p. 667. Deutsch-amer. Ap.-Ztg. 1883, p. 83; 1889, p. 246. Gehe & Co. 1878, April, p. 40; 1884, April, p. 20; 1886, September, p. 9.

Tribulus (Zygophyllaceae — Tribuleae).

Tribulus lanuginosus L. Heimisch in Belutschistan und Vorderindien. Vielleicht Varietät des folgenden. Namen: Gokshura, Ikshugandha, Khasak, Hasak, Burra Gookervo. Verwendung findet die Frucht (Nerinji fruit). Man verwendet sie bei Gonorrhoe, Harnverhaltung, bei Pollutionen und ähnlichen Leiden, endlich gilt sie auch als Aphrodisiacum.

Litt.: Kosteletzky V, p. 1808. Chemiker-Zeitung (Coethen) 1891, Nr. 70, p. 1140. Christy & Co. V, p. 73.

Tribulus terrestris L. (so im Gegensatz zu *Tribulus aquaticus,* mit welchem Namen die alten Botaniker *Trapa natans* bezeichneten). Heimisch im Mittelmeergebiet, vom danubischen und südrussischen Steppengebiet bis Tibet, auch im tropischen Afrika und Südafrika. Namen: Small Caltrops; in Indien: Chota, Gokhrú (Hind.); Gokhuri (Beng.); Lahana Gokhru (Mar.); Nerunji (Tam.); Negalu-gida (Cal.); Mitha Gokhru, Beththa Gokhru (Guz.); Palleru-mullu, Chirupalleru (Tel.). Die ganze Frucht besteht aus fünf Theilfrüchten, die auf der Aussenseite warzig sind und jede zwei starke Dornen tragen, die sich mit den Dornen der daneben befindlichen Theilfrucht am äusseren Ende kreuzen. Jede Theilfrucht enthält 3—5 einsamige, übereinander liegende Fächer, die Samen sind ohne Nährgewebe. Die Fruchtwand besteht vorwiegend aus sehr stark verdickten Steinzellen. Die Droge enthält Fett (in den Samen), Harz (die Quelle des Aromas der Droge), ein Alkaloid und 14,9 $^0/_0$ Asche. Man verwendet die Früchte wie die der vorigen Art, die Wurzel bildet einen Bestandtheil des aus zehn Drogen bestehenden Gemisches Dasamula Kvatha. Die Thracier bereiteten aus den Samen ein Brot. Auf Formosa werden die Früchte der Pflanze, die Chi-li heisst, als Tonicum und bei Blutarmuth gegeben.

Litt.: Kosteletzky V, p. 1808. Dymock I, p. 243. Chemiker-Zeitung (Coethen) 1891, Nr. 70, p. 1240. Chemist und Druggist 1895, p. 324.

Trifolium (Papilionaceae — Trifolieae).

Trifolium pratense L. Die Blüthen wurden früher innerlich bei Husten, äusserlieh zu Umschlägen etc. angewendet. Neuerdings werden sie von England aus als Krebsmittel empfohlen. Sie enthalten zwei Harze, Fett, Glykose, Gerbstoff etc. Der Gehalt an Asche beträgt 7,5 $^0/_0$.

Litt.: Kosteletzky IV, p. 1261. Pharm. Zeitung 1881, p. 187. Amer. Journ. of Ph. 1883, p. 194.

Trifolium globosum L. Auf Formosa: Ch'ien-li-kuang, wird dort gegen Augenleiden benutzt.

Litt.: Chemist and Druggist 1895, p. 324.

Trillium (Liliaceae — Asparagoideae — Parideae).

Trillium erectum L. und andere Arten. Heimisch in Nordamerika. Namen: Bethroot, Birthroot, Wakerobui. Man verwendet das Rhizom und die Wurzeln. Das Rhizom ist bis 3 cm lang, bis 1,5 cm dick, geringelt, orangebraun mit zahlreichen hellbraunen Wurzeln. Der Geschmack ist zusammenziehend und bitter. Man verwendet die Droge als Emeticum und Emmenagogum, äusserlich auf Geschwülste und Geschwüre. Enthält: Gerbstoff, Fett, Harz, Gummi, eine krystallisirbare Säure und 4,86 $^0/_0$ Saponin, welches wahrscheinlich die Wirkung bedingt.

Die Droge wird auch unter der *Senega* gefunden.

Litt.: Kosteletzky I, p. 207. Americ. Journ. of Ph. 1892, p. 67.

Trimeza (Iridaceae — Moraeae — Maricinae).

Trimeza (Lansbergia) Caracasana Benth. et Hook. Heimisch in Brasilien und Venezuela. Name: Ruibarbo do matto. Das zwiebelartige, circa 3 cm lange, mit vielen Fasern besetzte Rhizom wird wie Rhabarber gebraucht, erzeugt aber Kolikschmerzen.

Litt.: Pharm. Rundschau (New York) 1892, p. 133.

Lansbergia cathartica Klatt. Heimisch in Brasilien, in den Staaten Minas und Bahia. Name: Rhuibarbo do campo. Der zwiebelartige, runde, an den Seiten abgeplattete Knollen von der Grösse einer Haselnuss wird wie von der vorigen gebraucht.

Litt.: Pharm. Rundschau (New York) 1892, p. 133.

Lansbergia juncifolia Klatt. Heimisch in Brasilien, in den Camposgebieten der Staaten Goyaz, Matto Grosso, Minas. Namen: Rhuibarbo do campo, Jonquhillo do campo. Das braune, zwiebelartige, konisch geformte Rhizom wird wie das der vorigen Arten gebraucht.

Litt.: Pharm. Rundschau (New York) 1892, p. 133.

Lansbergia purgans Klatt. Heimisch in Brasilien, auf feuchten Grasebenen der Staaten San Paolo, Parana und Minas. Namen: Pieretro, Lirio royo, Rhuibarba do charco. Die kastanienbraune, eirunde Zwiebel, im Durchschnitt dunkelgelb, wird wie die vorigen gebraucht.

Litt.: Pharm. Rundschau (New York) 1892, p. 133.

Triosteum (Caprifoliaceae).

Triosteum perfoliatum L. Heimisch in Nordamerika, in den östlichen und südöstlichen Staaten der Union. Namen: Tinkers Weed, Wild Fever Root, Feverwort, Horsegentian, Bastard Ipecac, Wild Coffee. Die harten Samen werden als Kaffeesurrogat verwendet. Das Rhizom und die Wurzeln werden als Fiebermittel, Purgans und Emeticum, auch gegen Rheumatismus angewendet. Rhizom und Wurzel enthalten ein Alkaloid, welches nicht, wie man geglaubt hatte, mit dem Emetin identisch ist und dem man den Namen Triostein gegeben hat. Die Droge kommt ausserdem vor als Verfälschung (oder Verunreinigung?) der Senega (bis 25 $^0/_0$) und als Ipecacuanha. Sie besteht aus dem gelbbraunen bis dunkelbraunen, knorrigen Wurzelstock, der bis 9 cm lang wird und auf der Oberseite Reste der bis 1 cm dicken Stengel erkennen lässt. Vom Wurzelstock gehen die Wurzeln ab, die bis 1,2 cm dick werden, gewöhnlich aber viel dünner sind. Ihre Farbe ist heller als die des Rhizoms. Sie sind zart längsrunzlich und zeigen Querrisse in der Rinde. Letztere ist oft streckenweis abgesprungen und lässt dann den dünnen Holzkörper frei. Die Rinde ist anatomisch sehr ausgezeichnet durch eine zweite, innere Korkschicht, deren äusserste Zellen ausserordentlich gross, tonnenförmig werden. Das Parenchym der Rinde enthält reichlich Stärkemehl und Oxalat in kleinen Drusen. Endlich ist auffallend, dass die Markstrahlen des Holzes und natürlich auch die Gefässe durchweg verholzt sind, dass aber bei den Holzfasern die Verdickungsschichten nur aus Cellulose bestehen.

Litt.: Kosteletzky II, p. 527. Archiv d. Ph. 1895, p. 118.

Tsuchia Kabi oder **Tschuchiakabi.**

Ist die Kapsel einer japanischen Orchidacee, die bei Erkrankungen der Blase und Harnwege, besonders bei Gonorrhoe angewendet wird. Sie ist von säuerlich-bitterem Geschmack und enthält ein Glykosid.

Litt.: Rundschau f. d. Int. d. Ph. 1885, p. 637. Therapeut. Gaz. 1886, p. 212.

Tsuga (Coniferae — Pinoideae — Abietineae).

Tsuga canadensis (L.) Carr. Heimisch in Nordamerika, von Canada bis Nordcarolina und westwärts bis ins Felsengebirge.

Namen: Schierlings-, Hemlocks-Tanne. Die gerbstoffhaltige Rinde, die sonst technische Verwendung findet, wird medicinisch als Tonicum und Adstringens verwendet.

Litt.: Bullet. of Ph. 1893, p. 110.

Turnera (Turneraceae).

Turnera ulmifolia L. Weit verbreitet, von Mexico und West-indien bis Argentinien, auch auf Bourbon, den Seychellen und im indischen Archipel. Die wohlriechenden Blätter werden in West-indien und Südamerika als Tonicum und Expektorans angewendet.

Litt.: Kosteletzky IV, p. 1383. Real-Encykl. X, p. 116.

Turnera diffusa Willd. Heimisch in Brasilien, Mexico, West-indien', Californien. Liefert besonders in der Varietät: *aphro-disiaca (Ward.) Urb.,* die „Damiana". Die genannte Varietät ist aus Mexico hekannt, von wo also die Droge stammt. Dieselbe besteht aus den getrockneten Blättern und jungen Zweigspitzen, die vereinzelt Blüthen tragen. Dazwischen kommen zuweilen die kleinen kugeligen Früchte vor. Man verwendet sie im westlichen Mexico seit offenbar langer Zeit und ursprünglich wohl mehr als Genussmittel, etwa nach Art von Coca, Kaffee etc., wie als Arznei-mittel. Sie wurde in Form eines mit kaltem Wasser bereiteten und mit Zucker versetzten Auszuges nach starken Strapazen und vor solchen zur Stärkung genossen. Daneben sollte sie als Aphro-disiacum nützlich sein und dieser Eigenthümlichkeit verdankt sie die Versuche, sie in den Arzneischatz einzuführen.

1874 wurde die Droge in Nordamerika bekannt und etwa seit 1880 auch in Europa, hat aber wohl wenig Verwenduug gefunden. Ueber die Bestandtheile, besonders diejenigen, denen die Wirkung zugeschrieben werden könnte, sind wir noch wenig unterrichtet. Die Blätter liefern 0,9 $^0/_0$ eines grünlichen, zähen, dickflüssigen Oeles von 0,986 spec. Gew. und chamillenartigem Geruch. Es siedet zwischen 250 und 310^0 und enthält in den hochsiedenden An-theilen einen blauen Bestandtheil. Andere Untersuchungen haben Harze, Gerbstoff, Schleim etc. nachgewiesen und die Abwesenheit von Glykosiden und Alkaloiden dargethan.

Die Droge selbst riecht angenehm nach Citronen und besitzt einen aromatisch-bitteren, etwas scharfen Geschmack.

Die Blätter sind klein, höchstens 3 cm lang, 1 cm breit, kurz gestielt, im Umriss lanzettförmig, grob gesägt, fiedernervig mit randläufigen Sekundärnerven und wenig hervortretendem Haupt-nerven. Die Oberseite ist spärlich, die Unterseite reichlicher behaart, sonst trägt das Blatt Drüsenhaare vom Typus der Labiatendrüsen, die Sitz des ätherischen Oeles sind. Palissaden auf beiden Seiten.

Die etwa 6 mm grossen, röthlich-gelb gefärbten Blüthen sitzen kurz gestielt einzeln in den Blattachseln, von zwei linearen, am Grunde verbreiterten und gewimperten Nebenblättern gestützt. Der

Kelch ist krugförmig, 5—6zähnig, dicht behaart, es ragen aus ihm die fünf spatelförmigen Blumenblätter zur Hälfte hervor. Die Blüthen sind zwitterig. Von Prollius in einer Probe aufgefundene sehr kleine weisse Blüthen sind eine Verfälschung oder Verunreinigung. Die Frucht ist eine kleine, kugelförmige, von der Spitze her loculicid aufspringende Kapsel, die Samen eiförmig, aber gegen die Raphe zu eingekrümmt, die Samenhaut ist netzartig skulptirt, vom Nabel geht ein dünnhäutiger Arillus aus, der dem Samen auf der Bauchseite anliegt.

Als Damiana (oder Yerba anti-rheumatica) werden in Mexico auch die Blätter der Composite: *Bigelovia veneta (H. B. K.) A. Gray (Aplopappus discoideus DC.)* benutzt. Sie sind durch die auf der Oberseite stark hervortretende Mittelrippe, eine harzige, rauhe Oberfläche und grössere Dicke ausgezeichnet.

Litt.: Arch. d. Ph. 1882, p. 187. Parke, Davis & Co, p. 570. Christy & Co. IV, p. 31. Pharm. Centralhalle 1884, p. 1. Amer. Journ. of Ph. 1887, p. 68. New Remedies IX, p. 226. Pharm. Post 1891, p. 153.

Tylophora (Asclepiadaceae — Cynanchoideae — Tylophoreae).

Tylophora asthmatica W. et A. Heimisch in Indien. Namen: Indian Ipecacuanha; Jangli-pikwán, Antamúl (Hind.); Antomúl (Beng.); Nach-churuppán, Nay-pálai, Pey-pálai (Tam.); Pitkari, Kharakí-rásna (Mar.); Verri-pála, Kukka-pála (Tel.); Valli-pála (Mal.); Adumuttada (Can.). Verwendung finden die Wurzel und die Blätter. Die letzteren sind ganzrandig, bis 12 cm lang, eiförmig, oberseits kahl, unterseits weichhaarig, von bitterem Geschmack.

Der Wurzelstock ist kurz, knotig, mit zahlreichen, dünnen, gelblich-braunen Wurzeln besetzt.

Beide enthalten ein Alkaloid Tylophorin, das mit koncentrirter Schwefelsäure zuerst röthlich-braun, dann roth, grün, endlich blau wird. Mit Salpetersäure wird es zunächst purpurn, dann orangefarben.

Beide Drogen gelten als Emetica und Purgantia und zwar die Blätter für besonders wirksam. Man verwendet sie völlig nach Art der Ipecacuanha.

Litt.: Dymock II, p. 437. Bullet. of Pharm. 1891, p. 211. Pharm. Journ. and Trans. 1891, Nr. 1073, p. 617.

U.

Ulex (Papilionaceae — Genisteae — Cytisinae).

Ulex europaeus L. Heimisch im westlichen Mitteleuropa, auf St. Helena, im Kaplande und in Australien. Name: Stechginster. Die Pflanze ist neuerdings (1889) in England als Diureticum angewendet und empfohlen worden.

Litt.: Christy & Co. XI, p. 58.

Ulmus (Ulmaceae — Ulmoideae).

Ulmus fulva Michx. Heimisch in Nordamerika von Canada bis Carolina. Namen: Schleimrüster, Rothe Rüster. Der ausserordentlich schleimreiche Bast wird medicinisch als einhüllendes Mittel innerlich, und zu Kataplasmen äusserlich gebraucht, auch ohne weiteres oder zerstossen gegessen. Der zerstossene Bast wird mit Mais und Kartoffeln verfälscht.

Der Bast liefert 5—10 cm breite, 2 mm dicke Bastplatten von lederartiger Konsistenz, beiderseits fein längsstreifig, von langfaserigem Bruch. Der Querschnitt ist fein gefeldert. Quillt im Wasser auf das Dreifache an Breite und wird von einem zähen, klebrigen Schleim umhüllt, der sich in Wasser nicht völlig löst. Soll frisch nach Foenum graecum riechen. Die Bastfasern bilden lockere Tangentialreihen, in den dazwischen gelegenen Weichbastschichten grosse Schleimzellen (bis 0,2 mm).

Litt.: Kosteletzky II, p. 434. Moeller, Baumrinden, p. 72. Amer. Journ. of Ph. 1888, p. 552. Pharmaceut. Zeitung 1891, p. 55. Pharm. Rundschau (New York) 1895, p. 210.

Umbellularia (Lauraceae — Persoideae — Cinnamomeae).

Umbellularia californica (Hook. et Arn.) Nutt. Heimisch in Kalifornien (vom 45^0 n. Br. bis St. Diego). Namen: Kalifornischer Lorbeer, Kalif. Olive, Mountain Laurel, California Laurel, California Bay-tree, Spice tree, Cajeput, Pepperwood-tree, Balm of Heaven, California Sassafras. Verwendung finden die Blätter äusserlich bei Rheumatismen, innerlich bei Diarrhoe und Kolik, nervösem Kopfschmerz. Der Geruch der Blätter ist ein aussordentlich starker.

Sie sind länglich-lanzettlich, ganzrandig, bis 10 cm lang, bis 2,5 cm breit, lederartig, in der Jugend fein behaart, später glatt und mattglänzend, gegen das Licht gehalten mit zahlreichen durchscheinenden Punkten. Die Epidermis ist von einer starken Cuticula überdeckt, im Innern Oel- und Schleimzellen, die letzteren ausschliesslich an der Oberseite. Der Mittelnerv hat beiderseits Beläge von mechanischen Zellen.

Die Blätter liefern etwa $2,5\,^0/_0$ ätherisches Oel von 0,947 spec. Gew. Es enthält bei $167—168^0$ siedend $C_{20}H_{32} \cdot H_2O$, vielleicht Terpinol, bei $215—216^0$ siedend $C_8H_{12}O$ Umbellol, welches für den wirksamen Bestandtheil des Oeles gilt. Nach Schimmel & Co. enthält es Cineol $C_{10}H_{18}O$.

Die Früchte enthalten eine Fettsäure $C_{22}H_{11}O_4$ Umbellulinsäure.

Litt.: Parke, Davis und Co. p. 136. Ber. d. d. pharm. Ges. 1896, p. 56. New Remedies 1883, p. 50.

Urechites (Apocynaceae — Echitoideae — Echitideae).

Urechites suberecta (Jacq.) Müll. Arg. Heimisch in Westindien und Florida. Name: Nightshade, gelber Nachtschatten, Savannenblume. Verwendung finden die Blätter, und zwar bei Wassersucht, doch sollen sie sich recht wenig zum medicinischen Gebrauch eignen, da ihnen die schon beim Fingerhut so unangenehme cumulative Wirkung auf das Herz in besonders hohem Grade zukommt. Die Blätter sind dunkelgrün, oval, etwas zugespitzt, gestielt und ganzrandig. Sie enthalten zwei Glykoside, Urechitin und Urechitoxin von ausserordentlich heftiger Wirkung, so dass man sie als die Träger der Wirkung bezeichnet. Sie wurden 1872 von Bowrey in Jamaica aufgefunden. Minckiewiecz hat ebenfalls zwei, relativ wenig wirksame Stoffe aufgefunden, deren einen er ebenfalls als Urechitin, und den zweiten als Urechitsäure bezeichnet. In Westindien verwenden die Neger die Blätter zu Hinrichtungen.

Litt.: Therapeut. Gaz. 1880. Arbeit. d. pharmakolog. Instit. in Dorpat 1890, V, p. 127. Journ. Chem. Soc., Vol. XXXIII, p. 252. Edinb. Laboratory Rep. B. Coll. Physic., Vol. V, 64. Beckurts Jahresbericht 1889, p. 14; 1892, p. 43. Christy & Co. VII, p. 83.

Urena (Malvaceae — Ureneae).

Urena lobata L. Heimisch in den Tropen der ganzen Erde. In Brasilien werden die Blüthen der sehr schleimreichen Pflanze als Expektorans angewendet, ähnlich verwendet man sie in Indien.

Litt.: Kosteletzky V, p. 1850. Dymock I, p. 228. Pharm. Record. 1891, Vol. XI, p. 209.

Urera (Urticaceae — Urereae).

Urera aurantiaca Wedd. Heimisch in Brasilien (Matto Grosso und Goyaz). Namen: Punú mirim. Die frischen Blätter werden als Ersatz des Senfteiges benutzt, der ausgepresste Saft derselben innerlich und äusserlich bei Blutungen. Die Wurzel soll diuretisch wirken.

Litt.: Pharm. Rundschau (New York) 1892, p. 36.

Urera armigera Miq. Heimisch in Brasilien. Namen: Ortiga oder Urtiga branca, Urtiga branca do Mato virgen. Die Blätter werden wie die der vorigen Art benutzt, das Dekokt der Wurzelrinde ist ein Heilmittel bei Blasenkatarrh, koncentrirt wird es bei Bronchialkatarrh angewendet. Eine Tinktur der Wurzelrinde gilt als Aphrodisiacum.

Litt.: Pharm. Rundschau (New York) 1892, p. 36.

Urera baccifera Gaud. Heimisch von Westindien bis Brasilien (Espirito Santo, Minas, Rio de Janeiro). Namen: Urtiga vermelha). Verwendung als hautreizendes Mittel und Diureticum wie bei den vorigen.

Litt.: Pharm. Rundschau (New York) 1892, p. 36.

Urera acuminata Miq. Heimisch in Brasilien (Rio de Janeiro, Espirito Santo, Minas), auch auf Mauritius. Name in Brasilien: Urtiga brava. Der Saft der ausgepressten Blätter wird bei

Haemoptise und Metrorrhagie angewendet; das Dekokt der Rinde gilt als Antisyphiliticum.

Litt.: Pharm. Rundschau (New York) 1892, p. 36.

Urera mitis Miq. Heimisch in den östlichen Staaten von Brasilien. Name: Urtiga morta. Das Dekokt der Blätter gilt als Diureticum, das der Wurzel wird bei Leberkrankheiten gegeben.

Litt.: Pharm. Rundschau (New York) 1892, p. 36.

Urera Punu Wedd. Heimisch in Brasilien (Matto Grosso). Name: Punu. Der ausgepresste Saft der Blätter wird bei Amenorrhoe gegeben.

Litt.: Pharm. Rundschau (New York) 1892, p. 36.

Urospatha (Araceae — Lasioideae — Lasieae).

Urospatha caudata Schott. Heimisch in Brasilien (Para und Amazonas). Namen: Apé, Caa apé. Der ausgepresste Saft des Wurzelstockes wirkt wie bei so vielen Araceen ätzend und wird als Umschlag gegen Flechten benutzt.

Litt.: Pharm. Rundschau (New York) 1892, p. 280.

Urostigma [jetzt zu Ficus] (Moraceae — Artocarpoideae — Ficeae).

Urostigma atrox Miq. Heimisch in Brasilien. Name: Taemagh. Die bittere Rinde des Baumes wird arzneilich verwendet.

Litt.: Pharm. Rundschau (New York) 1891, p. 167.

Urostigma cystopodum Miq. Heimisch in Brasilien. Namen: Azougue vegetal (vegetabilisches Quecksilber), Mururu, Murure (cf. Franciscea und Bichetea). Der röthliche, rahmartige Milchsaft wird arzneilich verwendet und gilt in hohem Maasse als Antisyphiliticum und Stimulans. In einigen Fällen wird auch ein Dekokt der Rinde verwendet; letzteres auch äusserlich zum Verbinden von Wunden. Stärkere Dosen des Milchsaftes bewirken ruhrartigen Durchfall.

Litt.: Pharm. Rundschau (New York) 1891, p. 167.

Urostigma doliarium Miq. Heimisch in Brasilien (Bahia, Espirito Santo, Minas Geraes, Rio de Janeiro, St. Paulo). Namen: Copaulo assu, Cerejeira, Figueira branca, Figueira brava, Figueira de Pierga, Gamelleira. Eine Abkochung der Rinde wird gegen Syphilis gegeben, äusserlich zur Waschung syphilitischer Geschwüre. Die Wurzelrinde gilt als tonisches Arzneimittel, die Blätter werden gegen Blasenkatarrh genommen, zu Bädern bei Gicht und Rheumatismus. Von besonderer Wirkung scheint der Milchsaft zu sein, man verwendet ihn mit gutem Erfolg als Anthelminthicum gegen Anchylostoma duodenale. Man hat in ihm einen Körper, Doliarin, gefunden; der wirksame Bestandtheil soll ein dem aus Carica Papaya dargestellten Papayotin analoges Urostigma-Papayotin sein, welches ebenfalls Muskelfleisch und Eiweiss verdaut.

Litt.: Pharm. Rundschau (New York) 1891, p. 166. Christy & Co. V, p. 71. Journ. de Thérap. 19, p. 729. The Lancet 1882, p. 78.

Urostigma hirsutum Miq. Heimisch in Brasilien. Name: Mata-paü. Der röthliche, dünnflüssige Milchsaft ist scharf und ätzend, man verwendet ihn äusserlich zum Aetzen von Wunden der Lastthiere. Innerlich sollen schon kleine Dosen tödtlich wirken.

Litt.: Pharm. Rundschau (New York) 1891, p. 167.

Urostigma Kunthii Miq. Heimisch in Brasilien (Amazonas und Para). Namen: Cauarú-caa, Caicau, Caiubui. Das Dekokt der Rinde dient als Waschung zur Reinigung und Heilung stark eiternder Wunden und Geschwüre, in Bädern wird es gegen syphilitische Schmerzen gebraucht. Die Wurzelrinde wirkt ab-führend, der Milchsaft der Pflanze toxisch.

Litt.: Pharm. Rundschau (New York) 1891, p. 167.

Urostigma Maximilianum Miq. Heimisch in Brasilien, besonders in den Staaten Minas und Rio de Janeiro. Namen: Apiy, Oity bravo. Der frische Milchsaft wird zum Pinseln gegen Aphthen benutzt, nachdem er mit Wasser verdünnt ist. Ein Dekokt der Rinde dient als blutreinigendes Getränk und als Gurgel-wasser bei skorbutischen Affektionen.

Litt.: Pharm. Rundschau (New York) 1891, p. 167.

Urtica (Urticaceae — Urereae).

Urtica dioica L. Weit verbreitet. Das Kraut der Pflanze ist ein altes und jetzt obsoletes Mittel gegen Lungenleiden, Gelbsucht, Hämorrhoiden. Neuerdings empfiehlt man einen mit $60\,^0/_0$ Alkohol bereiteten Auszug unter dem Namen Liquor haemostaticus als blutstillendes Mittel für äusserliche Verwendung.

Litt.: Pharm. Centralhalle 1885, p. 397.

Urtica urens L. Die Pflanze wurde früher wie die vorige verwendet. Neuerdings empfiehlt man sie ebenfalls als blutstillendes Mittel, als welches sie auch in Brasilien, wo sie Urtiga de reino heisst, vom Volke benutzt wird. Wird auch neuerdings gegen Hämorrhoiden empfohlen.

Litt.: Pharm. Rundschau (New York) 1892, p. 36. Med. Chron. 1885, p. 483. Pharm. Rundschau (Leitmeritz) 1885, p. 361.

Ustilago (Ustilaginaceae).

Ustilago Maydis. Dieser Pilz lebt in den Körnern von *Zea Mays*. Man verwendet seine Sporen, und zwar fast ausschliesslich in Form eines Fluidextraktes. Seine Wirkung soll der des Mutterkorns analog sein, und zwar soll er weniger giftig wirken. Die Angaben über die Bestandtheile der Sporen, denen etwa ihre Wirkung zuzuschreiben sein würde, sind wenig zufriedenstellend.

Während **Kobert** keine den Mutterkornstoffen analogen Bestandtheile nachweisen konnte, fanden **Rademaker** und **Fischer** Sclerotinsäure und **Trimethylamin**, welch letzteres auch von anderer Seite nachgewiesen wurde. Es sei darauf aufmerksam gemacht, dass beide Stoffe an der specifischen Wirkung des Mutterkorns nicht betheiligt sind, sondern dass diese dem Alkaloid, dem **Ergotinin Tanret's**, zukommt. Wie weit ein von **Fischer** und **Rademaker** aufgefundenes Alkaloid: **Ustilagin**, für die Wirkung von Wichtigkeit ist, ist noch nicht bekannt.

Litt.: Parke, Davis & Co., p. 1203. Merck 1888, p. 51. Med. News and Therap. Gaz. 1887. Americ. Journ. of Ph. 1861. Therapeut. Monatshefte 1888, p. 171. Pharm. Journ. and Trans. 1887, p. 91.

Uvaria (Anonaceae — Uvarieae).

Uvaria Chamae Beauv., wird in Westafrika als Abführmittel benutzt.

Litt.: Apoth.-Zeitung 1895, p. 719.

V.

Vaccinium (Ericaceae — Vaccinieae).

Vaccinium crassifolium Andr. Die Blätter werden bei Wassersucht als Diureticum verwendet.

Litt.: Pharm. Zeitung 1881, p. 108.

Vaccinium Myrtillus L. Neuerdings sind den Blättern der Pflanze, resp. einem daraus hergestellten Extrakt besondere Heilwirkungen bei Diabetes nachgerühmt worden. Nach v. Oefele ist das nicht richtig, sondern die scheinbar günstigen Wirkungen beruhen darauf, dass nach dem Gebrauch des Mittels der Urin Substanzen enthält, die durch Linksdrehung die durch den Zucker hervorgerufene Drehung kompensiren. — Die Früchte sind gegen Leukoplakien im Munde empfohlen worden. Der Farbstoff soll dabei lokal anästhesirend wirken.

Litt.: Kosteletzky III, p. 1011. Allgem. med. Centralbl. 1892, Nr. 81. Pharm. Centralh. 1893, p. 306. Merck 1894, p. 51. Nederl. med. Wcekbl. 1891, p. 509. Pharm. Zeitung 1891, p. 809.

Valeriana (Valerianaceae).

Valeriana Hardwickii Wall. Heimisch in Ostindien. Name: Chamaha, den aber auch andere Arten führen. Die wohlriechende Wurzel wird in ihrer Heimath medicinisch verwendet. Die Wurzel enthält 0,9 % ätherisches Oel und Baldriansäure.

Litt.: Kosteletzky II, p. 518. Pharm. Zeitung f. Russl. 1886, p. 523.

Valeriana mexicana DC. Heimisch in Mexico. Die in Scheiben von 4 cm Durchmesser oder in voluminösen Stücken in den Handel kommende, aussen gelbbraune, innen gelbliche Wurzel wird in Mexico wie bei uns *V. officinalis* gebraucht.

Litt.: Amer. Journ. of Ph. 1886, p. 168.

Valeriana officinalis var. angustifolia Miq. In Japan. Namen:
Kesso, Kanokorô. Die Wurzel findet arzneiliche Verwendung
wie bei uns *V. officinalis.* Sie enthält ebenfalls Baldriansäure und
in besonders grosser Menge (6—6,5 %) ätherisches Oel. Dasselbe
hat ein spec. Gew. von 0,996 und enthält Pinen, Camphen,
Dipenten, Terpineol, Borneol, Bornylacetat, Bornyliso-
valerianat, Kessylacetat.

Litt.: Schimmel & Co. 1887—1890. Archiv de Pharm. 1890. Apoth.-
Zeitung 1892, p. 440.

Valeriana tuluccana. In Mexico. Die an Baldriansäure reiche
Wurzel wird bei Leberaffektionen gebraucht.

Litt.: Americ. Journ. of Ph. 1886, p. 20.

Vanilla (Orchidaceae — Neottiinae — Vanilleae).

Vanilla ensifolia, soll die Stammpflanze gelegentlich aus
Südamerika exportirter Vanillesorten sein. Es wird als eine solche
die Vanille von Patia in Neu-Granada genannt.

Litt.: Pharm. Journ. and Trans. 1892, p. 614.

Varennea [jetzt zu Eysenhardtia] (Papilionaceae — Galegeae
— Psoraliineae).

Varennea polystachya DC. In Mexico. Das Holz mit der
Rinde gilt als Heilmittel bei Nieren- und Blasenentzündung. Es
ist von gelblicher oder bräunlicher Farbe und hat eine rothbraune
Rinde. Die Pflanze liefert auch ein röthlichbraunes, adstringirend
schmeckendes Gummi, das dem Kino ähnelt.

Litt.: Americ. Journ. of Ph. 1886, p. 122.

Vatairea [jetzt zu Pterocarpus] (Papilionaceae — Dalbergieae
— Pterocarpinae).

Vatairea guyanensis Aubl. In Guyana. Die sehr bittere
Rinde wird zur Heilung von parasitären Hautkrankheiten an-
gewendet. Ebenso verwendet man die grossen, glatten, braunen
Samen (Graines à dartres).

Litt.: Kosteletzky IV, p. 1348. Christy & Co. X, p. 44. Pharm. Journ.
and Trans. 1886.

Vateria (Dipterocarpaceae — Vaterieae).

Vateria indica L. Heimisch in Vorderindien. Namen: Piney
tallow tree, Dupada. Die Samen (Ilipe-Nüsse, Butter-
bohnen), die Gerbstoff enthalten, werden als Heilmittel bei
ruhrartigen Krankheiten, gegen Erbrechen etc. angewendet.
Das aus ihnen gewonnene Fett (Pineytalg, Malabartalg) wird
gegen Rheumatismen benutzt. Auch das nach Einschnitten aus
dem Stamm ausfliessende Harz (der Manila-Copal, Pegnie,
Pandum) wird medicinisch benutzt.

Die Frucht ist eine grosse, ovale Kapsel von dunkelroth-
brauner Farbe. Der Same enthält zwei grosse, von aussen dunkelbraune, von innen gelbliche Kotyledonen, die unregelmässig
schildförmig und etwas unterhalb der Mitte kurz gestielt sind.

Es kommen gewöhnlich nur diese Kotyledonen in den Handel. Sie enthalten 49 % festes Fett von grüngelber Farbe, das Palmitinsäure und Oelsäure enthält.

Litt.: Kosteletzky V, p. 1944. Dymock I, p. 196. Chemiker-Zeitung (Cöthen) 1886, Nr. 98. Pharm. Centralhalle 1885, p. 357.

Verbena (Verbenaceae — Verbenoideae).

Verbena callicarpiaefolia Kth. In Mexico werden die eirund-elliptischen, gezähnten, runzeligen, behaarten, stark aromatischen Blätter, wie bei uns diejenigen von *Salvia officinalis*, gebraucht.

Litt.: Amer. Journ. of Ph. 1886, p. 72.

Verbena urticifolia L. Heimisch in den Vereinigten Staaten von Nordamerika, auch in Mexico, auf Cuba und Jamaica. Namen: White Vervain, Nettle-leaved Vervain. Das Kraut galt früher in Nordamerika als Universalmittel, etwa wie im Mittelalter in Europa das von *Verbena officinalis;* gegenwärtig wird es in der Volksmedicin noch als tonisches Arzneimittel angewendet, die Wurzel und ein Auszug aus derselben als Fiebermittel. Sie enthält ein Glykosid.

Litt.: Kosteletzky III, p. 820. Americ. Journ. of Pharm. 1892, p. 401. Parke, Davis & Co., p. 1228.

Verbena officinalis L., im Mittelalter auch bei uns von grosser Bedeutung, wird unter dem Namen Tie-ma-pien auf Formosa als blutreinigendes Mittel benutzt.

Litt.: Chemist and Druggist 1895, p. 324.

Vernonia (Compositae — Vernonieae — Vernoninae).

Vernonia anthelminthica (L.) Willd. Heimisch in Ostindien. Namen: Káli-jiri, Somraj, Bakchi (Hind.); Somraj (Beng.); Kadvo-jiri (Guz.); Kattu-shiragam (Tam.); Káralyé (Mar.); Adavi-jilakara, (Tel.); Kadu-jirage (Can.). Die schwarzen Achaenien werden als Mittel gegen Eingeweidewürmer innerlich, und äusserlich gegen Hautparasiten angewendet. Sie sind 6 mm lang, 1—1,5 mm breit, am oberen Ende mit Resten des Pappus. Sie enthalten 17,2 % eines bräunlich-grünen, fetten Oeles von bitterem Geschmack und ein ebenfalls bitter schmeckendes Harz von grünbrauner Farbe, aber kein Alkaloid, wie sonst angegeben ist. Ferner verwendet man auch die ganze, bitter schmeckende Pflanze gegen Koliken und als Diureticum.

Litt.: Kosteletzky II, p. 642. Dymock II, p. 241. New Idea 1884, Sept. Pharm. Journ. and Trans. 1883, p. 818. Gehe & Co. 1896, September.

Vernonia nigritana Ol. et Hiern. In Westafrika (Senegal) heimisch. Namen: Batjanjor, Batjitjor, Batiator. Die Wurzeln sind 20—30 cm lang, aussen graugelb, sie enden oben in das wollige, faserige Rhizom. Man benutzt sie als Emeticum, Fiebermittel, gegen Haemorrhoiden und Dysenterie. Sie enthalten als wahrscheinlich wichtigsten Bestandtheil ein Glykosid, Vernonin

$C_{10}H_{24}O_7$, das in ähnlicher Weise, wenn auch viel schwächer, auf das Herz wirkt wie die Digitalisglykoside.

Litt.: Christy & Co. XI, p. 5. Archives de Physiologie 1888, p. 259. Pharm. Journ. and Trans. 1892, Nr. 1127, p. 613.

Vernonia senegalensis Less. Die Blätter werden als Adstringens gekaut.

Litt.: Pharm. Journ. and Trans. 1892, Nr. 1127, p. 613.

Veronica (Scrophulariaceae — Rhinanthoideae — Digitaleae).

Veronica parviflora Vahl, wird gegen Dysenterie und Diarrhoe angewendet.

Litt.: Amer. Journ. of Ph. 55, p. 576.

Veronica virginica L. (syn. *Leptandra virginica L.*). Heimisch in Nordamerika und Sibirien. Die bitter und etwas scharf schmeckende Wurzel (Culver's Root) wird als Emeticum und Purgans verwendet. Sie enthält ein Glykosid, Leptandrin, welches das wirksame Princip ist.

Die Droge besteht aus dem ein Synpodium bildenden Rhizom mit den Wurzeln. Ersteres ist bis 10 cm lang, $^1/_2$ cm dick, geringelt, geringe, bis 6 cm lange Reste des Stengels tragend. Von aussen ist es dunkel-graubraun, lässt auf der Oberseite ausser den Resten abgestorbener Achsen Knospen, und an der Unterseite die etwa 2 mm dicken, bis 10 cm langen Wurzeln erkennen. Auf dem Querschnitt lässt das Rhizom in der dunklen Grundmasse den helleren Holzkreis erkennen. Das Mikroskop zeigt am Querschnitt des Rhizoms folgendes: Auf die gelbliche Epidermis mit stark verdickten Aussenwänden folgt die primäre Rinde, aus rundlichen, etwas tangentialen Parenchymzellen bestehend, die Stärkekörnchen und etwas Gerbstoff führen. An der Grenze gegen die sekundäre Rinde liegt ein unterbrochener Ring stark verdickter Fasern. Die sekundäre Rinde ist schmal, von ausgesprochen radialem Bau, die Siebröhren leicht kenntlich. Bei den untersuchten Stücken liess das Holz einen Jahresring erkennen, die Gefässe sind eng mit breiten Tüpfeln, ausserdem im Holz reichlich Fasern mit rundlichen Tüpfeln. Markstrahlen im Querschnitt schwer zu erkennen, im Tangentialschnitt bis vier Zellen breit, die Zellen prosenchymatisch gestreckt, im Allgemeinen etwas an die Markstrahlen der Ipecacuanha erinnernd. Mark aus demselben Gewebe bestehend, wie die primäre Rinde, mit reichlichen, grossen Intercellularen. Die Wurzeln mit breiter Rinde und sehr kleinem Holzkörper.

Litt.: Kosteletzky III, p. 879. Americ. Journ. of Pharm. 1880, p. 489. Pharm. Zeitung 1885, p. 732.

Vesicaria (Cruciferae — Hesperideae — Alyssinae).

Vesicaria gnaphalioides Boiss. In Ostindien. Wird als Abortivum benutzt.

Litt.: Pharm. Journ. and Trans. 1890, p. 660.

Vesicaria gracilis Hook. Heimisch in Nordamerika. Wird als kräftiges Diureticum benutzt.

Litt.: Therapeut. Gaz. 1884.

Vestia (Solanaceae — Cestreae — Nicotianinae).

Vestia lycioides Willd. Heimisch in Chile und auch wohl in Südamerika weiter verbreitet. Man verwendet in Argentinien die Pflanze gegen Fieber und Tollwuth, äusserlich bei Geschwüren. Das wirksame Princip soll ein Alkaloid, Giievilin sein.

Litt.: Anales del Departamento nacional de Hygiene 1891, Nr. 8, p. 465, 529. Beckurts Jahresber. 1892, p. 200.

Viburnum (Caprifoliaceae — Viburneae).

Viburnum Opulus L. Verbreitet in den gemässigten und kälteren Gebieten Europas, Asiens und Nordamerikas. Rinde, Blüthen und Früchte *(Cortex, Flores et Baccae Sambuci aquatici)* wurden früher benutzt wie die des Hollunder, sind aber jetzt obsolet. — Ein Fluidextrakt der Rinde wird neuerdings in Nordamerika als krampfstillendes Mittel angewendet.

Litt.: Kosteletzky II, p. 526. Merck 1891, p. 38; 1892, p. 68. Therapeut. Monatshefte 1892, p. 307. Amer. Journ. of Pharm. 1895, p. 387.

Viburnum prunifolium L. Heimisch in den östlichen Vereinigten Staaten von Nordamerika. Namen: Black Haw, Sloe, Stag-bush. Die Früchte von dieser und anderen amerikanischen Arten werden gegessen. Die Rinde und besonders ein Fluidextrakt aus derselben wird als gutes Mittel gegen Dysmenorrhoe und gegen drohenden Abortus gerühmt, indessen die Wirksamkeit speciell nach der letzteren Richtung auch mehrfach bestritten. Die Droge besteht aus der Rinde des Stammes und der Zweige oder der Wurzeln, untermengt mit ganzen Wurzelstücken.

Die Rinde des Stammes und der Aeste besteht aus dünnen, schwarz punktirten und etwas warzigen Stücken von glänzend purpurbrauner Farbe, ältere Rinde ist graubraun. Die Rinde zeigt frühzeitig Borkebildung, die Korkhäute bestehen aus grossen, dünnwandigen Zellen. Die sekundäre Rinde besitzt keine Bastfasern (wohl aber die primäre), aber in regelloser Vertheilung Gruppen stark verdickter Steinzellen, ferner zahlreiche Kammerfasern, vorwiegend mit Krystalldrusen, selten mit Einzelkrystallen. Die Parenchymzellen haben zu rundlichen Gruppen gehäufte Poren. Die verhältnissmässig weiten Siebröhren haben an den schiefen Endflächen in der Regel mehrere grosse, feinporige Siebplatten in leiterförmiger Anordnung. Die Markstrahlen sind ein- und zweireihig.

Die Droge enthält Baldriansäure, Viburnin, einen indifferenten Körper, der auch in *Viburnum Opulus* gefunden ist, ein bitterschmeckendes Harz, Gerbstoff etc.

Litt.: Kosteletzky II, p. 526. Parke, Davis & Co., p. 79. Moeller, Baumrinden, p. 147. Americ. Journ. of Pharm. 1880, p. 439; 1895, p. 387.

Les nouveaux remèdes 1885, p. 196. Pharm. Centralhalle 1890, p. 31. Arch. d. Pharm. 1882, p. 205. Deutsche Medic.-Zeitung 1892, p. 447. Gehe & Co. 1884, April, p. 15; 1888, April, p. 52.

Viola (Violaceae — Violeae).

Viola odorata L. Die Wurzel der Pflanze und ihre Samen *(Radix et Semen Violariae seu Violae martiae)* galten früher als Brechmittel; es ist ja bekannt, dass verschiedentlich behauptet wurde, sie enthielten Emetin. Gegenwärtig wird die ganze Pflanze noch in Indien als Diureticum und Expektorans verwendet. Die Pflanze führt in Indien den Namen: Banafshah.

Litt.: Kosteletzky V, p. 1627. Dymock I, p. 140. Pharm. Record. 1891, p. 209.

Vitellaria (Sapotaceae — Palaquieae — Sideroxylinae).

Vitellaria mammosa (L.) Radlk. Heimisch in Westindien, in den Tropen häufig kultivirt. Namen: Sapote, Sapote grande, Marmelade tree. Die bitter schmeckende Rinde soll in Amerika als Adstringens verwendet werden. Die Samen enthalten 25 $^0/_0$ eines nach Blausäure riechenden, fetten Oeles (vgl. auch Baco Seed, Christy & Co., VII, p. 86).

Litt.: Kosteletzky III, p. 1102. Pharm. Journ. and Trans. 1881, Nr. 558, p. 749.

Vitex (Verbenaceae — Viticeae).

Von einer nicht näher bestimmten Species finden auf Formosa unter dem Namen Man-ching-tzu die Früchte als Mittel gegen Kopfschmerz, Katarrh etc. Verwendung. Sie sollen auch das Wachsthum des Bartes befördern.

Litt.: The Chemist and Druggist 1895, p. 324.

Voacanga (Apocynaceae — Plumieroideae — Tabernae-montaninae).

Voacanga foetida (Bl.) K. Sch. In Hinterindien (Java). Name: Hamperoe badak, den auch Tabernaemontana und die Rubiaceen: *Chasalea* und *Lasianthus* führen. Den Milchsaft der Pflanze verwendet man in Java äusserlich bei Hautkrankheiten und innerlich mit Wasser bei Leibschmerzen der Kinder. Die Rinde enthält 0,15 $^0/_0$, und die Fruchtschale 0,25 $^0/_0$ eines Alkaloides.

Litt.: Mededeelingen uit 's Lands Plantentuin VII, p. 64.

W.

Waltheria (Sterculiaceae — Hermannieae).

Waltheria americana L. Heimisch in beiden Hemisphären. Wird ihres Schleimgehaltes wegen wie bei uns *Althaea* angewendet.

Litt.: Kosteletzky V, p. 1890. Christy & Co. VII, p. 85.

Wema.

Heilmittel für Kolik von der Westküste von Afrika. Mir unbekannt.

Litt.: Christy & Co., VII, p. 84.

Willughbeia (Apocynaceae — Plumieroideae — Arduineae).

In einer nicht benannten Art dieser Gattung hat Greshoff ein einen blauen Farbstoff lieferndes Chromoglukosid nachgewiesen.

Die Früchte und die Rinde mancher Arten werden als Adstringentien verwendet.

Litt.: Kosteletzky III, p. 1070. Pharmaceut. Zeitung 1891, p. 763. Beckurts Jahresber. 1891, p. 13.

Wistaria [jetzt zu Kraunhia] (Papilionaceae — Galegeae — Tephrosiinae).

Wistaria sinensis Curt. Heimisch in China und der Mongolei, auch bei uns als Zierpflanze kultivirt. Aus der Rinde ist ein in grösseren Dosen giftig wirkendes Glykosid, Wistarin, dargestellt worden; die Rinde enthält ferner ein angeblich ebenfalls giftiges Harz und ein ätherisches Oel vom Geruch des Menyanthols, das beim Erwärmen mit Kali eine nach Cumarin riechende Substanz liefert.

Litt.: Nieuw Tijdschr. voor Pharm. 1886, p. 207. Pharm. Journ. and Trans. 1886. Christy & Co., X, p. 44. Schimmel & Co. 1888, April, p. 48.

Withania (Solanaceae — Solaneae — Solaninae).

Withania coagulans (Stocks.) Dun. Heimisch in Ostindien, Belutschistan und Kabul. Namen in Indien: Panirband, Panirja-fota (Sind.); Khamjaria (Punjal); Spin-bajja (Afghan.); Akri (Hind.); Kakanaj (Bomb.). Man verwendet die Frucht in Indien als Emeticum, in kleineren Dosen gegen Dyspepsie, endlich als Diureticum. Technisch benutzt man sie, um die Milch für die Käsebereitung zu coaguliren, und zwar scheint das Ferment in den Samen enthalten zu sein. Die Frucht ist eine 1—1,5 cm im Durchmesser haltende, dunkelrothe bis braunschwarze Beere, die in einer röthlichen, säuerlich schmeckenden Pulpa eine grosse Menge gelblicher, flacher, 2 mm langer, 1,5 mm breiter Samen enthält. Unter der Lupe erscheinen die Samen fein punktirt. Die Samenschale zeigt eine Epidermis mit stark verdickten Seiten- und Innenwänden, der Embryo ist gekrümmt.

Litt.: Dymock II, p. 569. Christy & Co., VIII, p. 79. Pharm. Journ. and Trans. 1884, p. 606; 1892, p. 546. Chemiker-Zeitung (Coethen) 1888, p. 54. Gehe & Co. 1884, September, p. 5; 1886, September, p. 10. Festschrift der Naturf. Gesellschaft in Zürich 1896, p. 366.

Withania somnifera (L.) Dunal. Heimisch von den Canaren über das Mittelmeergebiet nach Ostindien. Namen: Mohrenkappen; in Indien: Asgandh (Hind., Guz.); Asvagandhá (Ben.); Asvaghandhá, Tula, Dorgunj, Kanchuki (Mar.); Amkúláng-kálang (Tam.); Pénérrú-gadda (Tel.); Hirimaddina (Can.). Medicinische Verwendung finden die Wurzeln und die Blätter. Die ganze Pflanze wird als Aphrodisiacum und äusserlich gegen Rheumatismen angewendet, die Blätter werden zum Erweichen von Geschwüren benutzt. — Die Pflanze enthält ein Alkaloid, Somniferin, von narkotischer Wirkung, das auf die Pupille des Auges ohne Einwirkung bleibt. Die Samen wirken giftig, sollen aber übrigens ebenfalls ein Labferment enthalten.

Litt.: Dymock II, p. 567. Americ. Druggist 1886, p. 96. Pharm. Journ. and Trans. Vol. XVIII, Nr. 944, p. 63.

Wrightia (Apocynaceae — Echitoideae — Parsonsieae).

Wrightia antidysenterica R. Br. Es scheint, als ob die von dieser Pflanze abgeleiteten Drogen: Rinde und Samen, nicht von ihr stammen, sondern von *Holarrhena antidysenterica Wall.* (s. d.). Ich habe früher schon darüber eine Bemerkung gemacht (cf. Arch. d. Ph. 1892, und ferner: Planchon, Produits fournis à la matière médicale par la famille des Apocynées, 1894).

X.

Xanthium (Compositae — Heliantheae — Ambrosinae).

Xanthium spinosum L. Wahrscheinlich in Südamerika heimisch, gegenwärtig sehr weit verbreitet, im Mittelmeergebiet, in Südafrika u. s. w. Namen in Südamerika: Zepa de Caballo (cf. Acaena). Wird dort gegen Leberkrankheiten angewendet. Ist in Europa gegen Tollwuth empfohlen.

Litt.: Arch. d. Ph. 1877. Christy & Co. X, p. 121; XI, p. 86. Gehe & Co. 1876, September, p. 27; 1884, April, p. 20.

Xanthium strumarium L. Weit verbreitetes Unkraut. Namen: Bettlerläuse, Spitzklette; Broad Burweed, Burdock Clotweed, Burthistle, Burweed, Bottonbur, Clotweed, Cocklebur, Ditchbur, Lesser Burdock, Lousebur, Sea Burdock (engl.); Lampourde glouteron, Petit-glouteron (franz.); Bardana menor (span.); Lappola minore (ital.); in Indien: Gokhru-kallán (Punj., Sind.); Ban-okra (Beng.); Marlumatta (Tam.); Veritel-nep (Tel.); Shankeshvar (Mar.); Shankhahuli (Hind.); Kadvalamara (Can.). — Früher benutzte man Kraut und Frucht *(Herba et semen Lappae minoris)* als diuretisches Mittel und gegen Skropheln, die Wurzel galt als Diaphoreticum. Die Früchte geben $15\,^0/_0$ fettes, dem Leinöl ähnliches Oel vom spec. Gew. 0,9, sie enthalten ferner einen den Glykosiden ähnlichen Körper, Xanthostrumarin, vielleicht sogar ein Alkaloid. In Amerika gelten die Blätter als Mittel gegen Stiche giftiger Insekten und Bisse von Giftschlangen. Neuerdings sind sie als Mittel gegen Blutungen nach der Entbindung empfohlen.

In Indien sollen sie als Aphrodisiacum, bei Augenkrankheiten und äusserlich gegen Entzündungen benutzt werden. Auf Formosa. wo die Pflanze Hua-erh-tzù heisst, benutzt man sie als Tonicum und Diureticum, bei Hautkrankheiten, Fieber, Zahnweh. Ein aus den Blättern und der Wurzel bereitetes Extrakt wird gegen Karbunkeln etc. angewendet.

Litt.: Kosteletzky II, p. 673. Dymock II, p. 262. Parke, Davis & Co., p. 270. Arch. d. Pharm. 1881. Americ. Journ. of Pharm. Vol. 53, p. 134. Chemist and Druggist 1895, p. 324.

Xanthorrhiza (Ranunculaceae — Helleboreae).

Xanthorrhiza apiifolia L'Hér. Heimisch in den Wäldern des atlantischen Nordamerika bis Pennsylvanien und New York. Man verwendet das Rhizom, das in 10—30 cm langen Stücken in den Handel kommt, es ist von graubrauner Farbe und sehr bitterem Geschmack. Es enthält Berberin und ein zweites Alkaloid, ein etwas scharf schmeckendes Harz, ätherisches Oel etc.

Litt.: Kosteletzky V, p. 1688. Pharm. Rundschau (New York) 1886, p. 35. Americ. Journ. of Pharm. 1886, p. 161.

Xanthorrhoea (Liliaceae — Asphodeloideae — Lomandreae).

Das von den verschiedenen Xanthorrhoea-Arten gelieferte Harz (Gelbharz, gelbes Akaroidharz, Botany bay Gummi, Resina lutea novae Belgiae) von *Xanthorrhoea hastilis R. Br.* Heimisch in Neu-Südwales von Port Jackson bis zu den Blauen Bergen; Nuttharz, rothes Akaroidharz, Grasstree-gum, Erdschellack, Blackboy-gum, von *Xanthorrhoea australis R. Br.*, in Victoria und in Tasmanien, und von *Xanthorrhoea arborea R. Br.*, in Neu-Südwales und in Queensland. Neben diesen wichtigsten Arten liefern noch Harz: *Xanthorrhoea Preissii Endl.*, in Westaustralien; *Xanthorrhoea Drummondii Harv.*, in Westaustralien, und *Xanthorrhoea Fataena F. Müll.*, auf der Kangarooinsel une in Südaustralien; *Xanthorrhoea quadrangulata F. v. M.*, in Südaustralien. Neben der technischen Verwendung benutzt man die Harze in der Heilkunde als Expektorans, wozu sie sich ihres Gehaltes an Benzoë- und Zimmtsäure wegen wohl zu eignen scheinen.

Xanthorrhoea quadrangulata F. Müll., soll auch ein an Traganth erinnerndes Gummi liefern, übrigens enthalten auch die Akaroidharze mehr oder weniger Gummi.

Litt.: Kosteletzky I, p. 219. Wiesner, Rohstoffe, p. 148. Zeitschr. d. österr. Apoth.-V. 1885, p. 293. Americ. Journ. of Pharm. Vol. 53, p. 217. Pharmac. Zeitung f. Russl. 1884, p. 5. Pharm. Journ. and Trans. 1891, p. 902. Verhandl. d. Naturw. Ver. in Karlsruhe 1892, Bd. 11 (Schober). Arch. d. Ph. 1896 (n. b.).

Xanthosoma (Araceae — Colocasioideae).

Xanthosoma violaceum Schott. In Brasilien und auch sonst vielfach kultivirt. Namen: Tayaba, Taya, Tayab-ussu, Tayarana, Taya-runa, Tajal, Taya-ùva, Tayaz. Die stärkehaltigen Knollen werden gegessen, ebenso die Blätter. Die letzteren gelten auch als blutreinigend. Sie sollen im frischen Zustande 0,003 $^o/_0$ Jod enthalten.

Litt.: Pharm. Rundschau (New York) 1893, p. 36.

Xanthosoma atrovirens C. Koch et Bouché var. appendiculatum Engl. In Brasilien (Para und Amazonas). Namen: Tampataja, Temba-taya, Temba-tuja. Die frischen Blätter werden zu Umschlägen bei Leber- und Milzanschwellungen benutzt. Die Knollen werden nur in Nothfällen gegessen.

Litt.: Pharm. Rundschau (New York) 1893, p. 37.

Xanthosoma auriculatum Riegel. In Brasilien (Pernambuco, Maranhão, Alagoas). Namen: Folha santa, Flor santa. Der aus den Blüthenkolben gepresste Saft gilt als Wundmittel, der Saft der Blätter gegen chronische Wunden und Hautkrankheiten.

Litt.: Pharm. Rundschau (New York) 1893, p. 37.

Xanthosoma pentaphyllum Engl. In Brasilien. Name: Canna de Crejo. Das schleimige Dekokt der Blattstiele wird zu erweichenden Bädern verwendet.

Litt.: Pharm. Rundschau (New York) 1893, p. 87.

Xanthoxylum (Rutaceae — Xanthoxyleae — Evodiinae).

(Die Arten werden von Engler [Engler-Prantl, Pflanzenfamilien III, 4, p. 115] grossentheils zur Gattung *Fagara* gestellt).

Xanthoxylum caribaeum Lam. Heimisch in Westindien und Columbien. Namen: Bois piquant, Clavelier des Antilles. Eine Abkochung der Blätter wird auf Portorico als Diaphoreticum benutzt, auch bei Tetanus und Syphilis. Die Rinde wird als Fiebermittel, auch in Europa (Frankreich), gebraucht. Sie ist mit der Angostura-Rinde (von *Galipea cusparia*) verwechselt worden, auch als Sorte der *Cortex Geoffrayae jamaicensis* in den Handel gekommen. Sie enthält ein Alkaloid, welches die Brucinreaktion giebt und sich mit Schwefelsäure und Brom blau färbt, einen anderen, dem Alkaloid ähnlichen Stoff, und einen in Nadeln krystallisirenden Körper, der bei 285° schmilzt und die Zusammensetzung $C_{12}H_{24}O$ hat.

Litt.: Kosteletzky V, p. 1785. Compt. rend. CXVIII, p. 996. Annali di chim. e di farmacologia 1889, p. 209. Pharm. Journ. and Trans. 1887, p. 881.

Xanthoxylum Carolinianum Lam. Heimisch in Nordamerika von Florida bis Carolina. Name: Prickly ash bark. Die arzneilich verwendete Rinde stammt von dünnen Zweigen, sie hat eine dünne, graue, glatte, sich abstossende Korkschicht, welche an diesen Stellen die grüngelbe Mittelrinde erkennen lässt. Die scharf aromatische Rinde wird als schweiss- und urintreibendes Mittel verwendet, auch gegen Zahnschmerzen. Die Rinde enthält einen krystallinischen Körper, der bei 119° schmilzt und die Zusammensetzung $C_{20}H_{19}O_6$ oder $C_{30}H_{28}O_9$ besitzt. Auch eine alkaloidische (?) Substanz ist in der Rinde gefunden worden.

Litt.: Kosteletzky V, p. 1785. Annali di chim. e di farmacologia 1889, p. 209. Americ. Journ. of Pharm. 1880, p. 191; 1890, p. 230.

Xanthoxylum Coco Gill., in Argentinien. Die Pflanze wird gegen „Chuchu“ verwendet.

Litt.: Gehe & Co. 1881, September, p. 15.

Xanthoxylum fraxineum Willd. Heimisch im atlantischen Nordamerika von St. Louis bis Illinois. Namen: Zahnwehholz, Angelica tree, Prickly Ash, Touth ache tree, Suterberry. Die scharfe und aromatische Rinde wird als kräftiges, schweiss- und urintreibendes Mittel angewendet. Sie ist die nördliche Xanthoxylumrinde des Handels. Ein vorliegendes Muster derselben ist aussen graubraun, etwas silberglänzend, mit schwarzen, punktförmigen Flechten. An manchen Stücken ist der graubraune Kork abgestossen, es kommt darunter die lebhaft grüne Mittelrinde zum Vorschein. Zahlreiche Stücke zeigen die für manche Rutaceen charakteristischen Stacheln, die von einem Korkpolster in die Höhe gehoben werden. Es ist darauf aufmerksam zu machen, dass solche spitzkegelförmigen Korkbildungen auch zu Stande kommen unabhängig von den Stacheln, denn die oft mehrere Centimeter hohen Korkkegel stehen dicht bei einander, wodurch ganz bizarre Bildungen zu Stande kommen. Diese Kegel lassen im Längsschnitt deutliche Schichten erkennen, sie bestehen im Allgemeinen aus ziemlich stark radial gestreckten, getüpfelten Zellen.

Innen ist die Rinde schmutzig weissgelb, oft mit Holzresten, der Bruch ist glatt, etwas stäubend. Der Geschmack schwach bitter, etwas schleimig. Die Mittelrinde zeigt sehr vereinzelt schlecht ausgebildete, grosse Einzelkrystalle, Gruppen stark verdickter Fasern und einzelne Sekretbehälter. Der Bast enthält keine sklerotischen Elemente, die Markstrahlen sind 1—3 Zellenreihen breit, bis 22 Zellenreihen hoch, die Zellen radial gestreckt. Im Weichbast kurze Krystallfasern mit Einzelkrystallen, 3—4 Zellen hoch und reichliche Sekretzellen.

Neben der soeben beschriebenen Rinde hat mir eine zweite, als von *Xanthoxylum americanum Mill.* stammend bezeichnete vorgelegen. Der Name ist synonym mit *X. fraxineum,* beide Rinden würden also zusammengehören, sind aber unzweifelhaft verschieden. Die Droge bildet bis 3 mm dicke, rinnige oder röhrige Stücke, die aussen grau oder graubraun sind und rundliche, Rinde Lenticellen erkennen lassen, innen sind sie weisslich, gelblich, bräunlich, ebenfalls oft mit Resten des Holzes. Der Geschmack ist schwach bitterlich, der Bruch eben, etwas stäubend. Im Bau unterscheidet sich diese Rinde von der ersten in folgenden Punkten: es fehlen ihr sklerotische Elemente völlig, die Oxalatkrystalle in der Mittelrinde sind nicht spärlich, sondern reichlich vorhanden.

Die Markstrahlen sind ein-, selten zweireihig, und bis zehn Reihen hoch. Die charakteristischen Korkwarzen und Korkwucherungen °ehlen der Rinde.

Die von Moeller (Baumrinden, p. 327) beschriebene Rinde stimmt anscheinend mit meiner zweiten überein bis auf ein Merkmal: seine Rinde hat in der Mittelrinde Oxalatdrusen, meine Einzelkrystalle. Uebrigens machen mir ebenso wie Moeller, die Sekretzellen im Bast den Eindruck einfacher erweiterter Zellen.

Litt.: Kosteletzky V, p. 1785. Liebig's Annalen 1881, p. 450. Americ. Journ. of Pharm. 1886, p. 417; 1890, p. 321.

Xanthoxylum Hamiltonianum Wall. Heimisch in Assam und Burma. Die Früchte bestehen aus 3—4 Karpellen, die warzig punktirt, von brauner Farbe sind und grosse, glänzend schwarze Samen enthalten. Sie liefern ätherisches Oel zu 3,84 $^0/_0$, spec. Gew. 0,840, von angenehmem Geruch, das man als Desodorans für Jodoform empfohlen hat.

Litt.: Dymock I, p. 256. Schimmel & Co. 1888, April, p. 47. Gehe & Co. 1888, April, p. 8.

Xanthoxylum Naranjillo Griseb. Heimisch in Argentinien. Name: Naranjillo. Man verwendet die Pflanze als schweiss-, speichel- und harntreibendes Mittel wie Jaborandi. Sie enthält ein Alkaloid, Xanthoxylin, einen Kohlenwasserstoff, Xanthoxylen $C_{10}H_{16}$, ein krystallinisches Stearopten.

Litt.: Rev. Farmac. XVIII, p. 419.

Xanthoxylum ochroxylum DC. und *Xanthoxylum rigidum H. B.* Beide in Columbien. Namen: Tachuelo, Molo. Liefern beide die Tachuelo-Rinde (cf. Flückiger, Pharmakognosie, 2. Aufl., p. 384), die Berberin enthält. Ein mir vorliegendes Muster der Droge besteht aus einer Rinde und einer nicht dazu gehörigen Wurzel.

Die Rinde besteht aus flach rinnenförmigen, bitter schmeckenden Stücken, die aussen mit dünnem, braungrünem Kork bedeckt sind; wo derselbe abgesprungen ist, kommt darunter lebhaft rothbraunes Gewebe zum Vorschein; innen ist sie streifig, schmutzig braun, auf dem Querbruch kurzsplitterig, schön braun.

Mittelrinde fehlt fast völlig, die Markstrahlen reichen bis an die Peripherie. Der Kork besteht aus dünnwandigen Zellen. Die äusseren Theile der Rinde führen Gruppen stark verdickter, poröser Steinzellen, weiter nach innen schmale, tangentiale Gruppen stark verdickter Bastfasern, die mit Krystallkammerfasern umscheidet sind. Die Krystalle sind Einzelkrystalle. Zwischen den Fasergruppen nicht sehr auffallende Siebröhren mit wenig geneigten Siebplatten. Die Markstrahlen sind bis vier Zellreihen breit, bis 17 Reihen hoch, die Zellen radial gestreckt. Sekretbehälter sind nicht aufzufinden. Der Bau, der von dem der oben geschilderten anderen Xanthoxylumrinden erheblich abweicht, lässt es zweifelhaft erscheinen, ob die Rinde wirklich hierher gehört.

Die in der Droge sich findende Wurzel gehört wohl sicher nicht zu Xanthoxylum, sie gleicht im Bau ausserordentlich der oben beschriebenen Wurzel von *Tinospora cordifolia*. Da indessen die Gattung Tinospora in Amerika nicht vorkommt, kann sie nicht wohl dazu gehören, stammt aber sicher von einer Menispermacee.

Litt.: Annali di chim. e di farmacologia 1889, p. 209.

Xanthoxylum Pentanome DC. Heimisch in Mexico. Verwendung findet das mit der Rinde bedeckte Holz. Die Rinde ist gelb, dick, hart, mit grünlich aschfarbenem Periderm bedeckt und mit weissem Bast. Das Holz wird als Antisyphiliticum, Stimulans und Mittel gegen das gelbe Fieber benutzt. Es enthält Saponin und ein Alkaloid.

Litt.: Wie vorige; ferner Americ. Journ. of Pharm. 1886, p. 72.

Xanthoxylum Perrottetii DC. Auf den Antillen und im nördlichen Südamerika. Namen: Bois piquant, Chevalier jaune. Wird wie *X. Caribaeum* gebraucht (s. dort).

Litt.: Christy & Co. IX, p. 62.

Xanthoxylum piperitum DC. Heimisch in Japan, Korea und Nordchina. Name: Sansho. Die Samen gelten als Aphrodisiacum. Die Blätter benutzt man als hautröthendes Mittel, die Früchte als Gewürz. Die Wurzel soll als Pepple-mool nach Europa gekommen sein. Die Früchte liefern $3,16\,^0/_0$ eines gelb gefärbten, nach Citronen riechenden Oeles vom spec. Gew. 0,973. Siedepunkt 160—225°. Es enthält Geranial.

Litt.: Kosteletzky V, p. 1783. Schimmel & Co. 1890, Oktober, p. 49. Annali di chim. e di farmacologia 1889, p. 209. Pharm. Journ. and Trans. 1890, p. 660.

Xanthoxylum senegalense DC. Heimisch in Westafrika. Verwendung findet die allein wirksame Rinde der Wurzel mit dem Holz. Sie gilt bei den Eingeborenen als Mittel gegen Rheumatismus, ist von bitterem Geschmack und macht die Zunge beim Kauen für einige Zeit gefühllos, wie manche Piperaceenwurzeln. Sie ist eine der in den letzten Jahren als *Artar* (s. dort) aufgetauchten Drogen.

Ein vorliegendes Stück der Wurzel ist 3 cm dick, graubraun, längsrunzelig mit hochgelben Korkwarzen. Die dünne Rinde ist aussen von einem schwachen Kork bedeckt, die Zellen sind entweder dünnwandig oder ihre Aussenwand ziemlich stark verdickt, immer gewölbt. Die Mittelrinde zeigt im äusseren Theil reichlich ziemlich grosse Sekretbehälter mit körnigem Inhalt, weiter nach innen Gruppen stark verdickter, poröser Steinzellen und Zellen mit grossen Einzelkrystallen. Im äusseren Theile des Bastes Gruppen wenig verdickter Bastfasern. Die Markstrahlen

sind auffallend zickzackförmig hin- und hergebogen, drei Zellreihen breit, etwa 40 Zellen hoch. Die Siebröhren haben Siebplatten mit leiterförmig angeordneten Gruppen von Siebporen.

Im Holz sind die Markstrahlen meist nur ein bis zwei Reihen
breit, die Zellen stark radial gestreckt, getüpfelt. In den Holzstrahlen Gefässe, Fasern und reichliches Holzparenchym.

Die Rinde enthält drei Alkaloide, von denen das Artarin
$C_{21}H_{23}NO_4$ oder $C_{20}H_{17}NO_4$ Aehnlichkeit mit dem Berberin hat,
aber von weisser Farbe ist. Es ist zu $0,4\,^0/_0$ in der Rinde enthalten. Ferner soll die Rinde eine dem Cubebin ähnliche Substanz enthalten.

Litt.: Kosteletzky V, p. 1784. Chem.-Zeitung (Coethen) 1887, p. 1225.
Annali di chim. e di farmacologia 1889, p. 209. Pharm. Journ. and Trans.
1887, p. 91; 1890, p. 168. Christy & Co. X, p. 118.

Kanto wood.

Unter diesem Namen wird der Stamm einer *Xanthoxylumart*
aus Westafrika erwähnt, der wie Jaborandi wirkt.

Litt.: Christy & Co. VII, p. 86.

Xylopia (Anonaceae — Xylopieae).

Xylopia aethiopica A. Rich. Heimisch in Afrika von Senegambien bis Sierra Leone. Namen: Mohrenpfeffer, Congo-
pfeffer, Kimba-Kumba, Hinteah, Cabelah, Jindungo
n'congo. Die Früchte wurden früher sehr reichlich und vielfach noch jetzt als Pfeffersurrogat verwendet, medicinisch verwendet man sie wie Cubeben bei Gonorrhoe. — Die Rinde wird
zum Gerben benutzt.

Litt.: Kosteletzky V, p. 1708. Christy & Co. VII, p. 85; XI, p. 85.
Pharmaceut. Zeitung. 1884, p. 749.

Xylopia aromatica A. DC. Auf den Antillen und in Guyana
wie die vorige in Gebrauch, ursprünglich wohl auch in Afrika
heimisch.

Litt.: Kosteletzky V, p. 1709. Christy & Co. X, p. 117.

Xylopia glabra L. Heimisch in Westindien. Das aromatisch
bitter schmeckende Holz wird als Magenmittel benutzt.

Litt.: Kosteletzky V, p. 1710. Bullet. of Ph. 1893, p. 110.

Xylopia salicifolia H. B. Kth. Die aromatisch bitteren Früchte
werden auf Trinidad verwendet.

Litt.: Pharm. Journ. and Trans. 1886.

Xyris (Xyridaceae).

Xyris laxifolia Mart. Heimisch in Brasilien vom Aequator
bis $27.^0$ südl. Breite. Namen: Herva de impigem, Iupicai,
Iupiedi. Der ausgepresste Saft der frischen Blätter wird äusserlich gegen Flechten, Prurigo etc. angewendet. — Die Blätter und
das Rhizom sind ein Heilmittel bei Elephantiasis. Der schwach

aromatische Wurzelstock wirkt in schwächeren Dosen abführend, in stärkeren brechenerregend.

Litt.: Kosteletzky I, p. 124. Pharm. Rundschau (New York) 1892, p. 164.

Xyris pallida Mart. Heimisch in Brasilien von Piauhy bis Para. Name: Mayaca. Die Pflanze wird äusserlich gegen feuchtes Ekzem angewendet.

Litt.: Pharm. Rundschau (New York) 1892, p. 164.

Y.

Yarckasura Nuts.

Früchte unkekannter Abstammung, die in Columbien gegen Ringworm benutzt werden.

Litt.: Christy & Co. VI, p. 57.

Yucca (Liliaceae — Dracaenoideae — Yucceae).

Yucca angustifolia Carr. Die Droge besteht aus dém bis 3 cm dicken Rhizom mit langen, dünnen Wurzeln. Das Rhizom ist hart, aussen braun, längsrunzelig, im Querschnitt hellgrau mit koncentrischen dunkleren Kreisen. Die Rinde besteht aus stark verdickten Zellen, das Grundgewebe, in dem die kleinen Bündel liegen, enthält ausserordentlich grosse Mengen von Oxalatraphiden. Die bis 2 mm dicken Wurzeln führen an der Peripherie des Gefässcylinders radiale Bündel, weiter nach innen sind nur noch zahlreiche Xylembündel zu erkennen, auch hier enthält das Grundgewebe reichliche Raphiden.

Die Droge enthält zwei Harze (als Yuccal und Pyrophaeal bezeichnet), und in der Wurzel 8—10 $^0/_0$ Saponin. Wegen des Saponingehaltes verwendet man diese und auch andere Arten zum Waschen.

Litt.: Pharm. Journ. and Trans. 1886, p. 1086.

Yucca filamentosa L. Heimisch in der Küstenregion des atlantischen Nordamerika von Maryland bis Florida. Eine Tinktur wird als Heilmittel gegen Rheumatismus verwendet. Die Pflanze enthält u. A. 5,15 $^0/_0$ eines in absolutem Alkohol und Wasser löslichen Stoffes und darin 1,7 $^0/_0$ Saponin. Die Wurzel wird ebenfalls zum Waschen benutzt.

Litt.: Kosteletzky I, p. 203. Amer. Journ. of Ph. 1895, p. 520.

Z.

Zaelam.

Wurzel unbekannter Abstammung aus Westafrika, die als Purgans verwendet wird.

Litt.: Pharm. Zeitung 1889, p. 728.

Zantedeschia (Araceae — Philodendroideae — Zantedeschieae).

Zantedeschia aethiopica (L.) Spreng. (syn. *Calla aethiopica L., Richardia africana Kth.*). Heimisch in Südafrika, bei uns beliebte Zimmerpflanze. Das dicke Rhizom ist im frischen Zustande, wie so viele Araceen, beissend und ätzend. Es wurde früher unter dem Namen *Radix Ari aethiopici* als Purgans benutzt.

Litt.: Kosteletzky I, p. 73. Pharm. Post 1885, p. 928.

Zea (Gramineae — Maydeae).

Zea Mays L. Nur im kultivirten Zustande bekannt, aber sicher im tropischen Amerika heimisch. Zur medicinischen Verwendung sind seit etwa 1878 von Nordamerika aus die langen, fadenförmigen Narben der weiblichen Blüthe (Corn-silk) empfohlen worden. Sie sollen diuretisch wirken und sich besonders bei Blasenkatarrh, Incontinentia urinae und Nierenleiden heilsam erwiesen haben. Die chemische Untersuchung hat noch nicht zu einem abschliessenden Resultat geführt. Es sind nachgewiesen worden $5,25\,^0/_0$ fettes Oel, eine krystallinische Säure, die wahrscheinlich Mayzensäure ist, und ein bitter schmeckender Extraktivstoff, von dem behauptet wird, dass er das wirksame Princip sei.

Litt.: Parke, Davis & Co., p. 307. Journ. de Pharm. 1881, p. 153. Americ. Journ. of Pharm. 1884, p. 571; 1886, p. 369; 1889, p. 70. Christy & Co. X, p. 111. Gehe & Co. 1879, September, p. 52; 1888, April, p. 52.

Zingiber (Zingiberaceae — Zingibereae).

Ein in Anam medicinisch verwendetes Rhizom, Càng-Kuong, soll von einer Art Zingiber abstammen.

Litt.: L'Union pharm. 1891, p. 117 ff.

Zizyphus (Rhamnaceae — Zizypheae).

Zizyphus jujuba Lam. Heimisch im indo-malayischen Gebiet, bis China und Afghanistan, in Australien und im tropischen Afrika; ausserdem in mehreren Rassen kultivirt. Namen: Vadari, Badari, Dviparni, Vanakoli (Sanskr.); in Anam: Tao-N'Hon. Die bittere, adstringirende Rinde wird wie Quassia als Verdauung befördernes Mittel, sowie gegen Aphthen gebraucht, die Wurzelrinde gilt in Verbindung mit Ricinusöl als Purgans. Die Blätter sind ein Heilmittel gegen Skorpionstiche und gelten als kühlendes Heilmittel bei fieberhaften Krankheiten, in Milch benutzt man sie gegen Gonorrhoe. Die Früchte werden in Anam gegen Asthma gebraucht.

Litt.: Kosteletzky IV, p. 1208. Dymock I, p. 351. Gehe & Co. 1890, April, p. 21. L'Union pharm. 1891, p. 117.

Zizyphus Lotus (L.) Willd. Heimisch im südlichen Mittelmeergebiet. Man hält die kleine, wenig schmackhafte Frucht dieser Pflanze für den Lotus der Alten, nach dem die Lotophagen benannt waren. (Vgl. über die anderen Pflanzen, die diesen

Namen trugen: Real-Encyklop. IV, p. 396.) Man verwendet sie wie die Früchte von *Zizyphus vulgaris* als reizmilderndes Mittel.

Litt.: Kosteletzky IV, p. 1207. Gehe & Co. 1890, April, p. 21.

Zizyphus Mistol Griseb. Heimisch in Argentinien. Die Frucht wird zu einem Roob verarbeitet, der diuretisch wirken soll.

Litt.: Gehe & Co. 1881, September, p. 15.

Zizyphus vulgaris Lam. Heimisch im Mittelmeergebiet, dann bis Bengalen, China und Japan. Namen: Brustbeerenbaum, Jujuba, Jujubier; Unnab (arab. u. indisch); Sinjid-i-jiláni (persisch). Die Früchte liefern die bekannten, jetzt indessen fast obsoleten Brustbeeren, Jujuben, die als reizmilderndes, lösendes Mittel benutzt werden.

Litt.: Kosteletzky IV, p. 1206. Dymock I, p. 350. Gehe & Co. 1890, April, p. 21.

In Australien findet eine Zizyphusart, die *Z. Oenophia Mill.* sehr nahe steht, Verwendung als Mittel gegen Diarrhoe.

Litt.: Pharm. Journ. and Trans. 1894, Nr. 1257, p. 73.

Zoopatle.

Arzneimittel aus Mexico, das Uteruskontraktionen hervorrufen soll.

Litt.: Christy & Co. VII, p. 81.

Zornia (Papilionaceae — Hedysareae — Stylosanthinae).

Zornia (Myriadenus) tetraphylla Michx. Heimisch in Mexico. Wird als Fiebermittel benutzt.

Litt.: Kosteletzky IV, p. 1284. Americ. Journ. of Pharm. 1886, p. 168.

Zygadenus (Liliaceae — Melanthioideae — Veratreae).

Zygadenus venenosus S. Wats. Heimisch in Brasilien. Die heftig giftige Pflanze (Camoso-Tod) erzeugt Erbrechen, Pupillenerweiterung, heftiges Durstgefühl, Bewusstlosigkeit. Bei Pferden starke Durchfälle. Andere Arten scheinen ganz analog zu wirken.

Litt.: Americ. Journ. of Pharm. 1887, p. 141. Pharm. Rundschau (New York) 1885, p. 146.

Zygophyllum (Zygophyllaceae — Zygophylleae).

Die saftigen Blätter einer nicht genauer bestimmten Art werden in Arabien zu Umschlägen bei Augenkrankheiten gebraucht.

Litt.: Brit. Med. Journ. 1885, April, p. 11.

Nachträge.

Zu pag. 27: **Acaena.**

Den Namen „Cepa caballo" führen ferner in Columbien *Xanthium spinosum*, in Chile *Carlina acaulis*, „Cepa caballo de Portugal" ist in Spanien *Xanthium strumarium*. — Die Acaena-Arten, die ebenfalls medicinische Verwendung in Chile finden, heissen: *Acaena argentea R. et P.*, „Cabillo"; *Acaena pinnatifida R. et P.*, „Pimpinela, Amor seco, Proquin." Die zuletzt genannte Art wird auch gegen Syphilis verwendet. — Die von *Acaena splendens Hook. et Arn.* gelieferte Droge besteht aus den Wurzeln, den unterirdischen Achsentheilen, beide von rothbrauner Farbe und im Aeusseren an Ratanha erinnernd, aus den gefiederten, dicht filzig behaarten Blättern und den unteren Theilen der wenig behaarten Blüthensprosse.

Die Wurzelrinde der Droge enthält $5,6\,^0/_0$ Gerbstoff, die Blätter $2,85\,^0/_0$.

Litt.: Zeitschr. d. österr. Apoth.-Ver. 1896, Nr. 25.

Zu pag. 30: **Aconitum.**

Aconitum heterophyllum Wall. Das Atisin, das in den Knollen dieser Art enthaltene Alkaloid, hat die Zusammensetzung $C_{22}H_{31}NO_9$. Es wird als amorpher Firniss erhalten, bildet aber krystallisirende Salze.

Litt.: Apoth.-Zeitung 1896, p. 859. The Chemical News 1896, Vol. 74, Nr. 1919, p. 120.

Aconitum septentrionale Koelle. Ueber die Alkaloide dieser Art vgl. Journ. d. Pharm. 1896, T. IV, Nr. 6, und Apotheker-Zeitung 1896, p. 840.

Zu pag. 32: **Acrocomia.**

Acrocomia sclerocarpa Martius. In Amerika verbreitet vom 30.° südl. Br. bis nach Mittelamerika und zu den Antillen. Namen in Brasilien: Macahiba, Macauba (Alagoas und Pernambuco), Macajuba (Maranhão), Macaiba, Macajuba (S. Paulo, Minas Geraes), Mucaja (Para), Mocaja, Mocaúba und Coco de catarrho (Minas Geraes, Rio, Bahia, Espirito Santo). Die Frucht enthält in der faserig-schwammigen, doch saftigen Pulpa, die

$20\,^0/_0$ ihres Gewichtes ausmacht: Fettes Oel $1,809\,^0/_0$, Fruchtzucker $7,782\,^0/_0$, Stärkemehl $7,980\,^0/_0$, Harz $1,516\,^0/_0$ etc. Die
Pulpa wird gegessen, oder aus ihr ein erfrischendes Getränk
(Macajubada) bereitet. — Die haselnussgrossen Samen enthalten
frisch: Fettes Oel $59,459\,^0/_0$, Zucker $1,248\,^0/_0$, gelbes Harz
$9,077\,^0/_0$ etc. Das fette Oel ist dünnflüssig (cf. p. 32), farblos,
geruchlos, von mildem, angenehmem Geschmack, spec. Gew. bei
13^0 C. 0,909.

Die Blüthen liefern bei der Destillation Spuren von ätherischem Oel, ferner Weichharz $2,2\,^0/_0$, Harzsäure $1,0\,^0/_0$ Fettes
Oel $0,8\,^0/_0$, Gallussäure und Gerbstoff $2,1\,^0/_0$, zuckerhaltigen Extraktivstoff $0,6\,^0/_0$.

Ein aus den Blüthen hergestellter Thee ist Volksmittel gegen
Leukorrhoe, eine aus ihnen hergestellte Tinktur wird äusserlich
gegen rheumatische Schmerzen angewendet.

Aus dem Blüthenkolbenstiel und den Zweigen des Blüthen-
standes bereitet man einen Aufguss gegen Diarrhoe und Albuminurie.

Acrocomia sclerocarpa Mart. var. Wallaceana Dr. Namen in
Brasilien: Mocuja, Mucajá, Mucujú. Aus den Samen bereitet
man ein Oel von Konsistenz des Gänseschmalzes und von tief-
gelber Farbe (Oleo de mucujá).

Die Früchte der *Acrocomia intumescens Dr. (Macauba-mirim)*
werden nicht verwendet.

Acrocomia glaucophylla Dr. In Brasilien und Paraguay.
Namen: Bacaiauba, Bacaiuba, Bocaja, Coco de Catalã.
Das saftige Fruchtfleisch wird gegessen, aus den Samen Oel ge-
wonnen.

Litt.: Pharm. Rundschau (New York) 1889, p. 34.

Zu pag. 34: **Adonis.**

Adonis aestivalis L. Die Pflanze enthält ein Glykosid der
Zusammensetzung $C_{25}H_{40}O_{10}$. Es wirkt dem Glykosid aus *Adonis
vernalis L.* gleich, aber sehr viel schwächer, vielleicht ist es
identisch mit dem Adonin aus *Adonis amurensis.*

Litt.: Arch. d. Pharm. 1896. Apoth.-Zeitung 1896, p. 830.

Zu pag. 38: **Aleurites.**

Aleurites moluccana (L.) Willd. Vgl. die eingehende zusammenfassende Darstellung in Greshoff, Nuttige indische planten
1894. Extra-Bulletin des Kolonial-Museums in Haarlem.

Zu pag. 50: **Anhalonium.**

Ich entnehme dem von Heffter in der Sektion „Pharmacie
d. Deutsch. Naturf.-Vers. in Frankfurt a. M." über die Verwendung und Untersuchung der genannten und anderer Cactaceen-
gattungen Folgendes: Bei den Indianern Mexicos und des Süd-
westens der Vereinigten Staaten dienen die getrockneten und in

Scheiben geschnittenen Stämme einiger Cactaceen als Heil- und Berauschungsmittel bei religiösen Festen. Es kommen in Betracht *Anhalonium Lewinii Hennings* und *Anhalonium Williamsi Lem.*, beide botanisch so wenig von einander verschieden, dass man geneigt ist, sie nur für Varietäten einer Art zu halten, die aber chemisch deutlich von einander differiren. Die Droge führt die Namen: Muscale Buttons, Mescal (bei den Kaufleuten der Indianer-Gebiete), Pellote (in Mexico), Señi (bei den Kiowas), Wokowi (bei den Comanchen), Hikovi (bei den Tarahumanis), Ho.

Anhalonium Williamsi enthält 0,9 $^0/_0$ eines Alkaloides, Pellotin, das krystallisirt und die Zusammensetzung hat: $C_{11}H_{12}N(OCH_3)_2OH$. Das Chlorhydrat soll schlafmachend wirken. Ausserdem enthält die Droge ein flüchtiges Alkaloid in Spuren.

Anhalonium Lewinii enthält in einer Gesammtmenge von 1,1 $^0/_0$ vier Alkaloide: 1) das schon von Lewin aufgefundene Anhalonin $C_{12}H_{15}NO_3$, krystallinisch, links drehend, Schmelzpunkt nach Lewin 77,5°, nach Heffter 85,5°. 2) Mescalin $C_8H_8N(OCH_3)_3$, krystallinisch, leicht in Wasser löslich, optisch inaktiv, Schmelzpunkt 151°. 3) Anhalonidin $C_{10}H_9NO(OCH_3)_2$, isomer mit Anhalonin, krystallinisch, rechts drehend, Schmelzpunkt 160°. 4) Lophophorin $C_{13}H_{17}NO_3$, stark giftig. Alle diese Alkaloide, einschliesslich des Pellotins geben mit salpetersäurehaltiger Schwefelsäure eine blaurothe, bald in braun übergehende Färbung.

Litt.: Apotheker-Zeitung 1896, p. 746. Ber. d. deutsch. ph. Ges. (Berichte über die pharmakognostische Litteratur aller Länder 1896, Th. I, p. 45). Ber. d. deutsch. chem. Ges. XXIX, Heft 2, p. 216. Michaelis, Beitr. z. vergl. Anat. d. Gatt. Echinocactus, Mamillaria u. Anhalonium. Diss. v. Erlangen 1896, n. b.

Anhalonium fissuratum Engelm. Bei den Mexicanern Chaute genannt, enthält 0,02 $^0/_0$ Alkaloid, darin das krystallinische Anhalin $C_{10}H_{17}NO$, das für Frösche, aber nicht für grössere Thiere giftig ist.

Litt.: Apotheker-Zeitung 1896, p. 746.

Anhalonium prismaticum Lem., enthält ein stark giftiges Alkaloid in geringer Menge.

Litt. wie bei voriger.

Anhalonium Jourdanianum (wahrscheinlich nur Varietät von *A. Williamsi*), enthält zwei Alkaloide, von denen das eine krampferzeugend ist.

Litt. wie bei voriger.

Anhalonium Visnagra, von Merck in den Handel gebracht, soll *Mammillaria cirrhifera* sein. Enthält ein krampferzeugendes Alkaloid.

Litt. wie bei voriger.

Zu pag. 51: **Antiaris.**

Antiaris toxicaria Leschen. Namen auf Java: Antjar, Kajoc

oepas; auf Sumatra: Ipoeh; auf Borneo: Siren; auf Celebes: Ipo; holländisch: Giftboom, Spatboom; englisch: Upas tree, Macasar poisontree; französisch: Antiar vénéneux.

Die Samen werden in Bombay als Heilmittel gebraucht gegen Dysenterie und Fieber.

Die Verwendung des Milchsaftes zur Herstellung des bekannten Pfeilgiftes ist bekannt.

Kiliani hat den Milchsaft von Neuem untersucht und darin gefunden: 1) Antiarol. Es krystallisirt in Nadeln und Blättern. Schmelzpunkt 146^0. Zusammensetzung: $C_9H_{12}O_4$. Es ist der 1, 2, 3-Trimethyläther des 1, 2, 3, 5-Phenetrols. 2) Antiarharz. Es krystallisirt in langen, seidenglänzenden Nadeln. Schmelzpunkt $173,5^0$. Zusammensetzung: $C_{24}H_{36}O$ (?). 3) Antiarin, ein Glykosid. Zusammensetzung: $C_{27}H_{42}O_{10} + 4H_2O$. Es beginnt bei 220^0 zu erweichen und ist bei 225^0 geschmolzen. Beim Erwärmen mit verdünnter Salzsäure zerfällt es in Antiarigenin $C_{21}H_{30}O_5$ und Antiarose $C_6H_{12}O_5$ (isomer mit der Rhamnose).

Litt.: Greshoff, Nuttige indische Planten 1895. Extra-Bulletin des Kolonial-Museums in Haarlem. Archiv d. Ph. 1896, p. 438. Lewin, Die Pfeilgifte.

Zu pag. 52: **Apocynum.**

Apocynum cannabinum L. Nach Tarossow ist die Pflanze ein starkes Herzgift.

Litt.: La Médecine moderne VII, 1896, Nr. 75. Apotheker-Zeitung 1896, p. 840.

Astrocaryum (Palmae — Ceroxylinae — Bactrideae).

Astrocaryum murumurú Mart. Heimisch in Brasilien, am Amazonenstrom und in der Provinz Para. Namen: Murumurú verdadeiro. Die Früchte gelten als Aphrodisiacum.

Litt.: Pharm. Rundschau (New York) 1888, p. 262.

Astrocaryum Ayri Mart. Heimisch in Brasilien in den tropischen und subtropischen Provinzen. Namen: Ayri, Iri, Iricurana, Brejauba. Die wie bei der Cocosnuss in der noch nicht reifen Frucht enthaltene Flüssigkeit (Brejaubamilch) wird als Erfrischung genossen, aber auch als Abführmittel, gegen Gelbsucht und Unterleibsbeschwerden benutzt. Das Endosperm („Mark") gilt als Bandwurmmittel.

Die schwach sauer reagirende Milch enthält $0,087\,^0/_0$ freie Säure (Essigsäure), das frische Endosperm enthält $18,328\,^0/_0$ fettes Oel.

Litt. wie bei voriger.

Astrocaryum campestre Mart. Heimisch in Brasilien (Minas Geraes, Paraná, Goyaz). Name: Juiva. Der von dieser Palme gewonnene Palmkohl hat einen Ruf als Heilmittel gegen Diabetes.

Litt. wie bei voriger.

Astrocaryum princeps Barb. Rodr. Heimisch in Brasilien (Para, Amazonas). Name: Tucuma-assú. Die in der Frucht enthaltene dicke, trübe Flüssigkeit verwendet man gegen Augenentzündungen. Zahlreiche Arten der Gattung liefern im Endosperm der Samen ein Fett von schmalz- oder talgartiger Konsistenz.

Litt. wie bei voriger.

Astrophytum (Cactaceae).

Astrophytum myriostigma Lem. In Mexico. Enthält in geringer Menge ein Alkaloid.

Litt.: Apotheker-Zeitung 1896, p. 746.

Attalea (Palmae — Ceroxylinae — Attaleeae).

Attalea indaya Dr. Heimisch in Brasilien (Minas Geraes, S. Paulo, Rio de Janeiro). Namen: Coqueiro indaia, Indaia assú, Andaya-assu. Die Fruchthülle enthält $10{,}512\,^0/_0$ fettes, hellbraunes Oel von Talgkonsistenz, das als Wundsalbe Verwendung findet; ein aus dem Mesokarp gewonnenes Extrakt benutzt man als Adstringens. Aeltere Palmen sollen durch Insektenstiche eine grosse Menge eines dem Senegalgummi ähnlichen, hellbräunlichen Sekretes liefern (cf. *Puya*).

Litt.: Pharm. Rundschau (New York) 1889, p. 112.

Attalea humilis Mart. Heimisch in Brasilien von Rio de Janeiro bis Pernambuco. Namen: Palmeirim, Pindova, Catolé, Anaja mirim. Die in den unreifen Früchten enthaltene Flüssigkeit gilt als Specificum gegen Bandwurm.

Litt. wie bei voriger.

Basanacantha (Rubiaceae — Gardenieae).

Basanacantha spinosa var. ferox. (Jacq.) K. Schum. Heimisch in Brasilien. Name: Jasmin' do mato. Die frischen Blätter enthalten $1{,}500 - 1{,}936\,^0/_0$ Mannit, $0{,}015 - 0{,}021\,^0/_0$ Basanacanthinsäure etc., die frische Rinde enthält bis zu $1{,}123\,^0/_0$ Mannit, $0{,}005\,^0/_0$ Cumarin und $0{,}048\,^0/_0$ einer dem Saponin ähnlichen Substanz. Die Rinde soll fieberwidrig wirken.

Litt.: Zeitschr. d. österr. Apoth.-Ver. 1896.

Zu pag. 68: Berberis.

Berberis laurina Billb. In Brasilien. Name: Voa de espinha. Die graublauen, 9 mm grossen Früchte verwendet man als Antiscorbuticum, ein Dekokt der Blätter bei Hals- und Mundaffektionen, ein Dekokt der Rinde bei Fieber.

Litt.: Pharm. Review 1896, Nr. 7. Apoth.-Zeitung 1896, p. 687.

Zu pag. 79: Callitris.

Callitris sinensis. Das Harz dieser Art wird von den Chinesen als stimulirendes Mittel bei Krebs, als Desodorirungsmittel und gegen Insekten angewendet.

In Australien giebt es zwölf Arten der Gattung, und zwar: in Westaustralien: *Callitris Roei Benth.*, *C. Drummondii Benth.*, *C. actinostrobus F. Müll.*, *C. acuminata F. Müll.*; in Tasmanien: *C. oblonga Rich.*; in Neu-Südwales: *C. Maclayana F. Müll.*, *C. Parlatorei F. Müll.*, *C. verrucosa R. Br.*, *C. columellaris F. Müll.*, *C. Muelleri Benth.*, *C. cupressiformis Vent.* und *C. calcarata R. Br.* Alle Arten liefern Sandarac.

Ueber die wichtigsten Arten ist noch Folgendes zu bemerken: *Callitris verrucosa R. Br.* Name des Harzes bei den Eingeborenen „By-jin-ne". Dasselbe ist transparent, farblos oder bleichgelb, zerbrechlich und zerreiblich, bei mässiger Temperatur schmelzend, in Alkohol und ätherischen Oelen leicht, in Aether fast völlig löslich.

Callitris Preissii Miq. Name des Harzes: Pine Gum. Geruch angenehm und balsamisch, Geschmack bitter.

Callitris columellaris F. v. Müller. Alkohol löst $95 - 96\%$, Petroläther $35,8\%$.

Callitris calcarata R. Br. Alkohol löst $98,7\%$, Petroläther $22,1\%$.

Im Allgemeinen lässt sich sagen, dass der australische Sandarac dem von Marocco als weniger rein nachsteht.

Litt.: Chem. Revue III, 1896, Nr. 50. Apotheker-Zeitung 1896, p. 896.

Zu pag. 97: **Cereus.**

Cereus grandiflorus Mill. Nach Heffter enthält die Pflanze Spuren eines Alkaloids und ein wahrscheinlich glykosidisches Herzgift.

Cereus peruvianus (syn. *Cereus eburneus Salm-Dyck.*). Enthält eine Base, deren krystallisirendes, sehr hygroskopisches Sulfat bei Fröschen Krämpfe erzeugte.

Litt.: Apotheker-Zeitung 1896, p. 746.

Cocos (Palmae — Ceroxylinae — Cocoineae).

Cocos nucifera L. Vielleicht ursprünglich im indischen Archipel heimisch, jetzt durch die Tropen der ganzen Erde verbreitet.

Ein Dekokt der frischen Wurzel wird gegen Dysenterie getrunken. Die Flüssigkeit im Innern des Endosperms, die Cocosmilch, wird gegen habituelle Stuhlverstopfung, die von einer rothen Varietät gegen Gonorrhoe getrunken. Das feste Endosperm gilt als Bandwurmmittel.

Cocos Mikaniana Mart. Heimisch in Brasilien (Provinzen Rio de Janeiro, Espirito Santo, Minas Geraes), auch kultivirt. Namen: Paty, Paty amargoso, Palmito amargoso, Coqueiro, Coquin amargoso, Guariroba, Guariroba amargoso. Der frische Palmkohl (die Stammknospe) ist von stark bitterem Geschmack, man wendet ihn an bei Verdauungsschwäche, Diarrhoe und intermittirendem Fieber, mit Weisswein digerirt, gilt er als Tonicum. Es enthält $12,06\%$ eines Bitterstoffes Picropatyn.

Cocos oleracea Mart. In Brasilien (Provinzen Bahia, Espirito Santo, Minas Geraes und Rio de Janeiro). Namen: Guariroba, Guariaba, Iraiba, Coquim amargoso, Coqueiro amargoso, Palmito amargoso. Der bittere Palmkohl wird wie der von der vorigen Art benutzt. Den Bitterstoff nannte Peckolt Picrococoin, er ist im Palmkohl enthalten zu $0{,}0067 \, ^0/_0$.

Cocos Martiana Dr. et Glaz. In Brasilien von $6—30^0$ südl. Br. heimisch, auch kultivirt. Namen: Baba de boi, Geriva, Geriba. Aus dem Safte des Perikarps bereitet man mit Zucker einen Hustensaft und durch Gährung ein schleimig-säuerliches Getränk, Geribada. Das Perikarp enthält $15{,}32 \, ^0/_0$ Fruchtzucker.

Litt.: Kosteletzky I, p. 295. Pharm. Rundschau (New York) 1889.

Zu pag. 112: **Copernicia.**

Copernicia cerifera Martius. In Brasilien in den Provinzen Bahia, Pernambuco, Matto Grosso, Parahyba do Norte, Piauhy, Ceara, Rio Grande do Norte. Namen ausser den l. c. aufgeführten: Carnahyba, Carnaiba, Caranahyba, Caranaüve.

Die Wurzel zeigt auf dem Querschnitt ein etwa 30strahliges, radiales Gefässbündel. Die Zellen der Endodermis sind an den Seitenwänden und der Innenwand stark verdickt und getüpfelt. Nach aussen wird sie verstärkt durch einige Reihen verholzter und verdickter Zellen, die nach aussen sich als stark verdickte Steinzellen darstellen. Das Parenchym der Rinde besteht aus rundlichen, getüpfelten Zellen mit sehr grossen Lücken. Zahlreiche Zellen dieses Parenchyms und des centralen Parenchyms haben einen dunkel rothbraunen Inhalt. Die Epidermis hat verdickte Aussenwände, innerhalb derselben, aber durch einige Reihen unverdickter Zellen von ihr getrennt, findet sich eine Hypodermis aus stark verdickten Zellen.

Die reifen Samenkerne, die geröstet als Ersatz des Kaffees benutzt werden, heissen angú de carnauba. Sie enthalten $8 \, ^0/_0$ grünes, festes Fett, $6{,}172 \, ^0/_0$ Harz, $5{,}143 \, ^0/_0$ rothen Farbstoff.

Litt.: Pharm. Rundschau (New York) 1889, p. 263.

Desmoncus (Palmae — Ceroxylinae — Bactrideae).

Desmoncus horridus Splitg. et Mart. Im aequatorialen Brasilien. Namen: Titará, Espirito de diabo. Die Wurzel wird als blutreinigender Thee benutzt.

Desmoncus polyacanthos Mart. Im tropischen und subtropischen Brasilien. Namen: Rutim, Carumbamba, Umbamba, Atitará. Die Wurzel wird wie die der vorigen Art benutzt.

Desmoncus setosus Mart. In Brasilien in den Provinzen Alagoas, Amazonas, Maranhão, Pará, Pernambuco. Namen: Coqueiro, babá, Coqueiro maragaiba, Tucum rasteiro do Crejo. Die Wurzel wird wie die der vorigen Arten gebraucht.

Litt.: Pharm. Rundschau (New York) 1888, p. 265.

Dimorphandra (Caesalpiniaceae — Dimorphandrae).

Dimorphandra Mora Schomburgk. Heimisch in Guyana und
S. Domingo. Name: Mora. Die Embryonen, also die Samen
ohne Testa, sind 1896 als Kolanüsse, angeblich aus China, nach
Europa gekommen. Sie enthalten kein Coffeïn. Die Embryonen
sind unregelmässig kantig-viereckig, an der einen Seite, wo sich
Radicula und Plumula finden, tief herzförmig ausgeschnitten, bis
6 cm gross, 3 cm dick, bis 54 gr schwer, aussen von rothbrauner
Farbe, innen weisslich. Das Gewebe besteht aus rundlichen
Parenchymzellen, die reichlich Stärkemehl in kleinen rundlichen
oder zu zweien zusammengesetzten Körnern mit centralem Spalt
enthalten. Es fallen im Gewebe feine Fibrovasalstränge auf, die
mit Zellen, die Einzelkrystalle enthalten, umscheidet sind.

Litt.; Christy & Co. XII.

Diplothemium (Palmae — Ceroxylinae — Attaleeae).

Diplothemium caudescens Mart. Heimisch in Brasilien (Rio
de Janeiro, Bahia, Espirito Santo). Namen: Buri, Jumburi,
Patioba, Pindoba. Eine aus der Frucht bereitete Tinktur wird
mit Wasser verdünnt als Mundwasser bei skorbutischen Leiden
benutzt, ein Extrakt der frischen zerstossenen Frucht wird bei
Nabelbruch der Kinder äusserlich angewendet.

Der frische Kern enthält $37,570\,^0/_0$ fettes Oel von weisser
Farbe, das bei 20^0 erstarrt, $3,91\,^0/_0$ Gerbsäure, $0,30\,^0/_0$ Gallussäure etc.

Litt.: Pharm. Rundschau (New York) 1889, p. 110.

Zu pag. 131: **Drimys.**

Drimys Winteri Forst. var. granatensis Eichl. (identisch mit
der im Text aufgeführten *Drimys granatensis L.*). In Brasilien in allen tropischen und subtropischen Staaten von Rio de
Janeiro bis Rio Grande do Sul. Namen: Canella branca, Canella Meladinha, Melambo, Malambo (den letzteren Namen
führt auch *Croton Malambo Karst.*, cf. p. 118). Die Rinde wird
als Tonicum und Stimulans angewendet.

Drimys Winteri Forst. var. revoluta Eichl. In Brasilien (Bahia,
Goyaz, S. Paulo, Minas Geraes, Rio de Janeiro). Namen: Caa-
pororóca, Canella amargosa, Casca de Anta (Tapirrinde).
Die Rinde ist Volksmittel als Magenmittel, gegen Blähungen,
Leukorrhoe.

Drimys Winteri Forst. var. angustifolia Eichl. In Brasilien
(S. Paulo, Paraná, Santa Catharina). Namen: Caa-pororóca,
Casca de Anta, Para-tudo, Cataia. Die Rinde enthält $0,9\,^0/_0$
eines farblosen, ätherischen Oeles, das als kräftig wirkendes Bandwurmmittel benutzt wird.

Drimys Winteri Forst. var. Magellanica. Die Rinde enthält
$0,462\,^0/_0$ ätherisches Oel.

Die Rinde der var. *revoluta* enthält: ätherisches Oel $0,58\,^0/_0$, Harze $7,17\,^0/_0$, Drymin, ein krystallinisches Glykosid $C_{13}H_{15}O_4$, $0,3\,^0/_0$, Drymissäure $0,078\,^0/_0$.

In den Blättern fand Peckolt: Fett, bräunlich, talgartig $1,05\,^0/_0$, Harz $3,9\,^0/_0$, amorphen Bitterstoff $0,6\,^0/_0$, aber kein ätherisches Oel, kein Drymin und keine Dryminsäure.

Das von ihm gefundene Fett hält Peckolt für identisch mit dem von Holmes (1879) erwähnten Drymol $C_{28}H_{50}O_2$.

(Für die verschiedenen Körper ist die von Peckolt benutzte Schreibweise wiedergegeben, es empfiehlt sich aber Drimin und Drimyssäure zu sagen, wie im Text).

1851 (?) soll Cotorinde als *Cortex Winteranus* nach Europa gekommen sein und sich daher die Verwechslung beider Rinden schreiben (vgl. aber auch darüber p. 115).

Litt.: Ber. d. d. pharm. Ges. 1896, p. 161.

Echinocereus (Cactaceae).

Echinocereus mamillosus (?), enthält ein bisher nicht krystallinisch erhaltenes Glykosid, das auf Frösche lähmend wirkt.

Litt.: Apoth.-Zeitung 1896, p. 746.

Elaeis (Palmae — Ceroxylinae — Elaeinae).

Elaeis guineensis L. Vielleicht in Südamerika (Brasilien) heimisch, gegenwärtig besonders in Afrika von grosser Wichtigkeit. Name in Brasilien: Dendé. Bekannt ist das aus dem Mesokarp der Früchte (Oleo de dendé) und das aus dem Endosperm (Manteiga de palma) erhaltene Oel, das aus beiden zusammen gepresste heisst Manteiga de dende. Das Mesokarp enthält $48,47\,^0/_0$, das Endosperm $23,44\,^0/_0$ Oel.

Der nach dem Abpressen des Oels verbleibende Rückstand wird mit Wasser gekocht und wieder gepresst, das hierbei gewonnene minderwerthige Fett benutzt man äusserlich als Schutz gegen Hautkrankheiten.

Elaeis melanococca Gaertn. Heimisch von Costa Rica bis zum Amazonenstrom und Madeira. Name: Caiaué. Das aus dem Mesokarp gewonnene dunkelrothe Fett von talgartiger Konsistenz heisst Manteiga de Caiaué und Manteiga de Corozo. Eine in den Blattwinkeln befindliche, feinwollige Faser (Haar?), die Isca de Caiaué und in Columbien Noli heisst, wird als blutstillendes Mittel verwendet.

Litt.: Pharm. Rundschau (New York) 1889, p. 165.

Epiphyllum (Cactaceae).

Epiphyllum Russelianum Hook., enthält ein Alkaloid in minimalen Mengen.

Litt.: Apoth.-Zeitung 1896, p. 746.

Zu pag. 140: **Erythrophloeum.**

Erythrophloeum guineense G. Don. Als von dieser Pflanze angeblich abstammend lassen sich folgende Rinden unterscheiden:

1) Aussen matt zimmetbraune Rinde in etwa 1 cm dicken Stücken, unregelmässig längsrissig und flach quergerunzelt, Innenseite schwärzlich. Auf dem Querschnitt erkennt man in der dunkelbraunen Grundmasse kleine, heller gefärbte Punkte, die gegen die Innenrinde durch eine ebenfalls heller gefärbte Zone abgegrenzt werden. In der Innenrinde die hellen Punkte besonders reichlich und bis zur Grösse eines Stecknadelkopfes. In der Mittelrinde Gruppen stark verdickter, poröser Steinzellen. Nach innen schliessen sich diese Gruppen zu einem sklerotischen Ring zusammen. In der Innenrinde ebenfalls Gruppen von Steinzellen und vereinzelte Fasern. In einzelnen Zellen ein grosser Oxalatkrystall. Der Weichbast ist geschichtet aus Parenchym und tangentialen Gruppen zusammengefallener Siebröhren. Die Markstrahlen sind 1—2 Zellreihen breit. Die Siebröhren haben leiterförmig angeordnete Siebplatten auf den geneigten Endflächen. Stärke im Parenchym, die runden Körner bis 10 μ. gross. Der rothbraune Inhalt des Parenchyms reagirt auf Gerbstoff und wird mit Schwefelsäure roth.

Diesen Bau zeigt eine Rinde, die ich 1888 in der Chemiker-Zeitung beschrieben und abgebildet habe (p. 428), ferner eine als Saxonbark über Amerika in den Handel gekommene Droge, die ich in derselben Zeitung 1890, p. 906, beschrieben habe. Damit stimmt ferner überein die von Vogl im „Kommentar zur österr. Pharmakopoe" beschriebene Rinde.

2) Unbedeutend sind meines Erachtens die Unterschiede, die die von Wedel („Beiträge zur Anatomie der Erythrophloeum- und verwandter Rinden. Erlanger Diss. 1892, p. 14") untersuchten Rinden zeigten, so dass man auf eine Abstammung, wenn auch vielleicht nicht von derselben, so doch von einer nahe verwandten Art wird schliessen dürfen. Während die von mir untersuchten Rinden unter dem Kork ein Gewebe vom Charakter des Collenchyms zeigten, spricht Wedel von einem solchen nicht, ferner konstatirt er zum Theil sklerosirte Korkzellen und einen nicht geschlossenen sklerotischen Ring. Auf letzteres Merkmal ist wenig zu geben, da auf die Ausbildung des Ringes, wie ich l. c. auseinandergesetzt habe, das Alter von entscheidender Wichtigkeit ist.

3) Ebenfalls noch nicht erheblich und zum Theil auf einem Irrthum beruhend sind die Unterschiede der von Holfert (Pharm. Centralhalle 1888, p. 446) beschriebenen Rinde. Er sagt, dass in seiner Rinde die Steinzellen nur doppelt so lang als breit sind gegenüber den von mir beschriebenen, die 4—6mal länger als breit seien (ich citire nach Wedel). Dem gegenüber ist zu bemerken, dass bei mir nicht von Steinzellen, sondern von

Gruppen von Steinzellen die Rede ist. Auffallend ist es freilich, dass bei Holfert nicht das Parenchym, sondern die Siebröhren rothbraunen Inhalt führen.

4) 1882 beschreibt Möller („Baumrinden", p. 400) die Rinde. Das Periderm besteht aus gleichmässig stark sklerosirten Tafelzellen, die Markstrahlen sind 4—6 Zellenreihen breit. Dieses letztere Merkmal fällt sehr ins Gewicht, weniger dagegen die von Möller hervorgehobene starke Sklerose der ganzen Rinde, speciell des Bastes.

5) 1890 beschreibt Möller („Real-Encyklopädie d. ges. Ph." IX, p. 71) eine zweite Rinde. Der Kork ist zartzellig, die Innengrenze des Phelloderm bildet eine geschlossene Steinzellenschicht, die Markstrahlen sind 1—2 reihig. Zahlreiche Schläuche sind von einer rothbraunen Masse erfüllt. Vielleicht ist das Holfert's Rinde, wobei allerdings zu bemerken ist, dass Möller die Siebröhren ausserdem noch erwähnt.

6) Wedel (l. c.) beschreibt eine angeblich aus Südamerika stammende Rinde, von der allerdings nicht gesagt ist, dass sie eine Erythrophloeumrinde sei, die aber ein Alkaloid enthielt, welches in wesentlichen Punkten mit dem Erythrophloein übereinstimmt. Die Rinde bestand aus 3—5 mm dicken Stücken, die aussen hellbraune Borke zeigten oder, wo diese abgesprungen war, chocoladenbraun sind. Der Querschnitt lässt alternirende Reihen hellerer Streifen erkennen. Die Korkzellen sind kubisch oder mässig flach. Im Phelloderm zeigen einzelne Zellen und Zellgruppen beginnende oder vollendete Sklerose. Auf das Phelloderm folgt ein geschlossener Sklerenchymring. Im Bast schichtweise Lagerung der Faserbündel, die Fasern mit gallertartigen Verdickungsschichten. In ihrer Begleitung finden sich selten Krystalle, nie Kammerfasern. Das Parenchym der Rinde sklerosirt in abwechselnden Schichten, die von Oxalatkrystallen begleitet sind. Siebröhren mit einfachen, quergestellten, von geringem Callus bedeckten Siebplatten. Markstrahlen 2—3 reihig. Wedel kommt selbst zu dem Schluss, dass seine Rinde nicht von Erythrophloeum stamme.

Dass in der That verschiedene Rinden auf Erythrophloëin verarbeitet sind, dafür hat die neueste Zeit einen ausgezeichneten Beweis gebracht. Harnack berichtet im „Archiv der Pharmacie 1896, p. 561" über ein vor einigen Jahren bezogenes *Erythrophloeinum hydrochloricum*, welches der früheren Base zwar ähnlich ist, sich aber in wesentlichen Punkten abweichend verhält. Harnack giebt dem neuen Alkaloid die allerdings noch nicht völlig sichergestellte Formel $C_{28}H_{43}NO_7$ oder $C_{28}H_{45}NO_7$. Das Salz bildet ein feines, hellgelbes, amorphes Pulver, ebenso das Platinsalz, wogegen das echte Erythrophloëin, seine Salze und Doppelsalze nur in Form klarer Syrupe zu gewinnen waren.

Die Substanz erzeugt bei Kalt- und Warmblütern nur die Digitalin- und keine Pikrotoxinwirkung, wogegen das alte Alkaloid beide Wirkungen hervorruft. Das alte Alkaloid liefert beim Kochen mit Salzsäure eine stickstofffreie, unwirksame Säure und einen etwa nach Art des Pyridins wirkenden, basischen Körper. Beim neuen Alkaloid vollzieht sich die Spaltung mit Salzsäure viel schwieriger und langsamer. Es liefert dabei eine Säure, $C_{27}H_{38}O_7$ oder $C_{27}H_{40}O_7$, die vielleicht mit der aus dem alten Alkaloid gewonnenen Erythrophloëinsäure identisch ist und einen basischen Körper, nämlich Methylamin.

Den auf p. 140 genannten Namen der Droge sind noch die folgenden beizufügen: Casse, N-ti-cassa, Teli, Doom, O-dum, Edum.

Ausser den beiden im Text genannten Arten werden als Lieferanten der Rinde noch genannt (ob mit Recht, bleibe einstweilen dahingestellt): *Erythrophloeum Couminga Baill.*, von den Seychellen, *E. Adansonii* aus Afrika, *E. chlorostachys (F. v. M.) Hennings* aus Australien, *E. Fordii Oliv.* aus dem südl. China.

Litt. im Text.

Zu pag. 148: **Eupatorium.**

Eupatorium foeniculaceum Willd. Von Virginien an durch die nordamerikanischen Südstaaten verbreitet. Name: Hundefenchel. Liefert ein hellgelbes, ätherisches Oel vom spec. Gew. 0,935, es dreht $+17^0\,50'$ im 100 mm-Rohr. Enthält reichlich Phellandren. Geruch aromatisch, scharf pfefferartig.

Litt.: Schimmel & Co. 1896, April. Ber. d. d. pharm. Ges. Berichte über die pharmakogn. Litt. aller Länder 1896, p. 58.

Zu pag. 149: **Euphorbia.**

Euphorbia pilulifera L. Vgl. Greshoff, Nuttige indische planten 1894. Extra-Bulletin des Kolonial-Museums in Haarlem.

Euterpe (Palmae — Ceroxylinae — Arecinae).

Euterpe oleracea Mart. Heimisch auf den Antillen, Guyana, Brasilien (Para, Piauhy, Pernambuco, Bahia). Namen: Tissará, Tozára, Assai, Assay-ai, Coqueiro Assahy, Pina. Die gestossenen Samenkerne liefern, mit Wasser ausgekocht, eine geringe Menge eines dunkelgrünen Oeles, das als Einreibung bei Drüsenanschwellungen benutzt wird.

Litt.: Pharm. Rundschau (New York) 1889, p. 167.

Zu pag. 158: **Gaultheria.**

Gaultheria leucocarpa Bl. Vgl. Greshoff, Indische nuttige planten 1894. Extra-Bulletin des Kolonial-Museums in Haarlem.

Gunnera (Halorrhagidaceae — Gunnereae).

Gunnera chilensis Lam. (Gunnera scabra R. et P.). Heimisch in Chile. Namen der Wurzel: Palo Panguy, Raiz Panguy,

Panguc, Panke, Nalka. Verwendung finden die grossen zerriebenen Blätter der Pflanze als kühlender Umschlag bei Fieber. Die geschälten Blattstiele (Nalcas) werden gegessen wie bei uns diejenigen von *Rheum*. Die in Scheiben geschnittene und getrocknete Wurzel wird zum Färben und Gerben benutzt. Der Gerbstoffgehalt beträgt $9,34\,^0/_0$.

Litt.: Kosteletzky II, p. 421. Zeitschr. d. österr. Ap.-Ver. 1896, Nr. 25.

Zu pag. 170: **Hedeoma.**

Hedeoma piperita Benth. In Mexico. Name: Tabaquilla olorosa. Die ·Pflanze, die wie Pfefferminze gebraucht wird, liefert ätherisches Oel, das $54,268\,^0/_0$ Menthol enthält.

Litt.: Pharm. Journ. and Trans. 1896, Nr. 1378. Apotheker-Zeitung 1896, p. 995.

Zu pag. 172: **Helonias.**

Helonias dioica Pursh (Helonias bullata L.). Name: Teufelsbiss.

Das getrocknete Rhizom ist bis 5 cm lang, bis 1 cm dick, meist gebogen, in Wasser auf die doppelte Dicke aufquellend. Aussen geringelt, den Ansatzstellen der Blätter entsprechend, oft mit Abschnürungen. Rings herum mit den Narben der dünnen Wurzeln, oft auch diese selbst noch vorhanden. Querschnitt weisslich. Im Parenchym reichlich kleinkörnige Stärke und zahlreiche Zellen mit Raphidenbündeln. Gefässbündel kollateral. In der Rinde zahlreiche Hohlräume, deren Bedeutung sich in der aufgeweichten Droge nicht ermitteln lässt. Ob man sie als Sekretbehälter ansprechen darf, ist mindestens fraglich, da von Sekret keine Spur aufzufinden ist. Vielleicht sind es grosse Intercellularräume. Unter der Epidermis eine einschichtige Hypodermis.

Zu pag. 173: **Hernandia.**

Hernandia guyanensis Aubl. In Brasilien und Guyana. Name in Brasilien: Paó rosa. Ein alkoholischer Auszug des rosenrothen Splintes wird als Aphrodisiacum benutzt, die ölreichen Früchte als Abführmittel, und ein Dekokt der Rinde gegen Wunden giftiger Pfeile.

Litt.: Kosteletzky II, p. 443. Pharm. Review 1896, Nr. 7.

Zu pag. 175: **Holarrhena.**

Holarrhena antidysenterica Wall. Ein mir vorliegendes Muster der Rinde zeigt einen Bau, der bei aller Uebereinstimmung mit den im Text nach Planchon gemachten Angaben einige Differenzen zeigt: der Kork ist dünn, er besteht aus unverdickten Zellen, im Phelloderm Einzelkrystalle. Im Bast zahlreiche Zellen mit Phlobaphen gefüllt, die tangentialen, sklerotischen Gruppen bestehen nur aus Steinzellen, die zum Theil radiale Dehnung zeigen. Die Gruppen sind mit Zellen umscheidet, die Einzelkrystalle enthalten. Die Markstrahlen sind dreireihig, ihre Zellen radial gestreckt, zwischen den sklerotischen Bündeln selbst sklerosirt.

Zu pag. 179: **Hydrocotyle.**

Hydrocotyle asiatica L. Vgl. auch Greshoff, Nuttige indische planten 1894. Extra-Bulletin des Kolonial-Museums in Haarlem.

Kleinhovia (Sterculiaceae — Helictereae).

Kleinhovia hospita L. Heimisch in Ostafrika, im tropischen Asien und auf den Inseln der Südsee. Namen in Japan: Tangkolo, Tangkele, Ketimaha, Ketimanga, Ketima, Timaha, Timanga, Katimaka, Kajoe timoh, Daoen tadappo (?), Mangar; in Bali: Katimaean, Katimala; in Celebes: Kaoewasa; in Amboina: Kinar; in Hitoe: Kenal; in Ternate: Ngaro; auf den Philippinen: Tanag, Hamitanago, Panampat, Bituong.

Eine Abkochung der Blätter verwendet man auf den Philippinen gegen Hautkrankheiten, und auf den Molukken den Saft derselben gegen Augenleiden.

Litt.: Kosteletzky V, p. 1882. Greshoff, Nuttige indische planten 1895. Extra-Bulletin des Kolonial-Museums in Haarlem.

Kunthia (Palmae — Ceroxylinae — Morenieae).

Kunthia montana H. et B. In Columbien und Brasilien (Amazonas). Namen: Canna de vibora, Canna de San Pablo. Der süsslich herbe Saft der etwa 1 cm grossen Früchte wird innerlich und äusserlich als Gegengift gegen Schlangenbisse angewendet.

Litt.: Pharm. Rundschau (New York) 1889, p. 262.

Lasiosiphon (Thymelaeaceae — Euthymelaeae).

Lasiosiphon anthylloides Meisn. Heimisch in Südafrika (Natal). Die Wurzel wird von den Eingeborenen als Antidot gegen Schlangengift angewendet. Die Pflanze ist selber giftig, und man verwendet grosse Sorgfalt auf die Dosirung.

Die Droge besteht aus einem dicken, verzweigten Wurzelkopf mit Resten dicker Stengel, und aus der stark gedrehten Wurzel. In Folge dieser Drehung ist die Wurzel in einzelne Stücke zerklüftet. Sie ist auf dem Bruch stark faserig, die Aussenseite schmutzig braun, der Geschmack stark brennend.

Die nicht geschichtete Rinde lässt im Querschnitt reichlich Fasern erkennen, deren Wände etwas verbogen sind. Die Fasern sind nicht verholzt. Zahlreiche Parenchymzellen führen einen braunen, gerbstoffhaltigen Inhalt. Markstrahlen in der Rinde und im Holz einreihig, die Zellen radial gestreckt.

Litt.: Pharm Journ. and Trans. 1894, p. 275. Merck 1895, p. 133.

Leopoldinia (Palmae — Ceroxylinae — Geonomeae).

Leopoldinia major Wallace. Heimisch in Brasilien (Amazonas). Namen: Jará-uassú, Jará-assú. Der Samenkern wird eingeäschert, die Asche ausgelaugt, die Lösung abgedampft und der Rückstand wie Kochsalz benutzt. Einige Indianerstämme benutzen dieses Salz als Gegengift gegen Curare.

Litt.: Pharm. Rundschau (New York) 1889, p. 262.

Lichtensteinia (Umbelliferae — Ammineae).

Lichtensteinia interrupta E. M. Heimisch in Südafrika (Natal). Die Wurzel wird als Mittel gegen Katarrhe und gegen Fieber mit gleichzeitiger starker Schwellung der Milz benutzt. Die Droge ist aussen graubraun mit dunklen Flecken, $1—1^1/_2$ cm dick. Rinde etwa $1—1^1/_2$ mm dick, das Holz deutlich strahlig. Der Kork besteht aus unverdickten, ziemlich hohen Zellen, darunter ein Phelloderm aus stark verdickten, porösen Steinzellen. Im Bast grosse Gruppen stark verdickter, sklerotischer langgestreckter Zellen, dazwischen ähnliche, aber viel kürzere Zellen. Fasern fehlen.

Markstrahlen bis vierreihig, Zellen wenig radial, etwas verdickt. Die Holzstrahlen enthalten reichlich stark verdickte Fasern und kleine Gruppen von wenigen Gefässen.

Litt.: Pharm. Journ. and Trans. 1894, p. 275. Merck 1895, p. 133.

Zu pag. 198: **Litsea.**

Ueber *Litsea sebifera* vgl. Greshoff, Nuttige indische planten 1894. Extra-Bulletin des Kolonial-Museums in Haarlem.

Mamillaria (Cactaceae).

Mamillaria centricirrha Lem. In Mexico. Die Pflanze enthält ein Alkaloid, das aber nach Heffter ohne physiologische Wirkung ist.

Litt.: Apoth.-Zeitung 1896, p. 746.

Zu pag. 211: **Michelia.**

Michelia Champaca L. Namen der Pflanze in Brasilien, wo man sie vielfach kultivirt: Magnolia miuda, Michelia, Champaca. Die Samen liefern durch Pressen $27,3\,^0/_0$, durch Extrahiren mit Petroläther $32,157\,^0/_0$ fettes Oel, das dickflüssig, gelbröthlich und vom spec. Gew. von 0,905 ist Ferner enthalten die Samen $4,2\,^0/_0$ braunes Weichharz, $4,313\,^0/_0$ einer Harzsäure, $4,436\,^0/_0$ festes Harz und $0,588\,^0/_0$ eines nicht näher definirten Körpers, der mit Schwefelsäure in der Kälte roth, mit Salzsäure erwärmt violettroth, dann dunkelgrün wird.

Litt.: Ber. d. d. pharm. Ges. 1896, p. 159.

Zu pag. 217: **Monarda.**

Monarda fistulosa L. Der Phenolgehalt des ätherischen Oeles der Pflanze schwankt von $58,0—72,0\,^0/_0$, der Gehalt an Carvacrol beträgt $52,0—58,48\,^0/_0$.

Litt.: Pharm. Review 1896, Vol. XIV, Nr. 9. Apotheker-Zeitung 1896, p. 857.

Monarda punctata L. Die halbtrockene Pflanze lieferte $3,39\,^0/_0$

ätherisches Oel, spec. Gew. 0,925 (ein anderes Muster hatte 0,937).
Das Oel enthielt 56°/₀ Phenol, das Thymol und nicht Carva-
crol sein soll. Ferner enthielt das Oel Cymen und linaloolartige
Körper der Zusammensetzung $C_{10}H_{18}O$.

Litt.: Americ. Journ of Ph. 1896, Vol. 68, Nr. 9.

Zu pag. 218: Moringa.

Moringa oleifera Lam. Namen auf Java: Kèlor, Klèn-
tang (die Frucht), Meroengi, Kaletja, Remoenggai; auf Sumatra: Maroenggai, Moroeng; auf Celebes: Rowéh, Keloro,
Kalintang, Sajor kèlor, Kerore, Kèrel; auf Timor: Ma-
roenga; auf den Philippinen: Malungay, Kamalungay; auf
den Molukken: Oho gaäiri, Kelo, Oege kelo; holländisch:
Behen-boom, Kelor-boom, Sajoer-boom, Boonen-boom;
französisch: Ben oléifère ailé; englisch: Horseradish-
tree; deutsch: Meerrettichbaum, Oel-Moringie. Die scharf
schmeckende Wurzel enthält ein bei 100—106° siedendes scharfes
Oel, das Stickstoff und Schwefel enthält, und mit Salpetersäure
behandelt einen Geruch nach Bittermandelöl giebt.

Litt.: Greshoff, Nuttige indische planten. Extra-Bulletin des Kolonial-Museums in Haarlem, 1895.

Neea (Nyctaginaceae).

Neea theifera Oerstedt. Heimisch in Brasilien. Name: Capa-
rossa. Ein Aufguss der Blätter wird wie Thee getrunken. Die
Pflanze enthält nach Peckolt, den bisherigen Angaben entgegen,
kein Coffeïn.

Litt.: Pharm. Review 1896, Nr. 7. Apoth.-Zeitung 1896, p. 687.

Zu pag. 236: Opuntia.

Opuntia vulgaris Mill. Ueber eine weitere Untersuchung der
Frucht vgl. Ber. d. d. pharm. Ges. 1896. Pharmakognost. Bericht, p. 45. Alkaloide und Glykoside sind nicht nachgewiesen.

Die Blüthen von *Opuntia Tuna Mill. (Flor de Tuna blanco)*
werden als expektorirendes Mittel gebraucht.

Litt.: Pharm. Journ. and Trans. 1896, Nr. 1378. Apotheker-Zeitung
1896, p. 995.

Zu pag. 239: Oxalis.

Oxalis rosea Jacq. In Chile. Aus den zerstossenen Blüthen dieser
Art und wahrscheinlich auch von *Oxalis dumetorum Barn.* presst
man Kuchen, nachdem man sie mit anderen Pflanzentheilen vermengt hat. Diese Kuchen *(Culli colorado* oder *Panes de Vina-
grillo)* liefern mit Wasser aufgeweicht eine wohlschmeckende
Limonade, man verwendet sie auch als Antiscorbuticum und
gegen Menstruationsstörungen. Sie enthalten 11,804 °/₀ Oxalsäure
in wasserlöslicher Form.

Litt.: Zeitschr. d. österr. Apoth.-Ver. 1896, Nr. 25.

Zu pag. 242: **Pangium.**

Pangium edule Reinw. Vgl. Greshoff, Nuttige indische planten 1894. Extra-Bulletin d. Kolonial-Museums in Haarlem.

Zu pag. 248: **Persea.**

Persea gratissima Gaertn. Namen zweier Varietäten in Brasilien: Abacate royo und Abacate piqueno. Die Samen enthalten nach Peckolt: fettes Oel $0,129\,^0/_0$, Stärke $8,534\,^0/_0$, Glykose $1,08\,^0/_0$, eisengrünenden Gerbstoff $1,572\,^0/_0$, Perseit $3,820\,^0/_0$ etc. Das frische, reife Fruchtfleisch enthält: fettes Oel $8,5\,^0/_0$, Glykose $3,175\,^0/_0$, Stärke $1,87\,^0/_0$, Perseit $0,783\,^0/_0$, Proteïnstoffe $1,635\,^0/_0$, Aepfelsäure $0,049\,^0/_0$, Weinsäure $0,082\,^0/_0$.

Litt.: Pharm. Review 1896, Nr. 10. Apoth.-Zeitung 1896, p. 893.

Phyllocereus [jetzt zu Phyllocactus] (Cactaceae).

Phyllocereus Ackermanni Walp. In Mexico. Enthält nach Heffter ein Alkaloid in minimalen Mengen.

Litt.: Apoth.-Zeitung 1896, p. 746.

Zu pag. 256: **Picramnia.**

Cascara amarga. Ein Muster der Droge, das ich untersuchen konnte, war aussen nicht ockergelb, sondern graugelb, innen graubraun. Die Korkzellen sind flach, gleichmässig verdickt. Im dünnwandigen Periderm enthalten einzelne Zellen oder Gruppen solcher Einzelkrystalle.

Der sklerotische Ring ist nicht geschlossen. Die sklerotischen Gruppen im Bast entsprechen der Beschreibung Moeller's. Ausserdem aber findet man im Weichbast Gruppen, die zunächst wie obliterirte Siebröhren aussehen, aber beim Aufweichen ebenfalls Fasern erkennen lassen. Die Markstrahlen sind drei Zellenreihen breit, die Zellen radial gestreckt, zwischen den sklerotischen Gruppen führen sie oft Einzelkrystalle.

Zu pag. 267: **Plumbago.**

Plumbago pulchella Boiss. In Mexico. Name: Panete. Die Pflanze wird als Antirheumaticum und gegen Zahnschmerz angewendet. Sie enthält einen Körper, Plumbagin, der ein Phenolderivat des Antrachinons ist.

Litt.: Pharm. Journ. and Trans. 1896, Nr. 1375. Apoth.-Ztg. 1896, p. 995.

Zu pag. 268: **Plumiera.**

Plumiera acuminata Ait. Namen auf Java: Sembodja, Sambodja, Kembodja, Samodja, Tjempaka moelia, Boenga goelong tjoetjoe, Boenga kembodja, Boenga koeboer, Pohon mati; auf Celebes: Boenga djeneh mawara, Boenga djera; in Ambon: Kolongsoesoe, Oebangaa; in Ternate: Kolontjoetjoe; in Timor: Kambajang; auf den Philippinen: Calachuche, Kalatsutsi; in Mexico: Chupirena; französisch: Frangipanier; englisch: Pagoda tree.

Litt.: Greshoff, Nuttige indische planten 1895. Extra-Bulletin d. Kolonial-Museums in Haarlem. Planchon, Produits fournis à la matière médicale par la famille des Apocynées, 1894.

Plumiera alba L. Namen: Frangipanier blanc, Bois de lait (franz.); auf S. Salvador: Flor de la Cruz; Jasmin tree (engl.); Topaïba (span.); in Indien: Arali. Man verwendet von dieser Pflanze den Milchsaft, das Holz, die Blüthen, die Frucht, die Samen und die Rinde. Die letztere verwendet man als Purgativum, bei Herpes, Syphilis etc., ähnlich den Milchsaft.

Litt.: Planchon l. c.

Plumiera articulata Vahl. In Guyana. Name: Balata blanc. Der Milchsaft soll ätzend wirken.

Litt.: Planchon l. c.

Plumiera drastica Mart. Heimisch in Brasilien (Minas Geraes). Name: Tiborna. In Brasilien findet der Milchsaft frisch und mit Mandelmilch gemengt Verwendung gegen Fieber, als Drasticum, bei Icterus etc.

Litt.: Planchon l. c.

Plumiera obtusa L. Auf den Bahamas und in Indien. Die Wurzel und ihre Rinde wird als Catharticum benutzt.

Litt.: Planchon l. c.

Plumiera phagedenica Mart. In Brasilien. Name: Sebniiiga. Die Rinde gilt als Anthelminthicum und drastisches Abführmittel, der Saft wird gegen Entzündungen gebraucht.

Litt.: Planchon l. c.

Plumiera retusa Lamk. Auf Madagascar, Mauritius, in Indien. Namen auf Madagascar: Antafera; auf Mauritius: Bois de lait, poivre, Frangipanier; in Indien: Sirmekalli, Inogli champagoulatchine. Wird als Emolliens bei Brustkrankheiten verwendet.

Litt.: Planchon l. c.

Plumiera rubra L. Im tropischen Amerika. Namen: Frangipanier rouge. Die Rinde verwendet man wie die von *Plumiera alba.*

Litt.: Planchon l. c.

Portulaca (Portulacaceae).

Portulaca mucronata Lk. In Brasilien. Namen: Caruru, Benjas de Deos, Kredo major, Lingua de vacia. Ein Dekokt der Pflanze liefert ein gegen Fieber benutztes, kühlendes Getränk.

Litt.: Pharm. Review 1896, Vol. XIV, Nr. 7.

Portulaca grandiflora Hook. In Brasilien. Die schleimreichen Blätter dienen innerlich als Diureticum, äusserlich als Umschlag bei entzündlichen Hautkrankheiten.

Litt. wie vorige.

Portulaca pilosa L. In Brasilien. Beliebtes Tonicum und Diureticum, auch gegen Erysipel benutzt.

Litt. wie vorige.

Zu pag. 273: **Pradosia.**

Pradosia lactescens (Vell.) Rdlk. Namen in Brasilien: Cacoa dove, Mamma de porco, Jaboticaba dos bugres, Bacopari amarillo, Guaranhem, Hivourahe, Burayiru, Ymira-éem, Moira-éem. Die Rinde enthält nach Peckolt 5,69 $^0/_0$ Wachs, Gerbsäure 61,587 $^0/_0$ (nach Derosne und Henry 75 $^0/_0$), Gallussäure 6,96 $^0/_0$, Glycyrrhizin 15,00 $^0/_0$, Monesin 2,805 $^0/_0$, Hivurahein 0,089 $^0/_0$, Bitterstoff 1,138 $^0/_0$.

Litt.: Pharm. Rundschau (New York) 1888, p. 31.

Puya (Bromeliaceae).

Puya lanuginosa Schult., Puya lanata Schult. und *Puya chilensis Mol.* Eine oder die andere dieser Arten, vielleicht auch alle drei, liefern in Chile und Peru das Chagual-Gummi oder Maguey-Gummi. Es entsteht in Folge der Angriffe einer Raupe durch Umwandlung von Geweben in der Pflanze. Die Löslichkeit in kaltem Wasser ist ausserordentlich verschieden. Während sich manche Stücke völlig darin lösen, geben andere nur 5 $^0/_0$ ab. Man verwendet es medicinisch gegen Diarrhoen, vom Volke wird es hier und da für giftig gehalten (cf. p. 373, *Attalea*).

Litt.: Kosteletzky I, p. 157. Zeitschr. d. österr. Ap.-V. 1896, Nr. 22.

Raphia Palmae — Lepidocaryinae — Raphieae).

Raphia vinifera Beauv. In Brasilien (Para und Amazonas). Namen: Jubati, Jupati, Jupahi. Aus dem Perikarp gewinnt man durch Auskochen ein Oel (Oleo de jubati) von rothgelber Farbe und bitterem Geschmack, welches als Speiseöl und medicinisch innerlich als Tonicum und äusserlich zu Einreibungen gebraucht wird.

Litt.: Pharm. Rundschau (New York) 1888, p. 129.

Zu pag. 286: **Rhinacanthus.**

Rhinacanthus nasutus (L.) Lindau. Namen auf Java: Treba djapan, Akar treba, Kembang boeroeng, Daoen sarang, Tarebak, Kalawara, Manoe-manoean; auf den Philippinen: Tagac-tagac; in China: Tong-pang-chong.

Der Gehalt der getrockneten Wurzel an Rhinacanthin beträgt 1,87 $^0/_0$.

Litt.: Greshoff, Nuttige indische planten 1895. Extra-Bulletin d. Kolonial-Museums in Haarlem. Christy & Co. VII, p. 78.

Zu pag. 293: **Samandura.**

Samandura indica Gaertn. Vgl. auch Greshoff (cf. vorhergehenden Artikel).

Zu pag. 299: **Sarcolobus.**

Sarcolobus Spanoghei Miq. (syn.: *S. narcoticus Span. var. pauciflora*). Namen auf Java: Walikambing, Kalakambing.

Man verwendet übrigens die Pflanze nicht medicinisch, sondern zum Vergiften wilder Thiere.

Litt.: Greshoff, Nuttige indische planten 1895. Extra-Bulletin des Kolonial-Museums in Haarlem.

Zu pag. 306: **Senecio.**

Durch Untersuchungen von Dalché und Heim scheint festgestellt, dass viele Senecio-Arten (speciell *S. vulgaris* und *S. Jacobaea*) als menstruationsbefördernde Mittel von Werth sind und auch als Abortivmittel sicher wirken. In England und Amerika stellt man aus *S. Jacobaea* für medicinische Zwecke ein Fluidextrakt, eine Tinktur und einen als Senecin bezeichneten Körper dar, der ein Gemisch von Alkaloid und Harz etc. sein soll.

Senecio canicida, soll eine giftige, als Senecinsäure bezeichnete Säure enthalten.

Senecio hieraciifolius L., enthält ein Harz und ein ätherisches Oel. In *Senecio vulgaris*, *S. Jacobaea* und anderen Arten sind zwei Alkaloide, Senecionin $C_{18}H_{25}NO_6$ und Senecin aufgefunden worden.

Litt.: Bull. gén. de Thérapie 1896 vom 8. Juli.

Zu pag. 322: **Stillingia.**

Stillingia silvatica L. Ein vorliegendes Muster der Wurzelrinde ist aussen rothbraun, zart längsfurchig, innen gelblich, Bruch sehr faserig. Kork dünn, aus tafelförmigen, unverdickten Zellen bestehend.

Durch das ganze übrige Gewebe kleine Gruppen stark verdickter, geschichteter, unverholzter Fasern zerstreut. Besonders in den äussern Parthien Oxalatdrusen. Einzelne Zellen, die radiale Reihen bilden, mit rothbraunem Inhalt. Auf dem Tangentialschnitt lassen sich ausser den Fasern langgestreckte Elemente nicht erkennen, sondern das ganze Gewebe scheint nur aus wenig gestreckten Parenchymzellen zu bestehen, so dass ein Gegensatz zwischen Mark- und Baststrahlen nicht deutlich wird.

Zu pag. 325: **Strychnos.**

Strychnos triplinervia Mart. In Mexico. Name: Cabalonga de Tabasco. Werden wie die Ignatiusbohnen gebraucht, sollen 1,83 % Strychnin und Brucin enthalten.

Litt.: Pharm. Journ. and Trans. 1896, Nr. 1375.

Ueber Strychnos-Drogen vgl. auch: Festschr. d. schweiz. Apoth.-Ver. 1893. C. Hartwich, Beitrag zur Kenntniss einiger Strychnos-Drogen.

Talauma (Magnoliaceae — Magnolieae).

Talauma ovata St. Hil. Heimisch in Brasilien. Namen: Canella de brejo, Pinha de brejo, Magnolia da terra,

Paú pombo. Die Blätter werden wie Thee benutzt. Sie enthalten 0,037 % Cumarin.

Litt.: Ber. d. d. pharm. Ges. 1896, p. 157.

Talinum (Portulacaceae).

Talinum patens Willd. Heimisch in Brasilien. Namen: Ora pro nobis, Beldroega miuda. Die kleinen, dickfleischigen, glatten Blätter benutzt man gegen Fluor albus.

Zu pag. 336: Thalictrum.

Thalictrum mexicanum D.C. In Mexico. Name: Conticpatli. Die Wurzel wird in der Augenheilkunde und als Diureticum benutzt.

Litt.: Pharm. Journ. and Trans. 1896, Nr. 1378. Apotheker-Zeitung 1896, p. 995.

Zu pag. 336: Thapsia.

Thapsia garganica L. Ein vorliegendes Muster der Droge besteht aus gespaltenen Wurzelstücken, die äusserlich von brauner Farbe, innen weiss sind. Kork schmal. Schizogene Sekretbehälter nicht gross, deutlich in koncentrischen Kreisen angeordnet. Siebröhren in den Baststrahlen kenntlich. Markstrahlen 2—3 Zellreihen breit, die Zellen radial gestreckt. Im Parenchym reichlich Stärke, die Körner entweder einfach, rundlich mit centralem Spalt bis 25 μ., ausnahmsweise bis 32 μ. gross, oder zu 2—4 zusammengesetzt und dann bis 50 μ. gross.

Ueber das Thapsia-Harz des Handels vgl. Jl. Piria, Ann. I, Fasc. 1 und 2 durch Apoth.-Zeitung 1896, p. 994.

Zu pag. 338: Tinospora.

Tinospora cordifolia Miers. Eine in meinem Laboratorium vorgenommene Untersuchung einer leider nicht völlig ausreichenden Probe der Droge liessen in 30,0 gr derselben Spuren eines oder mehrerer Alkaloide auffinden, ob dieselben mit den in der *Tinospora Bakis* gefundenen Sangolin und Pelosin identisch sind, lässt sich nicht sagen, da auch für diese charakteristische Farbenreaktionen fehlen, jedenfalls giebt das Alkaloid mit Ammonmolybdat und koncentrirter Schwefelsäure eine blaue Farbe, mit Schwefelsäure wird es gelblich, ebenso mit Salpetersäure.

Ferner enthält die Droge 2,22 % einer in Aether und Chloroform löslichen, krystallinischen Substanz, die in Anbetracht der geringen, in genügender Reinheit erhaltenen Menge mit befriedigender Sicherheit als Colombin erkannt werden konnte. Die Substanz schmilzt wie Colombin bei 182⁰, färbt sich mit koncentrirter Schwefelsäure braunroth wie Colombin (also nicht roth, wie für Colombin in der Litteratur ganz allgemein angegeben wird), verhält sich gegen Lösungsmittel wie dasselbe. Eine Elementaranalyse wies 65,18 % C und 6,78 % H nach; Colombin würde verlangen C 65,28 $^0/_0$ und H 5,69 $^0/_0$, der nicht unerhebliche Mehrgehalt von H dürfte auf nicht genügende Reinheit oder auf nicht genügendes Trocknen der Substanz zu schieben sein. Für eine Wiederholung der Analyse reichte die vorliegende Menge der Substanz leider nicht aus. Ich habe geglaubt, diese wenigen Daten zur Erläuterung der im Text p. 338 enthaltenen kurzen Angabe geben zu sollen. Wie dort bemerkt, ist für *Tinospera Bakis* ebenfalls ein Colombingehalt angegeben. Die betreffende Angabe erscheint aber wenig sicher gestellt, da sie sich hauptsächlich auf das wenig charakteristische Verhalten gegen Schwefelsäure und den von den übrigen Angaben ganz abweichenden Schmelzpunkt stützt. — Immerhin erscheint jetzt auch diese Angabe etwas mehr befestigt, so dass es den Anschein gewinnt, als ob Colombin in der Familie der Menispermaceae weiter verbreitet wäre.

Tritonia (Iridaceae — Ixioideae — Gladioleae).

Tritonia aurea Poppe (Crocosma aurea Pl., Rabiana aurea Kl.). Heimisch in Natal und dem Kafferland. Die Blüthe wird als Surrogat des Safrans empfohlen, sie soll sich bezüglich der Bestandtheile wie dieser verhalten.

Litt.: Les nouveaux remèdes XII, 1896, Nr. 2.

Litteratur-Verzeichniss.

A. Selbständige Werke.

1. **Brenning,** Die Vergiftungen durch Schlangen. Stuttgart 1895.
2. **Dymock, Warden** and **Hooper,** Pharmacographia indica. A history of the principal drugs of vegetable origin, met with in British India. London, Bombay and Calcutta. Vol. 1, 1890; Vol. 2, 1891; Vol. 3, 1893. Index and Appendix 1893.
3. **Engler** und **Prantl,** Die natürlichen Pflanzenfamilien nebst ihren Gattungen und wichtigeren Arten, insbesondere der Nutzpflanzen . . . . Erscheint seit 1889. Leipzig.
4. **Eykmann,** Phytochemische Notizen über einige japanische Pflanzen. Tokio 1883.
5. **Festschrift** zur Erinnerung an die fünfzigjährige Stiftungsfeier des Schweiz. Apotheker-Vereins. Zürich 1893.
6. **Filet,** Plantenkundig Woordenboek voor Nederlandsch-Indië, met korte aanwijzingen van het geneeskundig en huishoudelijk gebruik der planten en vermelding der verschillende inlandsche en wetenschappelijke benamingen. 2. Aufl. Amsterdam 1888.
7. **Flückiger,** Pharmakognosie des Pflanzenreichs. 3. Aufl. Berlin 1891.
8. **Flückiger** and **Hanbury,** Pharmacographia. 2. Aufl. London 1879 (vgl. Nr. 18).
9. **Geissler** und **Moeller,** Real-Encyklopädie der gesammten Pharmacie. Handwörterbuch für Apotheker, Aerzte und Medicinalbeamte. 10 Bände. Band 1: 1886; Band 10: 1891. Wien.
10. **Greshoff,** Nuttige indische planten. Extra-Bulletin des Kolonial-Museums in Haarlem. Bisher sind 3 Hefte erschienen.
11. **Hager — Fischer — Hartwich,** Kommentar zum Arzneibuch für das Deutsche Reich. 3. Ausgabe (Pharmacopoea Germanica, editio III). 2. Auflage. Berlin 1895.
12. **Hanbury,** Science papers, chiefly pharmacological and botanical. London 1876.
13. **Hansen,** Die Quebracho-Rinde. Botanisch-pharmakognostische Studie. Berlin 1880.
14. **Hartwich,** Die Bedeutung der Entdeckung von Amerika für die Drogenkunde. Berlin 1892.
15. **Heckel,** Les Kolas africains. Monographie botanique, chimique, thérapeutique et pharmacologique. Paris 1893.
16. **Husemann, Aug., Hilger, A.** und **Husemann, Theod.,** Die Pflanzenstoffe in chemischer, physiologischer, pharmakologischer und toxikologischer Hinsicht. Für Aerzte, Apotheker, Chemiker und Pharmakologen. 2. Aufl. Berlin 1882.

17. **Kosteletzky,** Allgemeine medicinisch-pharmaceutische Flora, enthaltend die systematische Aufzählung und Beschreibung sämmtlicher bis jetzt bekannt gewordener Gewächse aller Welttheile in ihrer Beziehung auf Diätetik, Therapie und Pharmacie, nach den natürlichen Familien des Gewächsreiches geordnet. 1. Band 1831, 6. Band 1836. Mannheim.

18. **Lanessan.** Französische Uebersetzung des Werkes Nr. 8 mit Anmerkungen des Uebersetzers. Titel: Histoire des drogues d'origine végétale par Flückiger et Hanbury. Traduction de l'ouvrage anglais „Pharmacographia", augmentée de très-nombreuses notes par Lanessan. Avec une préface par Baillon. 2 Bände. Paris 1878.

19. **Lewin,** Die Pfeilgifte. Historische und experimentelle Untersuchungen. Berlin 1894.

20. **Lewin,** Ueber Areca Catechu, Chavica Betle und das Betelkauen. Stuttgart 1889.

21. **Lewin,** Ueber Piper methysticum (Kawa). Berlin 1886.

22. **Moeller,** Anatomie der Baumrinden. Vergleichende Studien. Berlin 1882.

23. **Moeller,** Pflanzenrohstoffe. 1. Gerb- und Farbmaterialien. 2. Fasern. Bericht über die Weltausstellung in Paris 1878. Herausgegeben mit Unterstützung der K. K. Oesterreichischen Commission für die Weltausstellung in Paris im Jahre 1878. 8. Heft. Wien 1879.

24. **Moeller,** Mikroskopie der Nahrungs- und Genussmittel aus dem Pflanzenreiche. Berlin 1886.

25. **Parke, Davis & Co.** Titel: The Pharmacology of the newer materia medica. Embracing the botany, chemistry, pharmacy and therapeutics of new remedies. Being the results of the collective investigation of new remedies, as conducted under the „Working Bulletin" System, properly arranged, classified, an indexed. Detroit 1892.

26. **Planchon** et **Collin,** Les drogues simples d'origine végétale. 2 Bände. Paris 1895.

27. **Planchon, Louis,** Produits fournis à la matière médicale par la famille des Apocynées. Montpellier 1894.

28. **Rein,** Japan, nach Studien und Reisen. 2 Bände. Leipzig 1881—1886.

29. **Schindler,** Brazilian medicinal plants. Rio de Janeiro 1884.

30. **Schuchardt,** Die Kola-Nuss in ihrer commerciellen, kulturgeschichtlichen und medicinischen Bedeutung geschildert. 2. Aufl. Rostock 1891.

31. **Kola.** Published under the direction of F. E. Stewart M. D. Ph. G. Press of **Frederick Stearns & Co.** Detroit, Mich. 1894.

32. The Pharmacology of **Kola. Parke, Davis & Co.** Detroit, Mich. 1895.

33. **Villafranca,** Les plantes utiles de Brésil. Paris 1880.

34. **Schneider-Vogl,** Kommentar zur 7. Ausgabe der österreichischen Pharmacopoe. 2. Band. Arzneikörper aus den drei Naturreichen in pharmakognostischer Beziehung bearbeitet von Dr. Aug. Vogl. Wien 1892.

35. **Vogl,** Beiträge zur Kenntniss der sogenannten falschen Chinarinden. Wien 1876.

36. **Wiesner,** Rohstoffe des Pflanzenreichs. Leipzig 1873.

B. Handels- und Drogenberichte.

37. **Christy & Co.** Titel: New Commercial plants with directions how to grow them to the best advantage by Thomas Christy F. L. S. Heft 1. Vom 4. Heft ab lautet der Titel: **New Commercial plants and drugs** by Thomas Christy F. L. S. Bis jetzt 12 Hefte erschienen. Heft 1: 1878. Heft 12: 1897. London.

Ausserdem nicht nummerirt: 1) **Drogenbericht** von T. Christy, 1887. 2) **New and rare Drugs,** being a concise reference to the uses, doses, and preparations of over 250 of the latest introductions. Sixth edition. Published by Christy & Co. 1888, London, und 3) **Einzelberichte,** theilweise in deutscher Sprache, die meist Abdrücke aus „New commercial plants and drugs" sind.

38. **Gehe & Co.-Dresden, Droguen-Bericht** von 1835 ab, später unter dem Titel: **Handelsbericht** etc., zweimal jährlich.

39. **Merck-Darmstadt.** Mir liegen Berichte seit Juni 1880 vor, die gelegentlich neue Drogen und Präparate aus denselben berücksichtigen. Seit 1888 enthalten die Berichte eine ständige Rubrik über neue Drogen. Einmal jährlich.

40. **Schimmel & Co.** (Inhaber **Gebr. Fritzsche**) in Leipzig. Berichte seit Anfang der siebziger Jahre, mit wissenschaftlichen Mittheilungen seit 1881. Zweimal jährlich.

C. Zeitschriften und andere periodisch erscheinende Schriften.

1. In deutscher Sprache.

41. **Aerztliche Rundschau.**
42. **Allgemeines medicinisches Centralblatt.**
43. **Allgemeine medicinische Centralzeitung.**
44. **Apotheker-Zeitung,** herausgegeben vom Deutschen Apotheker-Verein. Seit 1886. Berlin. Zuerst unter Redaktion von Lohmann, dann 2) Thoms, 3) Greiss, 4) Salzmann. Enthält: **Repertorium der Pharmacie.** Herausgegeben von Beckurts.
45. **Arbeiten aus dem Kaiserlichen Gesundheitsamte.** Beihefte zu den **Veröffentlichungen des Kaiserlichen Gesundheitsamtes.** Seit 1886. Berlin.
46. **Arbeiten des pharmakologischen Instituts in Dorpat.** Halle.
47. **Archiv der Pharmacie.** Seit 1822. Zuerst unter dem Titel: **Archiv des Apotheker-Vereins im nördlichen Deutschland,** herausgegeben von Brandes. Seit 1835 unter dem Titel: **Archiv der Pharmacie.** Herausgeber: 1839 Brandes und Wackenroder, 1843 Bley und Wackenroder, 1855 Bley, 1863 Bley und Ludwig, 1868 Ludwig, 1882 Reichardt, 1890 Schmidt und Beckurts.
48. **Archiv für experimentelle Pathologie und Pharmakologie.** Leipzig.
49. **Archiv für Physiologie.** Leipzig.
50. **Berichte der deutschen chemischen Gesellschaft.** Seit 1868. Berlin.
51. **Sitzungsberichte der Gesellschaft naturforschender Freunde in Berlin.**
52. **Berichte der Pharmaceutischen Gesellschaft.** Berlin. Seit 1891. Seit 1896 unter dem Titel: **Berichte der Deutschen Pharmaceutischen Gesellschaft.**
53. **Berliner klinische Wochenschrift.** Seit 1863. Berlin.
54. **Botanisches Centralblatt.** Seit 1880. Herausgeber: 1) Uhlworm, 2) Uhlworm und Behrens, 3) Uhlworm und Kohl. Seit 1891 erscheinen neben dem Centralblatt: **Beihefte zum botanischen Centralblatt.**
55. **Botanische Jahrbücher für Systematik, Pflanzengeschichte und Pflanzengeographie.** Herausgegeben von Engler. Seit 1881. Leipzig.
56. **Chemiker-Zeitung.** Herausgeber Dr. G. Krause. Seit 1877. Coethen.
57. **Deutsch-amerikanische Apothekerzeitung.** Redakteur: Rachel, New York.

58. **Deutsche Medicinal-Zeitung.** Centralblatt für die Gesammtinteressen der medicinischen Praxis. Herausgegeben von Grosser, Berlin.

59. **Deutsche medicinische Wochenschrift.** Seit 1874. Berlin.

60. **Deutsche Vierteljahrsschrift für öffentliche Gesundheitspflege.** Braunschweig.

61. **Dingler's Polyt. Journ.** Titel: **Polytechnisches Journal.** Herausgegeben von Joh. Gottfried Dingler. Seit 1820. Stuttgart.

62. **Forschungsberichte über Lebensmittel und ihre Beziehungen zur Hygiene, über forense Chemie und Pharmakognosie.** Herausgegeben von Emmerich, Goebel, Hilger, Pfeiffer, Sendtner. Seit 1894. München.

63. **Der Fortschritt (Le Progrès,** journal international de Pharmacie et de Thérapie), internationale Zeitschrift für Pharmacie und Therapie. Herausgegeben von Reber. Erschien 1885—1889. Genf.

64. **Beckurts' Jahresbericht.** Seit 1843. Titel: 1) **Jahresbericht über die Fortschritte der Pharmacie in allen Ländern.** Herausgegeben von Siebert, Martius und Scherer. Erlangen. 2) 1844—45. Herausgegeben von Scherer und Wiggers. Bis 1845 mit dem Nebentitel: **Separatabdruck aus dem Jahresbericht über die gesammte Medicin.** 3) 1846—49. Herausgegeben von Scherer, Heidenreich u. Wiggers. 4) Von 1850 ab unter dem Titel: **C. Cannstatts Jahresbericht über die Fortschritte der Pharmacie in allen Ländern.** Herausgegeben von denselben. 5) 1851. Herausgegeben von Frank, Heidenreich, Löschner, Scherer und Wiggers. Würzburg. 6) 1852. Herausgegeben von Eisenmann, Falk, Klencke, Löschner, Ludwig, Scherer. Würzburg. 7) 1853. Titel: **Cannstatts Jahresbericht über die Fortschritte in der Pharmacie und verwandten Wissenschaften in allen Ländern.** Redigirt von Scherer, Virchow und Eisenmann. Verfasst von Eisenmann, Falk, Löschner, Ludwig, Scherer, Wiggers. 8) 1855. Redigirt von Scherer, Virchow, Eisenmann, Friedreich. Verfasst von denselben. 9) 1857. Redigirt von Scherer, Virchow und Eisenmann. Verfasst von Clarus, Eisenmann, Fick, Löschner, Scherer, Wiggers. 10) 1858. Redigirt von Scherer, Virchow und Eisenmann. Verfasst von Clarus, Eisenmann, Eulenburg, Fick, Löschner, Scherer und Wiggers. 11) 1860. Redigirt von Scherer, Virchow, Eisenmann. Verfasst von Clarus, Eisenmann, Eulenburg, Fick, Löschner, Scherer, Schneider, Wiggers. 12) 1862. Redigirt von Scherer, Virchow, Eisenmann. Verfasst von Clarus, Eisenmann, Eulenburg, Fick, Löschner, Scherer, Wiggers. 13) 1864. Redigirt von Scherer, Virchow, Eisenmann. Verfasst von Husemann, Eisenmann, Eulenburg, Fick, Löschner, Scherer, Wiggers. 14) 1866. Titel: **Jahresbericht über die Fortschritte der Pharmacognosie, Pharmacie und Toxikologie.** Herausgegeben von Wiggers und Husemann. Göttingen. 15) 1874. Titel ebenso. Bisher herausgegeben von Wiggers und Husemann, fortgesetzt von Dragendorff. 16) 1876. Titel ebenso. Herausgegeben von Dragendorff. 17) 1879. Titel derselbe. Herausgegeben von Wulfsberg, Dragendorff und Marmé. 18) 1880. Herausgegeben von Wulfsberg. 19) 1881 und 1882. Titel derselbe. Herausgegeben von Beckurts. 20) 1890. Titel: **Jahresbericht der Pharmacie, herausgegeben vom Deutschen Apotheker-Verein** unter Redaktion von Beckurts. 21) 1894. Titel derselbe. Unter Mitwirkung von Weichelt bearbeitet von Beckurts.

65. **Journal der Pharmacie von Elsass-Lothringen.** Bis 1887 unter dem Titel: **Journal de Pharmacie d'Alsace-Lorraine.** Strassburg.

66. **Korrespondenzblatt des allgemeinen ärztlichen Vereins von Thüringen.**

67. **Liebigs Annalen.** 1) 1832. **Annalen der Pharmacie,** herausgegeben von Brandes, Geiger und Liebig. 2) 1840. **Annalen der Chemie und Pharmacie,** herausgegeben von Wöhler und Liebig. 3) 1874. **Annalen der Chemie,** herausgegeben von Wöhler, Kopp, Erlenmeyer, Volhard, Hofmann, Kekulé. Leipzig und Heidelberg.

68. **Medicinisch-chirurgische Rundschau für die gesammte praktische Heilkunde.** Wien.

69. **Medicinische Presse.** Titel: **Wiener medicinische Presse.** Wien. Mit Beiblatt: **Wiener klinische Vorträge aus der gesammten praktischen Heilkunde.**

70. **Mittheilungen der medicinischen Facultät Tokio.** Tokio.

71. **Monatshefte für Chemie und verwandte Theile anderer Wissenschaften.** Wien.

72. **Neues Repertorium für Pharmacie,** cf. **Repertorium für die Pharmacie.**

73. **Pharmaceut.** Titel: **Der Pharmaceut.** Korrespondenzblatt und offiz. Organ d. deutsch. Pharmaceut. Vereins. Seit 1884. Neudamm.

74. **Pharmaceutisches Centralblatt.**

75. **Pharmaceutische Centralhalle.** Seit 1860. Herausgeber: 1) H. Hager. 2) H. Hager und Geissler.

76. **Pharmaceutische Post.** Wien. Seit 1868. Herausgeber: 1) Hellmann 2) Heger.

77. **Pharmaceutische Rundschau.** New York. Seit 1883. Herausgeber: Hoffmann. Erscheint seit 1896 in englischer Sprache unter dem Titel: **Pharmaceutical Review.** Herausgeber: Hoffmann und Kremers.

78. **Pharmaceutische Zeitschrift für Russland.** St. Petersburg. Seit 1862. Herausgegeben von der Pharmaceutischen Gesellschaft zu St. Petersburg.

79. **Pharmaceutische Zeitung.** Central-Organ für Apotheker, Aerzte, Drogisten etc. Seit 1856. Zuerst in Bunzlau, dann in Berlin. Seit 1879 mit dem Nebentitel: **Central-Organ für die gewerblichen und wissenschaftlichen Interessen der Pharmacie und verwandten Berufs- u. Geschäftszweige.** Mit einem Supplement: **Pharmaceutisches Handelsblatt.** Redakteur: 1) Mueller, 2) Böttger.

80. **Repertorium für die Pharmacie.** Nürnberg. Seit 1815. Seit 1852 unter dem Titel: **Neues Repertorium für Pharmacie.** Nürnberg.

81. **Rundschau für die Interessen der Pharmacie, Chemie und der verwandten Fächer.** Leitmeritz. Seit 1875.

82. **Schweizerische Wochenschrift für Chemie u. Pharmacie.** Titel: 1) 1845. **Verhandlungen des Schweizerischen Apotheker-Vereines.** Zürich. 2) 1848. **Mittheilungen des Schweizerischen Apotheker-Vereins.** Basel. Herausgeber: Bernoulli, Müller, Hübschmann. 3) 1850. Titel derselbe. Unter Mitwirkung von Bernoulli, Gruner, Roder, Hübschmann, redigirt von Müller und Gastell. Basel. 4) 1854. Titel derselbe. Redaktionskommission: Gruner, Müller, Behrens. Bern. 5) 1856. **Schweizerische Zeitschrift für Pharmacie.** Im Auftrage des Schweizerischen Apotheker-Vereins und unter Mitwirkung der Herren: Bernoulli, Behrens, Flückiger, Gastell, Harsch, Jaumann, Ladé, Landerer, Müller, Roder und Tavernier, herausgegeben von Ringk und Brunner. Schaffhausen. (Ich gebe im Folgenden die häufig wechselnden Namen der Mitarbeiter nicht mehr an.) 6) 1859. Titel derselbe. Herausgegeben von Ringk und Dietzsch. 7) 1860. Titel derselbe. Herausgegeben von Dietzsch. 8) 1863. **Schweizerische Wochenschrift für Pharmacie** etc. Herausgegeben von Dietzsch. 9) 1865. Titel derselbe. Herausgegeben von Gruner. 10) 1872. Herausgegeben von Gruner und Stein. 11) 1873. Heraus-

gegeben von Stein. 12) 1880. Herausgegeben von Klunge. 13) 1884. Herausgegeben von Kaspar. 14) 1889. Herausgegeben von Kaspar und Bader. 15) 1890. Herausgegeben von Bader. 16) 1891. Herausgegeben von Bader und Seiler. 17) 1892. **Schweizerische Wochenschrift für Chemie und Pharmacie.** Redakteur: Seiler, Zürich. 18) 1897. Redakteure: Seiler und Vogel.

83. **Sitzungsberichte der physikalisch-medicinischen Societät in Erlangen.**

84. **Süddeutsche Apotheker-Zeitung.** Eichstädt?

85. **Tageblatt der Versammlung deutscher Naturforscher und Aerzte.** Strassburg 1885.

86. **Therapeutische Monatshefte.** Herausgegeben von Liebreich unter Redaktion von Langgaard und Rabow. Seit 1887. Berlin.

87. **Verhandlungen des Naturwissenschaftlichen Vereins in Karlsruhe.**

88. **Verhandlungen der Berliner Gesellschaft für Anthropologie, Ethnologie und Urgeschichte.** Zusammen mit der Zeitschrift für **Ethnologie.** Seit 1869. Berlin.

89. **Zeitschrift des allgemeinen österreichischen Apotheker-Vereins.** Oesterreichische Zeitschrift für Pharmacie. Seit 1846. Wien.

90. **Zeitschrift für klinische Medicin.** Berlin.

91. **Zeitschrift für Nahrungsmittel-Untersuchung und Hygiene.** Wien.

92. **Zeitschrift für Biologie.** München und Leipzig.

93. **Zeitschrift für angewandte Chemie.** Organ der deutschen Gesellschaft für angewandte Chemie. Berlin.

2. In französischer Sprache.

94. **Annales de l'institut colonial de Marseille,** publié sous la direction de M. le Prof. Éd. Heckel. Publication subventionné par le Conseil général des Bouches-du-Rhône. Lille.

95. **Annales, publiées par la société royale des sciences méd. et nat. de Bruxelles.**

96. **Bulletin de la société botanique de France.**

97. **Bulletin de la société chimique de Paris.**

98. **Comptes rendus.** Hebdomadaires des séance de l'Académie des Sciences. Paris.

99. **Journal de pharmacie et de chimie.** Seit 1865. Von 1809—1814 unter dem Titel: **Bulletin de pharmacie.** 1815—1841 unter dem Titel: **Journal de pharmacie et des sciences accessoires.** 1842—1864 unter dem Titel: **Journal de pharmacie et de chimie** contenant une revue de tous les travaux publiés en France et à l'étranger sur les sciences physiques, naturelles, médicales et industrielles etc. Paris.

100. **Journal de pharmacie, publié par la société de pharmacie d'Anvers.** Anvers.

101. **Journal de thérapie.**

102. **La médecine moderne.**

103. **L'Union pharmaceutique.** Journal de la pharmacie centrale de France. Paris.

104. **La Nature.** Revue des sciences et de leurs applications. Paris.

105. **Les nouveaux remèdes.** Paris.

106. **Répertoire de pharmacie.** Seit 1844. Paris.

107. **Revue médicale de l'Est.**

108. **Revue thérapeutique, médico-chirurgique.**

109. **Semaine médicale.** Paris.

3. In englischer Sprache.

110. **American Journal of Pharmacy.** Published by Authority of the Philadelphia College of Pharmacy. Seit 1827. Bis 1834 unter dem Titel: **Journal of the Philadelphia College of Pharmacy.** Philadelphia.
111. **American chemical Journal.** Seit 1879. Baltimore.
112. **American Druggist (New Remedies).** An illustrated Monthly Journal of Pharmacy. New York.
113. **Annals of Botany.** Seit 1805. London.
114. **Australian Journal of Botany.**
115. **British Medical Journal.** London.
116. **Bulletin of Pharmacy.** A monthly journal devoted to the scientific, educational and commercial interests of pharmacists. Seit 1886. Detroit (Mich.).
117. **Bulletins of the Royal Botanical Gardens Kew.**
118. **Chemical-Review.** Seit 1881. Chicago.
119. **Edinburgh. medic. Journal.** Edinburgh.
120. **Medical News and therapeutical Gazette.** Detroit (Mich.).
121. **New Idea.** Detroit (Mich.).
122. **New Remedies** (cf. 112).
123. **Pharmaceutical Era.** Detroit (Mich.).
124. **Pharmaceutical Journal and Transactions.** Seit 1841. London.
125. **Pharmaceutical Review** (cf. Pharmaceutische Rundschau Nr. 77).
126. **Proceedings of the Royal Society of Queensland.** Brisbane.
127. **Proceedings of the Royal Society of New South-Wales.** Sydney.
128. **The Botanical Gazette.** Seit 1875. Hanover (Indiana).
129. **The Chemical News and Journal of Physical Science.** Seit 1867. New York.
130. **The Chemist and Druggist.** Seit 1859. London.
131. **The Detroit Lancet.** Detroit (Mich.).
132. **The Druggist and Chemist.** Seit 1878. Philadelphia.
133. **The Druggist Bulletin.** Detroit (Mich.).
134. **The Gardeners Chronicle.** Seit 1841. Von 1844—1874 unter dem Titel: **The Gardeners Chronicle and Agricultural Gazette.** London.
135. **The Lancet.** London.
136. **The Medical Record.** New York.
137. **The Monthly Magazine of Pharmacy, Chemistry, Medicine.** Seit 1876. London.
138. **The Pacific Record.**
139. **The Pharmacist and Chemical Record.** Seit 1868. Chicago.
140. **The Therapeutical Gazette.** Detroit.
141. **Proceedings of the Royal Society of Victoria.**
142. **Year-Book of Pharmacy.** Seit 1865. London.
143. **Weekly Drug News.**

4. In holländischer Sprache.

144. **Mededeelingen uit 's Lands Plantentuin.** Batavia.
145. **Nederlandsch Tijdschrift voor Geneeskunde.** Herausgeber: F. van Rossen. Amsterdam.

146. **Nederlandsch Tijdschrift voor Pharmacie, Chemie en Toxikologie.**
Herausgeber: van Cleef, 's Gravenhage. Frühere Titel: 1) **Nieuw
Tijdschrift voor Pharmacie.** 2) **Nieuw Nederlandsch Tijdschrift
voor Pharmacie.** 3) **Tijdschrift voor Pharmacie en Nederland.**

147. **Pharmaceutisch Weekblad voor Nederland.** Redakteur: van Itallie.
Amsterdam.

5. In italienischer Sprache.

148. **Annali di chimica e di farmacologia.** Direttori: Albertoni e Gua-
reschi. Seit 1871.

149. **Gazetta chimica italiana.** Palermo.

150. **Giornale di farmacia, chimica e science accessori.** Compilato da
Antonio Cattaneo. Seit 1824. Milano. 1) Seit 1834 unter dem
Titel: **Biblioteca di farmacia, chimica, fisica, medicina, chirurgia,
terapeutica, storia naturale** etc. 2) Seit 1845 unter dem Titel:
**Annali di chimica applicata alla medicina, cioè alla farmacia,
alla tossicologia, all' igiene, alla fisiologia, alla patologia ed alla
terapeutica.**

6. In schwedischer Sprache.

151. **Hygiea.** Medicinsk och farmaceutisk månadsskrift etc. Stockholm.

152. **Upsala Läkareförenings förhandlingar.** Upsala.

7. In spanischer Sprache.

153. **Annales de la Sociedad. Cientif. Argent.**

Verzeichniss der Pflanzennamen

nach dem natürlichen System.

Algae.

Eucheuma speciosum Agardh (*Rhodo-phyllidaceae*) 147.

Fucus vesiculosus L. (*Fucaceae*) 156.

Gloiopeltis coliformis Harv. (*Gloiosi-phoniaceae*) 162.

Gloiopeltis tenax Turn. 162.

Fungi.

Agaricus esculentus Wulf. (*Agarica-ceae*) 36.

Lycoperdon giganteum Batsch (*Lyco-perdaceae*) 202.

Polyporus senex (*Polyporaceae*) 272.

Torrubia[1]) sinensis 341.

Ustilago Maydis Lév. (*Ustilaginaceae*) 351.

Filices.

Polypodiaceae.

Acrostichum Huascaro Ruiz 272.

Adiantum aethiopicum L. 34.

— tenerum Sw. 34.

Aspidium athamanticum Kunze 61.

— coriaceum Sw. 272.

— marginale Sw. 61.

Notochlaena hypoleuca Kunze 233.

Polypodium adiantiforme Forster (syn. P. coriaceum Swartz) 272.

— Calaguala Ruiz 272.

— crassifolium L. 272.

— Friedrichsthalianum Kre. 272.

Polypodium incanum Sw. 272.

Gleicheniaceae.

Gleichenia dichotoma Hook 162.

Equisetaceae.

Equisetum ramosum D. C. 137.

Equisetum hiemale L. 137.

Lycopodiaceae.

Lycopodium clavatum L. 202.

Lycopodium polytrichoides Klfs. 202.

Lycopodium Saururus Lam. 202.

Cycadaceae.

Macrozamia Denissonii F. Müll. 203

Gnetaceae.

Ephedra andina Poepp. 137.

— antisyphilitica C. A. Mey. 136.

— Ariandra Tel. 136.

Ephedra flava? 136.

— fragilis Desf. 136.

— trifurcata Torr. 136.

Ephedra vulgaris Rich. 136.

---

[1]) Torrubia fehlt in „Saccardo, Sylloge fungorum", es findet sich nur Torubiella, die hier nicht wohl in Betracht kommen kann.

Coniferae.

Pinoideae.
Araucaria brasiliana A. Rich. 53.
Callitris australis Sweet 79, 374.
— actinostrobus F. Müll. 374.
— acuminata F. Müll. 374.
— calcarata R. Br. 79, 374.
— columellaris F. v. M. 79, 374.
— cupressiformis Vent. 374.
— Drummondii Benth. 374.
— Maclayana F. Müll. 374.
— Mülleri Benth. 374.
— oblonga Rich. 374.
— Parlatorei F. Müll. 374.
— Preissii Miquel 79, 374.
— Roci Benth. 374.

Callitris sinensis 373.
— verrucosa R. Br. 374.
Chamaecyparis obtusa Sieb. et Zucc. 97.
Cupressus sempervirens L. 120.
Juniperus oxycedrus L. 187.
— virginiana L. 187.
Pinus contexta 258.
— densiflora S. et E. 258.
— religiosa H. B. K. 259.
Taxodium mexicanum Carr. 332.
Thuja occidentalis L. 337.
Tsuga canadensis (L.) Carr. 345.

Taxoideae.
Phyllocladus trichomanoides Don. 253.

Monocotyledonen.

Pandanaceae.
Pandanus odoratissimus L. f. 241.

Alismaceae.
Alisma Plantago L. 38.

Echinodorus macrophyllus Micheli 133.

Gramineae.

Maydeae.
Coix lacryma L. 104.
Zea Mays L. 367.

Panicum myurus Lam. 241.
— petrosum Trin. 241.
— scandens Trin. 242.
Stenotaphrum glabrum Trin. 321.

Andropogoneae.
Andropogon laniger Desf. 47.
— fragrans 47.
— odoratus Lisboa 48.
— Schoenanthus L. 48.
— densiflorus Steud. 48.
— ceriferus Hack. 48.
— bicornis L. 48.
— squarrosus L. 48.
— spathiflorus Kth. 48.
— minorum Kth. 48.
Elionurus candidus Hack. 134.
— rostratus Nees 135.
— bilinguis Hack. 135.
Erianthus asper Nees 137.
Imperata brasiliensis Trin. 184.
— caudata Trin. 184.
Saccharum holcoides Hack. 290.

Agrostideae.
Aristida pallens Cavanilles 54.

Chlorideae.
Chloris distichophylla Lagasca 99.
Eleusine Coracana Gaertn. 134.
— indica Gaertn. 134.

Festuceae.
Arundo Donax L. 60.
Cynosurus scoparius Lam. 120.
Eragrostis pilosa Beauv. 137.
— bahiensis Röm. et Schult. 137.
— rufescens Röm. et Schult. 137.
Gynerium argenteum Nees 168.
— parviflorum Nees 168.
Pappophorum mucronulatum Nees 242.

Hordeae.
Pariana zingiberina Döll. 242.

Tristigineae.
Melinis minutiflora Beauv. 209.

Bambuceae.
Bambusa Trinii Nees 65.
Guadua exalata Doell. 65.

Paniceae.
Panicum echinolaena Nees 241.

Cyperaceae.

Palmae.

Sabaleae.

Borasseae.

Raphieae.

Arecineae.

Bactrideae.

Attaleae.

Elaeinae.

Morenieae.

Geonomeae.

Cocoineae.

Araceae.

Pothoideae.

Monsteroideae.

Lasioideae.

Philodendroideae.

Colocasioideae.

Aroideae.

Pistioideae.

Flagellariaceae.

Xyridaceae.

Abolboda brasiliensis Kth. 24.

Xyris laxifolia Mart. 365.

Xyris pallida Mart. 366.

Bromeliaceae.

Ananas sativus L. 46.
Bromelia Pinguin L. 73.
Puya lanuginosa Schult. 387.

Puya lanata Schult. 387.
— chilensis Mol. 387.
Tillandsia usneoides L. 338.

Commelinaceae.

Campelia zanonina H. B. K. 81.
Commelina tuberosa L. 109.
— bengalensis L. 109.
— geniculata (Vell.) Ham. 109.
— agraria Kth. 109.
— communis L. 109.
— robusta Kth. 110.
— Pohliana Seub. 110.

Commelina scabrata Seub. 110.
— deficiens Hook. 110.
— japonica Thbg. 110.
Dichorisandra thyrsiflora Mikan 126.
— procera Mart. 126.
— penduliflora Kth. 126.
Tradescantia diuretica Mart. 341.
— erecta Jacq. 342.

Liliaceae.

Melanthioideae.

Helonias dioica Pursh. 172, 381.
Colchicum luteum Baker 107.
— speciosum Stev. 107.
Gloriosa superba L. 163.
Zygadenus venenosus Wats. 368.

Herrerioideae.

Herreria Salsaparilla Mart. 174.

Asphodeloideae.

Chlorogalum pomeridianum Kth. 100.
Hemerocallis graminea 173.
Xanthorrhoea hastilis R. Br. 360.
— australis R. Br. 360.
— arborea R. Br. 360.
— Preissii Endl. 360.
— Drummondii Harv. 360.
— Faetana F. Müll. 360.
— quadrangulata F. Müll. 360.

Lilioideae.

Drimia ciliaris Jacq. 131.
Fritillaria Thunbergii Miq. 156.
Lilium candidum L. 196.

Lilium bulbiferum L. 196.
Muscari comosum (L.) Mill. 223.

Dracaenoideae.

Yucca angustifolia Carr. 366.
— filamentosa L. 367.

Asparagoideae.

Aletris farinosa L. 37.
Asparagus adscendens Roxb. 61.
— lucidus Ldl. 61.
Convallaria majalis L. 111.
Paris quadrifolia L. 242.
Polygonatum biflorum Elliott 271
Ruscus aculeatus L. 289.
— hypoglossum L. 289.
— hypophyllum L. 290.
Trillium erectum L. 344.

Smilacoideae.

Smilax calophylla Wall. 312.
— glycyphylla Sm. 312.
— myosotiflora A. DC. 313.
— Pseudo-China L. 313.
— rotundifolia L. 313.
— zeylanica L. 313.

Haemodoraceae.

Lachnanthes tinctoria Ell. 191.

Amaryllidaceae.

Amaryllidoideae.

Amaryllis Belladonna L. 44.
— formosissima L. 44.
— reginae L. 44.
— fulgida Ker. Sawl. 44.
— principis Salm Dyk 44.

Amaryllis vittata L'Hérit. 44.
Crinum asiaticum Herb. 117.
— scabrum Sims. 117.
Griffinia hyacinthina Ker. Gawl. 166.
Narcissus Pseudo-Narcissus L. 230.
Pancratium illyricum L. 241.

Agavoideae.

Agave americana L. 36.
— potatorum Zucc. 36.
— Salmiana Ott. 36.
Fourcroya gigantea Vent. 154.
— cubensis Haw. 155.

Hypoxidoideae.

Alstroemeria Cunha Vell. 43.
— monticola Mart. 43.
— caryophyllacea Jacq. 43.
Bomarea salsilloides M. Röm. 72.
— spectabilis Schenk 72.

Dioscoreaceae.

Dioscorea alata L. 127.
— Batatas L. 127.

Dioscorea bulbifera Lam. 127.
— villosa L. 128.

Dioscorea hirsuta Bl. 128.

Iridaceae.

Iridoideae.

Alophia Sellowiana Klatt 39.
Belamcanda chinensis DC. 67.
Cipura paludosa Aubl. 101.
Cypella coerulea Seub. 120.
— Northiana Klatt 121.
— bonariensis Ten. 121.
Sisyrinchium galaxoides Fr. Allem. 312.

Ixioideae.

Tritonia aurea Poppe 390.
Homeria collina (Thunb.) Vent. 177.
Trimeza Caracasana Benth. et Hook. 344.
— cathartica Klatt 344.
— juncifolia Klatt 344.
— purgans Klatt 344.

Musaceae.

Musa sapientum L. 222.

Musa paradisiaca L. 222.

Zingiberaceae.

Hedychieae.

Hedychium coronarium Koen. 171.
— spicatum Sm. 171.
Kämpferia Galanga L. 188.
— rotunda L. 188.

Amomum Melegueta Rosc. 45.
Costus spiralis Rosc. 115.
— discolor Rosc. 115.
— igneus N. E. Brown 115.
Renealmia exaltata L. f. 284.
Zingiber spec. 367.

Zingibereae.

Alpinia nutans Rosc. 39.

Globbeae.

Globba Beaumetzii 162.

Cannaceae.

Canna coccinea Ait. 82.
— edulis Ker. Gawl. 82.
— denudata Rosc. 82.
— glauca L. 82.

Canna indica L. 82.
— lanuginosa Rosc. 82.
— latifolia Rosc. 83.
— Warszewiczii Dietr. 83.

Marantaceae.

Calathea Allouya (Aubl.) Ldl. 78.
— grandifolia Ldl. 78.
— zebrina Ldl. 78.
— tuberosa Ldl.

Maranta arundinacea L. 206.
— Gibba J. E. Smith 206.
Phrynium Beaumetzii Heckel 253.
Stromanthe sanguinea Sond. 322.

Thalia geniculata L. 336.

Orchidaceae.

Cypripedilinae.

Cypripedilum pubescens Willd. 122.
— parviflorum Salisb. 122.

Neottiinae.

Vanilla ensifolia 353.

Liparidinae.

Coralliorrhiza odontorrhiza Nutt. 112.

Sarcanthinae.

Laeliinae.

Arpophyllum spicatum La Llave et Lex 58.
Epidendron pastoris La Llave 137.

Phajinae.

Bletia campanulata La Llave 70.
— coccinea La Llave 70.

Angrecum fragrans Thomas 49.

26*

Dicotyledonen.

Saururaceae.

Anemiopsis californica Hook. et Arn. Houttuynia californica Benth. et Hook.
49.					177.

Saururus cernuus L. 300.

Piperaceae.

Heckeria sidaefolia Miq. 170.
— umbellata Miq. 170.
— peltata Miq. 170.
Peperomia pellucida H. B. K. 247.
— transparens Miq. 247.
— hederacea Miq. 247.
Piper Betle L. 259.
— Siriboa L. 259.
— Malamiris Miq. 259.
— subpeltatum Willd. 259.
— sphaerostachyum Miq. 259.
— borbonense DC. 260, 261, 262.
— Clusii DC. 260, 262.
— guineense Schum. 260, 262.
— Jaborandi Vellozo 260.
— reticulatum L. 260.

Piper nodulosum Lk. 260.
— geniculatum Swartz 260.
— mollicomum Kth. 260.
— citrifolium Lam. 260.
— ceanothifolium H. B. K. 260, 263.
— hirsutum Sw. 260.
— methysticum Forst. 260.
— Novae Hollandiae Miq. 260.
— ribesioides Wallich 262.
— mollissimum Blume 262.
— Lowong Blume 262.
— crassipes 263.
— caudatum Vahl 263.
— Mikamana Miq. 263.
— umbellatum 263.
— eximium Kth. 263.

Piper angustifolium R. et P. 263.

Chloranthaceae.

Hedyosmum nutans Sw. 171.			Hedyosmum brasiliense Mart. 171.

Casuarinaceae.

Casuarina equisitifolia Forst. 90.

Juglandaceae.

Carya alba Nutt. 88.			Juglans cinerea L. 187.

Myricaceae.

Myrica xalapensis Kth. 224.
— asplenifolia (Banks) Baill. 224.
— cerifera L. 224.
— caroliniensis Mill. 224.
— caracassana 224.

Myrica cordifolia L. 224.
— quercifolia L. 224.
— laciniata 224.
— sapida Wall. 225.
— Nagi Thunb. 225.

Salicaceae.

Populus alba L. 273.
— tremuloides Michx 273.

Salix nigra Marsh. 291.
— Martiana Leybold 291.

Betulaceae.

Betula lenta L. 69.			Ostrya virginica Willd. 238.

Fagaceae.

Castanea vulgaris Lam. 90.

Ulmaceae.

Aphananthe aspera Planch. 52.
Celtis aculeata Sw. 94.
— glycocarpa Mart. 94.

Celtis spinosissima Miq. 94.
— brasiliensis Planch. 94.
— Tala Gill. 95.

Ulmus fulva Michx. 348.

Moraceae.

Moroideae.

Dorstenia bahiensis Klotzsch 129.
— Contrayerva L. 129.
— multiformis Miq. 129.
— arifolia Lam. 129.
— bryoniaefolia Mart. 129.
— brasiliensis Lam. 130.
— opifera Mart. 130.
Morus indica L. 220.

Ficus nymphaeifolia Mill. 154.
Sorocea ilicifolia Miq. 316.
— Uriamem Mart. 317.
Urostigma atrox Miq. 350.
— cystopodum Miq. 350.
— doliarium Miq. 350.
— hirsutum Miq. 351.
— Kunthii Miq. 351.
— Maximilianum Miq. 351.

Artocarpoideae.

Antiaris toxicaria Leschen 51, 371.
Artocarpus incisa L. f. 60.
— integrifolia L. f. 60.
Ficus bengalensis L. 153.
— radula Miq. 153.
— anthelminthica Miq. 154.
— vermifuga Miq. 154.

Conocephaloideae.

Cecropia surinamensis Miq. 92.
— concolor Willd. 92.
— carbonaria Mart. 92.
— palmata Willd. 92.
— adenopus Mart. 92.
— hololeuca Miq. 93.
Pourouma mollis Tréc. 273.

Urticaceae.

Laportea moroides Wedd. 192.
— caciera 192.
Pilea pumila (L.) Gray 257.
— muscosa Ldl. 257.
Sahagunia strepitans (Fr. Allem.) Engl. 291.
Urera aurantiaca Wedd. 349.

Urera armigera Miq. 349.
— baccifera Gaud. 349.
— acuminata Miq. 349.
— mitis Miq. 350.
— Punu Wedd. 350.
Urtica dioica L. 351.
— urens L. 351.

Proteaceae.

Grevillea robusta A. Cunn. 165.   Leucadendron concinnum R. Br. 195.

Loranthaceae.

Phoradendron flavescens (Pursh.) Nutt. 252.

Santalaceae.

Leptomeria acida R. Br. 195.
Santalum album L. 294.

Santalum Preissianum Miq. 294.
— cygnorum Miq. 295.

Santalum Yasi Seem. 295.

Olacaceae.

Liriosma ovata Miers 198.

Aristolochiaceae.

Asareae.

Asarum europaeum L. 60.
— canadense L. 60.
— Sieboldii Miq. 60.
Heterotropa asaroides Morr. et Dcne. 174.

Apameae.

Bragantia Wallichii R. Br. 39.
Apama siliquosa Lam. 51.

Aristolochieae.

Aristolochia argentina Griseb. 54.
— bracteata Retz 55.
— cymbifera Mart. et Zucc. 55.

Aristolochia filipendula Duchrtre 55.
— floribunda Lem. 55.
— birostris Duchrtre 55.
— brasiliensis Mart. et Zucc. 55.
— cordigera Willd. 56.
— Clausseni Duchrtre 56.
— foetida H. B. K. 56.
— fragrantissima Ruiz 56.
— galeata Mart. et Zucc. 56.
— gigantea Mart. et Zucc. 56.
— Glasiovii Mart. 56.
— indica L. 56.
— Kaempferi Willd. 56.
— macroura Gomez 56.
— odora Steud. 57.

Aristolochia pentandra Jacq. 57.   Aristolochia subglauca Lam. 57.
— reticulata Nutt. 57.   — triangularis Cham. 57.
— rumicifolia Mart. 57.   — trilobata L. 57.
Aristolochia theriaca Mart. 57.

Polygonaceae.

Polygonum Bistorta L. 271.   Polygonum hydropiperoides Michx. 271
— hydropiper L. 271.   Rheum spec. 286.

Chenopodiaceae.

Chenopodium ambrosioides L. 98.   Chenopodium mexicanum Miq. 98.
— anthelminthicum L. 98.   — hyrcinum Peckolt 98.
Salsola foetida DC. 291.

Amarantaceae.

Achyranthes aspera L. 29.   Telanthera polygonoides Miq. 332.

Basellaceae.

Basella alba L. 66.   Basella rubra L. 66.

Phytolaccaceae.

Codonocarpus cotinifolius F. v. M. 104.   Phytolacca acinosa Roxb. 254.
Petiveria alliacea L. 249.   — decandra L. 255.

Nyctaginaceae.

Boerhavia diffusa Engelm. et Gray 71.   Mirabilis dichotoma L. 215.
Neea theifera Oerstedt 384.

Aizoaceae.

Mesembrianthemum aequilaterale Haw. 211.

Portulaccaceae.

Portulacca mucronata Lk. 386.   Portulacca pilosa L. 386.
— grandiflora Hook. 386.   Talinum patens Willd. 389.

Caryophyllaceae.

Arenaria rubra L. 54.   Paronychia argentea Lam. 243.
Herniaria glabra L. 170.   Spergularia media L. 319.
— hirsuta L. 170.   Stellaria media (L.) Vill. 321.

Nymphaeaceae.

Cabomba peltata F. v. M. 76.   Nelumbo nucifera Gärtn. 231.

Magnoliaceae.

Illicium parviflorum Michx. 184.   Magnolia umbrella Desr. 203.
— floridanum Ellis 184.   — grandiflora L. 203.
Drimys Winteri Forst 131, 376.   — macrophylla Michx. 203.
— granatensis L. 131.   — mexicana Mocino et Sessé 204.
— aromatica F. Müll. 131.   — Kobus D. C. 204.
— dipetala F. M. 131.   Michelia Champaca L. 211, 383.
Liriodendron tulipifera L. 198.   — longifolia Blume 212.
Magnolia stellata Maxim. 204.   — nilagirica Zenker 212.
— glauca L. 203.   Schizandra chinensis Baill. 304.
— acuminata L. 203.   Talauma ovata St. Hil. 388.

Anonaceae.

Anona Cherimolia Mill. 50.   Cananga odorata H. f. et Th. 81.
— muricata L. 50.   Guatteria longifolia Wall. 167.
— squamosa L. 50.   Monodora grandiflora Benth. 217.
Asimina triloba Dun. 61.   Oxymitra macrophylla (Blume) Baill.
Bocagea Dalfellii H. f. et Th. 71.   239.

Daphnandra repandula F. Müll. 123.
Doryphora Sassafras Endl. 130.

Mollinedia laurina Tul. 216.
Peumus Boldus Mol. 249.

Piptocalyx Moorei Oliv. 264.

Lauraceae.

Perseoideae.

Cinnamomum xanthoneuron Bl. 101.
Litsea chrysosoma Bl. 198.
— javanica Bl. 198.
— zeylanica Nees 190.
— sebifera 383.
Notophoebe umbelliflora Bl. 232.
Ocotea pretiosa Benth. et Hook. 234.
Persea gratissima Gärtn. 248, 385.
Umbellularia californica (Hook. et Arn.)
    Nutt. 348.
Actinodaphne procera Nees 32.
Tetranthera citrata Nees 334.

Tetranthera laurifolia Jacq. 335.
— amara Nees 335.

Lauroideae.

Beilschmiedia obtusifolia Benth. et
    Hook. 67.
Cryptocorya australis Benth. 119.
— moschata Nees et Mart. 119.
Daphnidium Cubeba Nees 123.
Dehaasia squarrosa Hassk. 124.
— firma Bl. 124.
Lindera Benzoin (L.) Meissn. 196.
— sericea Bl. 197.

Hernandiaceae.

Hernandia sonora L. 173.
— ovigera L. 173.

Hernandia guyanensis Aubl. 381.
Illigera pulchella Bl. 184.

Papaveraceae.

Papaveroideae.

Argemone mexicana L. 54.
Glaucium corniculatum Curt. 161.
Maclaya cordata (Willd.) R. Br. 203.
Bocconia frutescens L. 71.
Chelidonium majus L. 97.
Eschscholtzia californica Cham. 141.

Sanguinaria canadensis L. 295.

Fumarioideae.

Corydalis formosa Pursh. 114.
— cava Schweigg. et Körte. 114.
— nobilis Pers. 114.
— Govaniana Wall. 114.

Cruciferae.

Brassica campestris L. 73.
Cakile maritima Scop. 77.

Capsella bursa pastoris (L.) Mnch. 84.
Vesicaria gnaphalioides Boiss. 355.

Capparidaceae.

Capparis coriacea Busch. 83.
— heteroclita Roxb. 83.

Cleome viscosa L. 103.
Crataeva Tapia L. 117.

Polanisia viscosa DC. 270.

Moringaceae.

Moringa arabica Pers. 218.

Moringa oleifera Lam. 219, 384.

Sarraceniaceae.

Sarracenia flava L. 299.

Sarracenia purpurea L. 299.

Sarracenia variolaris Michx. 300.

Droseraceae.

Drosera rotundifolia L. 131.

Drosera Whittakerii Planch. 131.

Podestomaceae.

Lophogyne helicandra Tul. 200.

Crassulaceae.

Penthorum sedoides L. 247.

Sedum acre L. 306.

Saxifragaceae.

Dichroa febrifuga Lour. 127.
Heuchera hispida L. 174.

Heuchera cylindrica Dougl. 174.
— parvifolia Nutt. 174.

Heuchera americana L. 174.
Hydrangea arborescens L. 178.
Hydrangea Thunbergii Sieb. 179.
Saxifraga ligulata Wall. 301.
Saxifraga sarmentosa L. 301.

Pittosporaceae.

Pittosporum undulatum Vent. 226.
— Tobira 266.
— tenuifolium Gaert. 266.
Pittosporum eugenioides A. Cunn. 266.
— phillyreoides DC. 266.
— bicolor 266.
Pittosporum floribundum W. et A. 266.

Hamamelidaceae.

Hamamelis virginiana L. 169.

Rosaceae.

Spiraeoideae.

Gillenia trifoliata (L.) Mnch. 161.
— stipulacea Nutt. 161.
Spiraea tomentosa L. 319.

Pomoideae.

Cotoneaster Nummularia Fisch. et Mey. 117.

Rosoideae.

Acaena splendens Hook. et Arn. 27, 369.
— pennatifida R. et P. 27, 369.
— argentea R. et P. 27, 369.
Margyricarpus setosus R. et P. 206.
Rubus Chamaemorus L. 290.
— villosus Ait. 290.

Rubus canadensis L. 290.
— hispidus L. 290.
Potentilla canadensis L. 273.

Cercocarpeae.

Purshia tridentata DC. 281.

Prunoideae.

Prunus Capollin Zucc. 276.
— serotina Poir. 276.
— sphaerocarpa Sweet. 276.
— virginiana L. 276.
— Padus L. 277.
Pygeum latifolium Miq. 281.

Chrysobalanoideae.

Parinarium macrophyllum Sabine 242.

Connaraceae.

Cnestis glabra Lam. 104.
Connarus africanus Lam. 111.
Rourea oblongifolia Hook. et Arn. 288.

Mimosaceae.

Ingeae.

Albizzia Saponaria Bl. 37.
— amara Boiv. 37.
— Brownei Walp. 37.
Calliandra grandiflora Benth. 79.
— Houstoni Benth. 79.
Enterolobium Timboura Mart. 135.
Inga vera Willd. 184.
Pithecolobium hymenaeifolium Benth. 265.
— Saman Benth. 265.
— bigeminum Mart. 265.
— lobatum Benth. 265.
— unguis cati Benth. 265.
— umbellatum Benth. 265.
— moniliferum 265.
— fasciculatum Benth. 265.
— Clypearia Benth. 266.

Acacieae.

Acacia Angico Mart. 25.

Acacia anthelminthica Baill. 25.
— arabica Willd. 26.
— homalophylla A. Cunn. 26.
— pendula A. Cunn. 26.
— sentis 26.
— binervata F. Müll. 26.
— dealbata Lk. 26.
— elata A. Cunn. 26.
— glaucescens Willd. 26.
— penninervis Sicha. 26.
— decurrens Willd. 26.
— mollissima Willd. 26.
— vestita Ker.-Gawl. 26.
— leucophloea Willd. 26.
— Catechu Willd. 26.
— ferruginea DC. 26.
— Farnesiana Willd. 26.
— modesta Wall. 26.
— delibrata A. Cunn. 27.
— digyna 27.
— stenocarpa Hochst. 27.

Acacia tenerrima Miq. 27.
— Giraffae Willd. 27.
— micrantha Benth. 27.

Eumimoseae.

Mimosa laccifera 214.
— pudica L. 214.

Adenanthereae.

Adenanthera pavonina L. 33.

Prosopis juliflora DC. 275.
Tetrapleura Thonningii Benth. 335.

Piptadenieae.

Elephantorrhiza Burchellii Benth. 134,
Pusaetha scandens O. K. 280.
— polystachya 281.

Parkieae.

Parkia biglobosa Benth. 243.
Pentaclethra macrophylla Benth. 246.

Caesalpiniaceae.

Dimorphandreae.

Erythrophloeum guineense G. Don. 140,
  377.
— Laboucherii F. Müll. 140.
— Couminga Baill. 380.
— Adansonii 380.
— chlorostachys (F. v. M.) Hennings
  380.
— Fordii Oliv. 380.
Dimorphandra Mora Schomb. 376.

Cynometreae.

Detarium senegalense Gmel. 126.

Amherstieae.

Apalatoa obliqua 51.
Eperua falcata Aubl. 135.
— Jeumani Oliv. 135.
Hymenaea Courbaril 179.
— stigonocarpa Mart. 180.
Saraca indica L. 297.

Bauhinieae.

Bauhinia variegata L. 67.
— retusa Roxb. 67.

Cercis canadensis L. 96.

Cassieae.

Cassia absus L. 88.
— affinis Benth. 88.
— Akakalis Royle 88.
— alata L. 88.
— glauca Lam. 88.
— hirsuta L. 88.
— holosericea Frescnius 89.
— marylandica L. 89.
— nictitans L. 89.
— occidentalis 89.
— quinquangulata Rich. 89.
— Tora L. 90.

Eucaesalpinieae.

Caesalpinia Bonducella Flemming 76.
— Bonduc Roxb. 77.
— pulcherrima Swartz 77.
Gleditschia triacanthos L. 162.
— stenocarpa 162.
Mezoneuron Scortechinii F. v. M. 211.
Parkinsonia aculeata L. 243.
Poinciana spec. 270.

Papilionaceae.

Sophoreae.

Bowdichia virgilioides H. B. K. 72.
Cladrastis amurensis (Rupr. et Maxim.)
  Benth. 103.
Gourliea decorticans Gill. 165.
Myrospermum frutescens Jacq. 229.
Ormosia coccinea Jacks. 237.
— dasycarpa Jacks. 237.
Sophora angustifolia L. 316.
— japonica L. 316.
— speciosa Benth. 316.
— tomentosa L. 316.

Podalyrieae.

Anagyris foetida L. 46.
Babtisia tinctoria R. Br. 65.

Genisteae.

Crotolaria retusa L. 118.
— sagittalis L. 118.
Genista tridentata 160.
Lupinus albus L. 202.
Spartium monospermum 319.
Ulex europaeus L. 347.

Trifolieae.

Medicago sativa L. 206.
Melilotus parviflora Desf. 209.
Trifolium pratense L. 344.
— globosum L. 344.

Galegeae.

Astragalus Henryi Oliv. 62.
— reflexistipulus Miq. 62.

Geraniaceae.

Oxalidaceae.

Humiriaceae.

Erythroxylaceae.

Zygophyllaceae.

Rutaceae.

Ticorea febrifuga St. Hil. 338.
Boronia rhomboidea Hook. 72.
Evodia fraxinifolia Hook. f. 151.
— glauca Miq. 151.
— longifolia A. Rich. 151.
Geigera salicifolia Schott. 159.
Lunaria philippinensis Planch. 201.
Melicope erythrococca Benth. 209.
Orixa japonica L. 236.
Xanthoxylum caribaeum Lam. 361.
— Carolinianum Lam. 361.
— Coco Gill. 362.
— fraxineum Willd. 362.
— Hamiltonianum Wall. 363.
— Naranjillo Griseb. 363.

Xanthoxylum ochroxylum D. C. 363.
— rigidum H. B. 363.
— Pentanome D. C. 364.
— Perrottetii DC. 364.
— piperitum D. C. 364.
— senegalense D. C. 364.
Amyris Carana Humb. 45.
— Linaloë La Llave 45.
Toddalia aculeata Lk. 58.
Hortia arborea Engler 177.
Phellodendron amurense Rupr. 251.
Skimmia japonica Thunb. 312.
Toddalia aculeata Lam. 339.
Aegle Marmelos Correa 35.
Atalantia monophylla D. C. 63.

Murraya Koenigii Sprengel 222.

Simarubaceae.

Ailanthus glandulosa Desf. 36.
— malabarica DC. 36.
Brucea sumatrana Roxb. 73.
— antidysenterica Lam. 74.
Balanites Roxburghii Planch. 64.
Irvingia Oliveri 187.
Picraena antidesma Sw. 256.

Picrasma quassioides Bennett 257.
— ailanthoides Planch. 257.
Quassia africana Baill. 282.
Samandura indica Gaertn. 293, 387.
Simaba Cedron Planch. 311.
— ferruginea St. Hil. 311.
— Waldivia 311.

Picramnia spec. 257, 385.

Burseraceae.

Bursera altissima Baill. 74.
— Delpechiana Poiss. 75.
— gummifera L. 75.
Canarium bengalense Roxb. 81.
— Mülleri 81.

Commiphora abyssinica Engl. 110.
— Berryi Engl. 110.
— pubescens Engl. 110.
Hedwigia balsamifera Sw. 171.
Protium guyanense March. 276.

Protium heptaphyllum March. 276.

Meliaceae.

Carapa guyanensis Aubl. 84.
— guineensis Sweet. 84.
— moluccensis Lam. 84.
Cedrela odorata L. 93.
— Toona Roxb. 93.
— febrifuga Forst. 93.
— australis F. v. M. 93.
Flindersia maculosa F. v. M. 154.

Guarea trichilioides L. 167.
— Swartzii D. C. 167.
Melia Candollei Juss. 208.
— Azadirachta L. 208.
Naregamia alata W. et A. 230.
Quivisia mauritiana Bak. 282.
Soymida febrifuga Juss. 317.
Swietenia senegalensis D. C. 326.

Swietenia humilis Zucc. 326.

Malphigiaceae.

Bunchosia glandulifera H. B. K. 74.
Byrsonima spicata Rich. 76.

Malphigia glabra 230.
— punicaefolia L. 230.

Polygalaceae.

Polygala polystachya R. et P. 217.
— angulata DC. 270.
— butyracea Heck. 270.

Polygala mexicana Moc. 270.
— rarifolia D. C. 270.
— venenosa Jacq. 271.

Polygala cyparissias St. Hil. 271.

Euphorbiaceae.

Phyllantoideae.
Daphniphyllum bancanum Kurz 124.

Glochidion molle Bl. 162.
Petalostigma quadriloculare F. v. M. 249.

Coriariaceae.

Anacardiaceae.

Celastraceae.

Aquifoliaceae.

Icacinaceae.

Hippocastanaceae.
Aesculus turbinata Bl. 35.

Sapindaceae.

Poppea capensis Sond. et Harv. 242.
Paullinia Cupana H. B. K. 244.
— pinnata L. 244.
Serjania cuspidata St. Hil. 244.
— lethalis St. Hil. 244.
— piscatoria Rdlk. 244.
— ichtyoctonia Rdlk. 244.
— erecta Rdlk. 244.
— acuminata Rdlk. 244.

Sapindus Saponaria L. 296.
— Rarak DC. 296.
— Mukorossi Gärtn. 296.
— emarginatus Vahl. 296.
— laurifolius Vahl. 296.
— acuminatus Vahl. 296.
— trifoliatus L. 296.
— rubiginosus Roxb. 297.
— senegalensis Poir. 297.

Schleichera trijuga W. 304.

Melianthaceae.
Melianthus major L. 209.

Rhamnaceae.

Ceanothus americanus L. 92.
— coeruleus 92.
Colletia ferox Gill. 107.
Colubrina reclinata Rich. 108.
Condalia lineata A. Gray. 111.
Gouania domingensis L. 164.
— tomentosa Jacq. 164.
Holigarna longifolia Roxb. 176.

Rhamnus californica Eschsch. 285, 286.
— crocea Nutt. 285.
— Humboldtiana Röm. et Schult. 285.
— Wightii Wr. et Arn. 285.
— Purchiana DC. 286.
Zizyphus jujuba Lam. 367.
— Lotus (L.) Willd. 367.
— vulgaris Lam. 368.

Zizyphus Mistol Griseb. 368.

Vitaceae.
Ampelopsis japonica hort. 45.   Cissus acida L. 101.

Elaeocarpaceae.
Aristotelia Maqui L'Hérit. 58.

Tiliaceae.

Corchorus fasciculatus L. 112.
Grewia polygama Roxb. 165.

Grewia Microcos L. 165.
— salutaris Span. 165.

Malvaceae.

Abutilon indicum G. Don. 25.
Kydia calycina Roxb. 190.
Urena lobata L. 349.
Abelmoschus moschatus Med. 23.
Gossypium herbaceum L. 164.
— barbadense L. 164.

Hibiscus Rosa sinensis L. 175.
Thespesia populnea (L.) Corr. 337.
Sida floribunda H. B. K. 309.
Sida picta Gill. 309.
— rhombifolia L. 309.
— retusa L. 311.

Bombacaceae.

Adansonia digitata L. 33.
— madagascariensis Baill. 33.
— Gregorii F. v. M. 33.
Bombax Ceiba L. 72.

Bombax aquaticum (Aubl.) Schum. 72.
— macrocarpum Schum. 72.
Eriodendron anfractuosum DC. 138.
— leianthemum DC. 138.

Sterculiaceae.

Cola acuminata R. Br. 105.
Heritiera littoralis Ait. 107, 173.
Cola digitata Masters 107.
— gabonensis Martens 107.
Guazuma tomentosa H. B. K. 167.
Helicteres Isora L. 172.

Pterospermum acerifolium W. 280.
Scaphium scaphigerum Wall. 301.
Sterculia Balanghas L. 321.
— foetida L. 321.
Waltheria americana L. 357.
Kleinhovia hospita L. 382.

Ochnaceae.
Lophira alata Banks 199.

Theaceae.
Actinidia arguta Franch. et Sar. 32.   Haemocharis haematoxylon Choisy 169.
Schima Wallichii Choisy 302.

Guttiferae.
Garcinia Cola Heckel 107.
Pentadesma butyraceum Don. 107, 246.
Garcinia Mangostana L. 157.
— purpurea Roxb. 157.
— indica Choisy 157.
Symphonia globulifera L. 327.
Calophyllum inophyllum L. 80.
— Calaba Jacq. 80.
Mammea americana L. 209.
Mesua ferrea L. 211.

Dipterocarpaceae.
Hopea splendida DC. Vriese 177.
— Mengarawa Miq. 177.
Lophira alata Banks 199.
Shorea stenoptera Burck 308.
— Gysbertiana Burck 308.
— aptera Burck 308.
Shorea scaberrima Burck 308.
— compressa Burck 308.
— Martiniana Scheff 308.
— Pinanga Scheff 308.
— robusta Gaertn. f. 308.
Vateria indica L. 353.

Frankeniaceae.
Frankenia grandiflora Ch. et Schl. 155.

Cistaceae.
Cistus ladaniferus L. 101.
— salutaris 102.
Helianthemum canadense Michx. 172.
Lechea major L. 193.

Bixaceae.
Gynocardia odorata R. Br. 168.
Hydnocarpus Wightiana Blume 178.
Hydnocarpus anthelminthica 178.
Kiggelaria africana L. 189.

Violaceae.
Anchieta salutaris St. Hil. 46.
Viola odorata L. 357.
Jonidium angustifolium H. B. K. 185.
— suffruticosum Ginz 185.

Flacourtiaceae.
Flacourtia cataphracta W. 154.   Pangium edule Reinw. 242, 385.

Samydaceae.
Caesaria esculenta Roxb. 77.

Turneraceae.
Turnera ulmifolia L. 346.   Turnera diffusa Willd. 346.

Passifloraceae.
Passiflora Dictamo DC. 244.
— mexicana Juss. 244.
Passiflora coerulea L. 244.
— quadrangularis L. 244.

Caricaceae.
Carica Papaya L. 85.
— quercifolia St. Hil. 86.
Jacaratia dodecaphylla A. DC. 181.
— digitata Pöpp et Endl. 181.

Begoniaceae.
Begonia gracilis H. B. K. 67.

Datiscaceae.
Datisca cannabina L. 124.

Cactaceae.

Anhalonium Lewinii Hennigs 50, 370.
— Williamsii Lem. 50, 370.
— fissuratum Engelm. 371.
— prismaticum Lem. 371.
— Jourdanianum 371.
— Visnagra 371.
Cereus grandiflorus Mill. 97, 374.
— Bonplandii Parm. 97.
— peruvianus 374.

Opuntia ficus indica Mill. 236.
— vulgaris Mill. 236, 384.
— Tuna Mill. 384.
Peireskia Guamacho 246.
Astrophytum myriostigma Lem. 373.
Echinocereus mamillosus 377.
Epiphyllum Russelianum Hook. 377.
Mamillaria centricirrha Lem. 383.
Phyllocereus Ackermanni Walp. 385.

Thymelaeaceae.

Aquilaria Agallocha Roxb. 52.
Lasiosiphon anthylloides Meisn. 382.

Gnidia anthylloides (L. f.) Gilg. 164.

Elaeagnaceae.

Shepherdia argentea Nutt. 308.

Lythraceae.

Cuphea lanceolata 120.
Heimia salicifolia Lk. 172.

Lawsonia inermis L. 193.
Lythrum salicaria L. 203.

Lecythidaceae.

Lecythis grandiflora Aubl. 194.
Barringtonia intermedia Vieill. 65.
— speciosa L. f. 65.

Barringtonia acutangula Gaertn. 66.
— racemosa Blume 66.
Careya arborea Roxb. 85.

Rhizophoraceae.

Rhizophora Mangle B. 287.
— Candel L. 287.

Rhizophora mucronata Lam. 287.
— longissima 287.

Myrtaceae.

Napoleona imperialis Beauv. 107.
Eugenia acris Wight et Arnott 147.
— Cheken Hook. et Arn. 147.
— lucidula Miq. 148.
— obovata Wall. 148.
— Sandwicensis Gray 148.
Jambosa vulgaris DC. 181.
Myrtus Aragan H. B. K. 229.
— communis L. 229.
Psidium Araça Raddi 277.
— Guayava Raddi 277.
— pomiferum L. 278.
— pyriferum L. 278.
Syzygium Jambolana (Lam.) DC. 327.
Angrophora intermedia DC. 49.
— Woodsiana Baill. 50.
— lanceolata Cav. 50.
Backhousia citriodora F. v. M. 64.
Melaleuca acuminata F. M. 206.
— decussata R. Br. 207.
— ericifolia Smith 207.
— genistifolia Smith 207.
— linariifolia Smith 207.
— squarrosa Smith 207.
— uncinata R. Br. 207.
— viridiflora Soland. 207.
— Wilsonii F. v. M. 207.

Eucalyptus amygdalina Labill. 142, 146.
— Bayleana F. v. M. 142.
— capitellata Smith 142.
— citriodora Hook. 142.
— cneorifolia D. C. 142.
— corymbosa Smith 142, 146.
— crebra F. v. M. 143.
— dealbata C. Cunn. 143.
— dumosa A. Cunn. 143.
— globulus Labill. 143, 147.
— goniocalyx F. v. M. 143, 146.
— gracilis F. v. M. 143.
— haemastoma Smith 143, 146.
— hemiphloea F. v. M. 143, 146.
— incrassata Labill. 144.
— leucoxylon Lk. 144, 146.
— maculata Hook. 144, 146.
— melliodora A. Cunn. 144, 146.
— microcorys F. v. M. 144, 146.
— obliqua L'Hérit. 144, 146.
— odorata Behr 144, 146.
— oleosa F. M. 144.
— piperita Sm. 144, 146.
— Planchoniana F. v. M. 144.
— polyanthemos Schau. 144.
— populifolia Hook. 144.
— pyriformis Turcz. 145.

Combretaceae.

Melastomataceae.

Oenotheraceae.

Halorrhogidaceae.

Araliaceae.

Umbelliferae.

Hydrocotyleae.

Ammineae.

Saniculeae.

Seselineae.

Laserpitieae.

Cornaceae.

Pirolaceae.

Ericaceae.

Andromeda Leschenaultii 47.
Ledum latifolium Ait. 194.
— palustre L. 194.
Kalmia latifolia L. 189.
Rhododendron maximum L. 287.
Thibaudia Queveme H. B. 337.
Vaccinium crassifolium Andr. 352.
Vaccinium Myrtillus L. 352.
Arctostaphylos glauca Ldl. 53.
Gaultheria procumbens L. 158.
— punctata Blume 158.
— Leschenaultii DC. 158.
— leucocarpa Blume 158, 350.
— fragrantissima Wall. 158.
Oxydendron arboreum DC. 239.

Myrsinaceae.

Embelia Ribes Burm. 135.

Primulaceae.

Dionysia diapensiaefolia Boiss. 127.
Primula veris L. 275.
Anagallis arvensis L. 45.

Plumbaginaceae.

Plumbago zeylanica L. 267.
— scandens L. 267.
Plumbago pulchella Boiss. 385.
Statice brasiliensis Boiss. 320.

Sapotaceae.

Achras Sapota L. 28.
Bassia latifolia Roxb. 66.
— longifolia L. 66.
— butyracea Roxb. 66.
Argania Sideroxylon Röm. et Schult. 54.
Omphalocarpum procerum P. Beauv. 236.
Pradosia lactescens (Vell.) Rdlk. 274, 387.
Vitellaria mammosa Rdlk. 357.
Mimusops Elengi L. 215.
Sideroxylon dulcificum A. DC. 310.

Ebenaceae.

Diospyros virginiana L. 128.
— guyanensis (Aubl.) Gürke 128.
— melanoxylon Roxb. 128.
Diospyros peregrina (Gärtn.) Gürke 128.
— Tupru Bush 128.
— embryopteris Pers. 128.
Diospyros montana Roxb. 128.

Oleaceae.

Chionanthus virginica L. 99.
Fraxinus americana L. 156.
Ligustrum Roxburghii Clarke 196.
Jasminum flexile Vahl 182.
— glabriusculum Bl. 182.
Nyctanthes arbor tristis L. 233.
Olea glandulifera Wall. 235.

Salvadoraceae.

Salvadora oleoides Decne. 291.

Loganiaceae.

Gelsemium sempervirens Pers. 160.
— elegans Benth. 160.
Spigelia anthelminthica L. 319.
— marylandica L. 319.
Strychnos Gaultheriana Pierre 325.
— Pseudoquina St. Hil. 325.
— spinosa 325.
— triplinervia 388.
Buddleia officinalis Max. 74.

Gentianaceae.

Exacum zeylanicum Roxb. 152.
Sebaea ovata R. Br. 306.
Chironia chilensis Willd. 99.
Erythraea australis R. Br. 139.
— chilensis Pers. 139.
Gentiana ochroleuca Fröl. 160.
Pleurogyne rotata (L.) Eschsch. 267.
Sabbatia angularis Pursh 290.
— campestris Nutt. 290.
— Elliotti Steud. 290.
Swertia angustifolia Ham. 325.
— Chirata Ham. 325.
Tachia guyanensis Aubl. 330.

Apocynaceae.

Plumiereae.
Alstonia constricta F. v. M. 39.
— costata R. B. 40.
Alstonia Mouï Heck. 40.
— plumosa Labill. 40.
— scholaris (L.) R. Br. 41.

Asclepiadaceae.

Calotropis procera R. Br. 80.
— gigantea R. Br. 80.
Aranja cerifera 53.
Cynanchum pauciflorum R. Br. 120.
Daemia extensa R. Br. 122.
Holostemma Rheedianum Spr. 177.
Morrenia brachystephana Griseb. 220.
Pentatropis microphylla Wight. et Arn.
    247.
— spiralis Decne. 247.
Sarcolobus Spanoghei Miq. 299, 387.
Sarcostemma australe R. Br. 299.
Stapelia reflexa Haw. 320.
Tylophora asthmatica W. et. A. 347.

Marsdenieae.

Cosmostigma racemosum Wight 115.

Dregea volubilis Benth. 130.
Gymnema silvestre R. Br. 167.
— latifolium Wall. 168.
— tingens Spr. 168.
— hirsutum Wall. 168.
— montanum Hook. f. 168.
Marsdenia Roylei Wight 206.

Ceropegieae.

Ceropegia bulbosa Roxb. 97.

Stapelieae.

Boucerosia Aucheriana Decne. 73.
Caralluma edulis Benth. 84.
— fimbriata Wall. 84.

Convolvulaceae.

Cuscuta europaea·L. 120.
— reflexa Roxb. 120.
Dichondra repens Forst. 126.
Ipomoea arborea Kth. (?) 185.
— bona nox L. 186.
— dissecta Willd. 186.

Ipomoea hederacea Jacq. 186.
— muricoides Röm. et Schult. 186.
— pandurata G. F. W. Meyer 186.
— pes caprae Sw. 186.
— sinuata Ort. 186.
— triflora Maria et Velasco 186.

Pharbitis triloba Miq. 250.

Polemoniaceae.

Loeselia coerulea G. Don. 199.

Phlox caroliniana Hill. 252.

Hydrophyllaceae.

Eriodictyon glutinosum Benth. 138.

Eriodictyon tomentosum Benth. 138.

Eriodictyon angustifolium 138.

Borraginaceae.

Cordia Myxa L. 112.
Cynoglossum officinale L. 120.

Eritrichium gnaphalioides A. DC. 139.
Heliotropium indicum L. 172.

Verbenaceae.

Citharexylon laetum Hiern. 102.
Clerodendron inerme Gaertn. 103.
— infortunatum Gaertn. 103.
Gmelina arborea Roxb. 163.
Lippia citriodora H. B. K. 197.
— mexicana 197.
Lantana spinosa L. 192.
— brasiliensis Lk. 192.

Stachytarpheta jamaicensis (L.) Vaal.
    320.
Clerodendron serratum Spr. 311.
Premna taitensis DC. 340.
Verbena callicarpiaefolia Kth. 354.
— urticifolia L. 354.
— officinalis L. 354.
Vitex spec. 357.

Labiatae.

Teucrium africanum Thunb. 335.
— Scordium L. 335.
Scutellaria lanceolaria Miq. 306.
— laterifolia L. 306.
Ballota suaveolens L. 65.
— lanata L. 65.
Leonotis Leonurus R. Br. 194.
— nepetaefolia Schimp. 194.
Marrubium Alysson L. 206.
Lamium album L. 191.
Lavandula dentata L. 192.

Mentha canadensis L. 210.
— gracilis R. Br. 210.
— saturegioides R. Br. 210.
Thymus capitatus Lk. 337.
Lycopus virginicus L. 202.
Clinopodium repens 273.
Peltodon radicans Pohl 273.
Hyptis spicigera Lam. 180.
Calamintha officinalis Mnch. 78.
Colebrookia oppositifolia Sm. 107.
Collinsonia canadensis L. 108.

Solanaceae.

Scrophulariaceae.

Orobanchaceae.

Bignoniaceae.

Pedaliaceae.

Martyniaceae.

Proboscoidea Jussieui Stend. 275.   Proboscoidea lutea (Ldl.) Stapf. 275.

Globulariaceae.

Globularia Alypum DC. 162.

Acanthaceae.

Blepharis edulis Pers. 70.
Adhatoda vasica Nees 34.
Justicia Gendarusa L. 188.
Andrographis paniculata Nees 47.
Hygrophila spinosa T And. 179.
— obovata Hamilt. 179, 289.

Paulowilhelmia speciosa Hochst. 245.
Phaelopsis parviflora Willd. 251.
Rhinacanthus nasutus (L.) Lindau 286, 387.
Ruellia spec. 289.
Hygrophila ilicifolia Nees. 289.

Myoporaceae.

Myoporum platycarpum R. Br. 223.

Plantaginaceae.

Plantago Ispaghula Roxb. 266.   Plantago lanceolata L. 266.
Plantago major L. 266.

Rubiaceae.

Cinchonoideae.

Bouvardia angustifolia H. B. K. 73.
— hirtella H. B. K. 73.
— terniflora Schlchtdl. 73.
— Jacquinii H. B. K. 73.
Cephalanthus occidentalis L. 95.
Crossopteryx Kotschyana Fenzl 117.
Danais fragrans Commerç. 123.
Exostemma caribaeum Roem. et Schult. 152.
Gardenia florida L. 158.
— lucida Roxb. 158.
— Dudiepe Vieil. 158.
— Aubryi Vieil. 158.
— sulcata Gaertn. 158.
Basanacantha spinosa K. Sch. 373.
Genipa brasiliensis Mart. 160.
Hymenodictyon excelsum (Willd.) K. Sch. 180.
Mitragyne inermis (Willd.) K. Sch. 215.
Mussaenda frondosa L. 223.
Nauclea sinensis Oliv. 231.
Uncaria syncophylla Miq. 231.
Oldenlandia senegalensis (Cham. et Schl.) Hiern. 235.
Pinkneya pubens Pers. 258.

Pogonopus febrifugus Benth. et Hook. 270.
Randia latifolia Lam. 283.
— uliginosa DC. 283.
— dumetorum Lam. 283.
Remigia Vellozii DC. 284.
Sarcocephalus cordatus (Roxb.) Miq. 297.
— sambucinus K. Sch. 297.
Sickingia rubra (Mart.) K. Sch. 309.
— viridiflora (Sald. et Allem.) K. Sch. 309.

Coffeoideae.

Antirrhoea aristata DC. 51.
Canthium glabriflorum Hiern. 83.
Chiococca anguifuga Mart. 99.
Galium Aparine L. 157.
— pilosum Ait. 157.
Ixora coccinea L. 188.
— paniculata Lam. 188.
Mitracarpum scabrum Zucc. 215.
Morinda citrifolia L. 218.
— tinctoria Roxb. 218.
— umbellata L. 218.
Palicourea densiflora Mart. 240.
— rigida H. B. K. 240.

Caprifoliaceae.

Lonicera Periclymenum L. 199.
Sambucus canadensis L. 293.
Symphoricarpus vulgaris Michx. 327.

Symphoricarpus racemosus Michx. 327.
Triosteum perfoliatum L. 345.
Viburnum Opulus L. 356.
Viburnum prunifolium L. 356.

Valerianaceae.

Valeriana Hardwickii Wall. 352.
— mexicana DC. 352.

Valeriana officinalis var. angustifolia Miq. 353.
Valeriana toluccana 352.

Cucurbitaceae.

Echinocystis californica 133.
Sechium edule Sw. 306.
Telfairia pedata Hook. 333.
Fevillea cordifolia L. 153.
— trilobata L. 153.
Benincasa cerifera Savi 67.
Cayaponia globosa Silva Manso 91.
— diffusa Silva Manso 91.
— cabocla Mart. 91.
Cucumis Melo L. 119.
— myriocarpus Naud. 119.
— Citrullus Ser. 119.
— utilissimus Roxb. 119.
Luffa acutangula (L.) Roxb. 200.

Luffa cylindrica (L.) Röm. 201.
— echinata Roxb. 201.
— operculata (L.) Cogn. 201.
Wilbrandia hibiscoides Manso 342.
— drastica Mart. 342.
— scabra Mart. 342.
— Riedelii Manso 342.
Momordica Charantia L. 216.
— Balsamina L. 216.
— cochinchinensis Spreng. 216.
Trianosperma ficifolia Mart. 342.
— Tayuya Mart. 342.
— arguta Mart. 342.
— glandulosa Mart. 342.

Campanulaceae.

Codonopsis Tanghen Oliv. 104.
Lobelia delessa 199.
— laxiflora H. B. K. 199.
— purpurascens R. Br. 199.

Lobelia nicotianaefolia Hayne 199.
Isotoma longiflora Presl. 187.
Platycodon grandiflorum (Jacq.) A. DC. 267.

Goodeniaceae.

Scaevola Koenigii Vahl. 301.

Compositae.

Vernonieae.

Elephantopus tomentosus L. 134.
— scaber L. 134.
Vernonia anthelminthica (L.) Willd. 354.
— nigritana Ol. et Hiern. 354.
— senegalensis Less. 355.

Eupatorieae.

Ageratum mexicanum Sims. 36.
— conyzoides L. 36.
Eupatorium amarissimum 148.
— aromaticum L. 148.
— Ayapana Vent. 148.
— Berlandierii DC. 149.
— foeniculaceum Willd. 149, 380.
— perfoliatum L. 149.
— purpureum L. 149.
— rotundifolium L. 149.
— sanctum 149.
— tinctorium 149.
— lamiifolium H. B. K. 149.
— villosum Sw. 149.
Stevia salicifolia Cav. 322.
Liatris odoratissima Willd. 195.
— spicata Willd. 195.
— squarrosa Willd. 195.
Mikania Guaco H. B. 212.
— Houstoni Willd. 213.
— gonoclada DC. 213.
— saturejaefolia W. 213.
— opifera Mart. 213.

Mikania cordifolia W. 213.
Piqueria trinervia (Jacq.) Cav. 264.

Astereae.

Baccharis multiflora H. B. K. 64.
— Alamanni DC. 64.
— conferta H. B. K. 64.
— cordifolia DC. 64.
— ivaefolia L. 64.
— arbutifolia Vahl. 64.
Chrysopsis graminifolia Ell. 100.
Erigeron canadensis L. 137.
Eurybia moschata 151.
Laennecia parviflora D. C. 191.
Grindelia robusta Nutt. 166.
— squarrosa Dunal 166.
Haplopappus Bailahuen Remy 169.
Heterotheca inuloides Cassine 174.
Seriocarpus tortifolius Nees 307.
Solidago canadensis L. 315.
— mexicana 315.
— montana 315.
— odora Aiton 315.
— rugosa Mill. 315.
— vulneraria Mart. 315.

Inuleae.

Blumea lacera DC. 71.
Gnaphalium purpureum L. 163.
— polycephalum Michx. 163.
Inula Helenium L. 184.
— graveolens Desf. 185.

Inula racemosa Hook. f. 185.
Pluchea odorata Cass. 267.
Pterocaulon pycnostachyon Elliot 280.
Sphaeranthus indicus L. 319.
Tarchonanthus camphoratus Houtt. 332.

Heliantheae.

Actinomeris helianthoides Nutt. 32.
Ambrosia artemisifolia L. 44.
Bidens crocata Cav. 69.
— leucantha Willd. 69.
— tripartita L. 69.
Calea glabra D. C. 78.
— Zacatechichi Schlchtdl. 78.
Aspilia latifolia Oliv. et Hiern. 62.
Coreopsis spec. 113.
Echinacea angustifolia DC. 133.
Flourensia thurifera (Mol.) DC. 154.
Helianthella tenuifolia Torr. et Gr. 172.
Lagascea spinosissima 191.
Montañoa floribunda H. B. K. 217.
Parthenium Hysterophorus L. 243.
— integrifolium L. 244.
Polymnia Uvedalia L. 272.
Siegesbeckia orientalis L. 310.
Silphium laciniatum L. 310.
Xanthium spinosum L. 359.
— strumarium L. 359, 369.

Helenieae.

Cephalophora aromatica Schrad. 95.
Helenium nudiflorum Nutt. 172.
Pectis febrifuga Van Vall. 245.
Tagetes erecta L. 331.
— lucida Cav. 331.

Anthemideae.

Achillea coronopifolia Willd. 28.
Artemisia arbuscula Nutt. 59.
— Barrelini Bess. 59.
— dracunculoides Pursh. 59.
— eriopoda Bunge 59.
— filifolia Torrey 59.
— frigida Willd. 59.
— herba alba Asso 59.
— hispanica Lam. 59.
— Ludoviciana Nutt. 59.
— mexicana Willd. 59.
— tridentata Nutt. 59.

Artemisia trifida Nutt. 59.
Athanasia amara 63.
Centipeda C. B. Clarke 95.
Chrysanthemum sinense Sabine 100.
— indicum L. 100.
Santolina Chamaecyparissus L. 295.
— fragrantissima Forck 296.
— rosmarinifolia L. 296.
Tanacetum balsamita L. 331.
— umbelliferum Boiss. 331.

Senecioneae.

Cineraria maritima 100.
Senecio aureus L. 306.
— canicida 306, 388.
— cervariaefolius Hemsl. 307.
— Grayanus Hemsl. 307.
— hieraciifolius L. 307, 388.
— Kaempferi DC. 307.
— vulgaris L. 307.

Arctoideae.

Gundelia Tournefortii L. 167.

Cynareae.

Aplotaxis auriculata DC. 52.
Arctium Lappa L. 53.
— tomentosum (Lam.) Schrank 53.
Carlina acaulis L. 87, 363.
Carthamus lanatus L. 87.
Centaurea Behen L. 94.
Cirsium mexicanum DC. 101.
Cynara Scolymus L. 120.
Saussurea Lappa Clarke 300.
Silybum Marianum L. 310.

Mutisieae.

Mutisia viciaefolia Cav. 223.
Perezia oxylepis Gray 247.
— Schaffneri Gray 247.
— Parryi Gray 247.
— rigida Gray 247.
— nana Gray 247.
— Wrightii Gray 248.

Cichorieae.

Hieracium Scouleri Hook. 175.
Prenanthes alba L. 274.

Register

für den „Speciellen Theil" und die „Nachträge".

Aalekay 334.
Aasgeierblatt 252.
Ababai 85.
Abacate piqueño 385.
— royo 385.
Abacaxi 46.
Abelmoschus 23.
— moschatus Med. 23.
Abiegny 92.
Abobora do matto 342.
Abobrinka 342.
— do matto 342.
Abogate 249.
Abolboda 24.
— brasiliensis Kth. 24.
— Poarchon Seub. 24.
Abona 330.
Abooro 24.
Abrin 25.
Abro sol 172.
— de cuentas de rosarie 24.
Abrus 24.
— precatorius L. 24.
Abuchnete 332.
Abuhab 201.
Abura-kuku 100.
Abusenna 25.
Abutilon indicum (L.) G. Don. 23.
Acacia 25.
— angico Mart. 25.
— anthelminthica Baill. 25.
— arabica Willd. 26.
— binervata F. Müll. 26.
— Catechu Willd. 26.
— dealbata Lk. 26.
— delibrata A. Cunn. 27.
— decurrens Willd. 26.
— digyna 27.
— elata A. Cunn. 26.

Acacia Farnesiana Willd. 26.
— ferruginea D. C. 26.
— Giraffae Willd. 27.
— glaucescens Willd. 26.
— homalophylla A. Cunn. 26.
— leucophloea Willd. 26.
— micrantha Benth. 27.
— modesta Wall. 26.
— mollissima Willd. 26.
— pendula A. Cunn. 26.
— penninervis Sicha. 26.
— sentis 26.
— stenocarpa Hochst. 27.
— tenerrima Miq. 27.
— vestita Ker.-Gawl. 26.
Acaena 27.
— argentea R. et P. 27.
— pinnatifida R. et P. 369.
— splendens Hook. et Arnott. 369.
Acajou femelle 93.
Acalypha 27.
— indica L. 27.
Acalyphin 28.
Aceite de abeto 259.
— de Maria 80.
Ach 218.
Achhu 218.
Achillea 28.
— coronopifolia Willd. 28.
Achras 28.
— Sapota 28.
Achyranthes 29.
— aspera L. 29.
Acokanthera 29.
— Schimperi Alph. D. C. 29.
— Deflersii Schweinf. 29.
— Ouabaio Cathelineau 29.

Acokanthera venenata G. Don 29.
Aconitum 30.
— chinense Sieb. 30.
— ferox Wall. 31.
— Fischeri Rchb. 30.
— heterophyllum Wall. 31.
— paniculatum Lam. 30.
— septentrionale Koelle 31.
— Lycoctonum 30.
— uncinatum 30.
Aconitsäure 35.
Aconje 32.
Acontiguepe 206.
Acrocomia 32.
— glaucophylla Dr. 370.
— intumescens Dr. 370.
— sclerocarpa Mart. 370.
Acrostichum Huascaro Ruiz 272.
Actaea 32.
— japonica Thunb. 32.
— racemosa L. 32.
— simplex Wormsk. 32.
Actinidia 32.
— arguta Franch. et Sav. 32.
Actinodaphne 32.
— procera Nees. 32.
Actinomeris 32.
— helianthoides Nutt. 32.
— tetrazona D. C. 32.
Adamia versicolor Fortune 127.
Adambu-balli 186.
Adansonia 33.
— digitata L. 33.
— Gregorii F. v. Müll. 33.
— madagascariensis Baill. 33.
Adavi-jilakara 354.